建筑金属围护结构手册系列

压型铝板屋面及墙面建筑构造图集

葛连福　主编

中国建筑工业出版社

图书在版编目（CIP）数据

压型铝板屋面及墙面建筑构造图集/葛连福主编. —北京：中国建筑工业出版社，2015.10
（建筑金属围护结构手册系列）
ISBN 978-7-112-18477-4

Ⅰ.①压… Ⅱ.①葛… Ⅲ.①铝-金属屋面板-建筑构造-结构设计-图集②铝-墙板-建筑构造-结构设计-图集 Ⅳ.①TU522.3-64②TU3-64

中国版本图书馆 CIP 数据核字（2015）第 223499 号

本图集是建筑金属围护结构手册系列编著计划中的四册之一，是已经出版的《铝板和特种金属围护结构手册》（中国建筑工业出版社 2012.8）的姐妹篇。书籍通过文字、图、表、公式等，阐述压型铝板的设计、施工、验收、维护等方面的技术规定；而本图集全面、系统、实用地帮助施工图设计和施工详图设计的建筑师、结构工程师解决在建筑和结构的构造设计中所遇到的各种技术疑点、难点等问题。

本图集在广泛搜集国内外压型铝板建筑构造图的基础上，邀请 16 个单位、30 多位多年工作在建筑金属围护工作第一线的专业工程技术人员参加了编制，全面总结我国 21 年来（始于 1993 年）和欧洲、北美 44 年来（始于 1970 年）压型铝板屋面及墙面建筑构造的各种做法，以求做到图集中的各种构造能够直接被借鉴和应用。主要内容有四部分：带有基础性用途的设计用技术图（图 A）；反映构造层次、各种功能、三维关系、少注尺寸的设计用通用图（图 B）；具有参照性、实用性近 10 年来 150 多项实际工程典型构造和特殊做法的设计用工程实例图（图 C）；简要编入我国、欧洲、日本等国家、地区压型铝板设计计算公式、构造设计规定和工程实践创新的内容（图 D）。

本图集可用于从事建筑金属围护系统工程管理、设计、施工、维护等工作的建筑师、结构工程师的实用工具书和技术参考书，也可作为高等学校建筑学、土木工程等专业师生的专业辅助教材和在职工程技术人员的培训教材。

责任编辑：咸大庆 赵梦梅
责任设计：张 虹
责任校对：陈晶晶 赵 颖

建筑金属围护结构手册系列
压型铝板屋面及墙面建筑构造图集
葛连福 主编
*
中国建筑工业出版社出版、发行（北京西郊百万庄）
各地新华书店、建筑书店经销
霸州市顺浩图文科技发展有限公司制版
北京市安泰印刷厂印刷
*
开本：787×1092 毫米 横 1/16 印张：21¾ 字数：526 千字
2016 年 3 月第一版 2016 年 3 月第一次印刷
定价：**50.00** 元
ISBN 978-7-112-18477-4
（27712）

序　一

建筑物的围护结构是一种多功能的复合构件，它既具有抵抗有关各类荷载的充分能力，又起着挡风遮雨、防暑御寒等多重作用。因此，它虽然不属于主体结构，却对保障建筑物的功能十分重要。尤其是对体形庞大的公共建筑，重要性更为突出。由于横跨结构工程和建筑学两个学科，全面论述围护结构的书籍未见有人去写。这套《建筑金属围护结构手册系列》的出版，填补了空白，值得欢迎。

2012 年 8 月出版的《铝板和特种金属板围护结构手册》是工具书，内容较为全面。一册在手，需要查找的资料很快可以得到。这套系列体现了此项特点，不仅包括各类铝板，还有特种金属板的材料、规格、选用指南、设计计算、施工及验收，乃至使用维护，无所不包。就设计计算来看，除强度和刚度计算外，温度变形计算、排水计算、热工计算、声学计算，面面俱到。可以毫不夸张地说，这套系列是建筑金属板围护结构中的一本单科全书。

手册的功用，贵在能帮助工程技术人员解决实际问题。完整的资料、简化计算的图表、系统性的算例、示范性的施工图，都是不可或缺的常规内容。这套手册系列中有一册是本图集：《压型铝板屋面及墙面建筑构造图集》，它是 2012 年 8 月出版手册的姐妹篇，手册侧重文字叙述，图集侧重图示构造，既有建筑构造又有结构构造，都是设计工作要用图表示出来的重要组成部分。

搞好工程设计和施工，有赖于从业人员的理论知识和实践经验，理论知识不难从书本中得到，而实践经验往往靠个人积累，需要经过多年的磨炼。本系列的作者以其数十年实践经历为基础，综合总结出极其有益的正反两方面经验与读者共享，十分有利于青年技术工作者快速成长。

陈绍蕃

2014 年 9 月 18 日

序　二

1996年中国粗钢产量首次突破1亿吨，2013年就达7.8亿吨；铝合金（2013年中国原铝产量2195万吨）、铜合金和不锈钢等建材也大幅增长，中国建筑行业缺钢少铁、少金属建材稀缺的时代从此翻过了历史的一页，可供选用的金属建材质量也基本接近国外水平。

近十多年来，由于钢铁和其他可用金属材料的充分供应，我国钢结构建筑得到了迅猛发展，普遍应用于轻、重型厂房，库房，高层、超高层大楼，大跨度公共建筑，如体育馆、车站、航站楼、会展中心、博览馆等，建筑面貌从沉重灰暗走向轻盈靓丽，建筑工业化水平大幅提高，施工速度明显加快，建筑工程在材质的选用上也更加合理。

为了解决钢铁稀缺对经济建设的束缚，1978年国家先于其他各项建设，集中资金建设上海宝钢，为国家钢铁生产实现现代化创建示范榜样。第一期工程由国外设计和提供生产设备，厂房全部采用钢结构，包括主体结构和围护结构。一期工程有120万m^2厂房，约240万m^2围护结构。宝钢建设指挥部决定围护结构采用压型钢板。压型板生产工艺、压型机设计、压型板安装等问题集中在一起作为研究开发领域之一，委托原冶金部建筑研究总院组织科技力量，并与有关施工、设计单位合作，加以组织实施。

本图集主编是主要参与者，他首先编写了“宝钢压型钢板厂设计任务书”，其他参与的科研人员设计了压型机，在通力合作下1980年在宝钢建成了W-550（屋面板）和V-115（墙板）、纵剪等中国首座压型生产厂，为宝钢一期120万m^2厂房工程的围护结构建设创造了重要的施工条件。继宝钢工程后，1981年作者参与了承包深圳蛇口华美钢厂、港口码头仓库等一系列钢结构和压型钢板屋面工程，以后他的科研开发工作扩展到全国不同类型的工程，包括大型厂房、展馆、航站楼和多个北京奥运场馆等，积累了大量的资料和实践经验。在推广过程中，经各方面的共同努力，压型板板型逐步形成了系列，相应的压型机也形成了系列。在国内建筑工程中，能大量采用新型围护结构，作者属于重要的开拓者和奠基人之一。

由于作者的科研开发工作长期与工程结合，熟悉国内外标准和规范，了解工程多样化材质要求，摸透了围护结构在施工中最容易出问题的地方，也知道钢结构围护结构在设计、制作、施工方面的技术人员希望得到什么帮助，他将上述知识和经验总结到自己的著作中，为工程界共享。

作者计划组织编著四本有关建筑金属围护结构的手册和图集，《铝板和特种金属板围护结构手册》、《压型铝板屋面及墙面建筑构造图集》、《钢板围护结构手册》、《檩条墙架和组合楼板手册》等，内容包括了不同材质压型板的选用，如彩涂钢板、镀锌板、不锈钢板、铝合金板以及其他曾经用过的板材；按照国家标准，明确不同地区载荷的选用和设计计算方法，并有详细的例题；各种不同形式围护结构、节点的详图和施工方法，指出了施工中最容易出现问题的部分及解决方案；如何对围护结构工程进行验收；还提供了国内尚缺而国外已有的相关标准的部分内容等。

这套书既是理论和实践相结合的著作，提供的技术资料符合“国家规范”的规定，有些内容做了必要的补充；附有丰富的节点图、构造图和图表以及工程实例。对从事钢结构设计、施工和教学都是一本优秀的参考书，也是对钢结构建筑的围护结构多年来的一次很好的总结，定将对围护结构向更高水平发展起到推动作用。

刘鹤年　刘鹤年

2014年9月11日

前　言

《压型铝板屋面及墙面建筑构造图集》是建筑金属围护结构手册系列编著计划中的四册之一，是已经出版的《铝板和特种金属板围护结构手册》的姐妹篇。上述手册对直立锁边压型铝板围护结构系统的材料、设计、施工、验收、维护、使用、疑难技术问题处置、相关技术资料等都作出了较为全面、系统的介绍，在建筑构造设计有关章、节中，通过文字说明和少量图示也介绍了屋面及墙面构造的基本做法。大量工程实践的结果，使人们认识到压型铝板屋面及墙面建筑构造设计和施工的优劣，直接涉及抗风揭的安全性和抗渗漏的防水性。众所周知，安全性和防水性是任何材料的屋面及墙面围护结构工程中必须要做到的、也是最基本的性能要求。构造设计和施工的某些缺陷，粗略一看不甚严重，但会带来安全性和防水性的严重后患，甚至会导致重要预设功能的丧失，不仅降低了金属围护结构系统的优越性，而且影响长期使用，给使用、维护带来严重的麻烦和困惑。一些工程风来吹飞、雨来渗漏的惨痛教训，成为业内同行集体挥之不散的梦魇，我们应尽最大努力加以避免和克服。

编制本图集的主要目的是：同铝板围护结构手册中以文字为主的内容相配套，图集更全面、更系统地突出构造设计的基本要求和详细做法；弥补现行国家建筑标准设计图集中有关压型铝板建筑构造图的不足；更直接地为压型铝板屋面及墙面工程施工图和施工详图设计服务，更方便地为建筑师、结构工程师提供借鉴或直接采用；1993 年以来，直立锁边型的压型铝板屋面及墙面，在我国各类建筑工程，尤其在大型公共建筑中应用总面积达到 1000 余万 m^2，本图集的编制也是从构造设计的角度，进行一次阶段性的小结，起到铺路、架桥的作用，成为青年同行日后研发工作的新起点。本图集面世，能否达到预定目标，还有待业内专家、同行、读者加以评判，并需要在工程实践中予以检验。

本图集共分为四部分：带有基础性用途的设计基础图（图 A)；反映层次构造、相互关系、少注尺寸的通用图（图 B)；具有参照性、实用性、近 10 年来构造设计的工程实例图（图 C)；简明编入我国、欧洲、日本有关压型铝板计算公式和设计规定的基本内容（图 D)。图 D 入编，出于如下考虑：构造设计虽是设计工作的重要内容，但不能孤立存在，是同设计计算工作紧密相连、不可分割的，设计者要具备建筑学和结构工程学等专业一定的技术水平和能力是十分必要的。欧洲、日本标准中部分内容有利于扩展设计者的视野，加深对压型铝板围护结构系统完整性的了解，对设计工作能起到取长补短的作用。对包括我国在内的规范、规程等标准的有关条文，既要严格遵循又不能生搬硬套，既不失规范又要不断创新，这样才能促进我国建筑金属围护结构系统技术提升到发达国家的大致水平。在经济全球化浪潮中，建筑金属结构围护系统将会随着建筑业跨出国门，尽量做到同国外标准接轨、接近也是十分必要的。

编制工作从 2012 年夏天开始到 2014 年秋天完成汇总、审查稿。先后经历了资料收集、归类整理、统一设计技术条件，统一绘图要求、按任务分组编制、集中统编，全图集多次经过校对、审核、完善等几个阶段。编制工作的始终，一直强调要执行国家制图标准（如：GB/T 50001、GB/T 50104、GB/T 50105 等）的规定，要达到国家建筑、结构专业标准设计图的质量要求，要统一按主编制定的格式、图例、字型、大小、典型画法等具体规定绘制成图。为完成此项繁琐、细致的编制任务，主编、副主编、各位编制人员各尽其责、分工协作全力以赴，不同地方、不同单位、不同职称、不同经历的全体编制人员都坚持高质量、严要求，不辞辛劳、不计报酬，不厌其烦地多次修改。尽管各位编制人员工作时间有长短、任务有轻重、技术水平有高低、但每位都不论酷暑寒冬，两年多如一日，坚持到出色完成编、绘任务，并在各页图名栏中署下了诸位大名。为此，要向全体编制人员表示深切谢意！

中国建筑工业出版社邀请部分专业企、事业单位参与编制，获得了不少单位的积极回应，直接提供人力、财力之外，还对图集编制工作提出了很多、很好的意见和建议。图集得以出版，同参编单位的大力支持和相互合作是分不开的。在此，向各参编单位及其有关领导表示感谢！

图集问世，要感谢我母校西安建筑科技大学95岁的资深钢结构教授陈绍蕃先生为图集写了序一；要感谢我50年从业的中冶集团建筑研究总院资深教授级高级工程师刘鹤年原院长为本图集写了序二。在此对他俩的鼓励和鞭策表示衷心感谢！

编制过程中，参考、摘选了不少著作、不少单位和工程的有关资料和工程图纸有关内容，并向业内许多专家、同行请教，得到了他们的帮助。在此，不能一一列举，一并深表感谢之意。

对建筑工业出版社的总编辑咸大庆、主任编审赵梦梅表示感谢！有了他们的帮助和指导，使编制工作得以顺利进行，使图集得以顺利出版。

2014年11月初于上海松江佘山森林宾馆召开了《压型铝板屋面及墙面建筑构造图集》会审会，参编单位代表和全体编制人员共聚一堂，对图集进行了集体性的全面汇总、审查，并提出了改进意见和建议。会后，花费半年多时间将会审意见逐一进行了梳理，并且从头到尾又进行了一次再修改、再完善、再统编，并完成第五部分的编制工作，得以全图集交付出版。

众所周知，我们的技术水平还是有限的，欠妥之处也是难免的，谨请阅读、使用本图集的新老朋友给予批评指正。

感谢适逢的时代，今日之中国，振兴中华，使我们能衣食无忧、专心致志地去从事自己热爱的专业技术书籍撰写、编著工作。今日之社会，男女老幼都在讲中国梦，我的“中国梦”是在人生余年，写出一部业内有用的、同行欢迎的建筑金属围护结构手册。所以祈求上苍眷顾，让我健康和顺利地完成这项工作，为此，我当：老骥伏枥，努力前行！

葛连福　葛连福

2014年9月1日撰定

2015年10月19日修改

本图集编制成员

主　　编：葛连福

副 主 编：张智勇　程定锋　王道正　周建锋　蒋华强

周校仁　李宏　于军

参　　编：赵云辉　张驰　姬慧贤　杨戟　郝雷

李昊　张雨霞　周正双　刘龙　孟令芹

王莉萍　张颖华　王菠　殷小珠　孙超

何颖　应晓捷　施逸飞

计算机统编：秦国鹏

顾　　问：钟俊浩　徐飙　魏峻峰　陈春盛　代玉娟

钟小平　行础

目　录

总说明

一、压型铝板屋面及墙面建筑构造设计基础图

压型铝板屋面及墙面基本性能 ………… A1 2
压型铝板屋面设施和层次、功能、材料 ………… A2～A3 3
压型铝板屋面坡度 ………… A4 5
压型铝板板型一～四 ………… A5～A8 6
压型金属板底板或内墙板板型一～三 ………… A9～A11 10
固定座布置 ………… A12 13
压型金属板横断面和固定座端头尺寸 ………… A13 14
直立锁边咬合构造 ………… A14 15
固定座一～三 ………… A15～A17 16
固定座固定 ………… A18 19
零配件说明 ………… A19 20
零配件一～六 ………… A20～A25 21
典型构造节点零配件使用例一～二 ………… A26～A27 27
固定点位置和做法选择一～二 ………… A28～A29 29
压型金属板用作底板固定 ………… A30 31
屋面板檐口悬挑 ………… A31 32
檩条最小厚度选择 ………… A32 33
压型铝板墙面布置方式 ………… A33 34
挡雪板 ………… A34 35
防坠落装置一～二 ………… A35～A38 36

二、压型铝板屋面及墙面建筑构造通用图

屋面轴测图一～三十六 ………… B1～B18 41
人孔、檐沟和外墙轴测图三十七、三十八 ………… B19 59
檐沟和外墙轴测图三十九、四十 ………… B20 60
内天沟、屋面和山墙轴测图四十一、四十二 ………… B21 61
屋面和山墙、单坡屋脊轴测图四十三、四十四 ………… B22 62
单坡屋脊、屋面和山墙轴测图四十五、四十六 ………… B23 63
单坡屋脊和带窗天沟轴测图四十七、四十八 ………… B24 64
桁架穿屋面和种植屋面轴测图四十九、五十 ………… B25 65
檐口一～四 ………… B26～B29 66
屋面外挑檐沟一～二 ………… B30～B31 70
双坡屋脊一～四 ………… B32～B35 72
单坡屋脊一～二 ………… B36～B37 76
斜屋脊一～三 ………… B38～B40 78
斜屋脊和纵墙 ………… B41 81
单坡屋脊和纵墙 ………… B42 82
单坡雨棚和横排纵墙 ………… B43 83
单坡屋脊和砌体墙 ………… B44 84
单坡屋脊和天窗侧壁 ………… B45 85
压型铝板转接 ………… B46 86
相互垂直和踏步式转接 ………… B47 87
山墙构造一～四 ………… B48～B51 88
中间天沟一～三 ………… B52～B54 92
隐蔽天沟 ………… B55 95
天沟橡胶带伸缩缝 ………… B56 96
天沟刚性和柔性伸缩缝 ………… B57 97

扇形屋面分层做法一～二 ………………………… B58～B59 98
竖排墙板续接 ………………………………………… B60 100
竖排墙板窗口和墙脚 ………………………………… B61 101
竖排墙板阳角和阴角 ………………………………… B62 102
横排墙板续接和檐口 ………………………………… B63 103
横排墙板阳角和阴角 ………………………………… B64 104
压型铝板长向搭接一～二 ……………………… B65～B66 105
屋面采光洞口一～三 …………………………… B67～B69 107
出屋面套管　屋面采光带 …………………………… B70 110
出屋面竖向管道 ……………………………………… B71 111
出屋面小烟囱和斜向管道 …………………………… B72 112
出屋面短柱 …………………………………………… B73 113
屋面横向伸缩缝 ……………………………………… B74 114
屋面承受集中力分布架和行人走道 ………………… B75 115
可自由转向固定座 …………………………………… B76 116

三、压型铝板屋面及墙面建筑构造工程实例图

工程实例图说明 ………………………………………… C1 118
屋面轴测图一～十二（2006～2014 年） ……… C2～C13 119
国家大剧院（2004 年）……………………………… C14 131
首都国际机场 3 号航站楼（2005 年）……………… C15 132
奥体中心体育馆屋面改建（2005 年）……………… C16 133
奥运会射击馆（2005 年）…………………………… C17 134
新郑国际机场航站楼改扩建工程一期（2006 年）…… C18 135
中国大熊猫博物馆（2006 年）……………………… C19 136
新益南部附中心（2006 年）………………………… C20 137
烟台国际会展中心（2006 年）……………………… C21 138
奥运会国家体育馆屋面（2007 年）………………… C22 139
温江海科大厦会议中心（2007 年）………………… C23 140
白云机场航站楼一期（2007 年）…………………… C24 141
温江海科大厦政务中心（2007 年）………………… C25 142
惠州文化艺术中心（2007 年）……………………… C26 143
奥体中心体育馆（2007 年）………………………… C27 144
体育大学国家队训练中心（2007 年）……………… C28 145
南京会展中心（2007 年）…………………………… C29 146
贵州省人民大会堂（2007 年）……………………… C30 147
宁夏回族自治区党委新办公楼（2007 年）………… C31 148
南沙体育馆（2008 年）……………………………… C32 149
惠州市会展中心（2008 年）………………………… C33 150
惠州金山湖体育馆（2008 年）……………………… C34 151
惠州金山湖游泳跳水馆（2008 年）………………… C35 152
济南自行车馆（2008 年）…………………………… C36 153
越南室内田径馆（2009 年）………………………… C37 154
海峡国际会展会议中心（2009 年）………………… C38 155
海峡国际会展展览中心（2009 年）………………… C39 156
昆明新机场航站楼（2009 年）……………………… C40 157
重庆江北机场航站楼（2009 年）…………………… C41 158
深圳湾体育中心（2009 年）………………………… C42 159
亚运城自行车馆（2009 年）………………………… C43 160
亚运城综合馆（2009 年）…………………………… C44 161
京沪高速虹桥站 30m 标高屋面（2009 年） ……… C45 162
上海世博会万科馆（2009 年）……………………… C46 163
天津海河教育园区体育场（2010 年）……………… C47 164
天津海河教育园区游泳馆（2010 年）……………… C48 165
南昌体育中心体育馆（2010 年）…………………… C49 166
西安北站（2010 年）………………………………… C50 167

潮汕机场航站楼（2010 年）………………………………… C51 168
东莞 CBA 篮球馆（2010 年）……………………………… C52 169
常州火车站（2010 年）…………………………………… C53 170
海峡汽车城（2010 年）…………………………………… C54 171
武汉国际博览中心（2010 年）…………………………… C55 172
东方体育中心游泳馆（2010 年）………………………… C56 173
南昌国际体育中心（2010 年）…………………………… C57 174
宁波东站（2011 年）……………………………………… C58 175
新乡火车东站（2011 年）………………………………… C59 176
山东大学经管楼（2011 年）……………………………… C60 177
山东省会文化艺术中心（2011 年）……………………… C61 178
大同体育中心（2011 年）………………………………… C62 179
凤凰机场航站楼（2011 年）……………………………… C63 180
中阿经贸论坛配套工程（2011 年）……………………… C64 181
海淀展览中心屋面（2011 年）…………………………… C65 182
沙特阿卜杜拉国王体育中心（2011 年）………………… C66 183
深圳机场新航站区地面交通中心（2011 年）…………… C67 184
哈大铁路沈阳北站（2011 年）…………………………… C68 185
双流国际机场 T2 航站楼大厅室内屋面（2011 年）…… C69 186
双流国际机场 T2 航站楼大厅室外屋面（2011 年）…… C70 187
双流国际机场 T2 航站楼指廊连廊屋面（2011 年）…… C71 188
郑州东站罩棚（2011 年）………………………………… C72 189
三明市体育场罩棚（2011 年）…………………………… C73 190
天津滨海国际机场 T2 航站楼主楼（2012 年）………… C74 191
城市轨道交通高架站（2012 年）………………………… C75 192
天坛生物疫苗产业基地 201# 办公质保楼（2012 年）…… C76 193
长影世纪城二期华夏翱翔（2012 年）…………………… C77 194
南山文化中心（2012 年）………………………………… C78 195
南京艺术学院（2012 年）………………………………… C79 196
琵洲朗豪酒店种植屋顶（2012 年）……………………… C80 197
神农艺术中心（2012 年）………………………………… C81 198
天津滨海国际机场 T2 航站楼指廊（2012 年）………… C82 199
银川大剧院（2012 年）…………………………………… C83 200
西安汉城公共服务中心（2012 年）……………………… C84 201
内蒙古那达慕运动场罩棚（2012 年）…………………… C85 202
天津滨海国际机场扩建工程（2012 年）………………… C86 203
山东省微山县游泳馆（2012 年）………………………… C87 204
中国医大沈北校区体育馆（2012 年）…………………… C88 205
十字门国际展览中心（2012 年）………………………… C89 206
罗蒙环球城（2013 年）…………………………………… C90 207
高等酒店管理学校（2013 年）…………………………… C91 208
鄂尔多斯体育场罩棚（2013 年）………………………… C92 209
福州海峡奥体中心体育场（2013 年）…………………… C93 210
蔷薇国际会议展览中心（2014 年）……………………… C94 211
南昌万达茂（2014 年）…………………………………… C95 212
中国博览会会展综合体项目（北块）（2014 年）……… C96 213
檐沟一～八 ………………………………………… C97～C104 214
斜封檐和侧檐沟 …………………………………………… C105 222
封檐 ………………………………………………………… C106 223
天窗和檐口·铝单板收檐 ………………………………… C107 224
檐口和山墙 ………………………………………………… C108 225
幕墙与檐口 ………………………………………………… C109 226
压型铝板与铝单板交接 …………………………………… C110 227
山墙与屋脊一～二 ……………………………… C111～C112 228
带天窗山墙和双坡屋脊 …………………………………… C113 230
屋面板斜交山墙 …………………………………………… C114 231

天窗与屋脊　山墙 ………………………………… C115　232
单坡　双坡屋脊 ………………………………… C116　233
天沟和单坡屋脊 ………………………………… C117　234
屋脊一～二 ………………………… C118～C119　235
压型铝板垂直布置与不断开屋脊 ………………… C120　237
内天沟一～六 ………………………… C121～C126　238
立墙檐口　单坡屋脊与格栅 ……………………… C127　244
女儿墙天沟和双坡屋脊 ………………………… C128　245
倾斜压型铝板和采光窗 ………………………… C129　246
屋面与天窗 ……………………………………… C130　247
屋面和周边百叶窗 ……………………………… C131　248
屋面与采光窗 …………………………………… C132　249
屋面和可开闭斜天窗 …………………………… C133　250
玻璃天窗 ………………………………………… C134　251
伸缩缝和侧窗 …………………………………… C135　252
屋面和采光平天窗 ……………………………… C136　253
钢格栅收边 ……………………………………… C137　254
屋面上人孔 ……………………………………… C138　255
双坡屋脊　上人孔一 …………………………… C139　256
上人孔二 ………………………………………… C140　257
屋面排风机洞口一～二 ……………………… C141～142　258
出屋面消防管道 ………………………………… C143　260
屋面伸缩缝一～二 …………………… C144～C145　261
横向伸缩缝与高低跨屋面 ……………………… C146　263
天沟伸缩缝和屋面抗震缝 ……………………… C147　264
单坡屋脊与伸缩缝 ……………………………… C148　265
避雷连接一 ……………………………………… C149　266
避雷连接二　铝挡雪板 ………………………… C150　267
铝型材挡雪板 …………………………………… C151　268
防坠落装置 ……………………………………… C152　269
建筑构造新做法举例一～二 ………………… C153～C154　270

四、压型铝板设计和计算规定、公式等

压型铝板围护结构系统设计内容　铝合金板基本
　性能 …………………………………………… D1　273
压型铝板的板材选择 ……………………………… D2～D3　274
压型铝板结构设计基本假定和规定 ……………… D4　276
屋面及墙面荷载计算 ……………………………… D5～D6　277
压型铝板受弯内力和挠度计算公式 ……………… D7　279
我国标准　压型铝板设计计算公式和规定 ……… D8～D9　280
欧洲标准　压型铝板设计计算公式和规定 …… D10～D11　282
日本标准　压型铝板设计计算公式和规定 …… D12～D16　284
压型铝板屋面及墙面构造设计 ……………… D17～D18　289
提高压型铝板抗风揭性能措施 ……………… D19～D20　291
压型铝板截面参数 …………………………… D21～D26　293
德国贝姆系统三角头固定座 ……………………… D27　299
压型铝板展开宽度、重量、面积表和相关计算
　公式 …………………………………………… D28　300

五、参编单位相关技术资料及信息

参编单位相关技术资料 ……………………………… 302
参编单位信息 ……………………………………… 328

总　说　明

1 设计依据和参考标准

1.1主要依据我国标准：

铝及铝合金术语	GB 8005—2011
变形铝及铝合金牌号表示方法	GB/T 16474—2011
变形铝及铝合金状态代号	GB/T 16475—2008
变形铝及铝合金化学成分	GB/T 3190—2008
一般工业用铝及铝合金板、带材	
第1部分：一般要求	GB/T 3880.1—2012
第2部分：力学性能	GB/T 3880.2—2012
第3部分：尺寸偏差	GB/T 3880.3—2012
铝及铝合金彩色涂层板、带材	YS/T 431—2009
铝及铝合金波纹板	GB/T 4438—2006
铝及铝合金压型板	GB/T 6891—2006
建筑幕墙用铝塑复合板	GB/T 17748—2008
建筑外墙用铝蜂窝复合板	JG/T 334—2012
铝合金建筑型材	GB 5237.1~5-2008,6—2004
工程结构可靠性设计统一标准	GB 50153—2008
建筑结构荷载规范	GB 5009—2012
铝合金结构设计规范	GB 50429—2007
铝合金结构工程施工质量验收规范	GB 50576—2010
坡屋面工程技术规范	GB 50693—2011
屋面工程质量验收规范	GB 50207—2002
金属与石材幕墙工程技术规范	JGJ 133—2001
采光顶与金属屋面技术规范	JGJ 255—2012
压型金属板工程应用技术规范	GB 50896—2013
冷弯薄壁型钢结构技术规范	GB 5008—2002
钢结构工程施工质量验收规范	GB 50205—2001
门式刚架轻型房屋钢结构技术规范	CECS 102—2002
建筑屋面雨水排水系统技术规程	CJJ 142—2014
虹吸式屋面雨水排水系统技术规程	CECS 183—2005
民用建筑热工设计规范	GB 50176—2002
严寒和寒冷地区居住建筑节能设计标准	JGJ 26—2010
夏热冬暖地区居住建筑节能设计标准	JGJ 75—2012
夏热冬冷地区居住建筑节能设计标准	JGJ 134—2010
民用建筑隔声设计规范	GB 50118—2010
建筑采光设计标准	GB 50033—2013
建筑照明设计标准	GB 50034—2014
建筑物防雷设计规范	GB 50057—2010

压型铝板屋面及墙面设计中所采用的门、窗、采光、防火、防水；固定或连接用螺栓、自攻螺钉、抽芯铆钉、射钉；密封、保温（隔热）、隔（吸）声、隔（透）汽；反射、光伏、装饰、吊顶等诸多材料和制品的规格、性能及设计和施工、维护等技术要求，均应遵守国家、行业等现行有关标准的规定。

1.2 主要参考外国标准

欧洲自承式铝合金板屋面	BS EN 508-2
德国建筑检验总局：具姆铝合金板屋面	Z-14.1-182
日本	
钢板屋面设计和施工标准	SSR2007
金属压型屋面围护结构系统	JISA6514-1995

2 适用范围和相关系统

2.1 图集称呼的压型铝板是指铝锰或铝镁合金彩色涂层板、带材，经辊压冷弯成型，带左右、大小耳边的槽形横断面，并在固定座上端经直立锁边咬合工序形成左右、上下连接的建筑铝合金围护结构用板材。

本图集适用于压型铝板用于建筑屋面的顶板或墙面的外板。实际应用中，通常以多层组合的屋面或墙面围护结构系统面貌出现，屋面围护结构系统包括多层组合的围护层系统和檩条支承层系统，墙面围护结构系统包括多层组合的围护层系统和墙架支承层系统。

2.2 建筑物的屋面和墙面，既是围护结构，又是承重结构，需要满足围护和承重的双重基本要求，图集称呼的建筑构造实际上是既有不受力或受力很小的建筑意义上的建筑节点构造，又有承受荷载或传递荷载的结构意义上的结构节点构造，前者凭经验可以不经计算，后者必须计算并满足强度、变形要求。所以，建筑金属围护结构系统的建筑构造设计工作，宜由懂相应结构知识的建筑师或懂相应建筑知识的结构师来完成比较好，源于陈绍蕃教授所言：围护结构是“跨越结构工程和建筑学两个学科”的技术范畴。

2.3 压型铝板应满足承重和防水的基本要求。并同其他建筑材料或功能材料进行科学有效地组合，使屋面或墙面外围护结构系统形成建筑物及各房间的围挡，该围挡除了满足生产、工作、学习、生活空间的基本功能外，在保温、隔热、隔声、吸声、通风、采光、防水、防火、防雷等方面要创造良好的室内环境，以满足人们对建筑内部环境舒适度的各项要求。在建筑热工范围，可做成非保温、防结露、保温多种屋面和墙面。在建筑防水范畴，如压型铝板单独防水时，防水等级可达Ⅲ至Ⅰ级；如压型铝板的下方如设置连续卷材防水，防水等级可提高Ⅰ级，有望达到设计使用年限≥40年的要求。

2.4 不论建筑围护结构系统有多少种功能要求，应将技术先进、经济合理，安全适用、确保质量作为设计、施工目标。鉴于压型铝板板材薄、自重轻，对风荷载、雪荷载、集中力等外荷载特别敏感，所以安全是第一位的；鉴于压型铝板覆盖大面积屋面及墙面时，难以避免缝隙、孔洞、水密性、气密性不足等缺陷，所以做好防渗漏也是非常重要的工作。一旦安全性、防水性丧失，会导致其他预先设计的多种功能会随之灭失，造成巨大财产损失和不良社会影响。

2.5 屋面及墙面用压型铝板除了本身外，需要同零配件、底板及内板、异形板、功能材料、檩条、墙架等构成一个科学、完整的屋面系统及墙面系统。只有重视全系统的精心设计和精心施工才可能达到预先设定的目标。

2.6 本图集适用于抗震设防烈度≤8度地区，采取相应抗震措施，也可用于较高烈度地区。

2.7 本图集台风地区使用时，需要进行抗台风强度计算，同时采取防台风措施，如减小跨度，增加咬口抗拉脱力等，且在风荷敏感区域（如檐口、山墙、屋脊、角部、阳角等）增设抗风揭荷载的连接措施。

2.8 压型铝板屋面坡度，宜大于或等于5%。

2.9 用作屋面顶板或墙面外板的压型铝板，在板长方向优先考虑一板到头，避免接长。

3 与本图集配合使用的手册和图集

3.1 铝板和特种金属板围护结构手册

中国建筑工业出版社·2012.8

3.2 压型钢板、夹芯板屋面及墙面体建筑构造(三)

国家建筑标准设计图集 08 J925-3

4 图集主要内容

4.1 压型铝板屋面及墙面建筑构造设计基础图（图A）；

4.2 压型铝板屋面及墙面建筑构造通用图（图B）；

4.3 压型铝板屋面及墙面建筑构造工程实例图（图C）；

4.4 压型铝板设计和计算规定、公式等（图D）；

4.5 参编单位相关技术资料和信息资料。

5 图集使用说明

鉴于压型铝板屋面及墙面建筑构造设计技术发展快、创新多、呈现复杂、多元、涉及面广的特点，所以没有采用传统图集列表说明屋面及墙面工程做法，也没有采用传统图集用以包含所有构造的节点索引图。

建筑师或工程师通过对设计基础图、通用图、工程实例图的解读和选用，通过对设计计算和构造规定的了解，结合工程实际需要，参考本图集所示节点构造作法，就能够自主、较快地完成相关建筑节点构造的设计。我们既要遵守压型铝板建筑构造的基本规定，又不受图集所示做法的束缚，这是本图集编制的技术思路，所以，主张使用本图集时，要摒弃“硬搬死套”的简单引用，提倡“自主选择”的创新设计。

6 铝合金板材

屋面及墙面用压型铝板的主要原材料是铝锰合金(3×××系列）和铝镁合金板（5×××系列），我国主要材料标准为《铝及铝合金彩色涂层板、带材》YS/T 431-2009，常用牌号3004状态 H36～46;目前进口材料常用牌号5754，状态H44～48。并对化学成分、尺寸偏差、力学性能、涂层性能、外观质量、试验方法等均应有明确的要求，详见图D1的规定。由于压型铝板外露，外侧常用氟碳漆涂层并罩清漆，内侧常用树脂清漆涂层。采用国产或进口铝合金板带材，设计者要了解：生产用标准；板材牌号和状态；出厂质量保证书的内容；并按规定进行原材料复检。做到选用板材的化学成分、力学性能、涂层质量、板厚、板宽、颜色、花纹等均应符合设计和施工要求。压型铝板为非燃烧体，耐火极限≥15分钟。

7 零配件

压型铝板屋面及墙面工程配套用零配件是围护系统的重要组成部分，随着日益广泛的应用，其品种在增加，质量在提高，效能在完善。本图集收集和整理零配件至少有42种。在选用中请注意：凡金属零配件之间要做到兼容性；凡受力、传力零配件需要经计算以满足强度、刚度的设计要求；零配件各自均具有使用的技术、功能要求，设计时要判断用于构造位置时的有效性。试验室加速耐腐蚀试验和工程实践证明，以下作法是可取的：抽芯拉铆钉可用全不锈钢或芯杆不锈钢铆钉；不锈钢自攻钉螺母下橡胶或塑料垫圈是有防止电化腐蚀作用的；碳钢制螺栓、螺母热镀50μm以上厚的锌层，对防止电化腐蚀也是有效的；选用防水密封胶或其他金属板、带材一定要同铝合金板具有兼容性，做到固化时间适度、粘接牢固、不遭水溶、防老化、能耐久。同理，镀锌铁丝网不具有同铝合金板相同的使用年限，宜改用不锈钢丝网为好。

8 异形板

异形板包括建筑构造图中表示的多种断面形状的泛水板、封檐板、屋脊盖板、搭接盖板、导水板、天沟板、檐沟板等等，采用材质同压型铝板一致的材质或为不锈钢板，板厚宜比压型铝板稍厚些，横断面方向不宜焊接、也不宜搭接，长度要尽量长，设法减少接头，接头优先采用平口咬接。搭接时，一定要做好板间接触面的敷胶工作，要用拉铆钉连接，以提高接头强度和水密性。必要时可增设铝单板（厚≥3）或下垫镀锌钢板。当异形板采用非铝合金薄板，或虽是铝合金薄板，但温度变形方向不一致时，可在异形板长度方向适当设置柔性伸缩构造。异形板长度方向每隔一定距离要设下部支撑骨架或上部悬吊装置，横断面两侧连接、固定要满足强度和防水要求。

9 屋面及墙面功能材料

9.1 屋面及墙面功能材料日益丰富，其保温、隔热、吸声、隔声材料、防水卷材、隔汽材料等新材料均应符合相应标准的技术性能要求。

9.2 用作隔声板材如增强水泥纤维加压板、石膏纤维板、增强纤维硅酸钙板、硬质纤维板、水泥刨花板、竹胶合板等均应符合相应的技术标准。

9.3 用作第二道防水卷材如：三元乙丙、聚氯乙烯、氯丁橡胶、合成树脂、沥青等类卷材均应符合相应的技术标准。

9.4 隔汽层：主要功能防止水蒸汽从室内渗透到保温（隔热）散松材料，在压型铝板内侧形成冷凝水，导致保温（隔热）材料热阻下降。单独设置的隔汽层有聚酯膜、聚烯烃涂层纺粘聚乙烯膜、改性沥青卷材、金属隔汽反射薄膜等；玻璃棉毡或岩棉、矿棉毡贴纸基夹筋铝箔贴面、纸基聚丙烯塑料贴面、纸基聚丙膜贴面等，也可起到一定的隔汽层作用，但没有单独设隔汽层效果好。对隔绝水蒸汽要求高、容易形成冷凝水的地区，宜单独铺设连续无缝隙隔汽层，其铺设位置在保温层的内侧。

9.5 防水透气层：主要功能是防风、防水、透汽、反射隔热，既能防止室外冷空气的渗透，又能将室内和保温（隔热）层的潮气排放到室外。常用材料：纺粘聚乙烯和聚丙烯膜（加强型）、100%高密度纺粘聚乙烯膜（标准型）、镀金属纺粘聚乙烯膜（放射型）。防水透汽层铺设位置在保温（隔热）层的外侧。

当需要隔热、保温、防水、隔汽多功能时，可用热拔（PARSEC THERMO-BRITE）薄型卷材。在屋面中，置于压型铝板之下，保温层之上。

9.6 屋面及墙面采光板，可采用玻璃纤维增加聚酯采光板（FRP板）、环氧树脂采光板、聚碳酸脂板（PC板、阳光板）、玻璃板、夹丝或夹胶玻璃等。因视采光设计透光率、强度、颜色、防火等性能要求，选择性价比高的材料。

9.7 在公共民用建筑的屋面上方及墙面外侧加设装饰层是近年来的新做法，材料有：铝单板、铝蜂窝板、不锈钢板、锌-铝合金板蜂窝复合板、锌蜂窝复合板、钛合金复合板、耐候钢板（人工表面制锈）等，不同的形状、不同的彩色，会产生不同的建筑艺术效果。装饰层宜用轻质高强材料，以降低组合式压型铝板屋面的自重，并通过龙骨的转接，同压型铝板有可靠的连接，以防止装饰层被强风吹飞。压型铝板上方或外侧设置自重较重的装饰层时，应循科学态度进行载荷试验和传力计算，并考虑不同材料温度变形的不利影响。凡无处理特殊要求的建筑屋面和墙面都不需要考虑加设装饰层。

10 本图集中的建筑构造工程实例图摘自如下资料：设计阶段的初步设计、扩大初步设计、施工图设计；招投标阶段的招标图、投标图；施工阶段的施工详图；竣工阶段的竣工图等。工程实例图的基本情况：主要是近十年来的国内建筑工程建设过程曾用过的、比较有参照价值的建筑构造；大部分来自参编单位派专人参与绘制的,少部分是从其他专业公司收集来的；大部分建筑构造作法付诸了实施，少部分中止于图纸阶段，所以也会有同竣工时的情形并不一致之处；凡是收集到图集中的建筑构造图都是编制者认为好的或是比较好的构造作法，但是决不认为是最佳的作法，欢迎业内同行们的日后创新；从其他专业设计、施工单位收集到的建筑构造作法，由于时间久远、人员流动、单位变化、收集渠道不一，所以无法标注原始出自单位的名称和制图人姓名，谨请谅解；工程实例的全部建筑构造图均经编制成员进行了重新绘制，并纠正了一些明显的差错。

11 工程实例图中凡是采用钢丝网的，在实际应用中有用镀锌钢丝网和不锈钢丝网两种情况。考虑到压型铝板屋面及墙面的设计使用年限需达40年的要求，均改为不锈钢丝网。

压型铝板组合式保温屋面用于游泳馆时，常有两个问题难以决择：底板用什么材质的板材；要不要穿孔吸音。前者宜用铝合金或不锈钢板，采用不锈钢板宜用避免应力腐蚀的钢种；后者穿孔利于游泳馆内吸声、防噪，但带来松散保温材料过多吸收水分而导致保温性能的降低，所以决择时应慎重比较、分清主次。

12 为了提高压型铝板屋面工程的抗风揭性能，从提高大、小耳边同固定座上端头的咬合抗拉脱能力着手，并经过工程的实践在以下方面取得明显进展：改变固定座上端头形状、采用塑钢固定座、增加固定座长度、固定座有1件改为上、下2件、改用不锈钢固定件2件套，且上件夹在大、小耳边之间，上、下间相互可滑动、采用通长带滑槽底板和带端头件可在滑槽中自由转向等，可参考《屋面压型铝板抗风揭性能分析》钢结构，2015.7：28-37一文中所述的8项有效措施。

13 当异形板平板段尺寸较大时，由于板薄在施工和使用、维护中经常遭遇荷载、踩踏作用，造成变形而不利于防水，在工程实践中通常采用镀锌钢板作垫板（固定在檩条、墙架或其他龙骨上），将异形板包在其上，实践证明是提高异形板刚度、防止变形导致渗漏的有效方法。

《压型铝板屋面及墙面建筑构造图集》参编单位

上海宝冶集团有限公司

中建二局安装工程有限公司

北京中体建筑工程设计有限公司

上海舜宝彩钢结构有限公司

北方赤晓组合房屋（廊坊）有限公司

中元达工程技术有限公司

北京世纪中天国际建筑设计有限公司

JANGHO
江河创建集团股份有限公司
JANGHO GROUP COMPANY LIMITED
江河创建集团股份有限公司

来实建筑系统(上海)有限公司

上海亚泽新型屋面系统股份有限公司

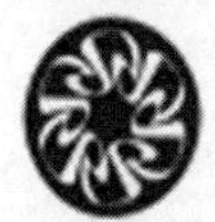
深圳市鑫明光实业有限公司

北京启厦建筑科技有限公司

汕头市顺信贸易有限公司

北京信诚金通装饰工程有限公司

陕西华邦建设工程有限公司

宁夏易慧电子科技工程有限公司

一、压型铝板屋面及墙面建筑构造设计基础图

序号	基本性能		性能意义	性能要求
1	结构可靠性	承载能力极限状态	压型铝板围护结构系统不应出现下列状态之一：压型铝板本身及其固定、连接件因超过材料强度而破坏；连接件疲劳破坏；过度变形而不能继续承载；在弯矩作用下，上翼缘局部失稳等	在自重、雪、风、积灰、屋面施工、上人等荷载（有方向性和不利组合）和温度、局部失稳等作用下，满足$\gamma_0 S_d \leqslant R_d$的要求，（$R_d$：压型铝板及其固定件、连接件的抗力，$S_d$：单一或基本组合的作用，$\gamma_0$：结构重要性系数。）
		正常使用极限状态	压型铝板围护结构系统不应出现下列状态之一：跨中产生影响正常使用或外观的变形；影响正常使用或耐久性的局部损坏（如腐蚀穿孔）；影响正常使用的振动或声响等	规定压型铝板跨中挠度与跨度的比值，满足$S_d \leqslant C$要求（S_d为荷载作用变形值，C为设计规定变形限值）消除或减少影响正常使用的各种因素
2	防水和防潮性能		不能因渗漏造成耐久性及热工、声学、节能等功能降低和丧失	提高水密性和气密性，以避免渗漏和冷凝水产生
3	保温或隔热性能		满足室内工作、学习、生活舒适度要求，达到围护室内空间的目的	做好冬季保温、夏季隔热设计和施工，克服热、冷桥效应
4	隔声或吸声性能		使室内不受外部噪声的严重影响，使室内有良好的听觉效果	通过声学设计和施工，满足建筑使用功能的声学要求
5	防火性能		压型铝板本身为不燃材料，但需防止火焰蔓延而造成火灾	禁用易燃材料，少用阻燃材料，多用不燃材料
6	抗震性能		遇小地震时不损坏，遇大地震时不震落	通过构造措施的设计和施工，达到抗震目标
7	抗冲击、抗踩踏抗冰雹撞击性能		重物坠落、人员踩踏、冰雹撞击而造成压型铝板面的局部破损、变形、响声而影响使用	通过防坠落保护、铺设行人走道、增加板厚、将集中力直接传递到檩条或墙架系统、设置加劲肋等方法提高抗冲撞、踩踏等性能
8	耐久性		压型铝板屋面及墙面应满足设计使用年限的要求	采用抗腐蚀性好的铝合金板，减少污染影响，用优质涂层，减小局部变形和积水，正常维护、清洁等措施，达到使用50年的要求
9	其他性能		室外用压型铝板的色彩要求、艺术性、观瞻性、独特形态和室内用压型铝板的装饰性以及防雪堆跌落伤人、防结露性能等	通过独创的外部和内部设计和施工，加以实现特定性能要求

注：压型铝板成为组合式屋面的顶板或墙面的外板，因建筑用途不同对围护结构提出各种不同的基本性能要求，需要在设计和施工后加以实现。

压型铝板屋面及墙面基本性能

审核	王道正	王道正	校对	张颖华	张颖华	设计	孟令芹	孟令芹	图号	A1

序号	设施或层次	功能	材料
1	(1) 上屋面爬梯、出入门、行人走道系统 (2) 防护栏杆、防坠落系统 (3) 挡雪和融雪系统 (4) 屋面排水、垃圾清运系统 (5) 屋面洞口:人孔及通风管、消防管、烟囱孔等 (6) 屋面采光、通风用天窗、侧窗、采光窗等 (7) 其他设施:太阳能发电、热水系统,屋面种植系统等	施工、维护时人员上下、进出以及材料、工具运输 人身安全 防止堆雪跌落伤人,防止堆雪过重而压塌屋面 有利于防水、防止渗漏 提供通道和设备、管线出屋面 通风、采光、防爆等 太阳能利用和节能、绿化屋面	不锈钢或铝梯、扶手、格栅、走道板等 铝或不锈钢管材、型材、不锈钢丝绳等定型件或制作件 铝或不锈钢预制定型件和导电融雪电气线路等 不锈钢或铝合金板材、型材、管材等 铝单板等金属板材、型材、管材、可伸缩密封材料等 铝(或塑钢、不锈钢)窗,手动、机械、自动开闭装置 各系统采用相应的配套材料和部件,适应耐久性需要和维修、更换方便
2	上层装饰板	大型公共建筑屋面美观、艺术效果要求,并对压型铝板有一定的保护作用和提高其耐久性和抗风揭性能	铝单板、铝塑复合板、铝蜂窝复合板、锌塑复合板、锌蜂窝复合板、不锈钢板或复合板、钛板或复合板、钢板或复合板等
3	压型铝板(直立锁边型)	承重、防水功能以及耐久性要求的屋面顶板	铝及铝合金彩色涂层板、带材、牌号:铝-锰系或铝-镁系为主,状态:H34或以上,板厚:屋面板t=0.9~1.4,墙面板 0.6~1.2
4	防水透汽层(位于保温层之上或之外)	具有单向防风、防水、透汽功能,将水、气阻挡在室外防止冷风渗透,晴天能将声热材料吸收的潮气排放到室外	特制纺粘聚乙烯和聚丙烯膜(墙面用100%高密度纺粘聚乙烯膜、镀金属纺粘聚乙烯膜)等不同蒸汽渗透阻的材料
5	防水层(压型铝板之外的第二道防水层)	压型铝板屋面或墙面设第二道防水层,用于防水性要求高的建筑的防水安全保障	自粘性防水卷材、PVC、三元乙丙橡胶卷材、改性沥青、热塑形卷材等
6	保温或隔热层	我国建筑热工设计分区有:严寒地区、寒冷地区、夏热冬冷地区、夏热冬暖地区、温和地区,据此进行不同区域的围护结构保温或隔热设计,给人们提供工作、学习、生活的舒适的室内环境	玻璃棉、岩棉、矿棉、酚醛泡沫、聚氨酯泡沫、聚苯乙烯泡沫等人造材料以及碳化木纤维板等天然材料等。对大型公共建筑宜用不燃或难燃材料

压型铝板屋面设施和层次、功能、材料

审核	王道正	王道正	校对	张颖华	张颖华	设计	孟令芹	孟令芹	图号	A2

序号	设施或层次	功能	材料
7	隔声层	隔绝或减小室外噪音，如暴雨撞击声、城市交通噪声等有害健康的声音传入室内，创造安静的室内环境	用密度较大的无机纤维增强水泥板、防水纸面石膏板、多层防水胶合板、水泥刨花板、硅酸钙板、钢丝网水泥板等自重较大的板材做隔声层
8	隔汽层	防止室内水蒸汽渗透到保温或隔热层内而降低其热工性能，同时也防止水蒸汽在压型铝板下方产生结露而引起腐蚀	厚≥0.2，渗透系数小的塑料薄膜，如PVC膜、高密度聚乙烯膜、带塑料纤维层的铝箔、聚丙烯塑料膜等
9	吸声层和无纺布	通过带孔底板或网状物空隙吸收来自室内的声能而提高室内音质，无纺布除本身纤维织物具有吸声功能外，还能防止上方松散的保温或隔热材料粉化掉渣后跌落	纤维类：玻璃棉、岩棉、矿棉、硅酸铝棉、化纤棉、毛毡等 泡沫类：氨基甲酸酯、脲醛泡沫、聚氨酯泡沫、海绵乳胶等 颗粒类：膨胀珍珠岩或蛭石、陶粒、软木屑、泡沫玻璃等
10	底板	承托上方的相关功能层的重量，带孔时具有消声功能，遮蔽檩条系统，兼具屋面室内吊顶板和装饰板功能	通常用不同厚度、不同断面形状、不同固定方式的涂层压型钢板，当室内有腐蚀性介质（如室内游泳馆）时，采用压型铝板或压型不锈钢板
11	屋面支承结构层	组合式压型铝板围护结构中的支承结构层，常由檩条系统的构件、配件、连接件、板材组成的屋面次结构	衬檩、次檩、主檩、拉条、立柱、支架、檩托等构配件组成，常用薄壁冷弯型钢、高频焊工字钢、轻型角钢、槽钢、工字钢、H型钢等做檩条，并配以各种零配件加以组成、连接
12	室内吊顶层	包括灯具、人孔、通气孔、消防孔、通风管、喷淋、广播、报警、装饰、吸声板等各种使用功能的装备	除了设备、机具设施外，常用金属网、金属板（扣板、折板、盒式板等）、吊顶板和轻钢龙骨共同组成符合功能要求和艺术效果的天棚

注：上述设施和层次并非每一建筑都用到，视建筑用途、功能要求选择12项或更多项中若干项用在实际工程设计中，并随建筑功能要求增加而将各层次进行科学有序的组合。

（续）压型铝板屋面设施和层次、功能、材料

审核	王道正	[签名]	校对	张颖华	[签名]	设计	孟令芹	[签名]	图号	A3

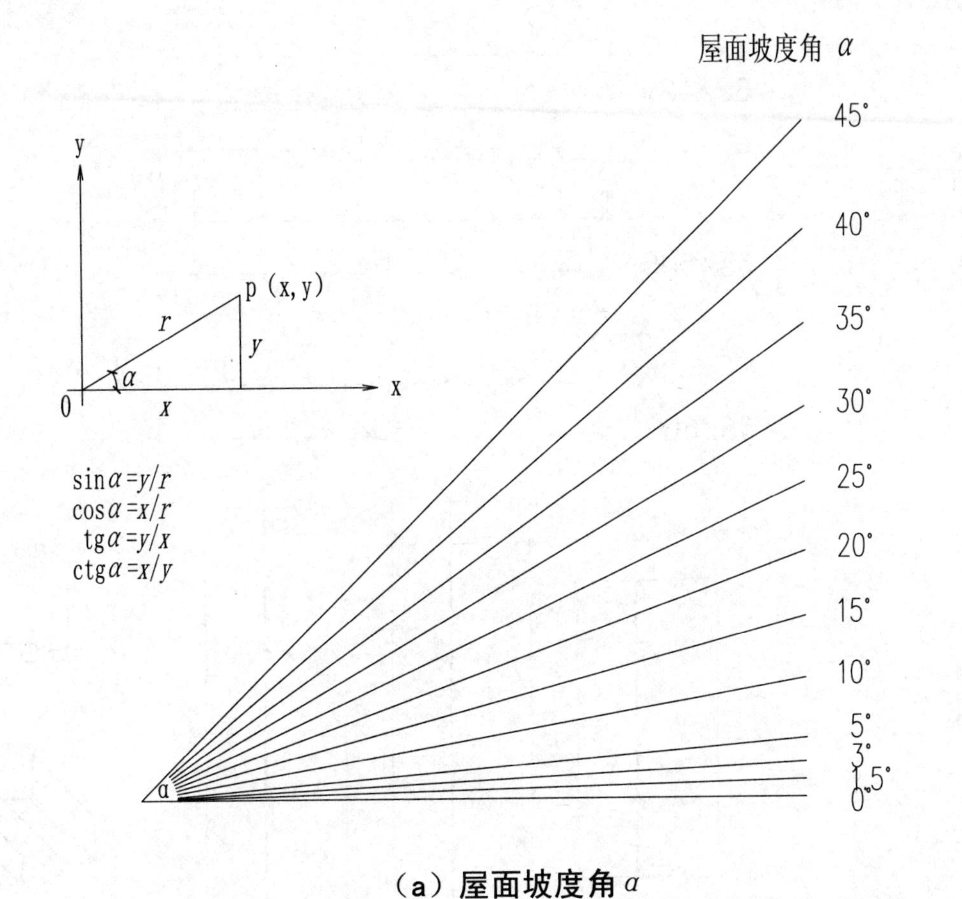

（a）屋面坡度角α

屋面坡度百分比 i	伸长率
100%	1.41421
83.9%	1.30541
70.0%	1.22078
57.8%	1.15469
46.6%	1.10338
36.4%	1.06418
26.8%	1.03528
17.5%	1.01542
8.6%	1.00382
5.2%	1.00137
2.6%	1.00034
0%	1.00000

（b）坡度百分比i和伸长率

注：1.压型铝板屋面坡度宜大于百分之五（$i>5\%$）；

2.压型铝板屋面坡度为百分之三至五（$i=3\%\sim5\%$）时，应采取相应有效的防渗漏措施；

3.压型铝板屋面坡度不应小于百分之三（$i\geqslant3\%$）。

4.（a）用屋面同水平面的倾角表示；（b）用百分比i表示;（a）与（b）一一对应，伸长率是斜长同水平长的比值。

压型铝板屋面坡度									
审核	王道正	[签名]	校对	张颖华	[签名]	设计	孟令芹	[签名]	图号 A4

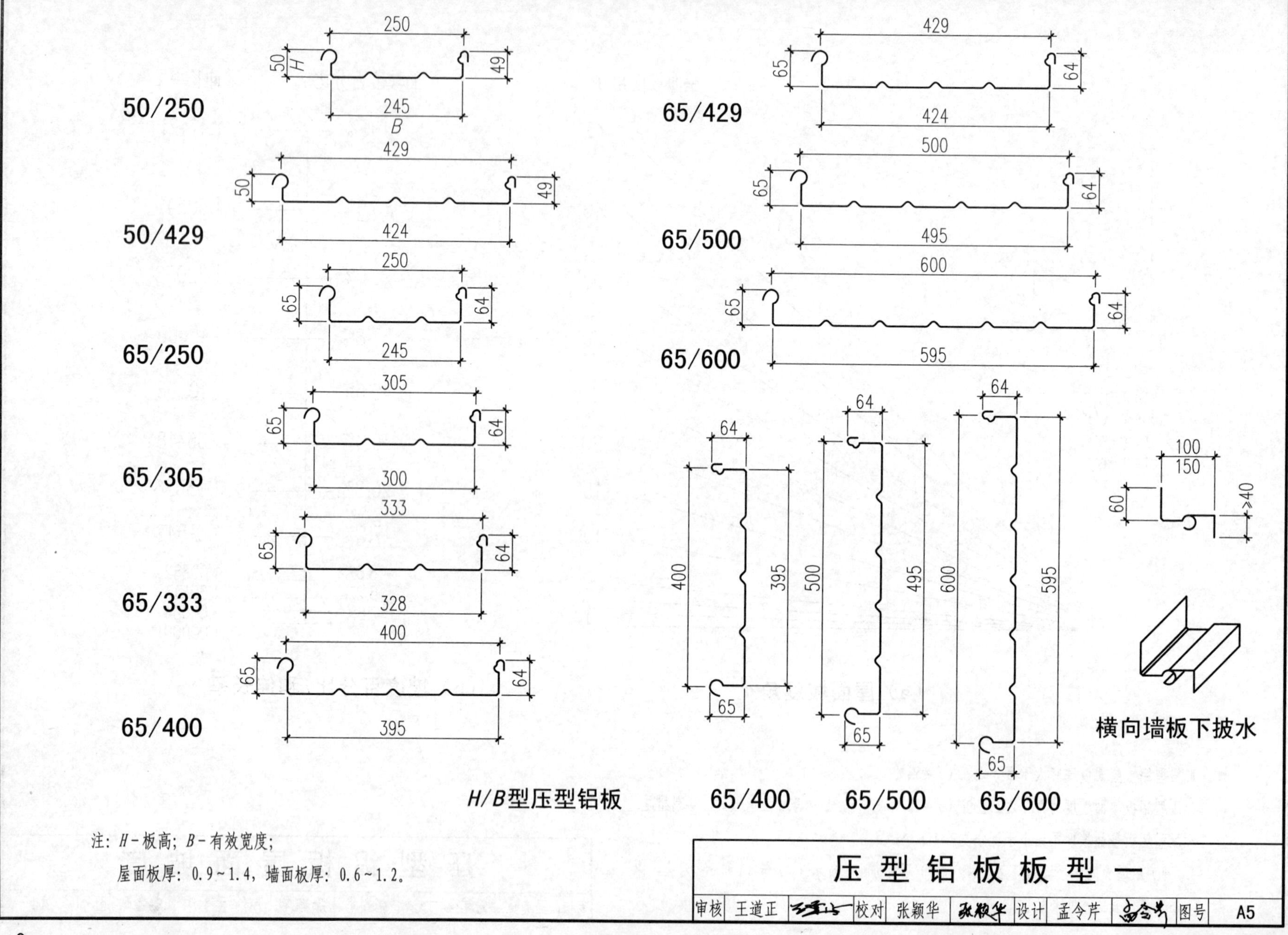

注：H－板高；B－有效宽度；

屋面板厚：0.9～1.4，墙面板厚：0.6～1.2。

压型铝板板型一

审核	王道正		校对	张颖华		设计	孟令芹		图号	A5

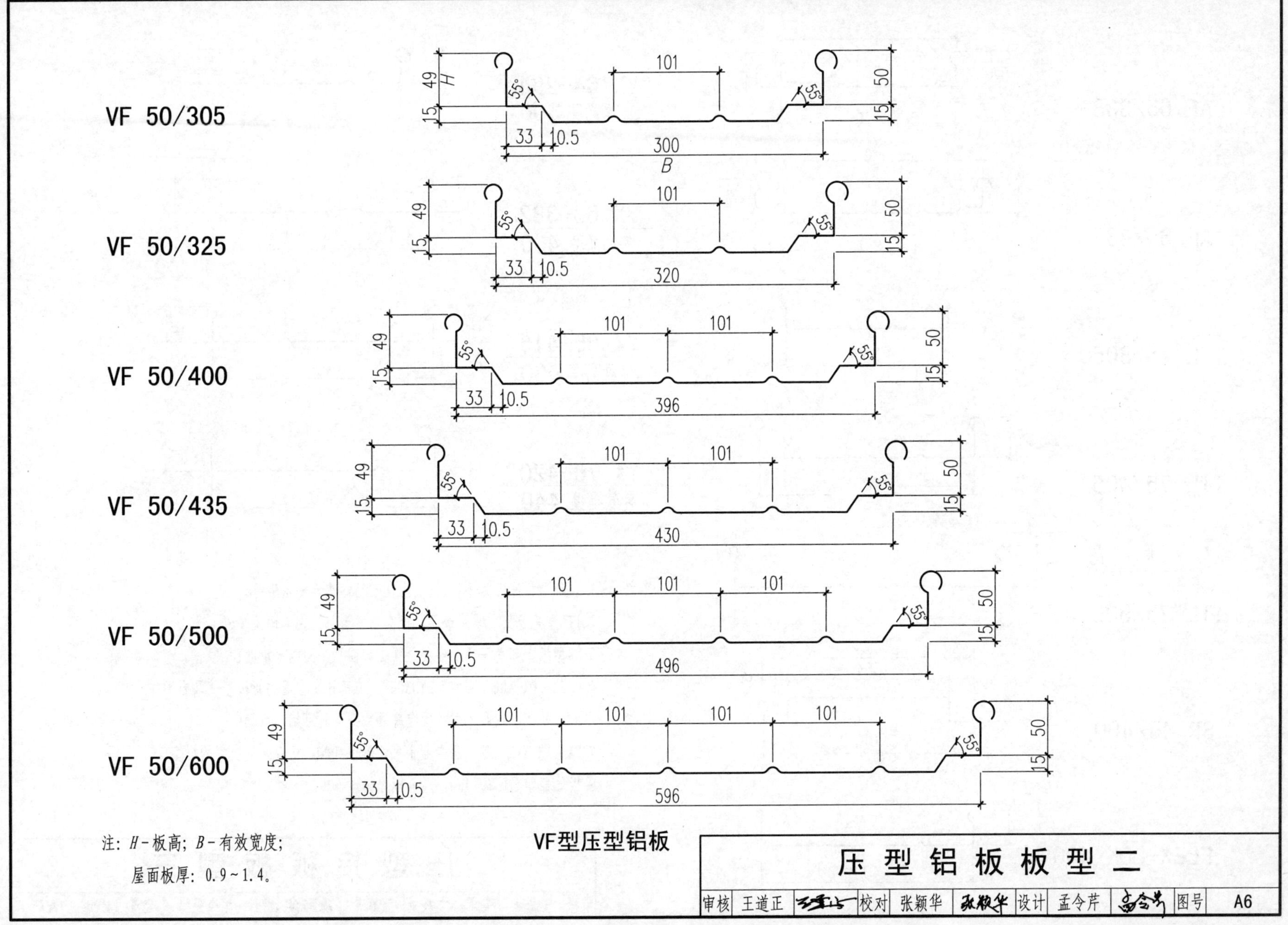
VF 50/305
VF 50/325
VF 50/400
VF 50/435
VF 50/500
VF 50/600
101
49
H
15
55°
50
33
10.5
300
B
320
396
430
496
596
注：H－板高；B－有效宽度；
屋面板厚：0.9～1.4。
VF型压型铝板
压型铝板板型二
审核 王道正 校对 张颖华 设计 孟令芹 图号 A6

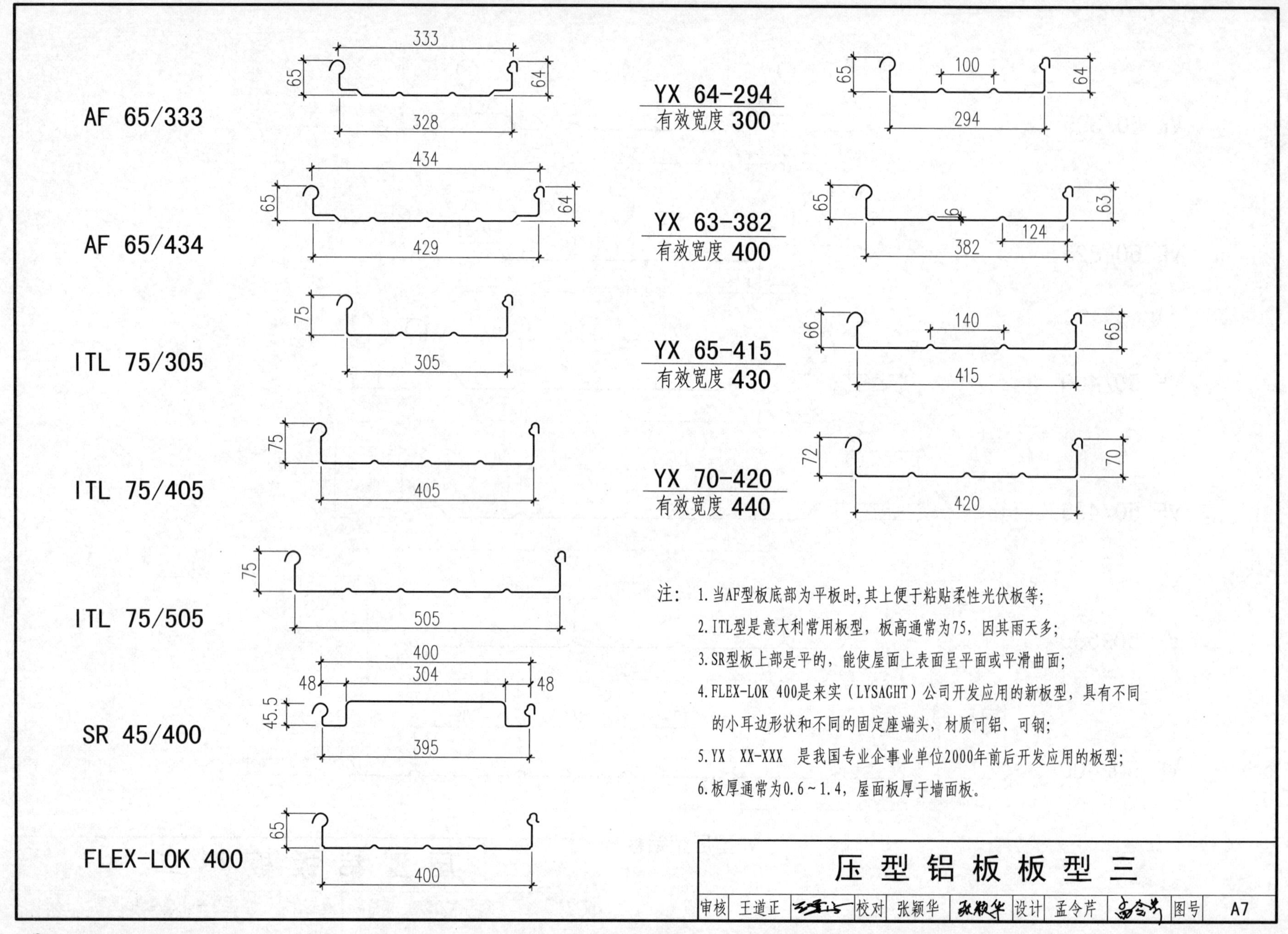
AF 65/333
333
65
64
328
AF 65/434
434
65
64
429
ITL 75/305
75
305
ITL 75/405
75
405
ITL 75/505
75
505
SR 45/400
400
48
304
48
45.5
395
FLEX-LOK 400
65
400
YX 64-294
有效宽度 300
65
100
64
294
YX 63-382
有效宽度 400
65
6
63
124
382
YX 65-415
有效宽度 430
66
140
65
415
YX 70-420
有效宽度 440
72
70
420
注：1.当AF型板底部为平板时,其上便于粘贴柔性光伏板等;
2.ITL型是意大利常用板型，板高通常为75，因其雨天多;
3.SR型板上部是平的，能使屋面上表面呈平面或平滑曲面;
4.FLEX-LOK 400是来实（LYSAGHT）公司开发应用的新板型，具有不同的小耳边形状和不同的固定座端头，材质可铝、可钢;
5.YX XX-XXX 是我国专业企事业单位2000年前后开发应用的板型;
6.板厚通常为0.6～1.4，屋面板厚于墙面板。
压型铝板板型三
审核
王道正
校对
张颖华
设计
孟令芹
图号
A7

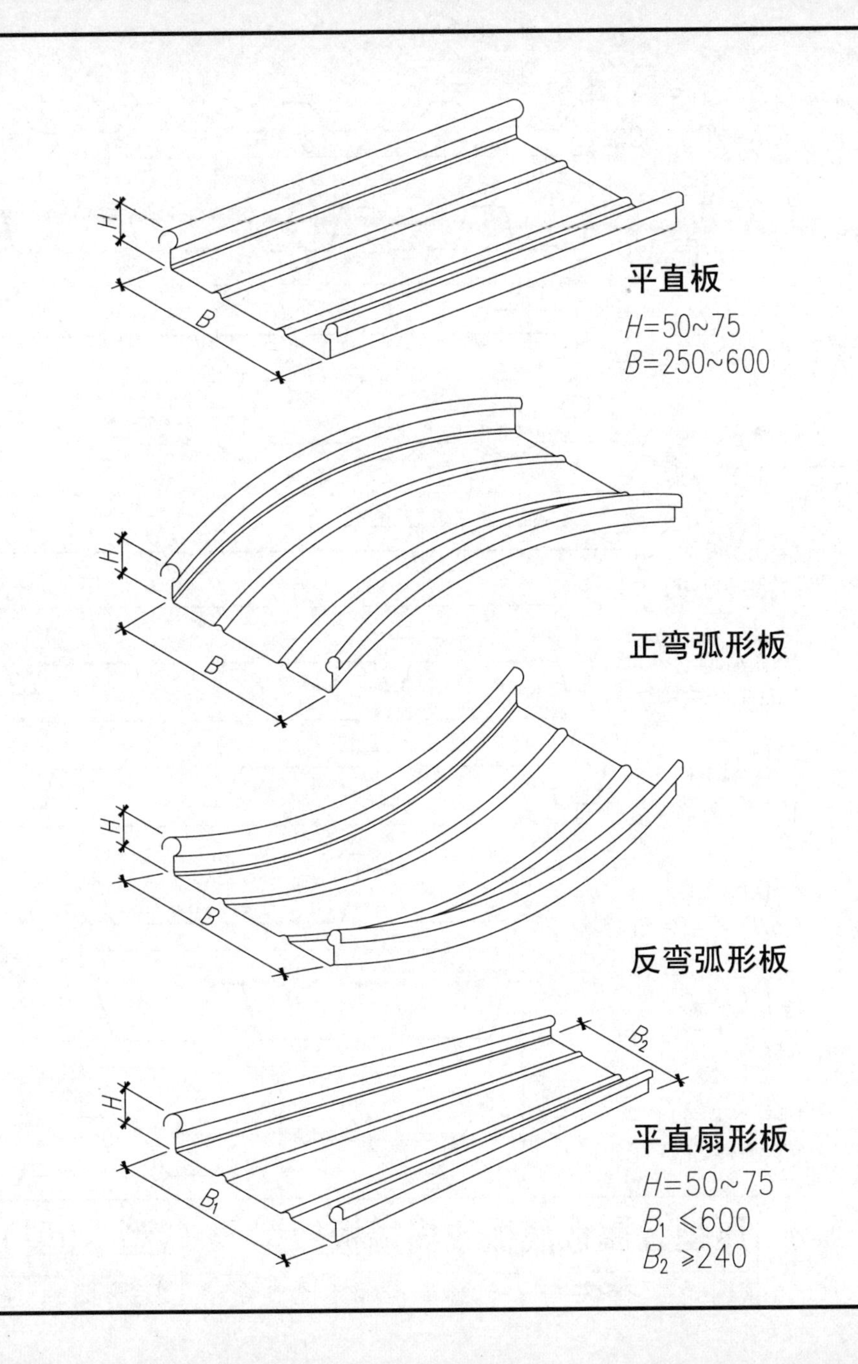

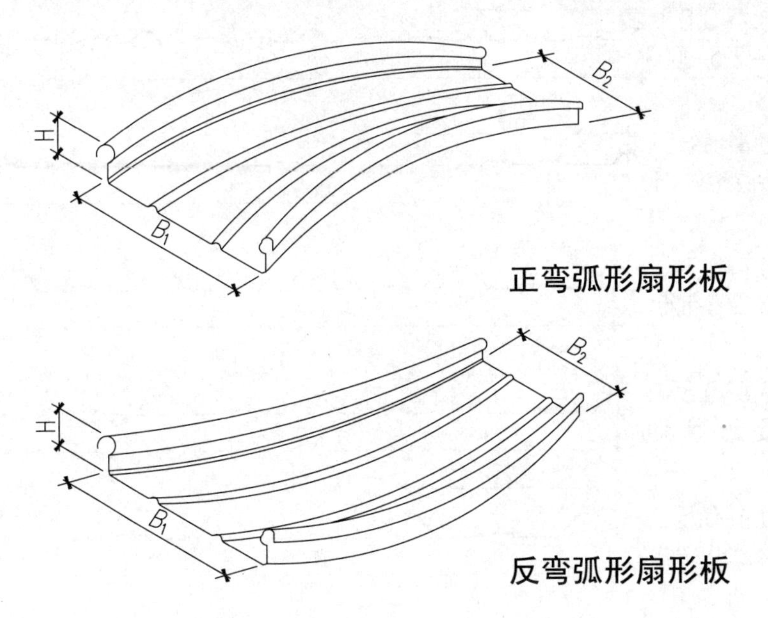

压型铝板弯曲成弧形

各种型号的压型铝板通过相应的辊压冷弯成型机加工成平直板和平直扇形板，再经以下三种方式可自然或加工成为正弯曲弧形板和反弯曲弧形板：自然弯曲弧形板、成弧机预先弯曲弧形板、褶皱机预先弯曲褶皱板，以满足单曲面屋面（如圆柱）或双曲面屋面（如球形）铺设成符合设计外形要求的屋面，扇形板有大小头之分，详细技术做法可查《铝板和特种金属板围护结构手册》。

压型铝板板型四								
审核	王道正	[签名]	校对	张颖华	[签名]	设计	孟令芹	[签名]	图号	A8

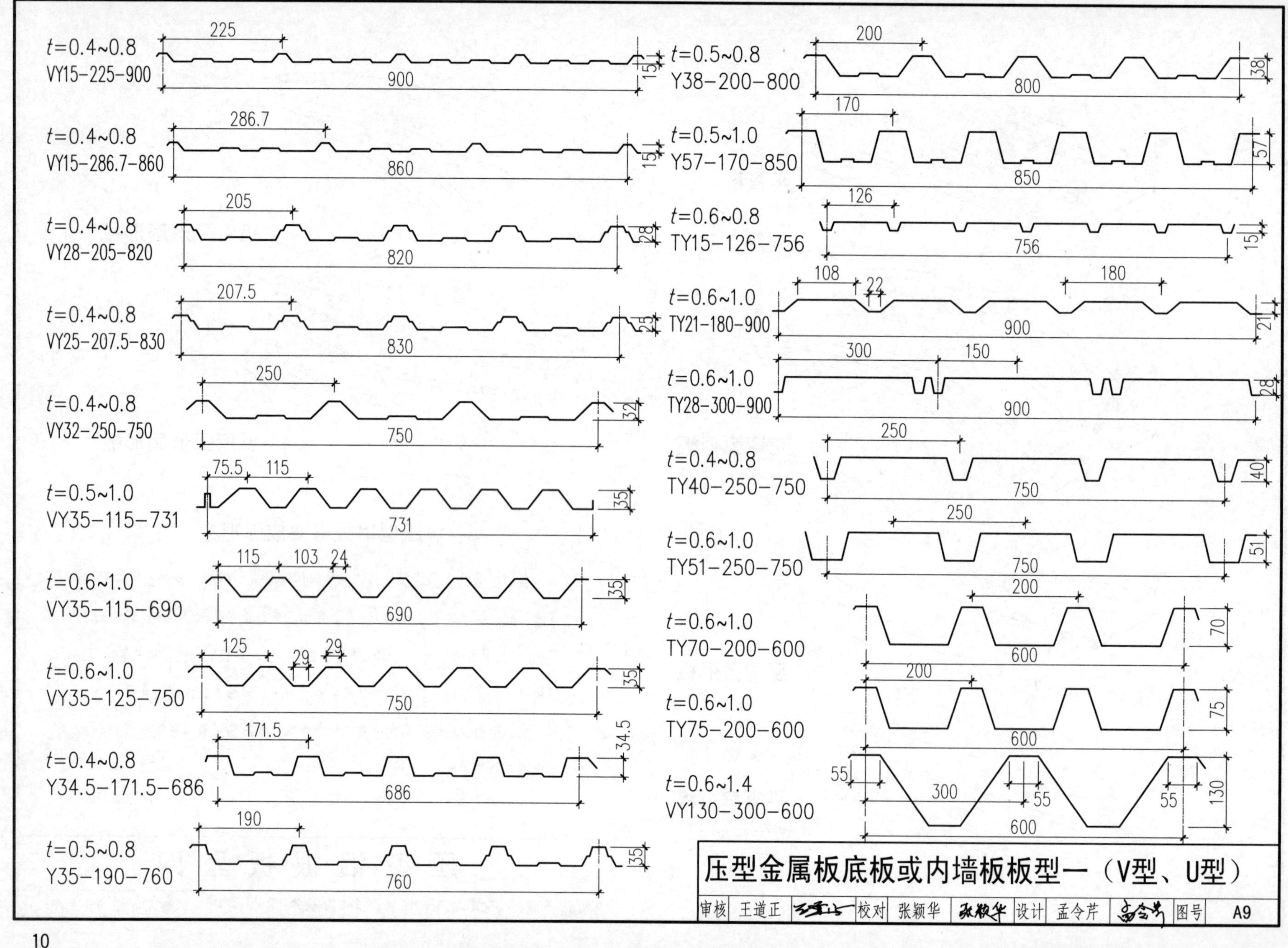

压型金属板底板或内墙板板型一（V型、U型）

审核	王道正		校对	张颖华		设计	孟令芹		图号	A9

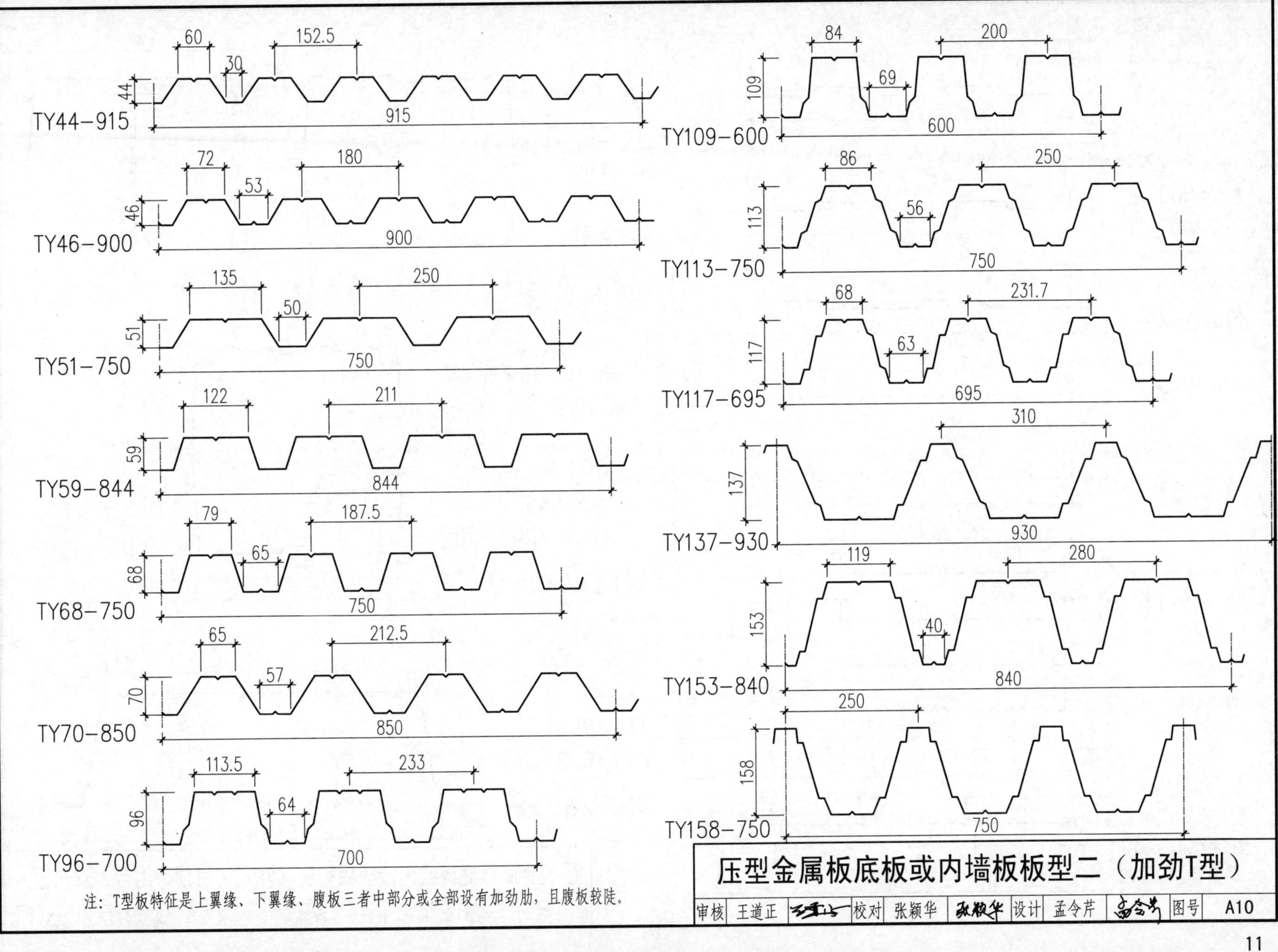

注：T型板特征是上翼缘、下翼缘、腹板三者中部分或全部设有加劲肋，且腹板较陡。

压型金属板底板或内墙板板型二（加劲T型）

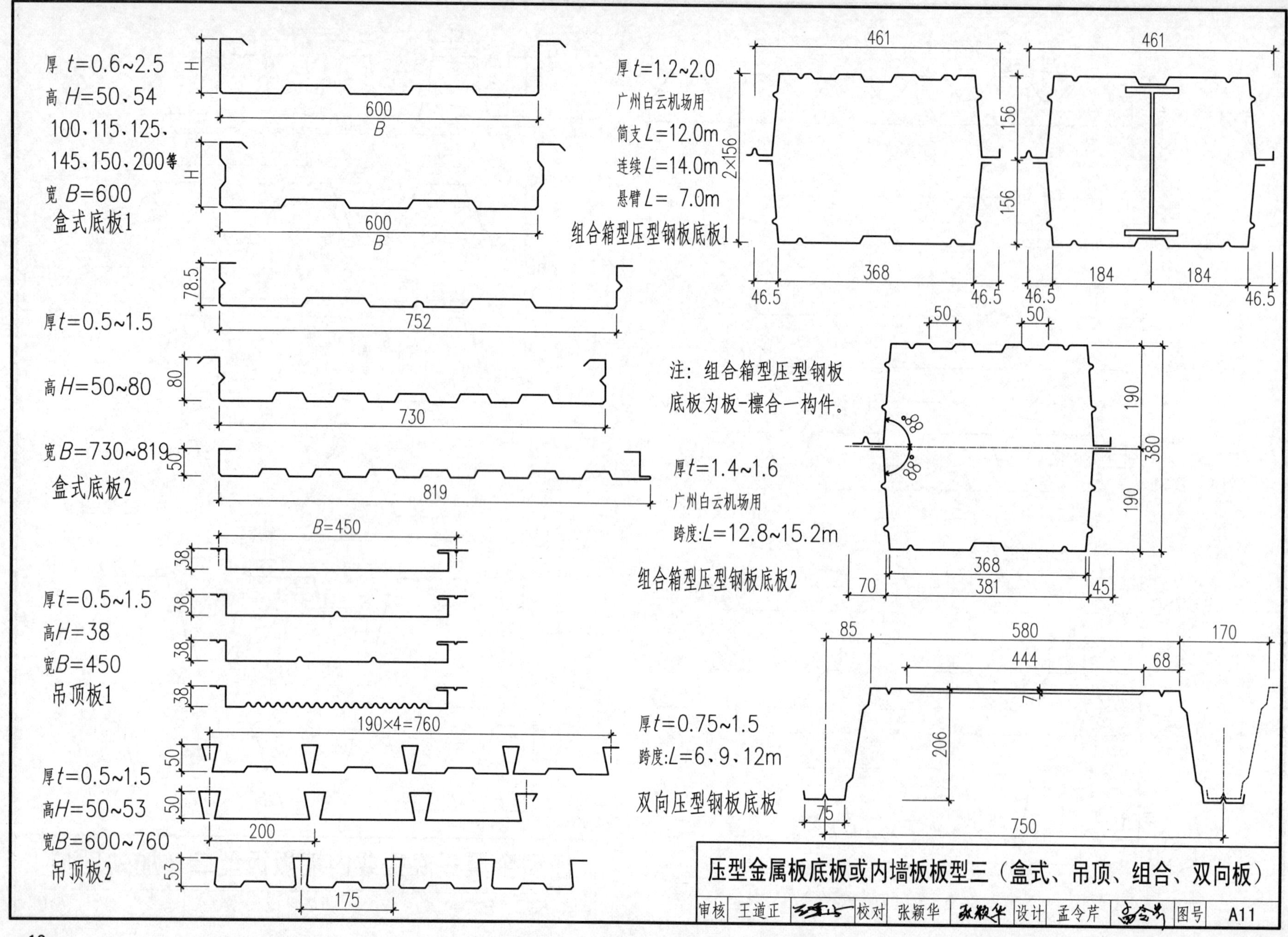

压型金属板底板或内墙板板型三（盒式、吊顶、组合、双向板）

审核	王道正		校对	张颖华		设计	孟令芹		图号	A11

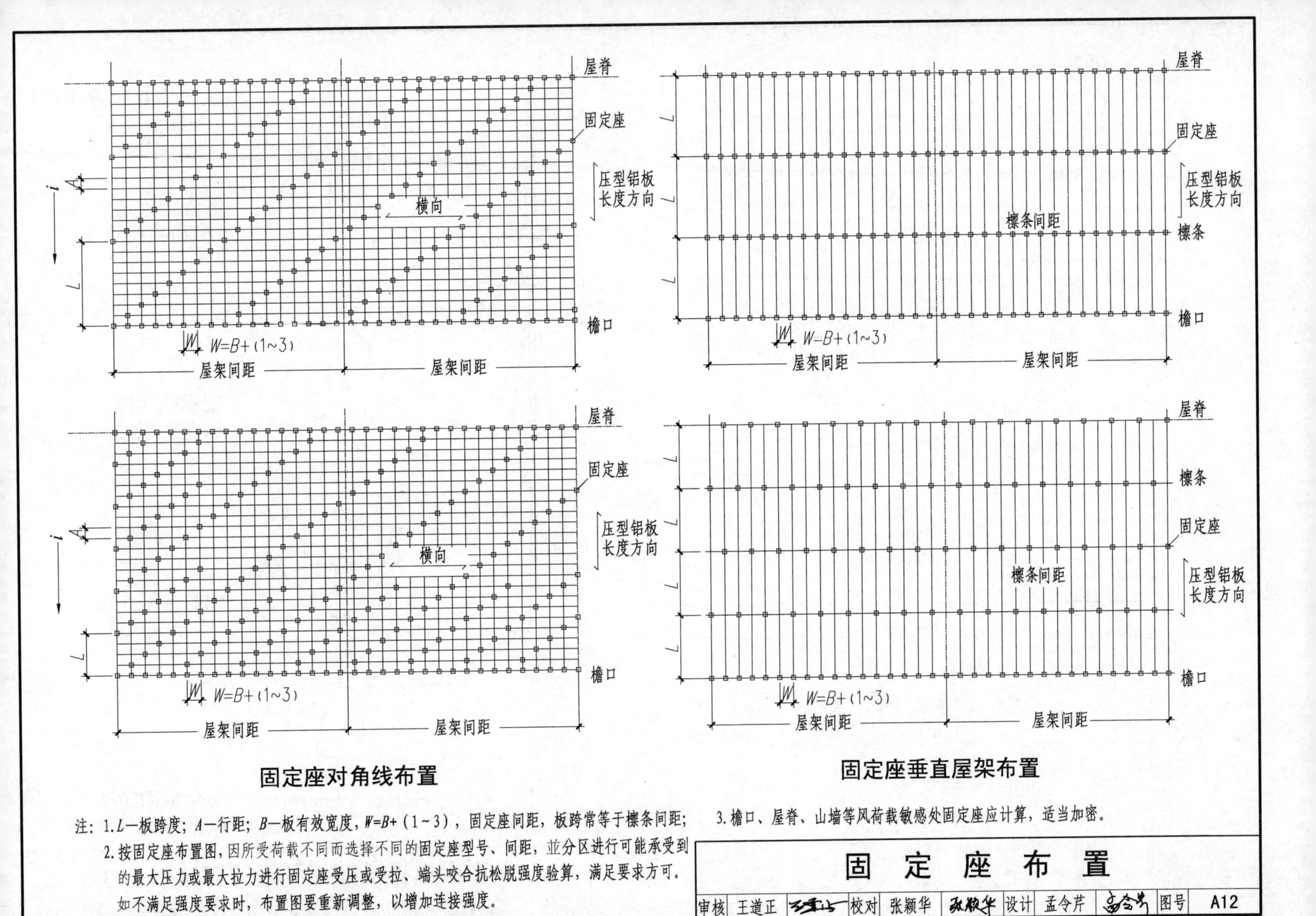

注：1. L—板跨度；A—行距；B—板有效宽度，W=B+（1~3），固定座间距，板跨常等于檩条间距；

2. 按固定座布置图，因所受荷载不同而选择不同的固定座型号、间距，并分区进行可能承受到的最大压力或最大拉力进行固定座受压或受拉、端头咬合抗松脱强度验算，满足要求方可。如不满足强度要求时，布置图要重新调整，以增加连接强度。

3. 檐口、屋脊、山墙等风荷载敏感处固定座应计算，适当加密。

固 定 座 布 置									
审核	王道正	王道正	校对	张颖华	张颖华	设计	孟令芹	孟令芹	图号 A12

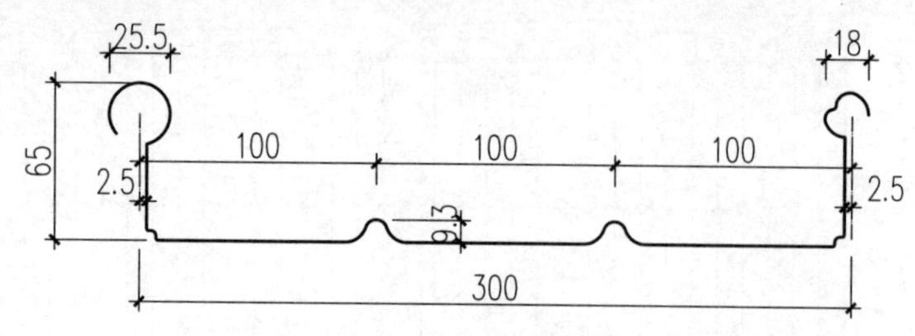

65/300型 压型金属板

序号	材　　料	厚 度 (mm)	每平方米重量 (kN/m²)	每延米重量 (kg/m)
1	铝 合 金 板	0.9 1.2	0.039 0.052	1.16 1.55
2	铜 合 金 板	0.8 0.9	0.113 0.128	3.40 3.83
3	锌 合 金 板	0.8	0.091	2.74
4	不 锈 钢 板	0.6 0.7	0.076 0.089	2.29 2.67

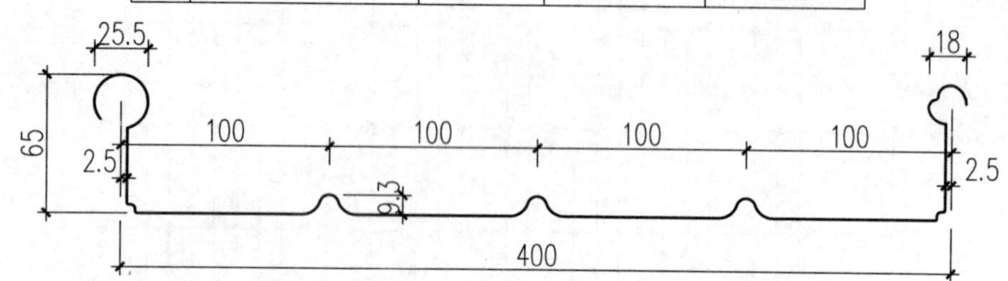

65/400型 压型金属板

序号	材　　料	厚 度 (mm)	每平方米重量 (kN/m²)	每延米重量 (kg/m)
1	铝 合 金 板	0.9 1.2	0.035 0.047	1.42 1.89
2	铜 合 金 板	0.8 0.9	0.103 0.116	4.13 4.64
3	锌 合 金 板	0.8	0.083	3.33
4	不 锈 钢 板	0.6 0.7	0.069 0.081	2.78 3.24

大、小耳边需同端头匹配

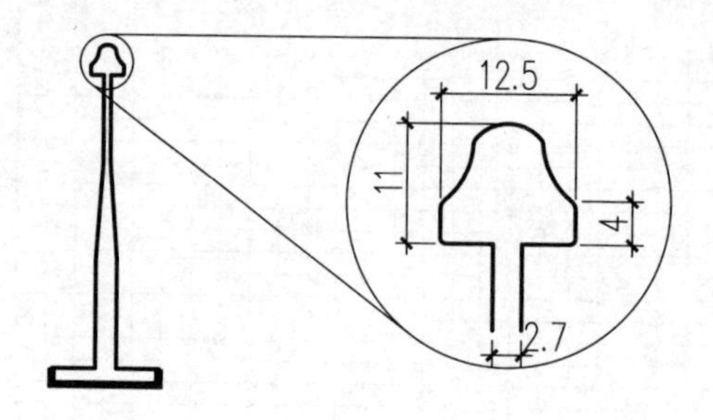

铝合金固定座梅花头尺寸

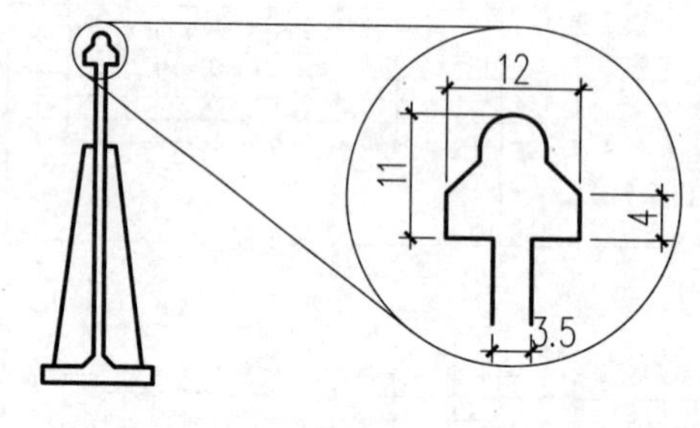

塑钢固定座梅花头尺寸

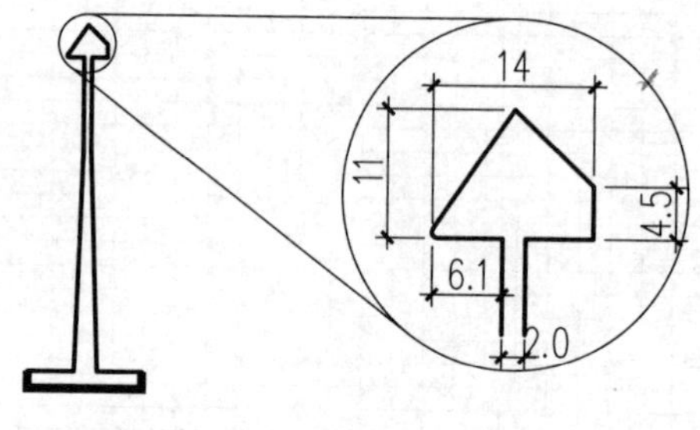

铝合金固定座三角头尺寸

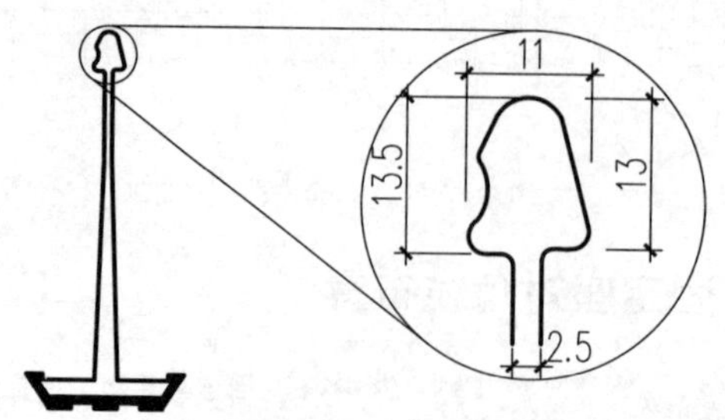

铝合金固定座缺牙锥头尺寸

压型金属板横断面和固定座端头尺寸

审核	王道正		校对	张颖华		设计	孟令芹		图号	A13

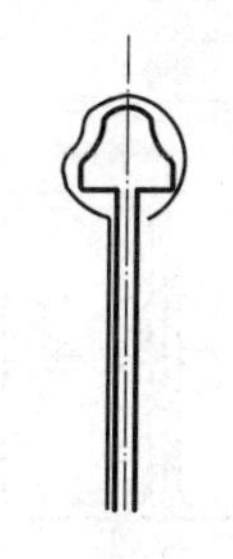

小耳边咬合

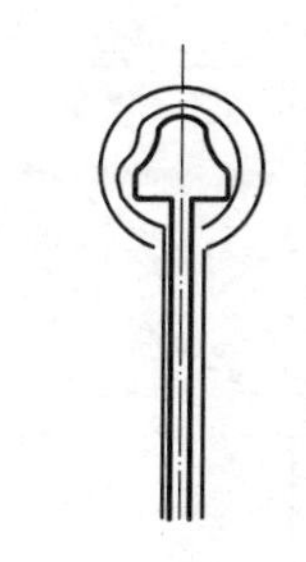

大、小耳边咬合

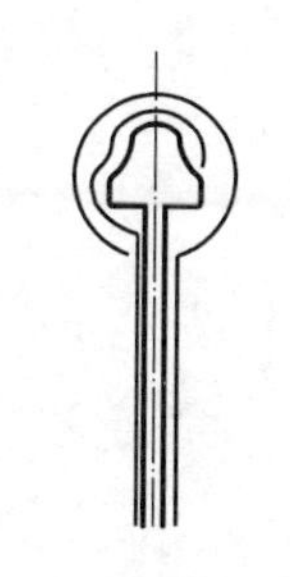

小耳边咬合不良

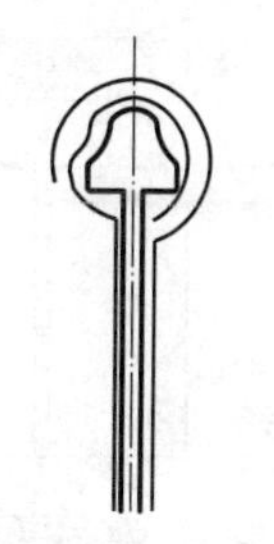

大耳边咬合不良

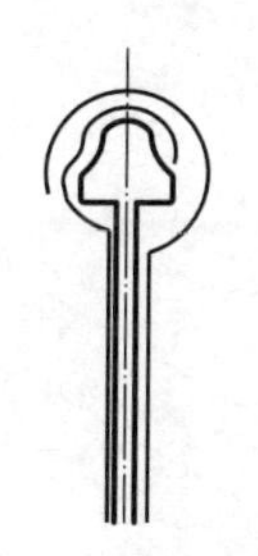

大、小耳边咬合均不良

改进型咬合

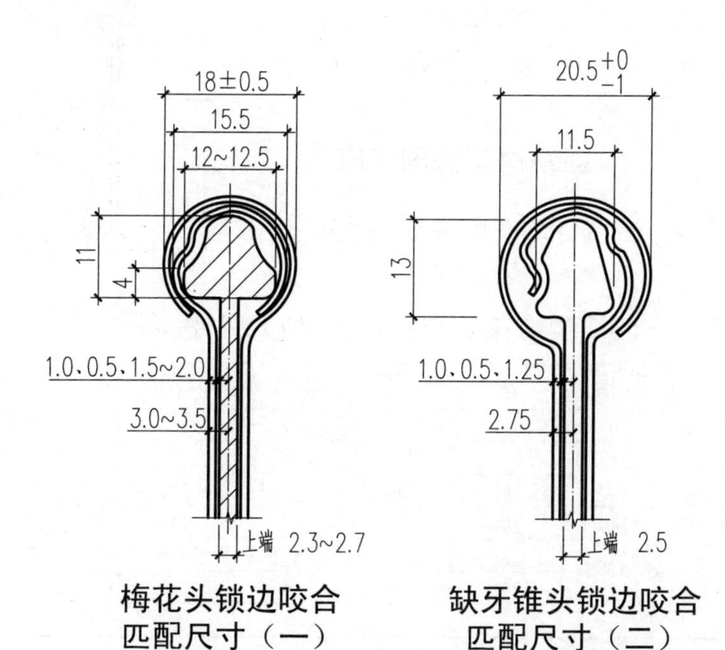

梅花头锁边咬合
匹配尺寸（一）
（通常使用）

缺牙锥头锁边咬合
匹配尺寸（二）
（来实公司研发）

注：1. 设计和施工均要十分重视直立锁边压型铝板在固定座上端头部的咬合，因为这是锁边咬合抵抗风的吸力，防止压型铝板大、小耳边从固定座端头松脱的重要保障。左下图（一）、（二）表示了梅花头和缺牙锥头锁边最终匹配尺寸要求。

2. 上图分别图示大小耳边咬合过程、咬合不良情况、改进作法。

3. 左下图表示梅花头固定支座，梅花头宽12～12.5、板厚≤1.0时，施工完毕时经人工锁边咬合和锁边机咬合后，锁边外形直径要求≤ 18±0.5，±0.5是《铝合金结构工程施工质量验收规范》GB 50576—2010中12.2.3条的要求，并且大、小耳边的板端一定要弯勾卡到梅花头下方的“脖子”上。缺牙锥头宽11.5，锁边外形直径要求≤20.5^{+0}_{-1}。

4. 锁边咬合经过人工夹钳咬合、行进式电动锁边咬合机两道咬合工序。需对钳口尺寸、锁边咬合辊轮间距，要经两次以上调整，以达到最终耳边外形直径尺寸的要求，并经自检和抽检合格，以确保连接咬合强度。

直立锁边咬合构造									
审核	王道正	（签名）	校对	张颖华	（签名）	设计	孟令芹	（签名）	图号 A14

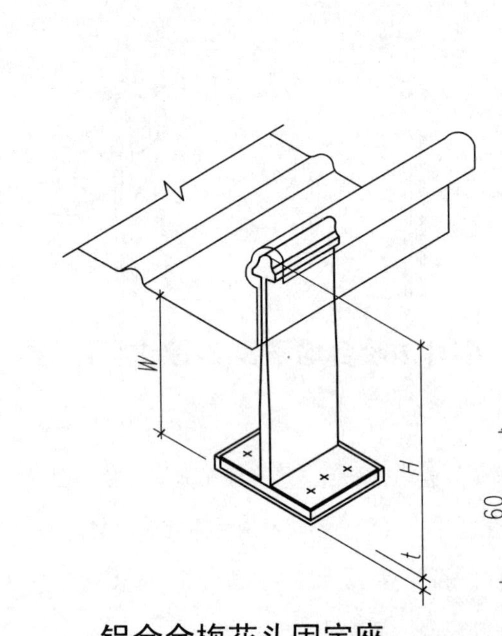

铝合金梅花头固定座

单座底板

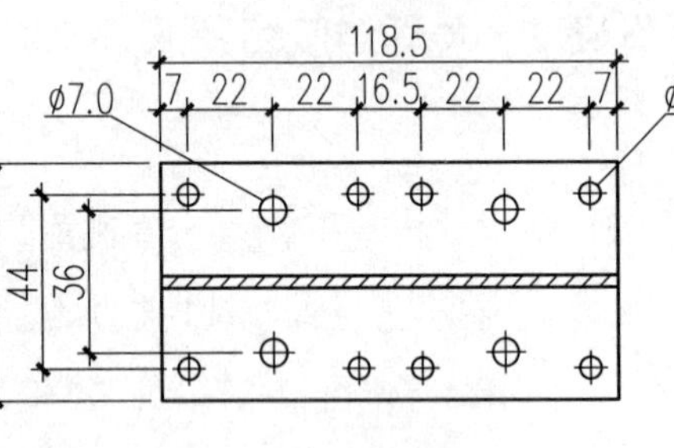

双座底板

塑钢梅花头固定座

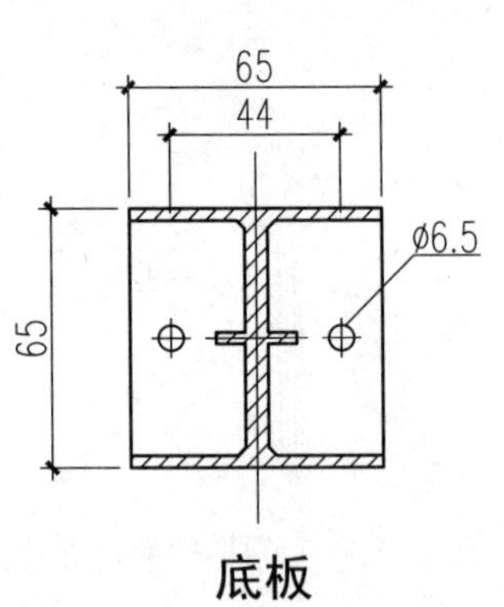

底板

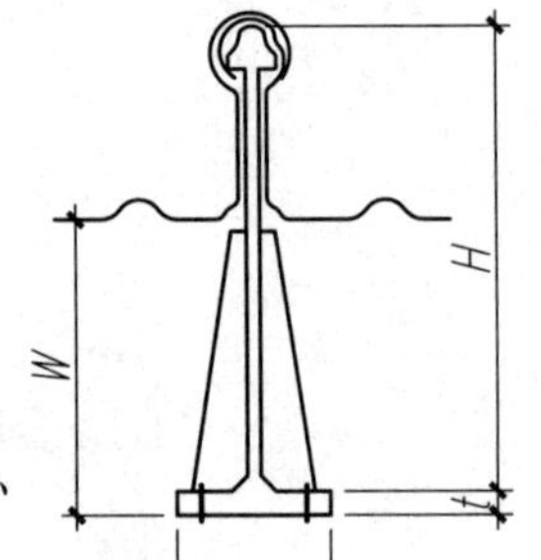

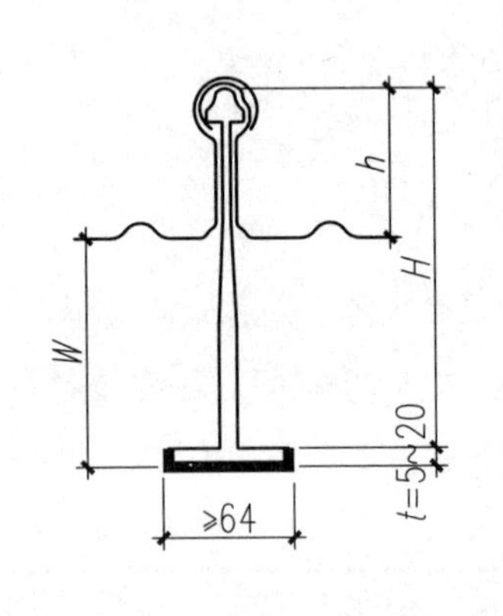

铝合金梅花头固定座（ST型）尺寸

型 号	H	h65型W	h50型W	AF型W
L10	66		20	5
L25	81	25	40	25
L50	106	50	65	50
L60	116	60	75	60
L80	136	80	95	80
L90	146	90	105	90
L100	156	100	115	100
L110	166	110	125	110
L120	176	120	135	120
L130	186	130	145	130
L140	196	140	155	140
L150	206	150	165	150
L190	246	190	205	190

注：塑钢梅花头固定座具有强度高、抗腐蚀、耐久、避冷桥等优点。

塑钢梅花头固定座（E型）尺寸

型 号	H	h65型W	h50型W	AF型W
E10	66		20	5
E25	86	25	40	25
E100	161	100	115	100
E140	201	140	155	140
E160	221	160	175	160
E180	241	180	195	180

固 定 座 一									
审核	王道正	[signature]	校对	张颖华	[signature]	设计	孟令芹	[signature]	图号 A15

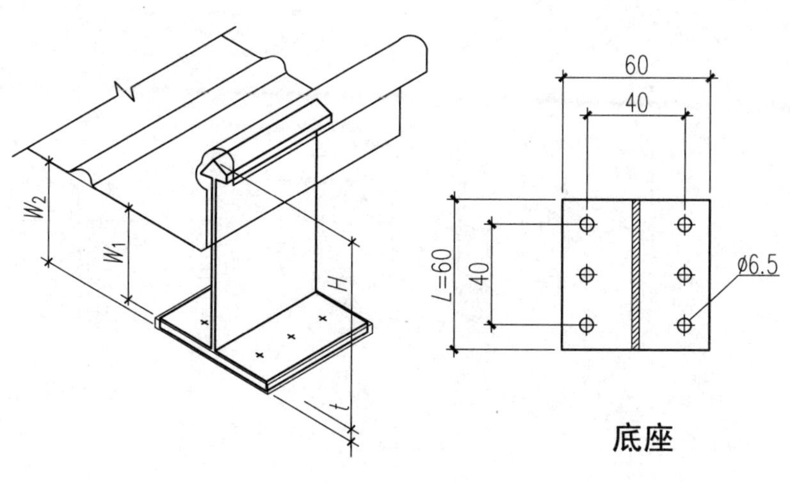

铝合金三角头固定座

50
60
H
60
40
60
40
ϕ6.5

GK型铝合金固定座

底座

h
H
W2
⩾64

铝合金三角头固定座尺寸

材　质	H	W_1	W_2
铝 合 金	80	18	24
	100	38	44
	165	103	109
	195	133	139
工程塑料	100	38	

注：H —不带隔热垫固定座高度；

W_1—压型铝板底部到隔热垫上方的距离；

W_2—压型铝板底部到隔热垫下方的距离；

t — 隔热垫厚度，t=5、15两种；

h — 压型铝板高度；

L — 固定座长度。

GK型铝合金固定座（2件套）尺寸

型　号	L	H	h
L10	60	66	65
GK5/100	100	62	65
GK5/150	150	62	65
GK5/200	200	62	65

注：1.GK型固定座用于AF、VF型压型铝板；

2.固定座长度L=60～200，增加梅花头上件长度，是为了适应温度较大变化时，上件可在底座（下件）圆槽内往返滑动或略作转动而又受到向上的约束；

固　定　座　二									
审核	王道正	[签名]	校对	张颖华	[签名]	设计	孟令芹	[签名]	图号 A16

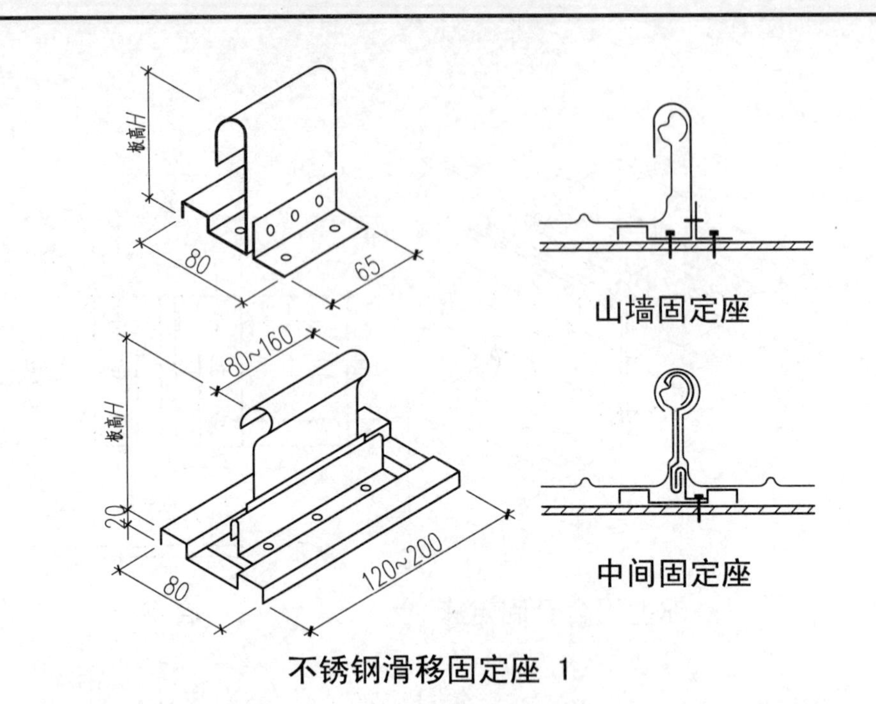

不锈钢滑移固定座 1

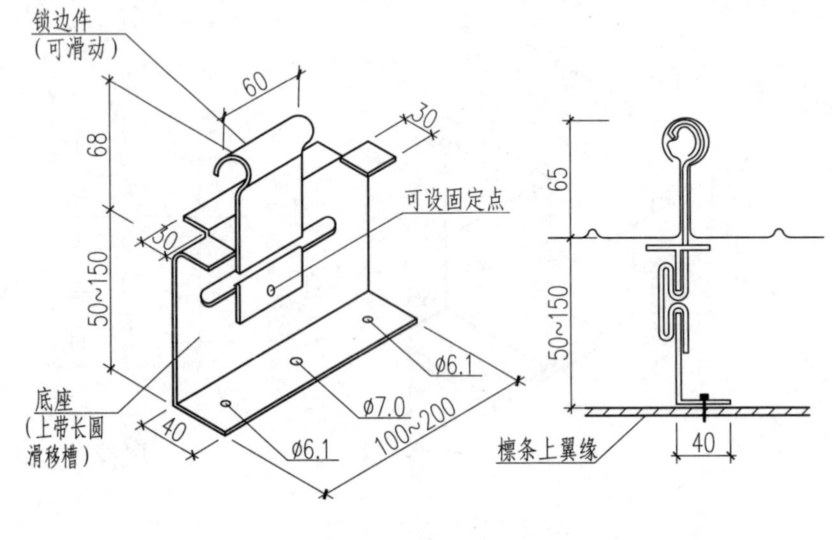

不锈钢滑移固定座 3

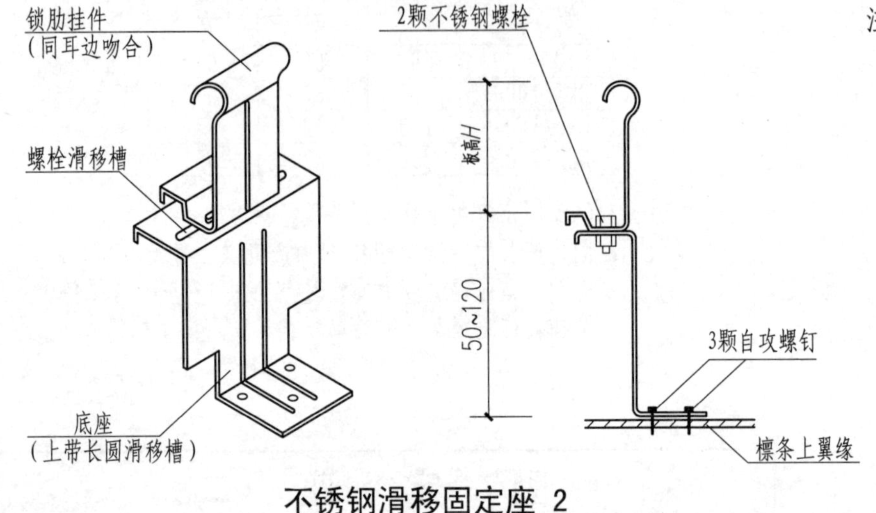

不锈钢滑移固定座 2

注：1. 压型铝板的小耳边、大耳边、固定座带钩端头三者锁边咬合有利抗拉脱能力的提高、并提高整个屋面抗风揭性能有重要的作用。人们通过创新、试验、工程应用，改进为不锈钢滑移固定座，用以替代传统的单件、T形铝合金固定件。

2. 推荐3种做法，固定座1是欧美的做法；固定座2是雅百特金属结构系统有限公司实用新型专利产品；固定座3是综合国内外构造本图集的新设计，用SUS304L，厚0.6。具有共同特点：固定座由锁边、固定两零件组成，锁边件位于大、小耳边之间；既钩住耳边又不影响屋面板伸缩，长度依伸缩量不同，并可设几种不同规格等。

3. 固定座2上加设抗风夹后，试验表明抗风揭强度可以达到或大于设计值，并在我国沿海台风区的公共建筑屋面上成功应用。

固 定 座 三

审核	王道正		校对	张颖华		设计	孟令芹		图号	A17

序号	简图	使用情况	连接件数量	对固定（连接）件要求		直径×长度（mm）
1	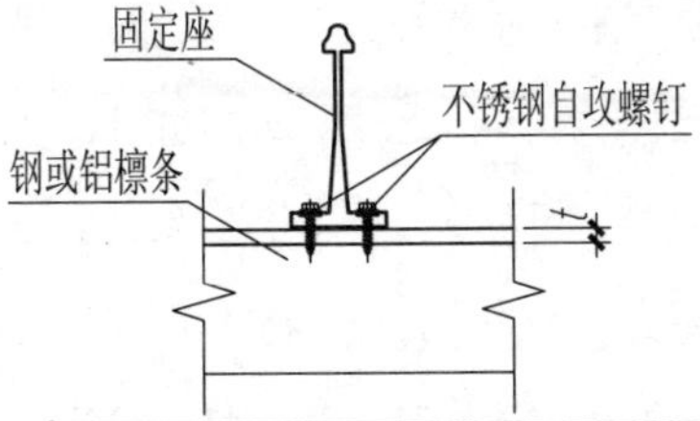 固定座 不锈钢自攻螺钉 钢或铝檩条	不带隔热垫的固定座固定在钢或铝的檩条上 $t \leqslant 3.0$ $3.0 < t \leqslant 5.0$ $5.0 < t \leqslant 11.0$	2或4颗/每固定座	不锈钢自攻螺钉配⌀16铝垫圈和防水密封垫	$t \leqslant 3.0$	M 6.3×25
					$3.0 < t \leqslant 5.0$	M 6.3×25
					$5.0 < t \leqslant 11.0$	M 6.3×35
2	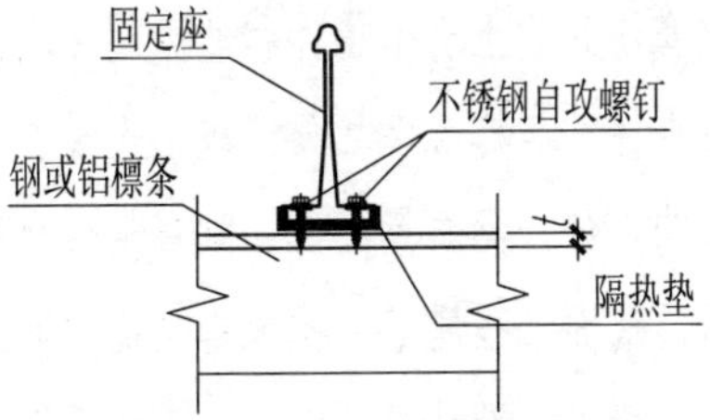 固定座 不锈钢自攻螺钉 钢或铝檩条 隔热垫	带隔热垫的固定座固定在钢或铝的檩条上 $t \leqslant 3.0$ $3.0 < t \leqslant 11.0$	2或4颗/每固定座	不锈钢自攻螺钉配⌀16铝垫圈和防水密封垫	$t \leqslant 3.0$	M 6.3×32
					$3.0 < t \leqslant 11.0$	M 6.3×38
3	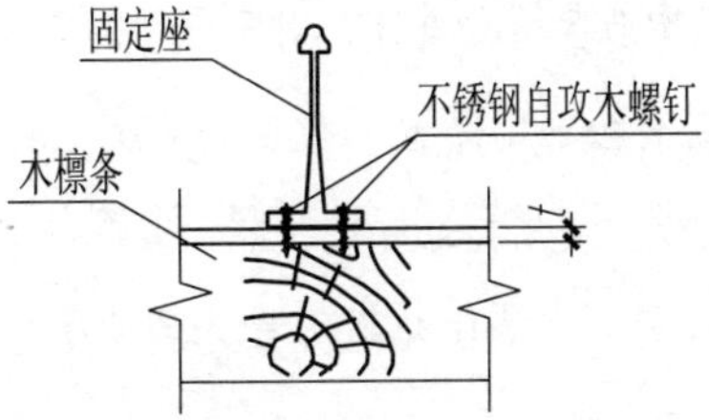 固定座 不锈钢自攻木螺钉 木檩条	固定座固定在宽度≥75的木檩条上	2或4颗/每固定座	不锈钢自攻螺钉（木螺纹）配⌀16铝垫圈和防水密封垫或长粗木螺纹钉		M（6.3~6.5）×64（木螺纹）
4	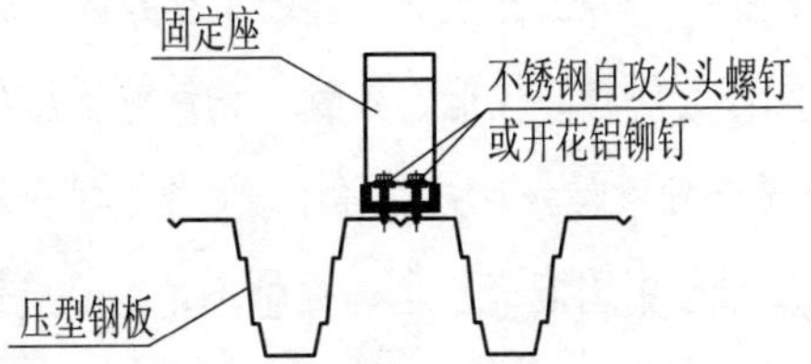 固定座 不锈钢自攻尖头螺钉或开花铝铆钉 压型钢板	带隔热垫的固定座固定在厚度≥0.65的压型钢板底板上	4颗/每固定座	不锈钢自攻尖头螺钉（ 4.0）或⌀4.8开花铝铆钉或专用钢制自攻螺钉（表面热镀锌）		⌀4.0×12

注：按固定座的布置方式、不同支承型式和材料，在不利荷载组合下，进行抗拔力计算，确定连接件选用规格和数量的可靠性，连接件直径和长度查相关规格性能表。

固定座固定

审核	王道正	王道正	校对	张颖华	张颖华	设计	孟令芹	孟令芹	图号	A18

1.压型铝板（直立锁边）屋面及墙面围护结构系统由三部分组成：

（1）基本板：H/B、VF、AF、ITL、RS、YX等型号的压型铝板平直板、正弯弧形板、反弯弧形板、平直扇形板、正弯弧形扇形板、反弯弧形扇形板、鼓形板、瓜皮板、香蕉板等，按屋面及墙面形状有规律地组合而成；

（2）异形板：按照建筑构造的功能要求，将铝合金薄板（厚≥压型铝板厚度）经剪切、折弯、弯曲成不同形状、尺寸和不同部位使用的泛水板、封檐板、屋脊盖板、包边板、盖顶板、伸缩缝盖板、洞口预制板等各种异形断面专门加工、制作的薄板板材；

（3）零配件：满足建筑构造要求，同压型铝板板型相配套，同异形板功能相适应，用于连接、加强、封堵、装饰等多种用途的零件、配件。除了标准紧固件外（如自钻自攻螺钉、抽芯拉铆钉等）每一种板型的压型铝板各具有自身特征的一整套的零配件，以供设计者选用和施工、安装者选购。专业公司应具有整套的供应能力。压型铝板（直立锁边）屋面和墙面围护结构系统的三部分的材料，其规格、性能、数量、尺寸等技术参数，应符合施工详图的技术要求，当施工详图未予明确时，施工安装单位应在投标文件中予以明确，施工安装时予以实施，并由监理工程师确认。

2.零配件是压型铝板（直立锁边）屋面及墙面围护结构系统中非常重要又常被忽视的组成部分，建成后抗风吸力不足而被掀起，防水性能不佳而渗漏等工程缺陷，常常同零配件配套不全、以致质量低下、未经受力计算、安全性评估缺失等因素有关。

3.零配件从功能用途可以分为五类：

（1）连接件：用于连接，如固定座和序号25、26、32、35~40等；

（2）加强件：用于提高强度，如序号3、4、5、7、9、10、11、13等；

（3）密封件：用于填塞孔洞、缝隙、间隙等，如序号6、8、14、23等；

（4）隔绝、采光、盖缝、伸缩等件，如序号1、2、15、16、17、19等；

（5）其他：封闭、安全、胶粘等，如序号31、35、41、42等。

4.零配件同压型铝板板型相配套，材质上有金属件和非金属件之分、定型件和不定型件之分、标准件和非标准件之分，施工安装自制和从专业生产、销售单位采购之分，其质量高低、配置是否合理、齐全，不仅直接影响到屋面及墙面工程质量、抗风揭性能和耐久性，而且还影响到工程造价。所以，设计施工图或施工详图编制人，在设计过程中，对建筑构造要精心设计，对零配件的各种用途、性能、规格、品种，要有全面的掌控，材料、品质上应不低于铝合金板的耐久性，对设计使用为50年的工程，零配件材质最好用不锈钢或铝合金，碳钢一定要使热镀锌量达到使用年限的要求，以做到技术先进、安全适用。

5.施工安装单位工程师要按施工详图，按屋面、墙面工程分区域统计基本板、异形板、零配件的规格、性能、数量，编制包括压型铝板、零配件在内的汇总表，使参建人员做到有计划制作、供应和正确、合理使用，避免施工过程中因配套不全、数量不足、品质低下、相互配置不当等而影响压型铝板工程质量，并避免丢失和浪费。

零配件说明									
审核	王道正	[signature]	校对	张颖华	[signature]	设计	孟令芹	[signature]	图号 A19

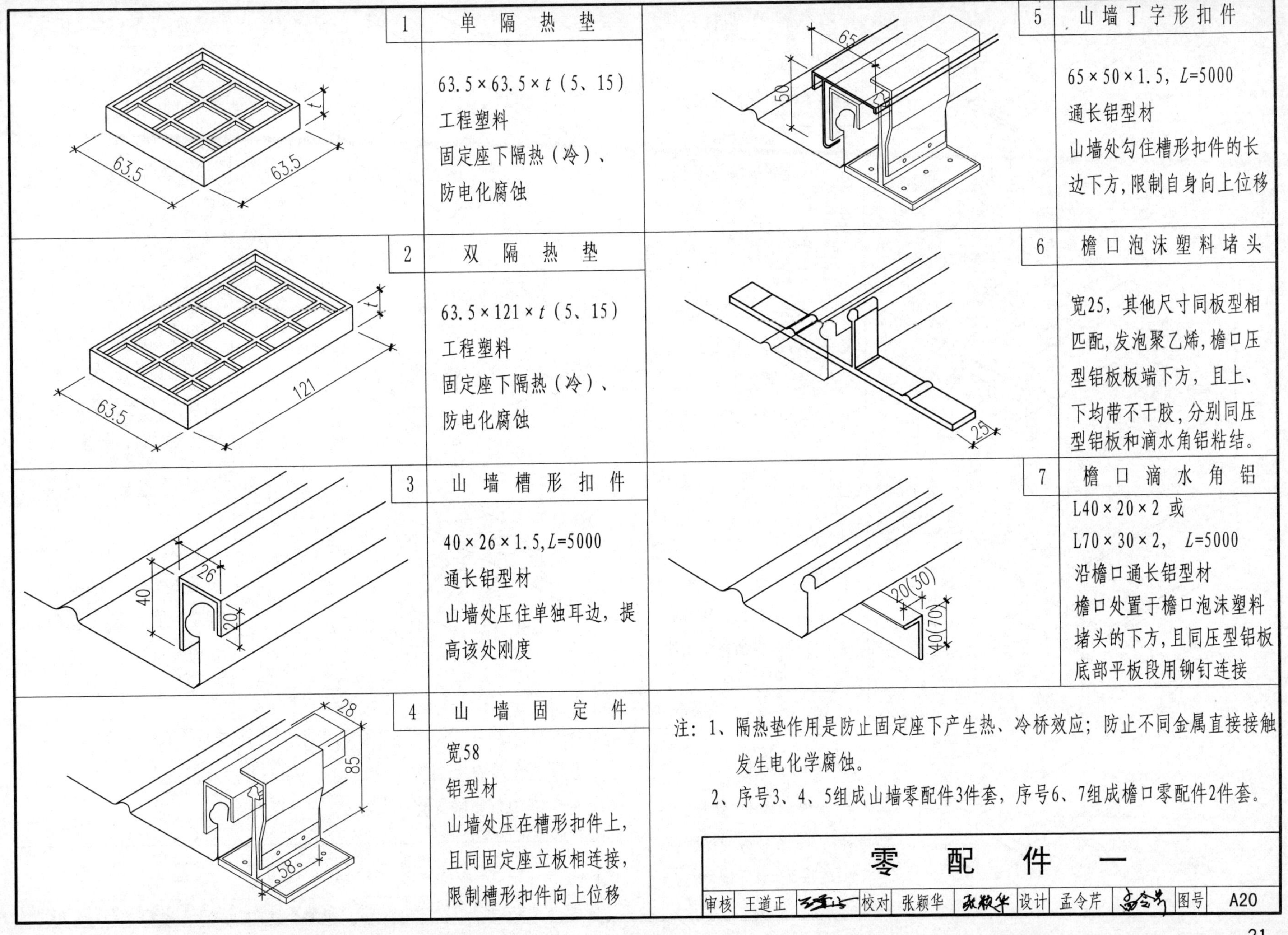

注：1、隔热垫作用是防止固定座下产生热、冷桥效应；防止不同金属直接接触发生电化学腐蚀。

2、序号3、4、5组成山墙零配件3件套，序号6、7组成檐口零配件2件套。

零配件一								
审核	王道正	[签名]	校对	张颖华	[签名]	设计	孟令芹	[签名]	图号	A20

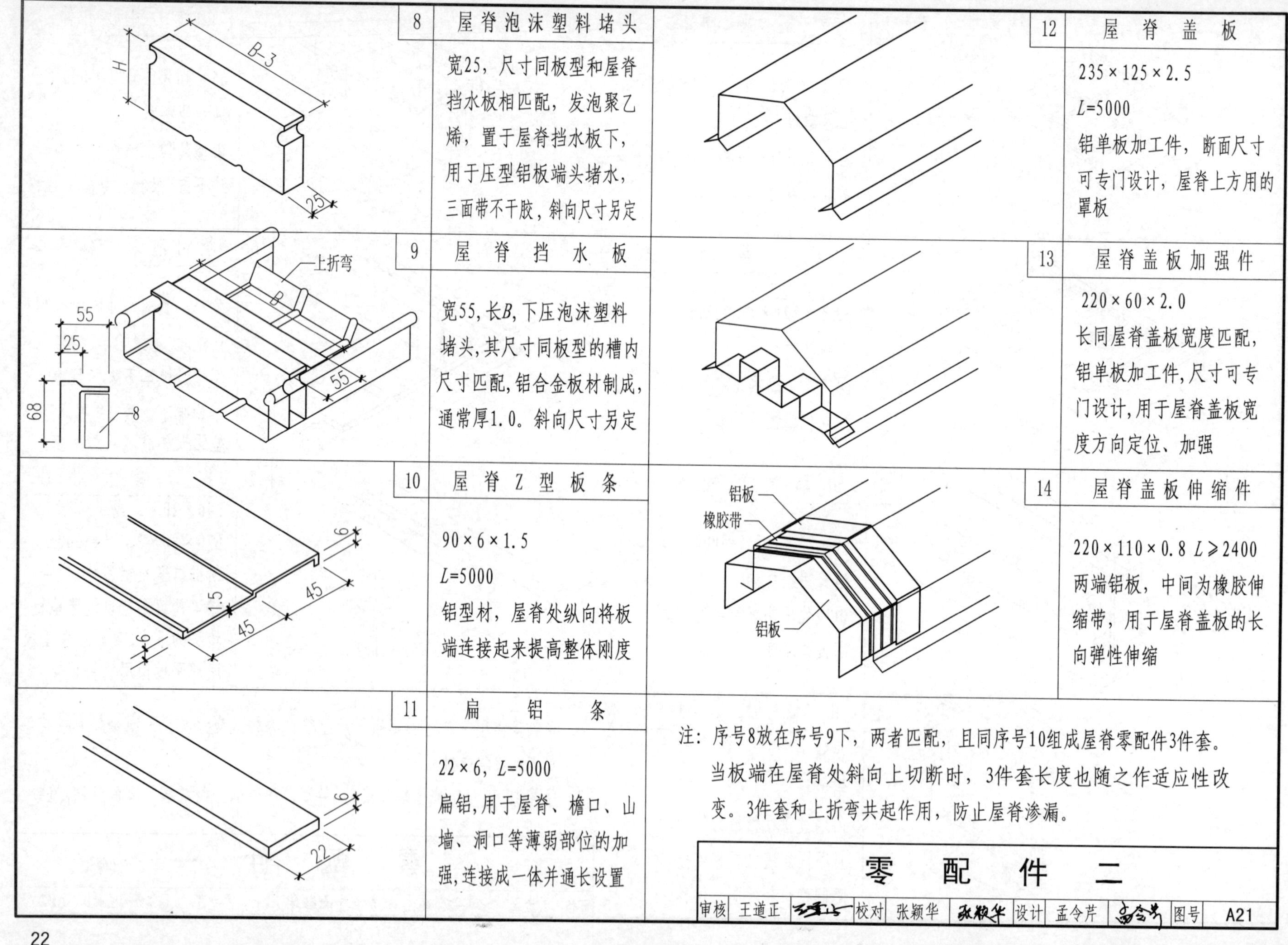
8
屋脊泡沫塑料堵头
宽25，尺寸同板型和屋脊挡水板相匹配，发泡聚乙烯，置于屋脊挡水板下，用于压型铝板端头堵水，三面带不干胶，斜向尺寸另定
H
B-3
25
9
屋脊挡水板
宽55，长B，下压泡沫塑料堵头，其尺寸同板型的槽内尺寸匹配，铝合金板材制成，通常厚1.0。斜向尺寸另定
上折弯
B
55
25
68
8
10
屋脊Z型板条
90×6×1.5
L=5000
铝型材，屋脊处纵向将板端连接起来提高整体刚度
6
1.5
45
11
扁铝条
22×6，L=5000
扁铝，用于屋脊、檐口、山墙、洞口等薄弱部位的加强，连接成一体并通长设置
22
12
屋脊盖板
235×125×2.5
L=5000
铝单板加工件，断面尺寸可专门设计，屋脊上方用的罩板
13
屋脊盖板加强件
220×60×2.0
长同屋脊盖板宽度匹配，铝单板加工件，尺寸可专门设计，用于屋脊盖板宽度方向定位、加强
14
屋脊盖板伸缩件
220×110×0.8 L≥2400
两端铝板，中间为橡胶伸缩带，用于屋脊盖板的长向弹性伸缩
铝板
橡胶带
铝板
注：序号8放在序号9下，两者匹配，且同序号10组成屋脊零配件3件套。当板端在屋脊处斜向上切断时，3件套长度也随之作适应性改变。3件套和上折弯共起作用，防止屋脊渗漏。
零配件二
审核 王道正 校对 张颖华 设计 孟令芹 图号 A21

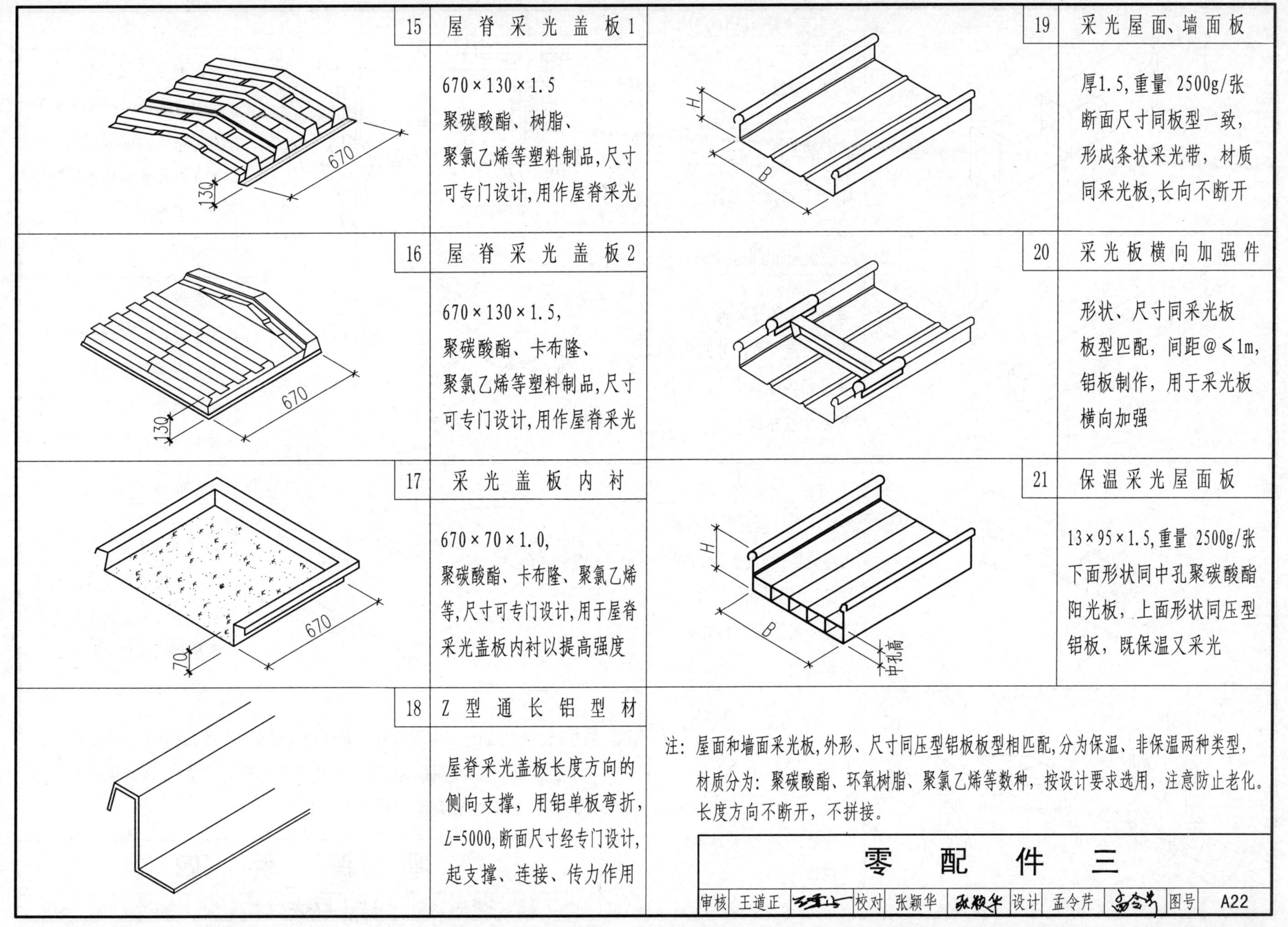

注:屋面和墙面采光板,外形、尺寸同压型铝板板型相匹配,分为保温、非保温两种类型,材质分为:聚碳酸酯、环氧树脂、聚氯乙烯等数种,按设计要求选用,注意防止老化。长度方向不断开,不拼接。

零配件三									
审核	王道正	[signature]	校对	张颖华	[signature]	设计	孟令芹	[signature]	图号 A22

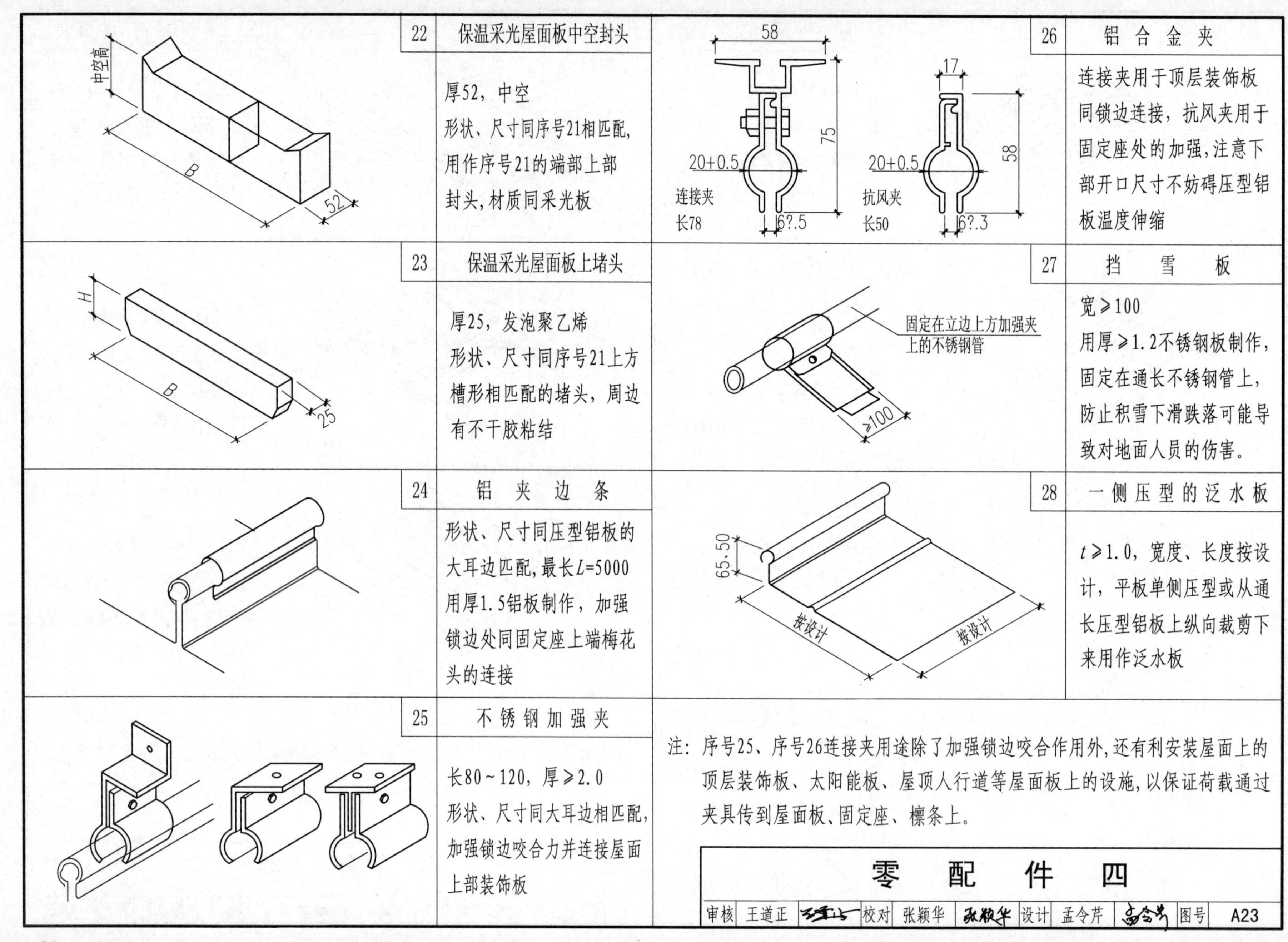
22
保温采光屋面板中空封头
中空高
B
52
厚52，中空
形状、尺寸同序号21相匹配，
用作序号21的端部上部
封头，材质同采光板
58
75
20+0.5
连接夹
长78
6?.5
17
58
20+0.5
抗风夹
长50
6?.3
26
铝 合 金 夹
连接夹用于顶层装饰板
同锁边连接，抗风夹用于
固定座处的加强，注意下
部开口尺寸不妨碍压型铝
板温度伸缩
23
保温采光屋面板上堵头
H
B
25
厚25，发泡聚乙烯
形状、尺寸同序号21上方
槽形相匹配的堵头，周边
有不干胶粘结
固定在立边上方加强夹
上的不锈钢管
≥100
27
挡 雪 板
宽≥100
用厚≥1.2不锈钢板制作，
固定在通长不锈钢管上，
防止积雪下滑跌落可能导
致对地面人员的伤害。
24
铝 夹 边 条
形状、尺寸同压型铝板的
大耳边匹配，最长L=5000
用厚1.5铝板制作，加强
锁边处同固定座上端梅花
头的连接
65.50
按设计
按设计
28
一侧压型的泛水板
t≥1.0，宽度、长度按设
计，平板单侧压型或从通
长压型铝板上纵向裁剪下
来用作泛水板
25
不 锈 钢 加 强 夹
长80~120，厚≥2.0
形状、尺寸同大耳边相匹配，
加强锁边咬合力并连接屋面
上部装饰板
注：序号25、序号26连接夹用途除了加强锁边咬合作用外，还有利安装屋面上的
顶层装饰板、太阳能板、屋顶人行道等屋面板上的设施，以保证荷载通过
夹具传到屋面板、固定座、檩条上。
零 配 件 四
审核 王道正 校对 张颖华 设计 孟令芹 图号 A23

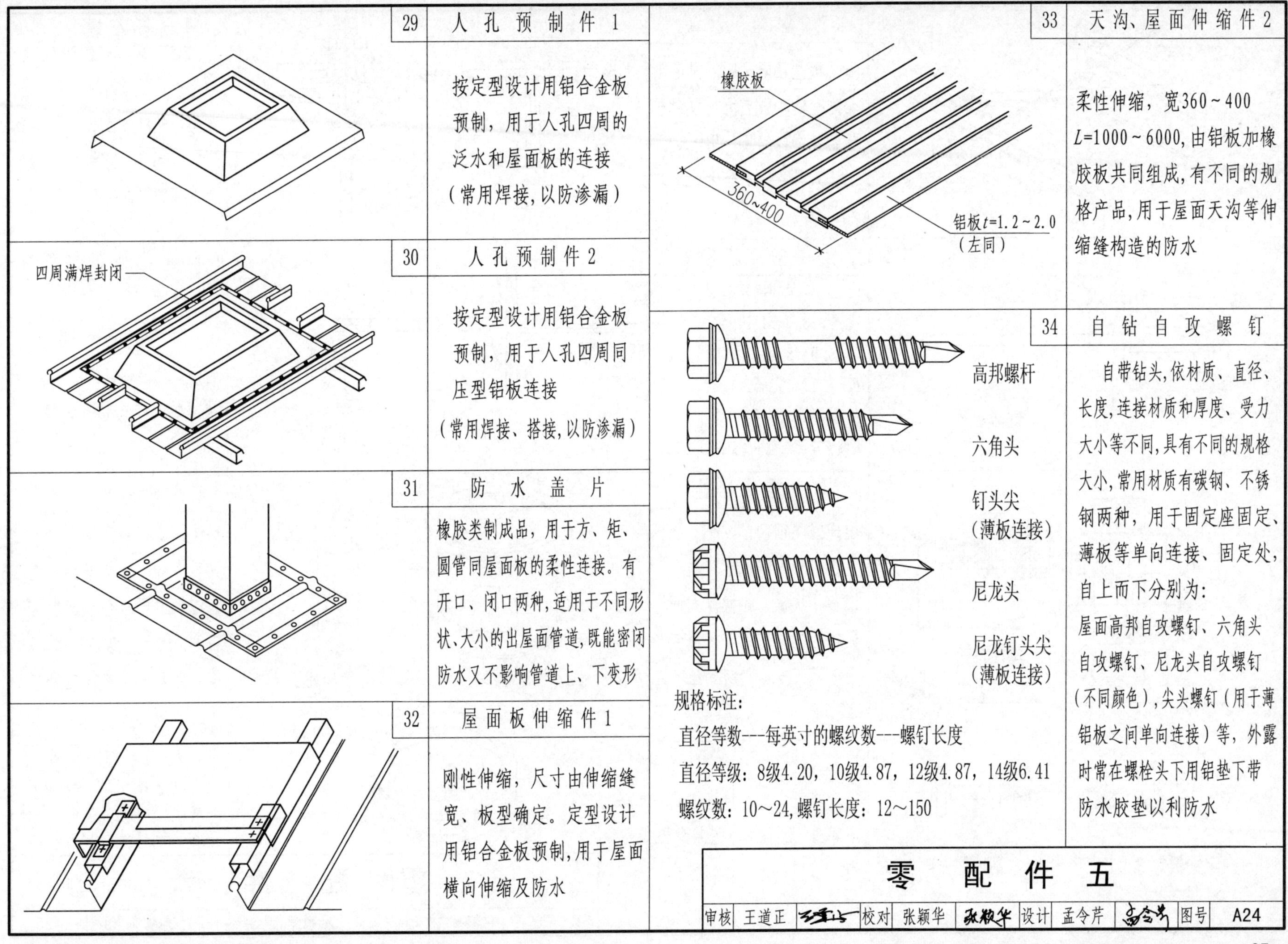

29 人孔预制件1
按定型设计用铝合金板预制，用于人孔四周的泛水和屋面板的连接（常用焊接，以防渗漏）
30 人孔预制件2
四周满焊封闭
按定型设计用铝合金板预制，用于人孔四周同压型铝板连接（常用焊接、搭接，以防渗漏）
31 防水盖片
橡胶类制成品，用于方、矩、圆管同屋面板的柔性连接。有开口、闭口两种，适用于不同形状、大小的出屋面管道，既能密闭防水又不影响管道上、下变形
32 屋面板伸缩件1
刚性伸缩，尺寸由伸缩缝宽、板型确定。定型设计用铝合金板预制，用于屋面横向伸缩及防水
33 天沟、屋面伸缩件2
橡胶板
360~400
铝板t=1.2~2.0
（左同）
柔性伸缩，宽360~400 L=1000~6000，由铝板加橡胶板共同组成，有不同的规格产品，用于屋面天沟等伸缩缝构造的防水
34 自钻自攻螺钉
高邦螺杆
六角头
钉头尖
（薄板连接）
尼龙头
尼龙钉头尖
（薄板连接）
规格标注：
直径等数---每英寸的螺纹数---螺钉长度
直径等级：8级4.20，10级4.87，12级4.87，14级6.41
螺纹数：10~24，螺钉长度：12~150
自带钻头，依材质、直径、长度，连接材质和厚度、受力大小等不同，具有不同的规格大小，常用材质有碳钢、不锈钢两种，用于固定座固定、薄板等单向连接、固定处，自上而下分别为：
屋面高邦自攻螺钉、六角头自攻螺钉、尼龙头自攻螺钉（不同颜色），尖头螺钉（用于薄铝板之间单向连接）等，外露时常在螺栓头下用铝垫下带防水胶垫以利防水
零 配 件 五
审核 王道正 校对 张颖华 设计 孟令芹 图号 A24

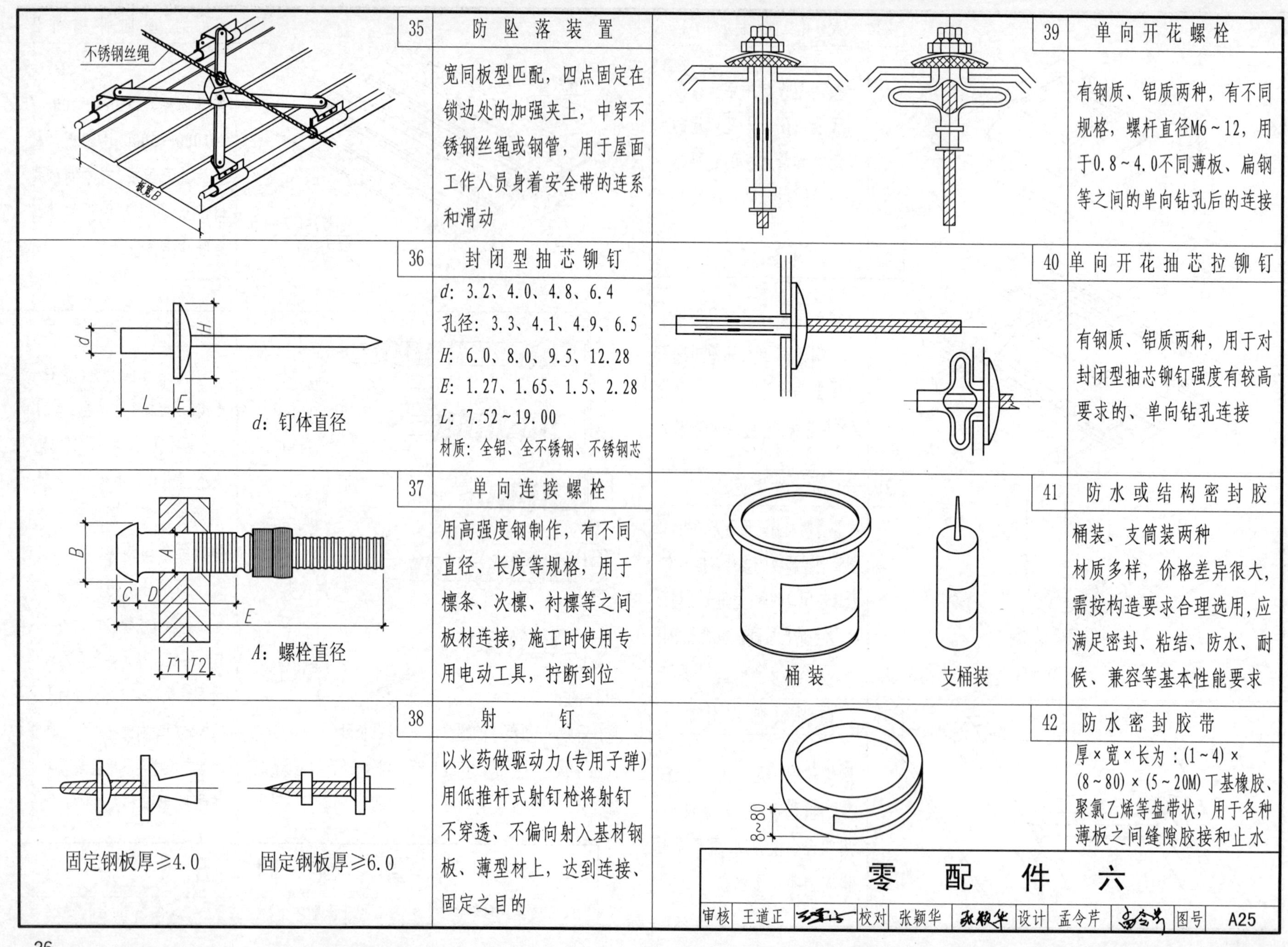

35
防坠落装置
不锈钢丝绳
板宽B
宽同板型匹配，四点固定在锁边处的加强夹上，中穿不锈钢丝绳或钢管，用于屋面工作人员身着安全带的连系和滑动
36
封闭型抽芯铆钉
d
H
L
E
d：钉体直径
d：3.2、4.0、4.8、6.4
孔径：3.3、4.1、4.9、6.5
H：6.0、8.0、9.5、12.28
E：1.27、1.65、1.5、2.28
L：7.52～19.00
材质：全铝、全不锈钢、不锈钢芯
37
单向连接螺栓
B
A
C
D
E
T1
T2
A：螺栓直径
用高强度钢制作，有不同直径、长度等规格，用于檩条、次檩、衬檩等之间板材连接，施工时使用专用电动工具，拧断到位
38
射钉
固定钢板厚≥4.0
固定钢板厚≥6.0
以火药做驱动力(专用子弹)用低推杆式射钉枪将射钉不穿透、不偏向射入基材钢板、薄型材上，达到连接、固定之目的
39
单向开花螺栓
有钢质、铝质两种，有不同规格，螺杆直径M6～12，用于0.8～4.0不同薄板、扁钢等之间的单向钻孔后的连接
40
单向开花抽芯拉铆钉
有钢质、铝质两种，用于对封闭型抽芯铆钉强度有较高要求的、单向钻孔连接
41
防水或结构密封胶
桶装
支桶装
桶装、支筒装两种
材质多样，价格差异很大，需按构造要求合理选用，应满足密封、粘结、防水、耐候、兼容等基本性能要求
42
防水密封胶带
8～80
厚×宽×长为：(1～4)×(8～80)×(5～20M)丁基橡胶、聚氯乙烯等盘带状，用于各种薄板之间缝隙胶接和止水
零配件六
审核 王道正
校对 张颖华
设计 孟令芹
图号 A25

节点	简图	使用情况		零配件数量	连接要求	规格
山墙	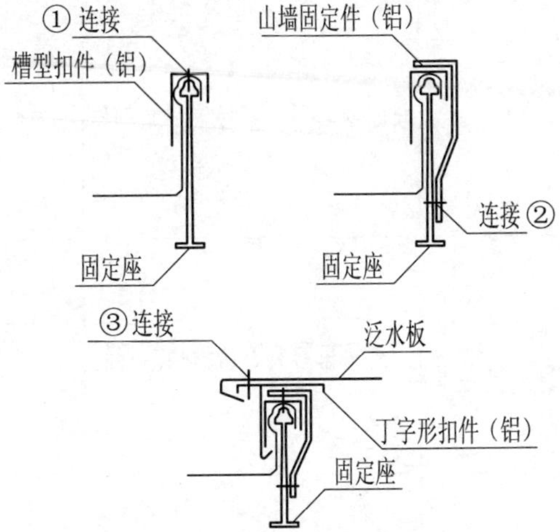 ①连接 槽型扣件（铝） 山墙固定件（铝） 连接② 固定座 固定座 ③连接 泛水板 丁字形扣件（铝） 固定座	山墙零配件3件套	山墙槽型扣件扣住压型铝板单一耳边	连接:1颗/@≤400mm	在槽型扣件上方同直立边上方半圆形段连接（也有不连接的）	拉铆钉 ø4.8×11.4
			山墙固定件	连接：2颗/固定座	不锈钢尖头自攻螺钉（尖头不得刺穿直立边）	M 6.3×19
			山墙丁字形扣件上方同山墙泛水板连接下方勾住槽铝垂直肢	连接:1颗/@≤400mm	封闭型扁圆头不锈钢抽芯铆钉	ø4.8×11.4
屋脊	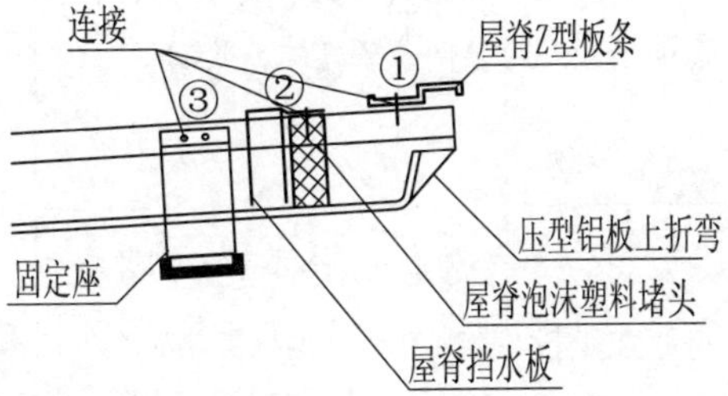 连接 ③ ② ① 屋脊Z型板条 压型铝板上折弯 固定座 屋脊泡沫塑料堵头 屋脊挡水板	屋脊零配件3件套 即零配件8+9+10组合	①	1颗/连接抽芯铆钉	屋脊Z型板条同接触耳边连接	ø4.8×11.4
			②	1颗/连接抽芯铆钉	屋脊挡水板同接触耳边连接	
			③	2颗/连接抽芯铆钉	屋脊处设固定点用	
	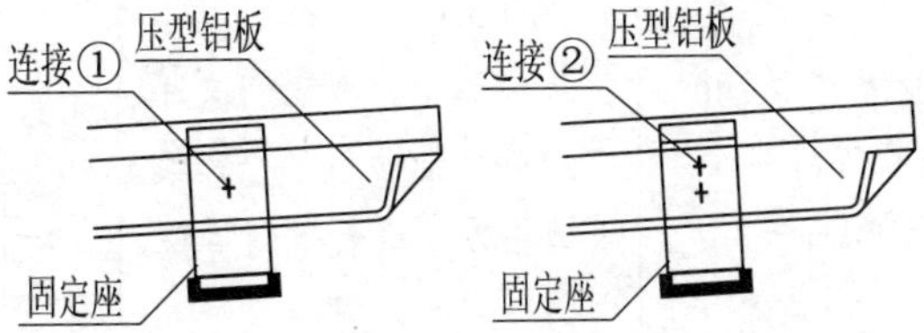 连接① 压型铝板 固定座 连接② 压型铝板 固定座	屋脊设固定点 屋面板屋脊处同固定座连接		1颗/固定座	M6不锈钢螺栓和螺母	M 6×（25~30）
				2颗/固定座	封闭型扁圆头抽芯铆钉	ø4.8×23.8

典型构造节点零配件使用例一

审核	王道正	王道正	校对	张颖华	张颖华	设计	孟令芹	孟令芹	图号	A26

节点	简图	使用情况	零配件数量	连接要求	规格
屋脊（续）	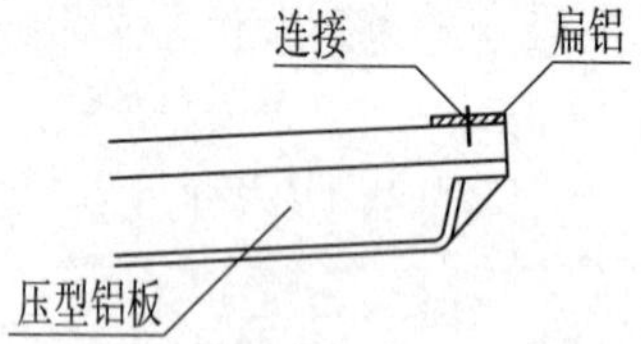 连接、扁铝、压型铝板	屋脊处加强扁铝在板端上方连接、固定	1颗/耳边处	封闭型扁圆头不锈钢抽芯铆钉	ø4.8×14.6
	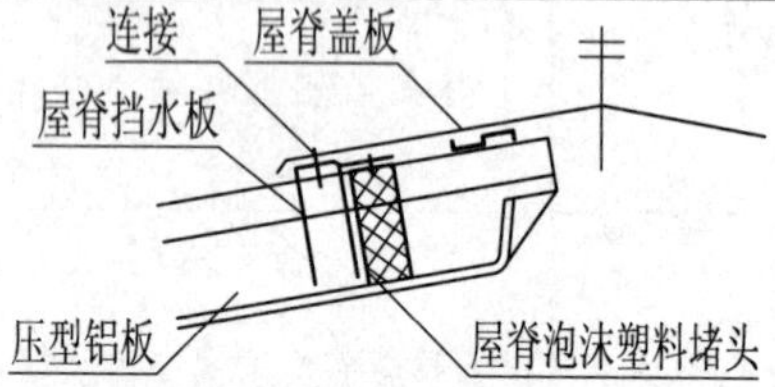 连接、屋脊盖板、屋脊挡水板、压型铝板、屋脊泡沫塑料堵头	屋脊盖板连接屋脊挡水板	1颗/@ =400（或面板有效宽度B）	封闭型扁圆头不锈钢抽芯铆钉	ø4.8×（11.4~23.8）
檐口	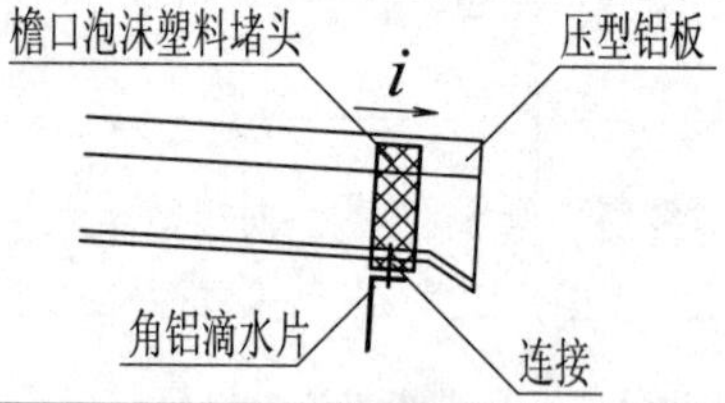 檐口泡沫塑料堵头、i、压型铝板、角铝滴水片、连接	檐口零配件2件套连接即零配件序号6+7组成	1颗/每个底部水平段	在板底同角铝之间用封闭型扁圆头不锈钢抽芯铆钉连接	ø4.8×14.6
屋面板接长	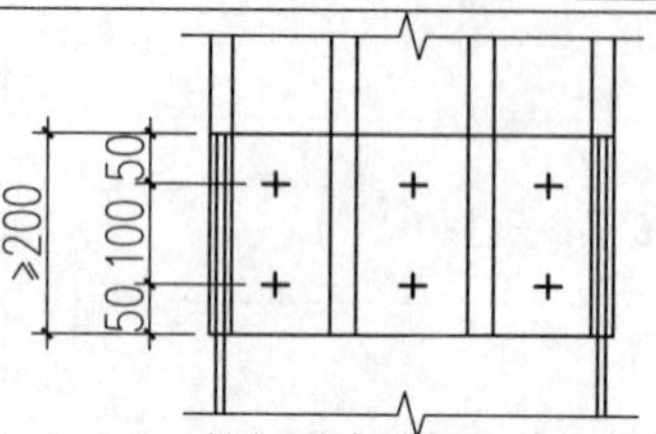 ≥200、50、100、50；铆钉或自攻螺钉连接	压型铝板长方向用铆钉或自攻螺钉搭接（坡度 $i\geqslant5\%$）	2颗/每个底部水平段 搭接长度≥200	在锁边处大小耳边上方2颗抽芯铆钉连接，在底板上每水平段上连接铆钉或螺钉不少于2颗，底板之间设不少于4条防水密封胶	铆钉 ø4.8×11.4 自攻螺钉 M6.3
	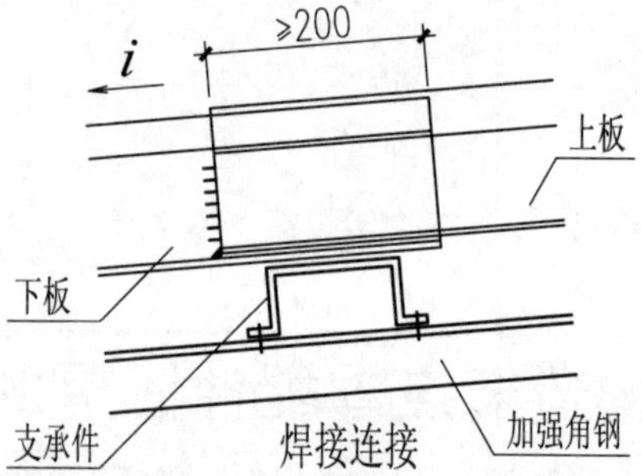 ≥200、i、上板、下板、支承件、加强角钢；焊接连接	压型铝板长方向焊接搭接（坡度 $i\geqslant3\%$）	搭接长度≥200 氩弧焊焊接（立板也焊）	焊接部位下方应设有支承件，焊缝能防水，不影响压型铝板在板长方向伸缩	焊接材料、工艺符合相应要求

注：尽量通长慎用搭接

典型构造节点零配件使用例二

审核	王道正	[签名]	校对	张颖华	[签名]	设计	孟令芹	[签名]	图号	A27

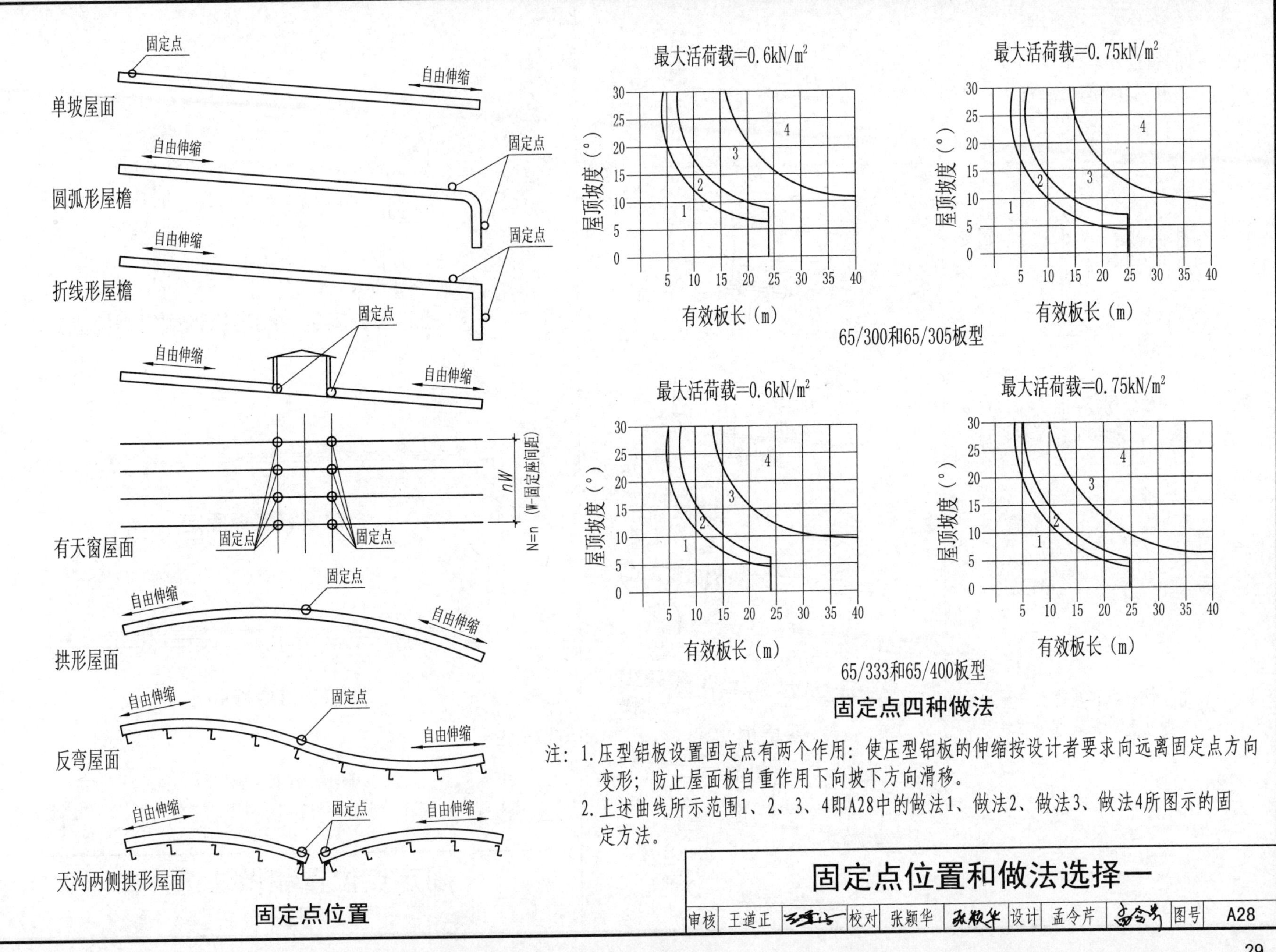

注：1.压型铝板设置固定点有两个作用：使压型铝板的伸缩按设计者要求向远离固定点方向变形；防止屋面板自重作用下向坡下方向滑移。

2.上述曲线所示范围1、2、3、4即A28中的做法1、做法2、做法3、做法4所图示的固定方法。

固定点位置和做法选择一									
审核	王道正		校对	张颖华		设计	孟令芹	图号	A28

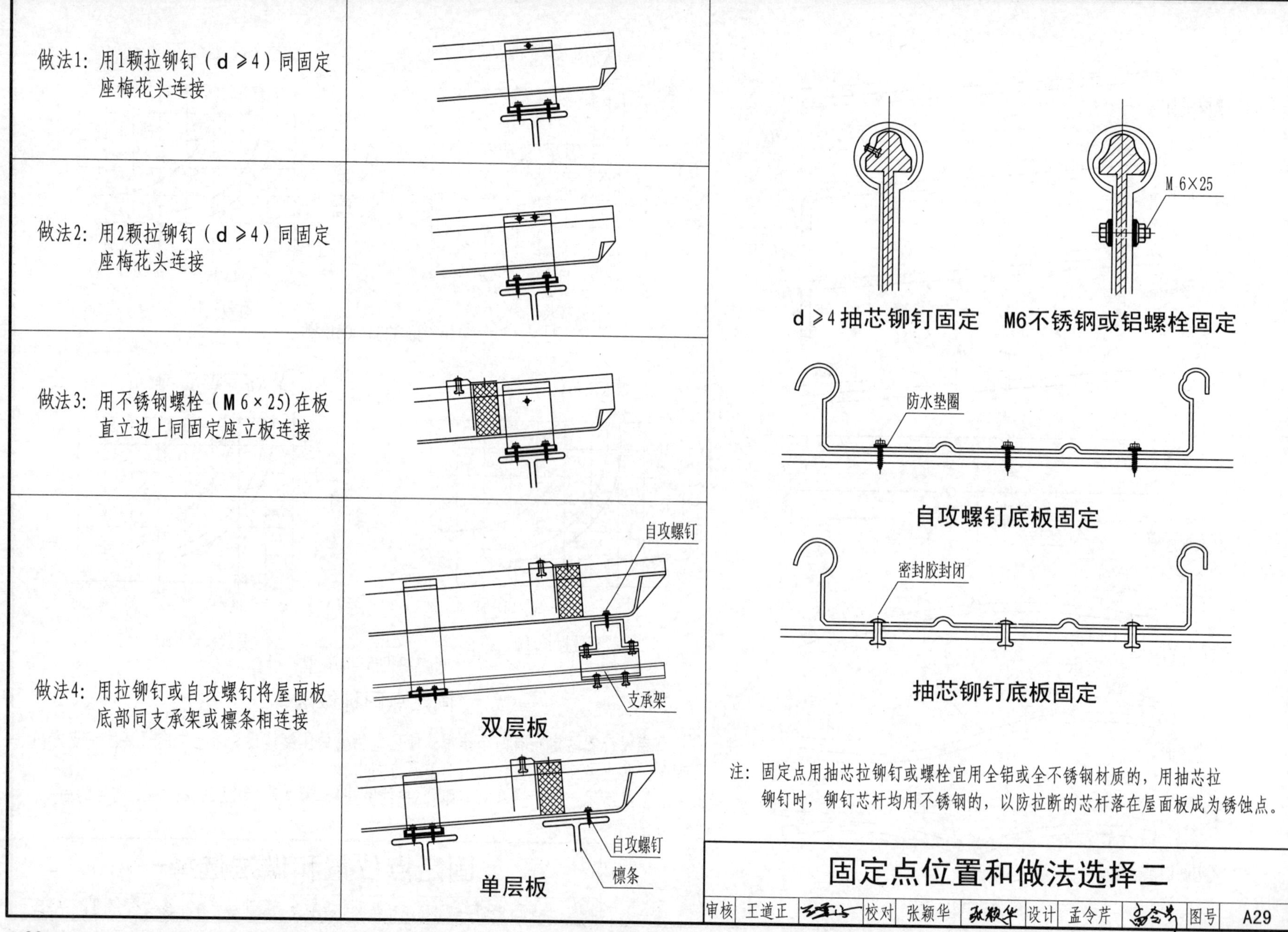

注：固定点用抽芯拉铆钉或螺栓宜用全铝或全不锈钢材质的，用抽芯拉铆钉时，铆钉芯杆均用不锈钢的，以防拉断的芯杆落在屋面板成为锈蚀点。

固定点位置和做法选择二

审核	王道正		校对	张颖华		设计	孟令芹		图号	A29

序号	固定简图	使用情况	数量	对连接件要求	连接件 直径×长度
1	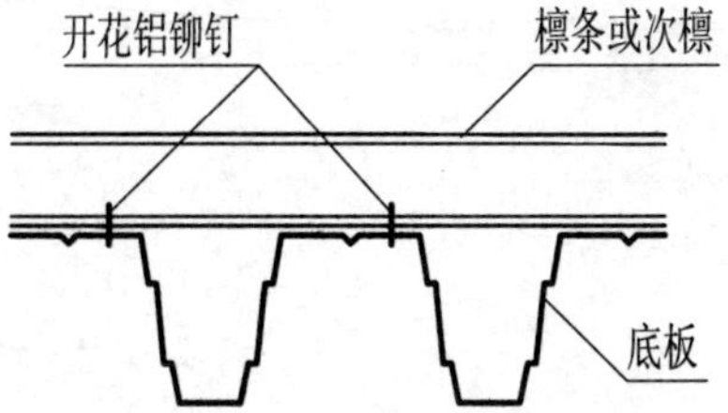 开花铝铆钉 檩条或次檩 底板	底板固定在压型铝板的檩条或次檩下方，底板厚度≥0.8	底板按受向下支承材料自重和内部负风压的共同作用等，经设计计算决定	直径7.0 开花铝铆钉（带垫圈）	M 7.0×33.7
				直径4.8 开花铝铆钉（带垫圈）	M 4.8×23.8
2	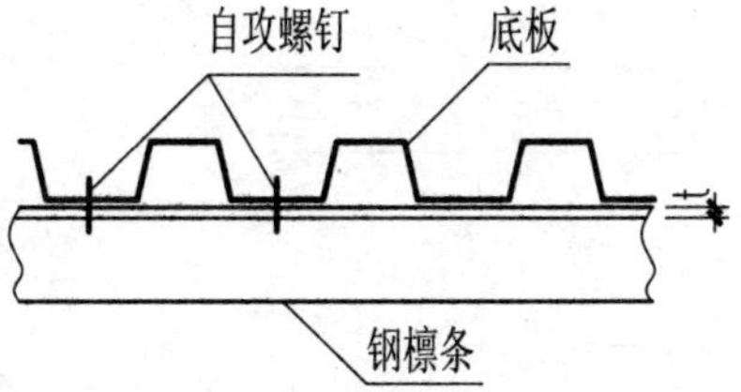 自攻螺钉 底板 钢檩条	底板固定在钢檩条上方，檩条上翼缘厚t: $2.5 \leqslant t \leqslant 11$	底板端部每波波谷均需连接固定，中间底板每隔一波在波谷处固定	当底板是钢板用钢质自攻螺钉，当底板是铝板用不锈钢自攻螺钉	M 6.3×2.5
3	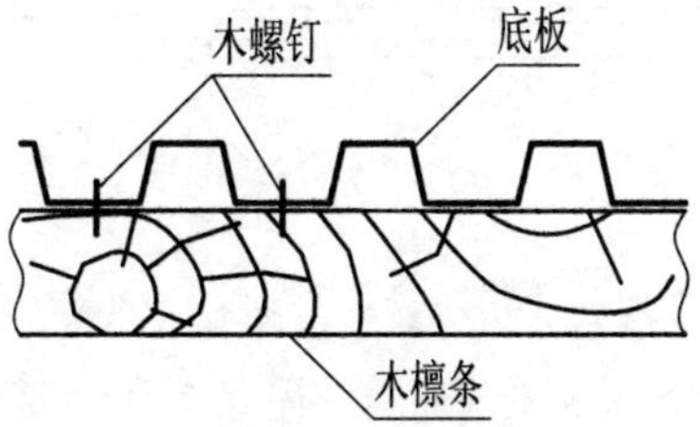 木螺钉 底板 木檩条	底板固定在木质檩条(或横木)上	同上	用较长的木螺钉（钢质或不锈钢质视底板材质而选）	M 6.5×51
4	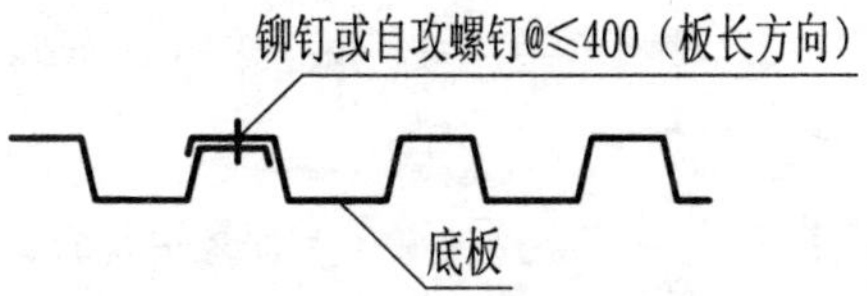 铆钉或自攻螺钉@≤400（板长方向） 底板	底板之间长度方向搭接固定	@≤400	封闭型扁圆头 抽芯拉铆钉	ø4.8×11.4~23.8
				尖头自攻螺钉	M 6.3×65

注：本图表示屋面底板固定的常用做法，应根据工程实际情况采用既牢固又方便、经济的固定方式，因底板连接固定是要传递荷载的，需经验算确定连接件的规格和数量、间距等。

压型金属板用作底板固定

审核	王道正	王道正	校对	张颖华	张颖华	设计	孟令芹	孟令芹	图号	A30

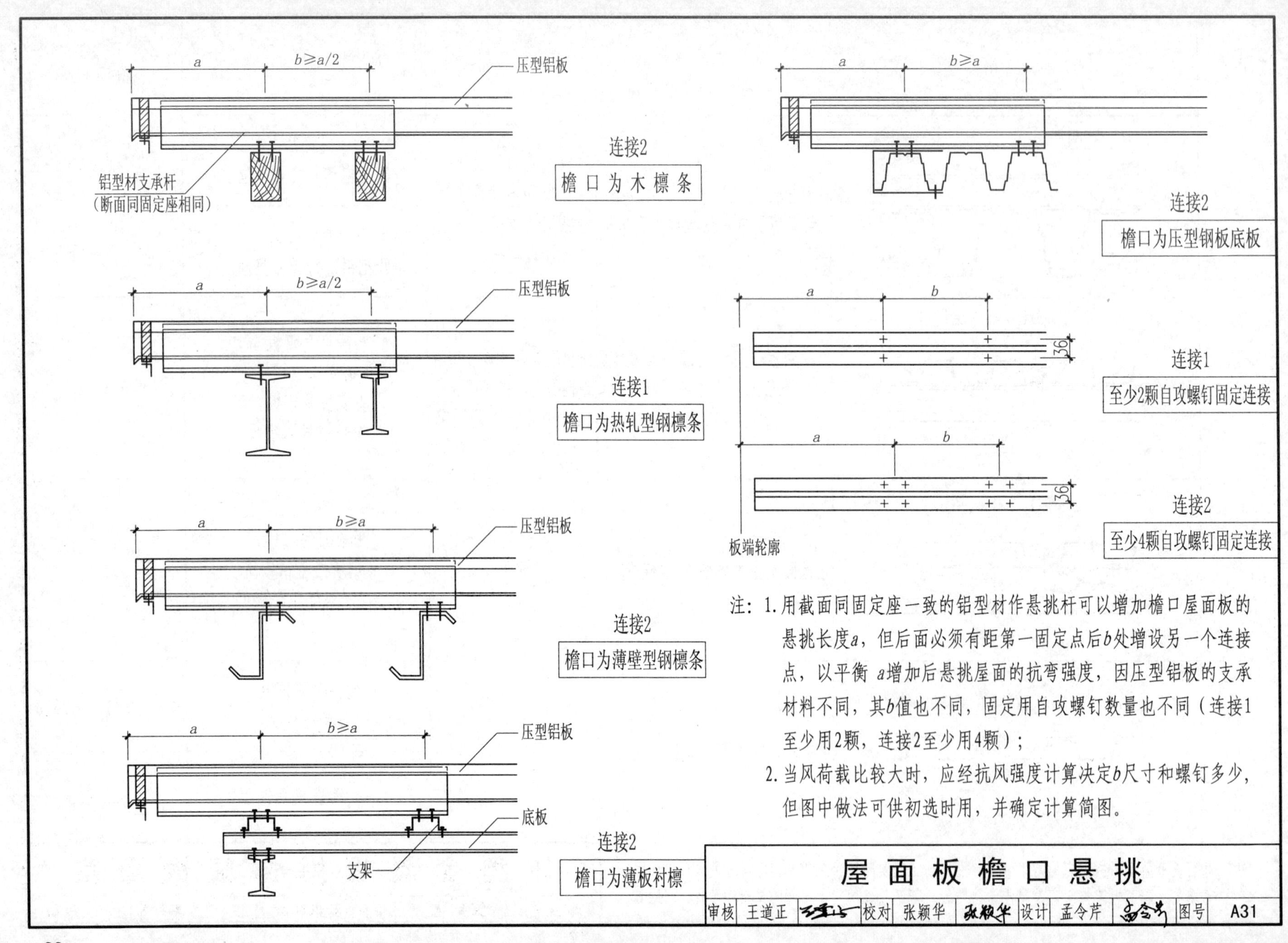

注：1.用截面同固定座一致的铝型材作悬挑杆可以增加檐口屋面板的悬挑长度a，但后面必须有距第一固定点后b处增设另一个连接点，以平衡 a增加后悬挑屋面的抗弯强度，因压型铝板的支承材料不同，其b值也不同，固定用自攻螺钉数量也不同（连接1至少用2颗，连接2至少用4颗）；

2.当风荷载比较大时，应经抗风强度计算决定b尺寸和螺钉多少，但图中做法可供初选时用，并确定计算简图。

屋面板檐口悬挑

审核	王道正		校对	张颖华		设计	孟令芹		图号	A31

檩条最小厚度选择（厚度单位：mm）

表面颜色：本色和浅色涂层铝合金板

直板和经预先弯曲成弧板

有效板长（m）

固定座型号	0–5	5–10	10–15	15–20	20–25	25–30	30–35	35–40	40–45	45–50
L 25							1.5			
L 25										1.8
L 60										2.0
L 80							1.8			2.3
L 90							2.0			2.5
L100			1.5				2.1			2.9
L110							2.2			3.2
L120							2.4			3.4
L130							2.5			3.6
L140							2.9			3.7
L150							3.1			3.9
L190							3.7			4.6

在自重作用下自然弯曲板

有效板长（m）

固定座型号	0–5	5–10	10–15	15–20	20–25	25–30	30–35	35–40	40–45	45–50
L 25								1.5		
L 25							1.6			2.0
L 60			1.5				1.7			2.2
L 80							2.0			2.5
L 90							2.2			3.1
L100							2.3			3.3
L110							2.5			3.5
L120							2.9			3.7
L130							3.2			3.9
L140							3.3			4.1
L150							3.5			4.2
L190							4.1			4.9

表面颜色：深色涂层铝合金板

直板和经预先弯曲成弧板

有效板长（m）

固定座型号	0–5	5–10	10–15	15–20	20–25	25–30	30–35	35–40	40–45	45–50
L 25							1.5			
L 25										1.8
L 60										2.0
L 80				1.8						2.3
L 90				2.0						2.5
L100		1.5		2.1						2.9
L110				2.2						3.2
L120				2.4						3.4
L130				2.5						3.6
L140				2.9						3.7
L150				3.1						3.9
L190				3.7						4.6

在自重作用下自然弯曲板

有效板长（m）

固定座型号	0–5	5–10	10–15	15–20	20–25	25–30	30–35	35–40	40–45	45–50
L 25								1.5		
L 25					1.6					2.0
L 60					1.7					2.2
L 80					2.0					2.5
L 90		1.5			2.2					3.1
L100					2.3					3.3
L110					2.5					3.5
L120					2.9					3.7
L130					3.2					3.9
L140					3.3					4.1
L150					3.5					4.2
L190					4.1					4.9

注：1.表中固定座型号系本图集固定座一中所列之型号，有效板长指占大多数的平均长度（单位m）；根据涂层色深浅、固定座型号、板长选择檩条最小厚度；

2.当固定座固定在衬檩、帽形支座、压型钢板底板等薄板制成的构配件上时，也要注意板材厚度，宜檩条厚≥1.5；薄板厚≥0.75，要用专用螺钉；均需经螺钉抗拔验算或试验验证。

檩条最小厚度选择							
审核	王道正	[签名]	校对	张颖华	[签名]	设计	孟令芹

图号 A32

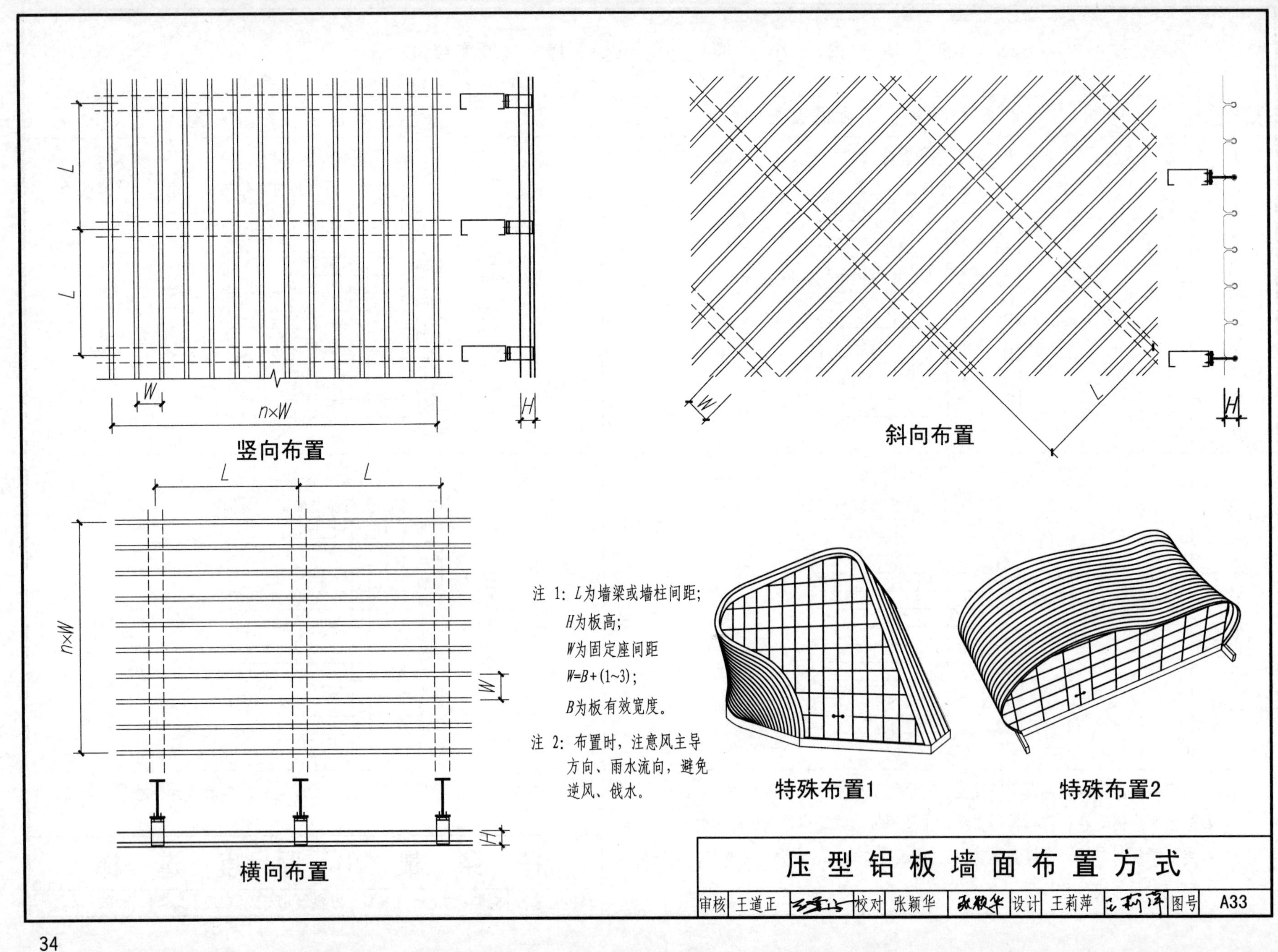

注 1：L为墙梁或墙柱间距；
H为板高；
W为固定座间距
W=B+(1~3)；
B为板有效宽度。

注 2：布置时，注意风主导方向、雨水流向，避免逆风、戗水。

压型铝板墙面布置方式

审核	王道正		校对	张颖华		设计	王莉萍		图号	A33

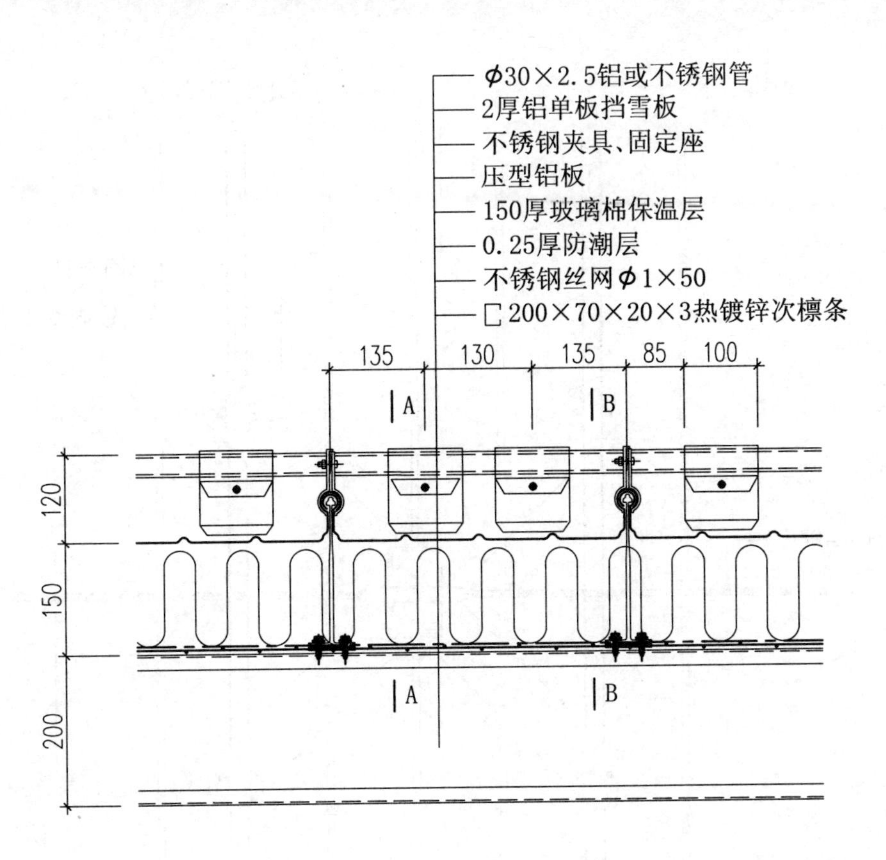

屋面横剖挡雪板立面

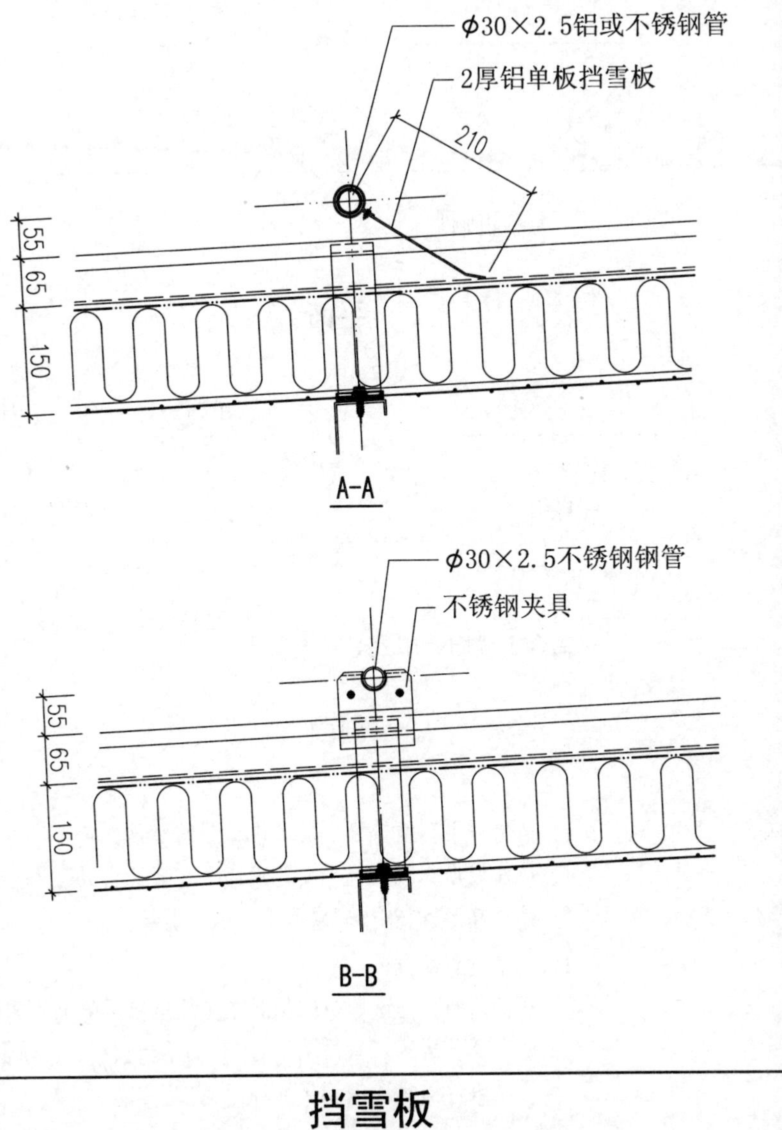

注：挡雪板厚≥2铝单板制作

挡雪板									
审核	程定锋	程定锋	校对	杨戟	杨戟	摘录	郝雷	郝雷	图号 A34

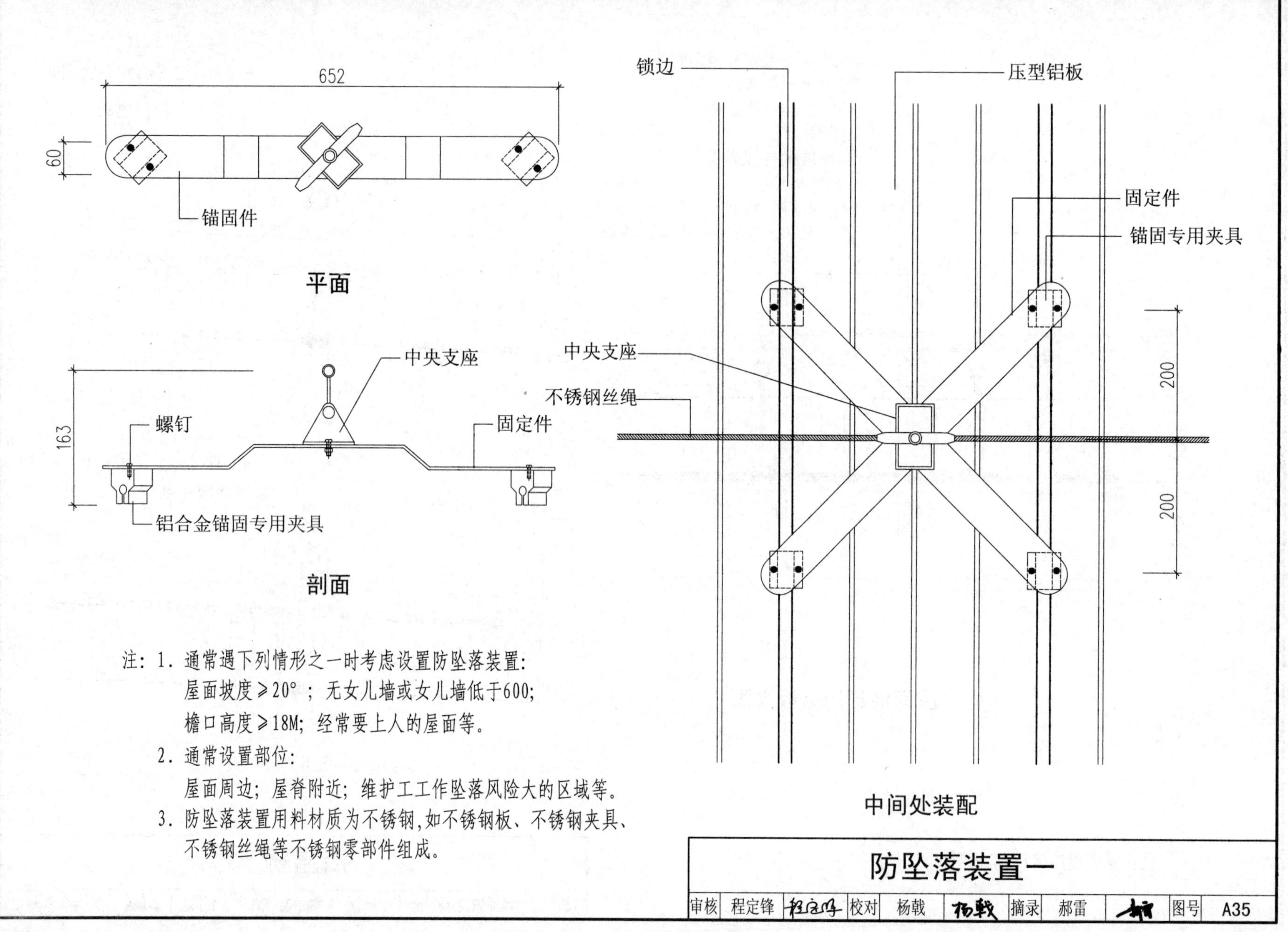
652
60
锚固件
平面
中央支座
163
螺钉
固定件
铝合金锚固专用夹具
剖面
锁边
压型铝板
固定件
锚固专用夹具
中央支座
不锈钢丝绳
200
200
中间处装配
注：1．通常遇下列情形之一时考虑设置防坠落装置：
屋面坡度≥20°；无女儿墙或女儿墙低于600；
檐口高度≥18M；经常要上人的屋面等。
2．通常设置部位：
屋面周边；屋脊附近；维护工工作坠落风险大的区域等。
3．防坠落装置用料材质为不锈钢，如不锈钢板、不锈钢夹具、不锈钢丝绳等不锈钢零部件组成。
防坠落装置一
审核 程定锋 校对 杨载 摘录 郝雷 图号 A35

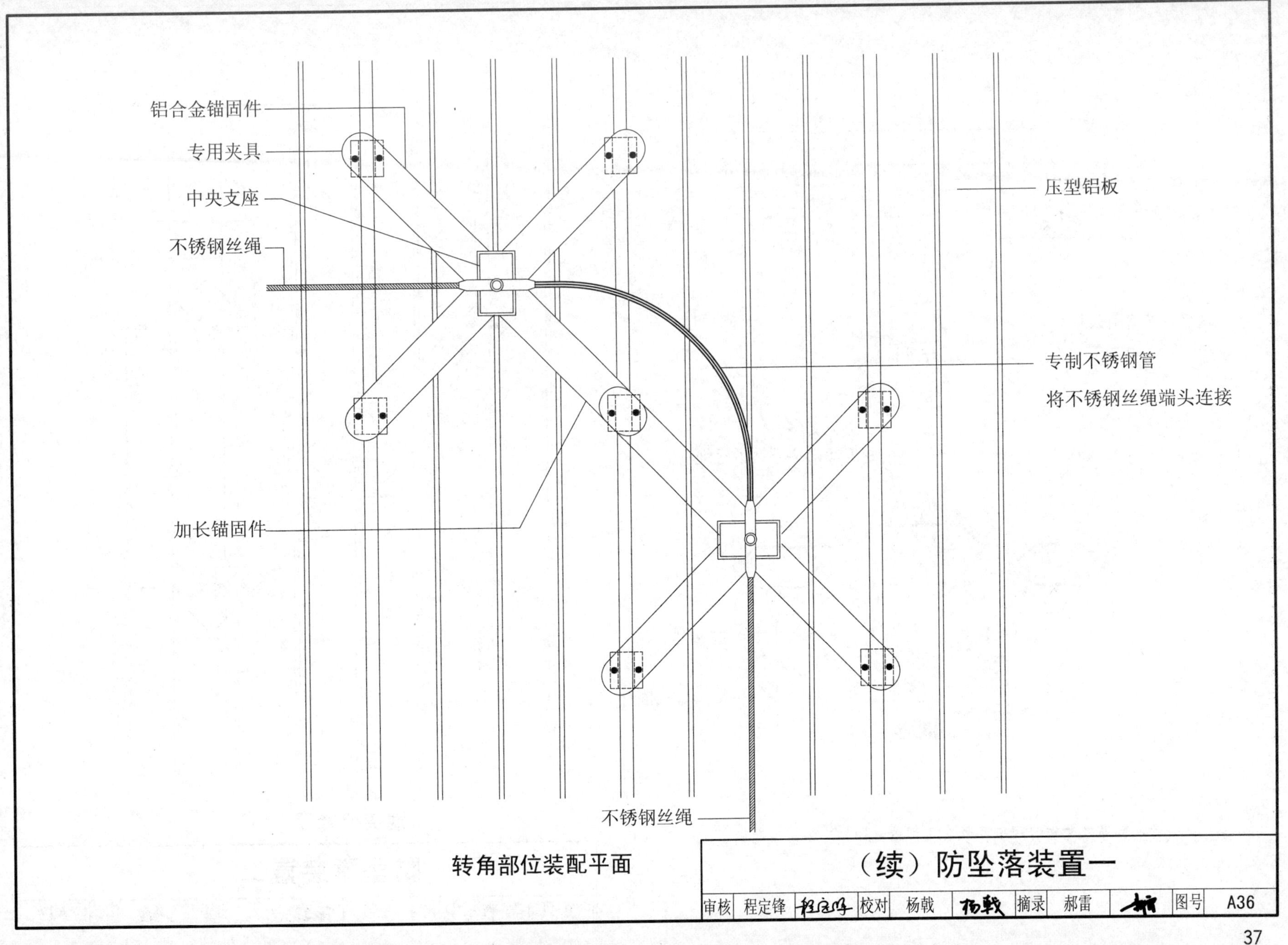

转角部位装配平面

（续）防坠落装置一										
审核	程定锋	程定锋	校对	杨载	杨载	摘录	郝雷	郝雷	图号	A36

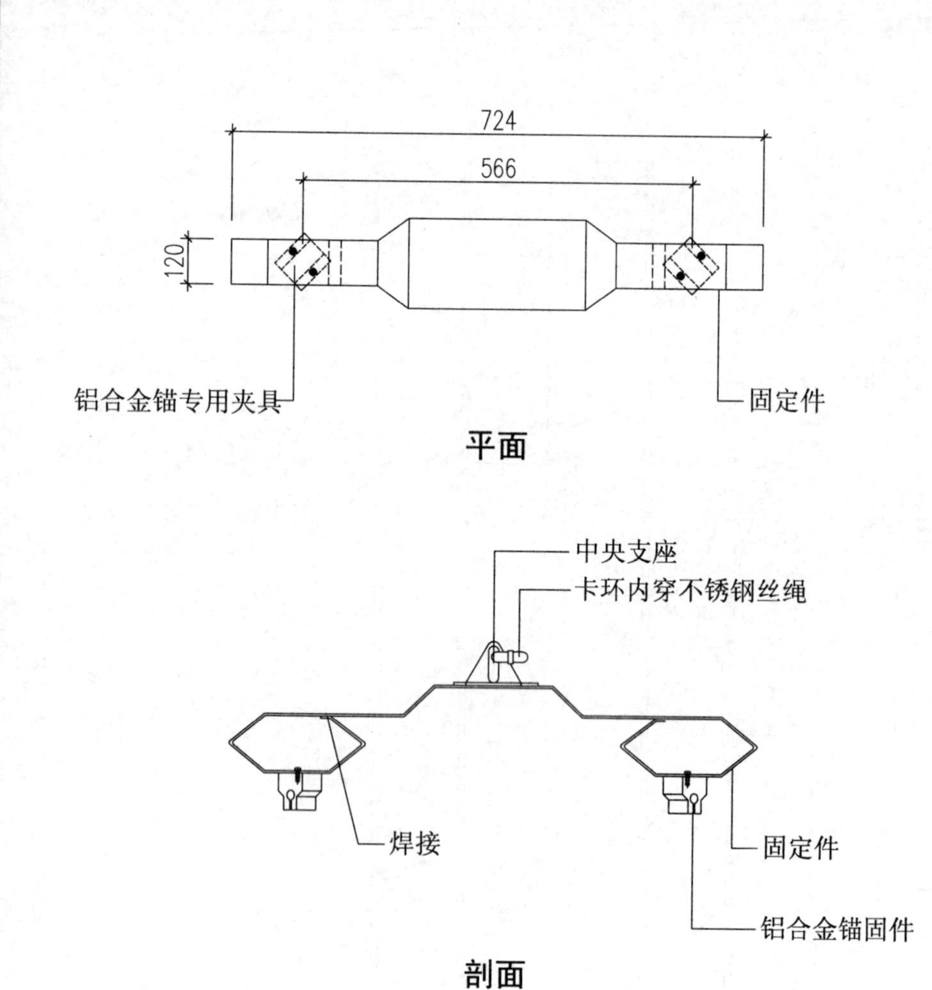

平面

剖面

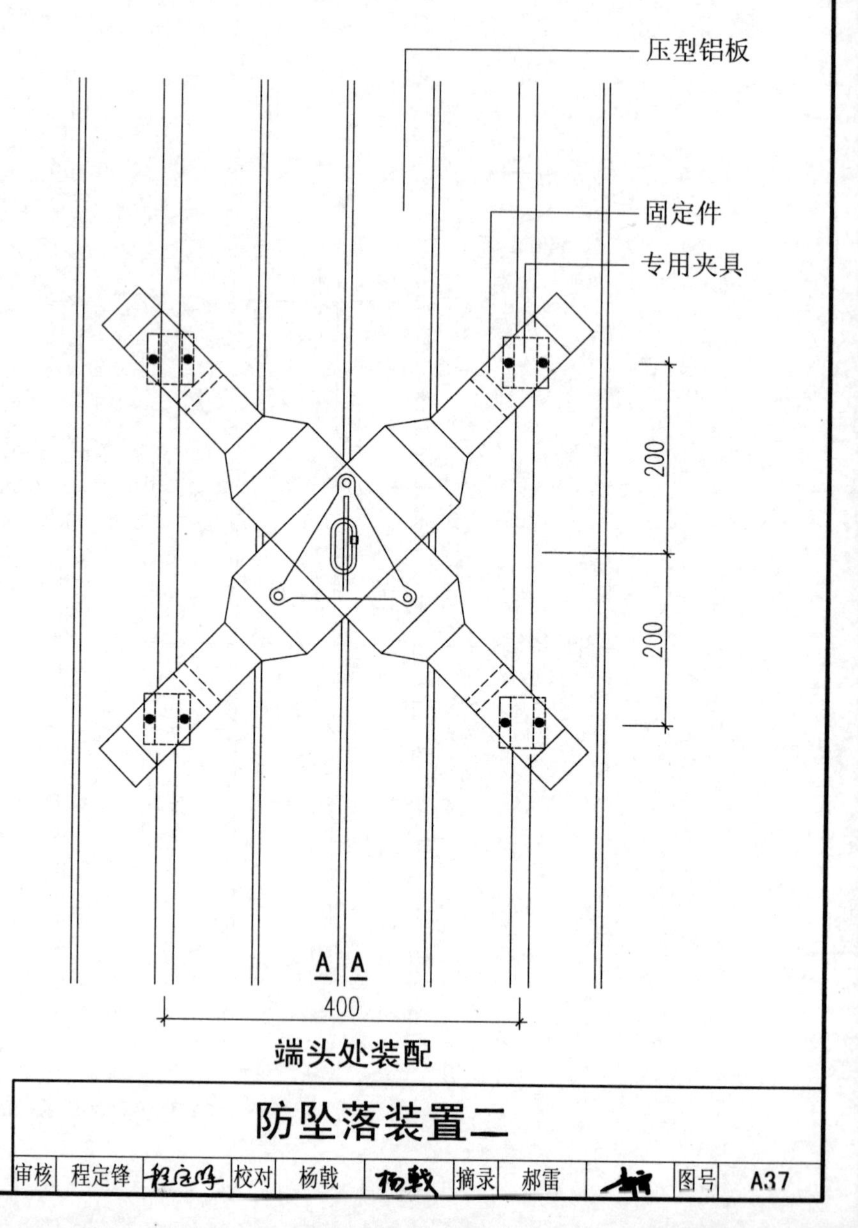

端头处装配

注：防坠落装置设置间距按各自规格、性能、安装说明确定。

防坠落装置二

审核	程定锋	程定锋	校对	杨载	杨载	摘录	郝雷	郝雷	图号	A37

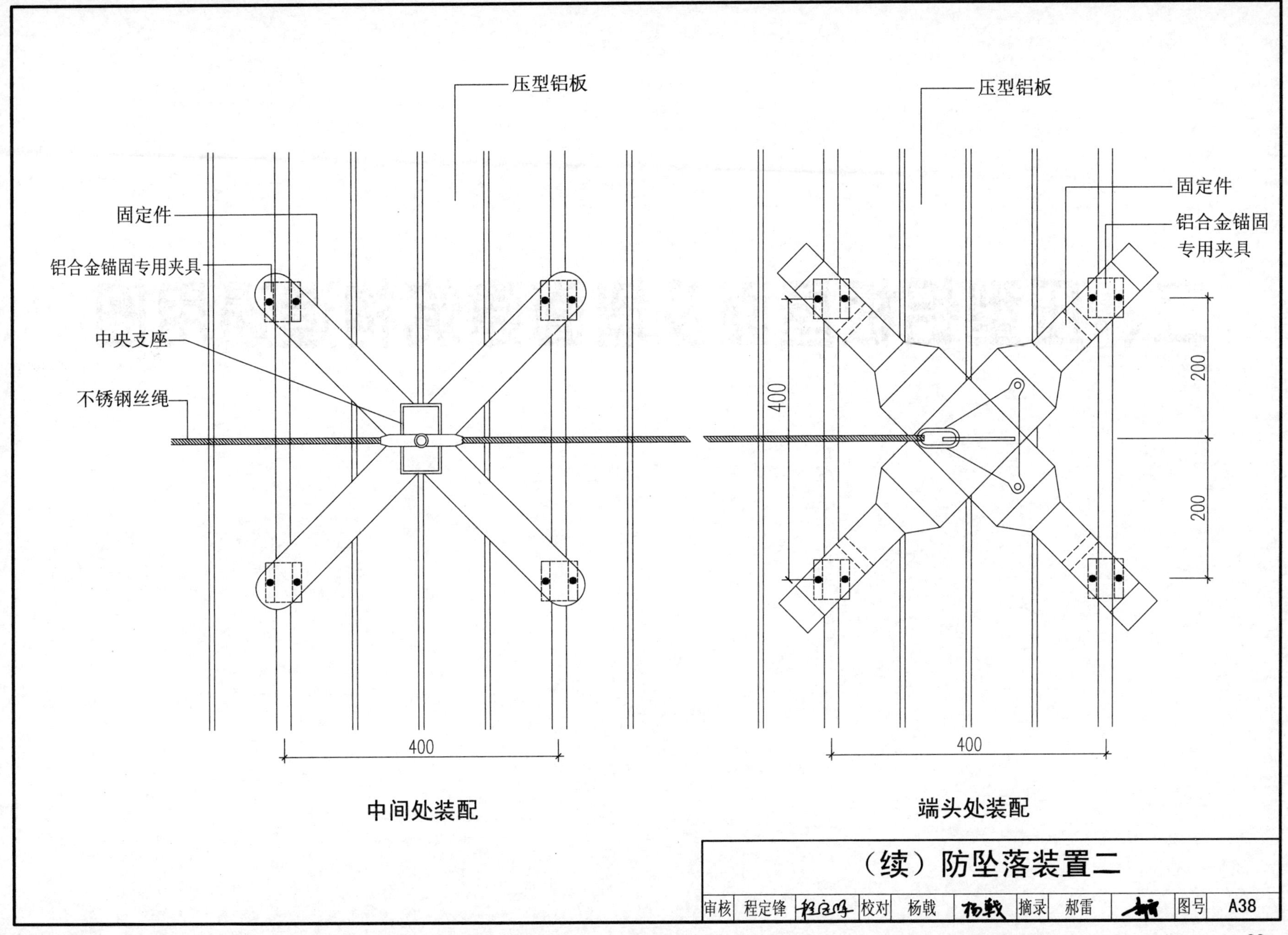

（续）防坠落装置二

审核	程定锋	程定锋	校对	杨戟	杨戟	摘录	郝雷	郝雷	图号	A38

二、压型铝板屋面及墙面建筑构造通用图

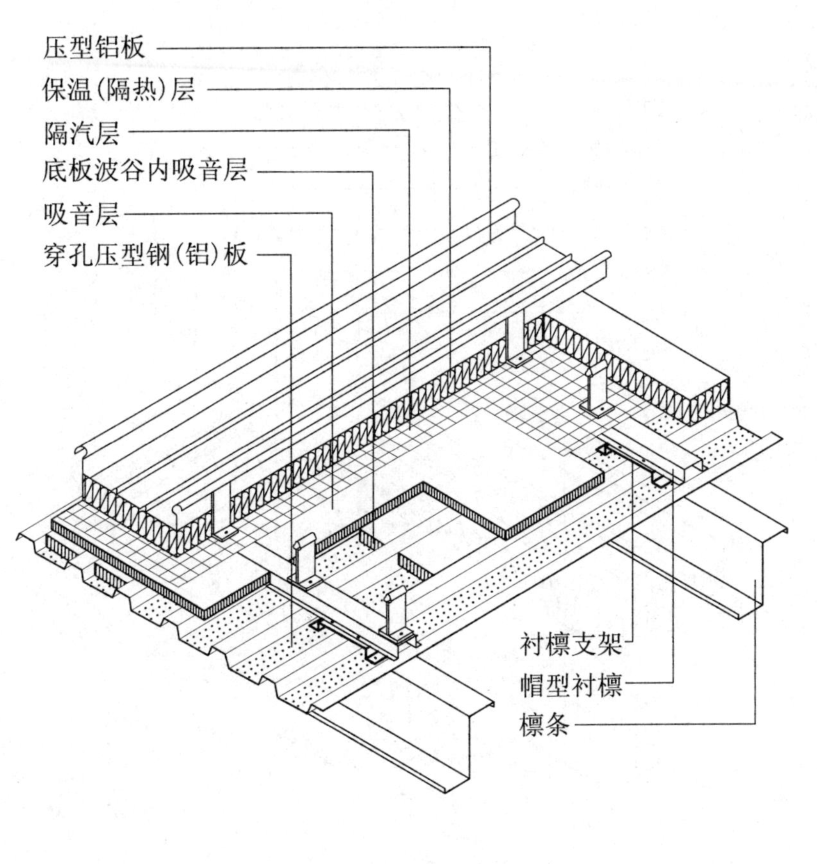

轴测图一

保温(隔热)层,带隔汽层
檩条
固定座与隔热垫
压型钢(铝)底板
压型铝板

轴测图二

屋面轴测图一、二

审核	葛连福	葛连福	校对	周校仁	周校仁	设计	刘龙	刘龙	图号	B1

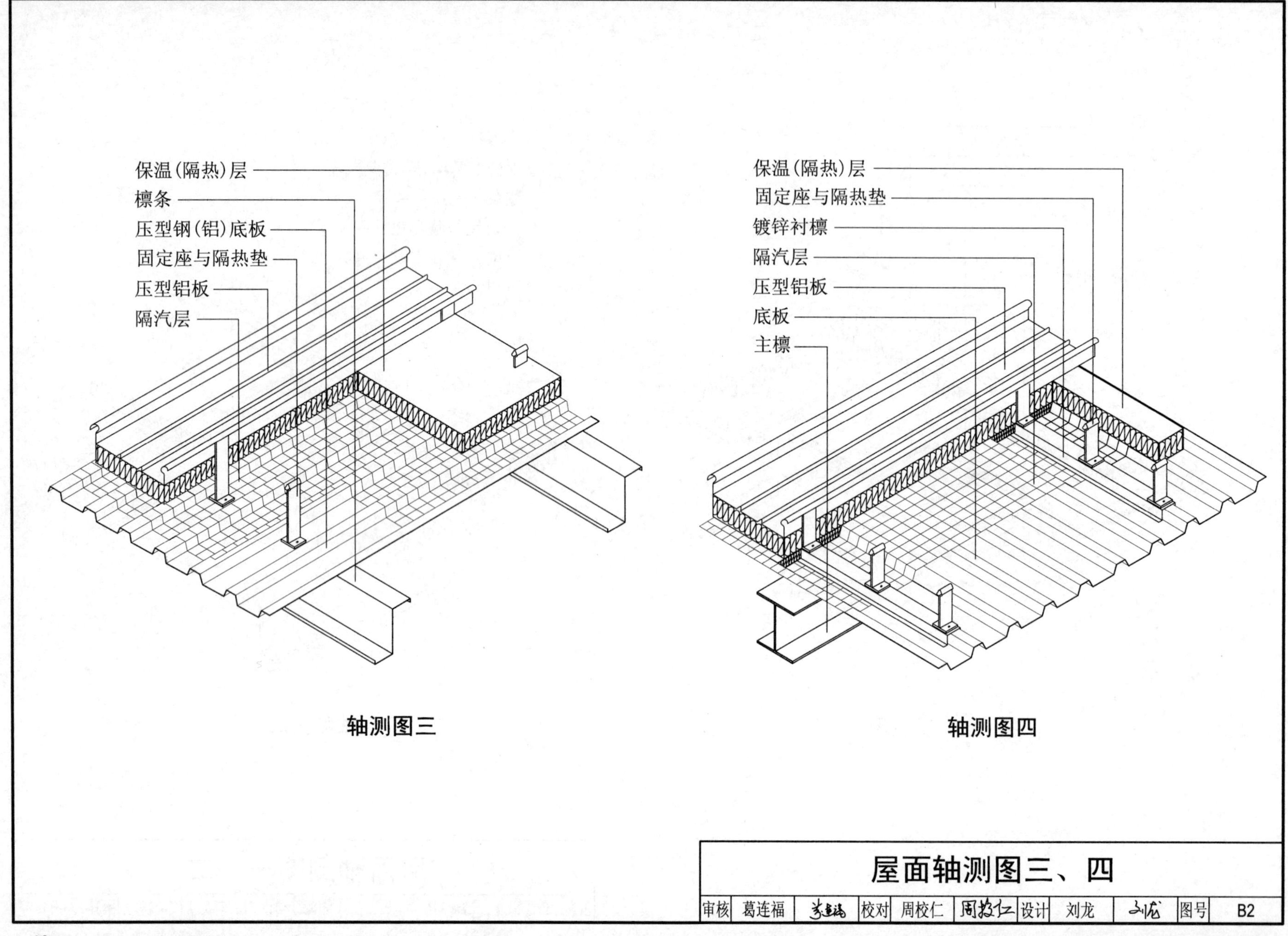
保温(隔热)层
檩条
压型钢(铝)底板
固定座与隔热垫
压型铝板
隔汽层
轴测图三
保温(隔热)层
固定座与隔热垫
镀锌衬檩
隔汽层
压型铝板
底板
主檩
轴测图四
屋面轴测图三、四
审核 葛连福 校对 周校仁 设计 刘龙 图号 B2

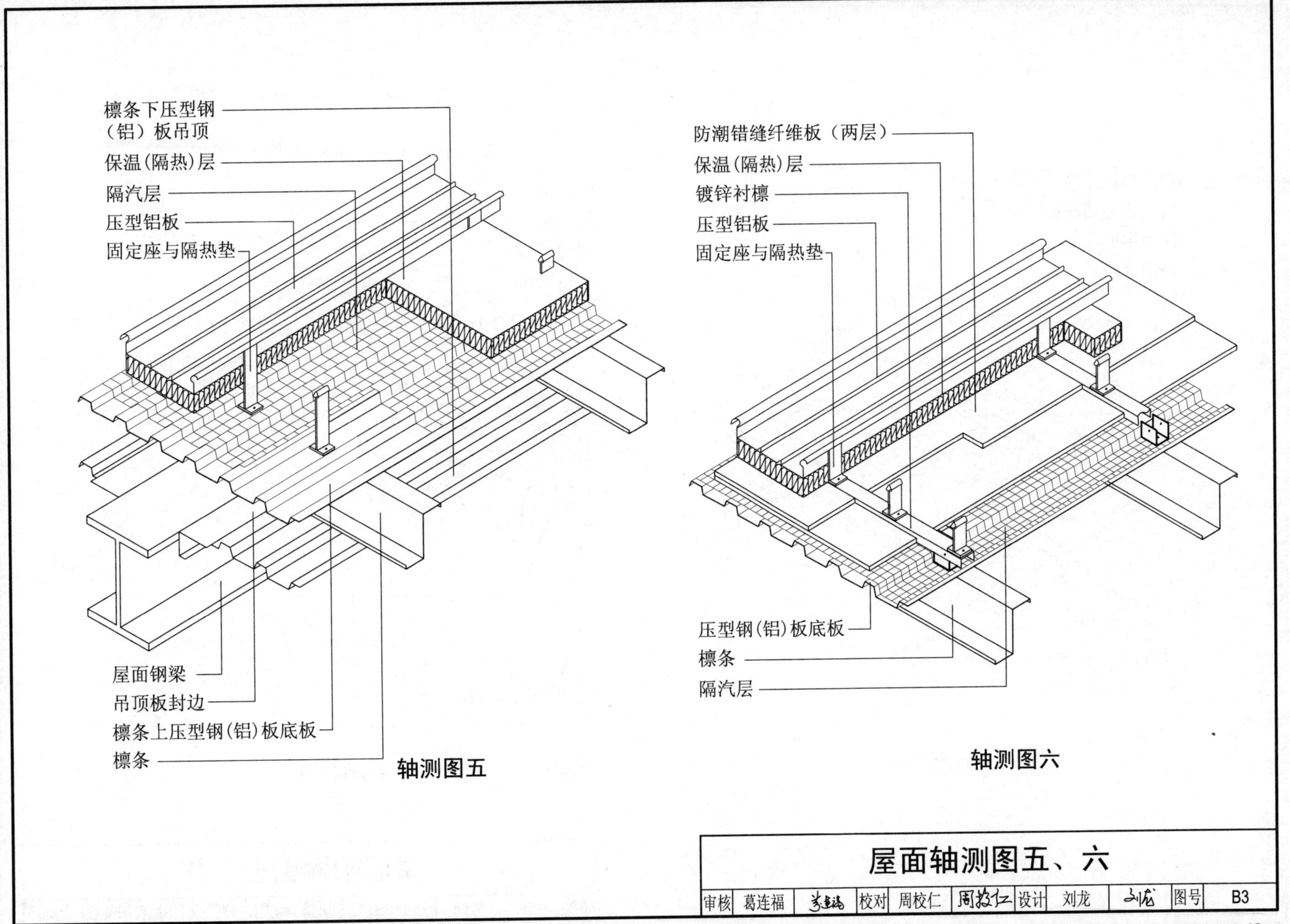

屋面轴测图五、六								
审核	葛连福	葛连福	校对	周校仁	周校仁	设计	刘龙	刘龙	图号	B3

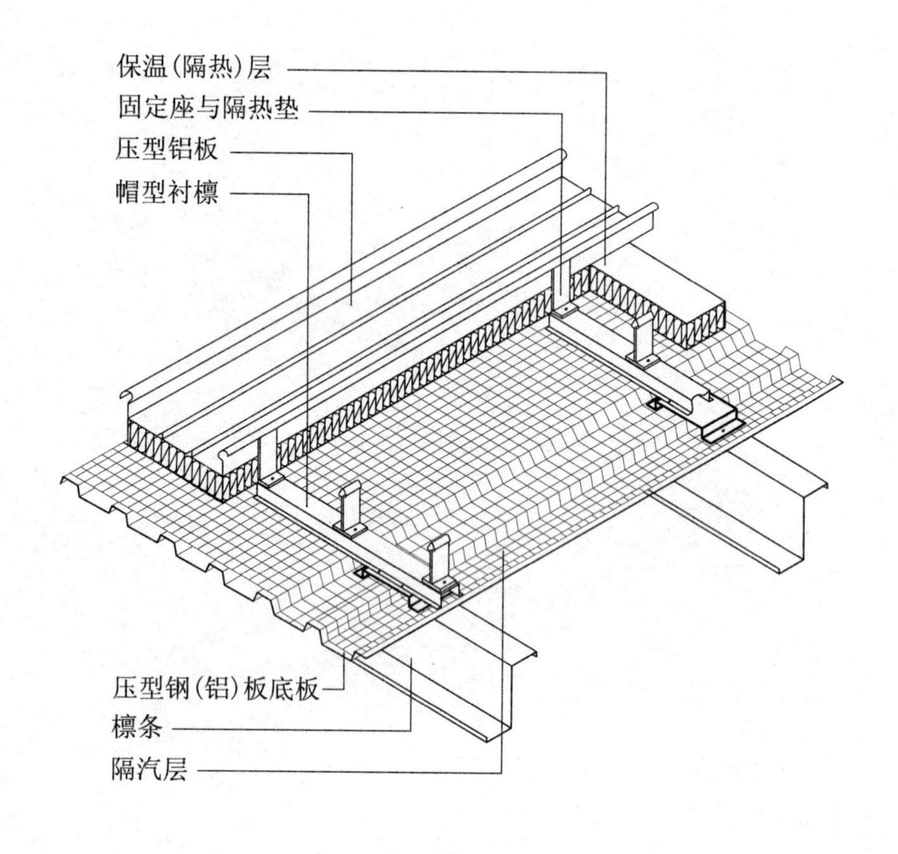

轴测图七

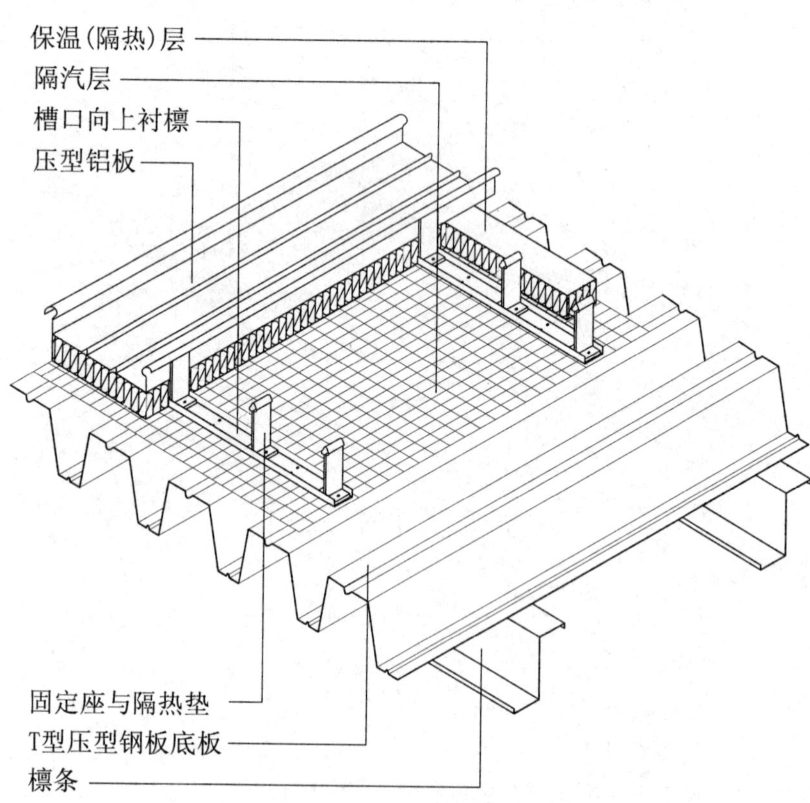

轴测图八

屋面轴测图七、八									
审核	葛连福	葛连福	校对	周校仁	周校仁	设计	刘龙	刘龙	图号 B4

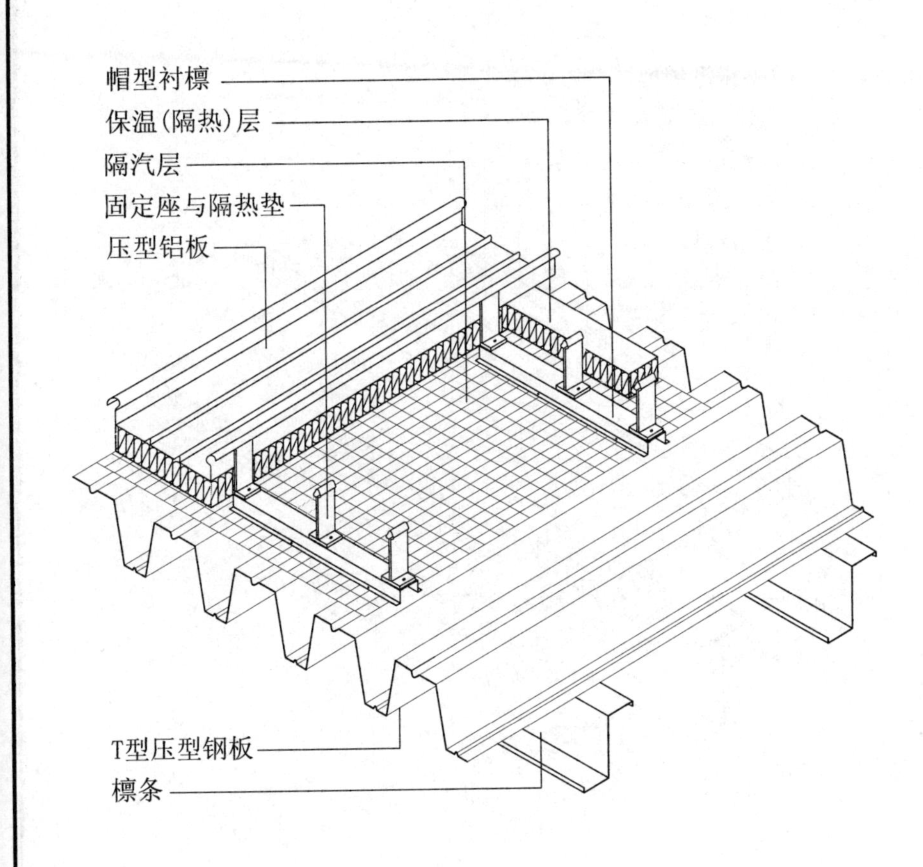

轴测图九

镀锌扁钢
固定座与隔热垫
保温(隔热)层
隔汽层
压型铝板
T型压型钢板
檩条

轴测图十

屋面轴测图九、十									
审核	葛连福	葛连福	校对	周校仁	周校仁	设计	刘龙	刘龙	图号 B5

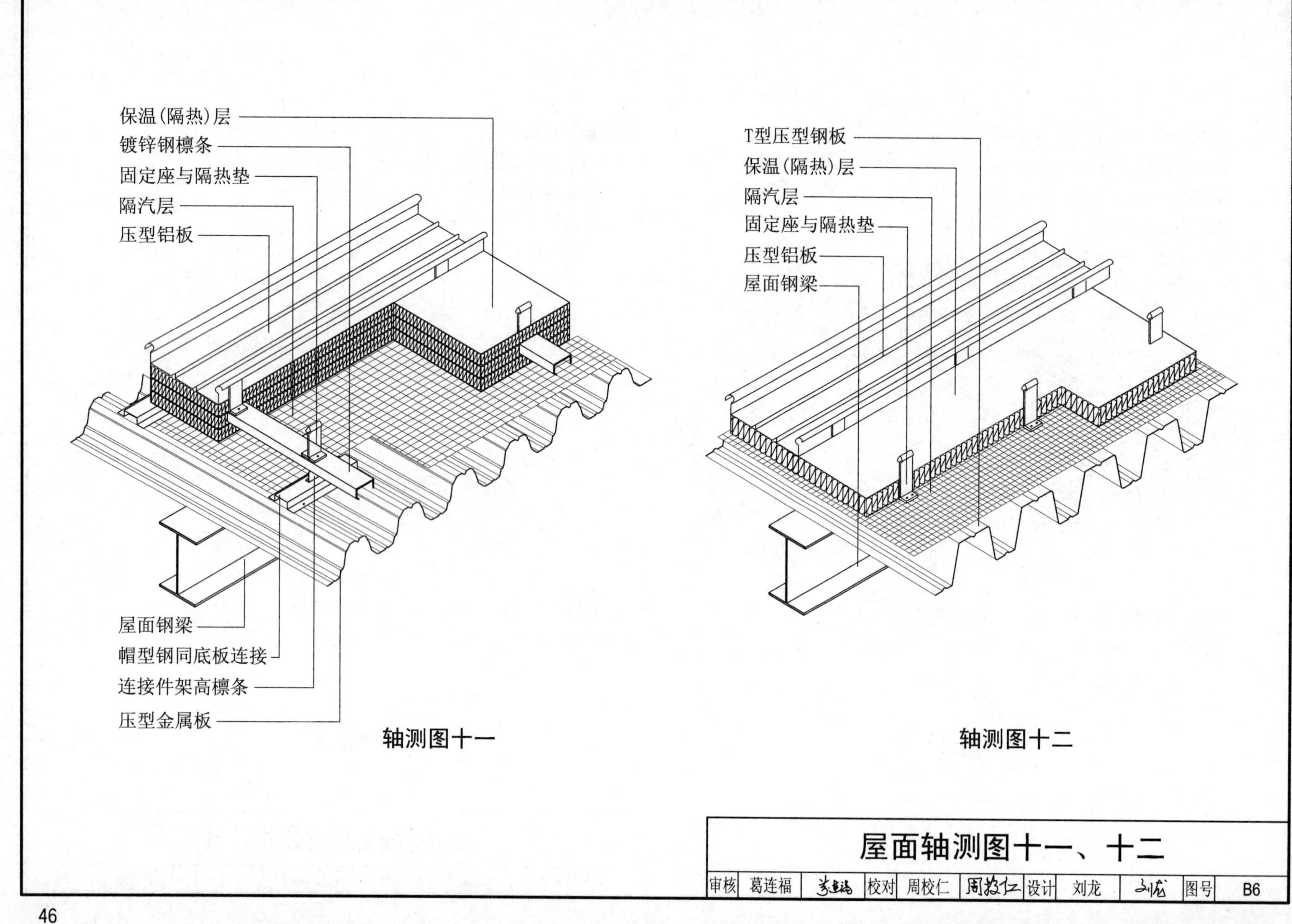
保温(隔热)层
镀锌钢檩条
固定座与隔热垫
隔汽层
压型铝板
屋面钢梁
帽型钢同底板连接
连接件架高檩条
压型金属板
轴测图十一
T型压型钢板
保温(隔热)层
隔汽层
固定座与隔热垫
压型铝板
屋面钢梁
轴测图十二
屋面轴测图十一、十二
审核 葛连福 校对 周校仁 设计 刘龙 图号 B6

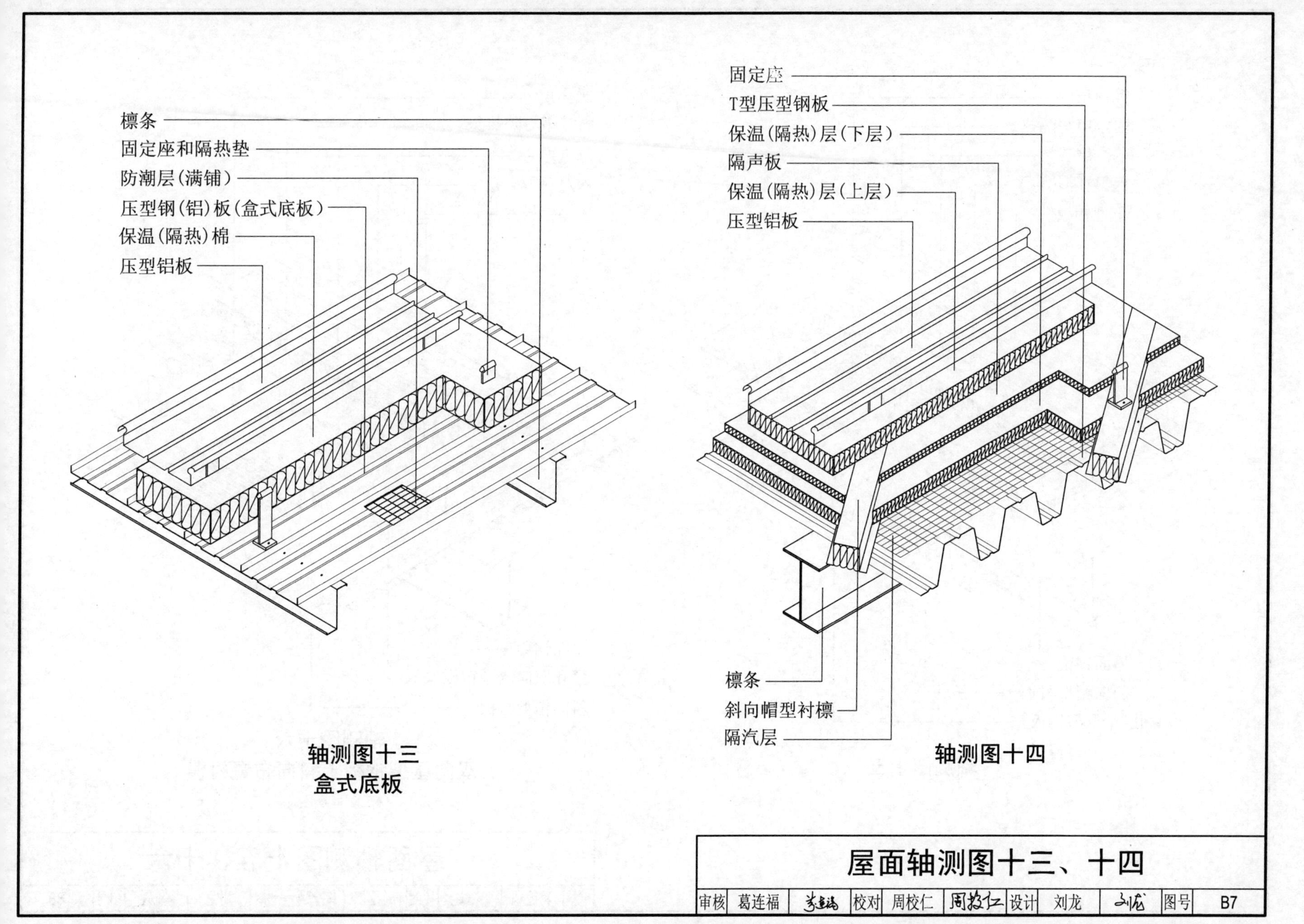

檩条
固定座和隔热垫
防潮层(满铺)
压型钢(铝)板(盒式底板)
保温(隔热)棉
压型铝板
轴测图十三
盒式底板
固定座
T型压型钢板
保温(隔热)层(下层)
隔声板
保温(隔热)层(上层)
压型铝板
檩条
斜向帽型衬檩
隔汽层
轴测图十四
屋面轴测图十三、十四
审核 葛连福 校对 周校仁 设计 刘龙 图号 B7

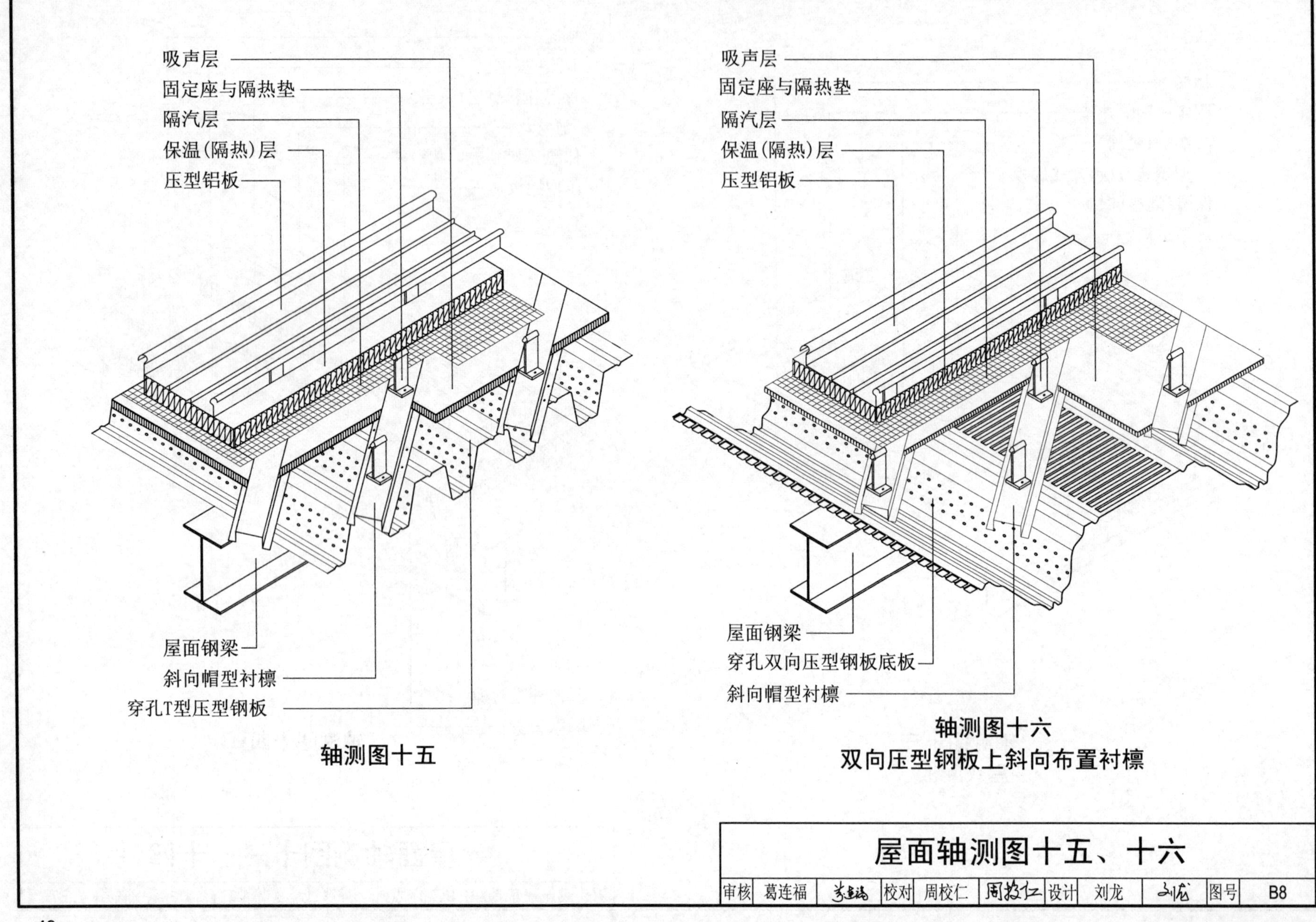
吸声层
固定座与隔热垫
隔汽层
保温(隔热)层
压型铝板
屋面钢梁
斜向帽型衬檩
穿孔T型压型钢板
轴测图十五
吸声层
固定座与隔热垫
隔汽层
保温(隔热)层
压型铝板
屋面钢梁
穿孔双向压型钢板底板
斜向帽型衬檩
轴测图十六
双向压型钢板上斜向布置衬檩
屋面轴测图十五、十六
审核 葛连福 校对 周校仁 设计 刘龙 图号 B8

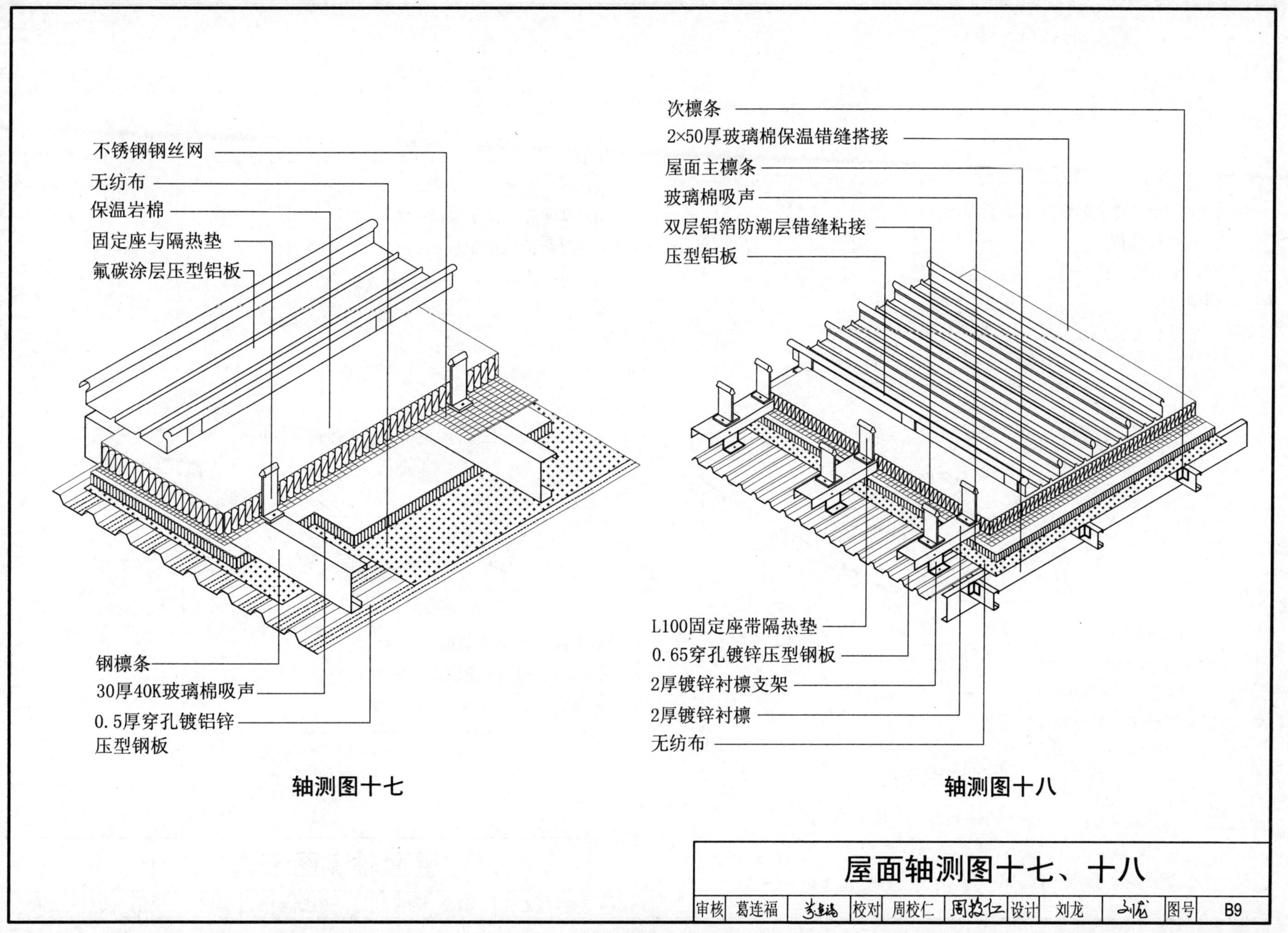

屋面轴测图十七、十八

审核	葛连福		校对	周校仁		设计	刘龙		图号	B9

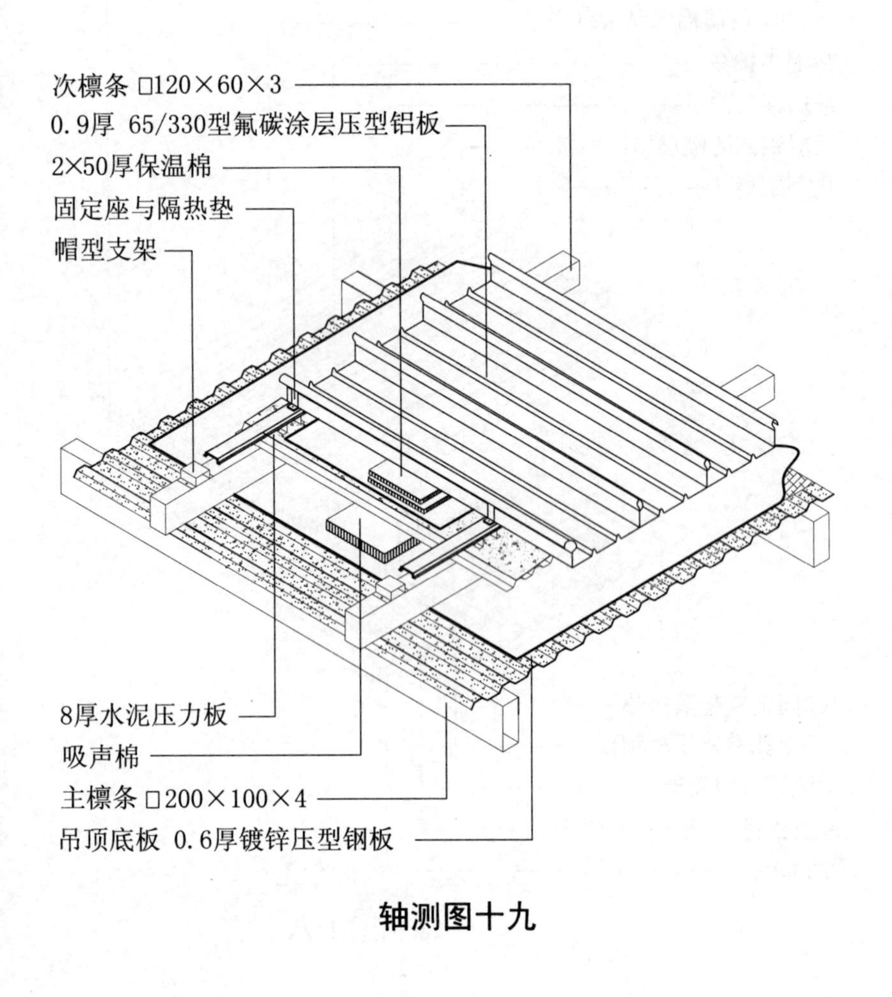

轴测图十九

衬檩
100厚保温棉
100厚硬质岩棉保温层带隔汽层
0.9厚金色压型铝板
固定座与隔热垫
波谷内铺吸声玻璃棉
0.75厚镀锌穿孔压型钢板
隔汽层
主檩

轴测图二十

屋面轴测图十九、二十

审核	葛连福	葛连福	校对	周校仁	周校仁	设计	刘龙	刘龙	图号	B10

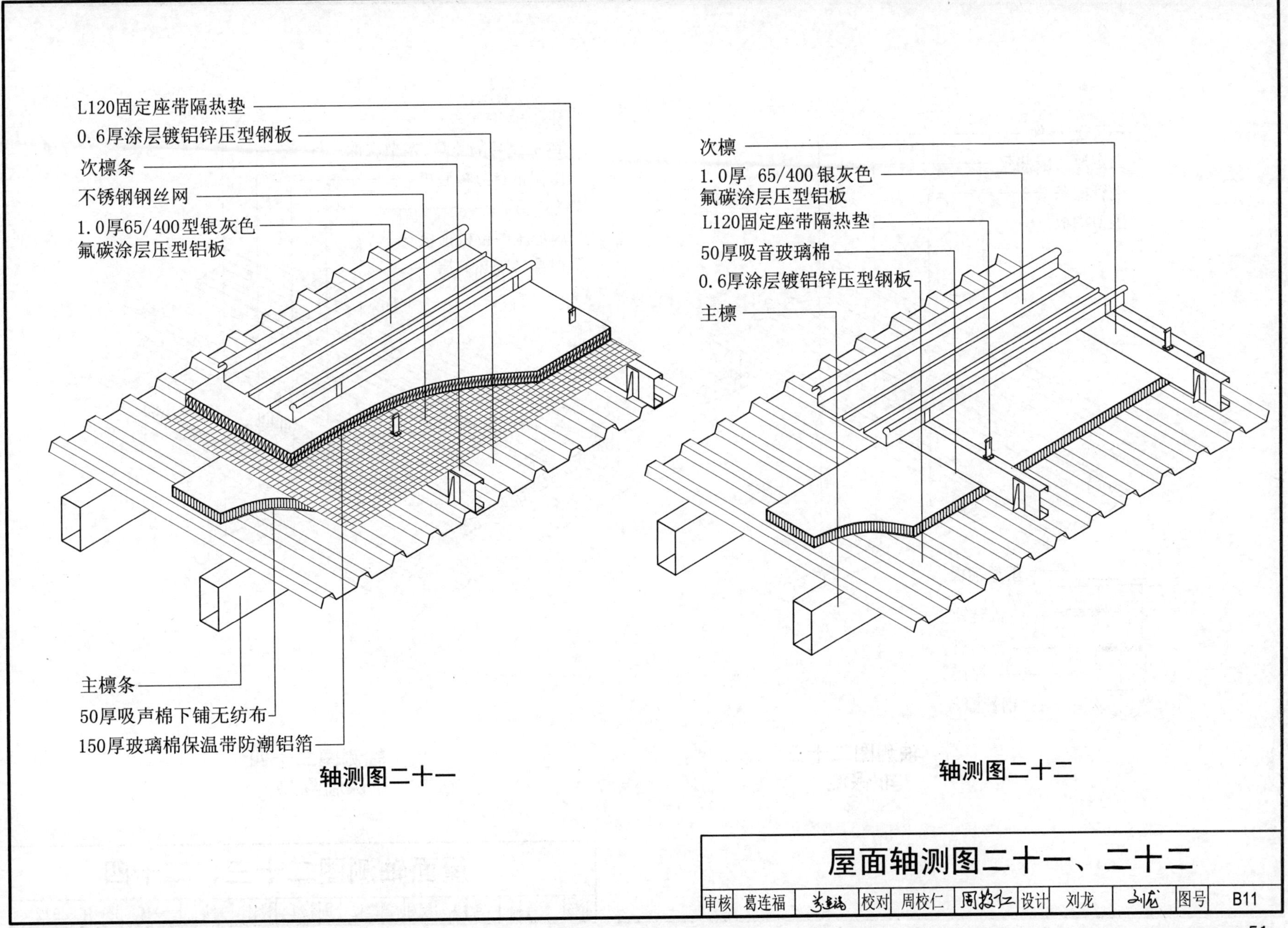

屋面轴测图二十一、二十二									
审核	葛连福	[signature]	校对	周校仁	[signature]	设计	刘龙	[signature]	图号 B11

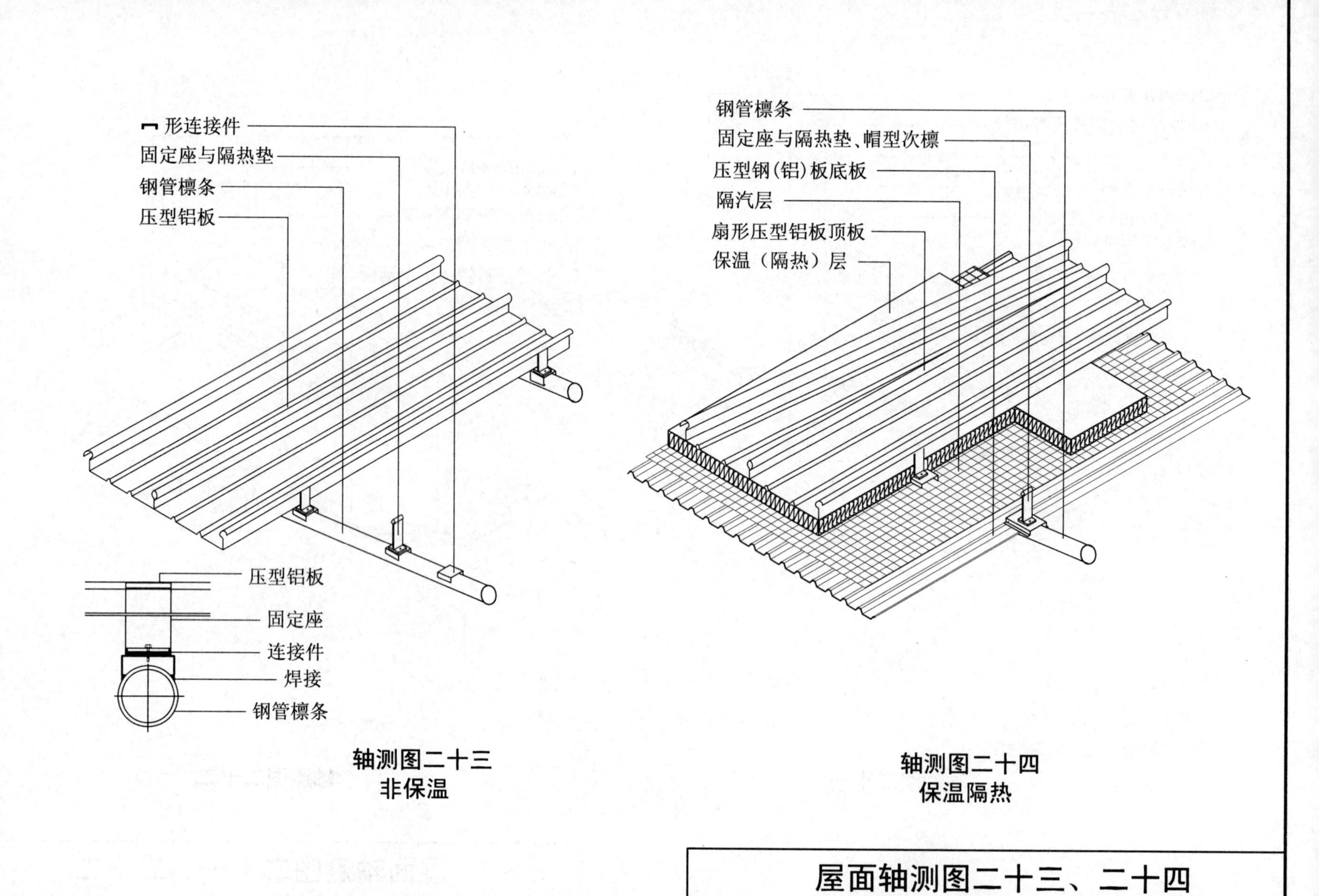

轴测图二十三
非保温

轴测图二十四
保温隔热

屋面轴测图二十三、二十四									
审核	葛连福	葛连福	校对	周校仁	周校仁	设计	刘龙	刘龙	图号 B12

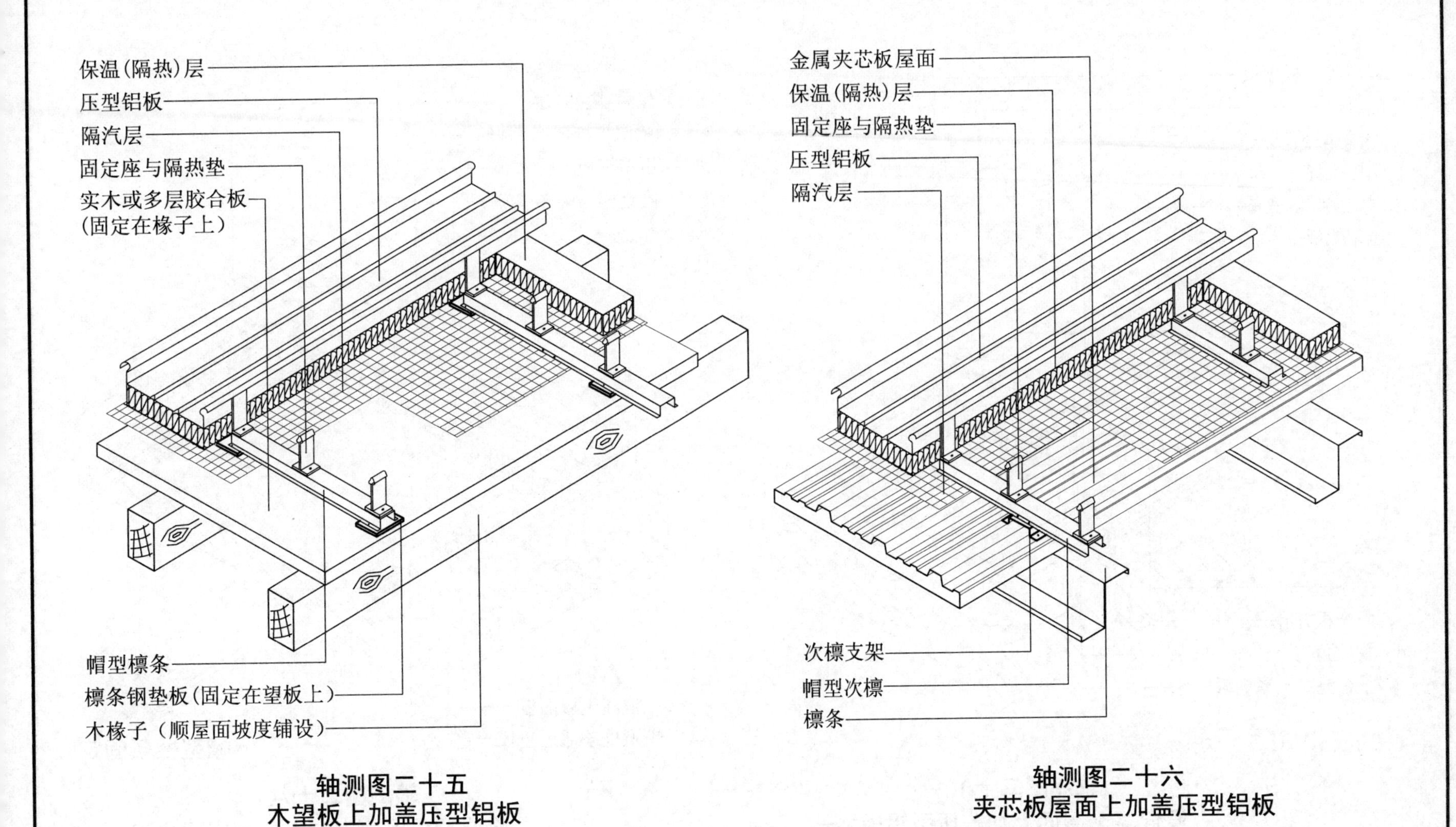

轴测图二十五
木望板上加盖压型铝板

轴测图二十六
夹芯板屋面上加盖压型铝板

注：木质望板厚应视材质、板跨、外荷载经计算确定，通常在选用时实木板取11~16厚，胶合板取9~22厚不等。

屋面轴测图二十五、二十六									
审核	葛连福	葛连福	校对	周校仁	周校仁	设计	刘龙	刘龙	图号 B13

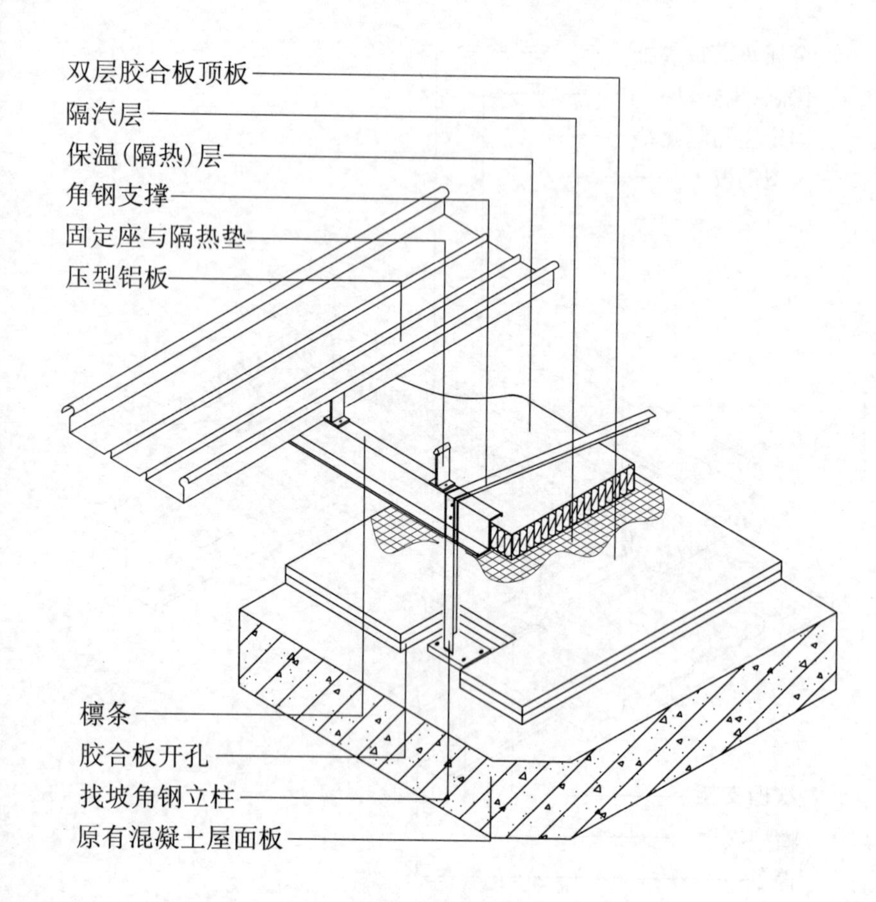

轴测图二十七
原混凝土屋面上加盖压型铝板之一

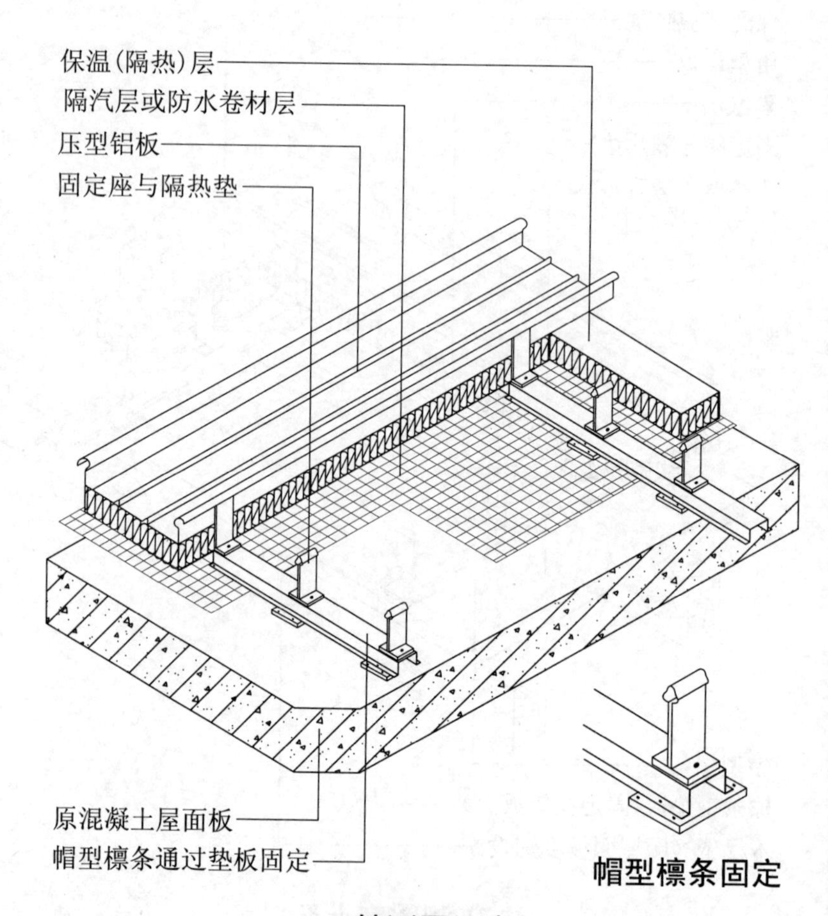

轴测图二十八
原混凝土屋面上加盖压型铝板之二

屋面轴测图二十七、二十八									
审核	葛连福	葛连福	校对	周校仁	周校仁	设计	刘龙	刘龙	图号 B14

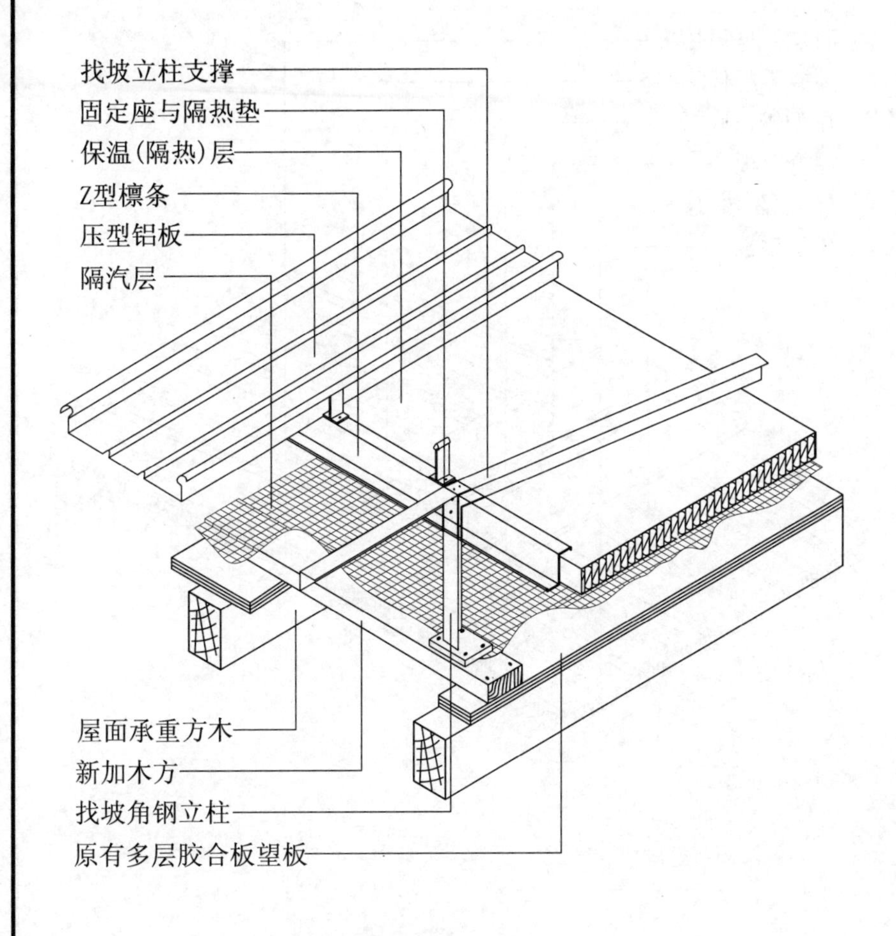

轴测图二十九

原木板屋面上加盖压型铝板之一

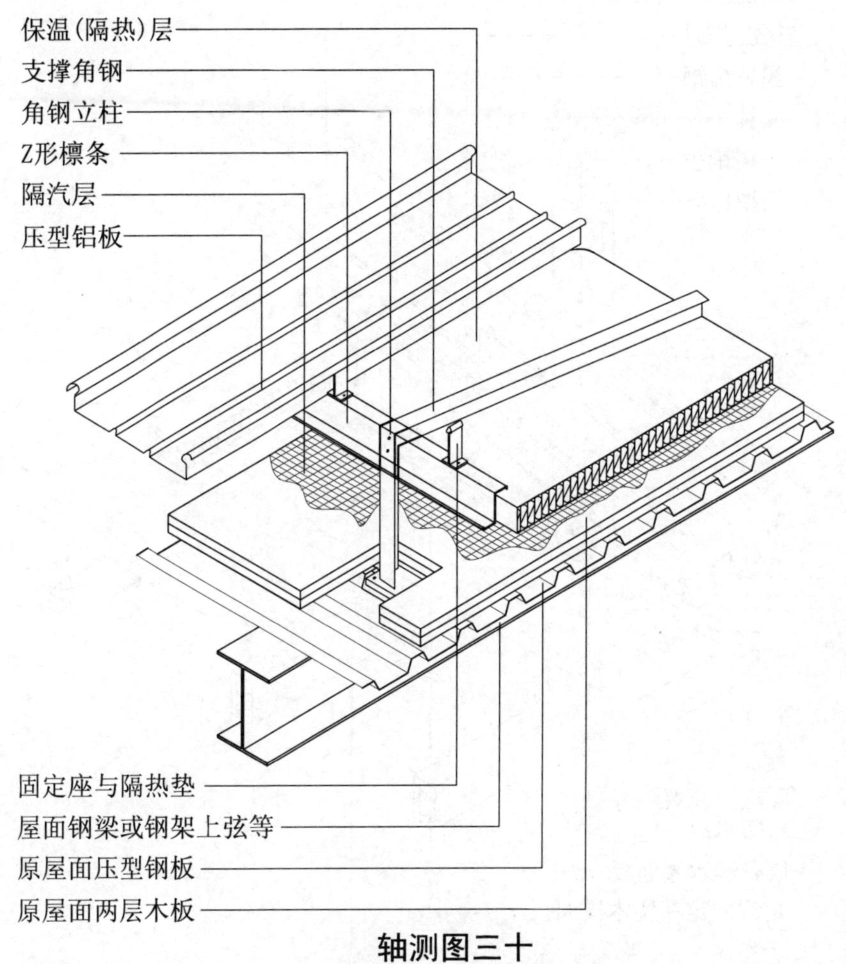

轴测图三十

原木板屋面上加盖压型铝板之二

屋面轴测图二十九、三十									
审核	葛连福	葛连福	校对	周校仁	周校仁	设计	刘龙	刘龙	图号 B15

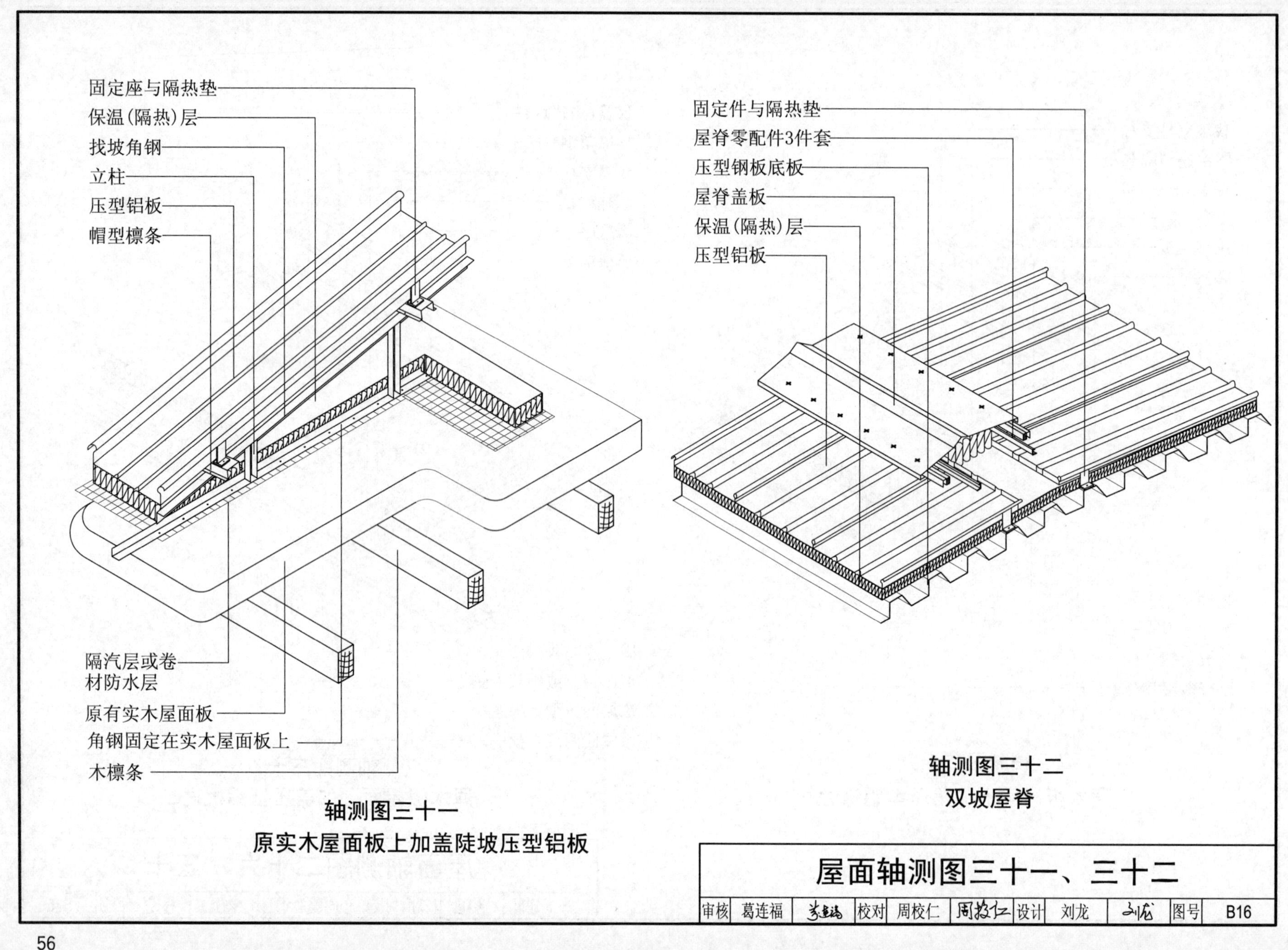

轴测图三十一
原实木屋面板上加盖陡坡压型铝板

轴测图三十二
双坡屋脊

屋面轴测图三十一、三十二

审核	葛连福		校对	周校仁		设计	刘龙		图号	B16

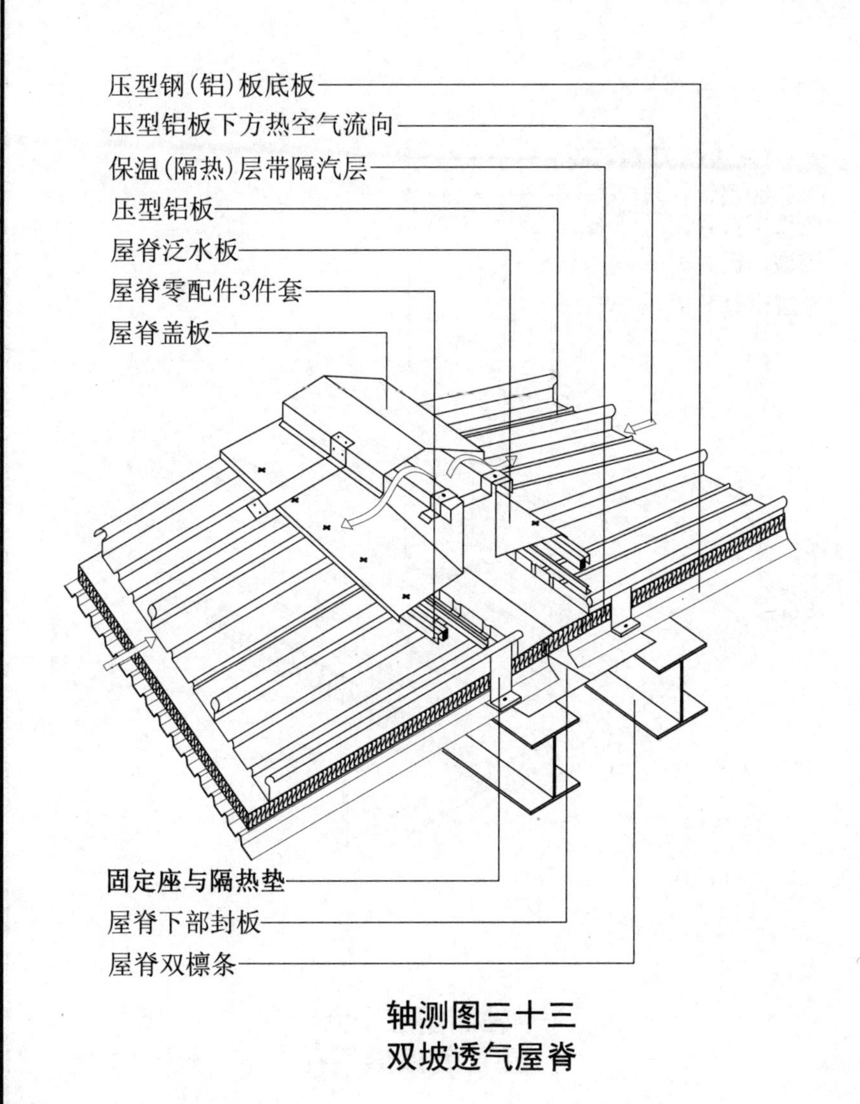

轴测图三十三
双坡透气屋脊

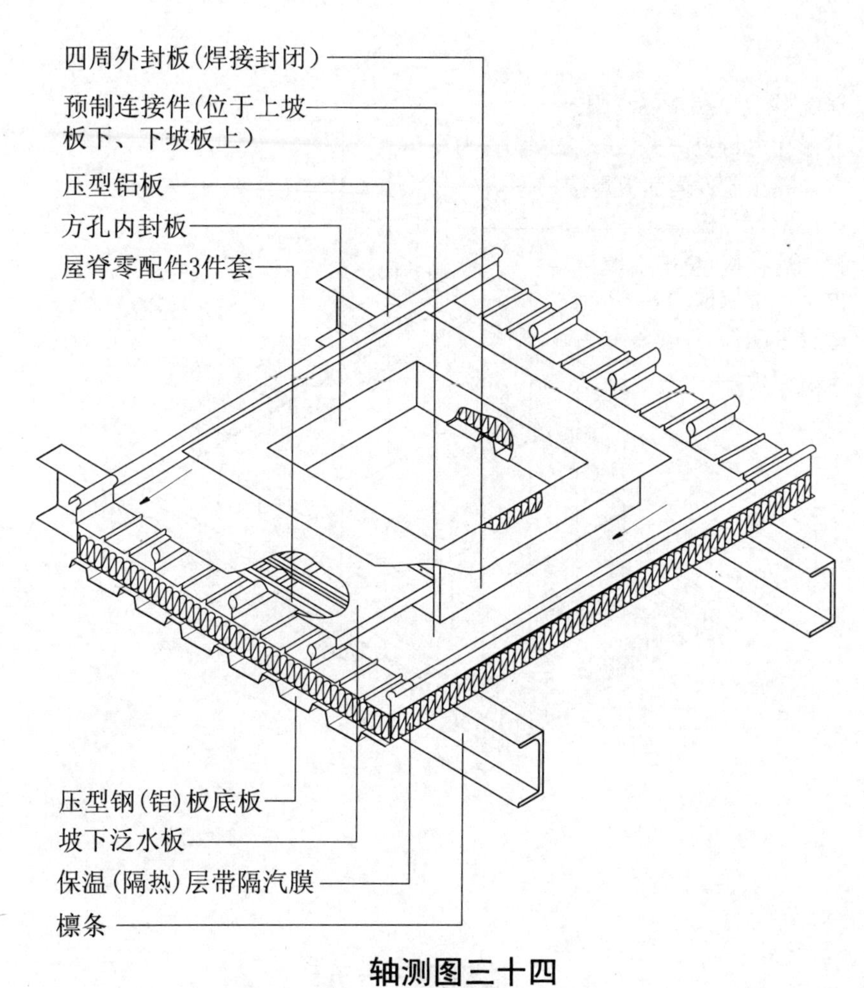

轴测图三十四
屋面孔一

屋面轴测图三十三、三十四									
审核	葛连福	[signature]	校对	周校仁	[signature]	设计	刘龙	[signature]	图号 B17

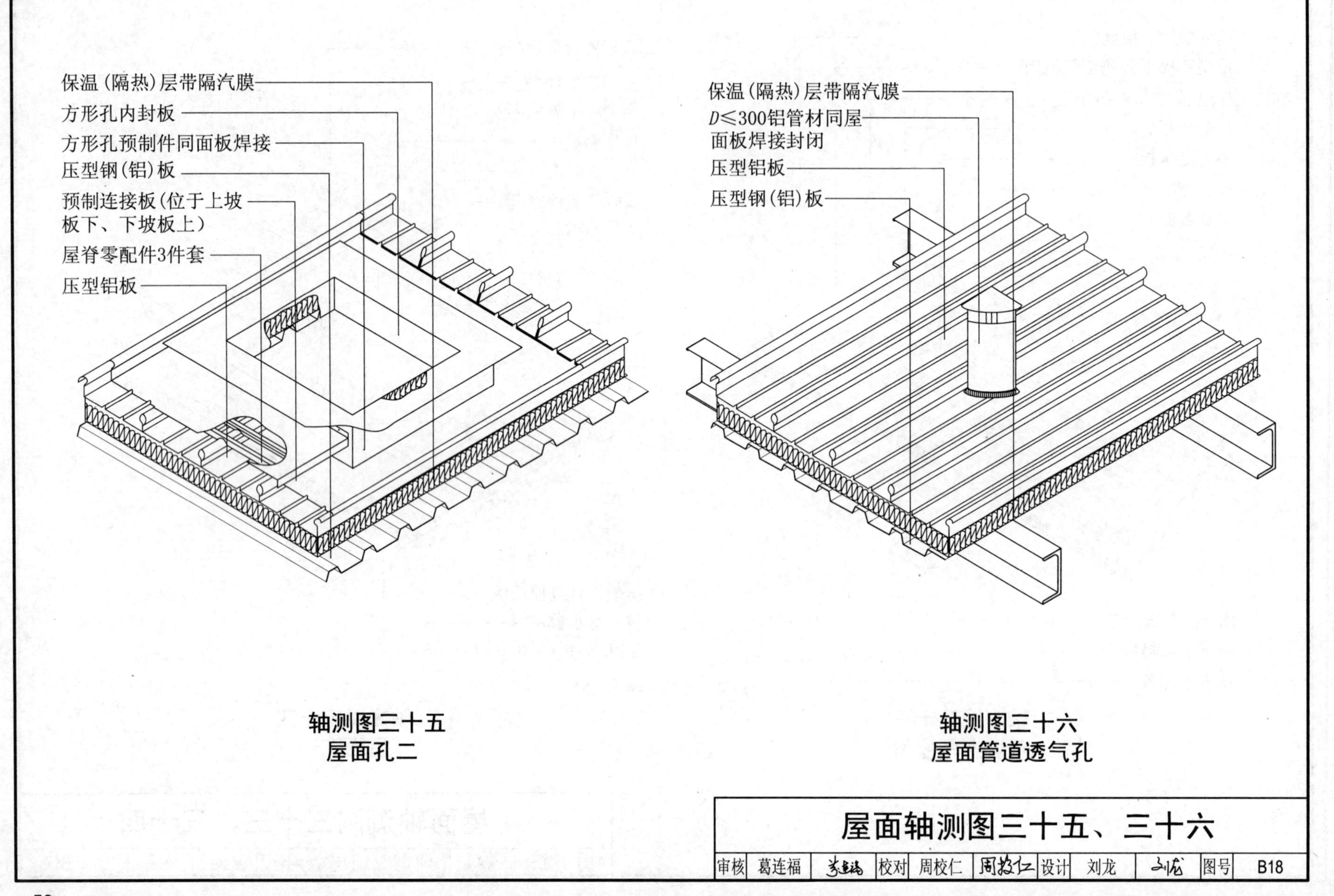

轴测图三十五
屋面孔二

轴测图三十六
屋面管道透气孔

屋面轴测图三十五、三十六

审核	葛连福	葛连福	校对	周校仁	周校仁	设计	刘龙	刘龙	图号	B18

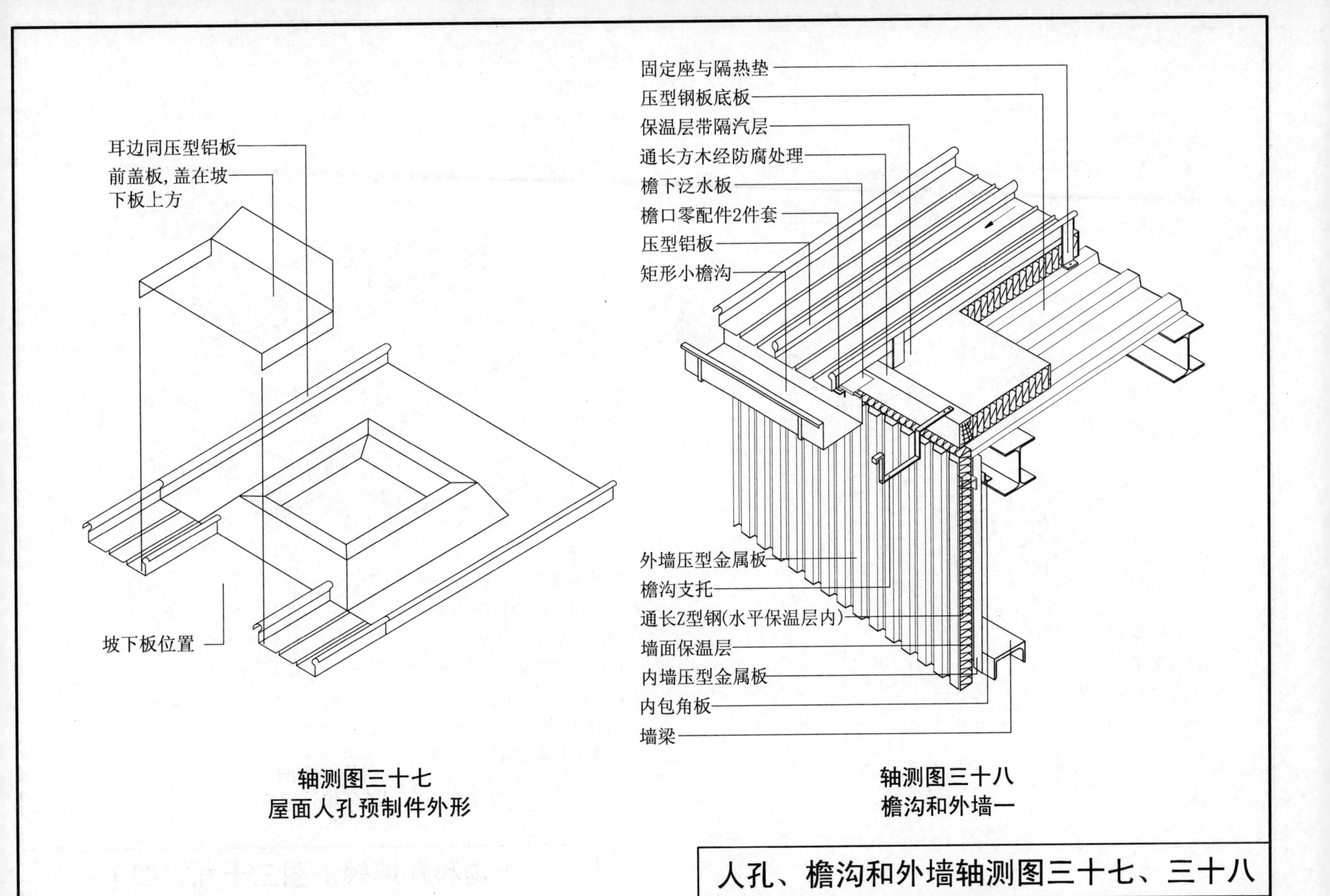

轴测图三十七
屋面人孔预制件外形

轴测图三十八
檐沟和外墙一

人孔、檐沟和外墙轴测图三十七、三十八									
审核	葛连福	葛连福	校对	周校仁	周校仁	设计	刘龙	刘龙	图号 B19

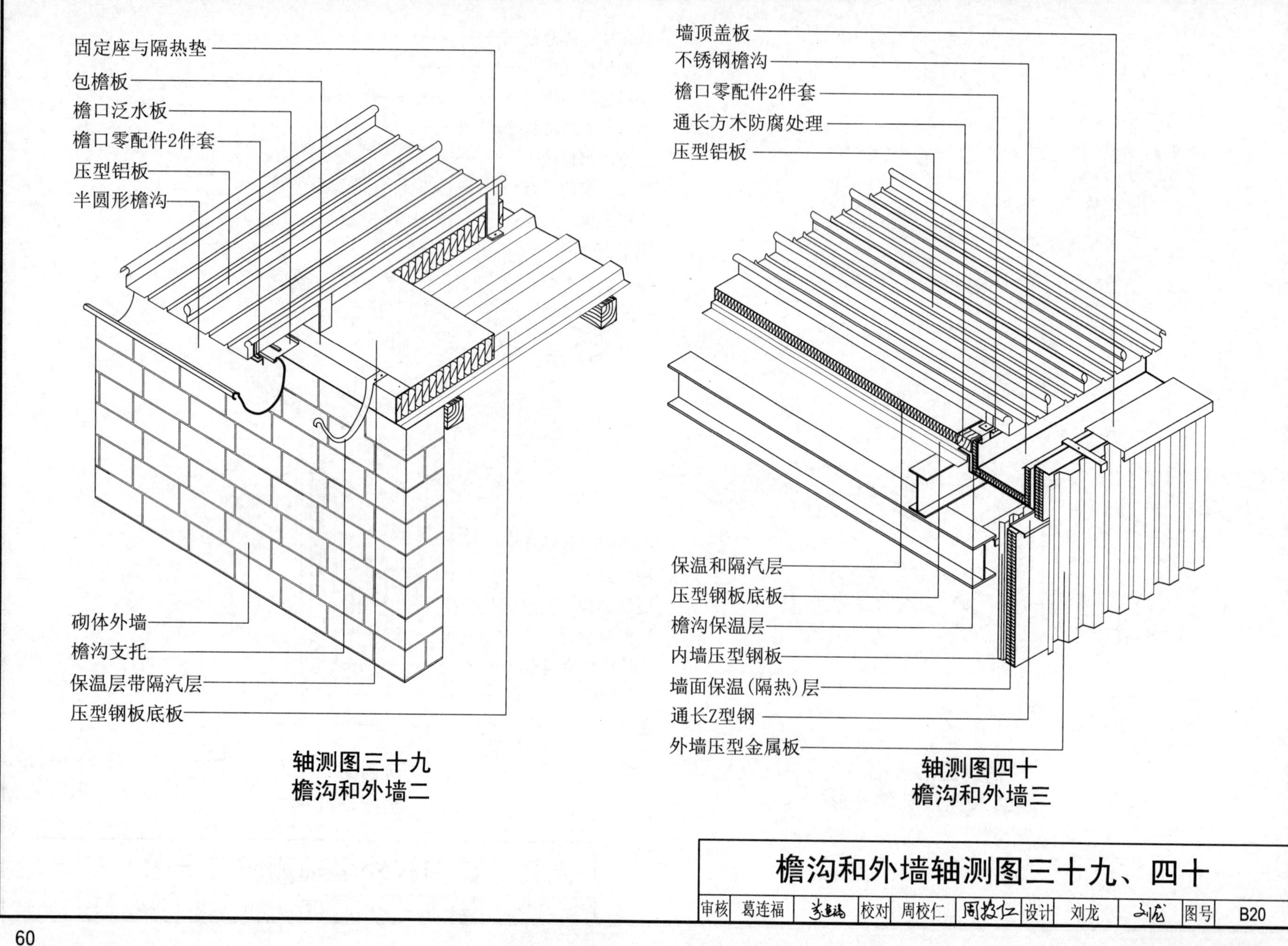

轴测图三十九
檐沟和外墙二

轴测图四十
檐沟和外墙三

檐沟和外墙轴测图三十九、四十									
审核	葛连福	葛连福	校对	周校仁	周校仁	设计	刘龙	刘龙	图号 B20

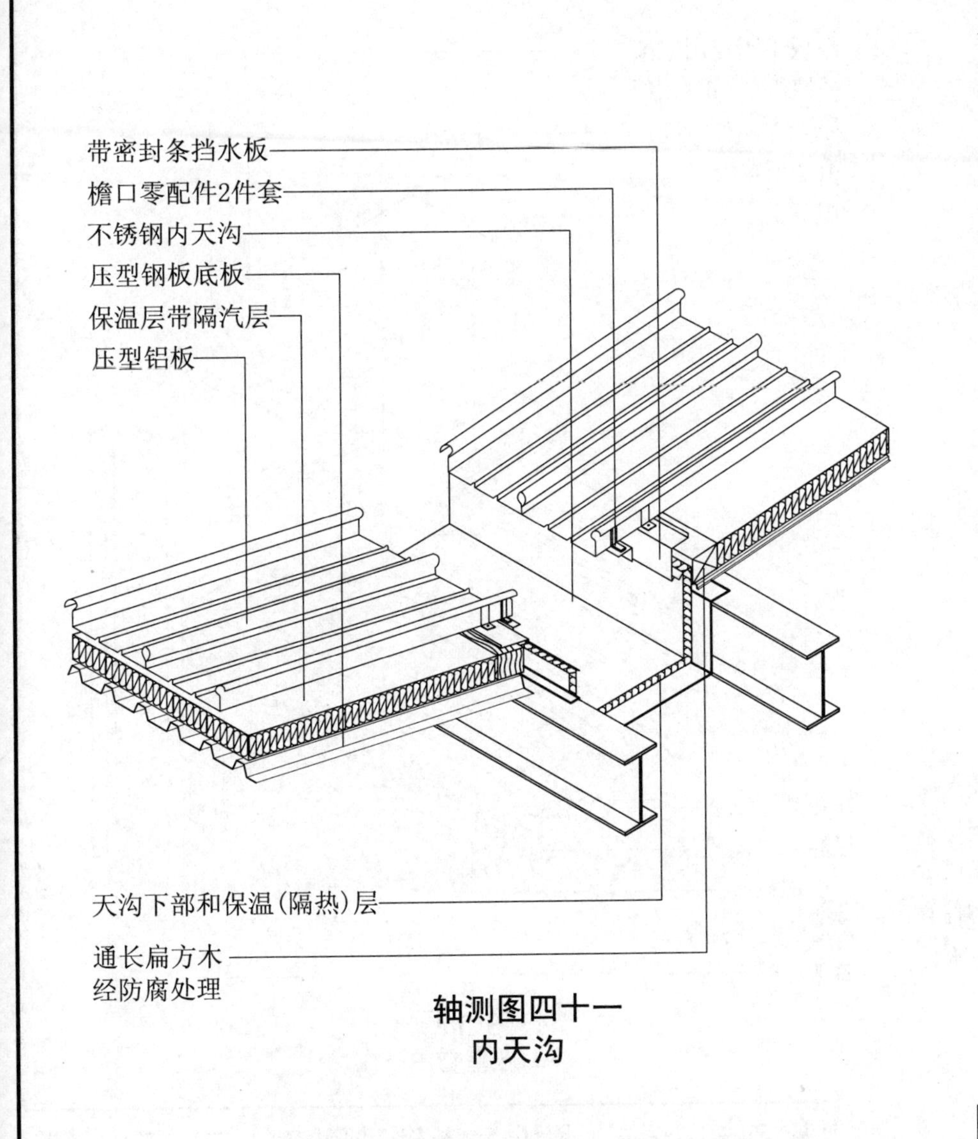

轴测图四十一
内天沟

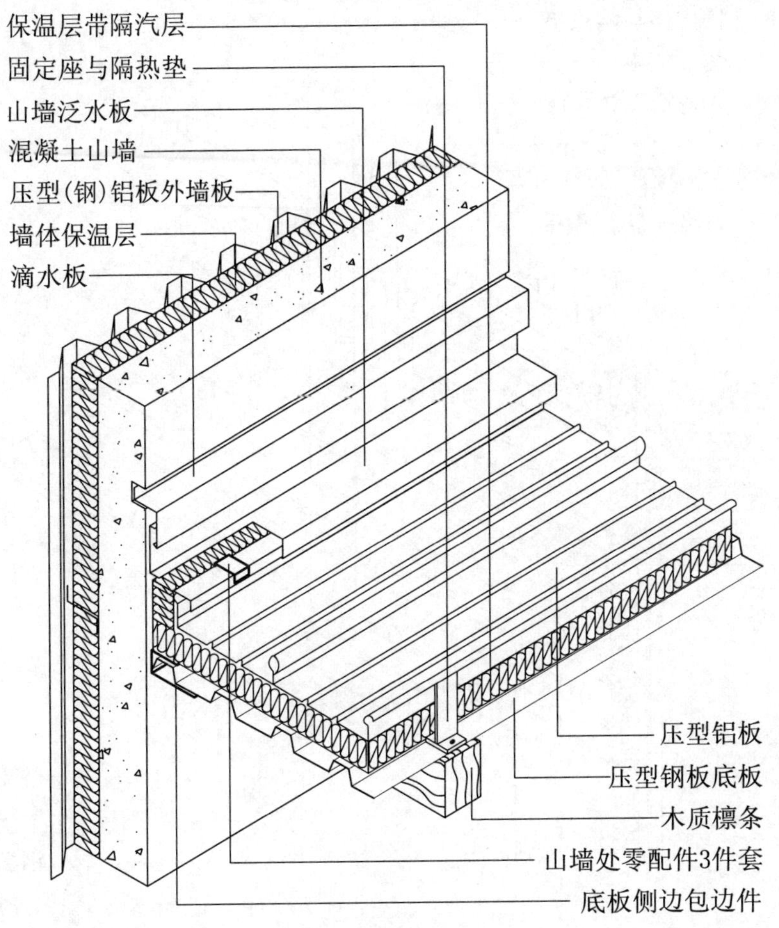

轴测图四十二
屋面和山墙一

内天沟、屋面和山墙轴测图四十一、四十二

审核	葛连福	葛连福	校对	周校仁	周校仁	设计	刘龙	刘龙	图号	B21

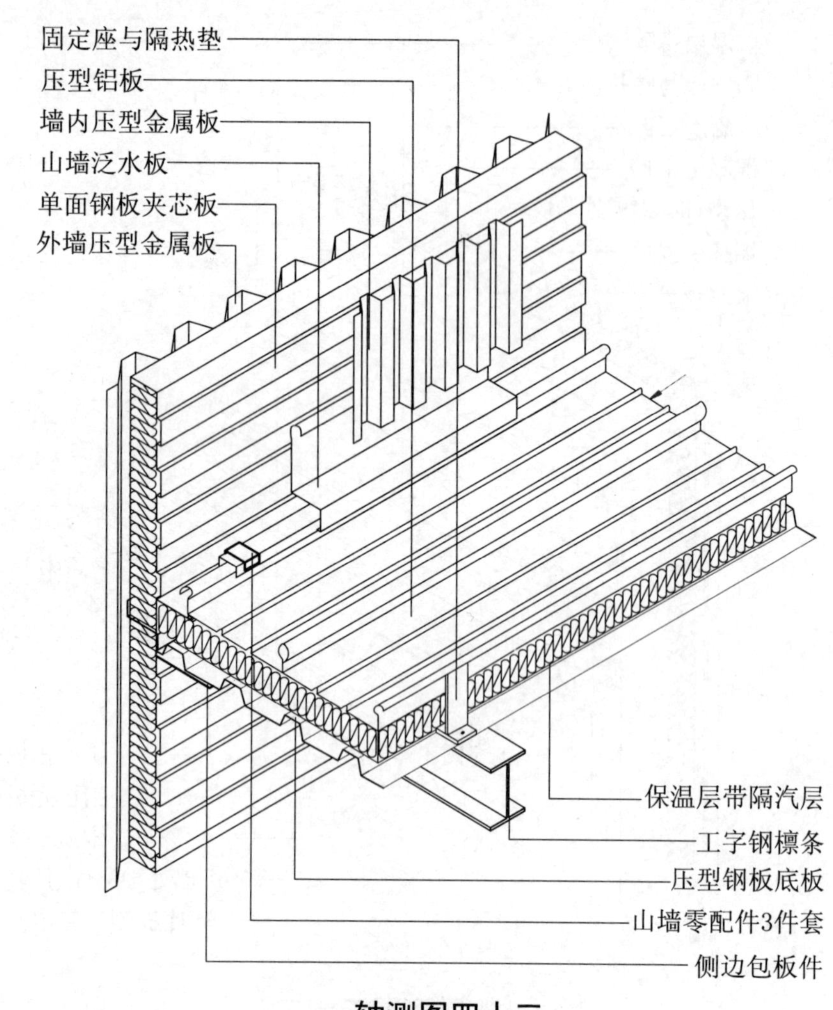

轴测图四十三
屋面和山墙二

罩板下固定用支架
外墙压型(钢)铝板
屋脊零配件3件套
山墙顶罩板
山墙泛水板
压型钢板底板
保温层带隔汽层
压型铝板
固定座与隔热垫
端头包板

轴测图四十四
单坡屋脊一

屋面和山墙、单坡屋脊轴测图四十三、四十四									
审核	葛连福	葛连福	校对	周校仁	周校仁	设计	刘龙	刘龙	图号 B22

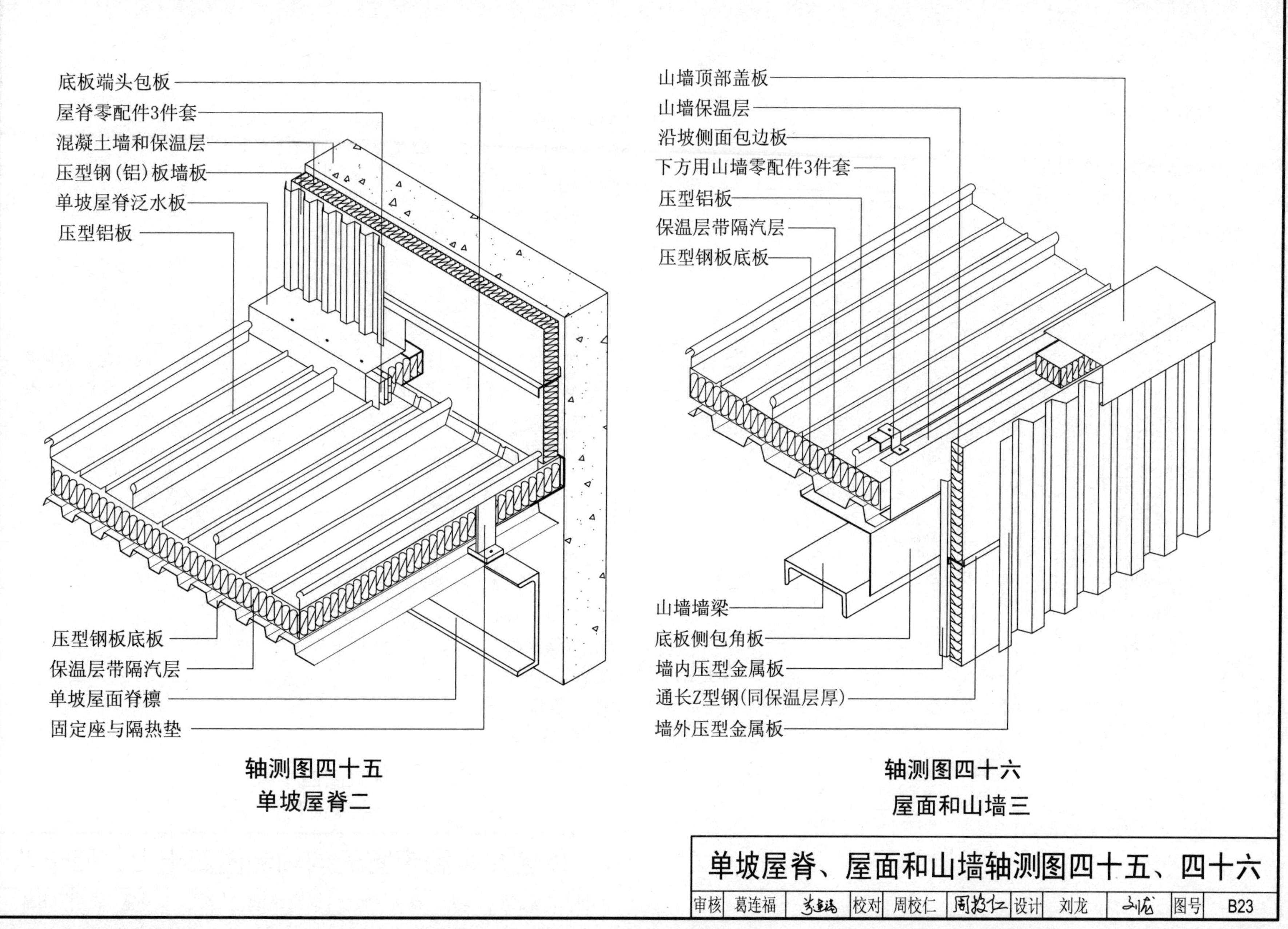

单坡屋脊、屋面和山墙轴测图四十五、四十六

审核	葛连福	葛连福	校对	周校仁	周校仁	设计	刘龙	刘龙	图号	B23

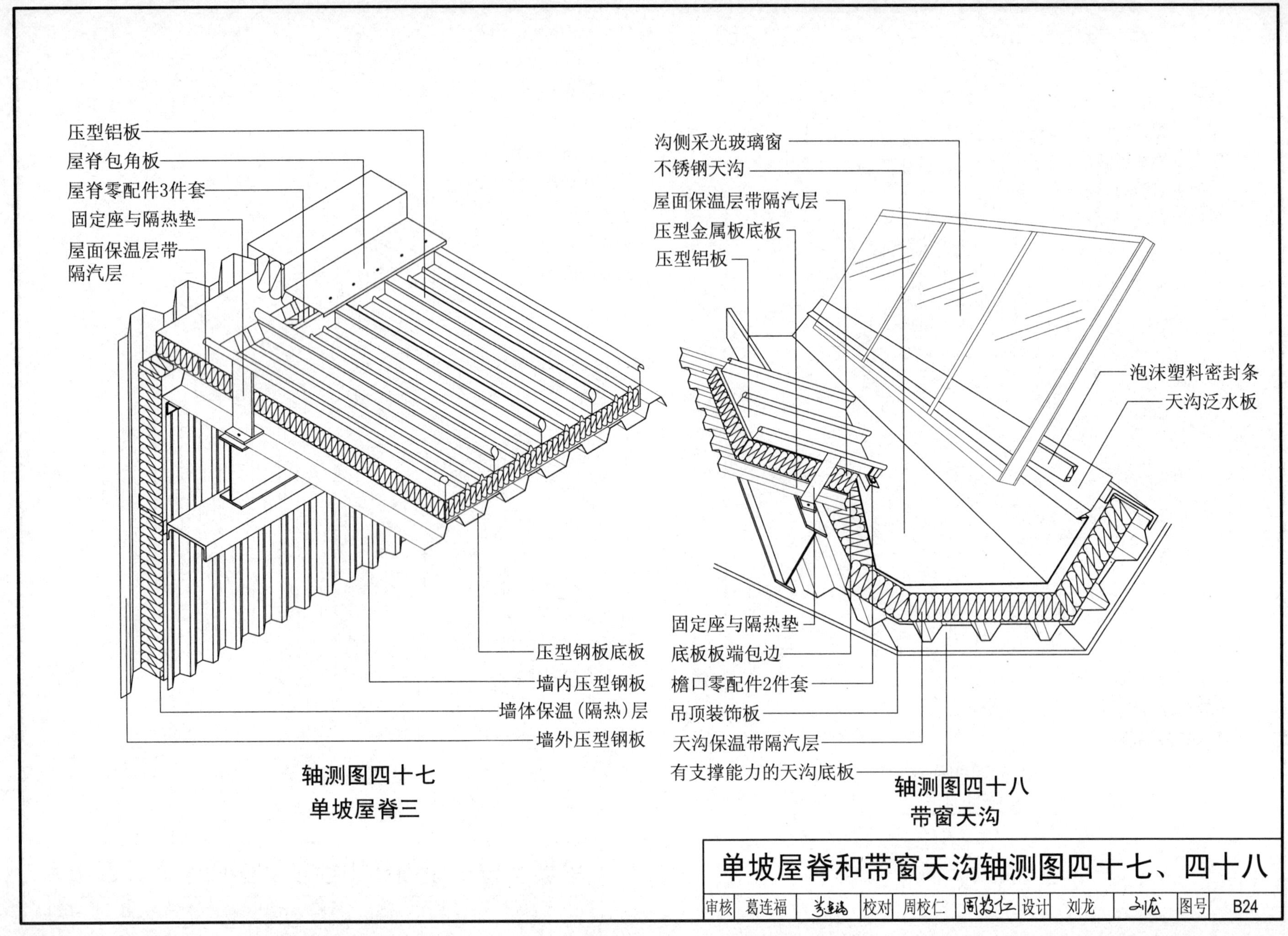

轴测图四十七
单坡屋脊三

轴测图四十八
带窗天沟

单坡屋脊和带窗天沟轴测图四十七、四十八									
审核	葛连福		校对	周校仁		设计	刘龙	图号	B24

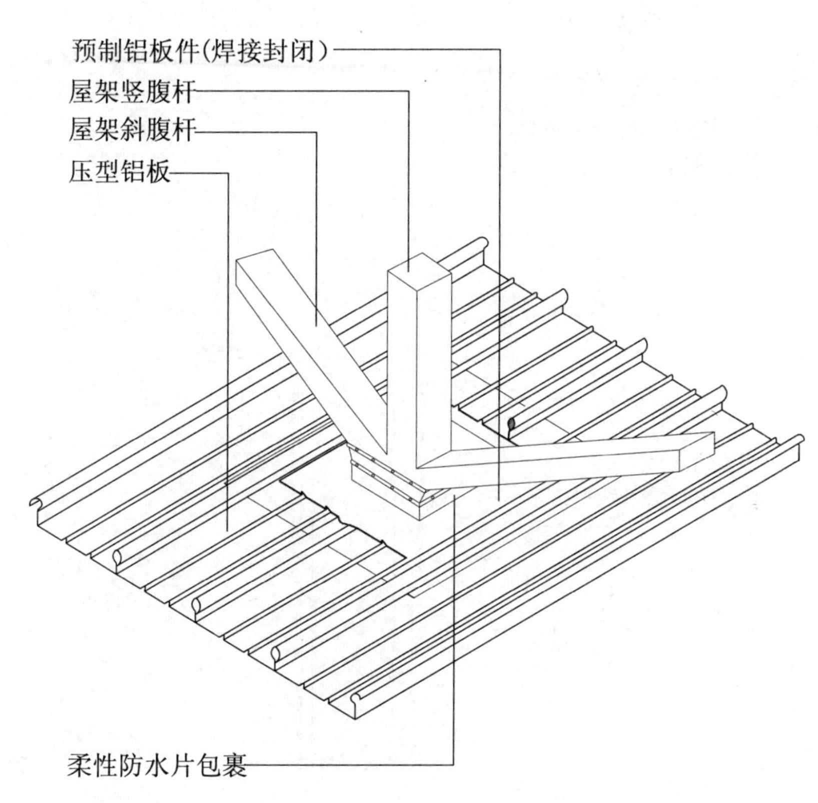

轴测图四十九
混凝土桁架穿过屋面

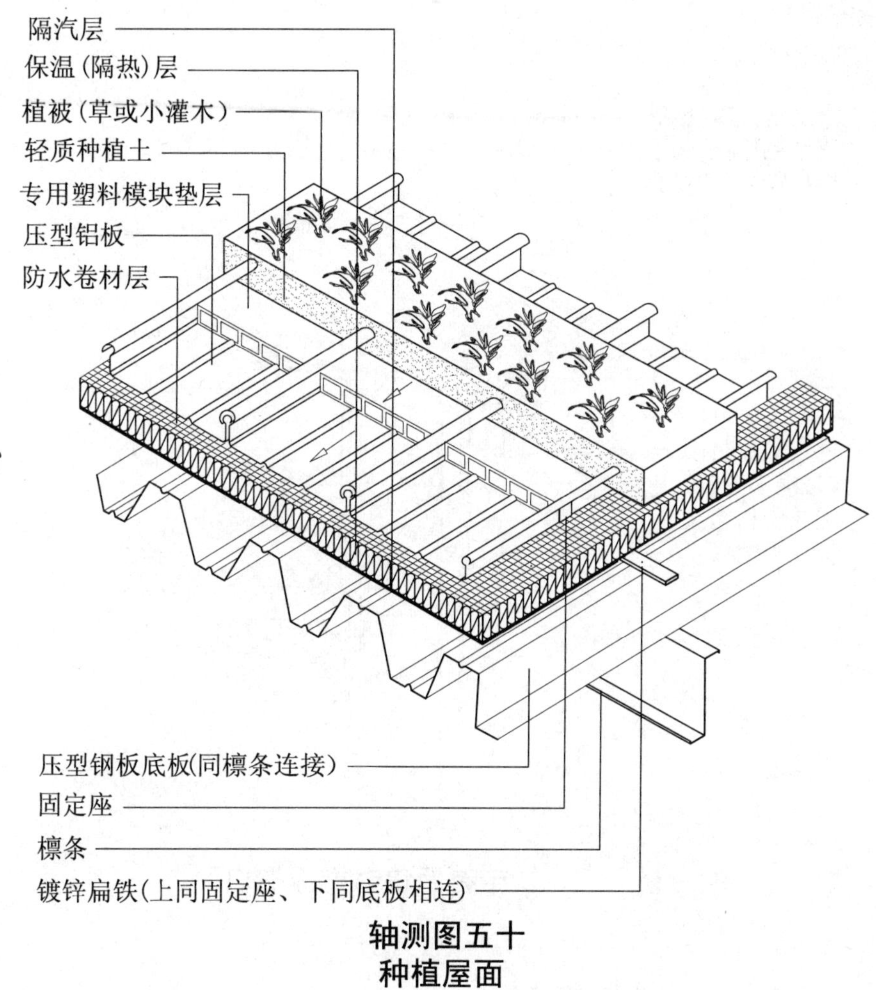

轴测图五十
种植屋面

桁架穿屋面和种植屋面轴测图四十九、五十

审核	葛连福	葛连福	校对	周校仁	周校仁	设计	刘龙	刘龙	图号	B25

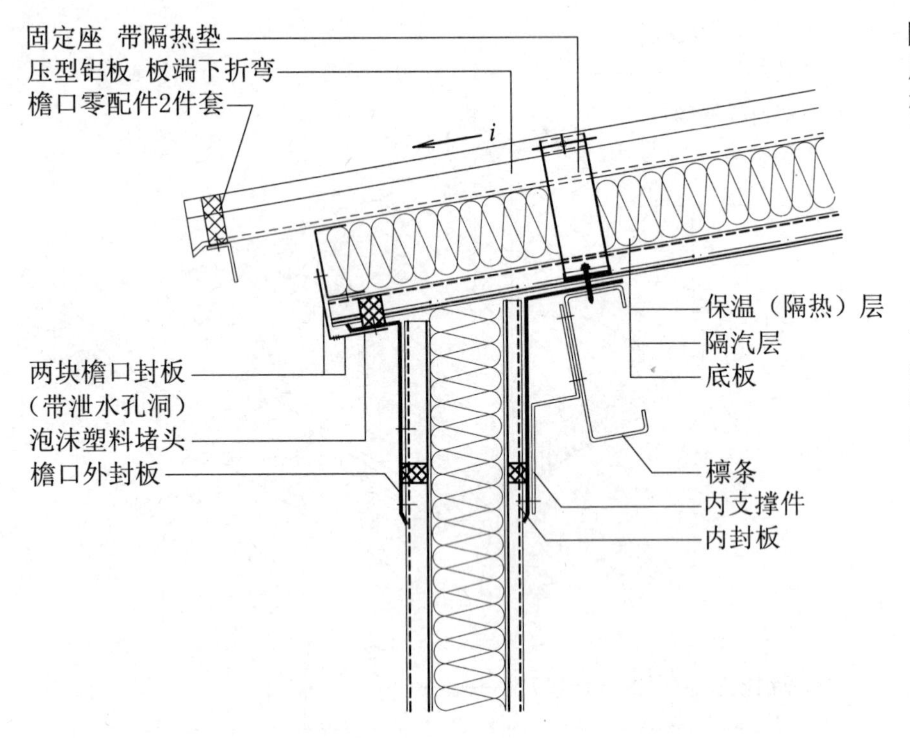

带有两块封檐板檐口

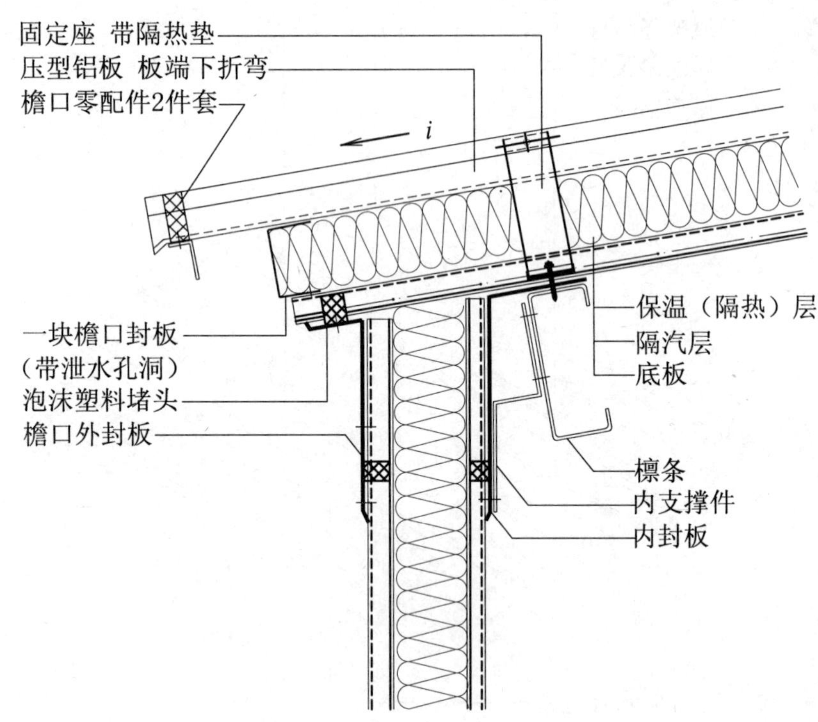

带有一块封檐板檐口

注：1. 檐口滴水角铝过于板端下折弯内侧，檐口堵头泡沫塑料堵头要堵塞板之间的空隙；

2. 檐口压型铝板悬挑长度宜为：$L \leqslant 5H$（H为板高）。

檐　口　一										
审核	王道正	[签名]	校对	张颖华	[签名]	设计	王莉萍	[签名]	图号	B26

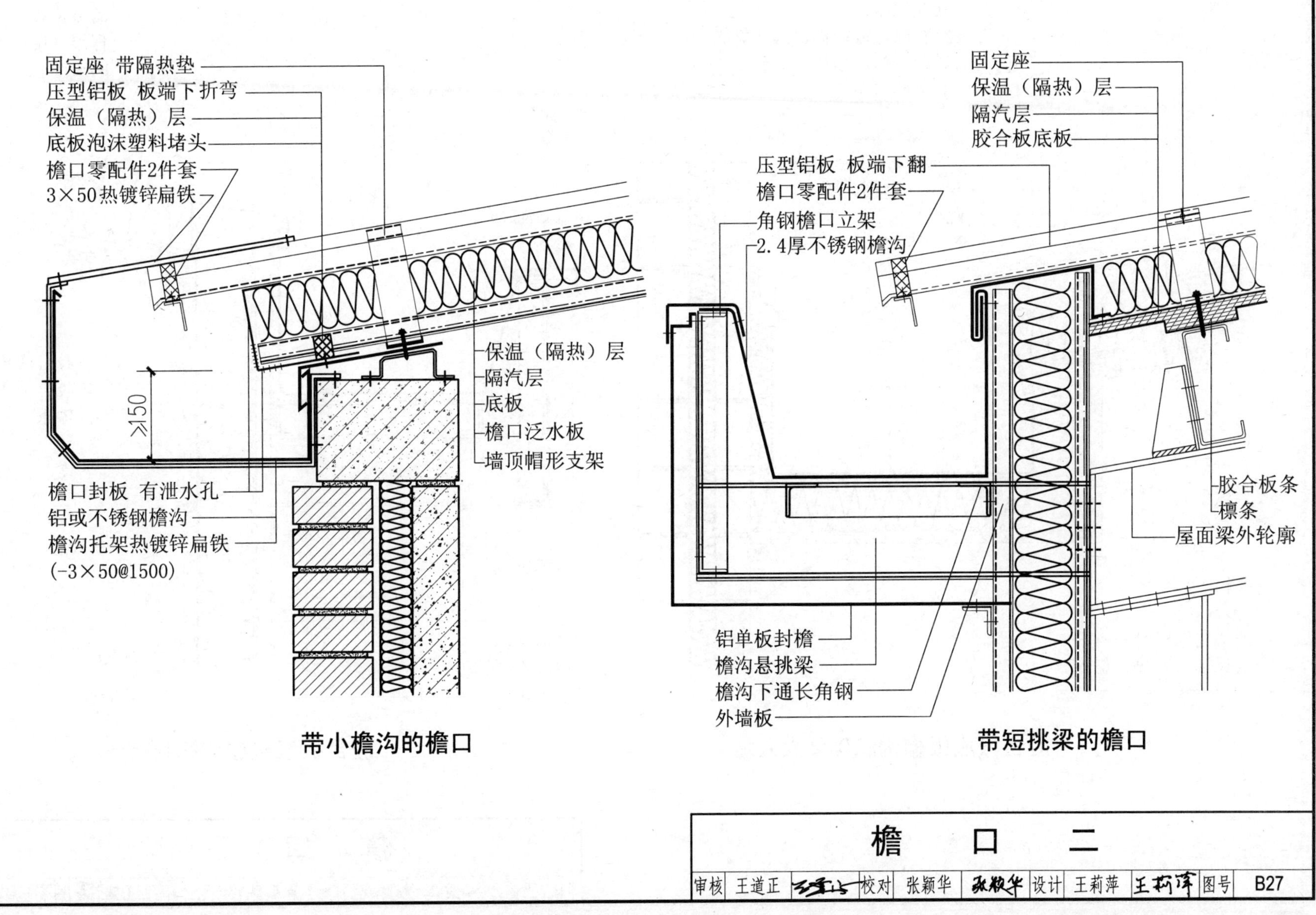

带小檐沟的檐口

带短挑梁的檐口

檐　口　二									
审核	王道正		校对	张颖华		设计	王莉萍	图号	B27

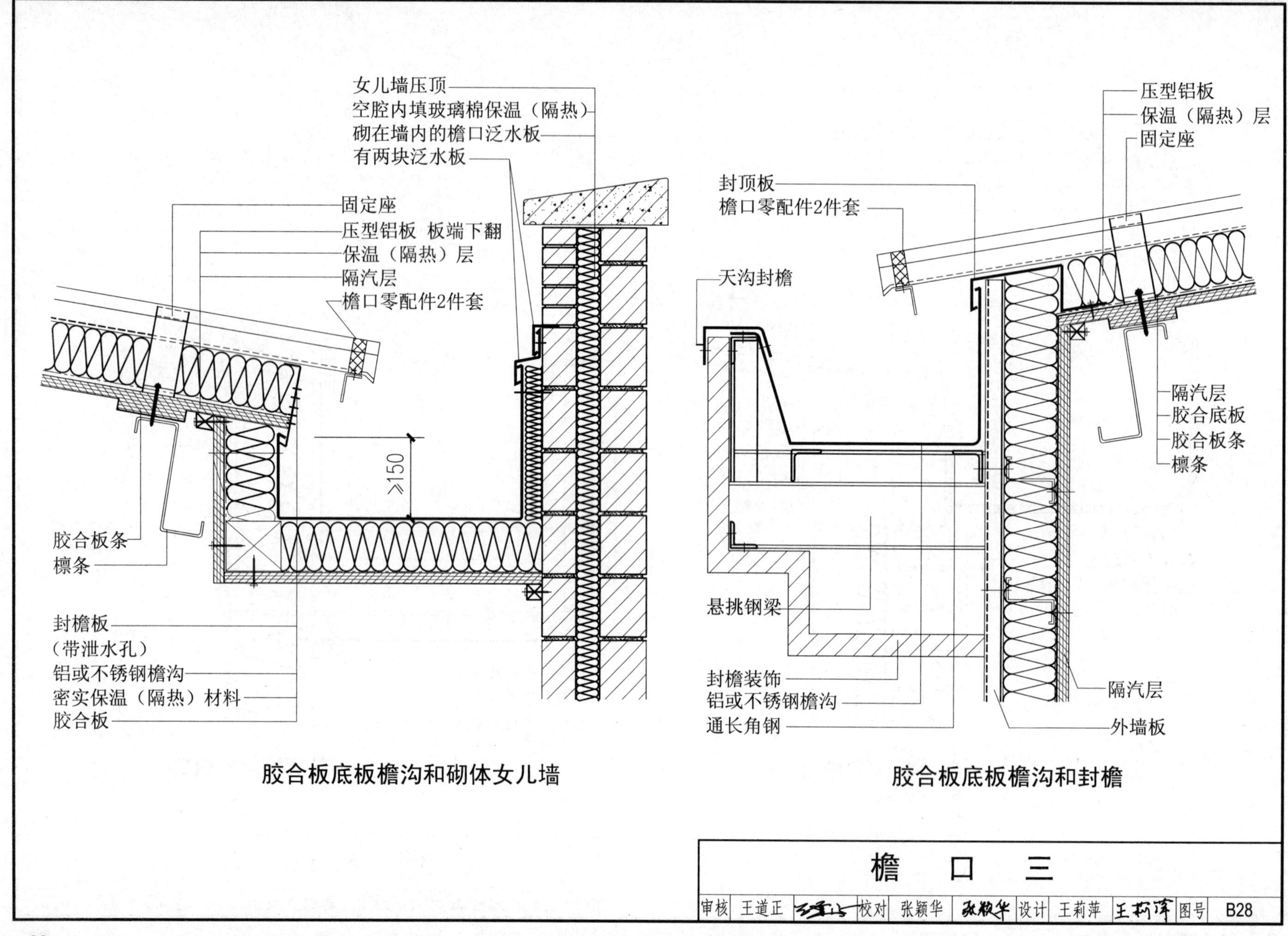

胶合板底板檐沟和砌体女儿墙

胶合板底板檐沟和封檐

檐　口　三								
审核	王道正	[签名]	校对	张颖华	张颖华	设计	王莉萍	王莉萍	图号	B28

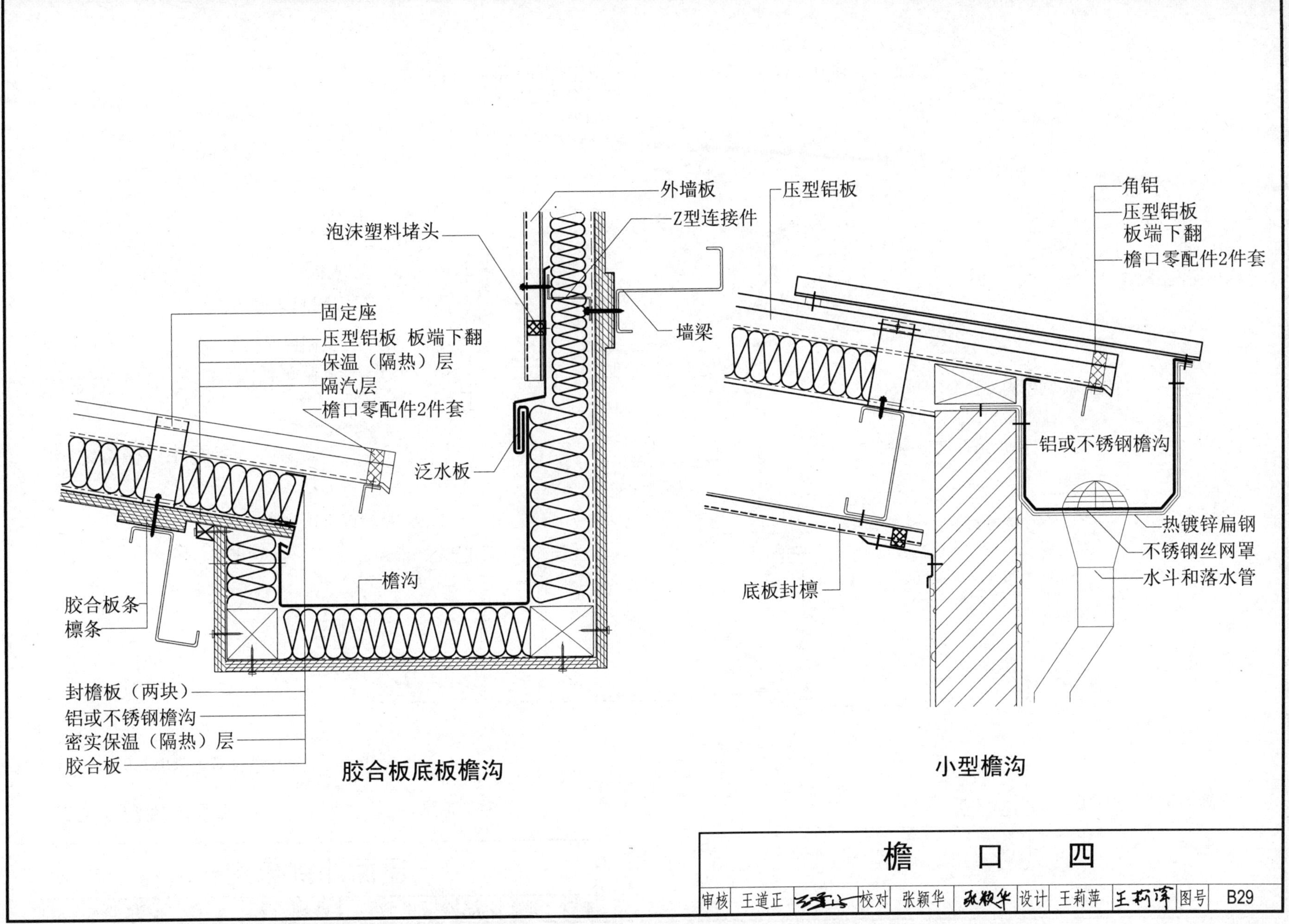

檐　口　四									
审核	王道正	王道正	校对	张颖华	张颖华	设计	王莉萍	王莉萍	图号 B29

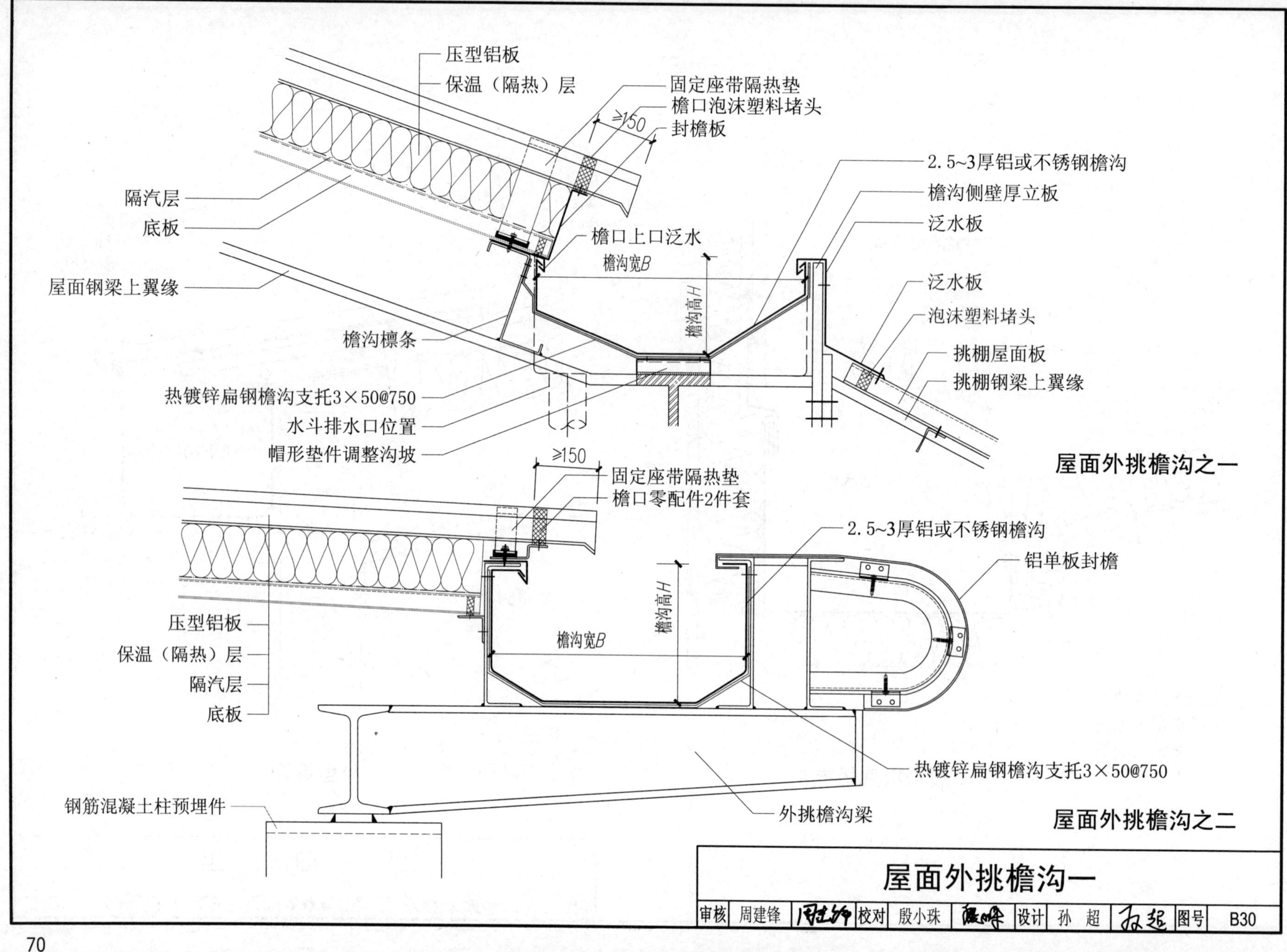

屋面外挑檐沟一									
审核	周建锋	周建锋	校对	殷小珠	殷小珠	设计	孙 超	孙超	图号 B30

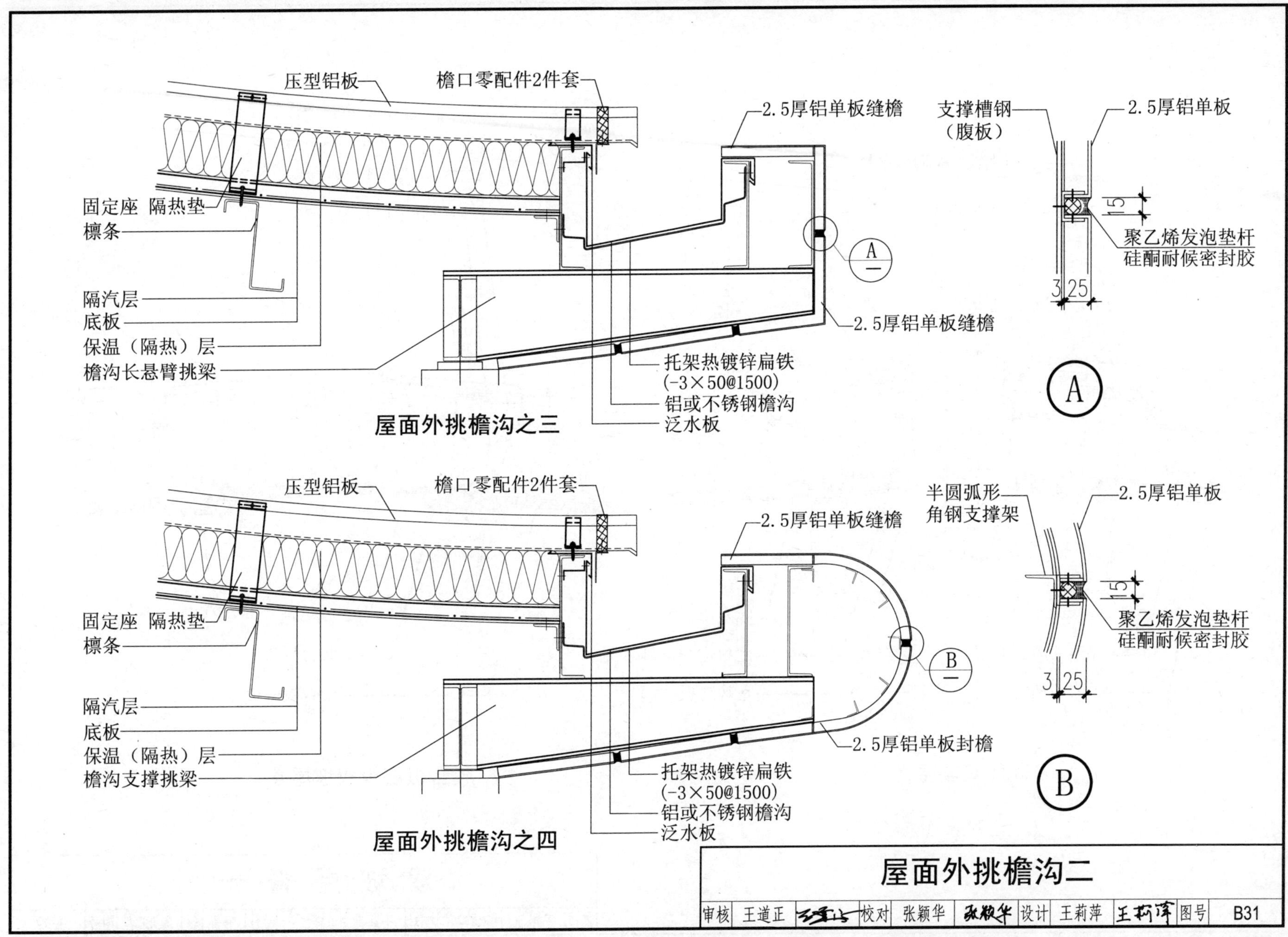

屋面外挑檐沟二

审核	王道正		校对	张颖华		设计	王莉萍		图号	B31

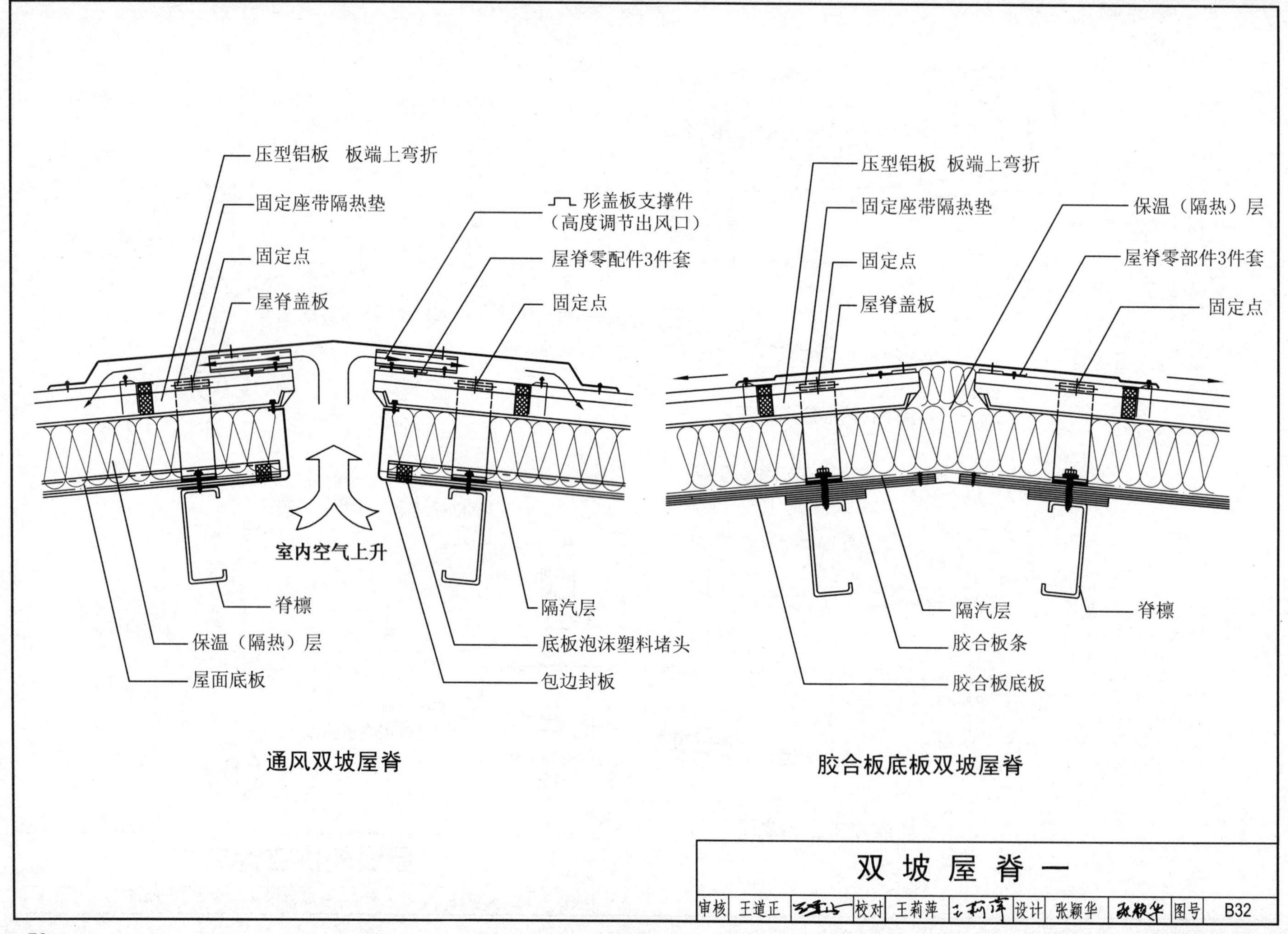
压型铝板　板端上弯折
固定座带隔热垫
固定点
屋脊盖板
形盖板支撑件
（高度调节出风口）
屋脊零配件3件套
固定点
室内空气上升
脊檩
隔汽层
保温（隔热）层
底板泡沫塑料堵头
屋面底板
包边封板
通风双坡屋脊
压型铝板　板端上弯折
固定座带隔热垫
保温（隔热）层
固定点
屋脊零部件3件套
屋脊盖板
固定点
隔汽层
脊檩
胶合板条
胶合板底板
胶合板底板双坡屋脊
双坡屋脊一
审核　王道正　校对　王莉萍　设计　张颖华　图号　B32

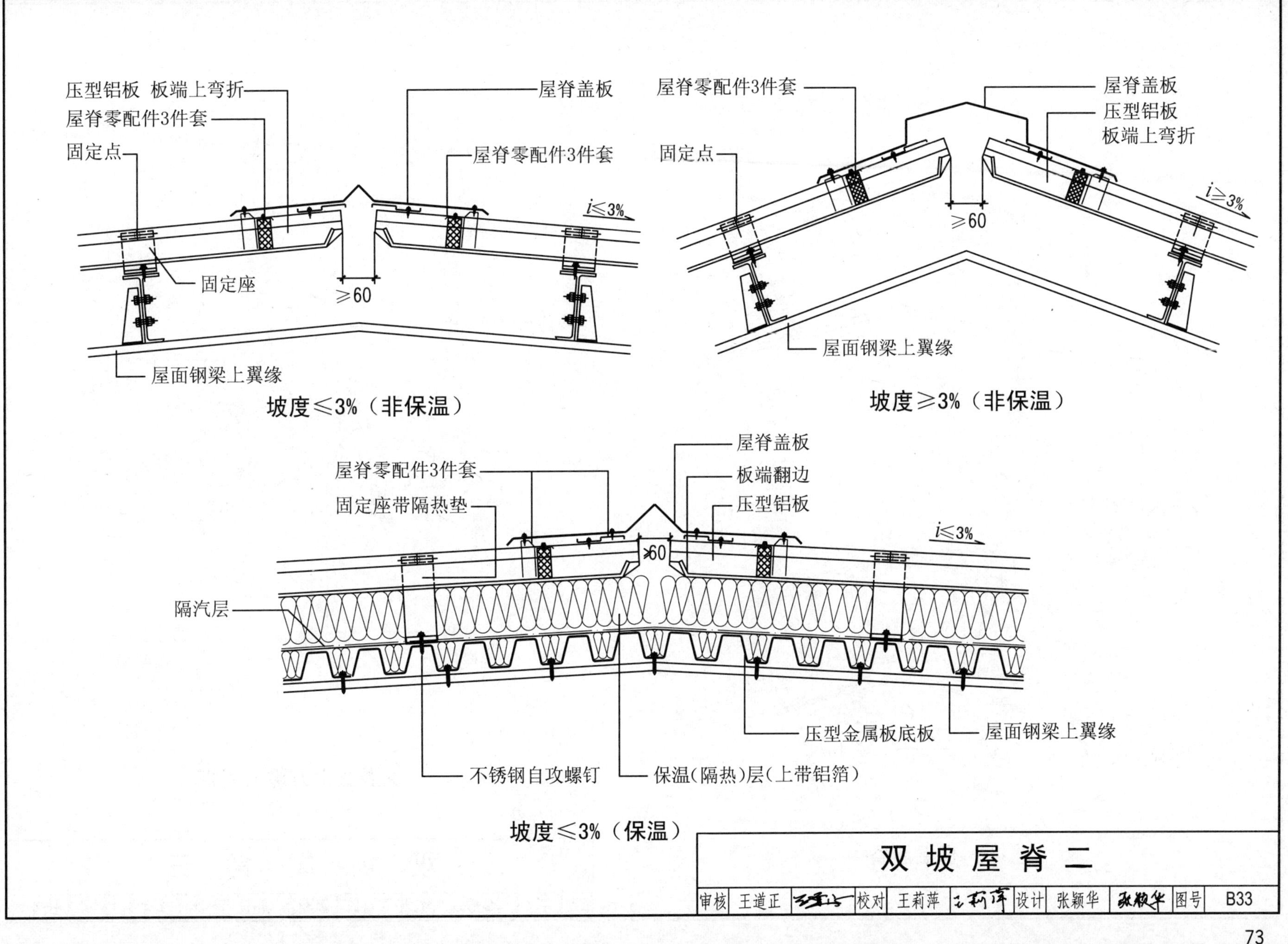

双坡屋脊二								
审核	王道正	[签名]	校对	王莉萍	[签名]	设计	张颖华	[签名]	图号	B33

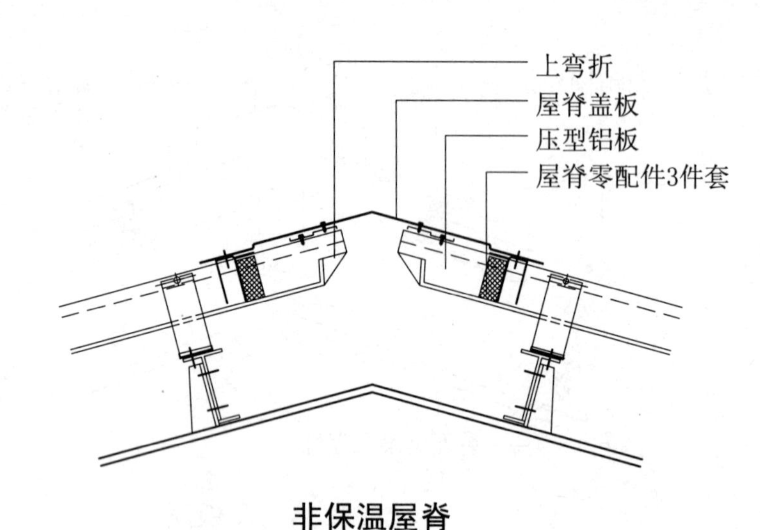

非保温屋脊

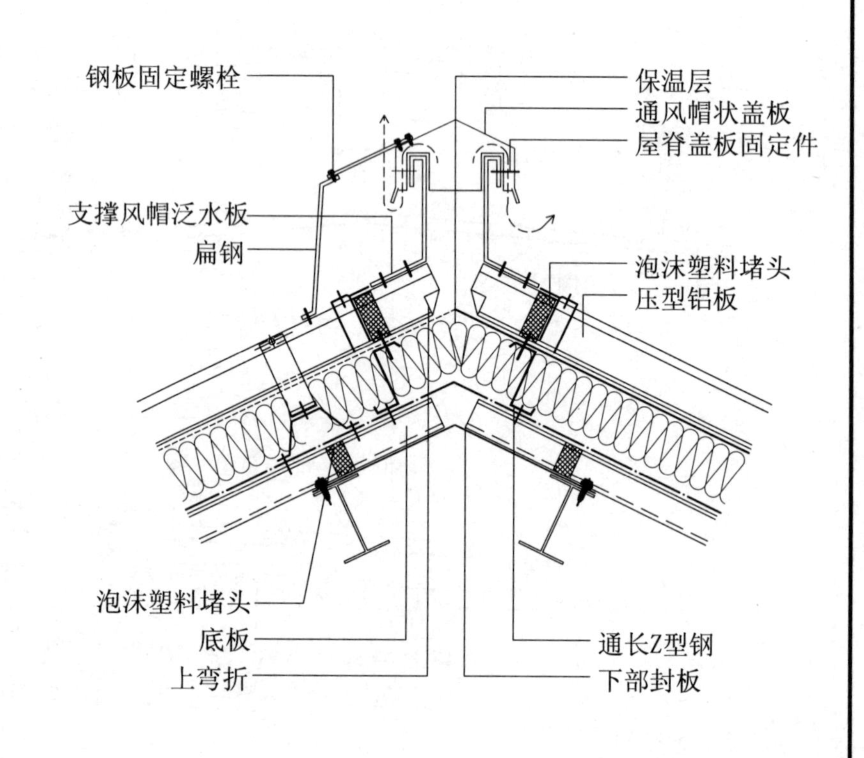

保温层上方透气屋脊

屋脊零配件3件套
通长Z型钢
压型铝板
屋脊盖板
上弯折
保温层
压型钢板底板
下部封板

保温屋脊

双 坡 屋 脊 三									
审核	王道正	[signature]	校对	张颖华	[signature]	设计	孟令芹	[signature]	图号 B34

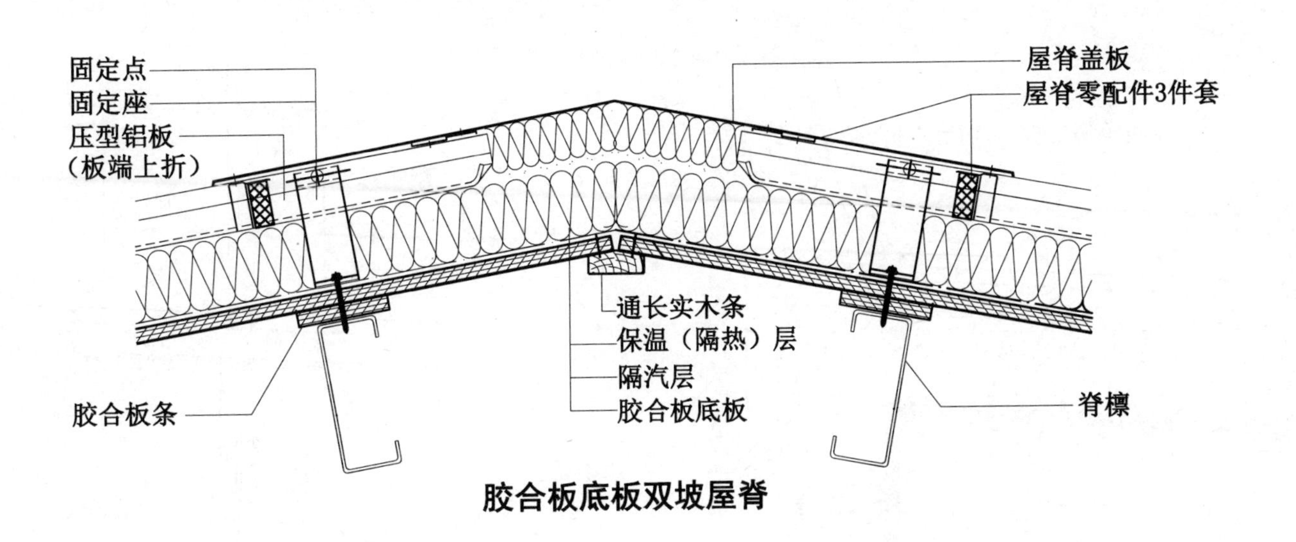

胶合板底板双坡屋脊

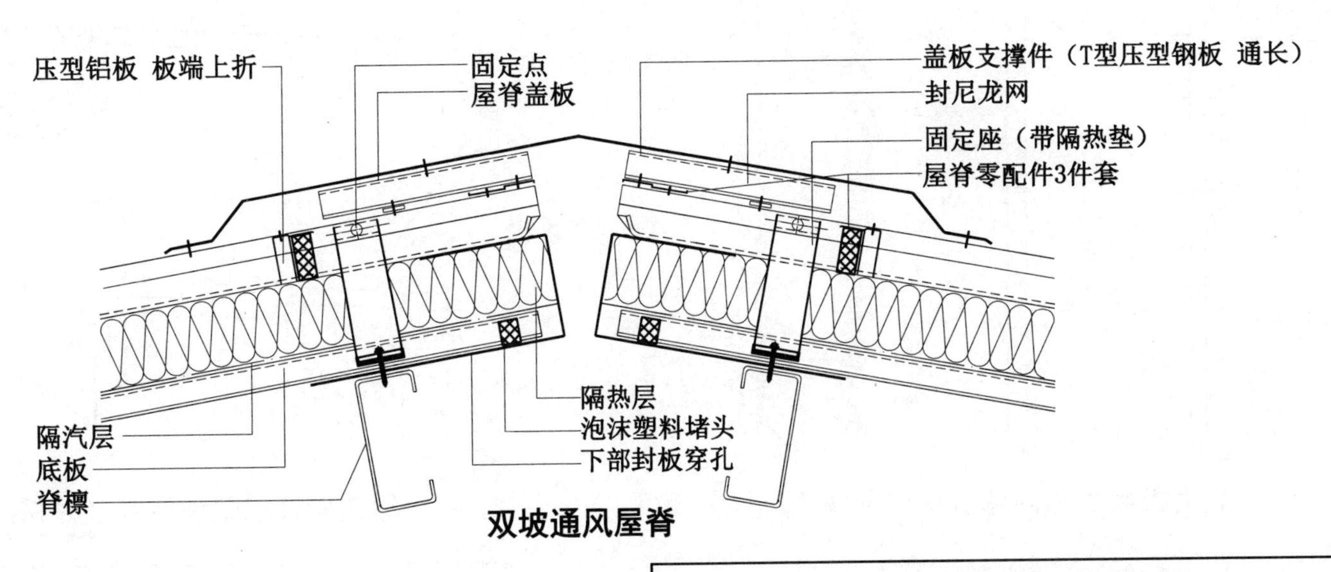

双坡通风屋脊

双 坡 屋 脊 四									
审核	王道正	王道正	校对	张颖华	张颖华	设计	王莉萍	王莉萍	图号 B35

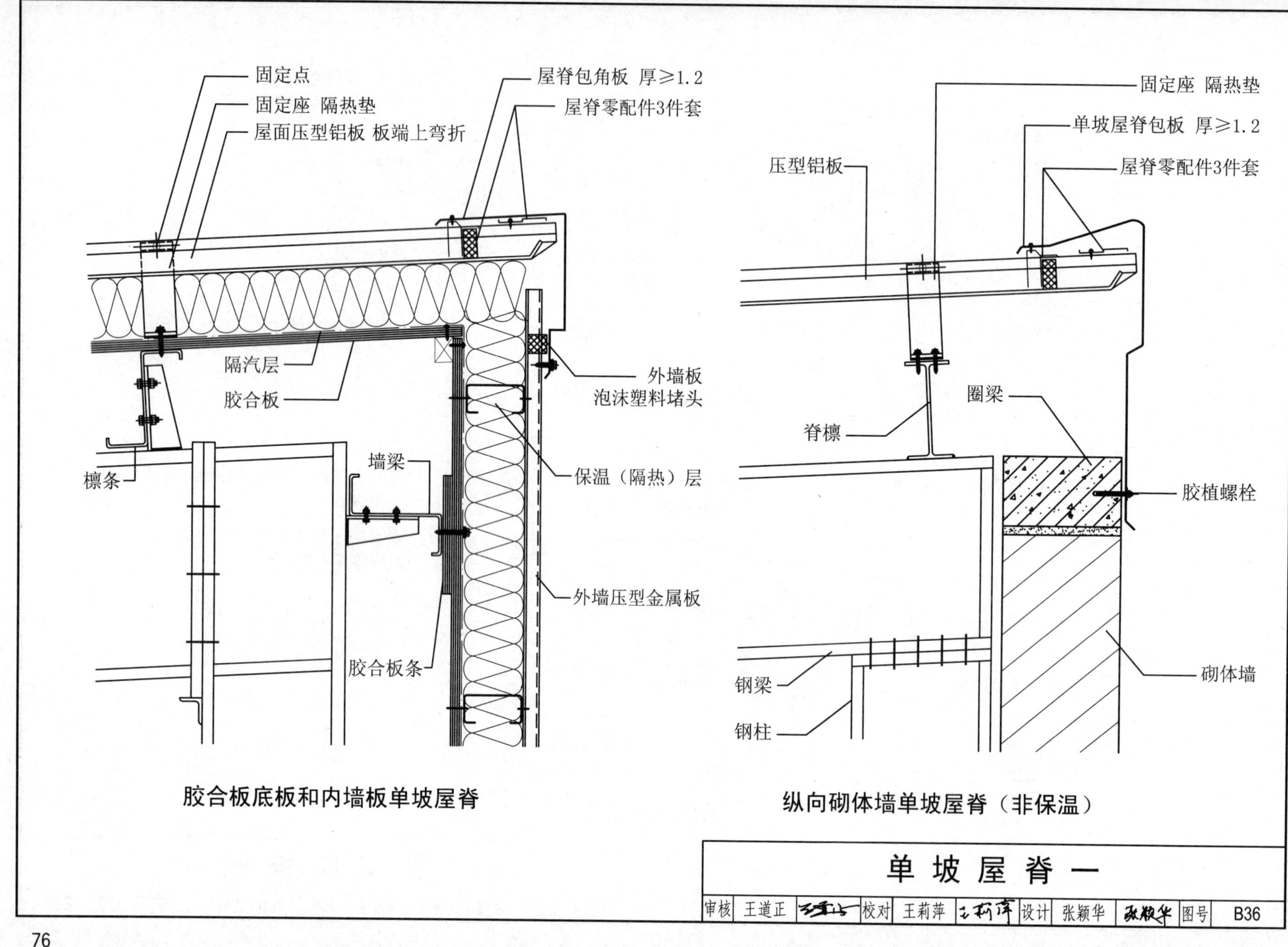
固定点
固定座 隔热垫
屋面压型铝板 板端上弯折
屋脊包角板 厚≥1.2
屋脊零配件3件套
隔汽层
胶合板
外墙板
泡沫塑料堵头
檩条
墙梁
保温（隔热）层
外墙压型金属板
胶合板条
胶合板底板和内墙板单坡屋脊
固定座 隔热垫
单坡屋脊包板 厚≥1.2
压型铝板
屋脊零配件3件套
圈梁
脊檩
胶植螺栓
砌体墙
钢梁
钢柱
纵向砌体墙单坡屋脊（非保温）
单坡屋脊一
审核 王道正
校对 王莉萍
设计 张颖华
图号 B36

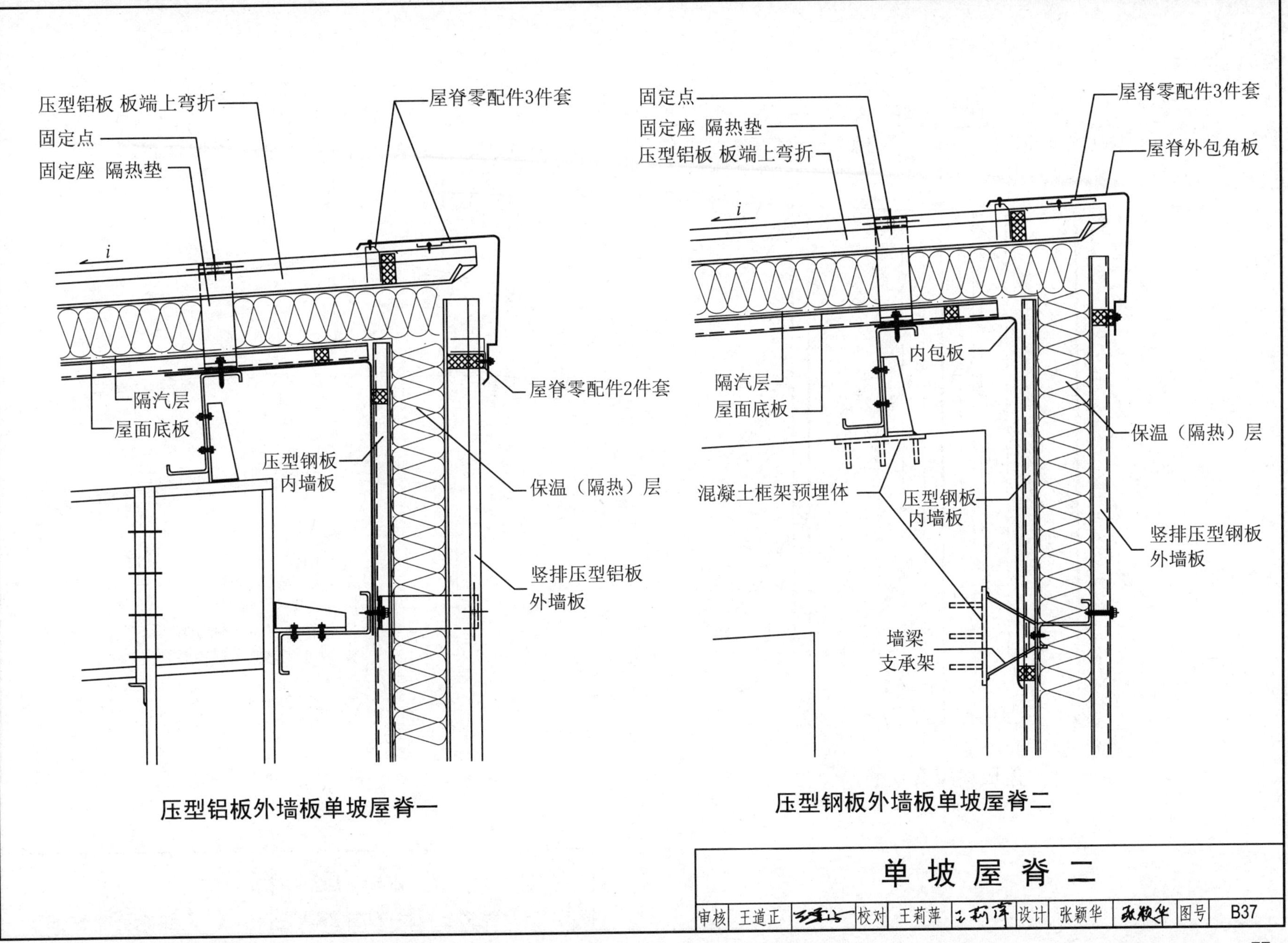

单坡屋脊二								
审核	王道正	[signature]	校对	王莉萍	[signature]	设计	张颖华	[signature]	图号	B37

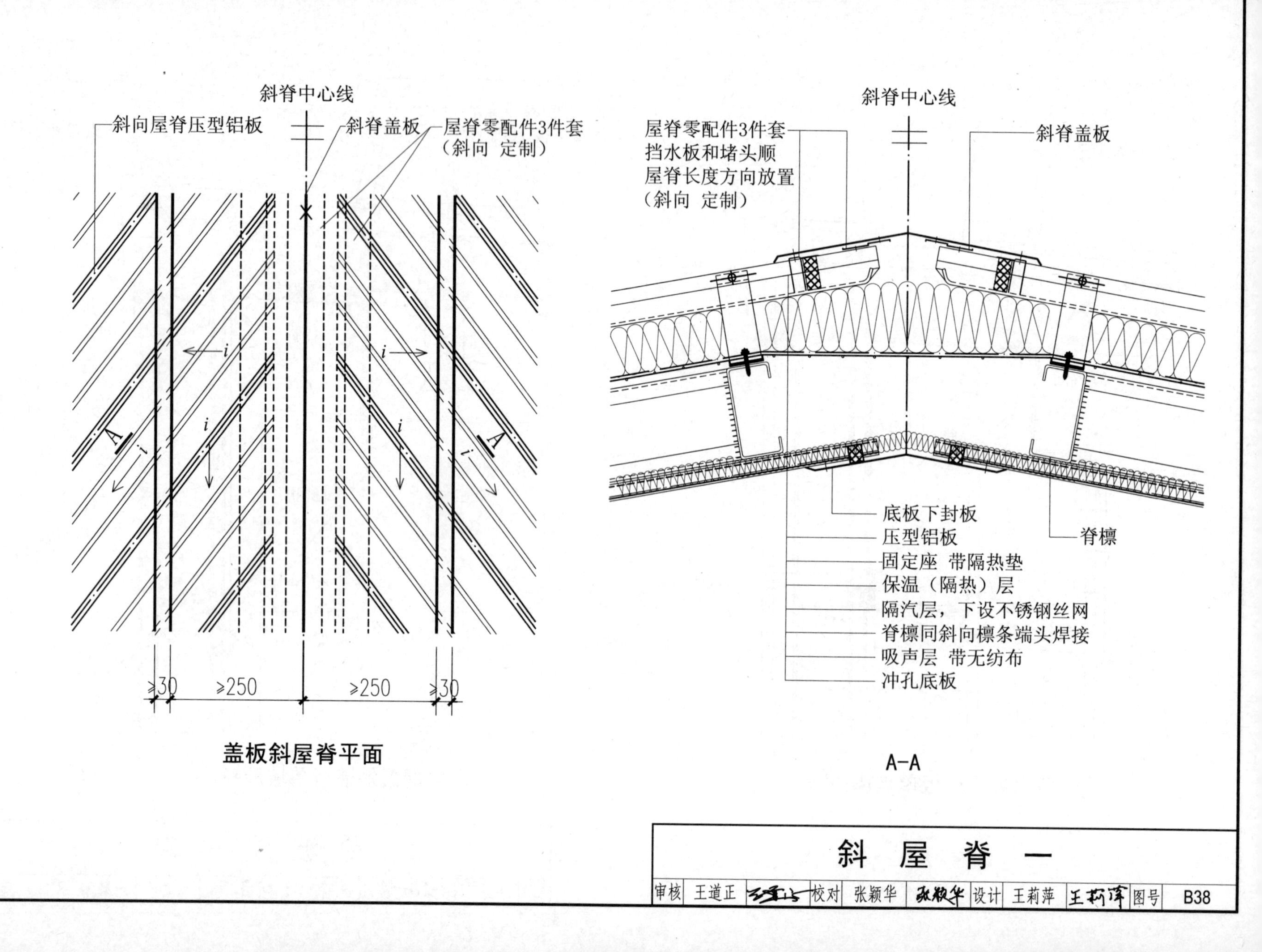

斜 屋 脊 一								
审核	王道正		校对	张颖华		设计	王莉萍		图号	B38

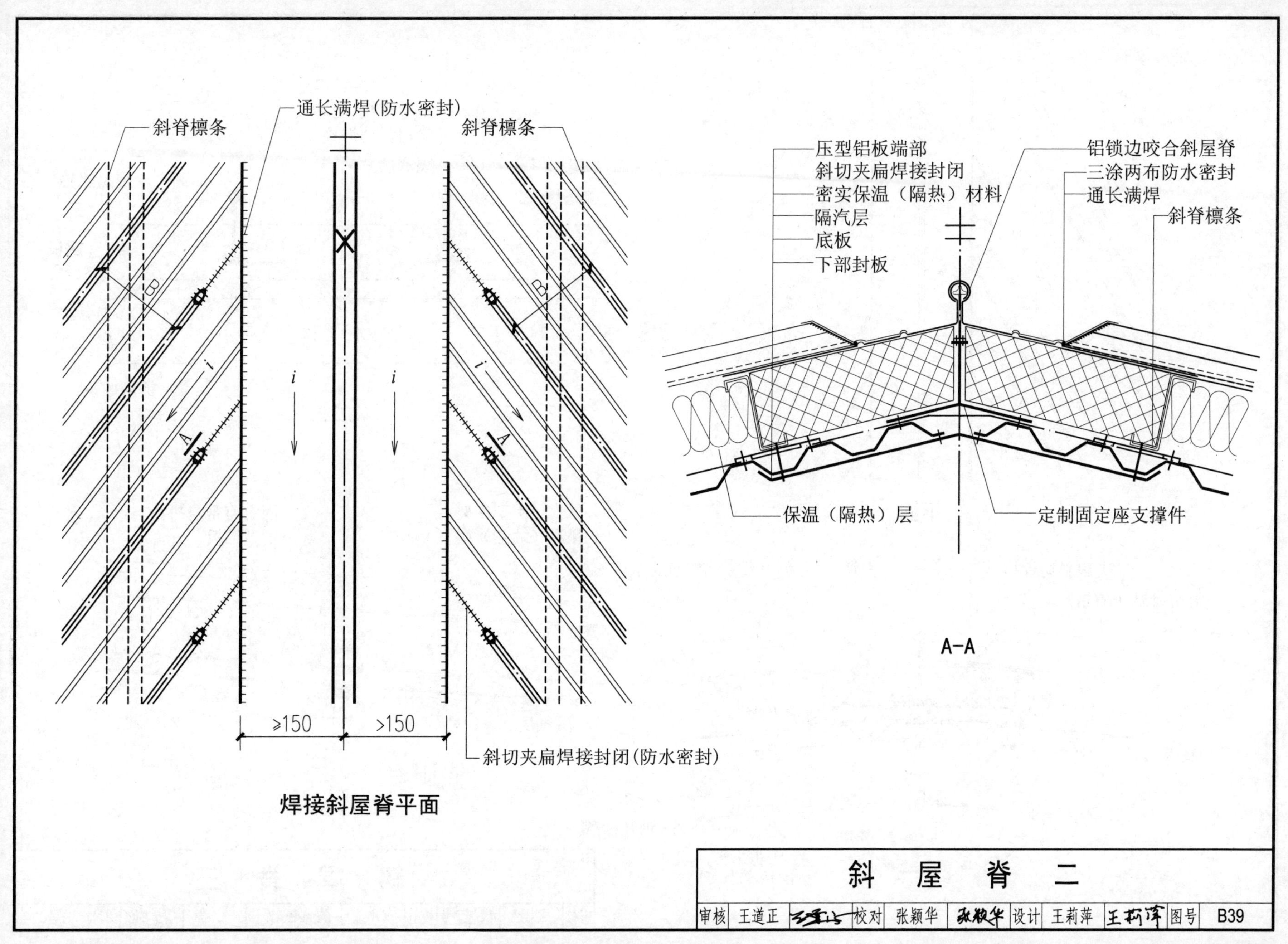
通长满焊(防水密封)
斜脊檩条
斜脊檩条
B
B
i
i
i
i
A
A
≥150
>150
斜切夹扁焊接封闭(防水密封)
焊接斜屋脊平面
压型铝板端部
斜切夹扁焊接封闭
密实保温（隔热）材料
隔汽层
底板
下部封板
铝锁边咬合斜屋脊
三涂两布防水密封
通长满焊
斜脊檩条
保温（隔热）层
定制固定座支撑件
A-A
斜 屋 脊 二
审核 王道正 校对 张颖华 设计 王莉萍 图号 B39

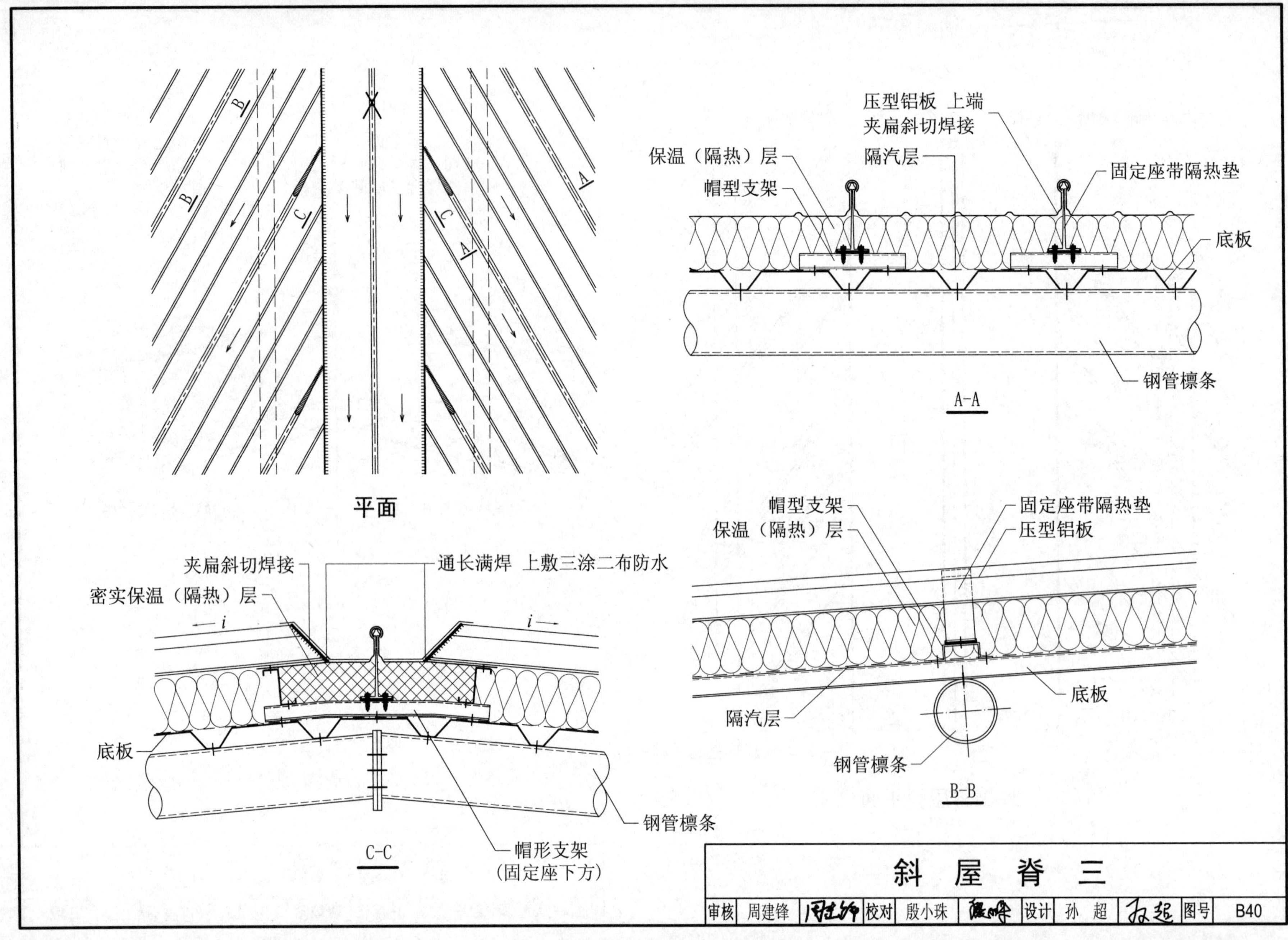
平面
压型铝板 上端
夹扁斜切焊接
保温（隔热）层
隔汽层
固定座带隔热垫
帽型支架
底板
钢管檩条
A-A
夹扁斜切焊接
通长满焊 上敷三涂二布防水
密实保温（隔热）层
底板
钢管檩条
C-C
帽形支架
(固定座下方)
帽型支架
固定座带隔热垫
保温（隔热）层
压型铝板
底板
隔汽层
钢管檩条
B-B
斜 屋 脊 三
审核 周建锋 校对 殷小珠 设计 孙 超 图号 B40

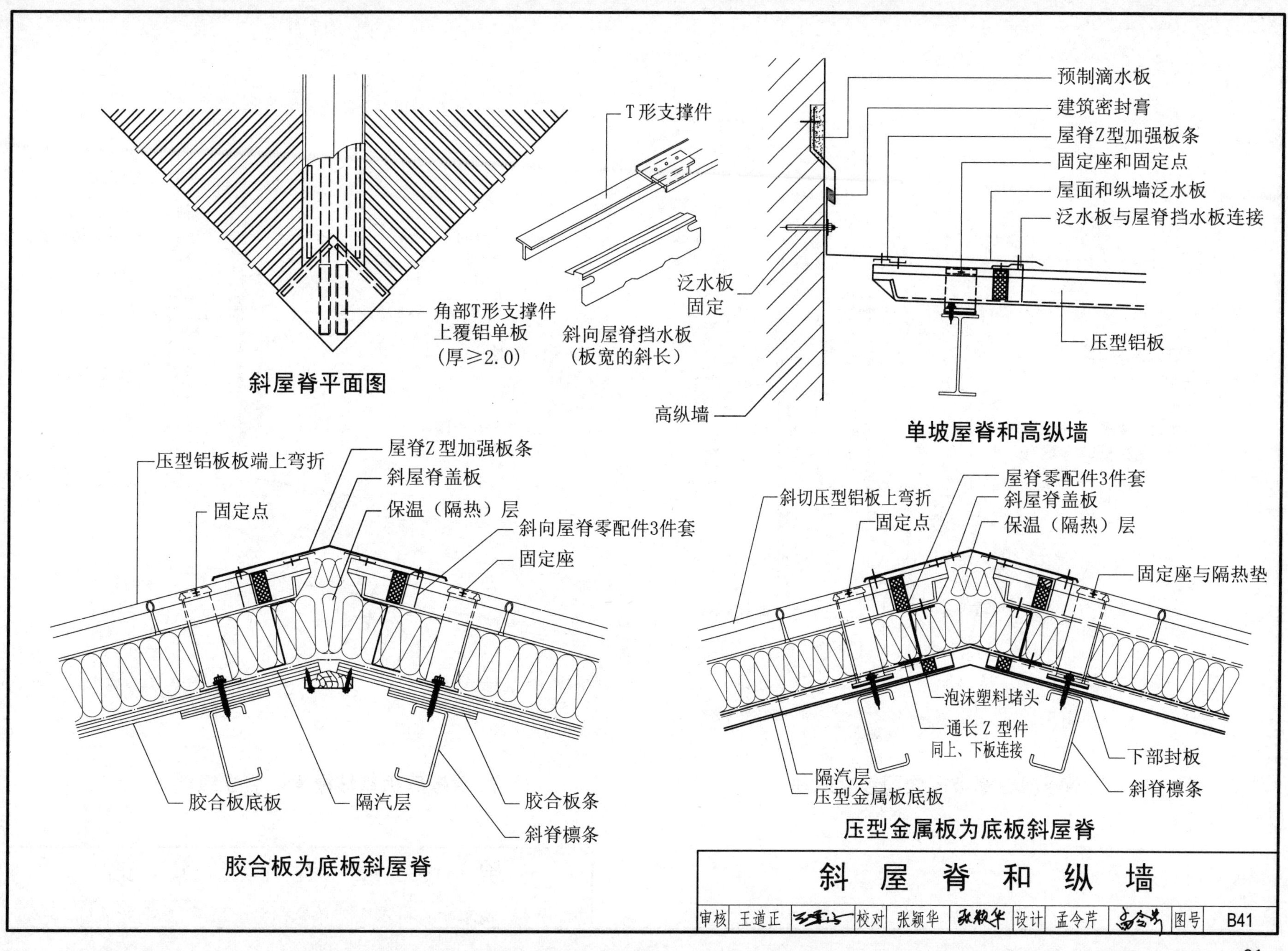

斜屋脊和纵墙								
审核	王道正	[signature]	校对	张颖华	[signature]	设计	孟令芹	[signature]	图号	B41

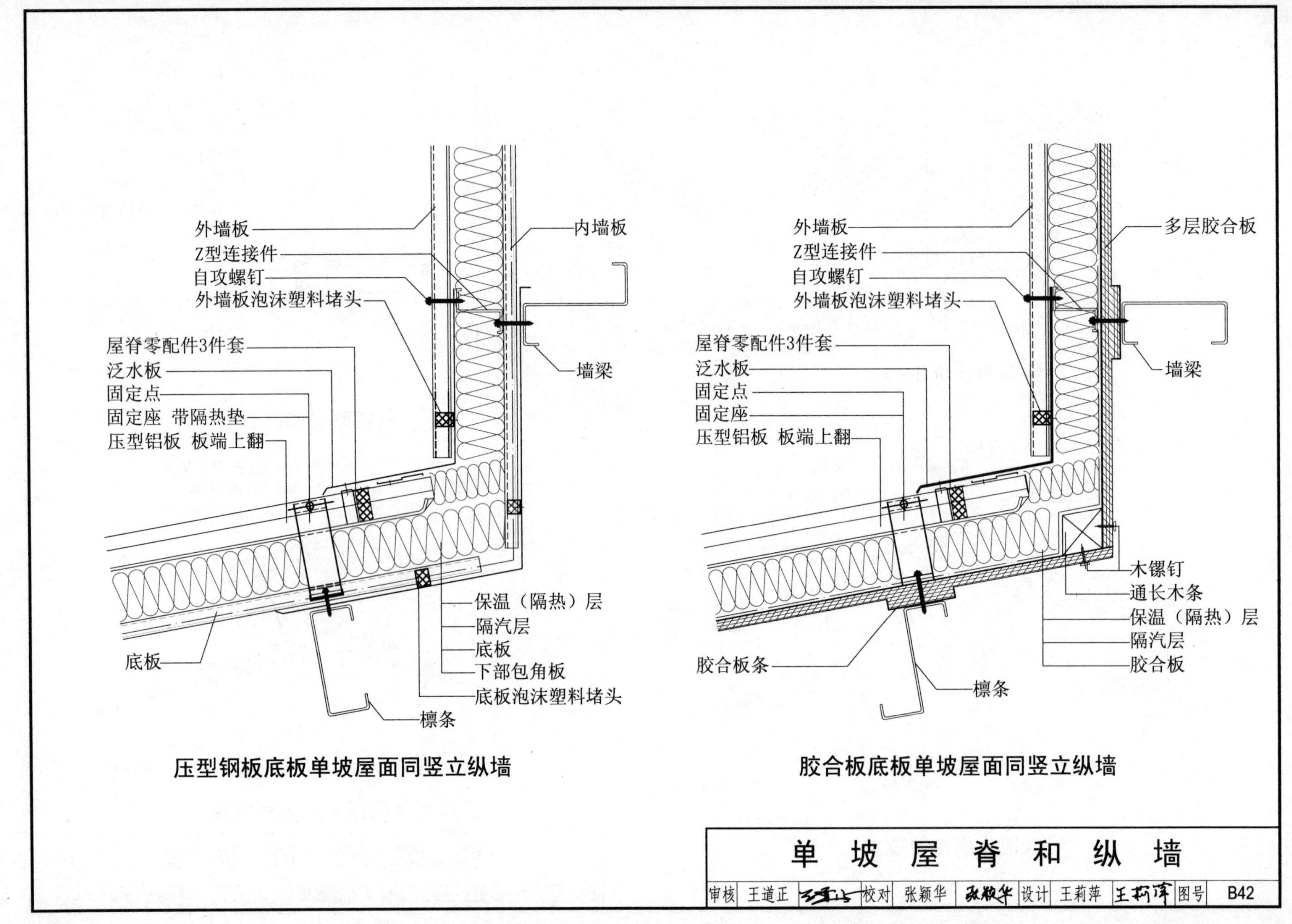

外墙板
内墙板
Z型连接件
自攻螺钉
外墙板泡沫塑料堵头
墙梁
屋脊零配件3件套
泛水板
固定点
固定座 带隔热垫
压型铝板 板端上翻
保温（隔热）层
隔汽层
底板
下部包角板
底板泡沫塑料堵头
底板
檩条
压型钢板底板单坡屋面同竖立纵墙
外墙板
多层胶合板
Z型连接件
自攻螺钉
外墙板泡沫塑料堵头
墙梁
屋脊零配件3件套
泛水板
固定点
固定座
压型铝板 板端上翻
木镙钉
通长木条
保温（隔热）层
隔汽层
胶合板
胶合板条
檩条
胶合板底板单坡屋面同竖立纵墙
单 坡 屋 脊 和 纵 墙
审核 王道正 校对 张颖华 设计 王莉萍 图号 B42

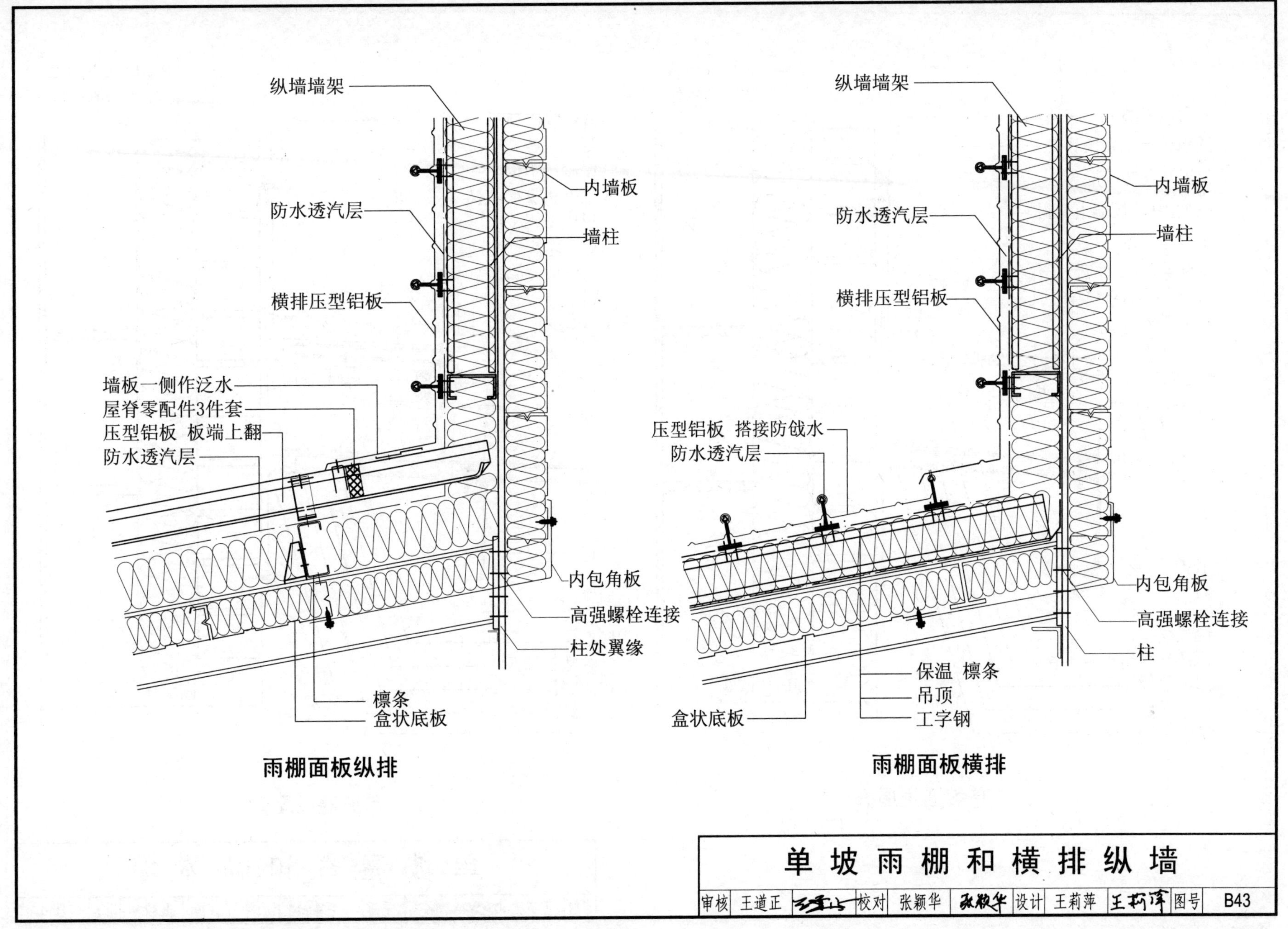

单坡雨棚和横排纵墙									
审核	王道正		校对	张颖华		设计	王莉萍	图号	B43

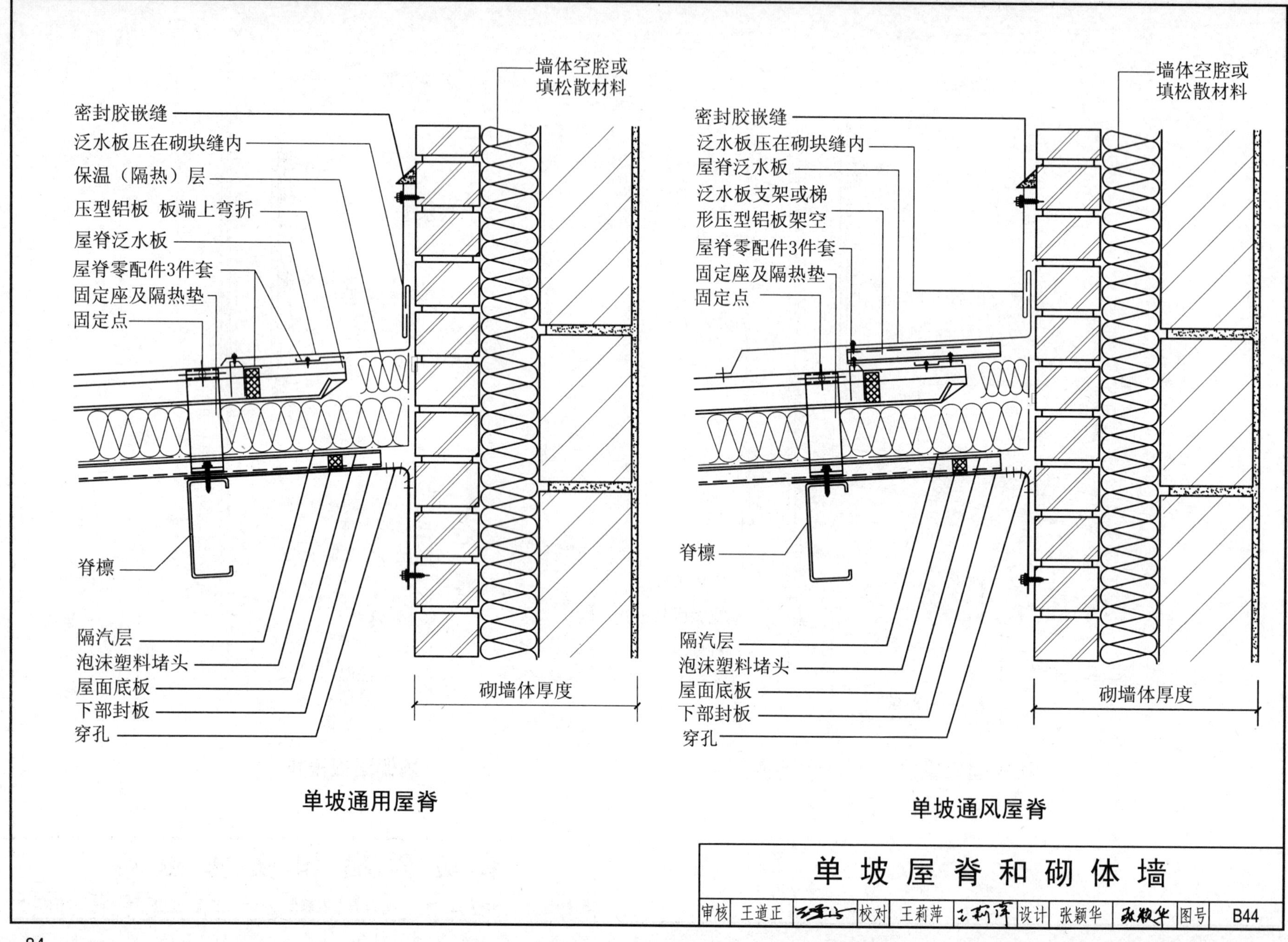

墙体空腔或
填松散材料
密封胶嵌缝
泛水板压在砌块缝内
保温（隔热）层
压型铝板 板端上弯折
屋脊泛水板
屋脊零配件3件套
固定座及隔热垫
固定点
脊檩
隔汽层
泡沫塑料堵头
屋面底板
下部封板
穿孔
砌墙体厚度
单坡通用屋脊
墙体空腔或
填松散材料
密封胶嵌缝
泛水板压在砌块缝内
屋脊泛水板
泛水板支架或梯
形压型铝板架空
屋脊零配件3件套
固定座及隔热垫
固定点
脊檩
隔汽层
泡沫塑料堵头
屋面底板
下部封板
穿孔
砌墙体厚度
单坡通风屋脊
单坡屋脊和砌体墙
审核
王道正
校对
王莉萍
设计
张颖华
图号
B44

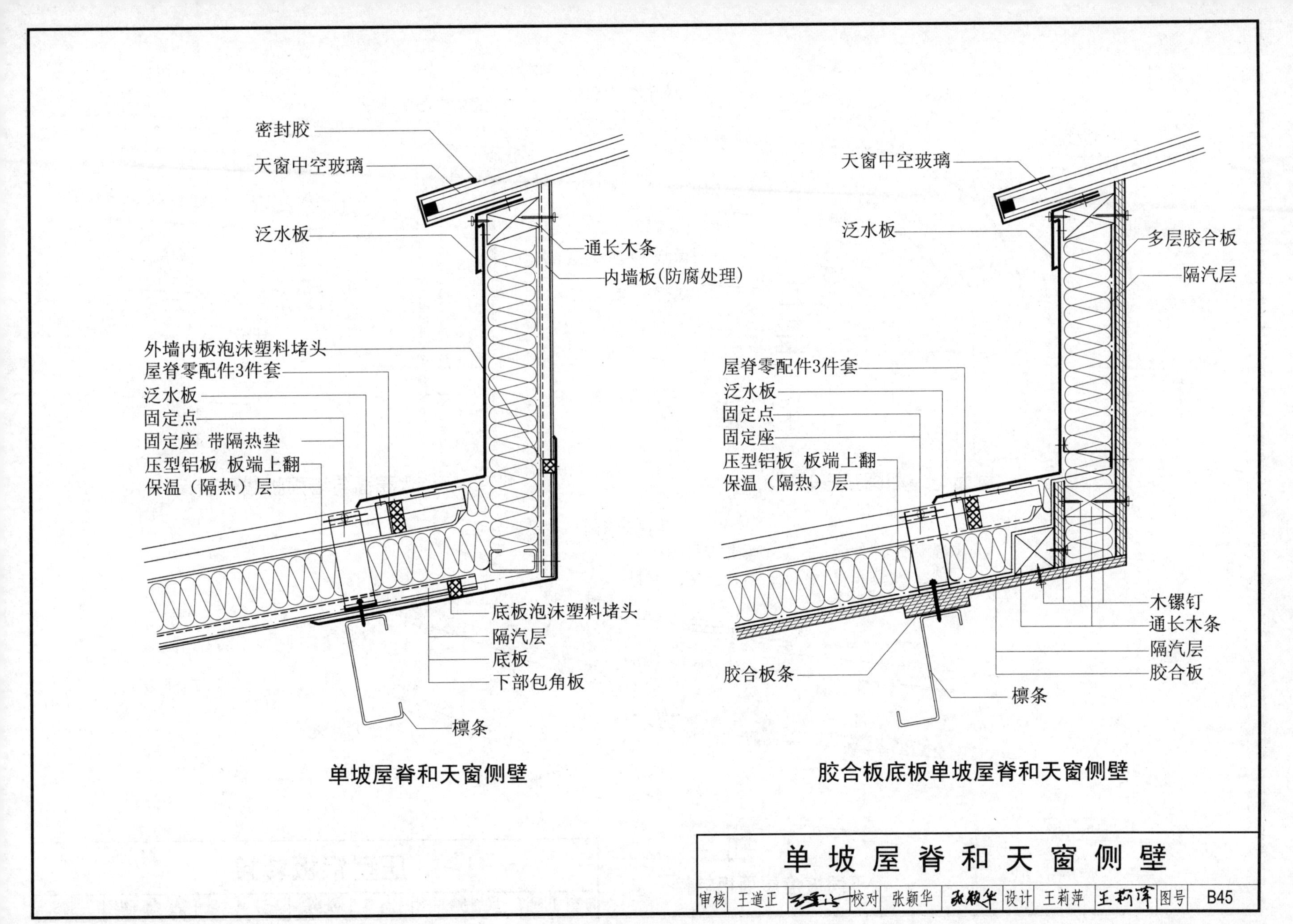

单坡屋脊和天窗侧壁

胶合板底板单坡屋脊和天窗侧壁

单坡屋脊和天窗侧壁									
审核	王道正	王道正	校对	张颖华	张颖华	设计	王莉萍	王莉萍	图号 B45

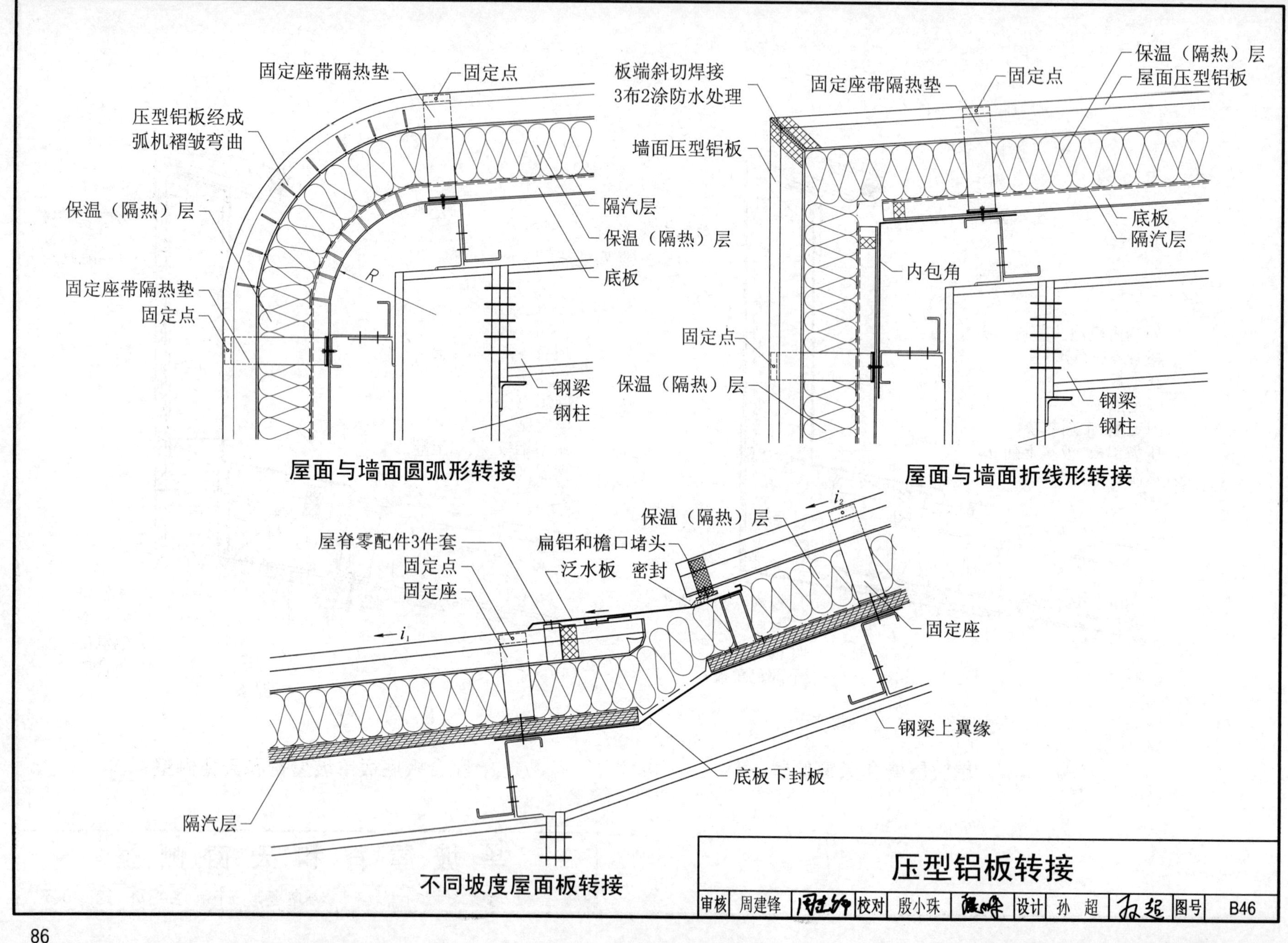

压型铝板转接

审核	周建锋	周建锋	校对	殷小珠	殷小珠	设计	孙 超	孙超	图号	B46

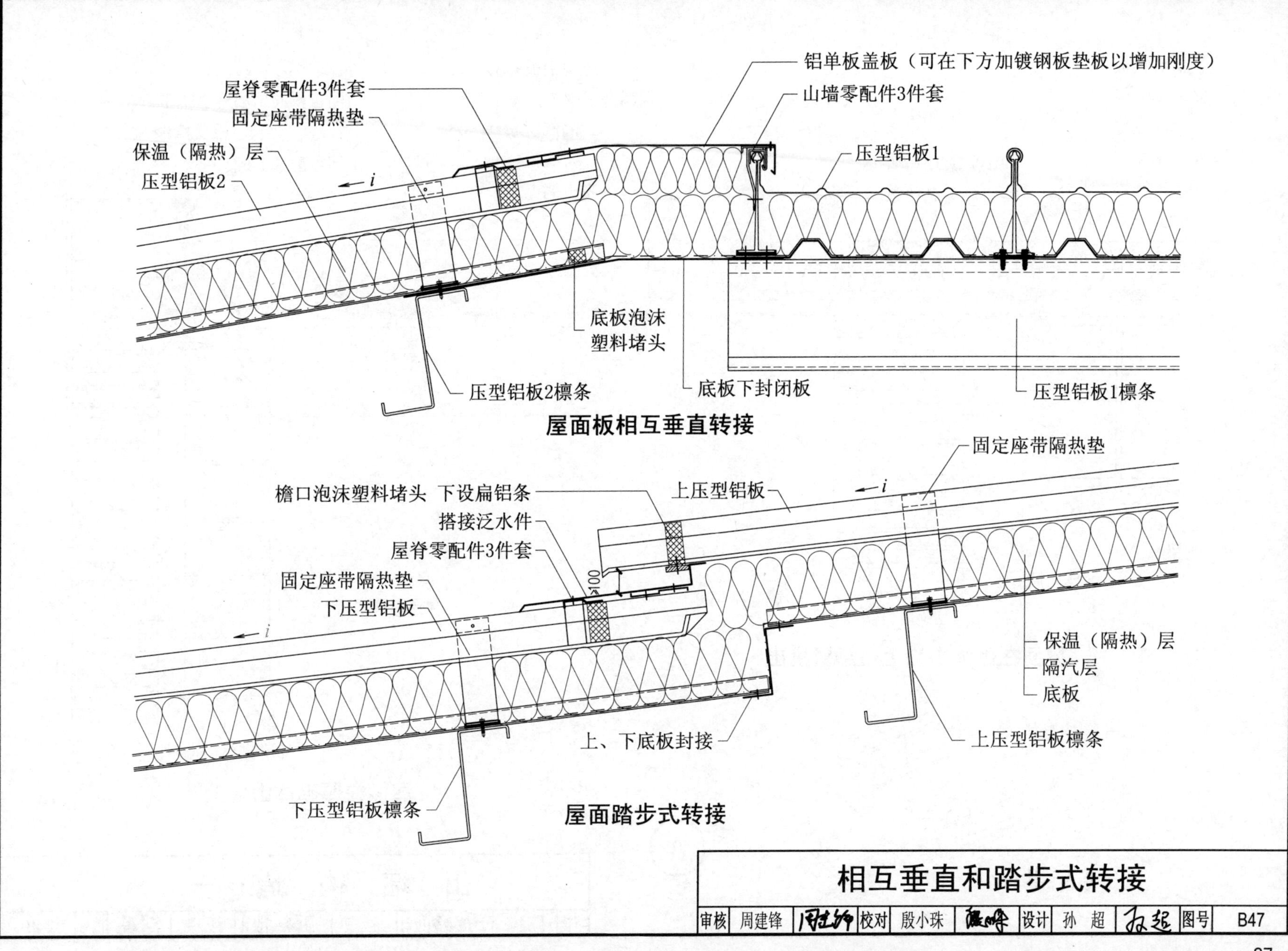

相互垂直和踏步式转接

审核	周建锋	周建锋	校对	殷小珠	殷小珠	设计	孙 超	孙超	图号	B47

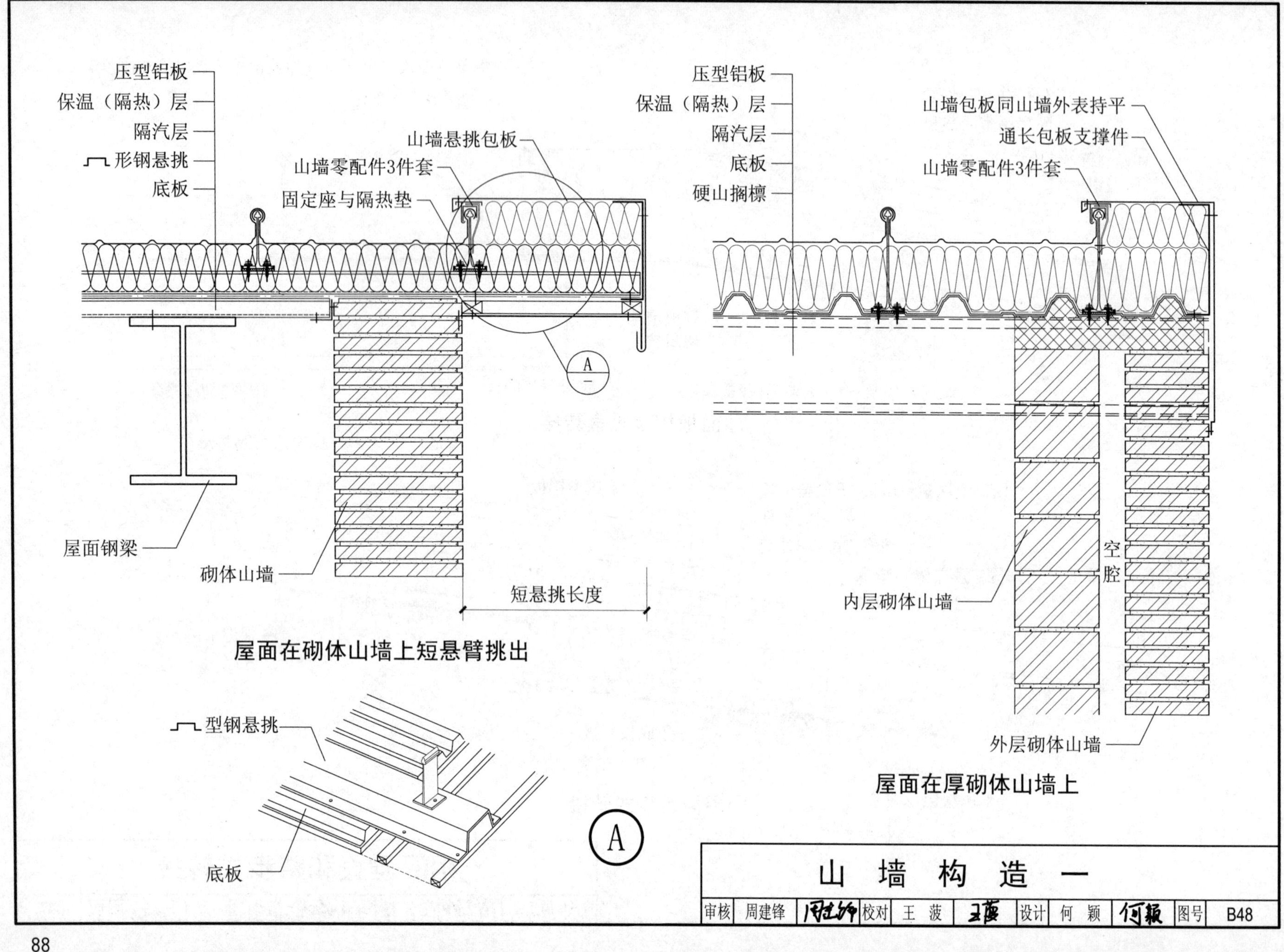

山墙构造一										
审核	周建锋	周建锋	校对	王菠	王菠	设计	何颖	何颖	图号	B48

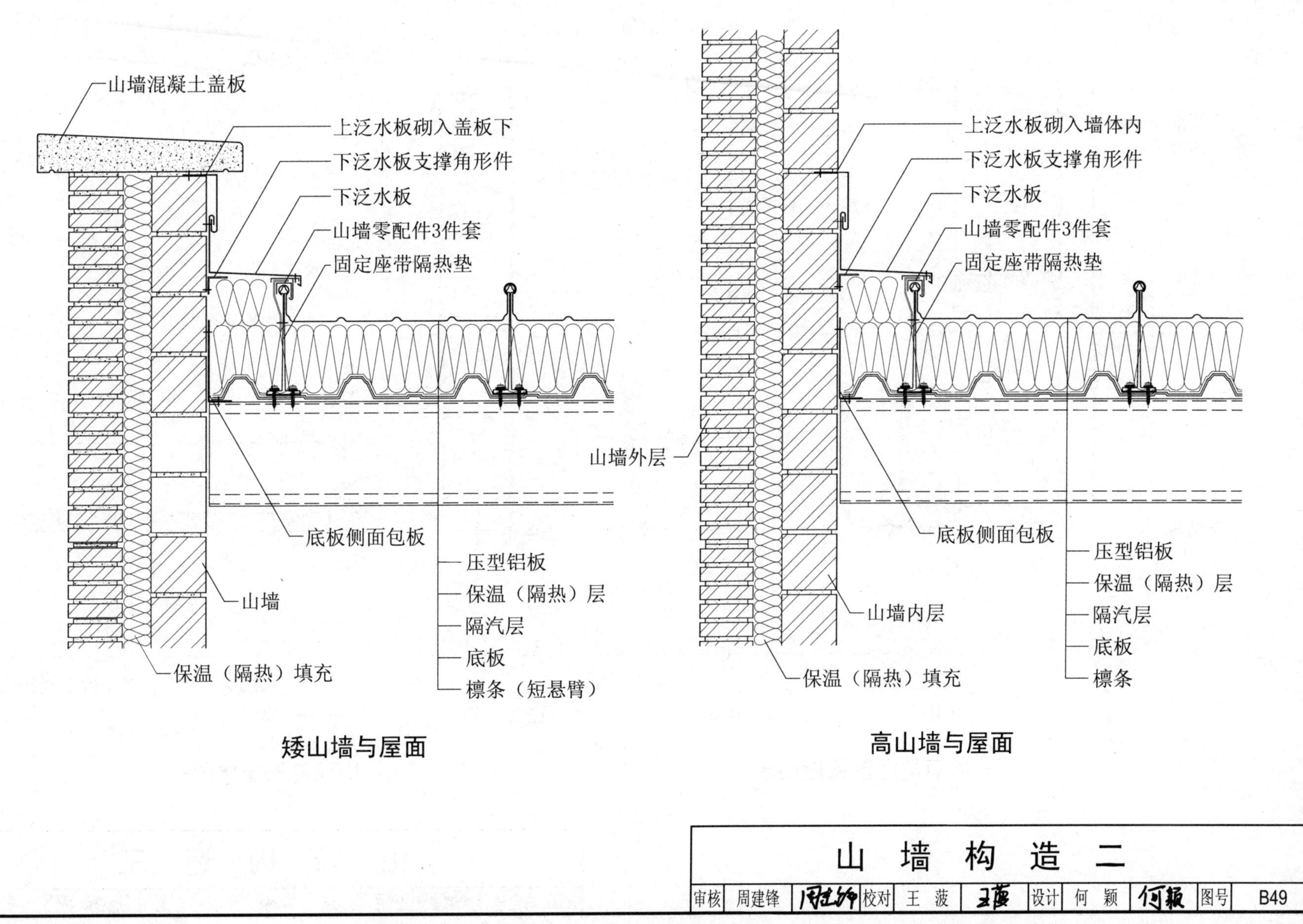

山　墙　构　造　二										
审核	周建锋	周建锋	校对	王　菝	王菝	设计	何　颖	何颖	图号	B49

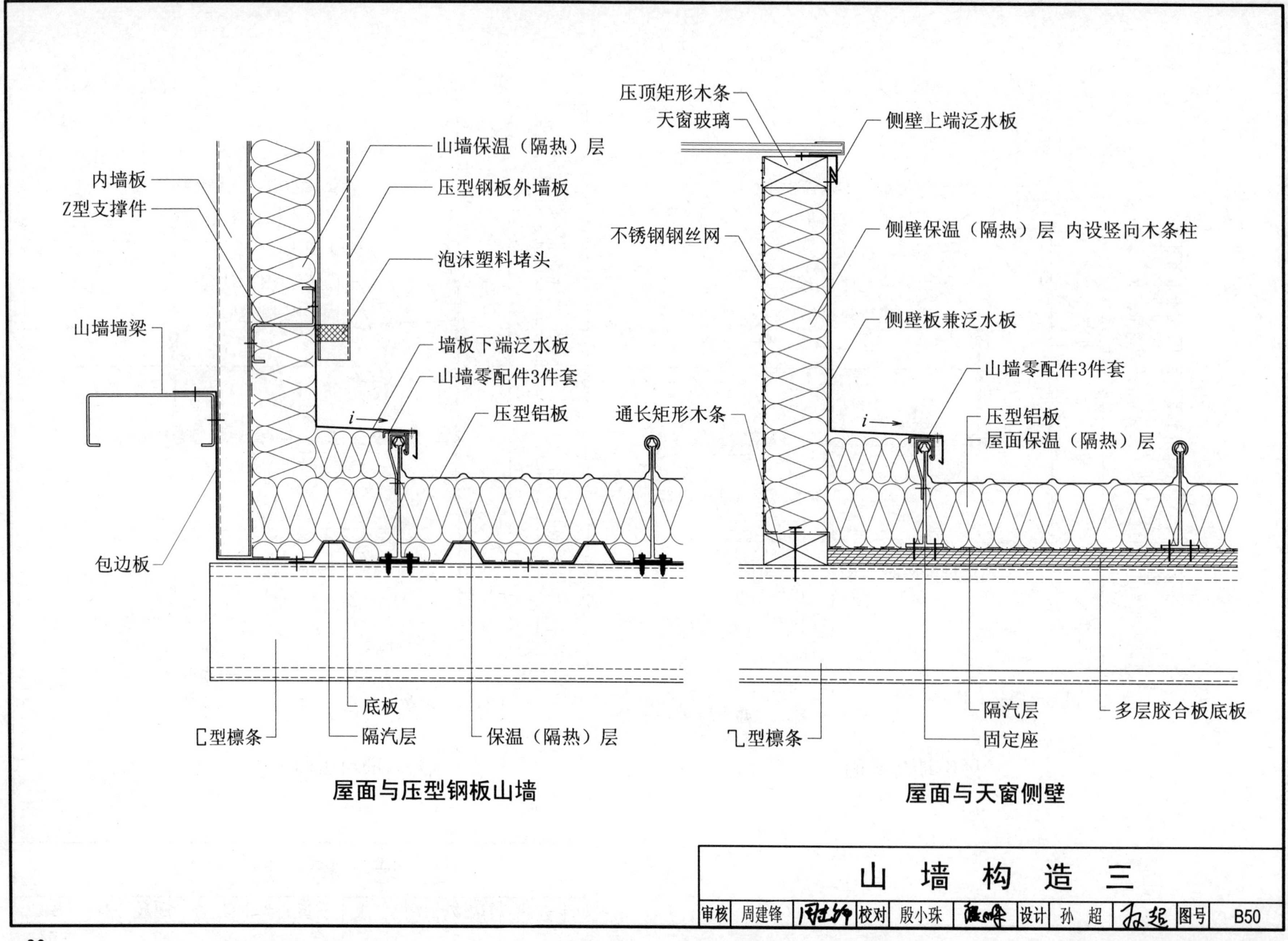
山墙保温（隔热）层
内墙板
压型钢板外墙板
Z型支撑件
泡沫塑料堵头
山墙墙梁
墙板下端泛水板
山墙零配件3件套
压型铝板
包边板
底板
[型檩条
隔汽层
保温（隔热）层
屋面与压型钢板山墙
压顶矩形木条
天窗玻璃
侧壁上端泛水板
不锈钢钢丝网
侧壁保温（隔热）层 内设竖向木条柱
侧壁板兼泛水板
山墙零配件3件套
通长矩形木条
压型铝板
屋面保温（隔热）层
隔汽层
多层胶合板底板
乁型檩条
固定座
屋面与天窗侧壁
山墙构造三
审核 周建锋 校对 殷小珠 设计 孙 超 图号 B50

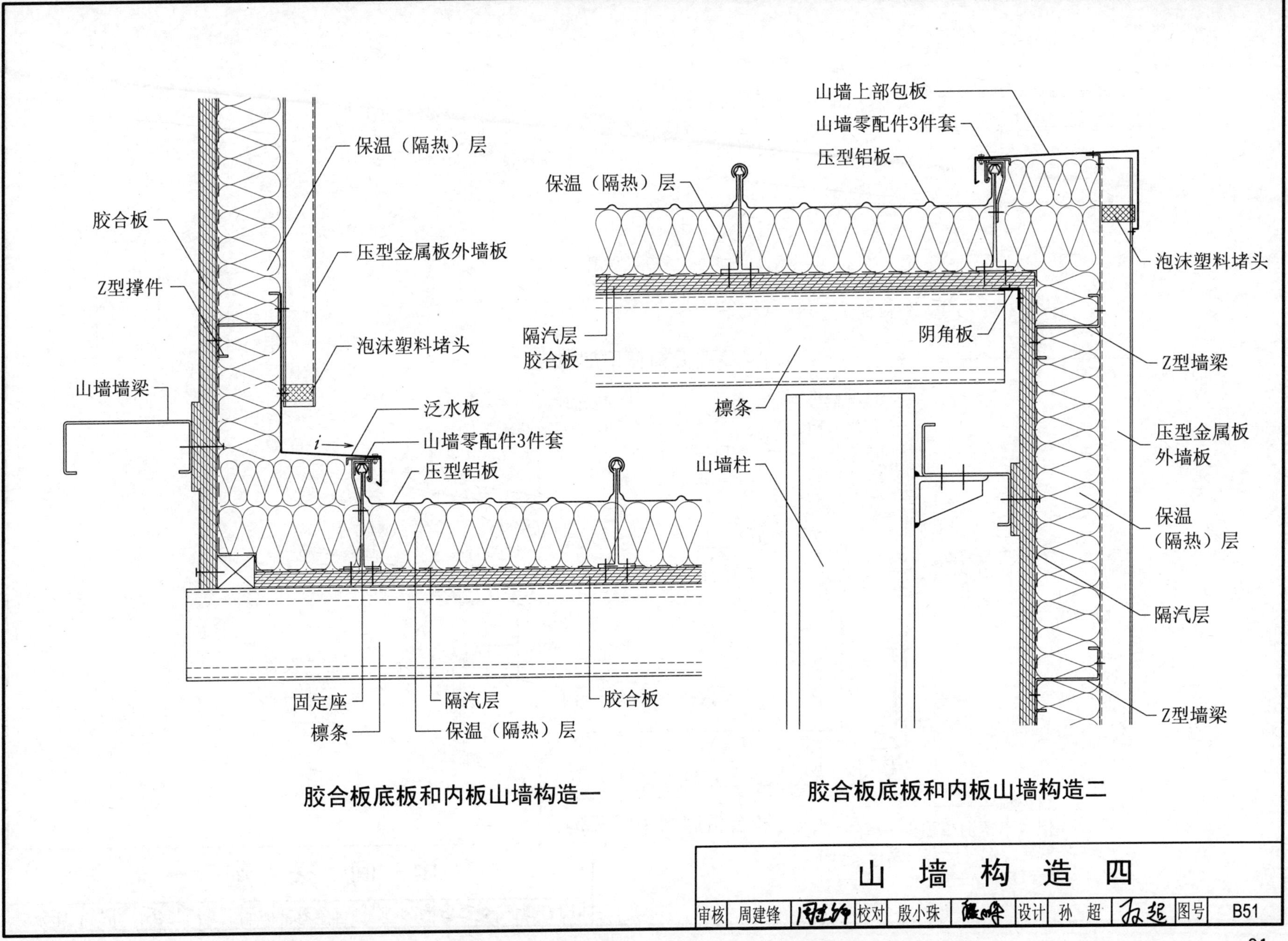

胶合板底板和内板山墙构造一

胶合板底板和内板山墙构造二

山　墙　构　造　四									
审核	周建锋	[签名]	校对	殷小珠	[签名]	设计	孙　超	[签名]	图号 B51

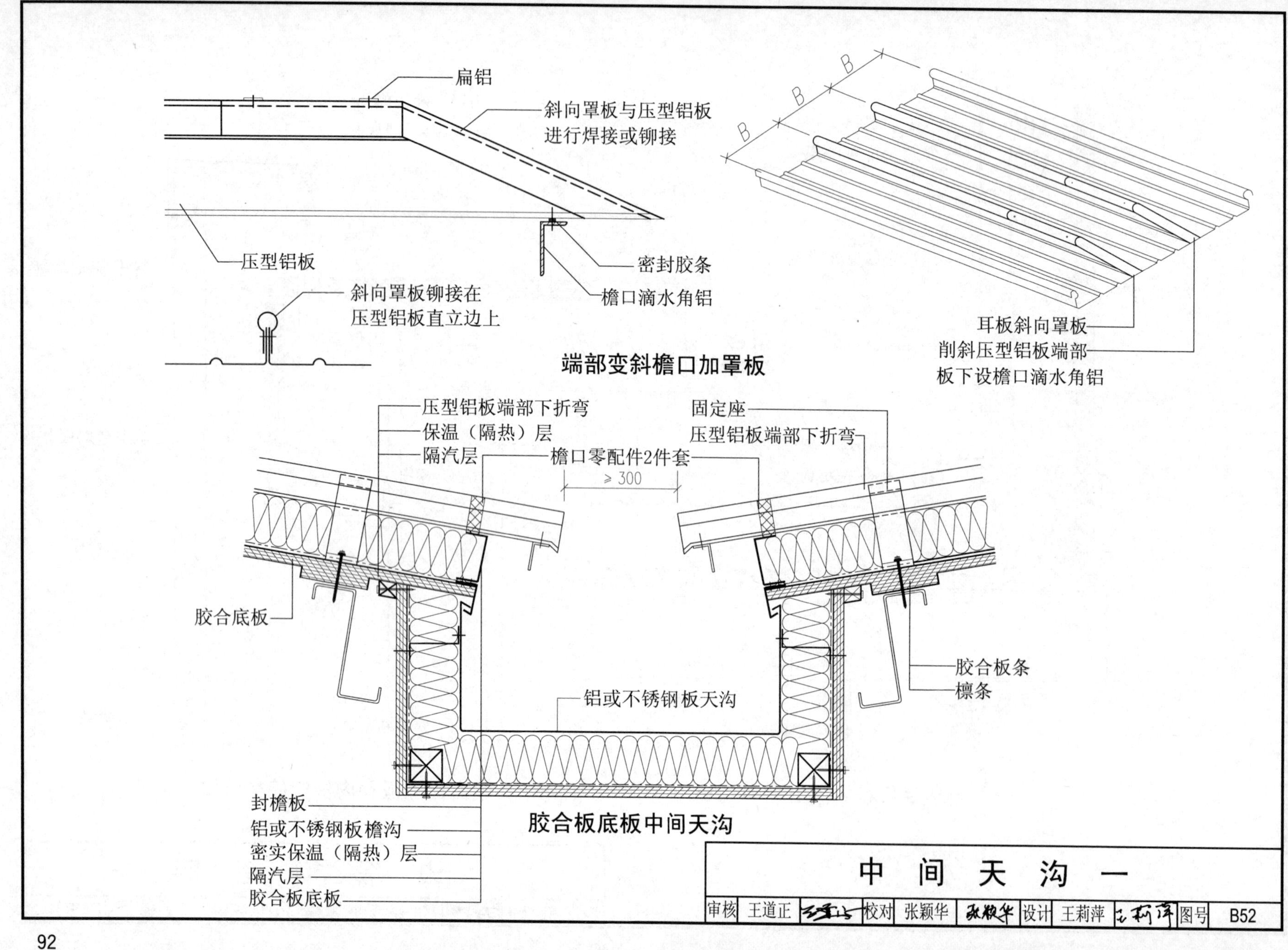

端部变斜檐口加罩板

胶合板底板中间天沟

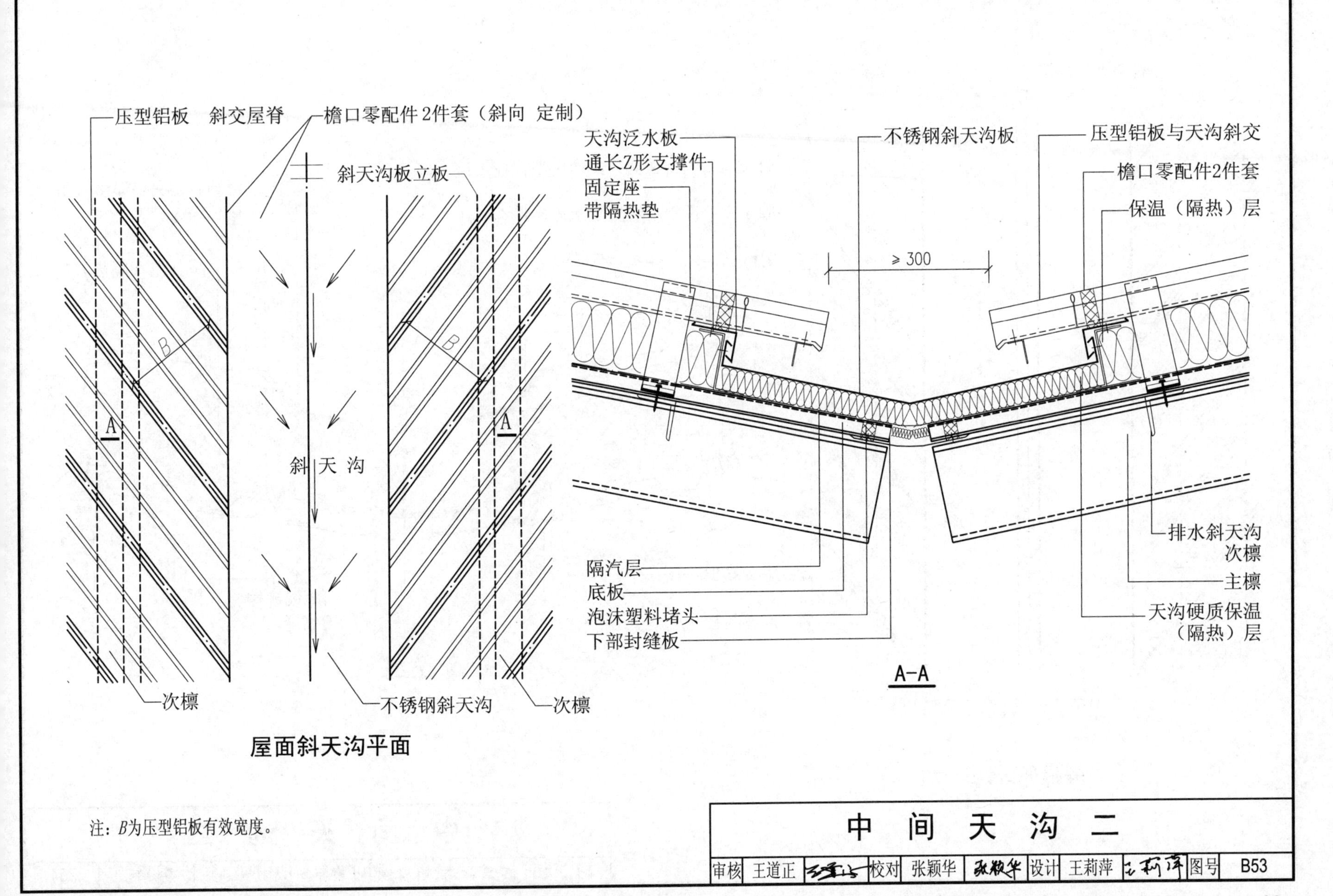

注：B为压型铝板有效宽度。

中　间　天　沟　二									
审核	王道正	[signature]	校对	张颖华	[signature]	设计	王莉萍	[signature]	图号 B53

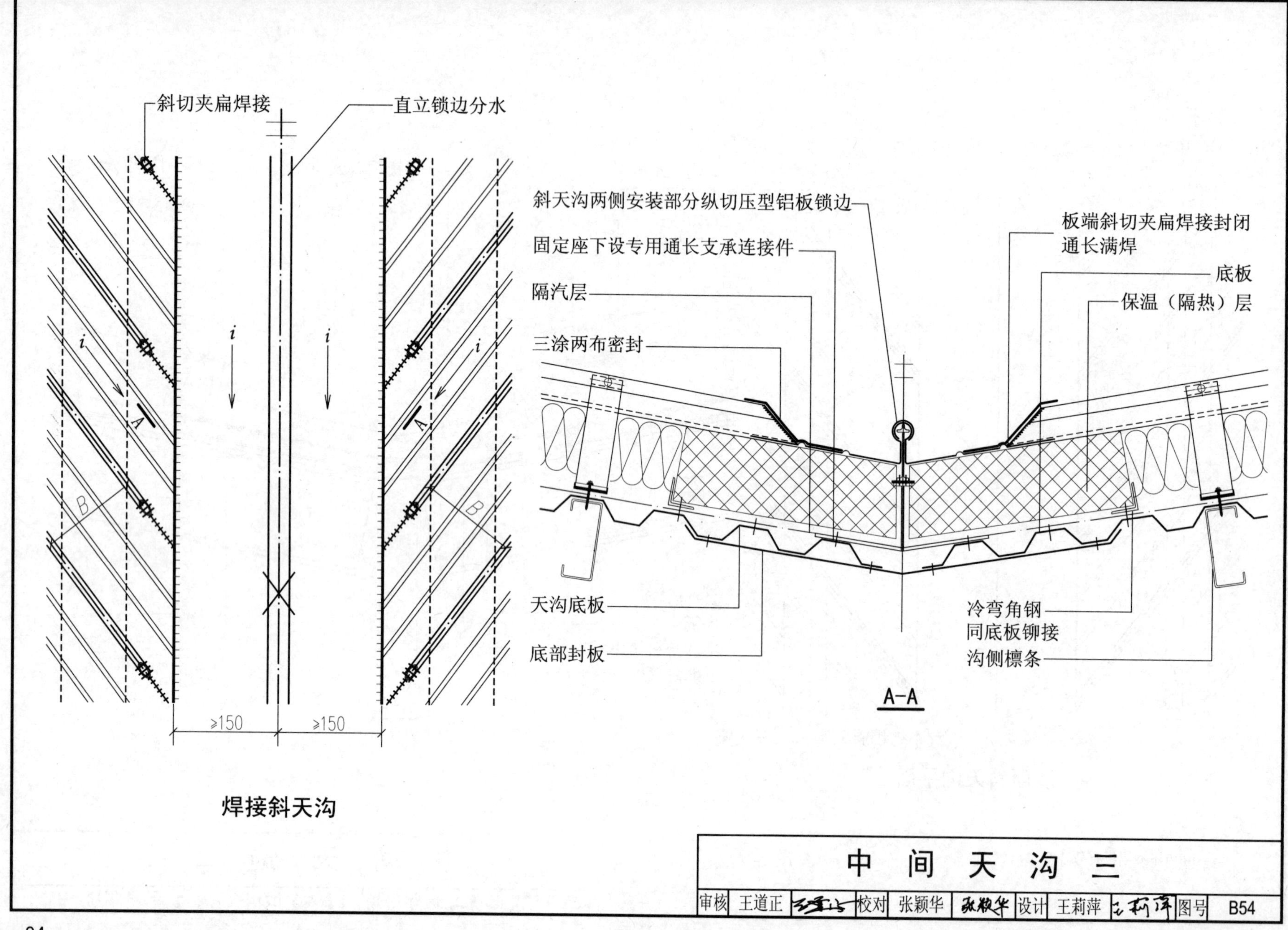
斜切夹扁焊接
直立锁边分水
i
A
B
≥150
≥150
焊接斜天沟
斜天沟两侧安装部分纵切压型铝板锁边
板端斜切夹扁焊接封闭
通长满焊
固定座下设专用通长支承连接件
底板
隔汽层
保温（隔热）层
三涂两布密封
天沟底板
冷弯角钢
同底板铆接
底部封板
沟侧檩条
A-A
中 间 天 沟 三
审核
王道正
校对
张颖华
设计
王莉萍
图号
B54

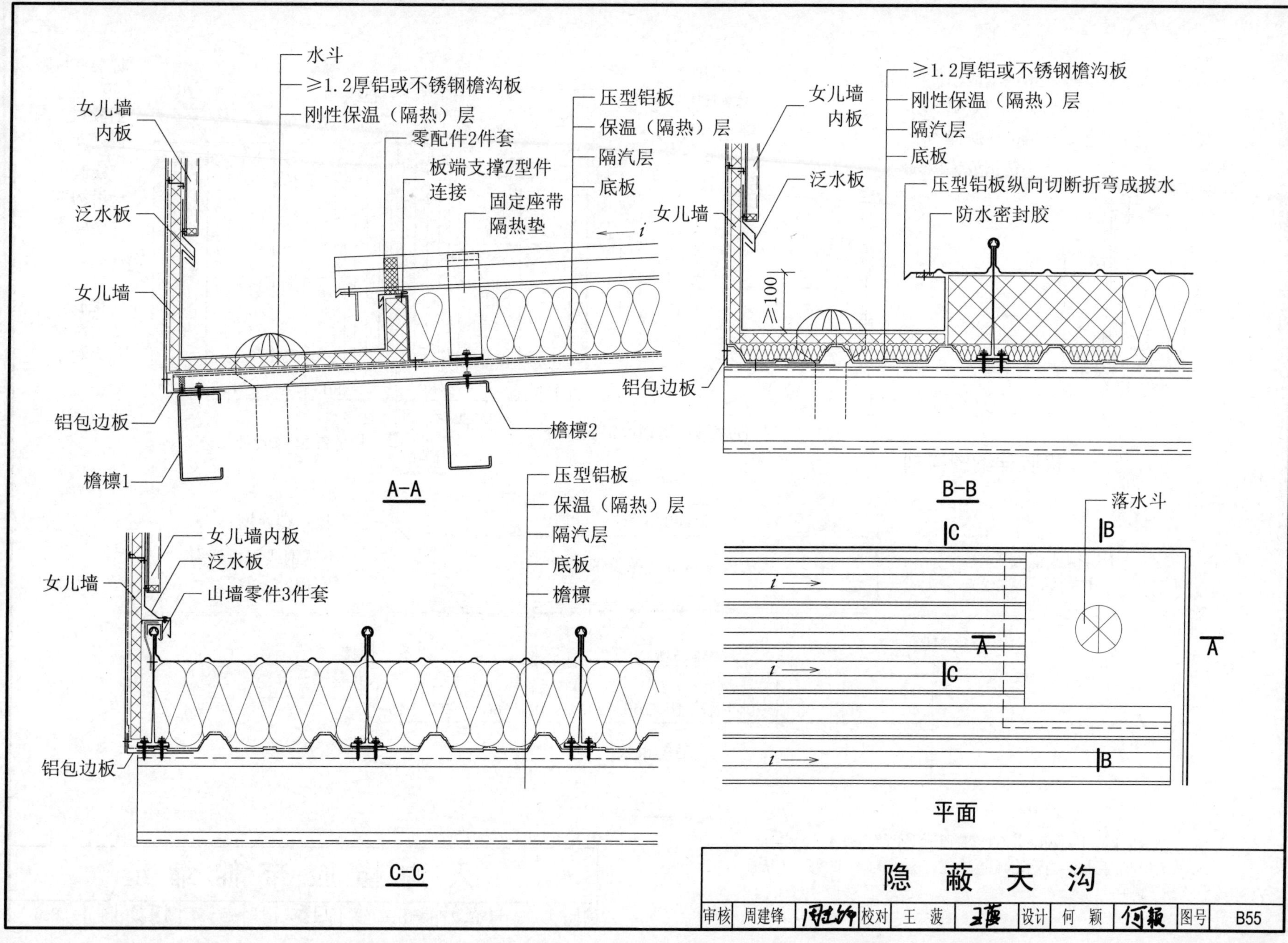

隐蔽天沟

审核	周建锋	周建锋	校对	王 菠	王菠	设计	何 颖	何颖	图号	B55

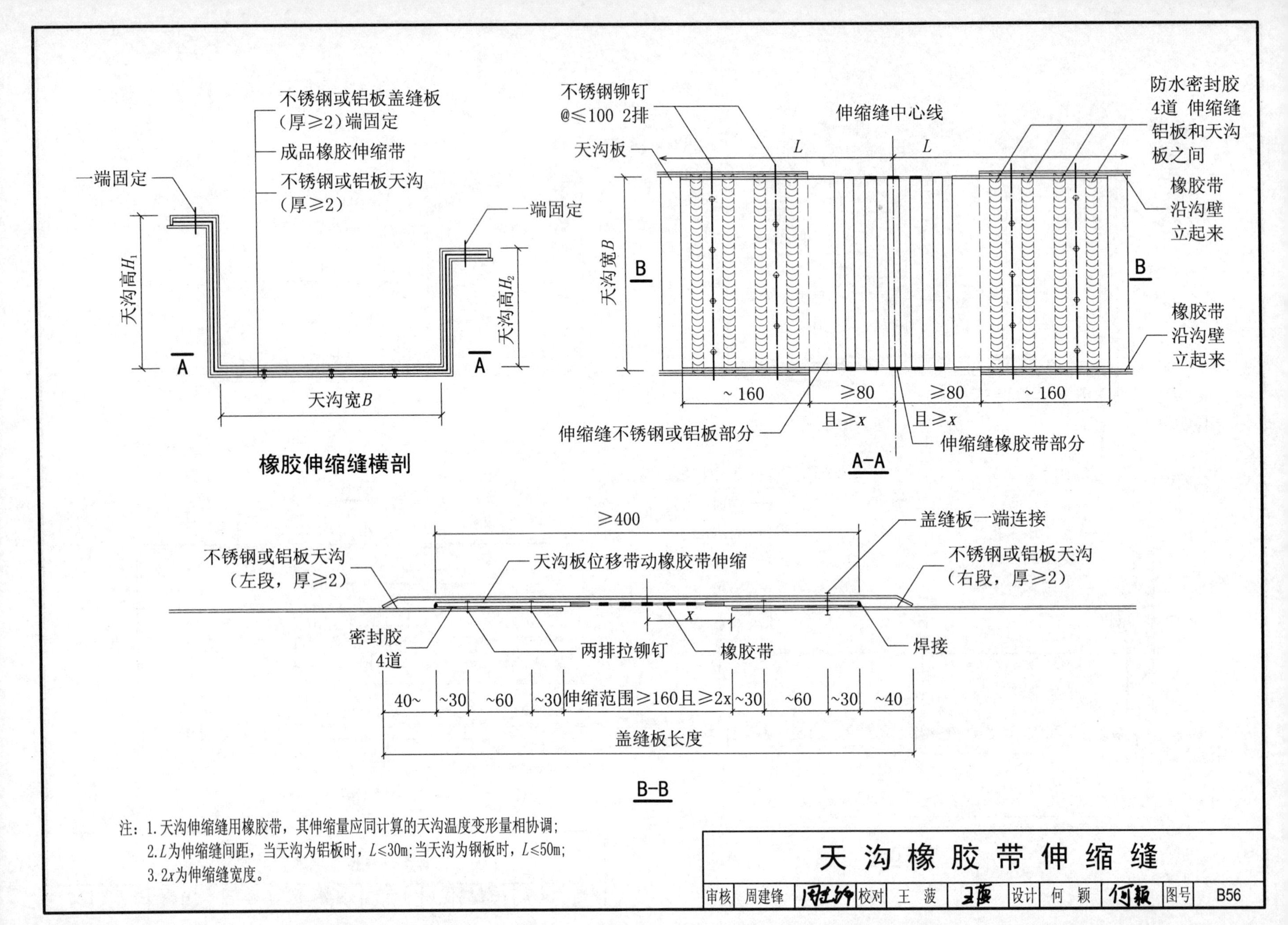

注：1.天沟伸缩缝用橡胶带，其伸缩量应同计算的天沟温度变形量相协调；
2.L为伸缩缝间距，当天沟为铝板时，L≤30m；当天沟为钢板时，L≤50m；
3.2x为伸缩缝宽度。

天沟橡胶带伸缩缝

审核	周建锋	周建锋	校对	王 菠	王菠	设计	何 颖	何颖	图号	B56

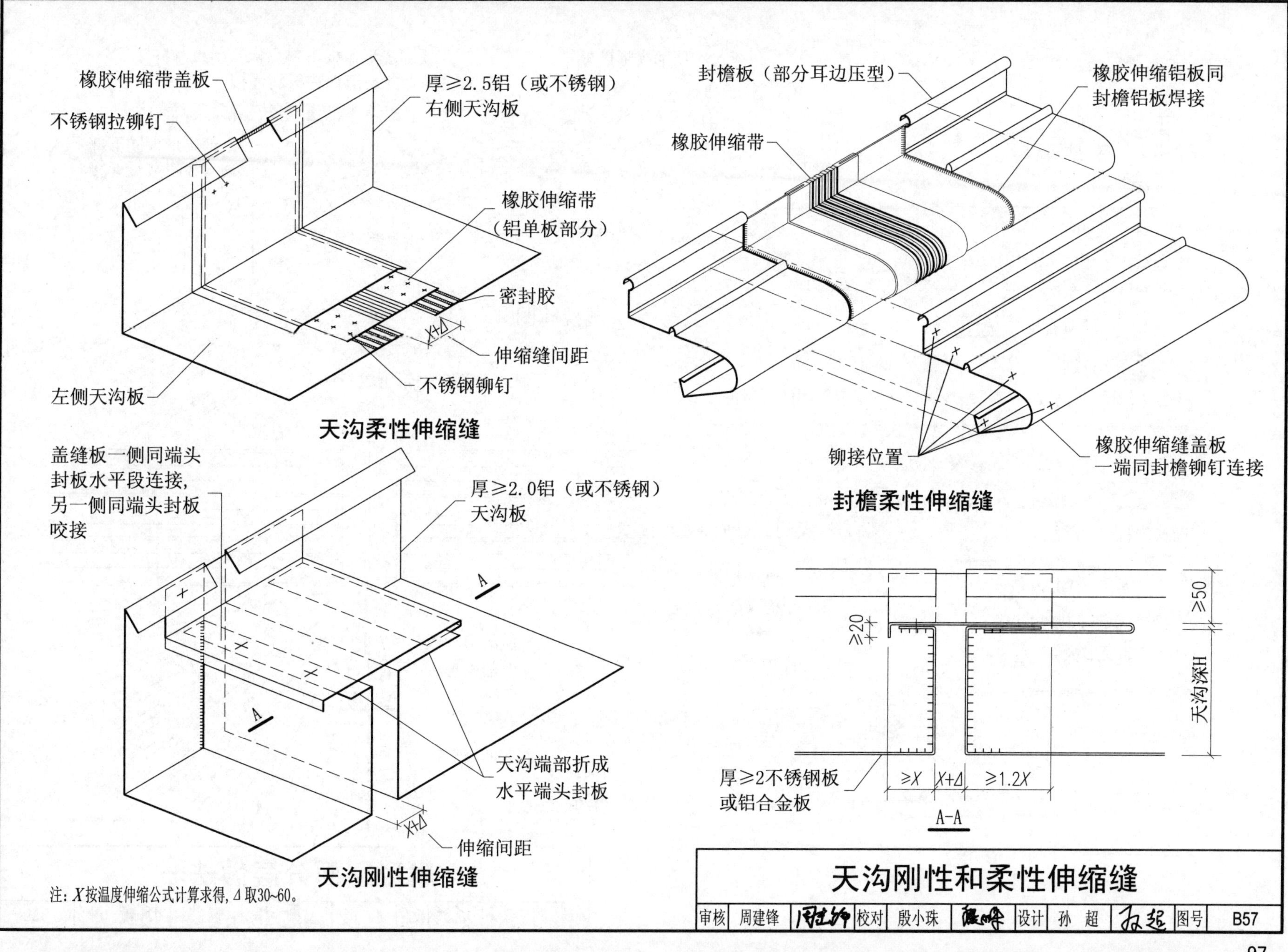

注：X按温度伸缩公式计算求得，Δ取30~60。

天沟刚性和柔性伸缩缝

审核	周建锋		校对	殷小珠		设计	孙 超		图号	B57

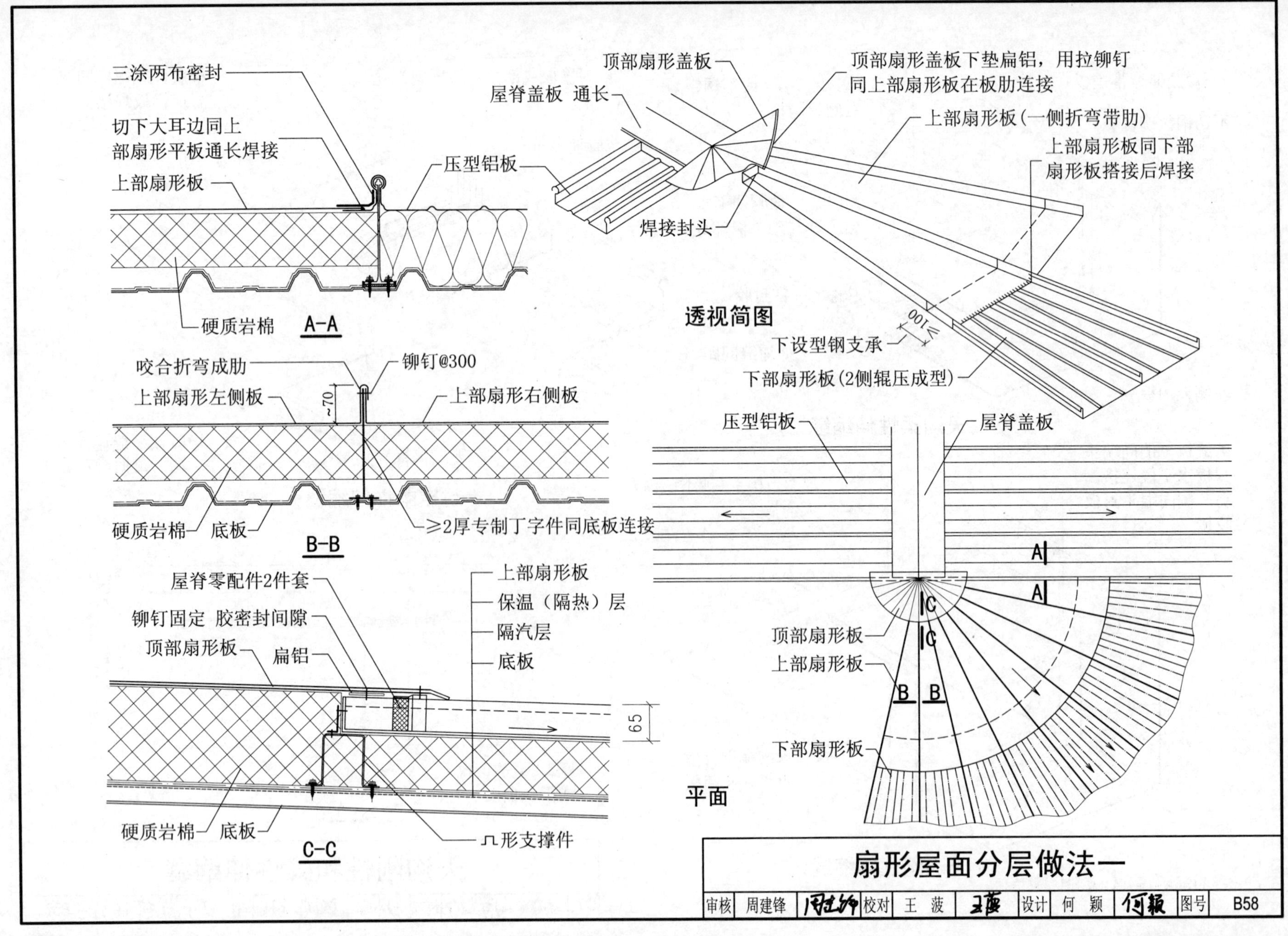

扇形屋面分层做法一

审核	周建锋	周建锋	校对	王 菠	王菠	设计	何 颖	何颖	图号	B58

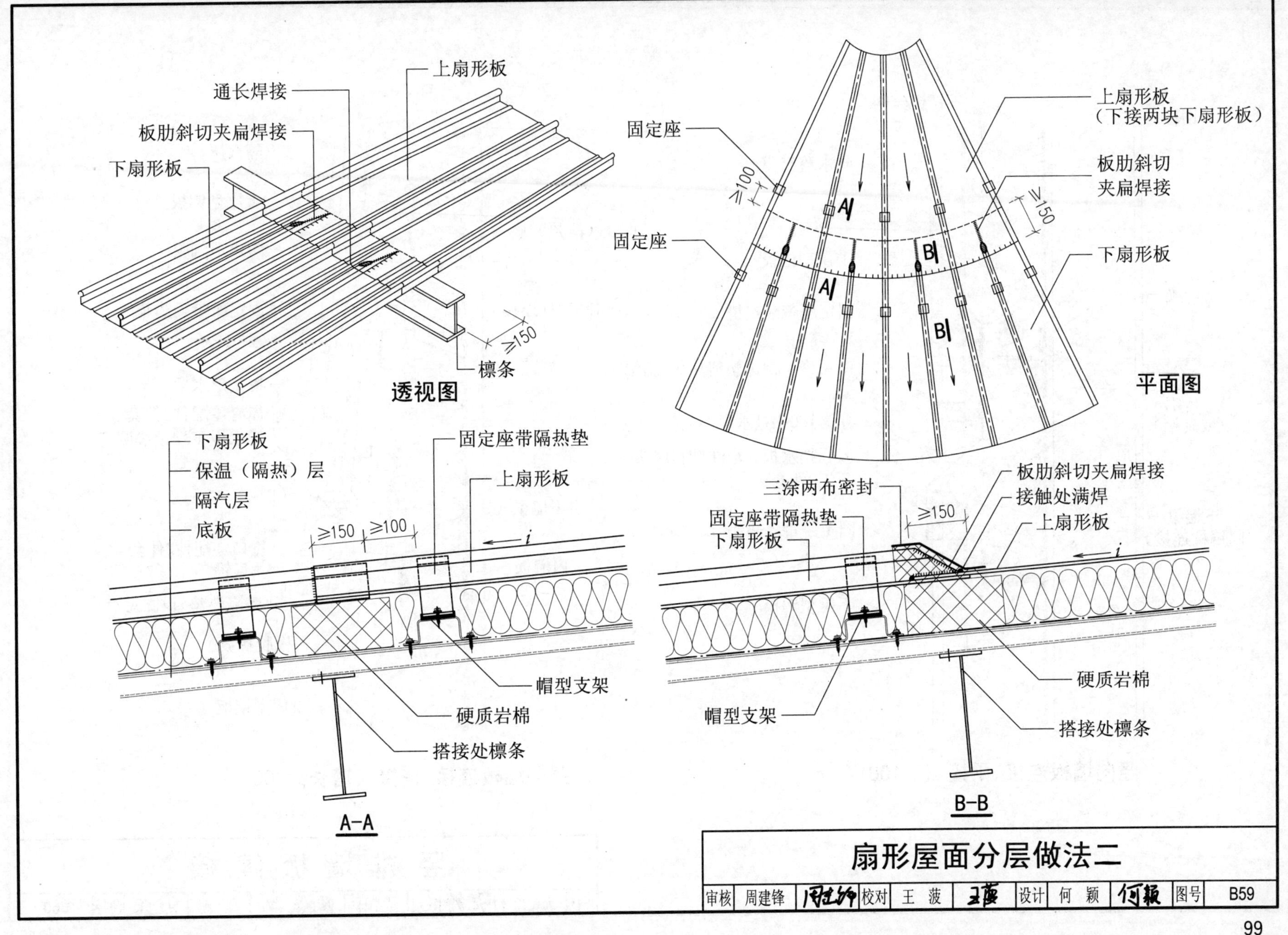

扇形屋面分层做法二

审核	周建锋	周建锋	校对	王 菠	王菠	设计	何 颖	何颖	图号	B59

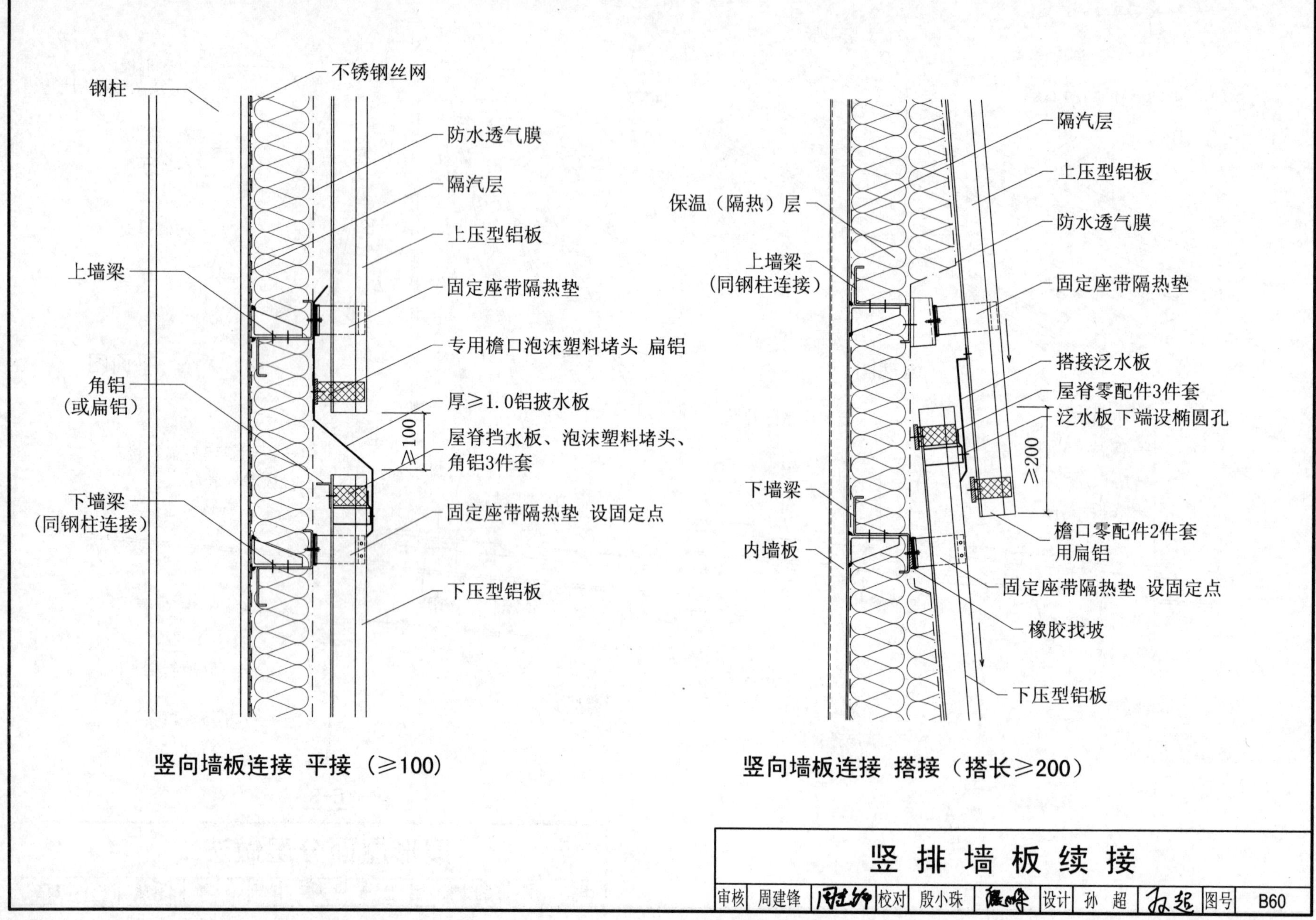
钢柱
不锈钢丝网
防水透气膜
隔汽层
上压型铝板
上墙梁
固定座带隔热垫
专用檐口泡沫塑料堵头 扁铝
角铝
(或扁铝)
厚≥1.0铝披水板
≥100
屋脊挡水板、泡沫塑料堵头、
角铝3件套
下墙梁
(同钢柱连接)
固定座带隔热垫 设固定点
下压型铝板
竖向墙板连接 平接（≥100）
隔汽层
上压型铝板
保温（隔热）层
防水透气膜
上墙梁
(同钢柱连接)
固定座带隔热垫
搭接泛水板
屋脊零配件3件套
泛水板下端设椭圆孔
≥200
下墙梁
檐口零配件2件套
用扁铝
内墙板
固定座带隔热垫 设固定点
橡胶找坡
下压型铝板
竖向墙板连接 搭接（搭长≥200）
竖排墙板续接
审核 周建锋 校对 殷小珠 设计 孙超 图号 B60

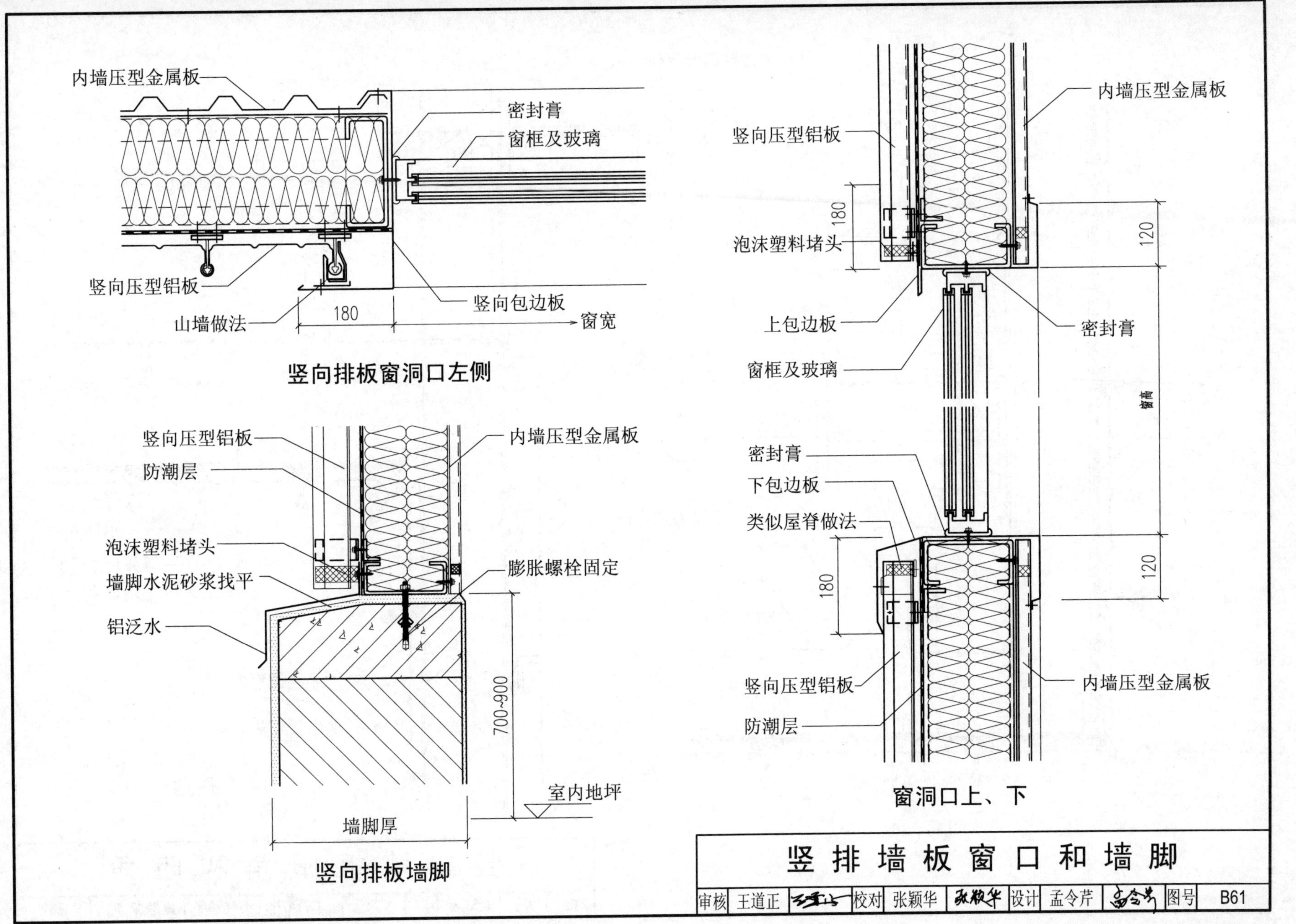

竖排墙板窗口和墙脚								
审核	王道正	王道正	校对	张颖华	张颖华	设计	孟令芹	孟令芹	图号	B61

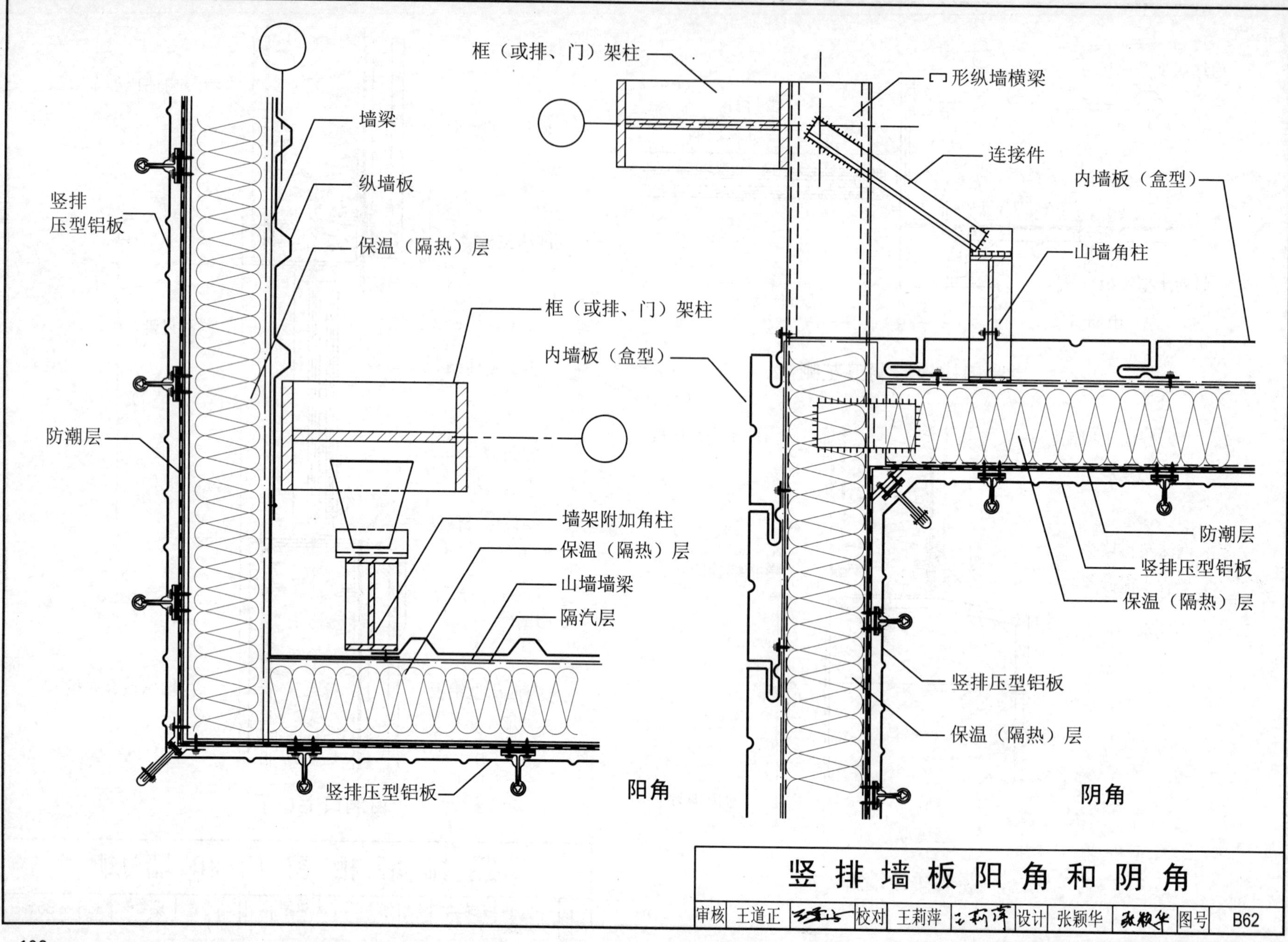

竖排墙板阳角和阴角									
审核	王道正	[签名]	校对	王莉萍	[签名]	设计	张颖华	[签名]	图号 B62

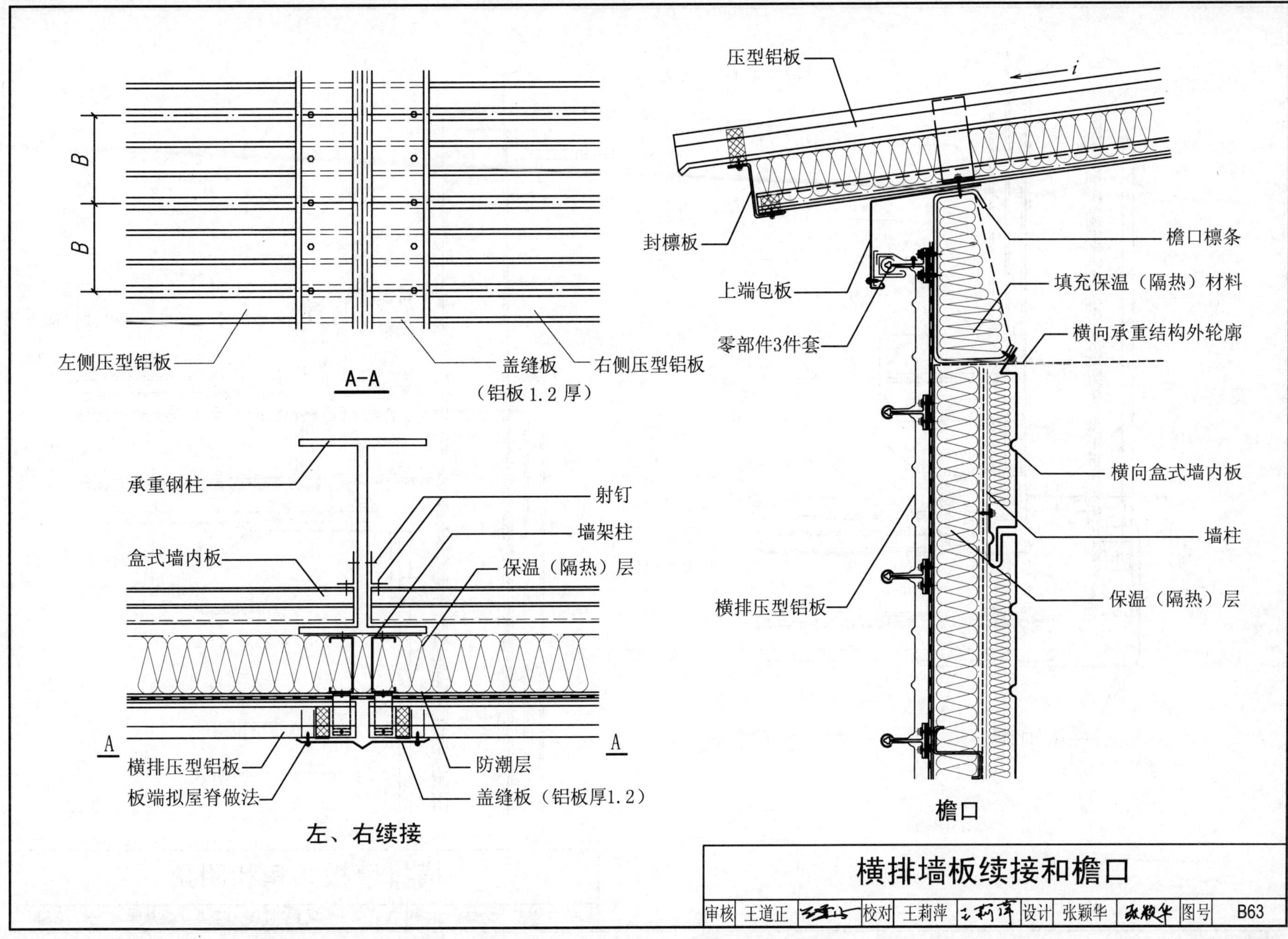

横排墙板续接和檐口								
审核	王道正		校对	王莉萍		设计	张颖华	图号 B63

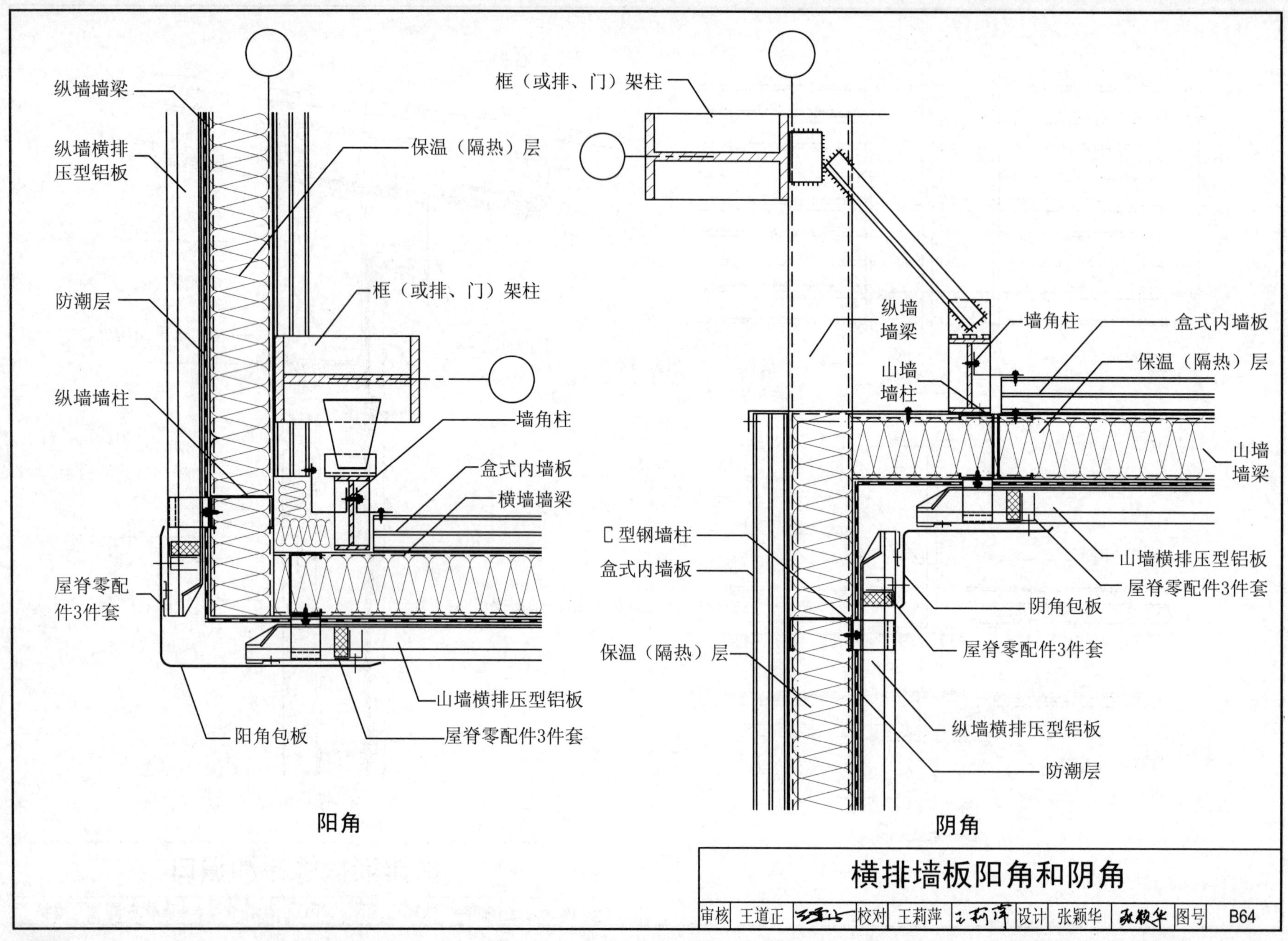

横排墙板阳角和阴角

审核	王道正		校对	王莉萍		设计	张颖华		图号	B64

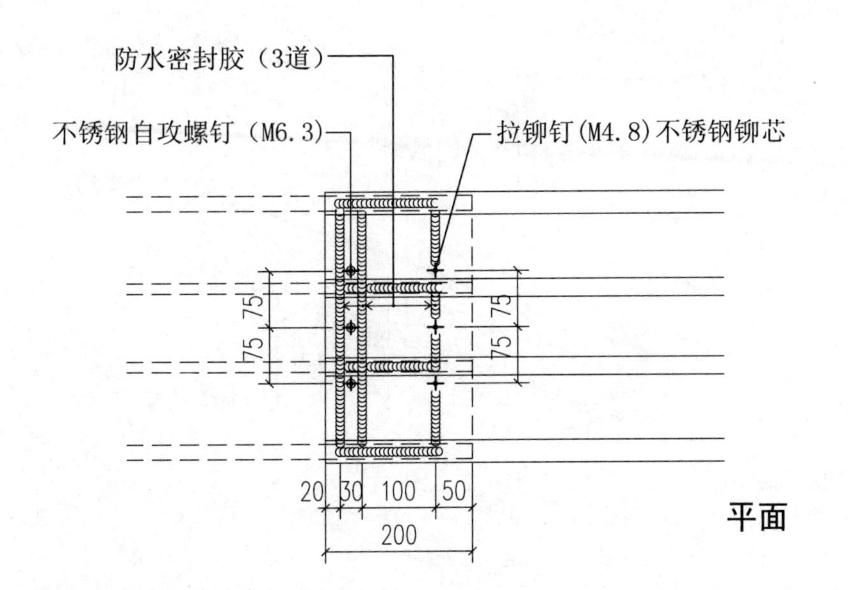

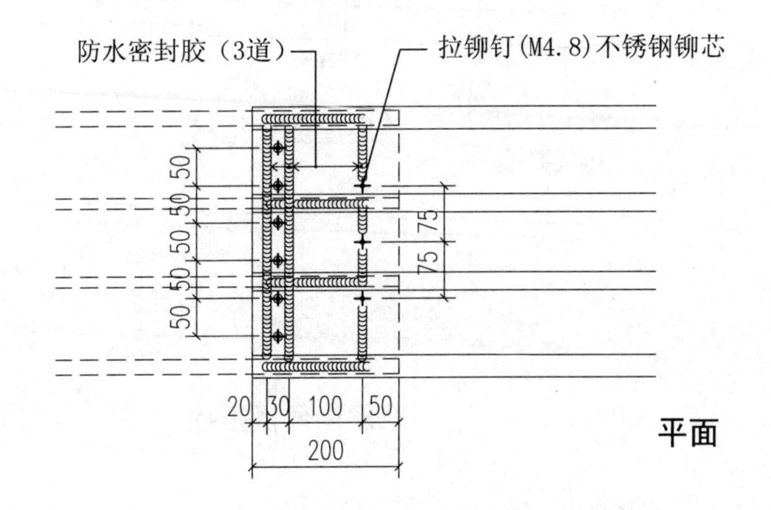

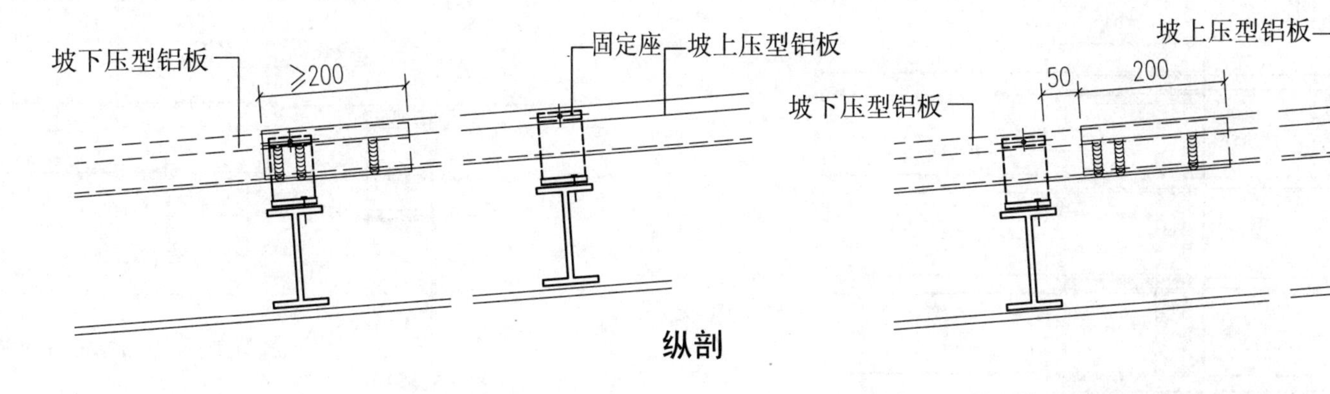

在檩条处搭接

在邻近檩条处搭接

注：1. 图中压型铝板板型为65/305;搭接是应用早期做法，现在要求尽量通长一块;

2. 用于屋面坡度$i>5\%$时，确保防水时方可采用搭接。

压型铝板长向搭接一									
审核	王道正	[签名]	校对	张颖华	[签名]	设计	孟令芹	[签名]	图号 B65

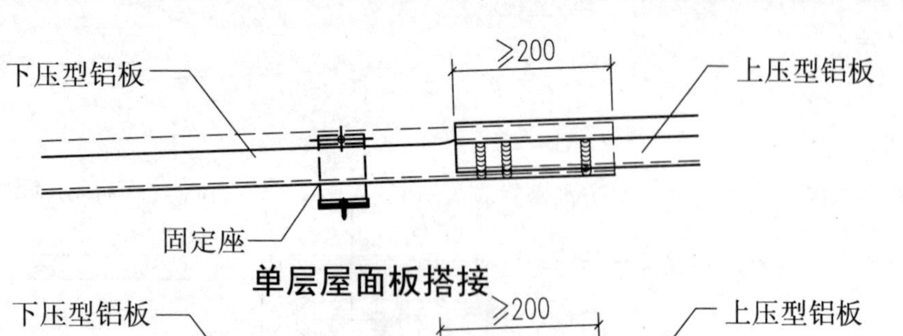

单层屋面板搭接

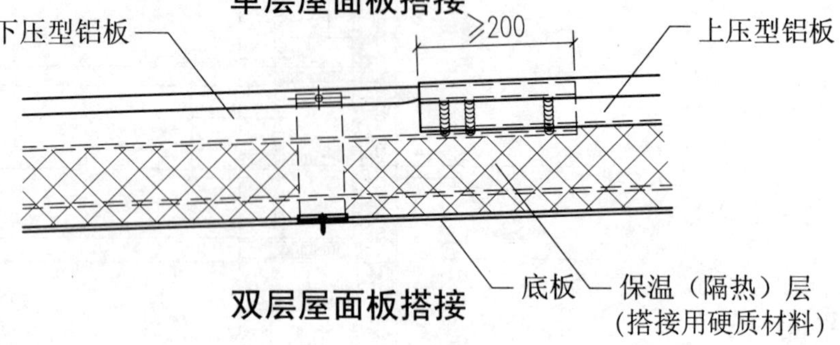

双层屋面板搭接

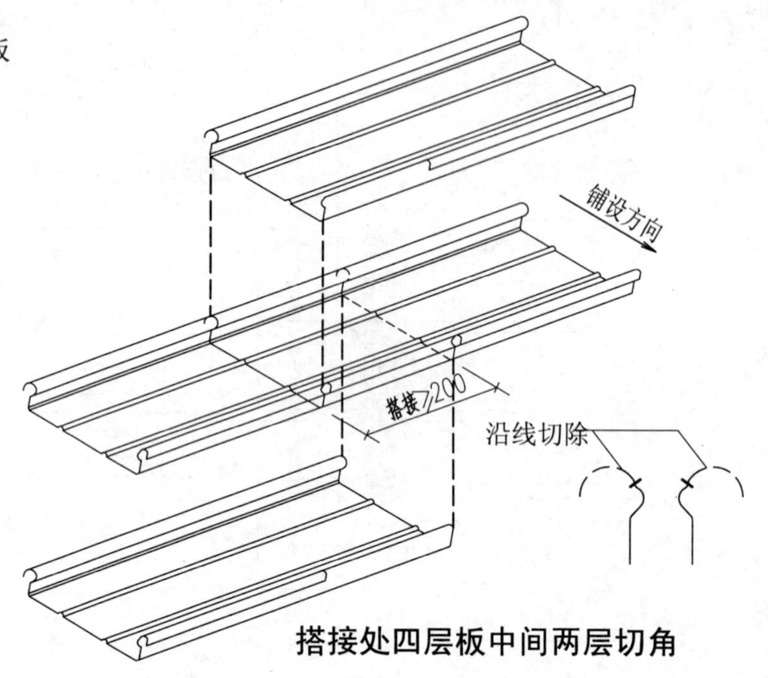

搭接处四层板中间两层切角

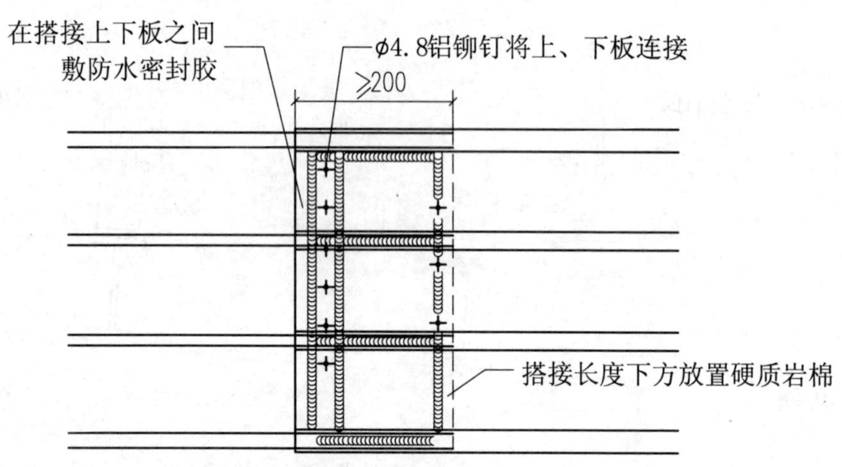

面板搭接平面

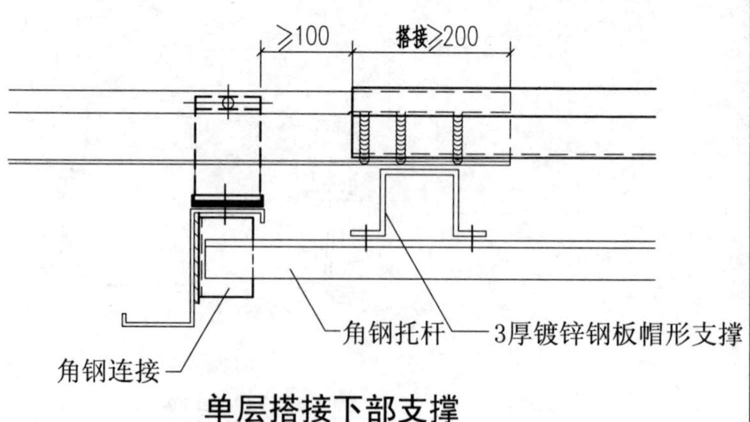

单层搭接下部支撑

注：搭接适用屋面坡度$i \geq 5\%$的情况，是应用早期做法，尽量采用通长一块板，

当迫不得已需要接长且$i < 5\%$时，应尽量采用焊接连接。

压型铝板长向搭接二									
审核	王道正		校对	张颖华		设计	孟令芹	图号	B66

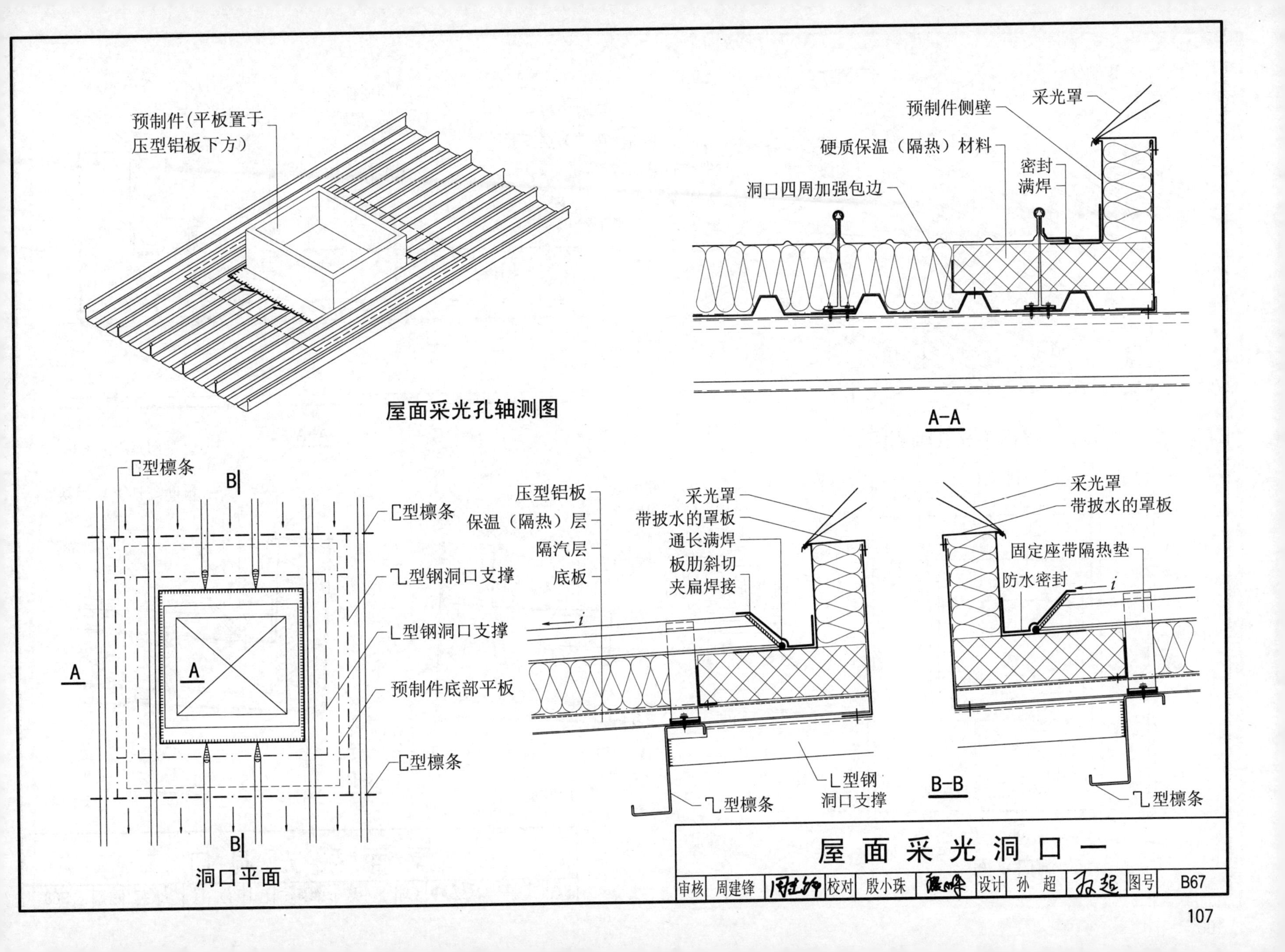
预制件(平板置于
压型铝板下方)
屋面采光孔轴测图
采光罩
预制件侧壁
硬质保温（隔热）材料
密封
满焊
洞口四周加强包边
A-A
[型檩条
B
[型檩条
乁型钢洞口支撑
L型钢洞口支撑
A
A
预制件底部平板
[型檩条
B
洞口平面
压型铝板
保温（隔热）层
隔汽层
底板
采光罩
带披水的罩板
通长满焊
板肋斜切
夹扁焊接
i
L型钢
洞口支撑
乁型檩条
采光罩
带披水的罩板
固定座带隔热垫
防水密封
i
B-B
乁型檩条
屋面采光洞口一
审核 周建锋 校对 殷小珠 设计 孙 超 图号 B67

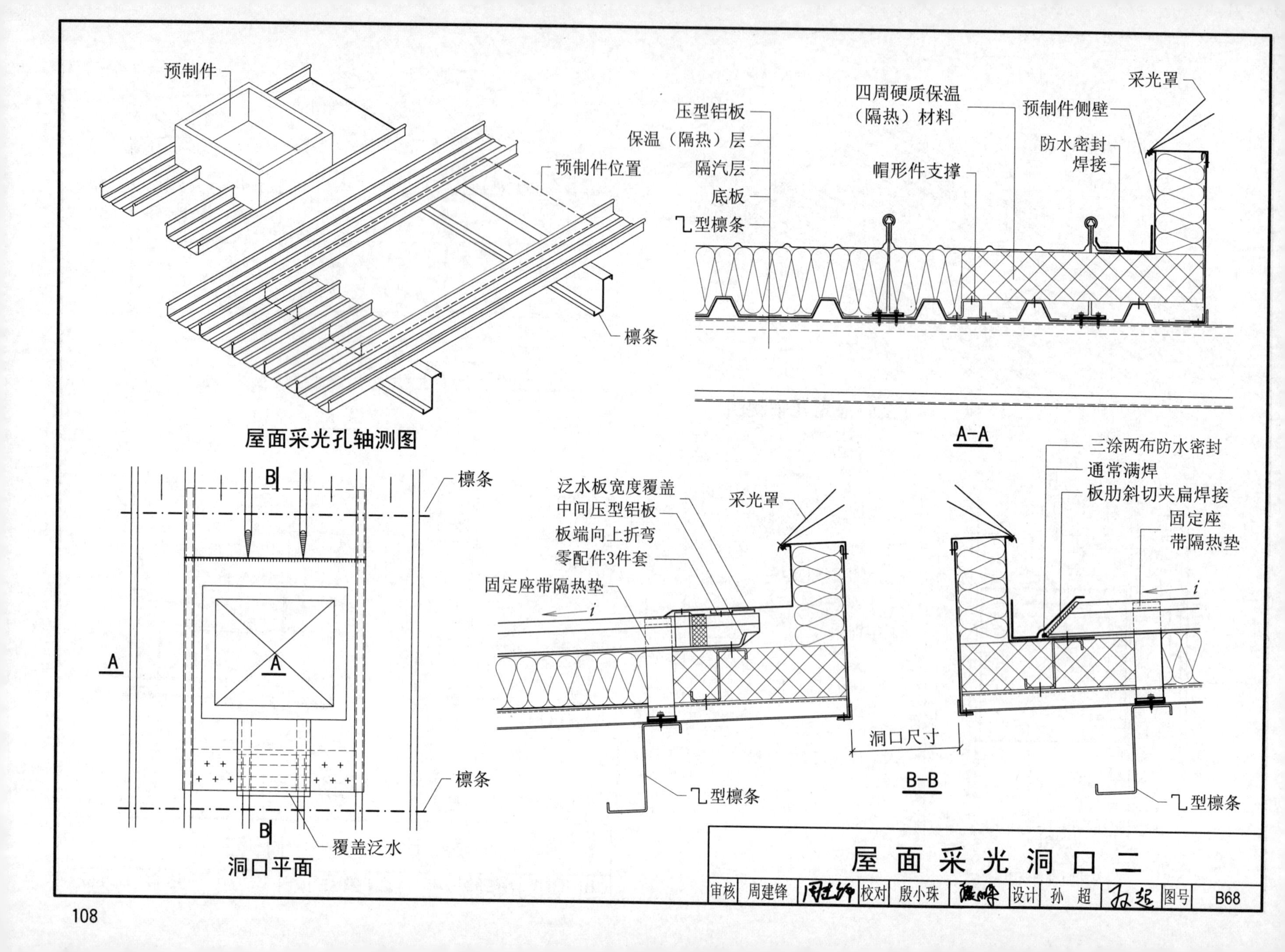
预制件
预制件位置
檩条
屋面采光孔轴测图
压型铝板
保温（隔热）层
隔汽层
底板
乚型檩条
四周硬质保温
（隔热）材料
帽形件支撑
预制件侧壁
采光罩
防水密封
焊接
A-A
B
檩条
A
A
檩条
B
覆盖泛水
洞口平面
泛水板宽度覆盖
中间压型铝板
板端向上折弯
零配件3件套
固定座带隔热垫
采光罩
i
乚型檩条
洞口尺寸
B-B
三涂两布防水密封
通常满焊
板肋斜切夹扁焊接
固定座
带隔热垫
i
乚型檩条
屋面采光洞口二
审核 周建锋 校对 殷小珠 设计 孙 超 图号 B68

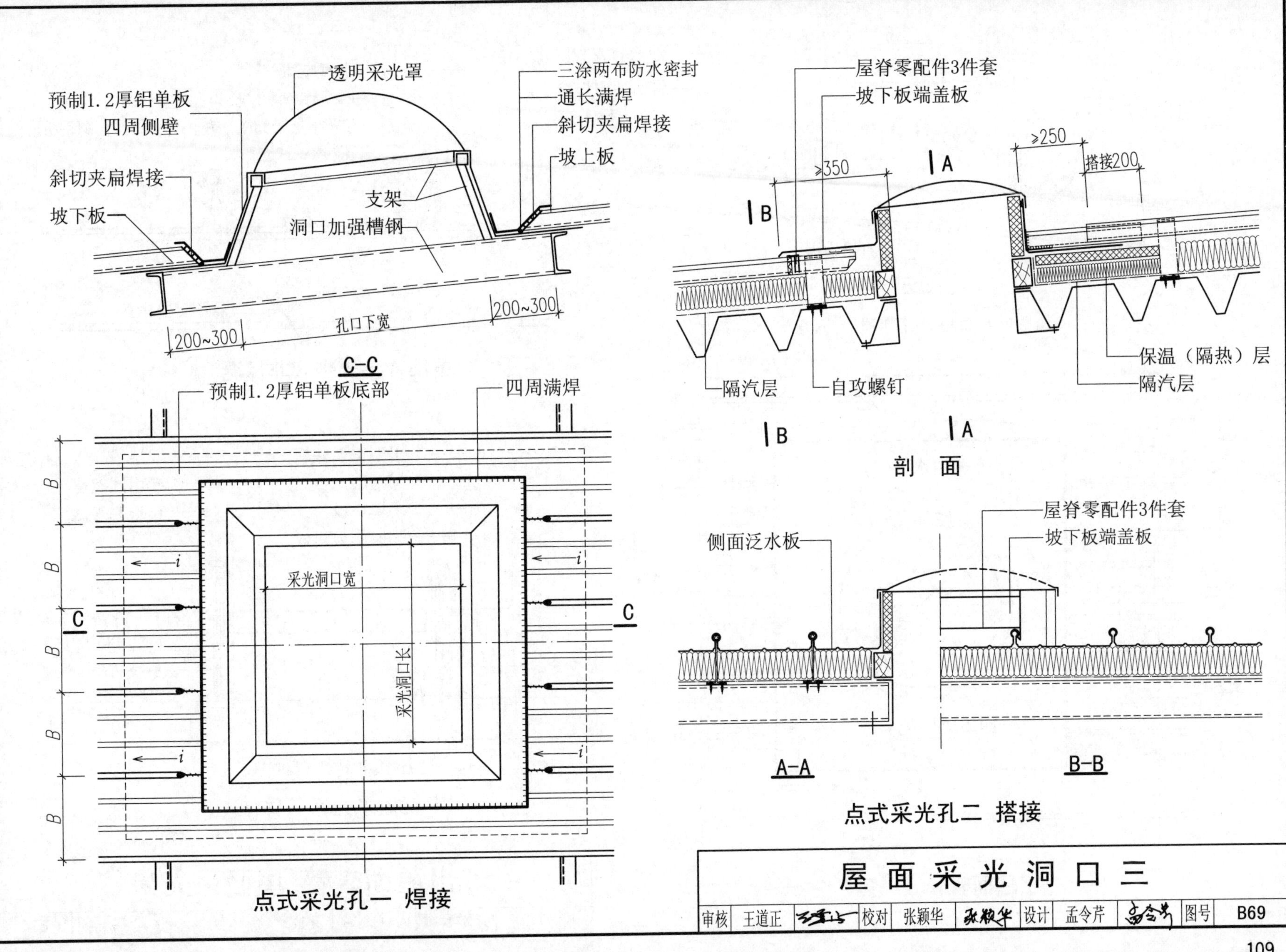

屋面采光洞口三

审核	王道正		校对	张颖华		设计	孟令芹		图号	B69

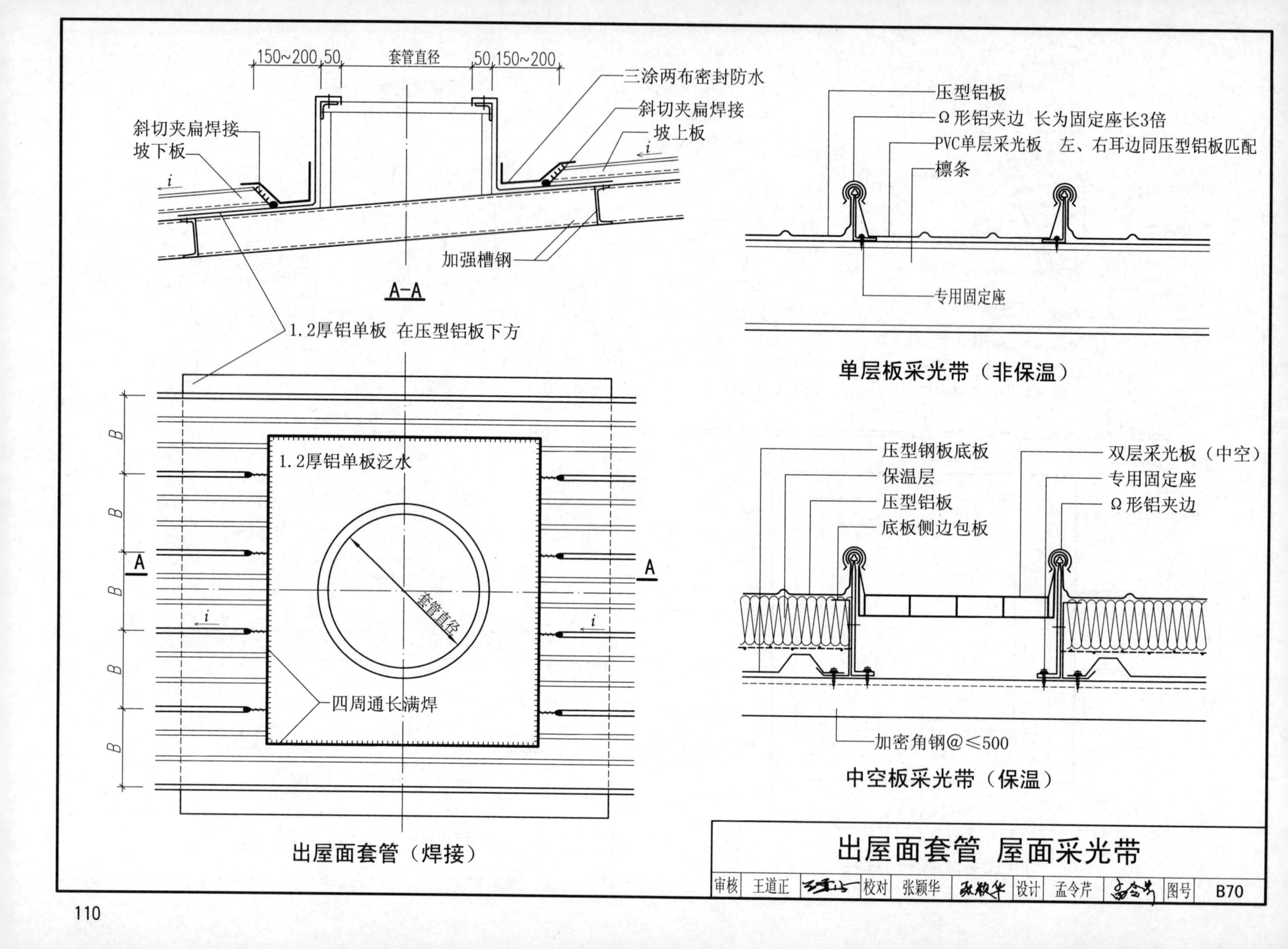

150~200
50
套管直径
50
150~200
三涂两布密封防水
斜切夹扁焊接
坡上板
斜切夹扁焊接
坡下板
i
加强槽钢
A-A
1.2厚铝单板 在压型铝板下方
B
A
A
1.2厚铝单板泛水
套管直径
四周通长满焊
出屋面套管（焊接）
压型铝板
Ω形铝夹边 长为固定座长3倍
PVC单层采光板 左、右耳边同压型铝板匹配
檩条
专用固定座
单层板采光带（非保温）
压型钢板底板
保温层
压型铝板
底板侧边包板
双层采光板（中空）
专用固定座
Ω形铝夹边
加密角钢@≤500
中空板采光带（保温）
出屋面套管 屋面采光带
审核 王道正 校对 张颖华 设计 孟令芹 图号 B70

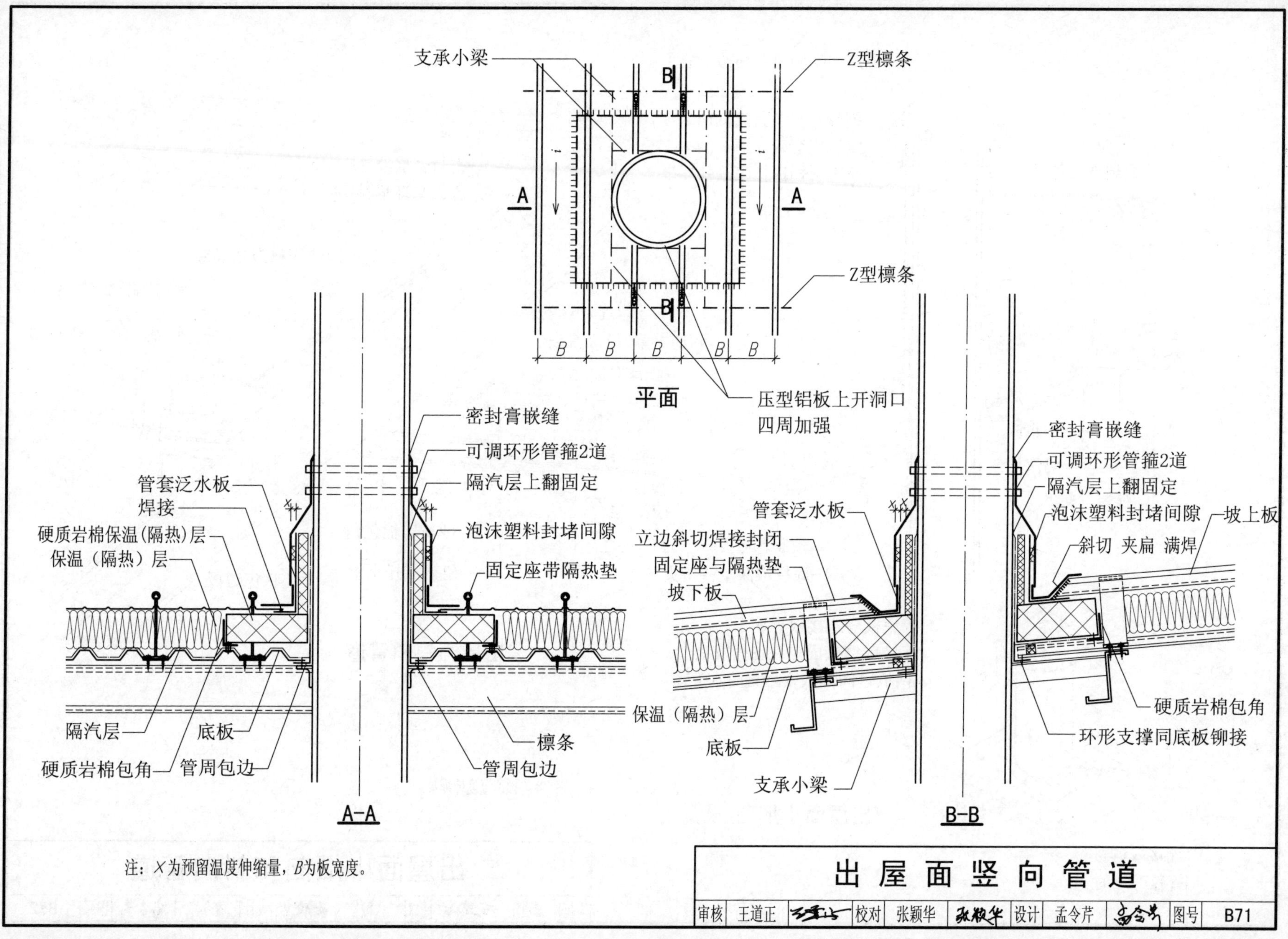

注：X为预留温度伸缩量，B为板宽度。

出屋面竖向管道									
审核	王道正	王道正	校对	张颖华	张颖华	设计	孟令芹	孟令芹	图号 B71

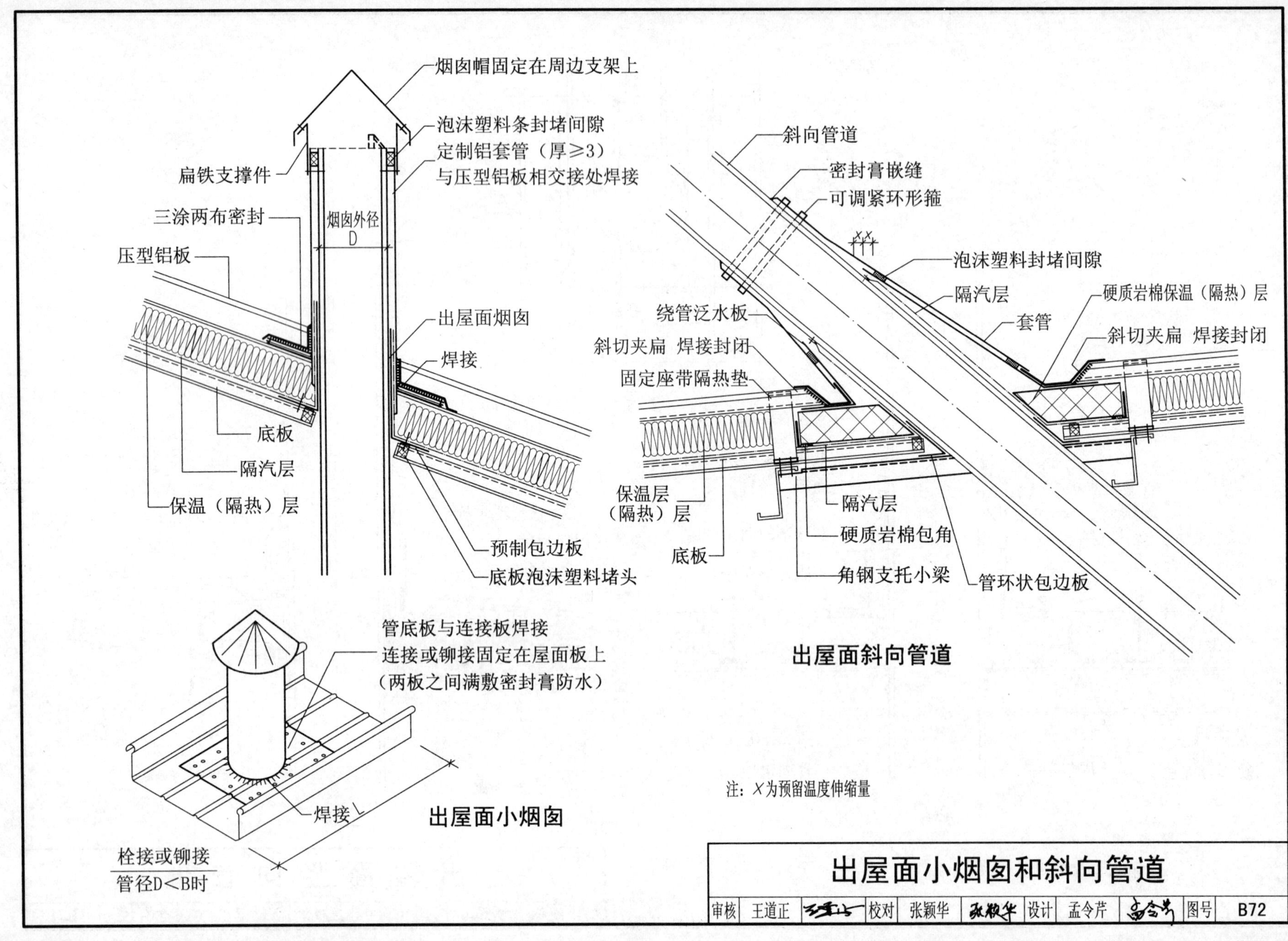

出屋面小烟囱和斜向管道

审核	王道正		校对	张颖华		设计	孟令芹		图号	B72

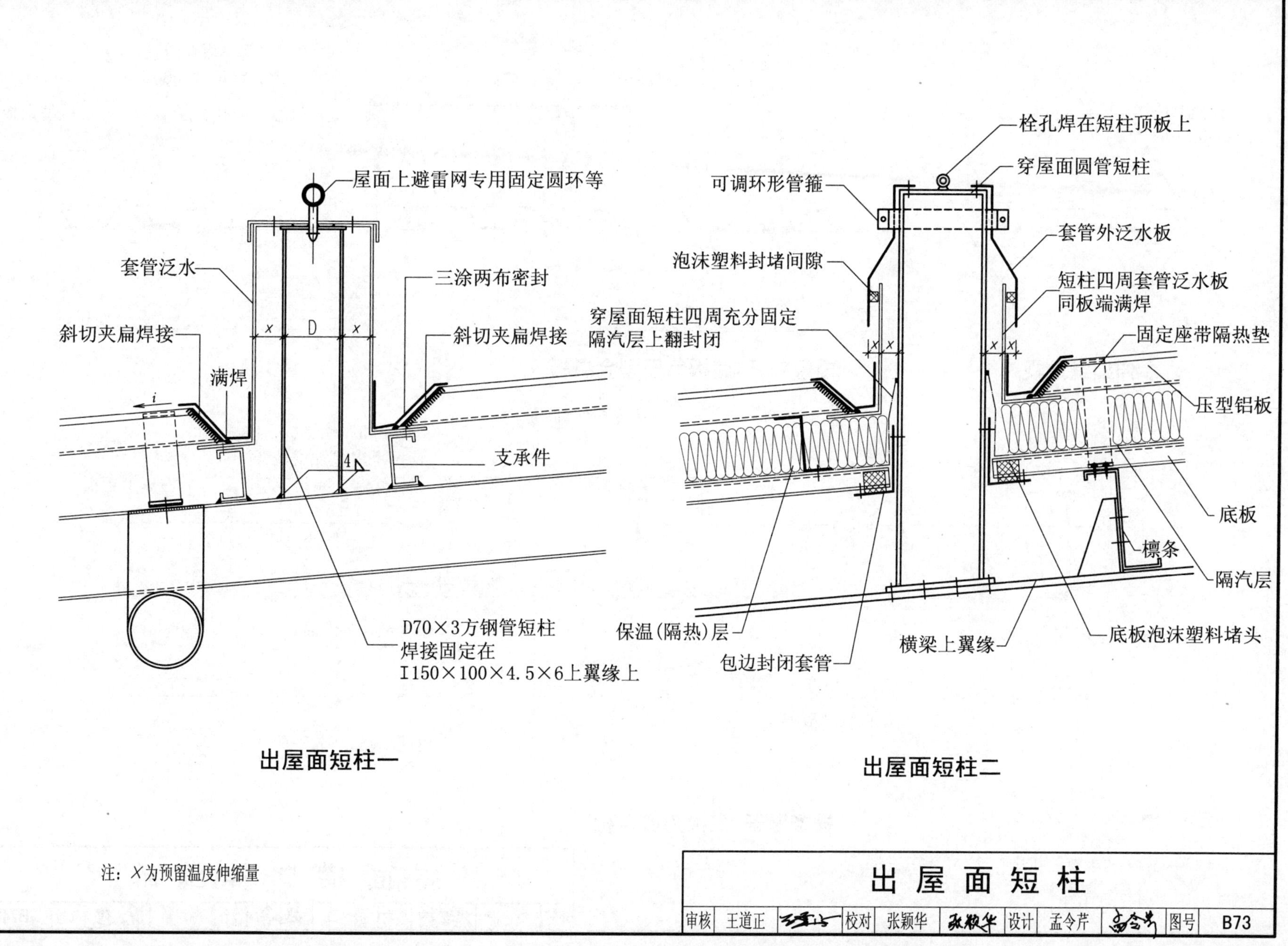
屋面上避雷网专用固定圆环等
套管泛水
三涂两布密封
斜切夹扁焊接
x
D
x
斜切夹扁焊接
满焊
i
支承件
4
D70×3方钢管短柱
焊接固定在
I150×100×4.5×6上翼缘上
出屋面短柱一
栓孔焊在短柱顶板上
穿屋面圆管短柱
可调环形管箍
套管外泛水板
泡沫塑料封堵间隙
短柱四周套管泛水板
同板端满焊
穿屋面短柱四周充分固定
隔汽层上翻封闭
固定座带隔热垫
压型铝板
底板
檩条
隔汽层
保温(隔热)层
横梁上翼缘
底板泡沫塑料堵头
包边封闭套管
出屋面短柱二
注：X为预留温度伸缩量
出 屋 面 短 柱
审核 王道正 校对 张颖华 设计 孟令芹 图号 B73

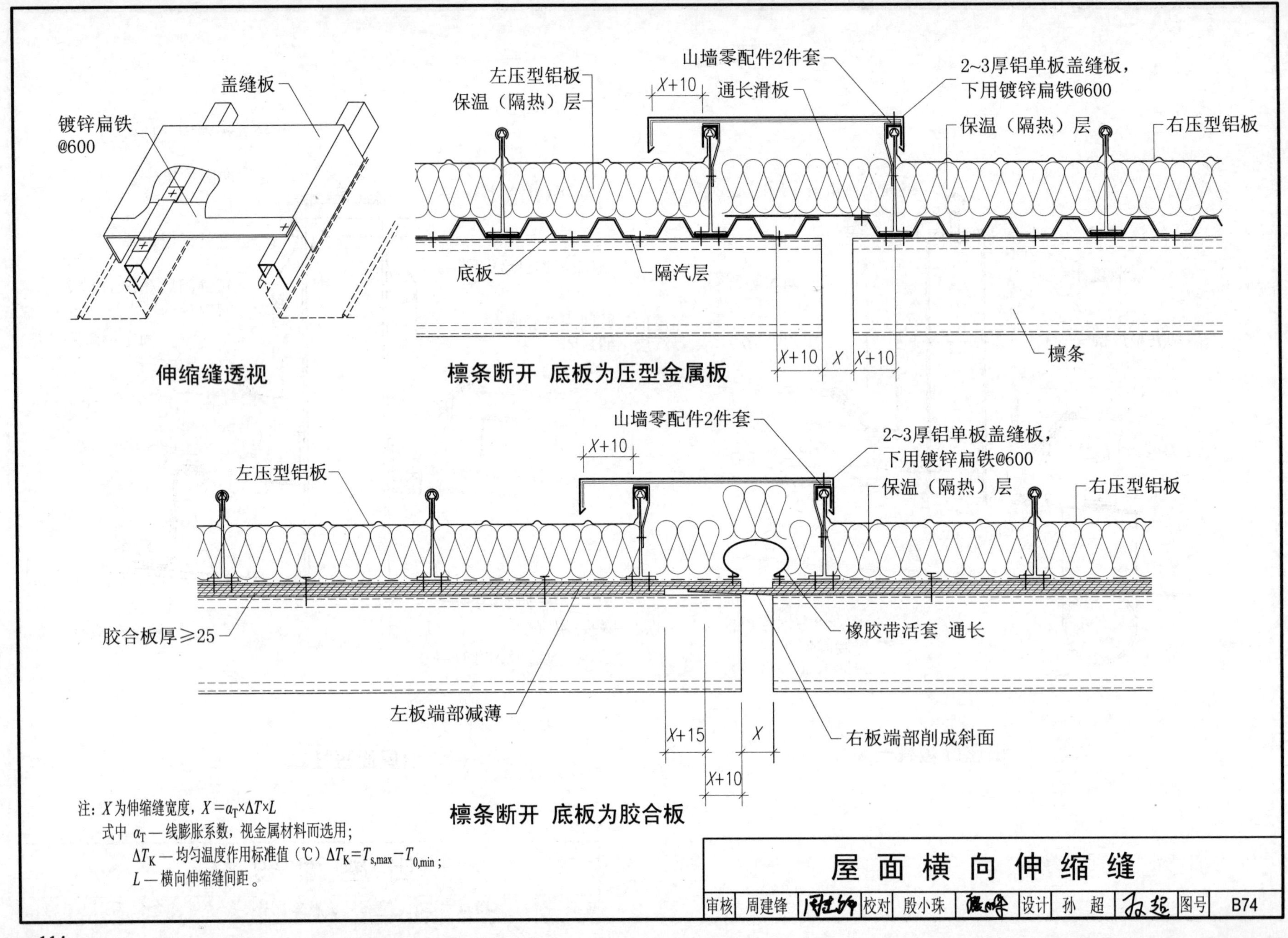

注：X为伸缩缝宽度，$X=\alpha_T \times \Delta T \times L$

式中 α_T—线膨胀系数，视金属材料而选用；

ΔT_K—均匀温度作用标准值（℃）$\Delta T_K = T_{s,max} - T_{0,min}$；

L—横向伸缩缝间距。

屋面横向伸缩缝

审核	周建锋	周建锋	校对	殷小珠	殷小珠	设计	孙 超	孙超	图号	B74

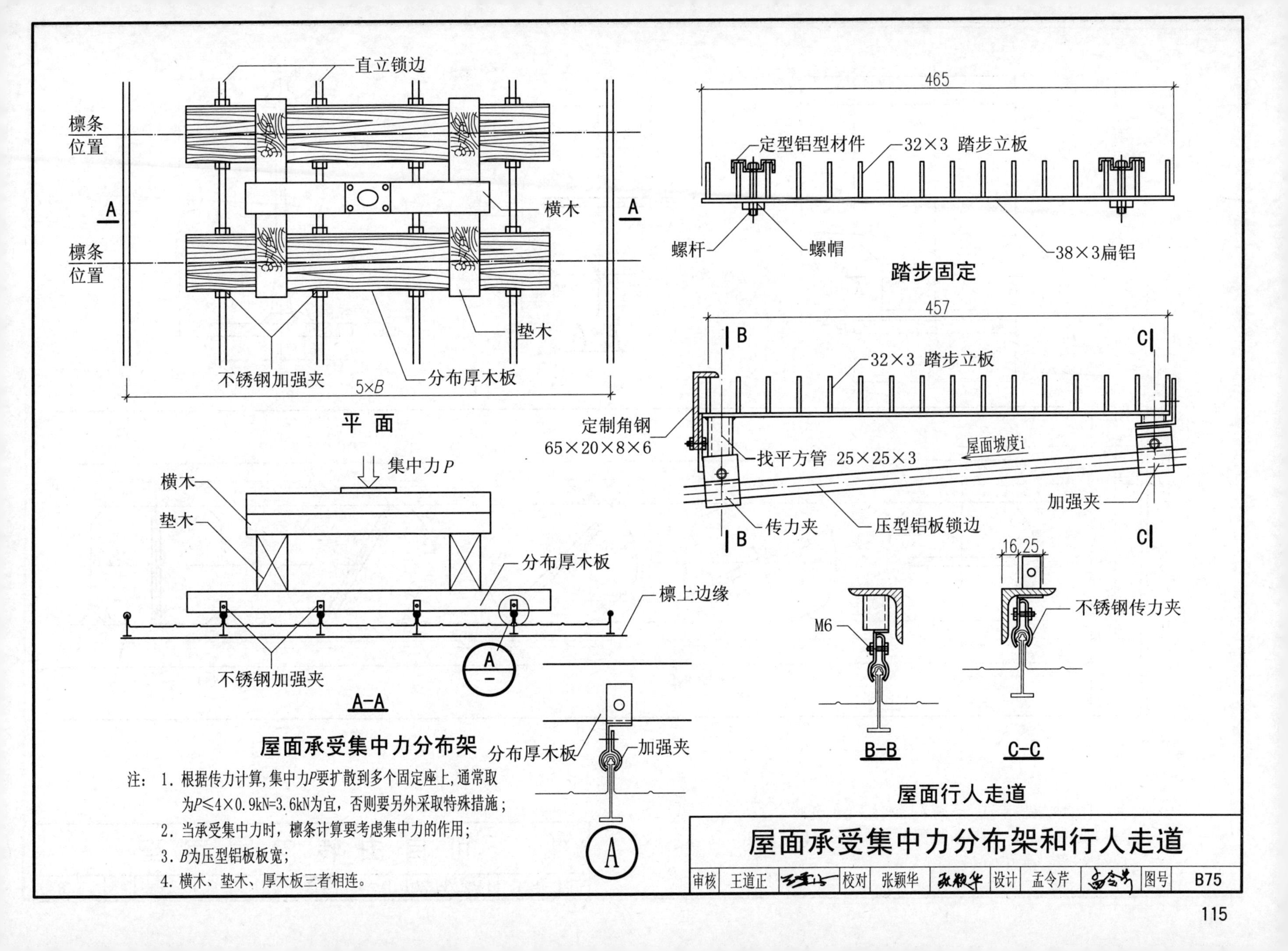

屋面承受集中力分布架

注：1．根据传力计算，集中力P要扩散到多个固定座上，通常取为$P\leq4\times0.9$kN=3.6kN为宜，否则要另外采取特殊措施；

2．当承受集中力时，檩条计算要考虑集中力的作用；

3．B为压型铝板板宽；

4．横木、垫木、厚木板三者相连。

屋面承受集中力分布架和行人走道								
审核	王道正		校对	张颖华		设计	孟令芹	图号 B75

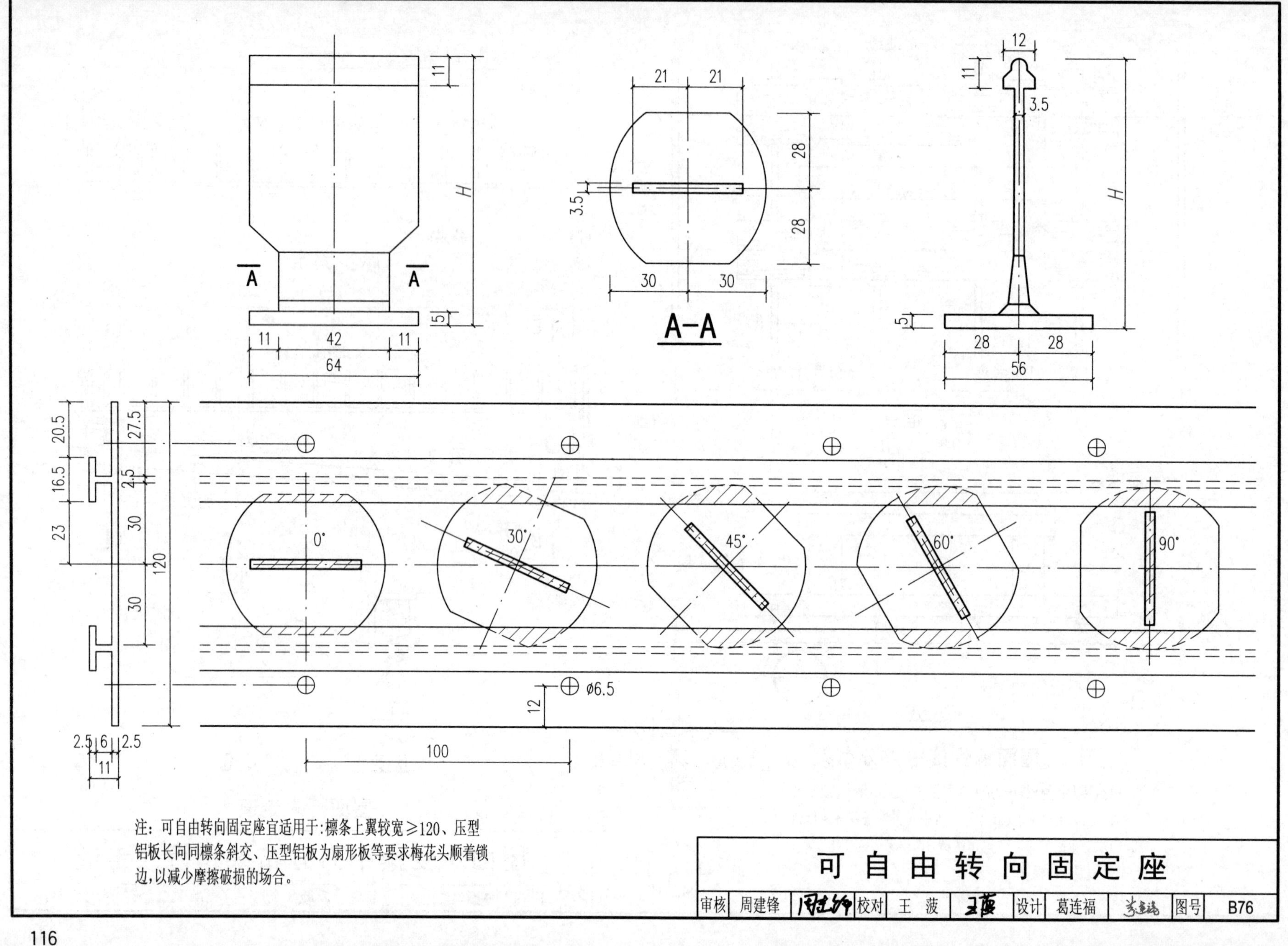

注：可自由转向固定座宜适用于：檩条上翼较宽≥120、压型铝板长向同檩条斜交、压型铝板为扇形板等要求梅花头顺着锁边，以减少摩擦破损的场合。

可自由转向固定座

审核	周建锋	（签名）	校对	王　菠	（签名）	设计	葛连福	（签名）	图号	B76

三、压型铝板屋面及墙面建筑构造工程实例图

1. 压型铝板屋面及墙面建筑构造工程实例图是从大量近年来搜集到的方案图、施工图、招标图、投标图、施工详图、竣工图等图纸资料中精选出来的，侧重于面大量广的屋面工程，尤其是会展中心、体育中心、会议中心、机场航站楼、交通枢纽、大型火车站和汽车站、大型购物广场中心等公用建筑构造图中摘选出来的。本图集参编单位和编制成员大多都参与了某一阶段的工程的设计或施工，当然不能说都是完美的，甚至存在实际做法同构造图不尽一致的地方。但是这些工程实例图具有工程新、有特色、构造有代表性、有实际工程可参照等优点，并见证了近年来压型铝板屋面及墙面工程技术的最新进程，对于建筑师、工程师有着现实的、可供直接借鉴的意义。

2. 用作屋面顶板的压型铝板，具有承重、防水、防腐、装饰的基本功能，其跨度即檩条间距L=500～1800不等，L通常应由屋面板及其连接件在荷载、温度作用下经过强度、刚度、稳定、温度伸缩等验算来确定，在计算中特别要注意风吸力的不利组合作用，即：承载能力极限状态下最不利效应风揭力组合设计值S_d=1.0×屋面板自重−1.4×风吸力的标准值，其承载力计算应满足要求，以防止因强度不足遭受被强风掀起的不良后果。L值应视工程实际对风荷载敏感度不同，在不同使用区域采用不同的数值，以求既安全又经济。

3. 在设计和施工中，重点关注锁边咬合和多层次连接的强度，特别是大小耳边同固定座梅花头的咬合抗拉脱强度的安全性，必须时宜进行抗风揭性能试验，获得实际能承受的抗风揭力强度，且满足《工程结构可靠性设计统一标准》GB 50153—2008的要求，即：$\gamma_0 S_d \leq R_d$。

4. 对于固定座高度，工程实例图中具有保温（隔热）层时，采用型号L100～150居多，其高度H156～206，设计确定H值时，要考虑保温（隔热）层的可压缩量，以使压型铝板下方具有一定的来自保温（隔热）层的支承作用。为防止固定座形成冷（热）桥，通常带有塑料或橡胶材质的隔热垫，固定座底座预留6个小孔洞（φ6.1～φ7.0），视受力大小使用2～6颗自攻螺钉连接固定在檩条或底板上，支撑固定座的檩条、底板、支架其厚度应符合最小厚度的要求，并要经过抗拉拔强度计算。通常用2或4颗不锈钢自攻螺钉的居多，也可用6颗ST5.5×30不锈螺钉。

5. 大型公共建筑屋面承重结构如网架、空间桁架、拱架、网壳等，受力节点间距尺寸较大，为了满足压型铝板跨度≤1500的要求，固定座的檩条采用多层次，如由上至为下：压型铝板→固定座→衬檩→次檩→主檩→屋面承重结构等节点，存在构配件之间的多层次连接。方法有铆钉连接、射钉连接、螺栓连接、焊接连接，都应按钢结构连接要求进行计算，计算结果要在施工详图中明确表示出来，如焊接的型式、长度、焊脚的高度和安装螺栓、固定座用螺钉、拉铆钉、钢钉的等级、直径、长度、间距、数量等，以保证围护结构承受向下或向上荷载作用下的可靠性，且应进行相应表面防腐处理，以确保耐久性要求。

6. 檩托板或檩条支承件的厚度均应大于檩条构件厚度，焊缝高度应通过计算确定。连接件宜作热浸镀锌防腐处理，镀锌量≥275g/m²，焊缝也要经除渣、涂层处理，以使连接件具有同压型铝板至少一致或稍长的耐久性。

7. 钢筋混凝土屋面上固定钢檩条，混凝土或砌体墙上固定金属件如泛水板等，应做到固定牢固和密封防水，固定件有射钉、膨胀螺栓、化学种植螺栓等，均需要进行强度验算以保证连接强度的可靠性和耐久性。

8. 拉铆钉优先选用开花铆钉、不锈钢铆钉，其次选用不锈钢芯铝铆钉。泛水板等支承构配件连接时，其间距@=200～400，两薄板之间搭接时，搭接长度100～150，搭接处铆钉宜布置成2排且错开，间距@≤100为宜。

9. 固定泛水板的支撑件，宜用厚≥2.0的镀锌钢板制作，支撑件宽度80～100，间距@≤600；天沟固定件，厚≤4，宽≥50，@≤1000，经热镀锌处理，采用不锈钢自攻螺钉或不锈钢焊接固定在骨架上。

10. 屋面天沟优先选用不锈钢板，厚1.5～3.0，小型天沟也可用铝合金板，厚2.0～3.5。当不锈钢天沟长度≤50m或铝板天沟长度≤30m时应设置一道伸缩缝，伸缩缝宽度为伸缩量按温度作用计算且考虑30mm的安全量。天沟焊缝需经打磨处理且擦洗干净，且敷以防腐涂层。

11. 岩棉、矿渣棉、玻璃棉等纤维状保温、隔热、吸声材料，其质量密度单位为：kg/m³，在图中简化成K，如160kg/m³，表示为160K。图中尺寸单位，未注明者均为毫米（mm）。

12. 某些工程用镀锌铁丝网，因比压型铝板耐久性低得多，均改用不锈钢丝网。

工程实例图说明									
审核	程定锋	程定锋	校对	杨载	杨载	设计	郝雷	郝雷	图号 C1

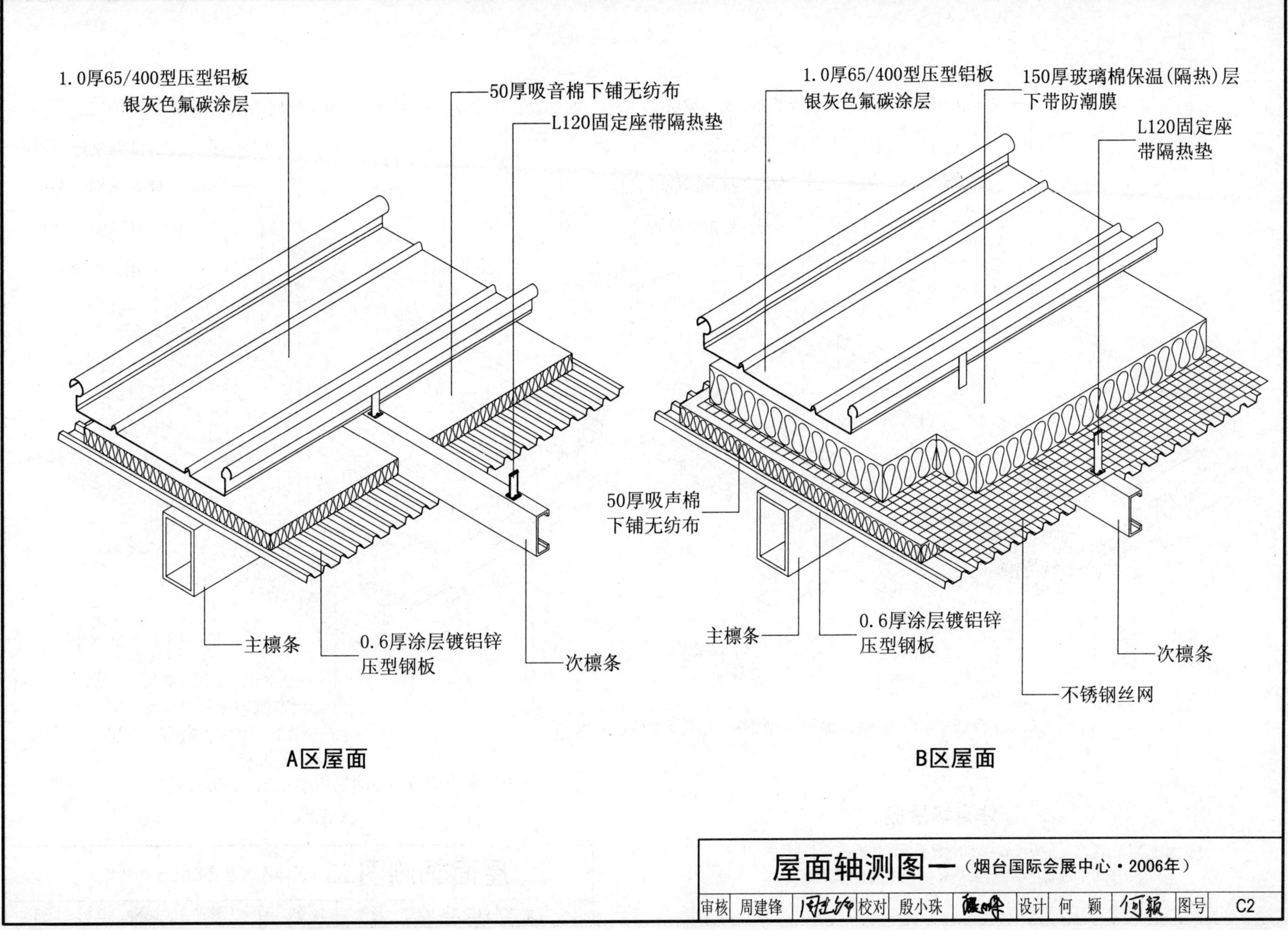

屋面轴测图一（烟台国际会展中心・2006年）

审核	周建锋		校对	殷小珠		设计	何颖		图号	C2

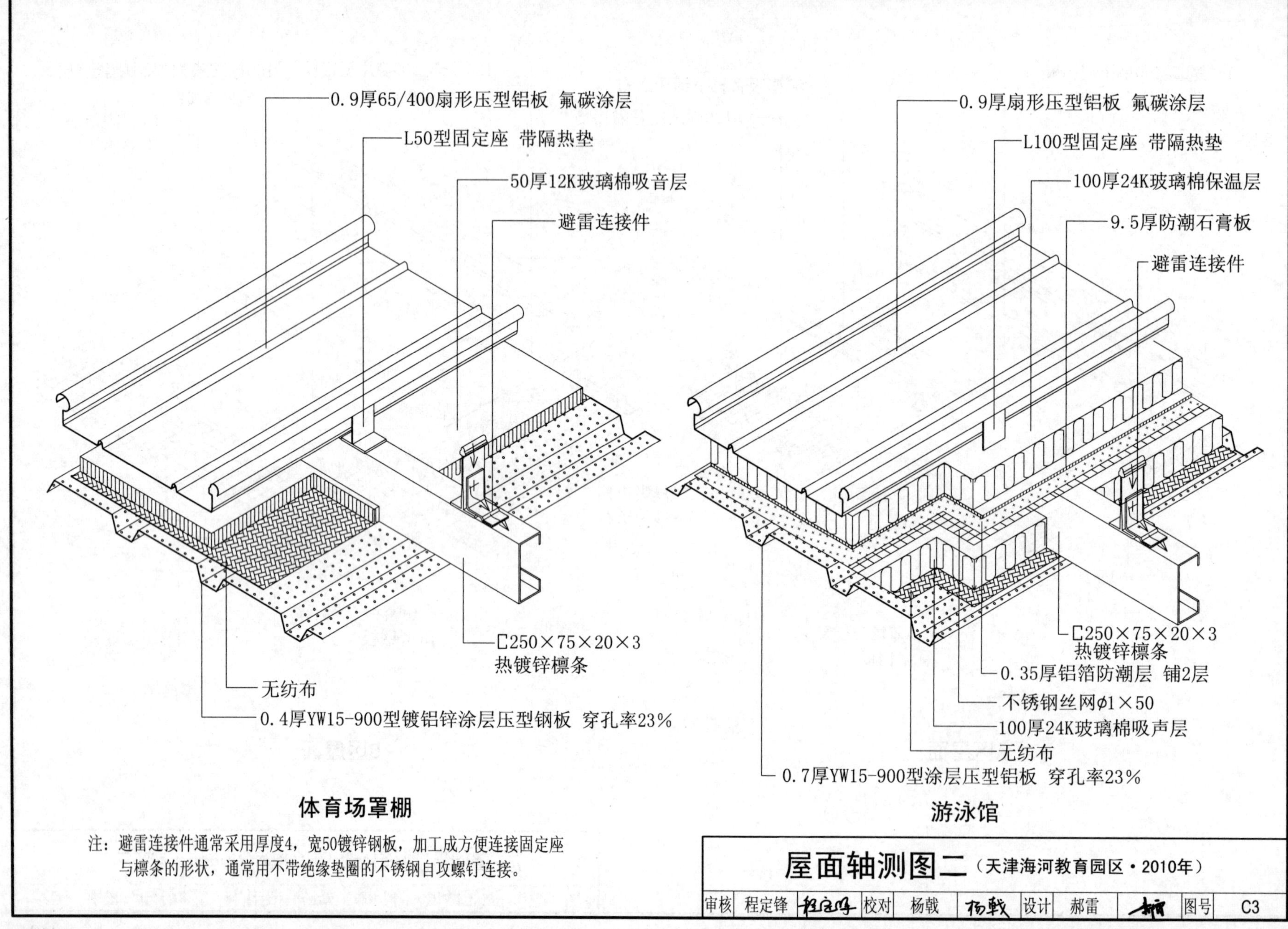

注：避雷连接件通常采用厚度4，宽50镀锌钢板，加工成方便连接固定座与檩条的形状，通常用不带绝缘垫圈的不锈钢自攻螺钉连接。

屋面轴测图二（天津海河教育园区·2010年）									
审核	程定锋	程定锋	校对	杨戟	杨戟	设计	郝雷	郝雷	图号 C3

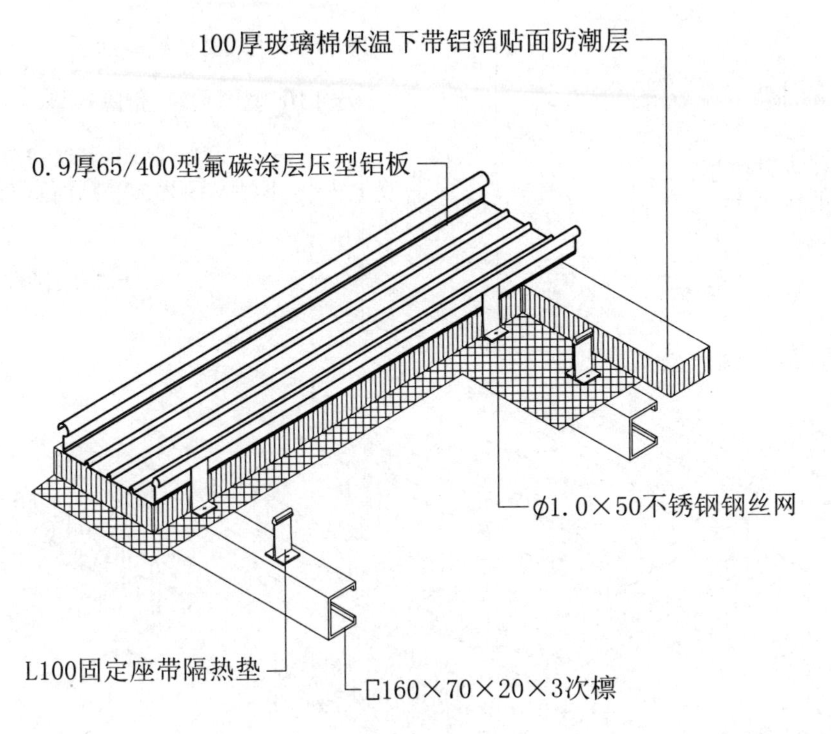

揭阳潮汕机场航站楼

0.9厚65/400型氟碳涂层压型铝板
75厚14k玻璃棉隔热 下设隔汽层
φ1.0×50不锈钢钢丝网
6厚檩托板
屋面钢结构
L75固定座带隔热垫
[180×70×20×2.5檩条@1100

福州海峡汽车城

屋面轴测图三（航站楼和汽车城·2010年）

审核	张智勇	张智勇	校对	赵云辉	赵云辉	设计	张 驷	张驷	图号	C4

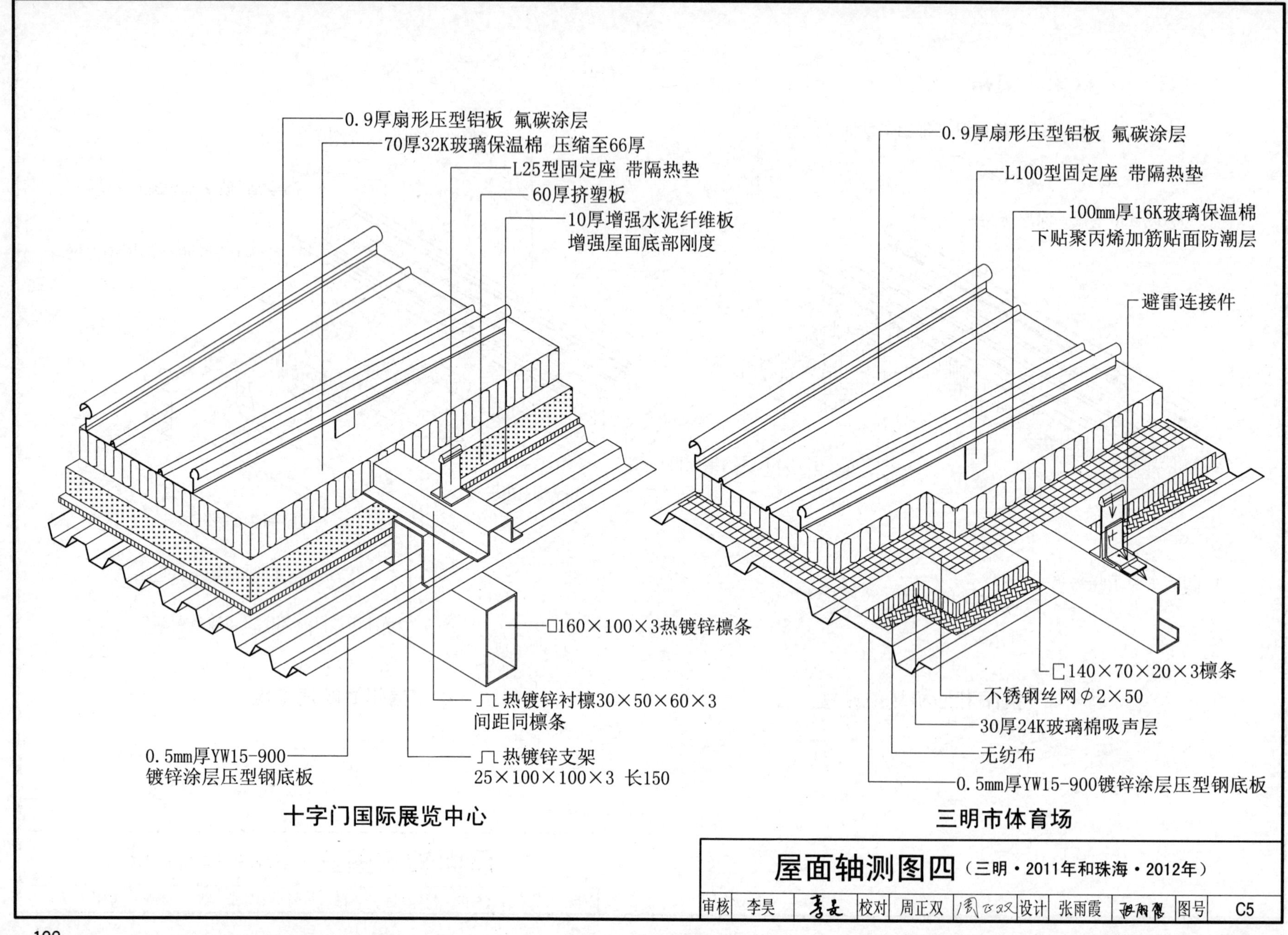
0.9厚扇形压型铝板 氟碳涂层
70厚32K玻璃保温棉 压缩至66厚
L25型固定座 带隔热垫
60厚挤塑板
10厚增强水泥纤维板
增强屋面底部刚度
□160×100×3热镀锌檩条
⎍热镀锌衬檩30×50×60×3
间距同檩条
0.5mm厚YW15-900
镀锌涂层压型钢底板
⎍热镀锌支架
25×100×100×3 长150
十字门国际展览中心
0.9厚扇形压型铝板 氟碳涂层
L100型固定座 带隔热垫
100mm厚16K玻璃保温棉
下贴聚丙烯加筋贴面防潮层
避雷连接件
[140×70×20×3檩条
不锈钢丝网φ2×50
30厚24K玻璃棉吸声层
无纺布
0.5mm厚YW15-900镀锌涂层压型钢底板
三明市体育场
屋面轴测图四（三明·2011年和珠海·2012年）
审核 李昊 校对 周正双 设计 张雨霞 图号 C5

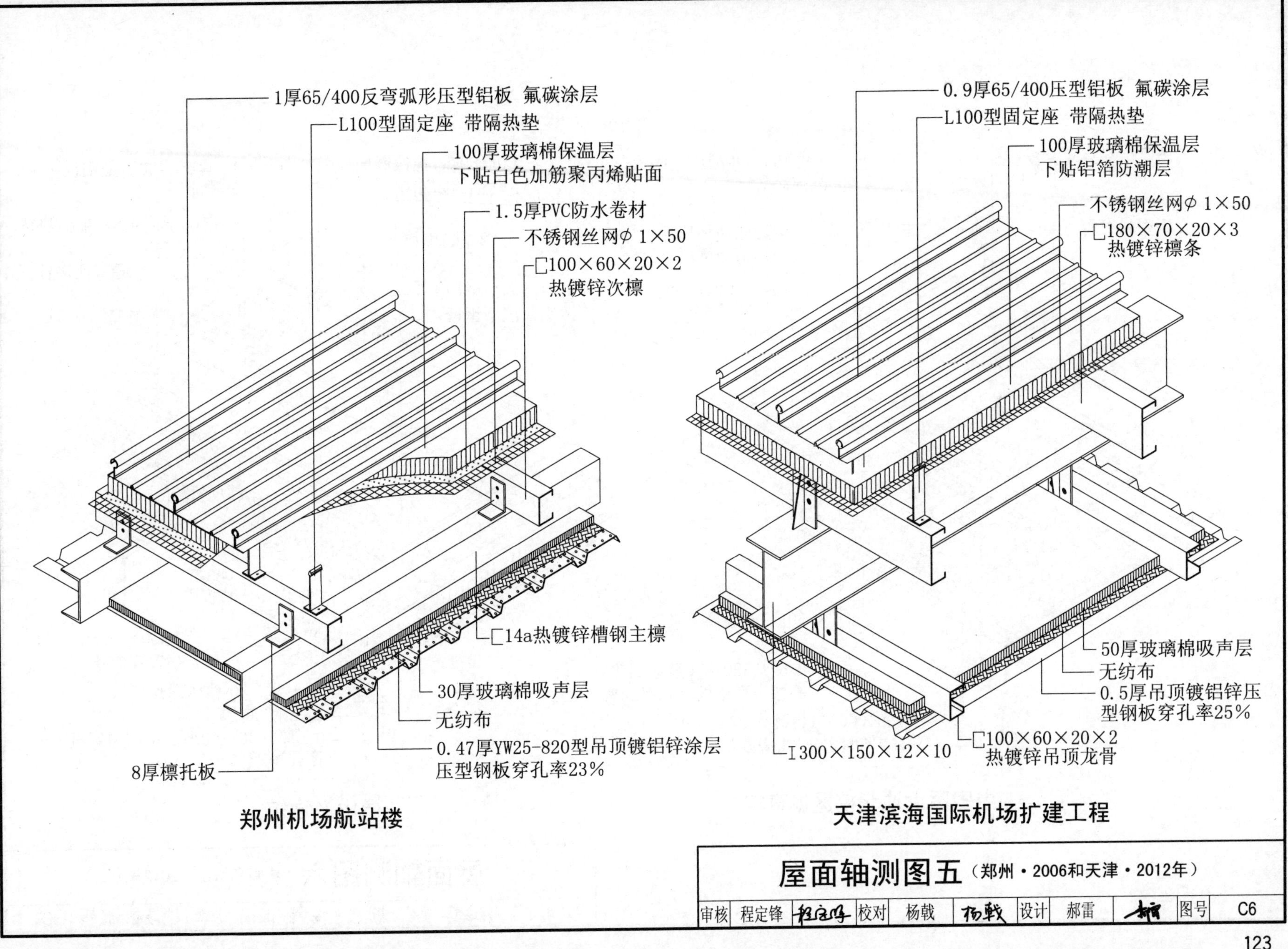

屋面轴测图五（郑州·2006和天津·2012年）

审核	程定锋	程定锋	校对	杨戟	杨戟	设计	郝雷	郝雷	图号	C6

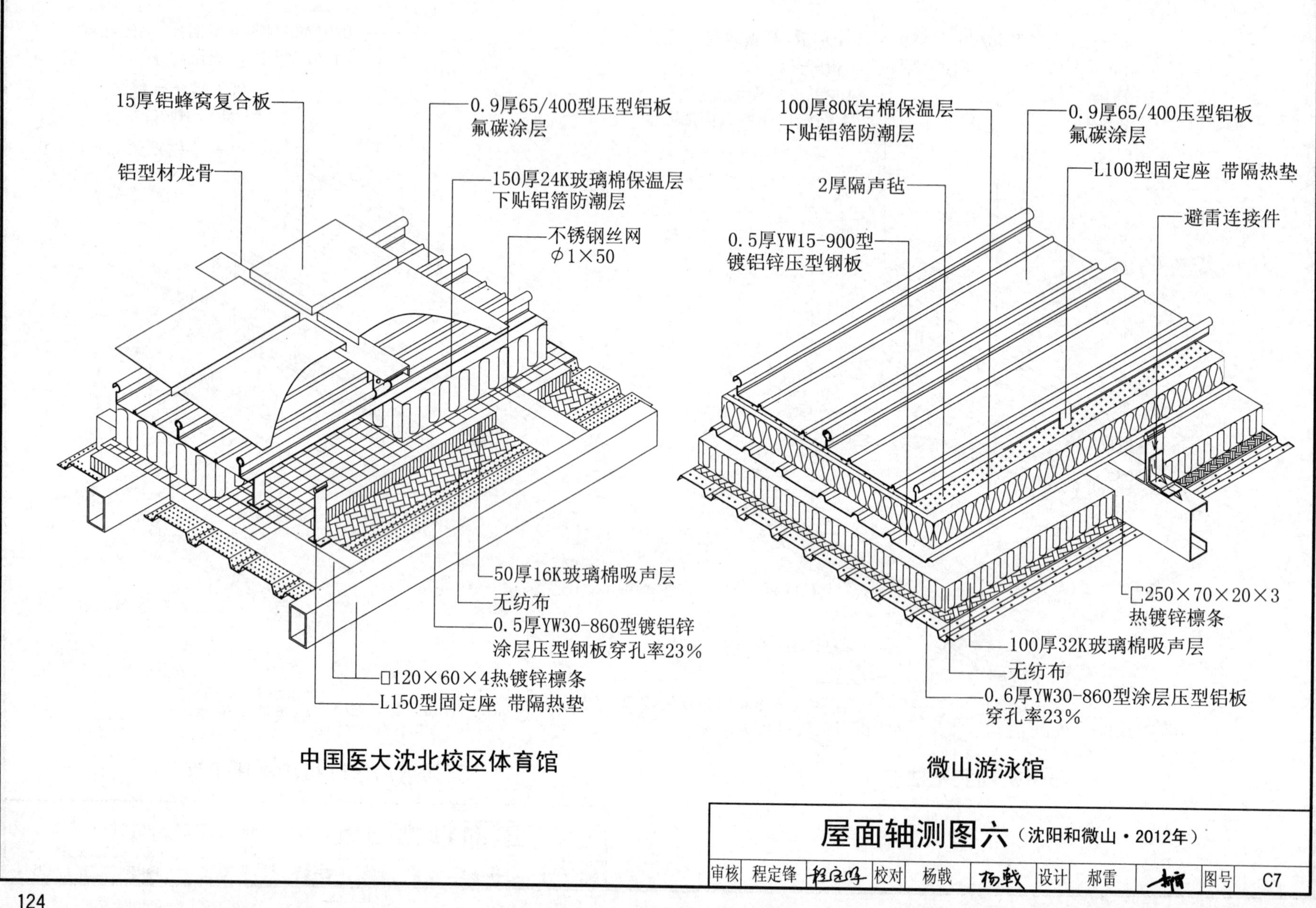

中国医大沈北校区体育馆

微山游泳馆

屋面轴测图六（沈阳和微山·2012年）

审核	程定锋	程定锋	校对	杨戬	杨戬	设计	郝雷	郝雷	图号	C7

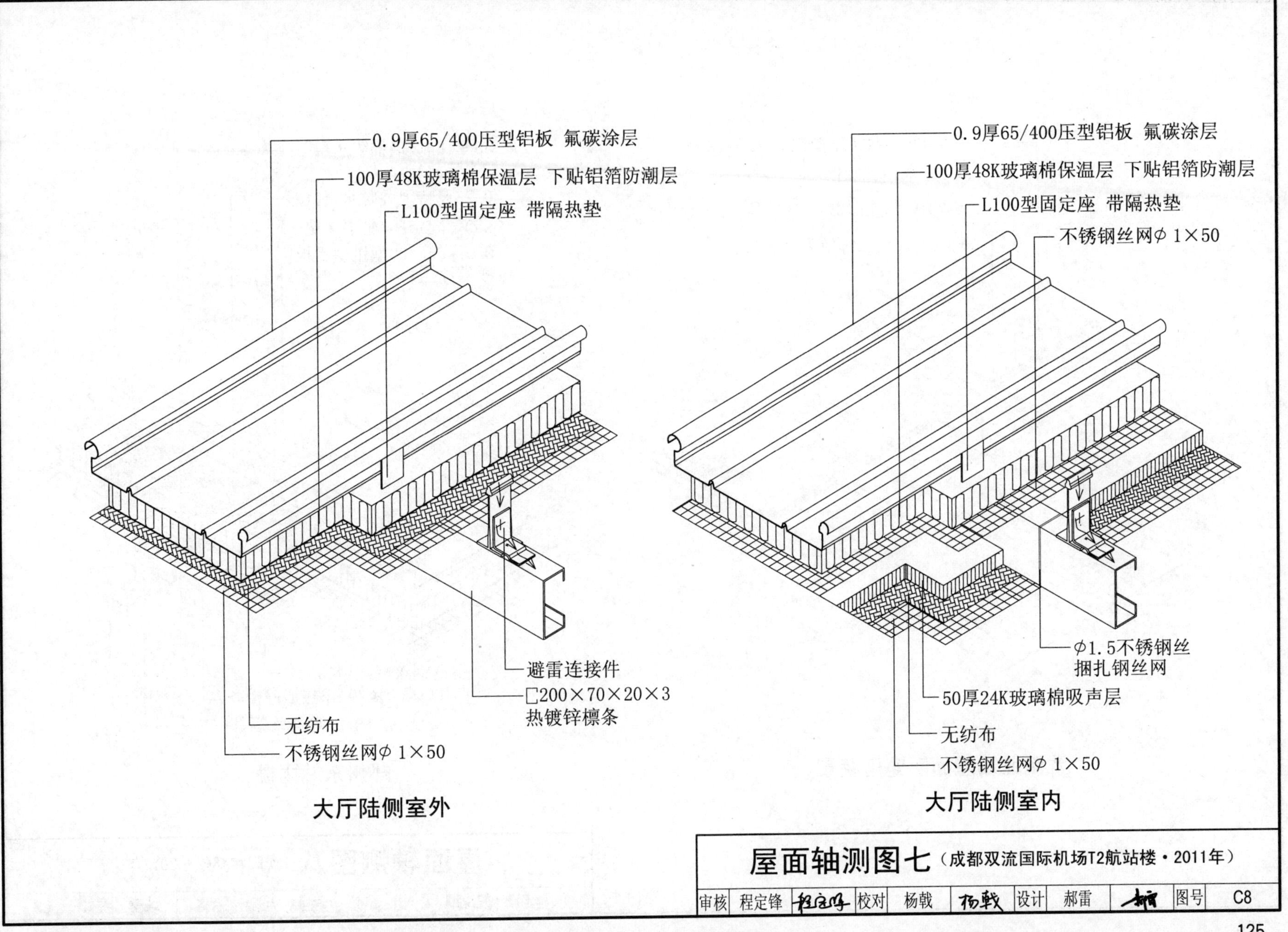

屋面轴测图七（成都双流国际机场T2航站楼·2011年）

审核	程定锋	程定锋	校对	杨载	杨载	设计	郝雷	郝雷	图号	C8

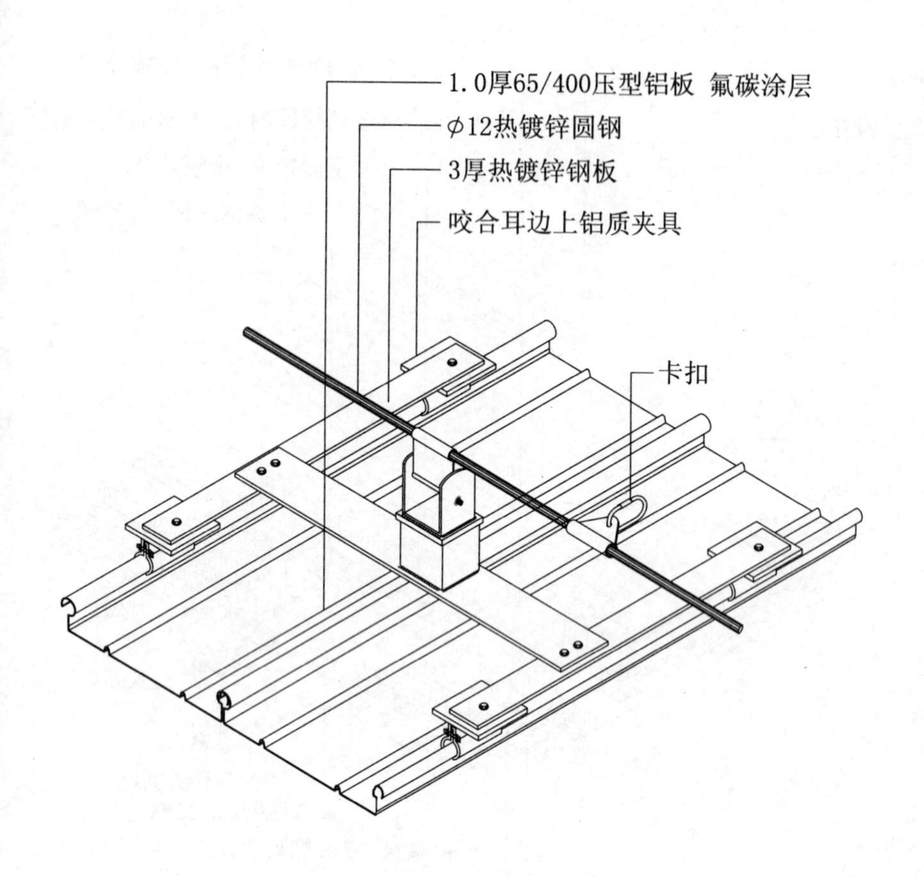

沈阳北站屋面防坠落装置

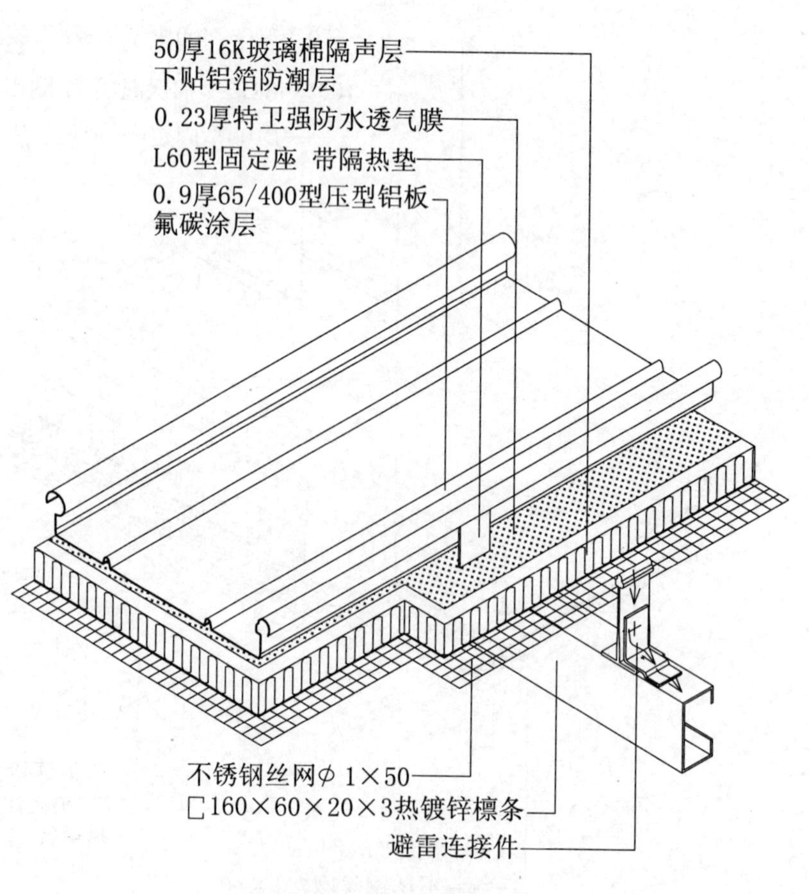

郑州东站雨棚

屋面轴测图八（沈阳和郑州·2011年）										
审核	程定锋	程定锋	校对	杨载	杨载	设计	郝雷	郝雷	图号	C9

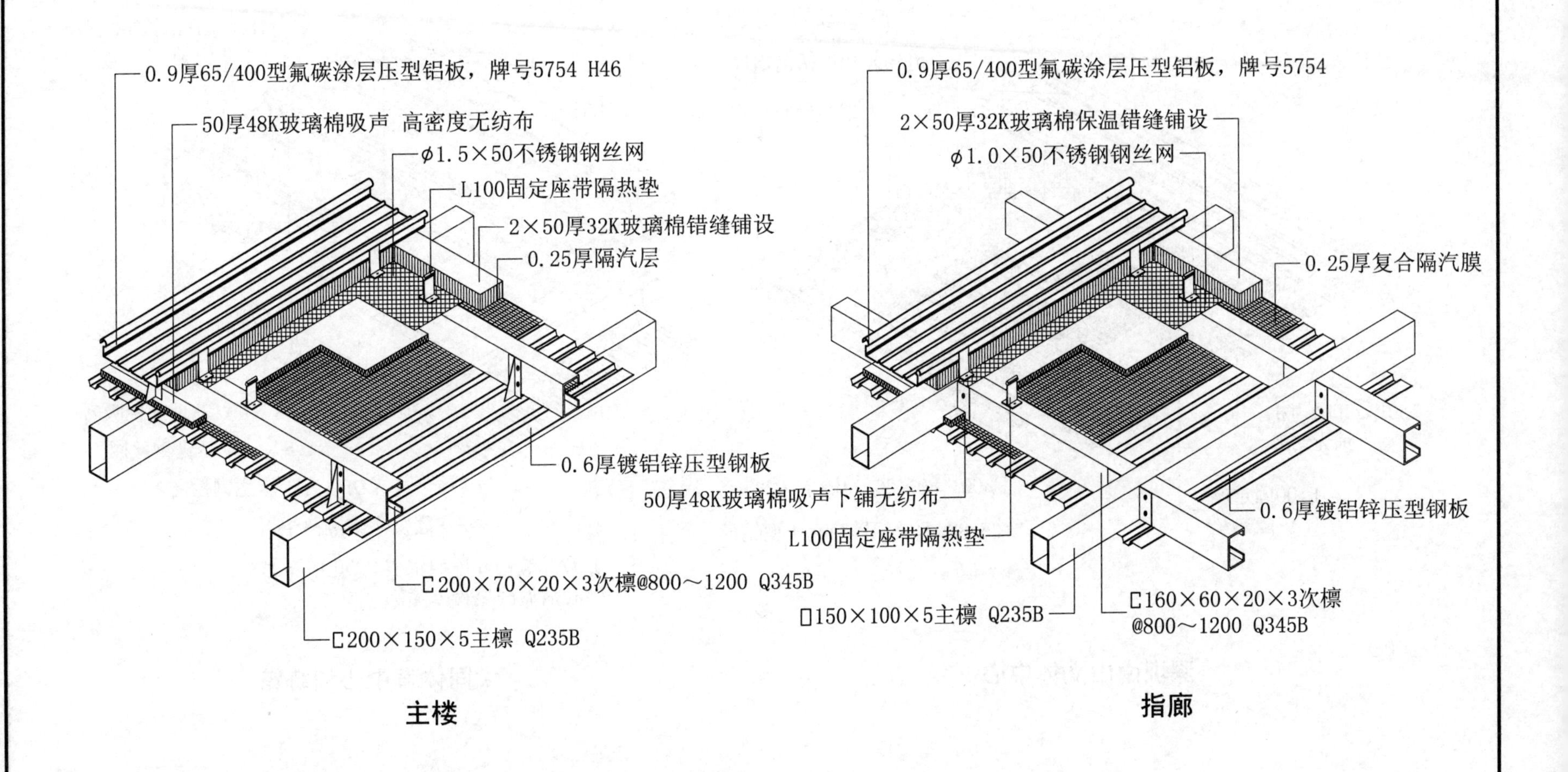

注：1. 次檩间距@800是位于屋面周边风荷载敏感区域，区域宽度：主楼30m，指廊15m；
次檩间距@1200是除周边风载敏感区域外的中间区域。
2. 风荷载标准值是按风洞试验结果取用的。
3. 底板室内部分穿孔。

屋面轴测图九（天津滨海国际机场T2航站楼·2012年）									
审核	张智勇	[签名]	校对	赵云辉	[签名]	设计	张驷	[签名]	图号 C10

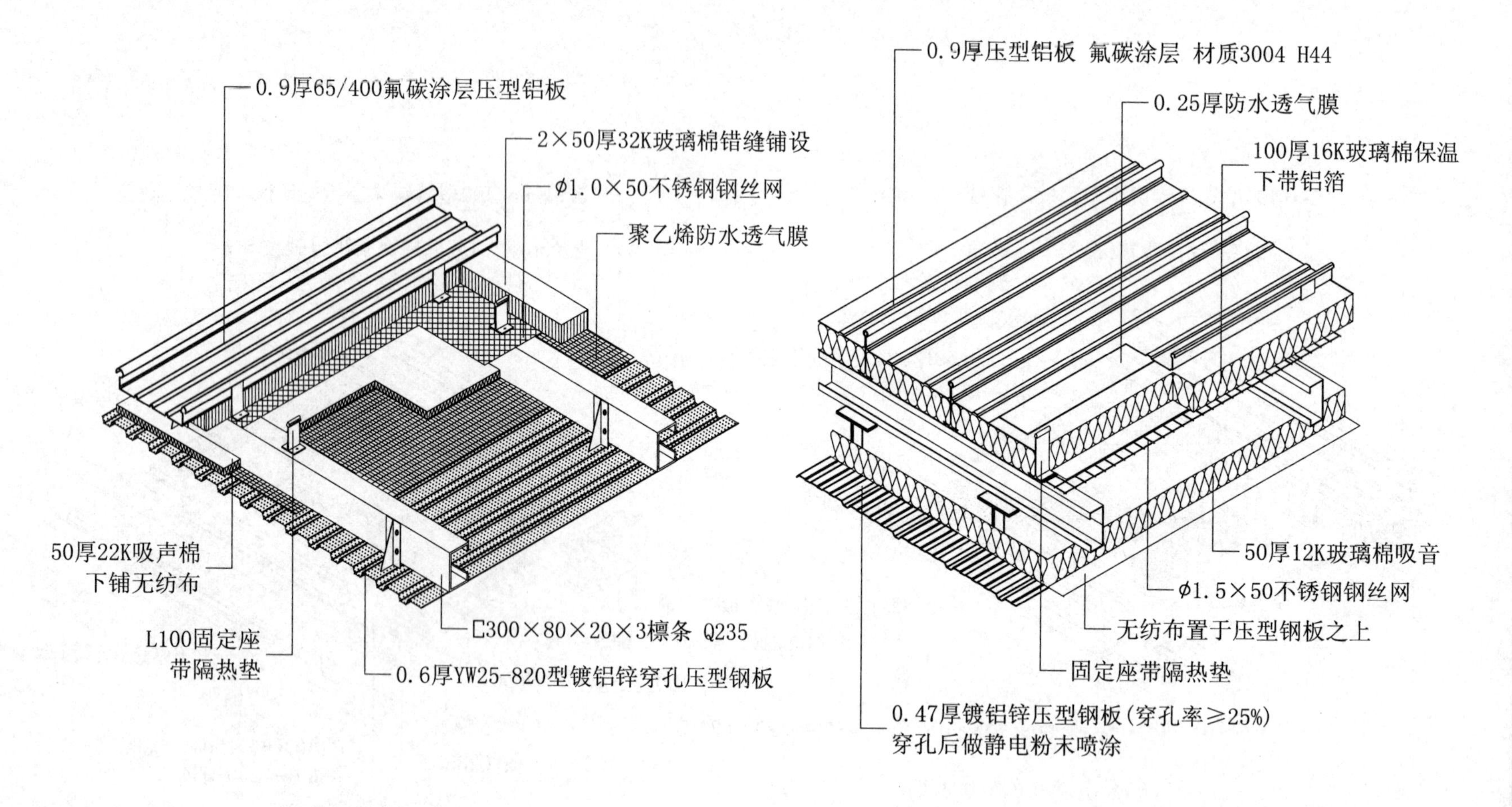

深圳南山文体中心

大同体育中心训练馆

注：训练馆压型铝板屋面上安装0.7厚锌合金为面板的10厚铝蜂窝板矩形装饰板。

屋面轴测图十（文体中心2012年和训练馆2013年）

审核	张智勇		校对	赵云辉		设计	张　驷		图号	C11

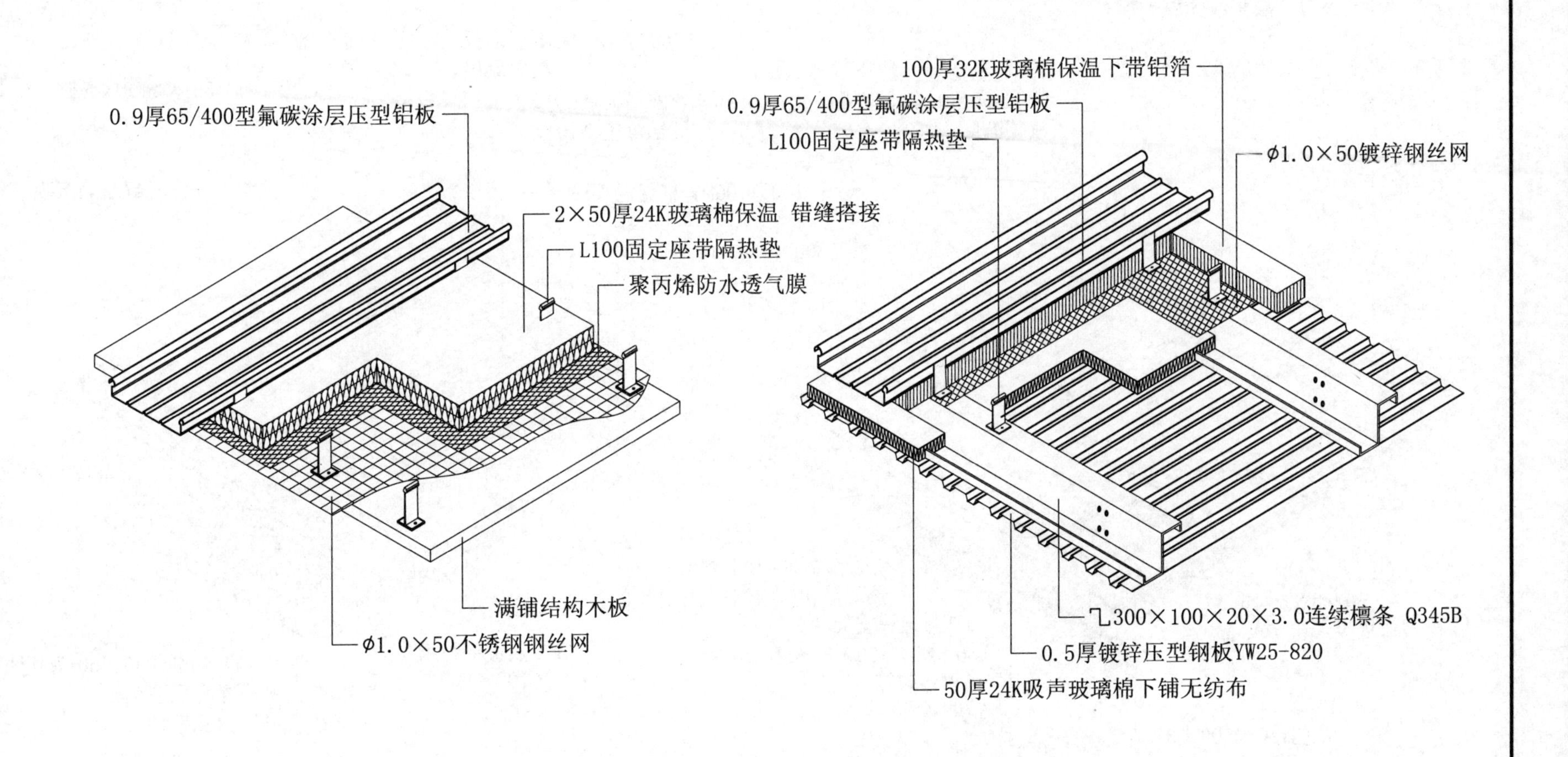

阿尔及尔酒店管理学校

遵义蔷薇国际会议展览中心

屋面轴测图十一（阿尔及尔·2013年和遵义·2014年）

审核	张智勇		校对	赵云辉		设计	张驷		图号	C12

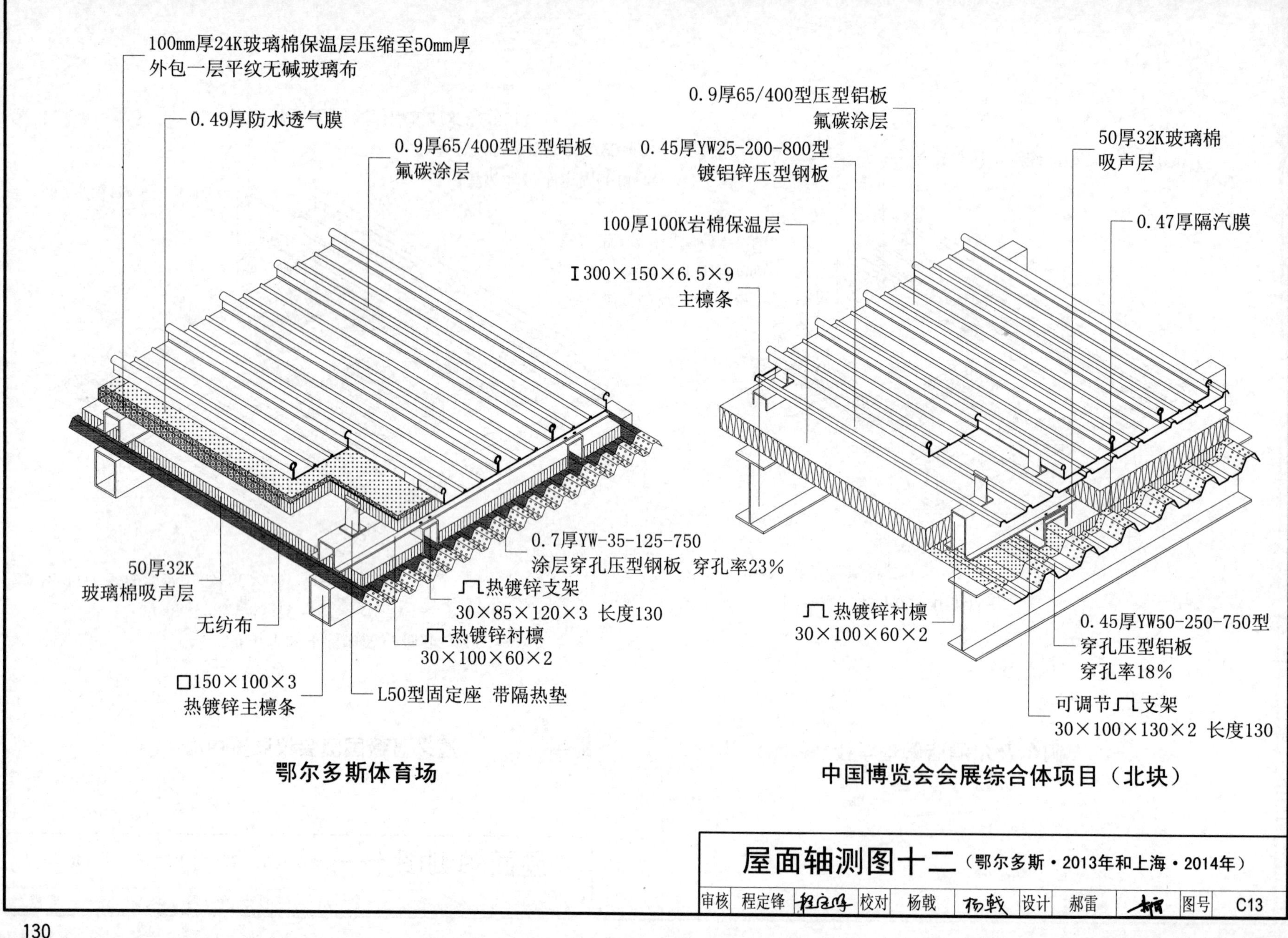

屋面轴测图十二（鄂尔多斯·2013年和上海·2014年）

审核	程定锋	程定锋	校对	杨戟	杨戟	设计	郝雷	郝雷	图号	C13

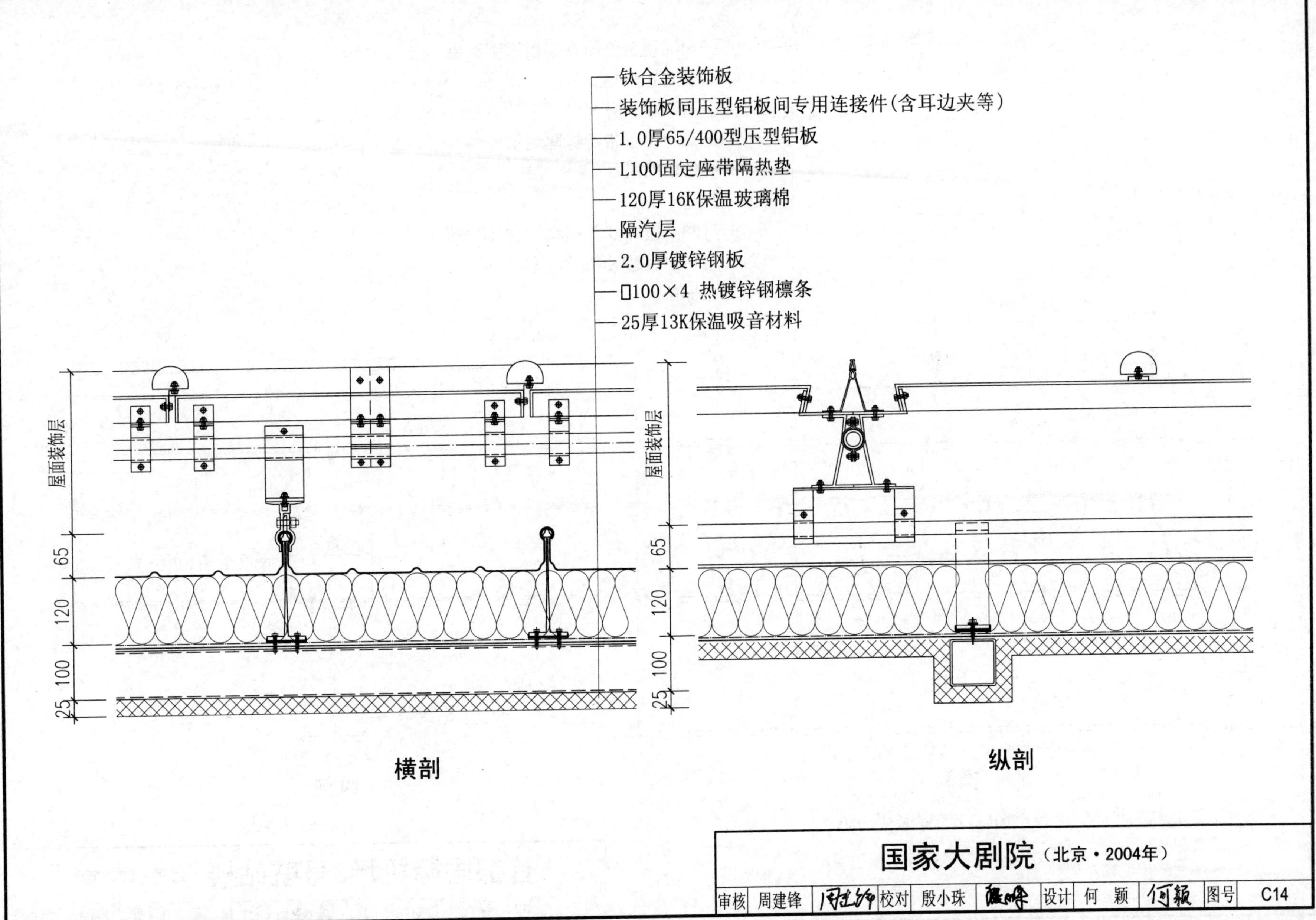

国家大剧院（北京・2004年）

审核	周建锋		校对	殷小珠		设计	何颖		图号	C14

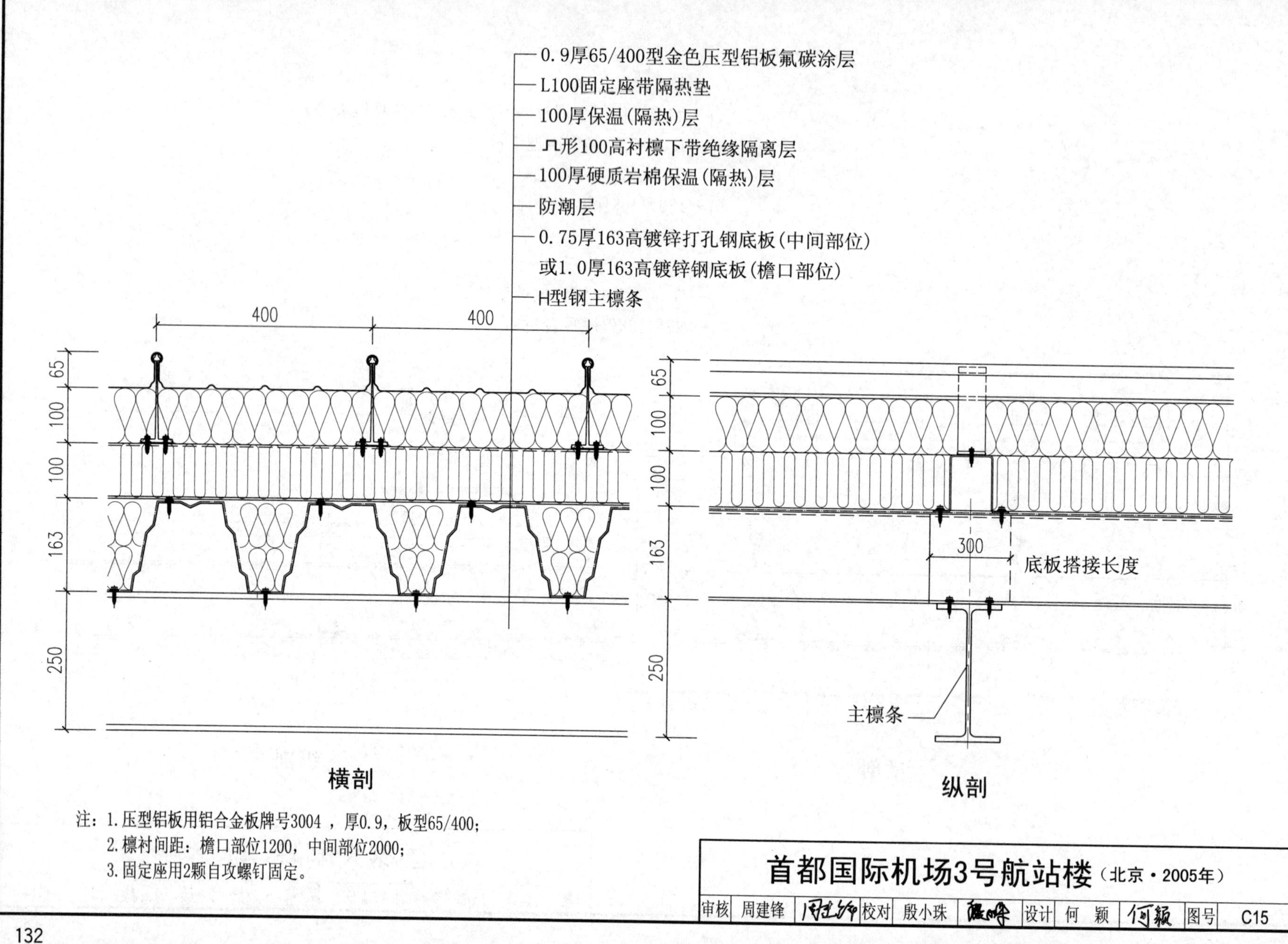

注：1.压型铝板用铝合金板牌号3004，厚0.9，板型65/400；
2.檩衬间距：檐口部位1200，中间部位2000；
3.固定座用2颗自攻螺钉固定。

首都国际机场3号航站楼（北京·2005年）

审核	周建锋	周建锋	校对	殷小珠	殷小珠	设计	何 颖	何颖	图号	C15

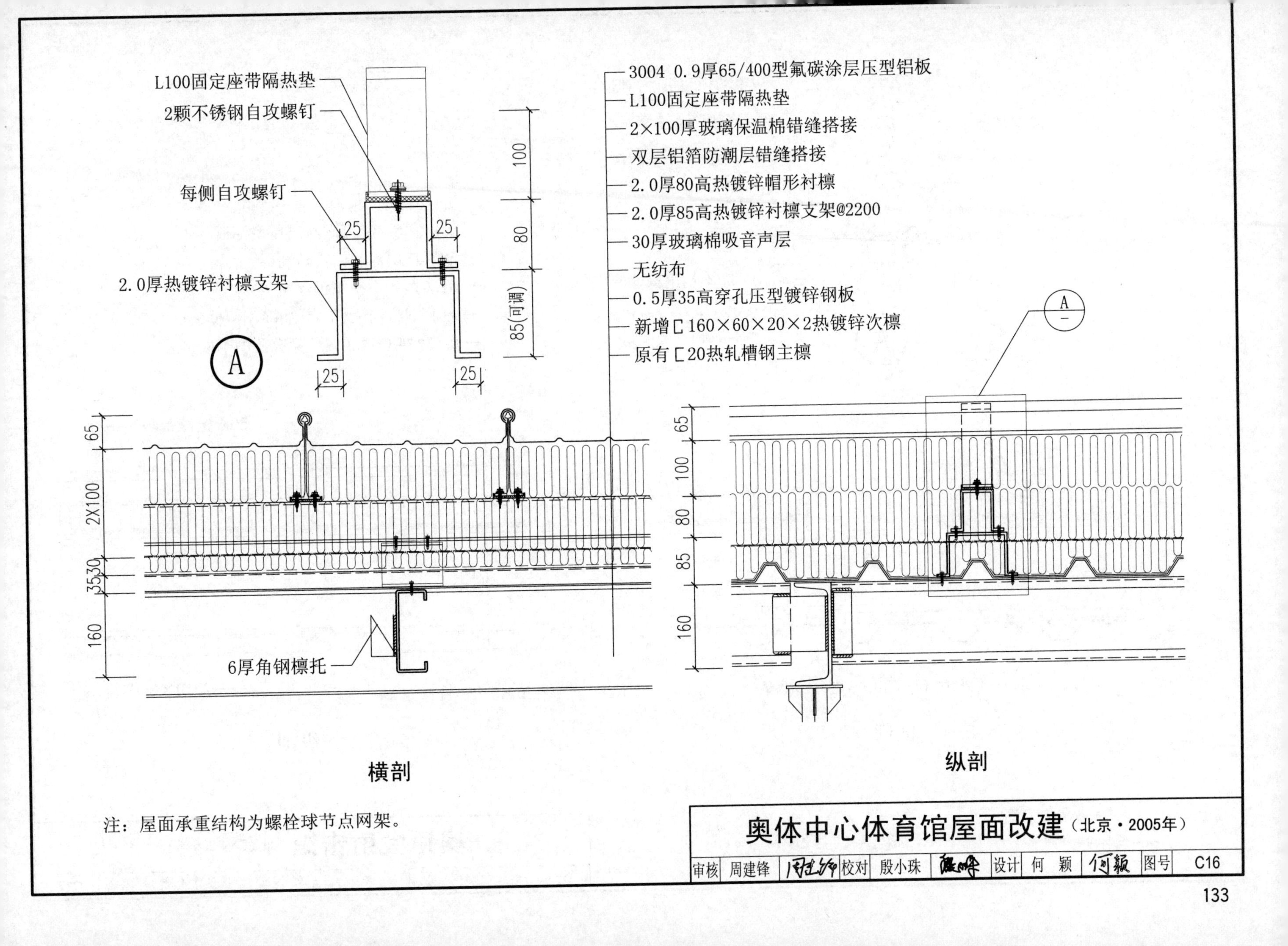

注：屋面承重结构为螺栓球节点网架。

奥体中心体育馆屋面改建（北京・2005年）

审核	周建锋	周建锋	校对	殷小珠	殷小珠	设计	何 颖	何颖	图号	C16

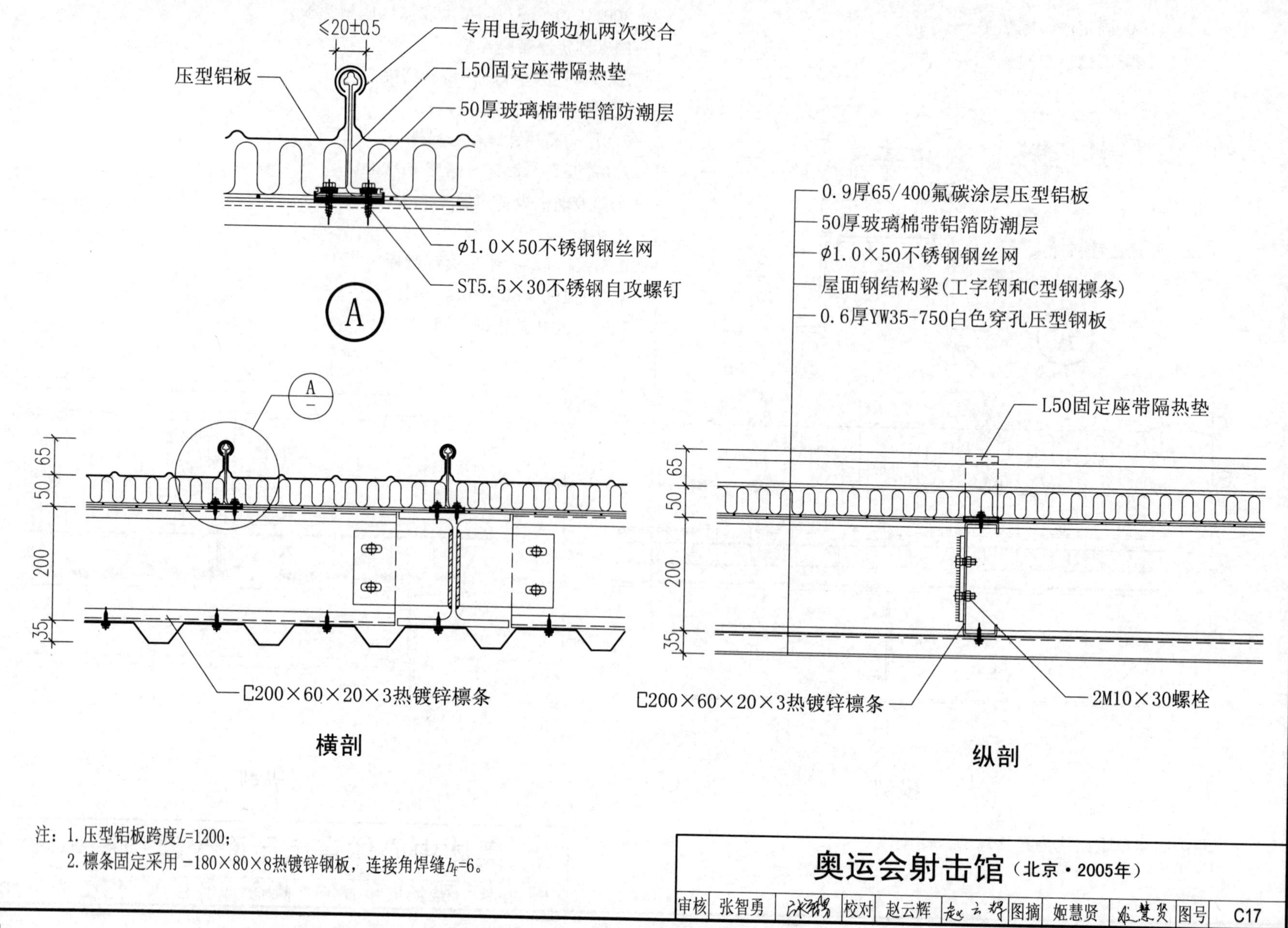

注：1. 压型铝板跨度L=1200；

2. 檩条固定采用 -180×80×8热镀锌钢板，连接角焊缝h_f=6。

奥运会射击馆（北京·2005年）

审核	张智勇	[签名]	校对	赵云辉	[签名]	图摘	姬慧贤	[签名]	图号	C17

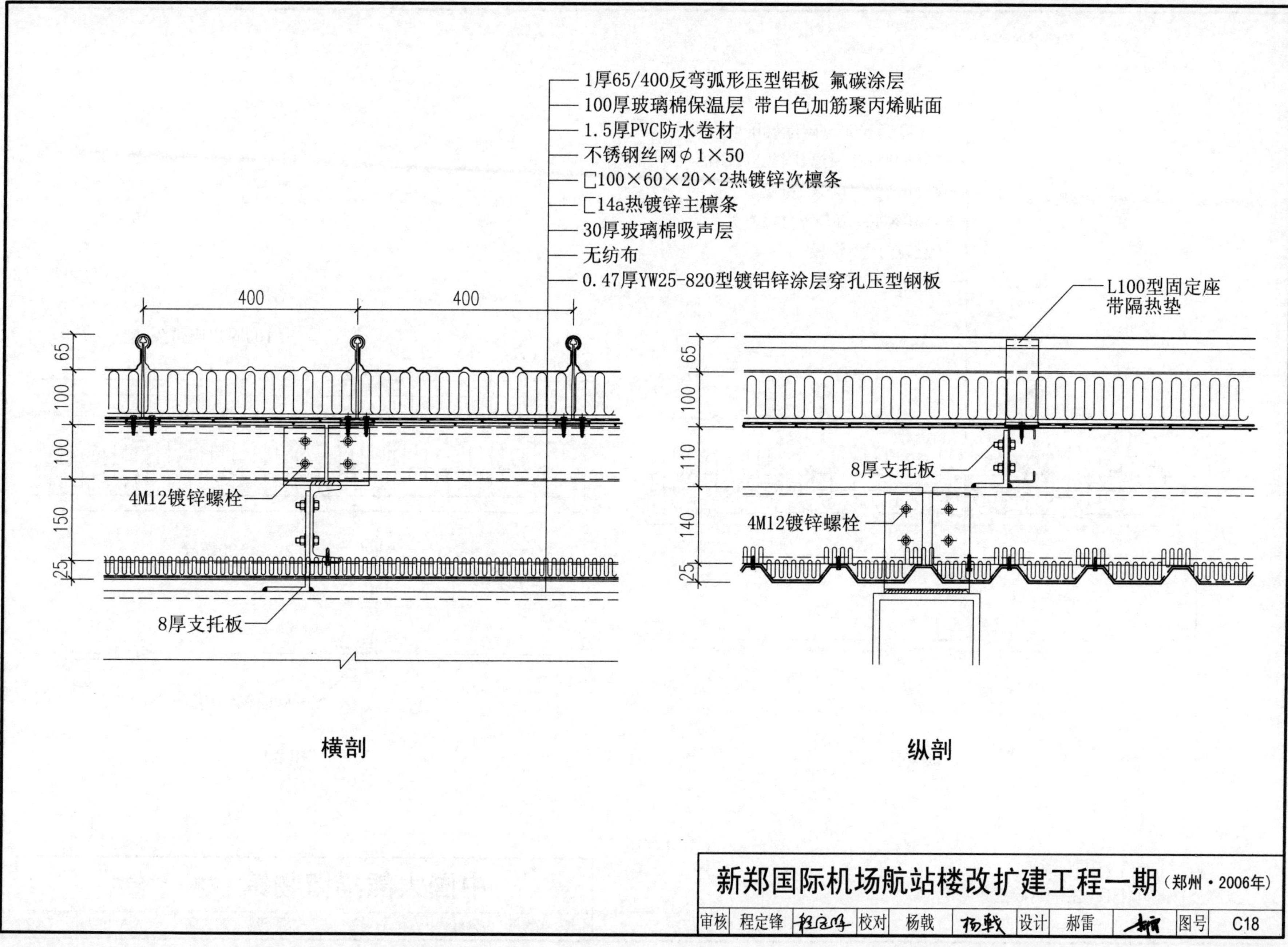
1厚65/400反弯弧形压型铝板 氟碳涂层
100厚玻璃棉保温层 带白色加筋聚丙烯贴面
1.5厚PVC防水卷材
不锈钢丝网φ1×50
[100×60×20×2热镀锌次檩条
[14a热镀锌主檩条
30厚玻璃棉吸声层
无纺布
0.47厚YW25-820型镀铝锌涂层穿孔压型钢板
400
400
65
100
100
150
25
4M12镀锌螺栓
8厚支托板
L100型固定座
带隔热垫
65
100
110
140
25
8厚支托板
4M12镀锌螺栓
横剖
纵剖
新郑国际机场航站楼改扩建工程一期（郑州·2006年）
审核 程定锋 校对 杨戟 设计 郝雷 图号 C18

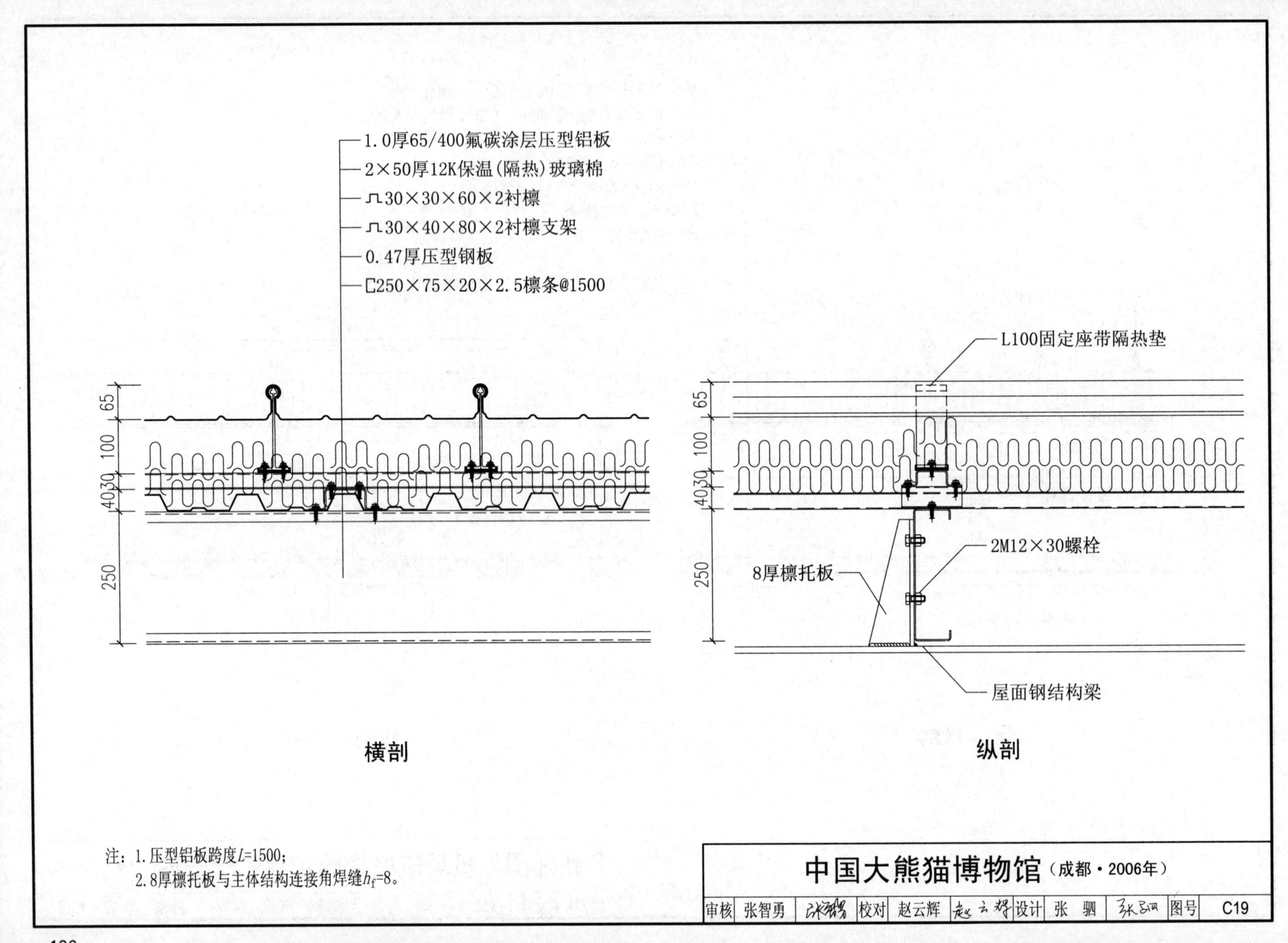

注：1.压型铝板跨度L=1500；
2.8厚檩托板与主体结构连接角焊缝h_f=8。

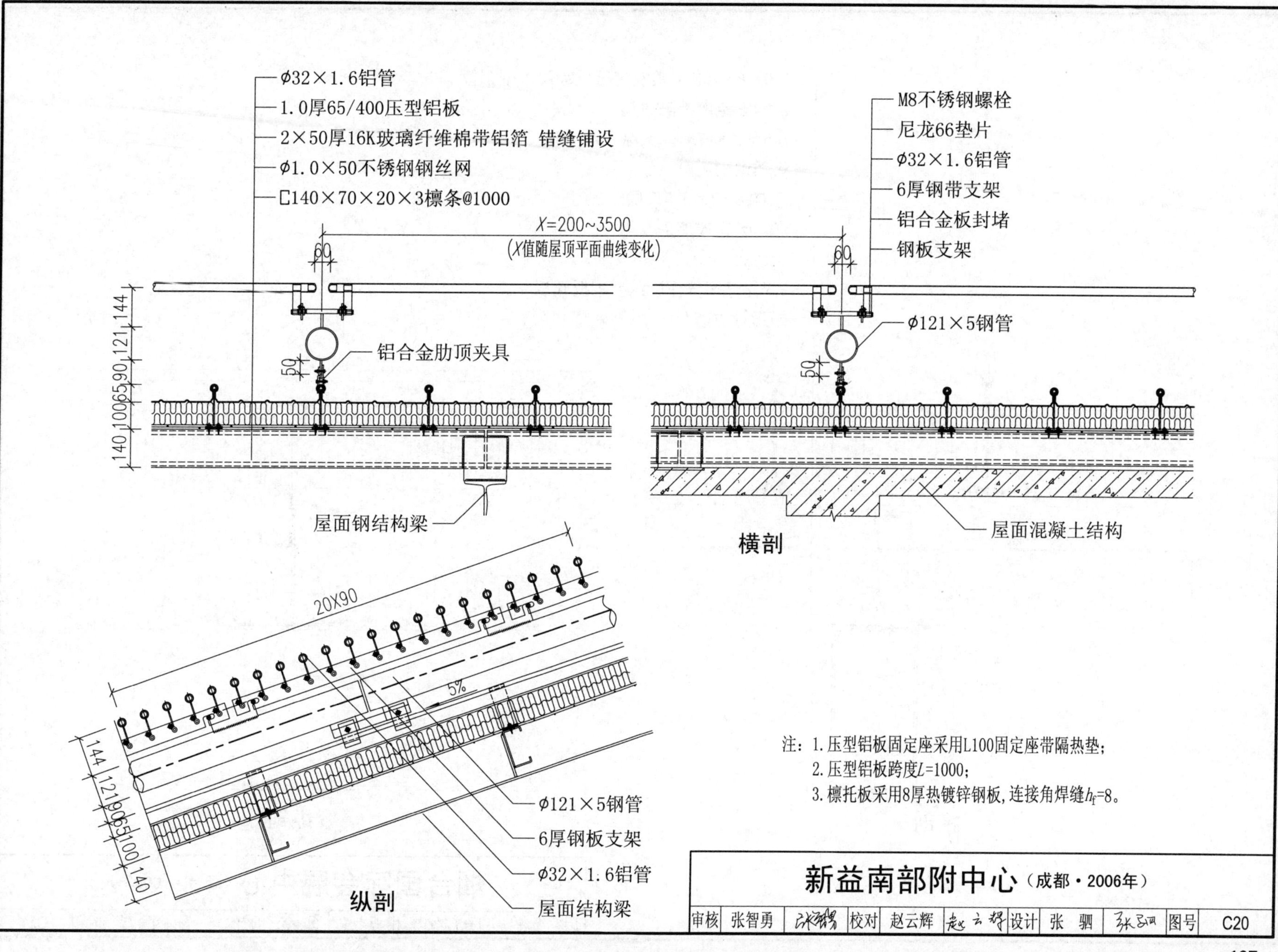

注：1. 压型铝板固定座采用L100固定座带隔热垫；
2. 压型铝板跨度L=1000；
3. 檩托板采用8厚热镀锌钢板，连接角焊缝h_f=8。

新益南部附中心（成都·2006年）									
审核	张智勇	[signature]	校对	赵云辉	[signature]	设计	张驷	[signature]	图号 C20

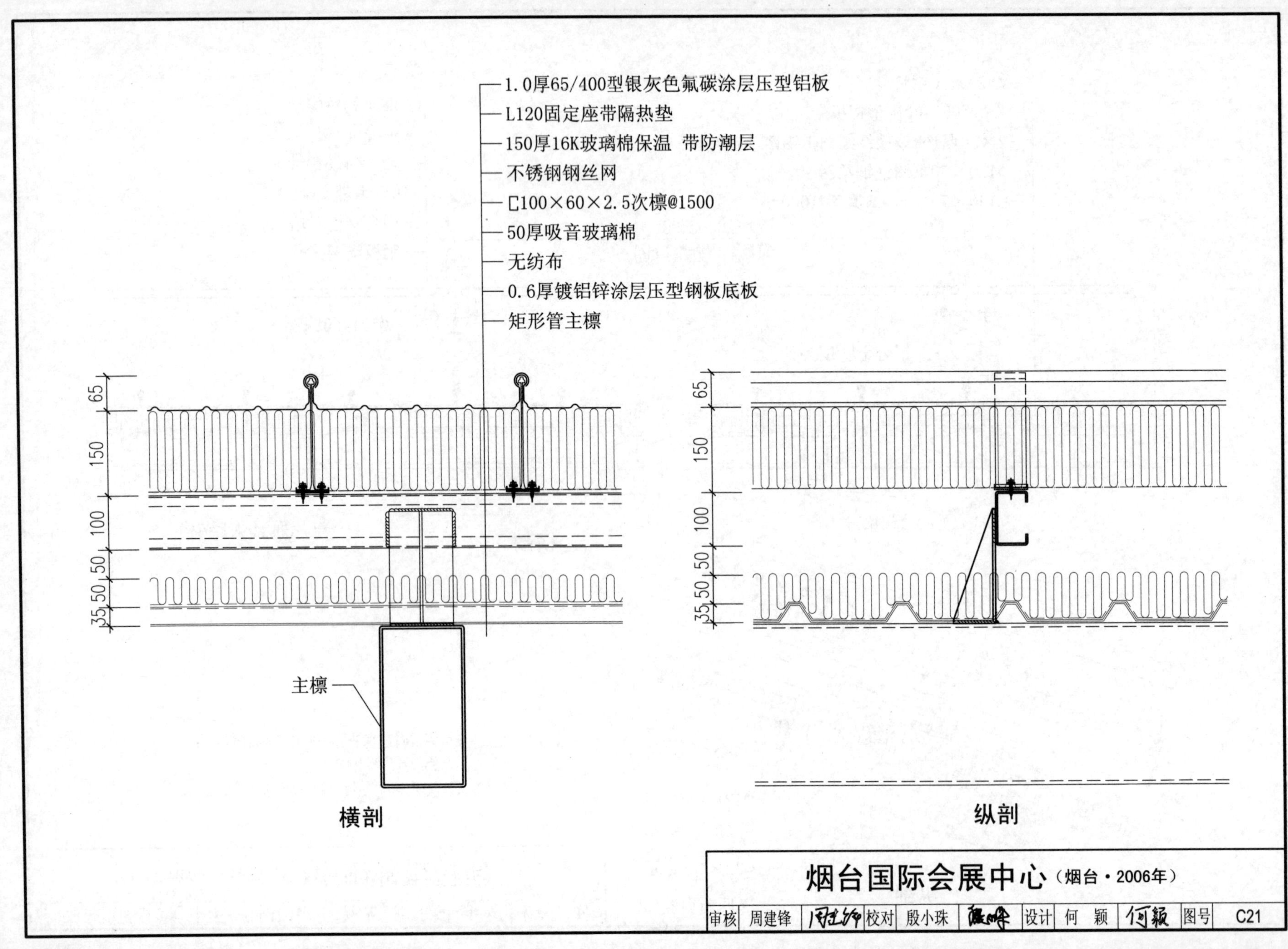
1.0厚65/400型银灰色氟碳涂层压型铝板
L120固定座带隔热垫
150厚16K玻璃棉保温 带防潮层
不锈钢钢丝网
[100×60×2.5次檩@1500
50厚吸音玻璃棉
无纺布
0.6厚镀铝锌涂层压型钢板底板
矩形管主檩
65
150
100
50
50
35
主檩
横剖
纵剖
烟台国际会展中心（烟台·2006年）
审核 周建锋 校对 殷小珠 设计 何 颖 图号 C21

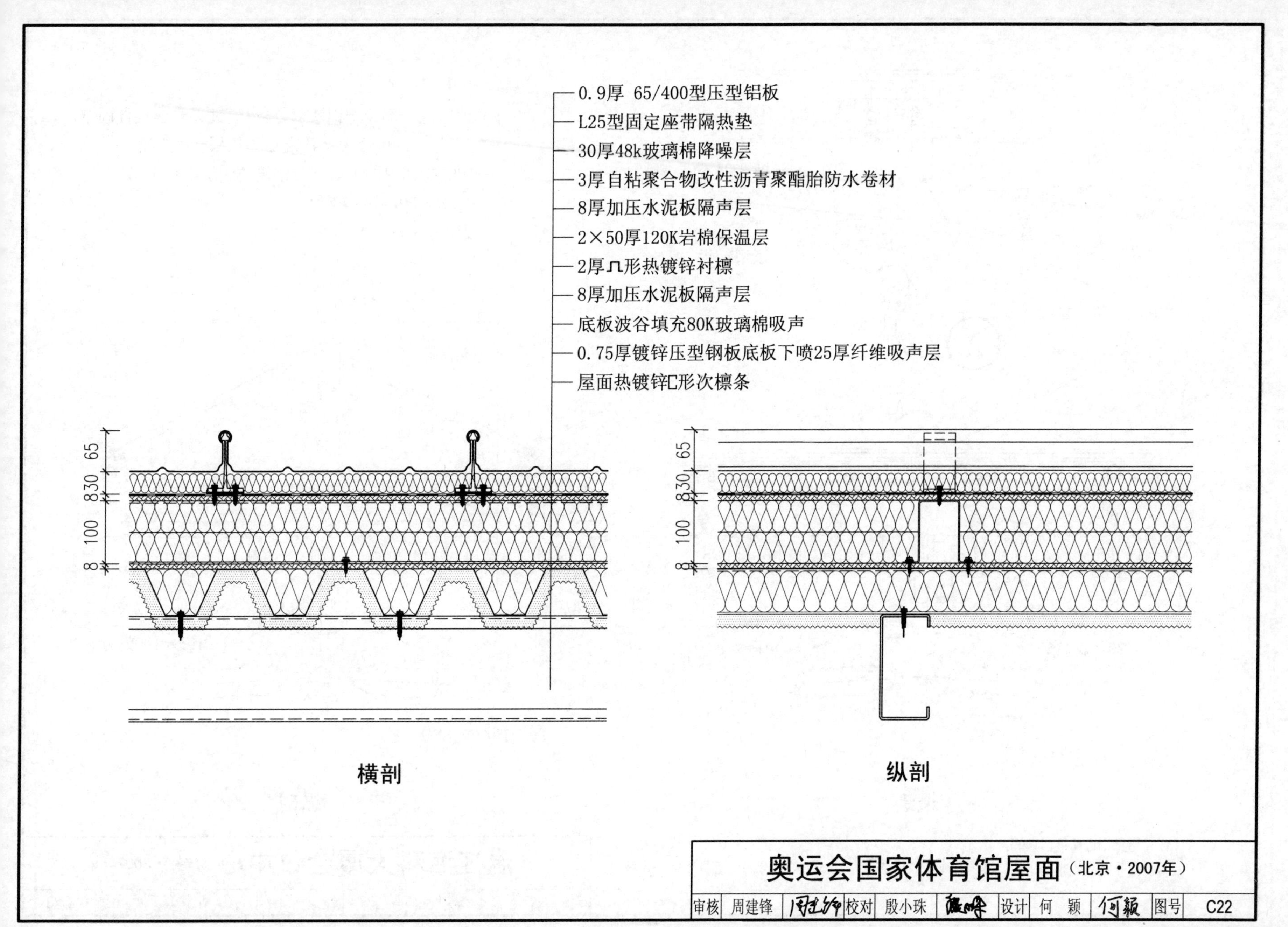
0.9厚 65/400型压型铝板
L25型固定座带隔热垫
30厚48k玻璃棉降噪层
3厚自粘聚合物改性沥青聚酯胎防水卷材
8厚加压水泥板隔声层
2×50厚120K岩棉保温层
2厚⊓形热镀锌衬檩
8厚加压水泥板隔声层
底板波谷填充80K玻璃棉吸声
0.75厚镀锌压型钢板底板下喷25厚纤维吸声层
屋面热镀锌C形次檩条
65
30
8
100
8
65
30
8
100
8
横剖
纵剖
奥运会国家体育馆屋面（北京·2007年）
审核 周建锋 校对 殷小珠 设计 何 颖 图号 C22

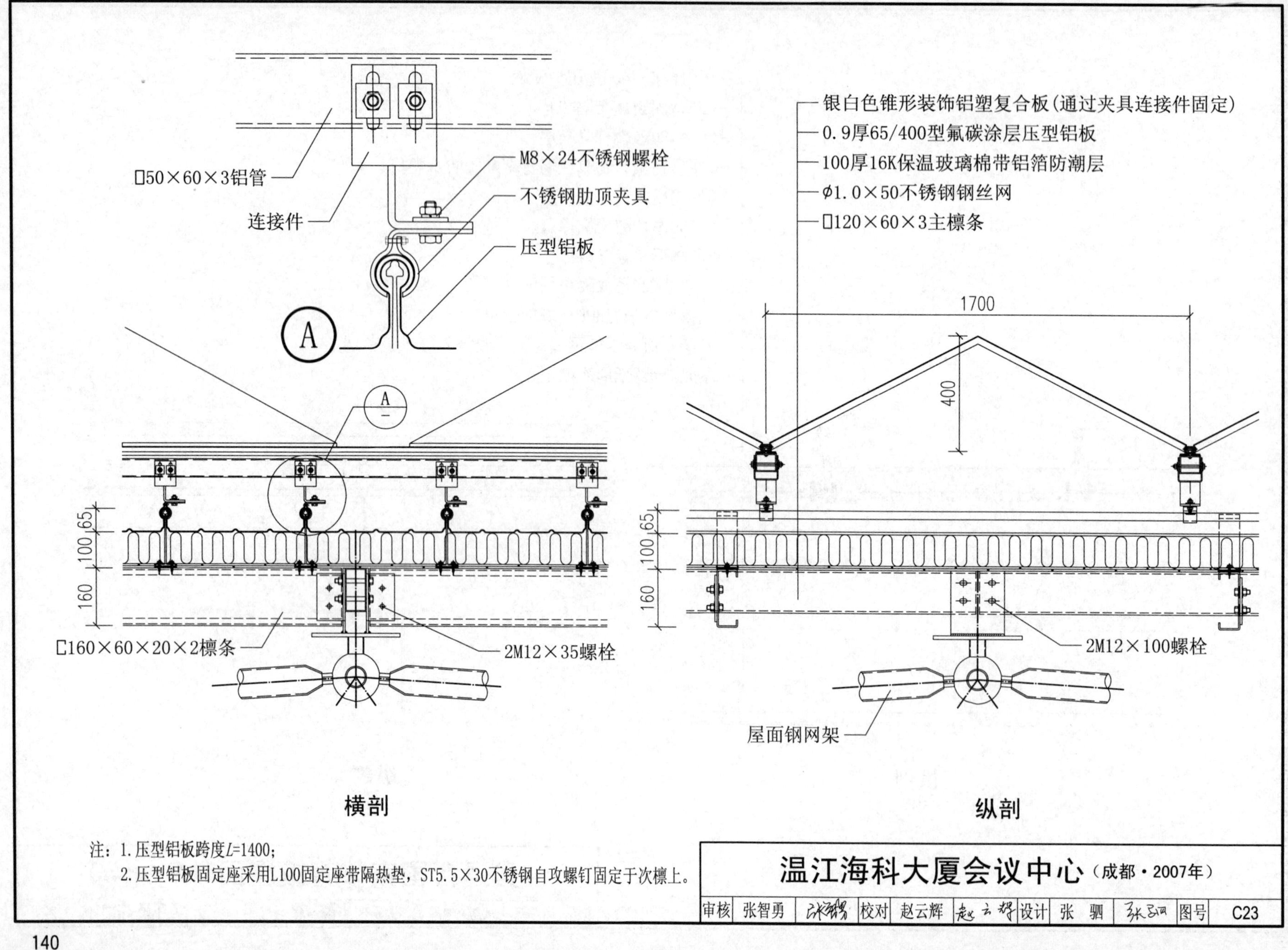

注：1.压型铝板跨度L=1400；

2.压型铝板固定座采用L100固定座带隔热垫，ST5.5×30不锈钢自攻螺钉固定于次檩上。

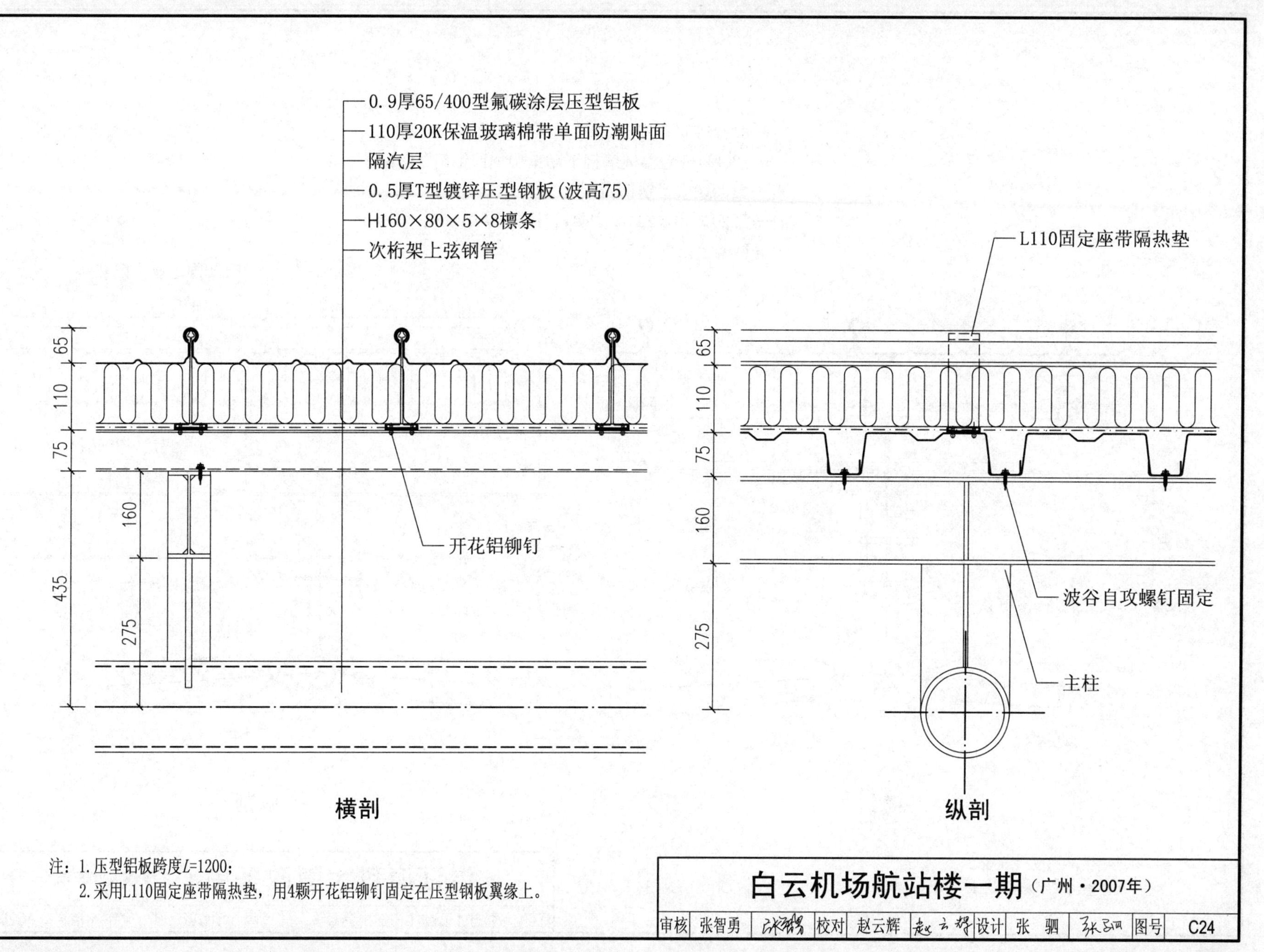

注：1.压型铝板跨度L=1200；

2.采用L110固定座带隔热垫，用4颗开花铝铆钉固定在压型钢板翼缘上。

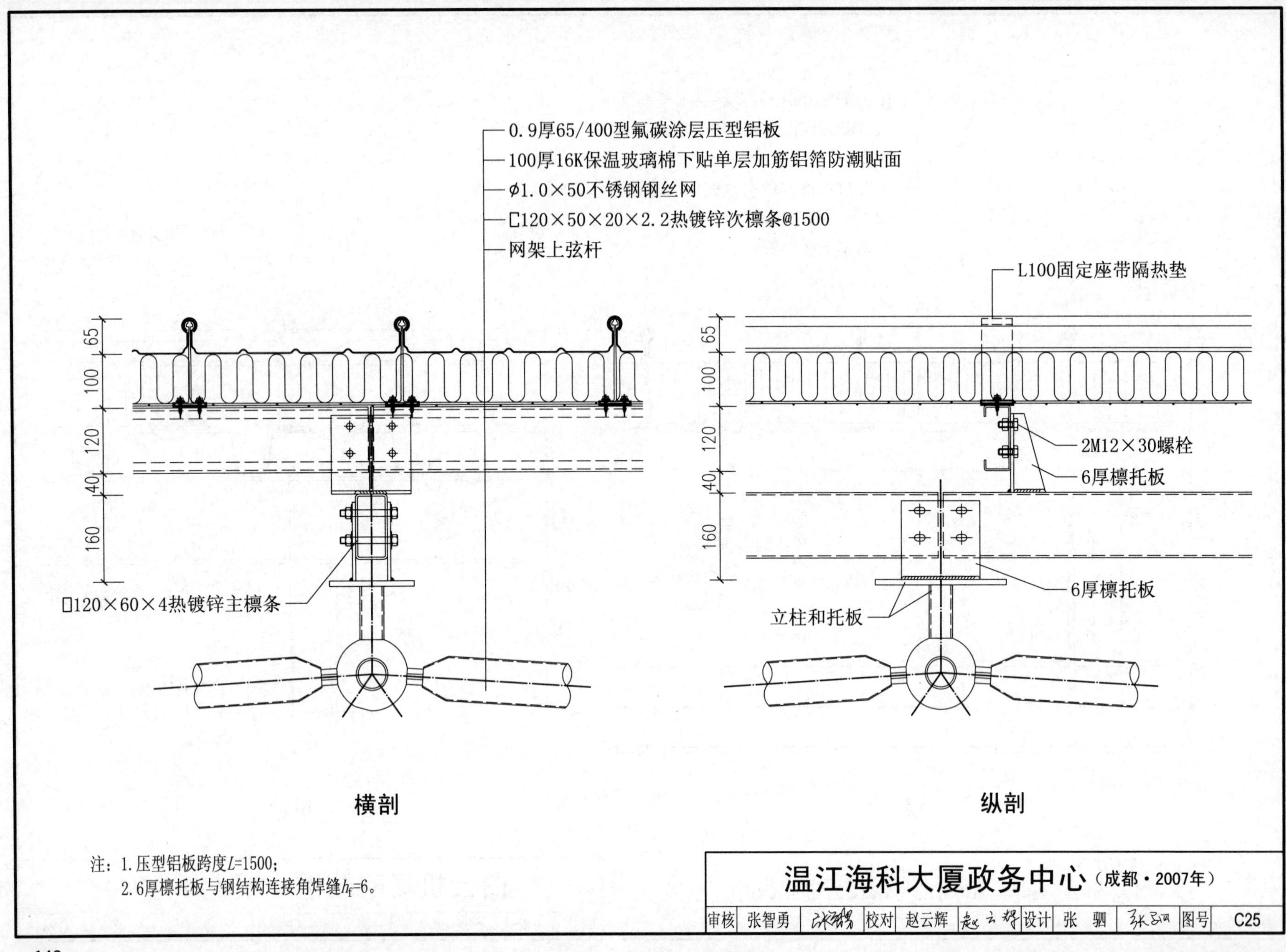

注：1. 压型铝板跨度L=1500；
2. 6厚檩托板与钢结构连接角焊缝h_f=6。

温江海科大厦政务中心（成都·2007年）

审核	张智勇		校对	赵云辉		设计	张驷		图号	C25

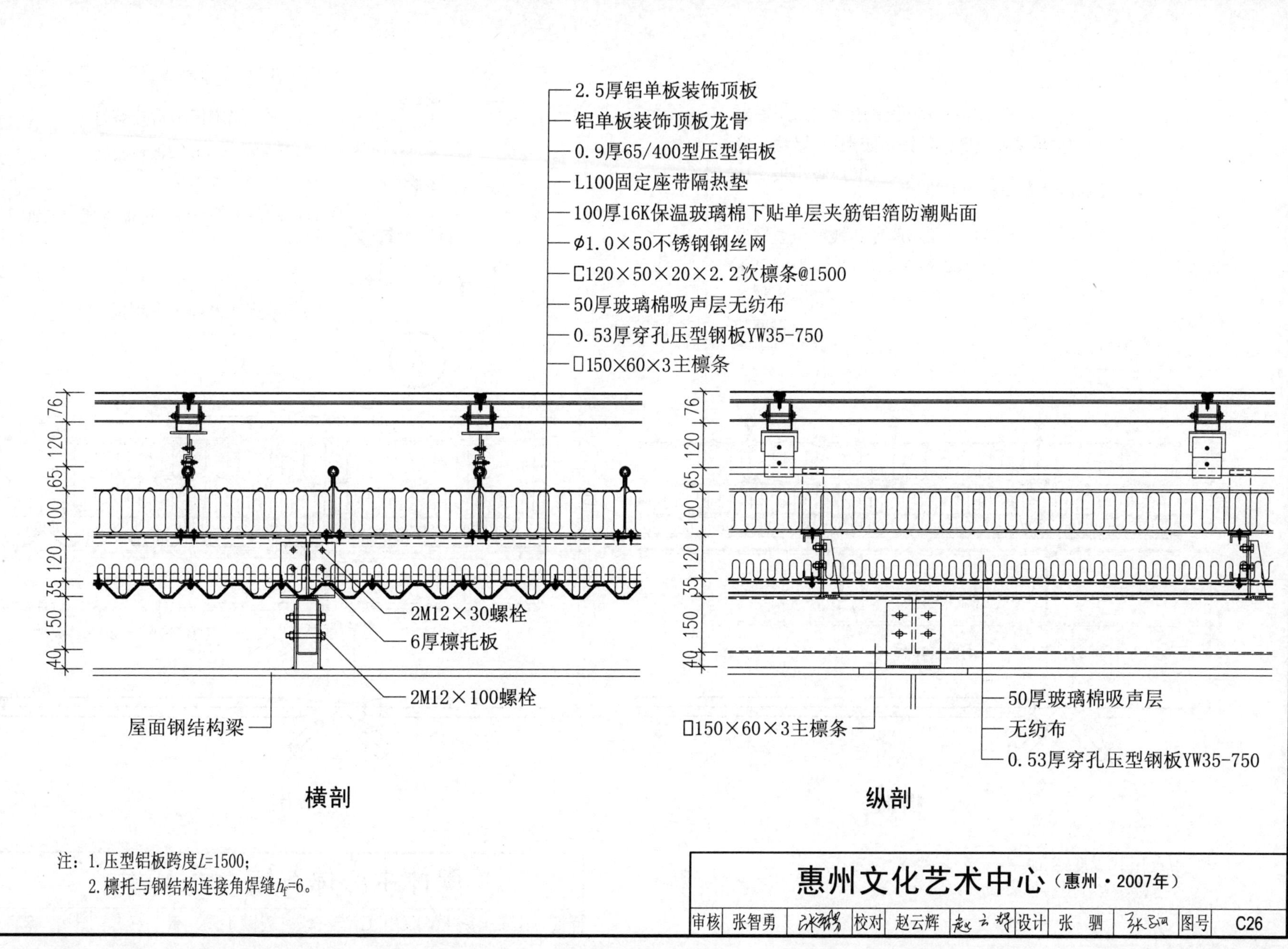

注：1.压型铝板跨度L=1500；
2.檩托与钢结构连接角焊缝h_f=6。

惠州文化艺术中心（惠州·2007年）									
审核	张智勇		校对	赵云辉		设计	张 驷		图号 C26

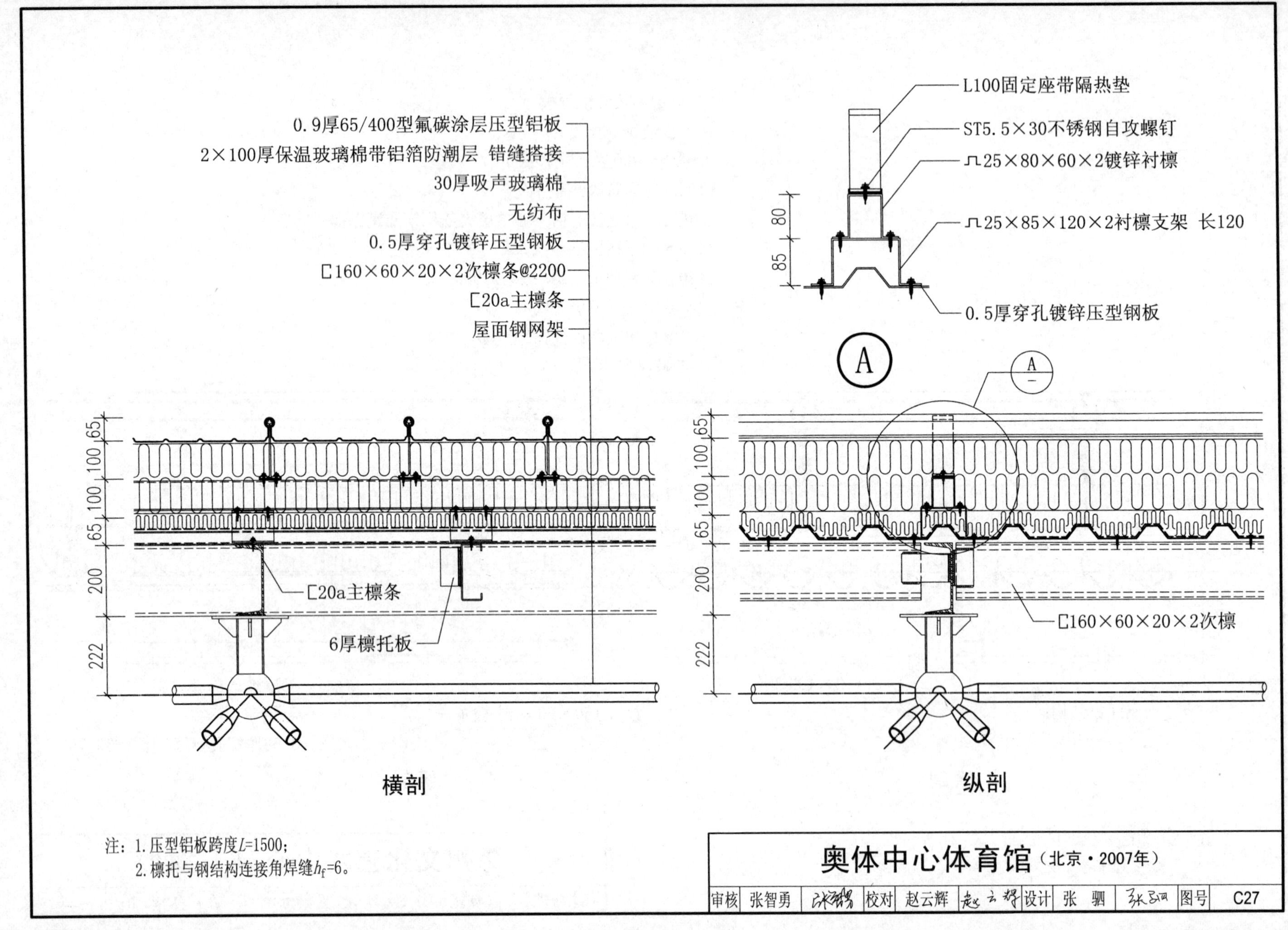

横剖

纵剖

注：1. 压型铝板跨度L=1500；
2. 檩托与钢结构连接角焊缝h_f=6。

奥体中心体育馆（北京·2007年）									
审核	张智勇	张智勇	校对	赵云辉	赵云辉	设计	张 驷	张驷	图号	C27

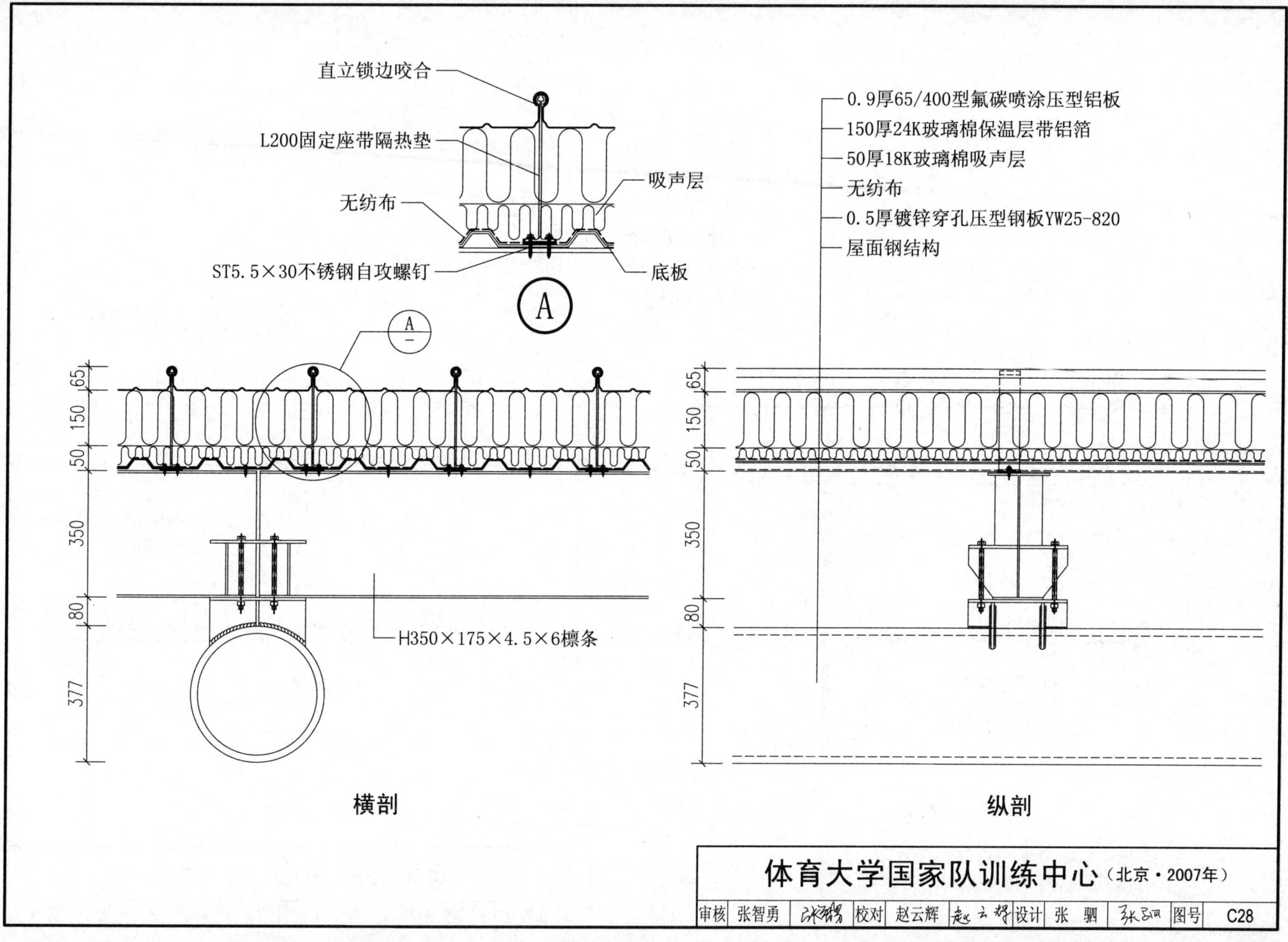
直立锁边咬合
L200固定座带隔热垫
吸声层
无纺布
ST5.5×30不锈钢自攻螺钉
底板
A
0.9厚65/400型氟碳喷涂压型铝板
150厚24K玻璃棉保温层带铝箔
50厚18K玻璃棉吸声层
无纺布
0.5厚镀锌穿孔压型钢板YW25-820
屋面钢结构
65
150
50
350
80
377
H350×175×4.5×6檩条
横剖
纵剖
体育大学国家队训练中心（北京·2007年）
审核 张智勇 校对 赵云辉 设计 张驷 图号 C28

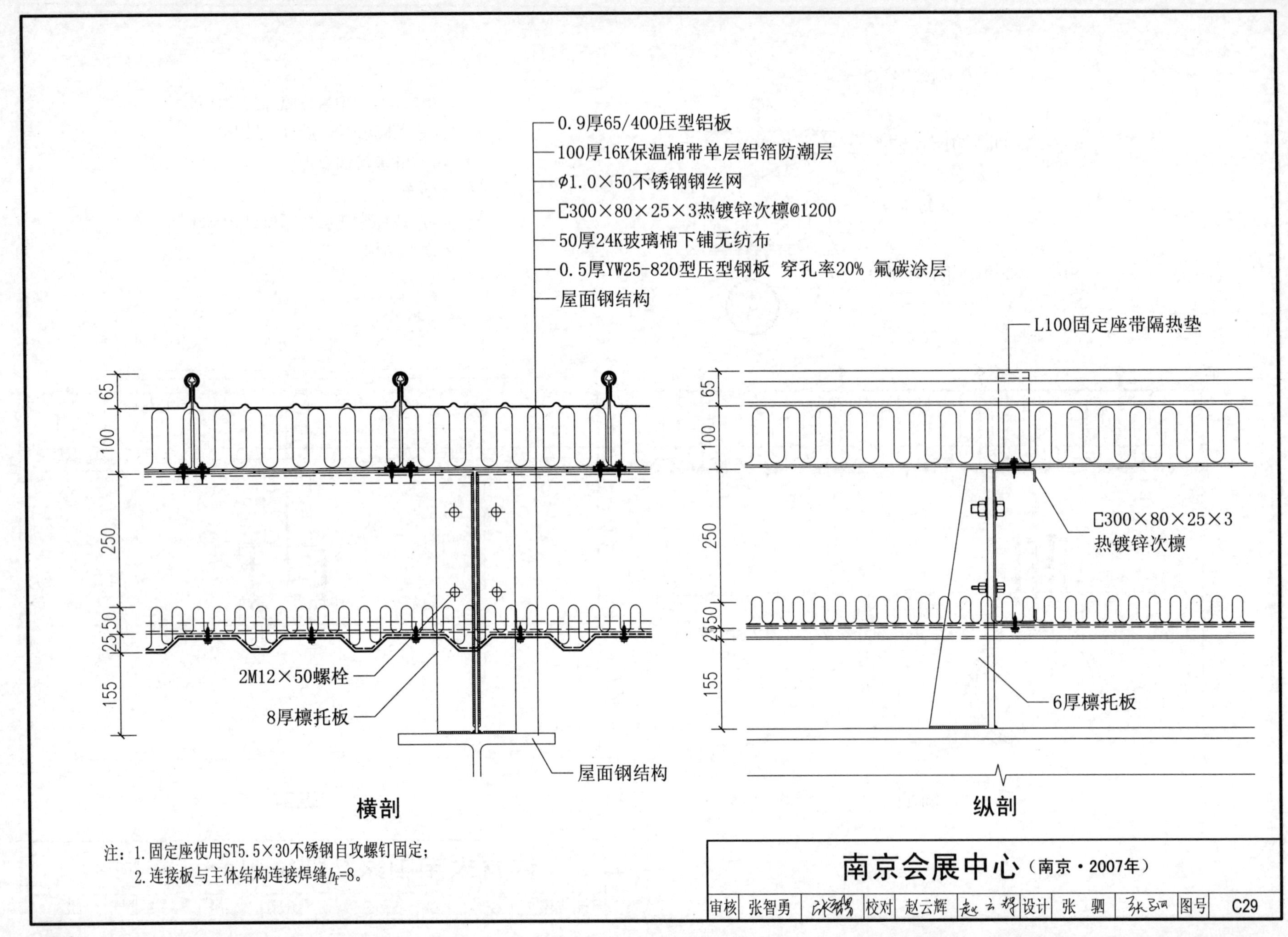
0.9厚65/400压型铝板
100厚16K保温棉带单层铝箔防潮层
φ1.0×50不锈钢钢丝网
[300×80×25×3热镀锌次檩@1200
50厚24K玻璃棉下铺无纺布
0.5厚YW25-820型压型钢板 穿孔率20% 氟碳涂层
屋面钢结构
L100固定座带隔热垫
65
100
250
25 50
25
155
2M12×50螺栓
8厚檩托板
屋面钢结构
[300×80×25×3
热镀锌次檩
6厚檩托板
横剖
纵剖
注：1.固定座使用ST5.5×30不锈钢自攻螺钉固定；
2.连接板与主体结构连接焊缝h_f=8。
南京会展中心（南京·2007年）
审核 张智勇 校对 赵云辉 设计 张 驷 图号 C29

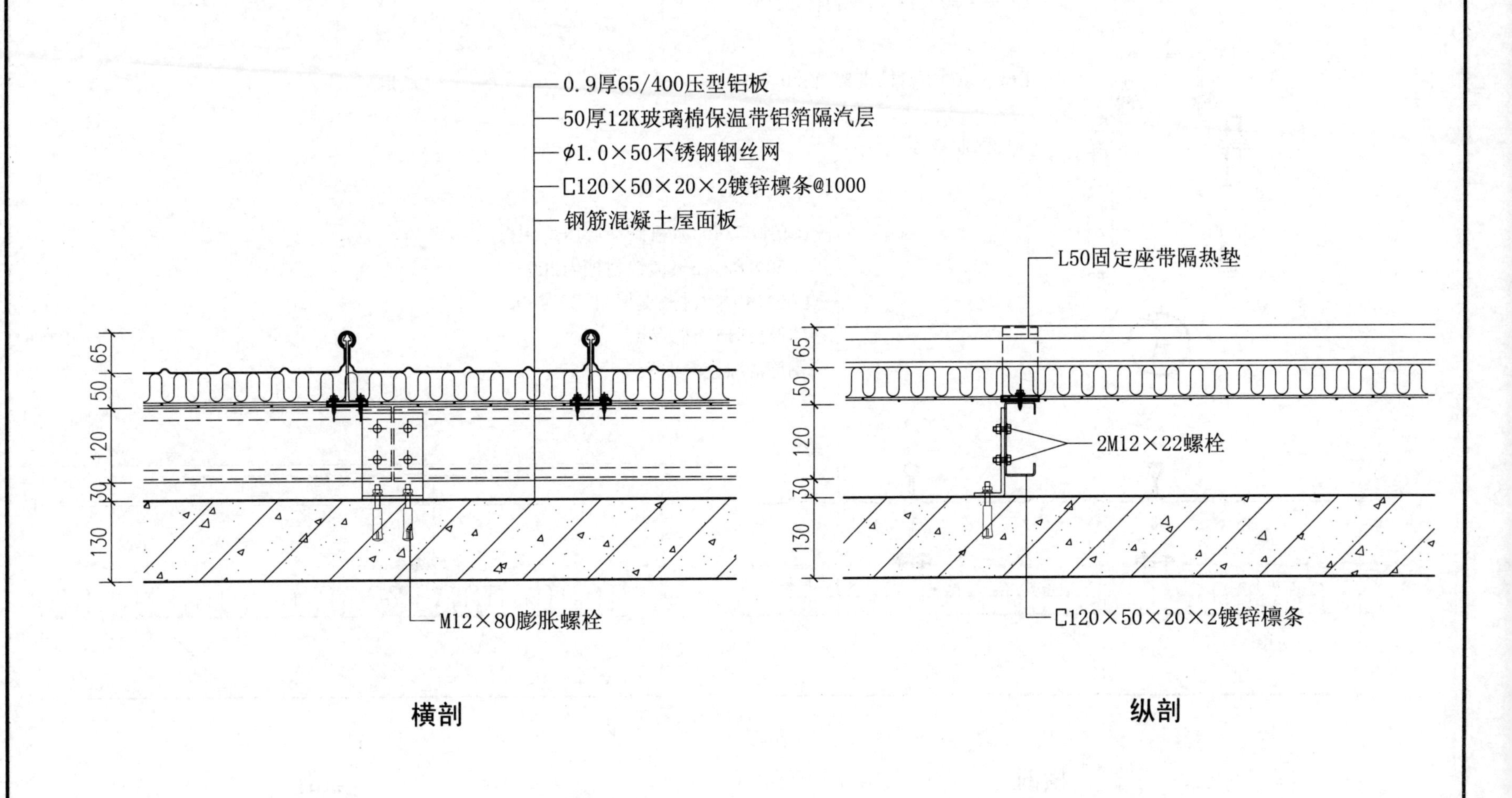

注：1.压型铝板跨度L=1000，固定座使用ST5.5×30不锈钢自攻螺钉固定；

2.檩条连接板采用L100×50×6；

3.檩托板在混凝土屋面板上使用2M12×80膨胀螺栓连接，并经风吸力强度验算。

贵州省人民大会堂（贵阳・2007年）									
审核	张智勇	[signature]	校对	赵云辉	[signature]	设计	张驷	[signature]	图号 C30

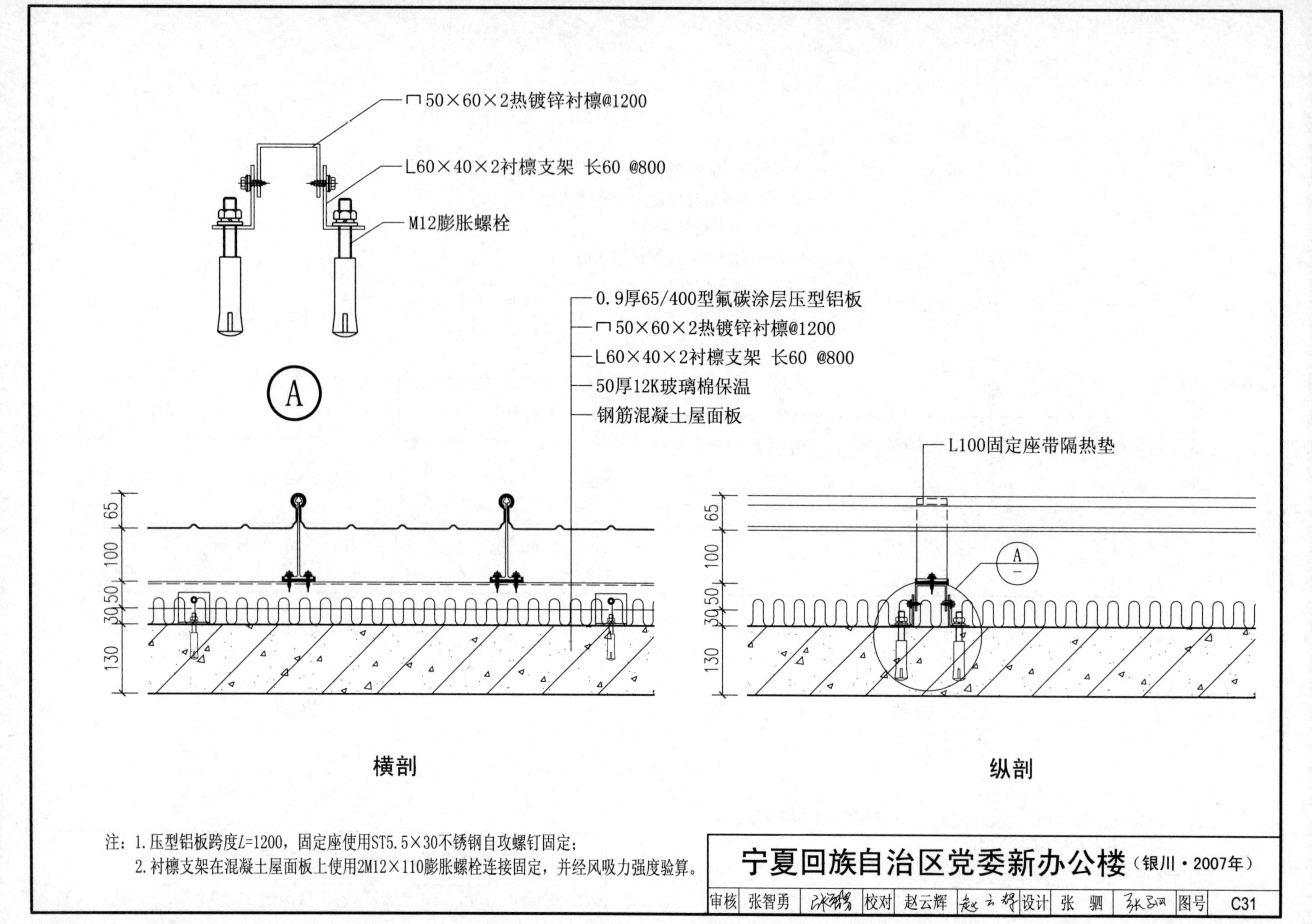

注：1.压型铝板跨度L=1200，固定座使用ST5.5×30不锈钢自攻螺钉固定；
2.衬檩支架在混凝土屋面板上使用2M12×110膨胀螺栓连接固定，并经风吸力强度验算。

宁夏回族自治区党委新办公楼（银川·2007年）								
审核	张智勇	张智勇	校对	赵云辉	赵云辉	设计	张 驷	张驷	图号	C31

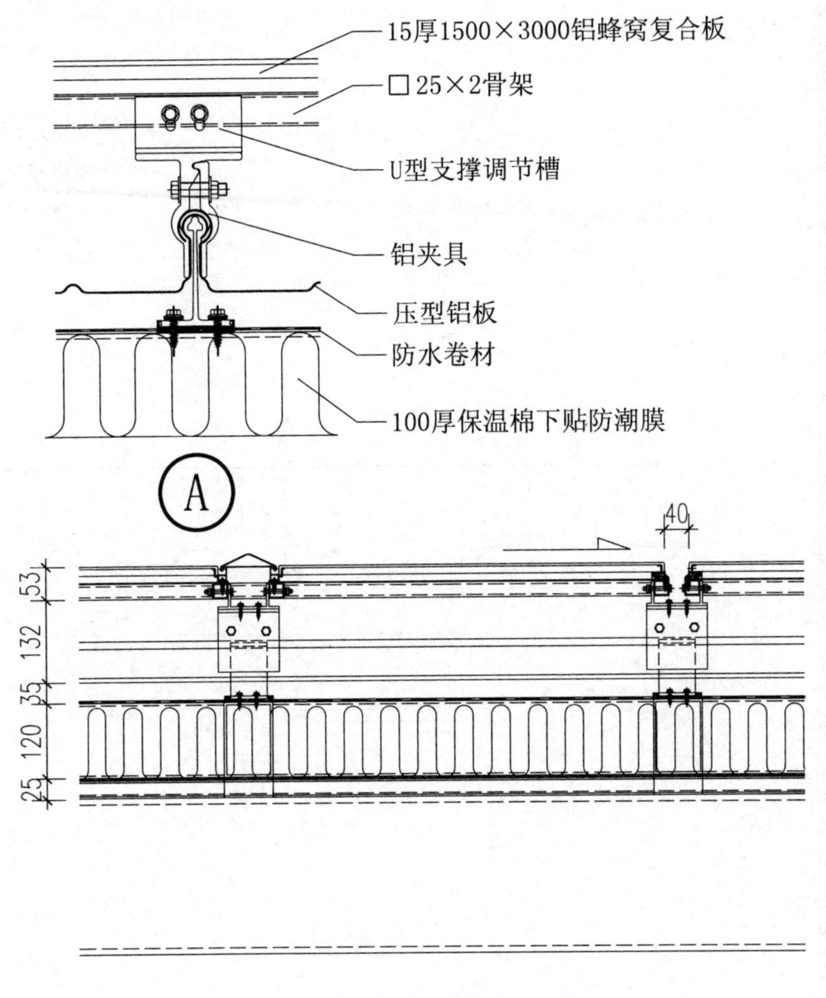

纵剖

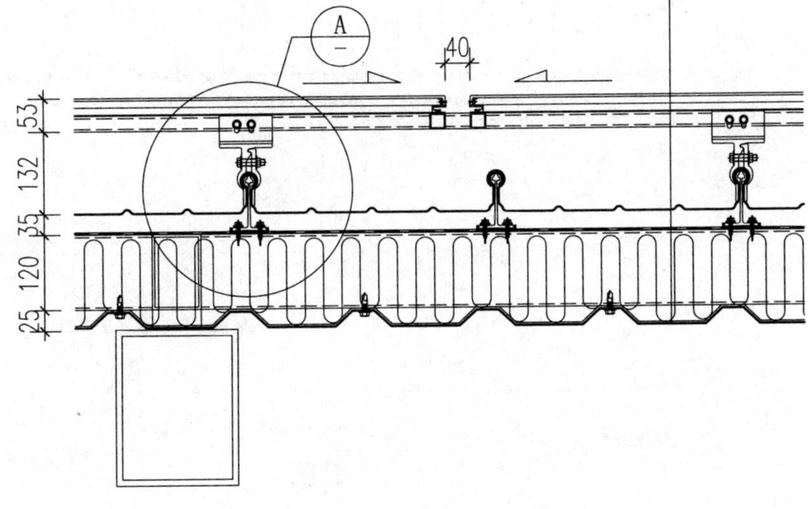

横剖

注：1.压型铝板跨度L=1200；
2.固定座带隔热垫，用ST5.5×30不锈钢自攻螺钉固定。

南沙体育馆（广州·2008年）								
审核	张智勇	[signature]	校对	赵云辉	[signature]	图摘	姬慧贤	[signature]	图号	C32

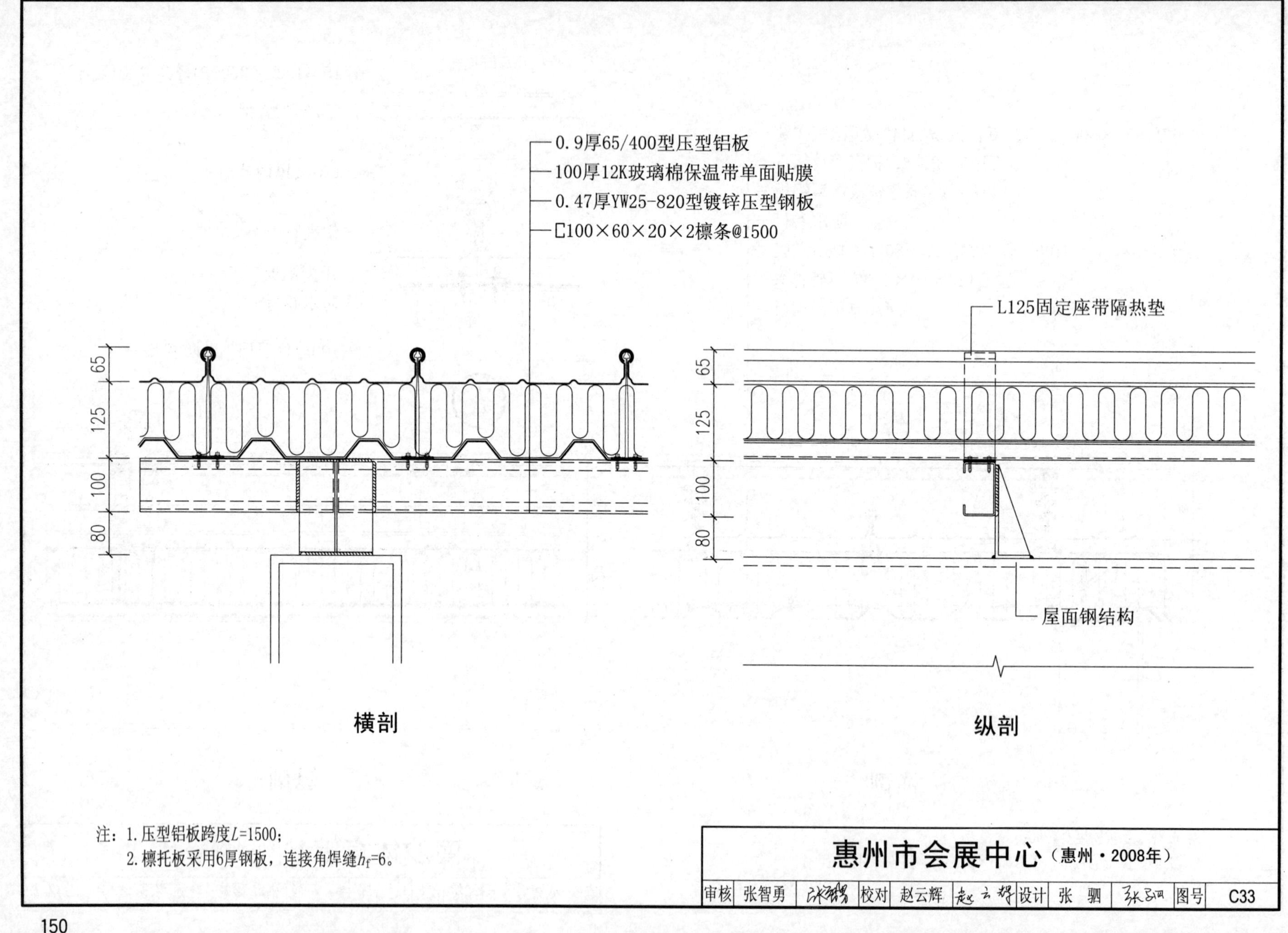
0.9厚65/400型压型铝板
100厚12K玻璃棉保温带单面贴膜
0.47厚YW25-820型镀锌压型钢板
[100×60×20×2檩条@1500
65
125
100
80
L125固定座带隔热垫
屋面钢结构
横剖
纵剖
注：1.压型铝板跨度L=1500；
2.檩托板采用6厚钢板，连接角焊缝h_f=6。
惠州市会展中心（惠州·2008年）
审核 张智勇 校对 赵云辉 设计 张 驷 图号 C33

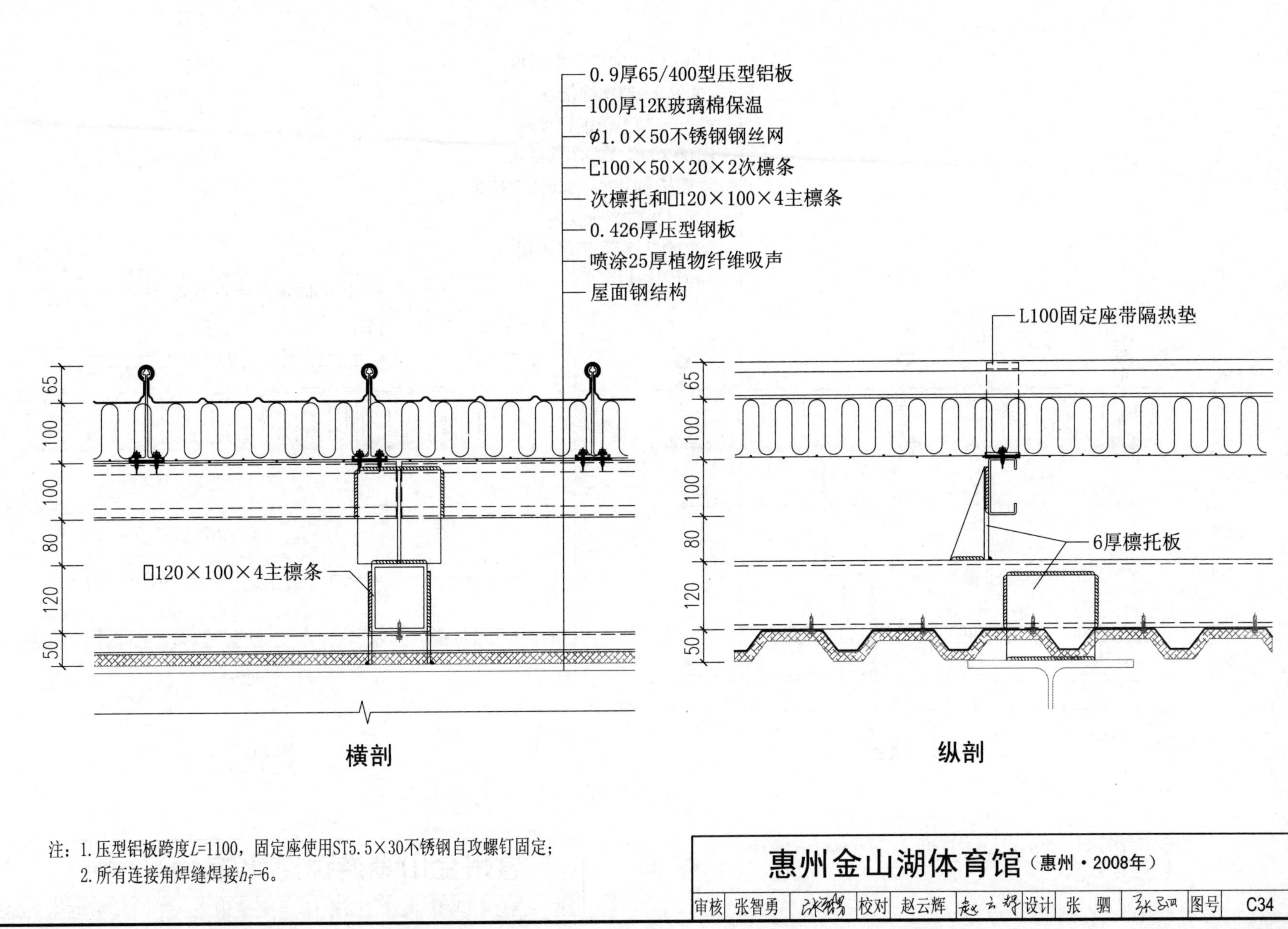

注：1. 压型铝板跨度L=1100，固定座使用ST5.5×30不锈钢自攻螺钉固定；
2. 所有连接角焊缝焊接h_f=6。

惠州金山湖体育馆（惠州·2008年）								
审核	张智勇	[签名]	校对	赵云辉	[签名]	设计	张驷	[签名]	图号	C34

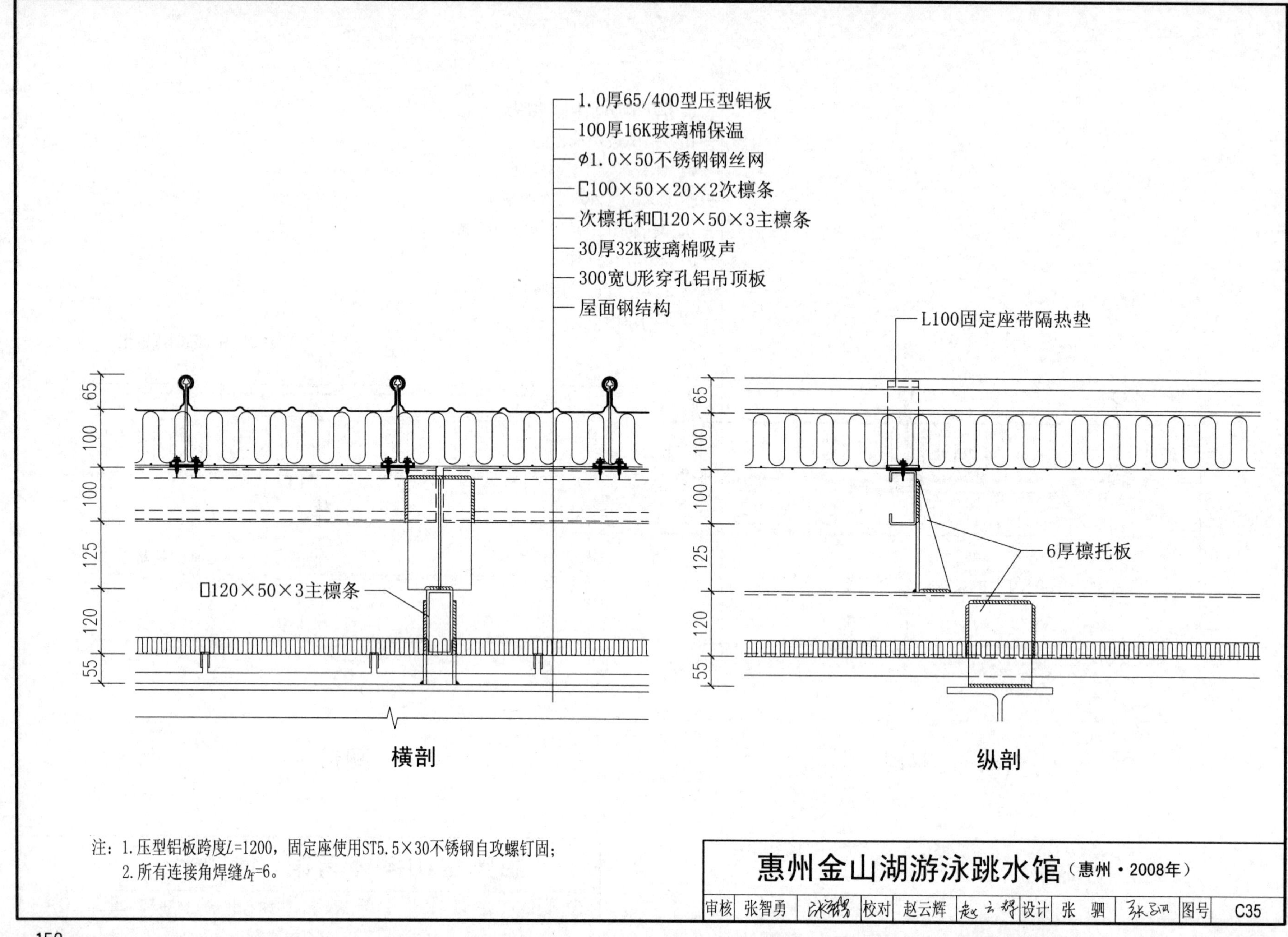

注：1. 压型铝板跨度L=1200，固定座使用ST5.5×30不锈钢自攻螺钉固；
2. 所有连接角焊缝h_f=6。

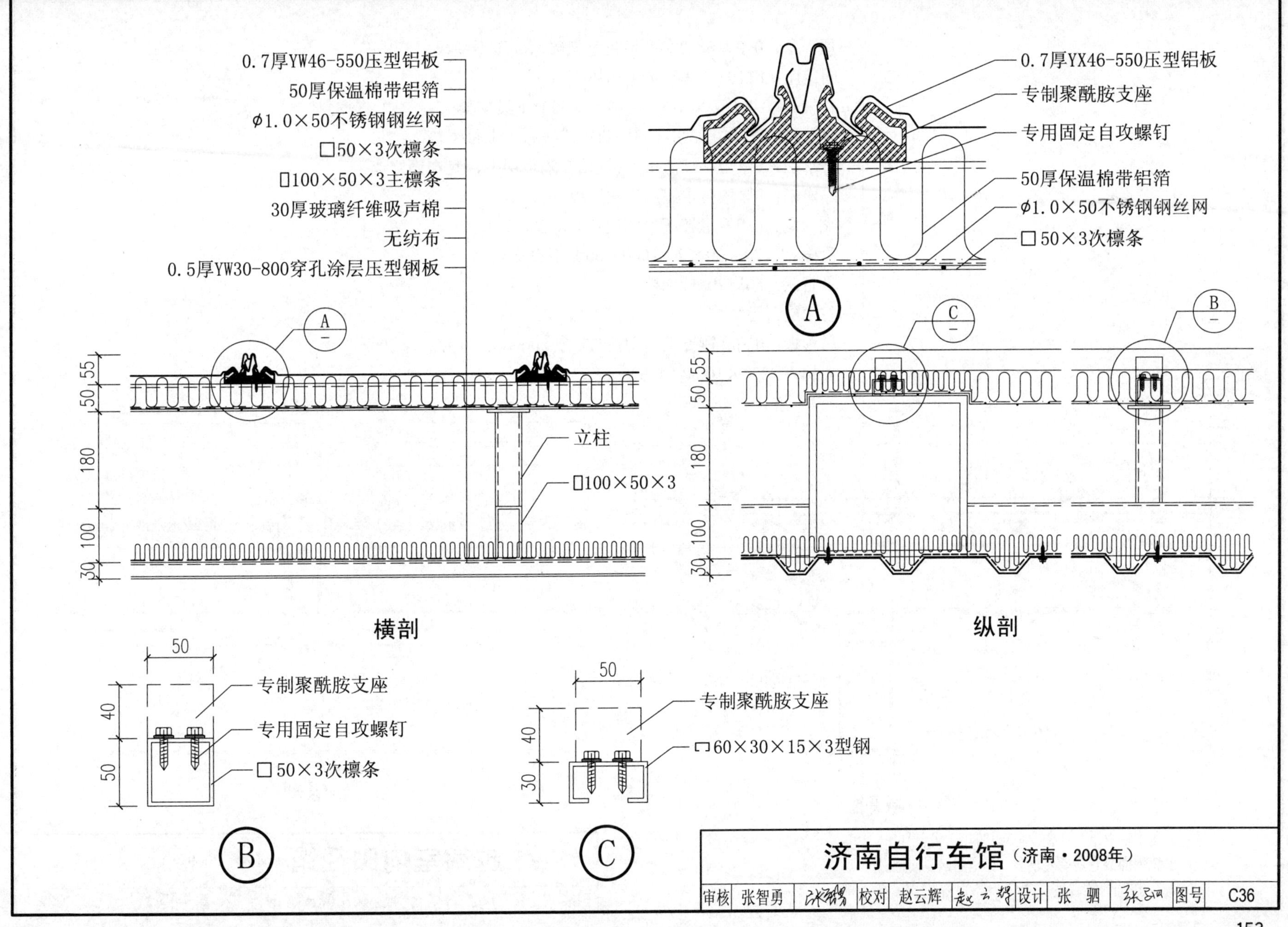

济南自行车馆（济南·2008年）

审核	张智勇		校对	赵云辉		设计	张 驷		图号	C36

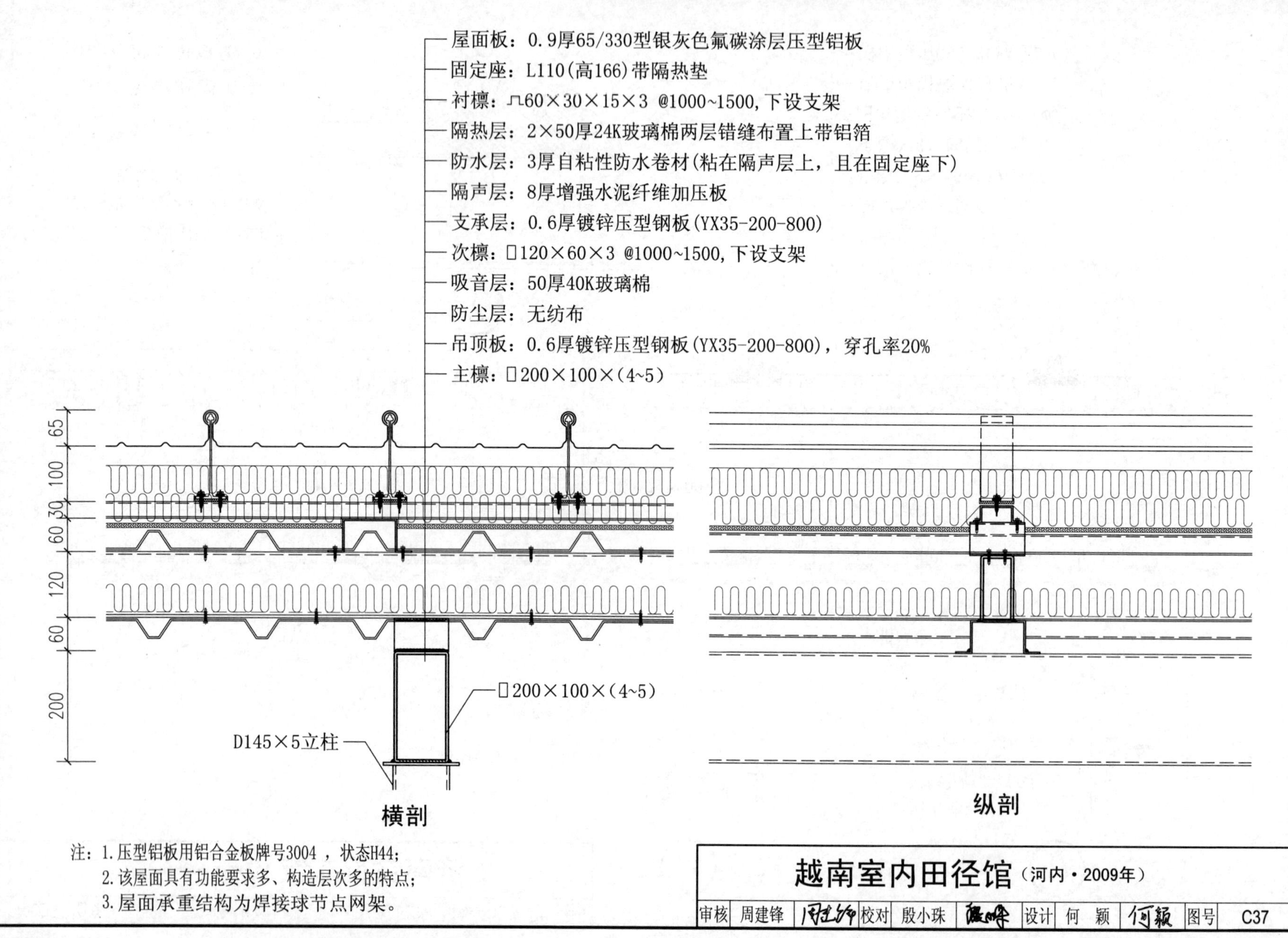

注：1.压型铝板用铝合金板牌号3004，状态H44;
2.该屋面具有功能要求多、构造层次多的特点;
3.屋面承重结构为焊接球节点网架。

越南室内田径馆（河内・2009年）

审核	周建锋		校对	殷小珠		设计	何 颖		图号	C37

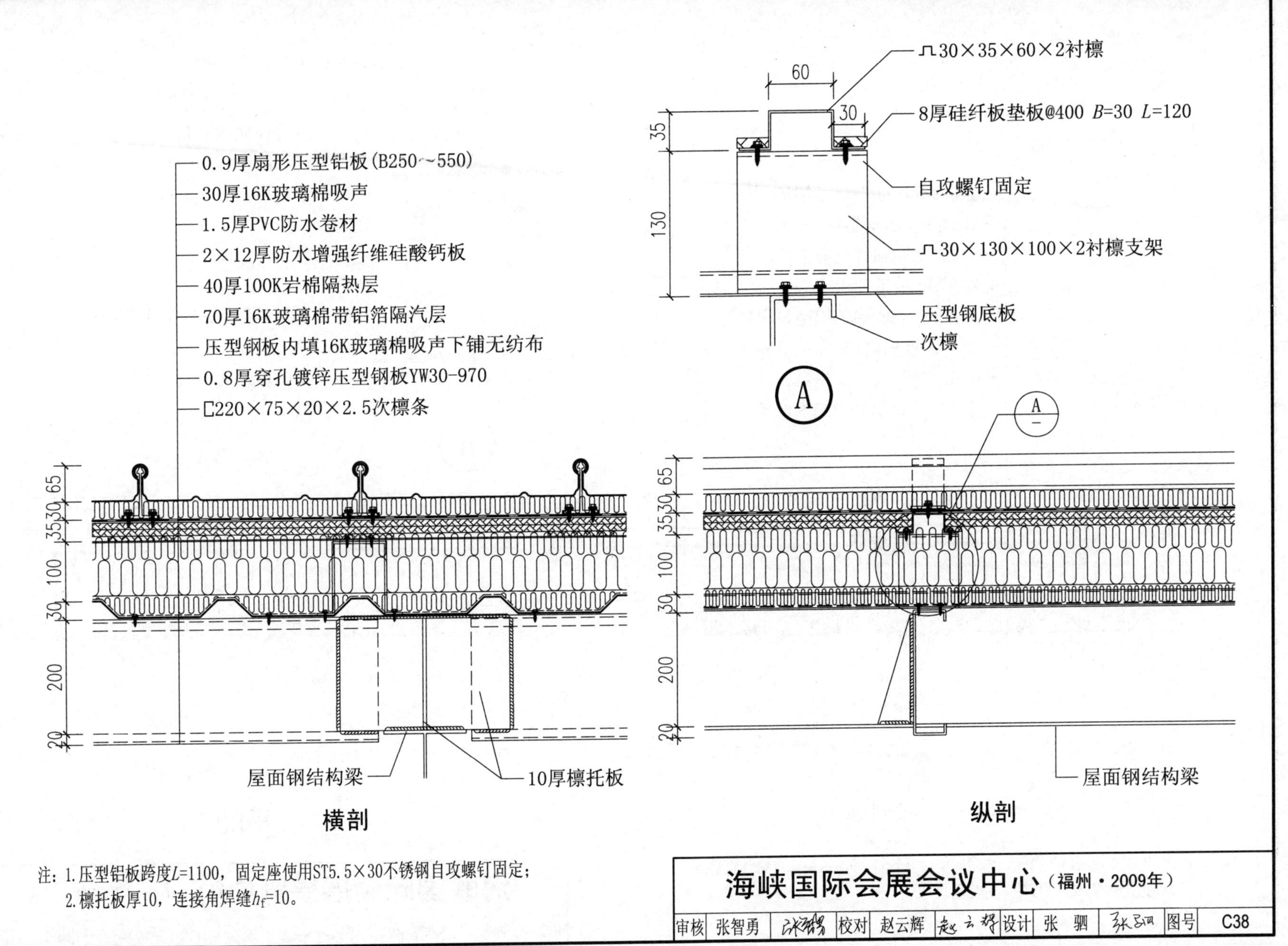

注：1.压型铝板跨度L=1100，固定座使用ST5.5×30不锈钢自攻螺钉固定；
2.檩托板厚10，连接角焊缝h_f=10。

海峡国际会展会议中心（福州·2009年）								
审核	张智勇	[签名]	校对	赵云辉	[签名]	设计	张驷	[签名]	图号	C38

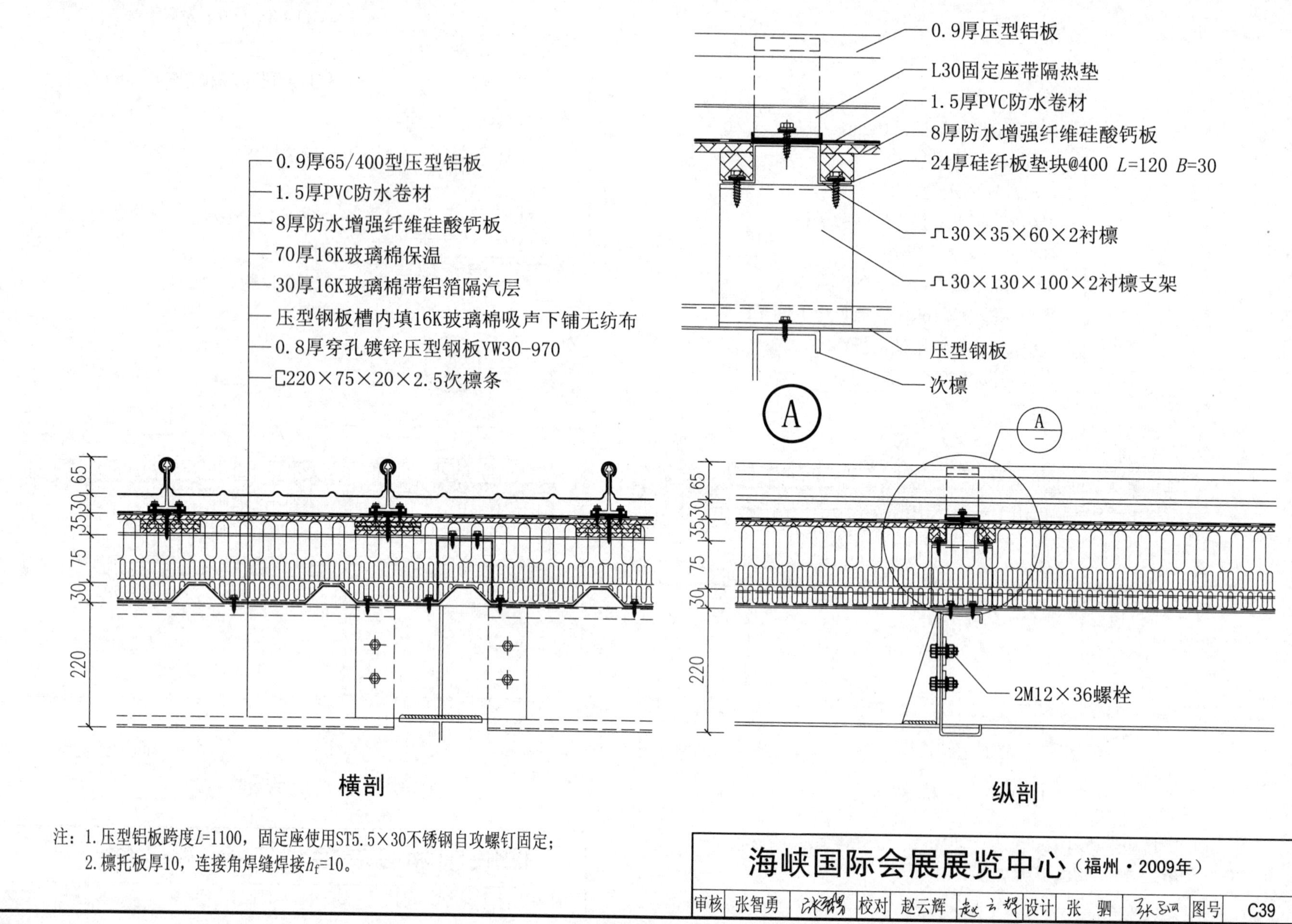

注：1.压型铝板跨度L=1100，固定座使用ST5.5×30不锈钢自攻螺钉固定；
2.檩托板厚10，连接角焊缝焊接h_f=10。

海峡国际会展展览中心（福州·2009年）

审核	张智勇	张智勇	校对	赵云辉	赵云辉	设计	张 驷	张驷	图号	C39

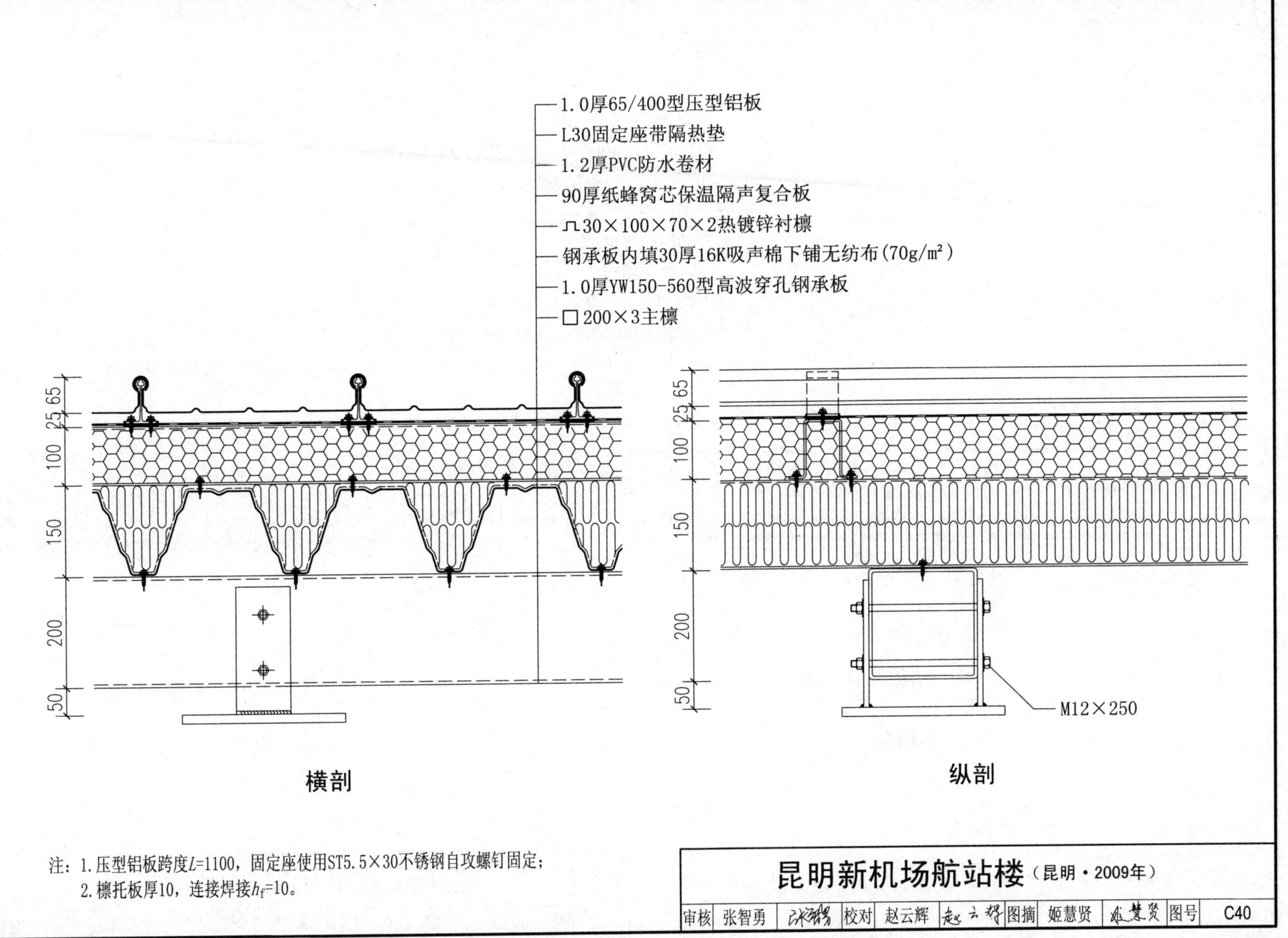

横剖

纵剖

注：1.压型铝板跨度L=1100，固定座使用ST5.5×30不锈钢自攻螺钉固定；
2.檩托板厚10，连接焊接h_f=10。

昆明新机场航站楼（昆明·2009年）

审核	张智勇		校对	赵云辉		图摘	姬慧贤		图号	C40

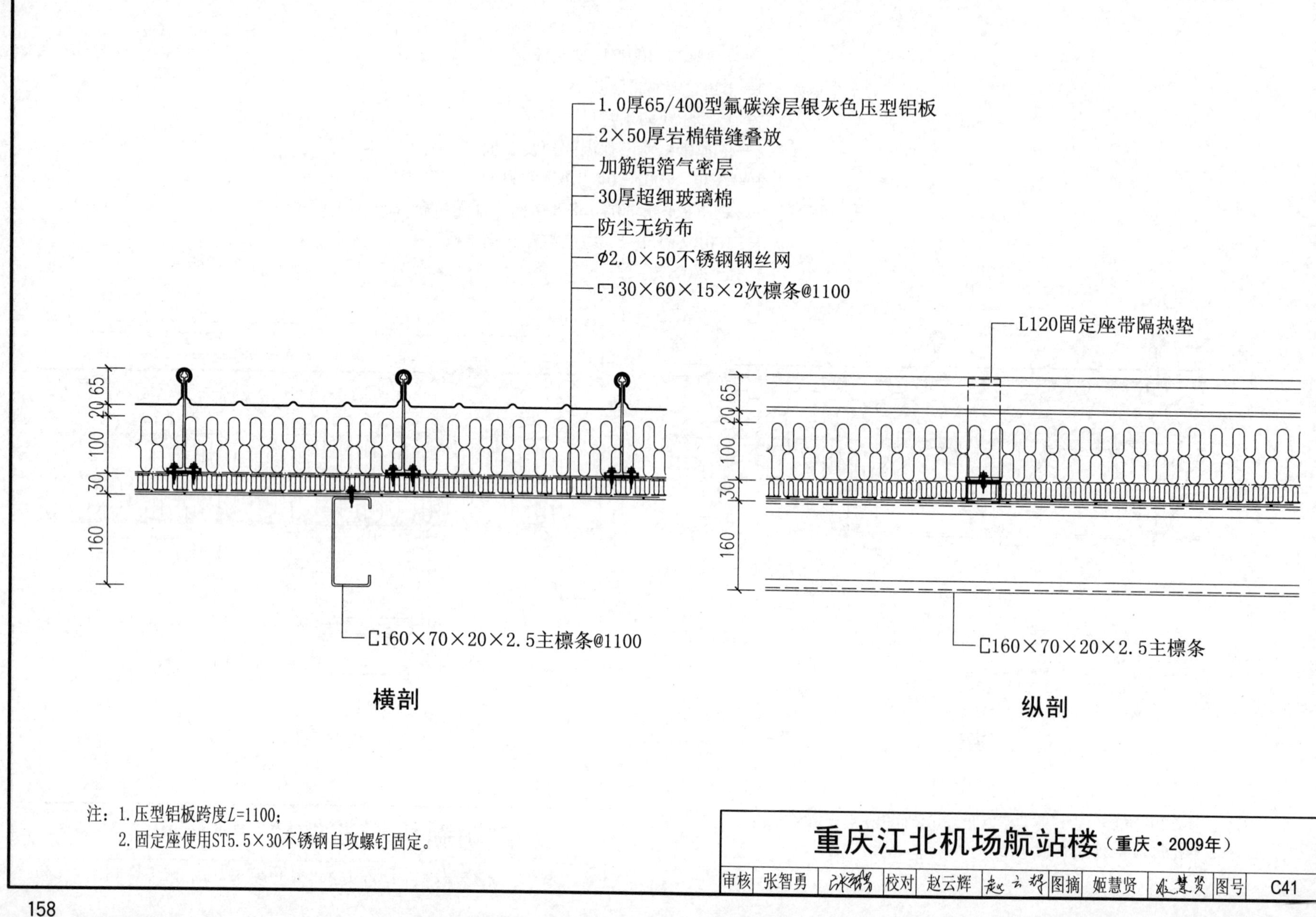

注：1.压型铝板跨度L=1100；

2.固定座使用ST5.5×30不锈钢自攻螺钉固定。

重庆江北机场航站楼（重庆·2009年）

审核	张智勇		校对	赵云辉		图摘	姬慧贤		图号	C41

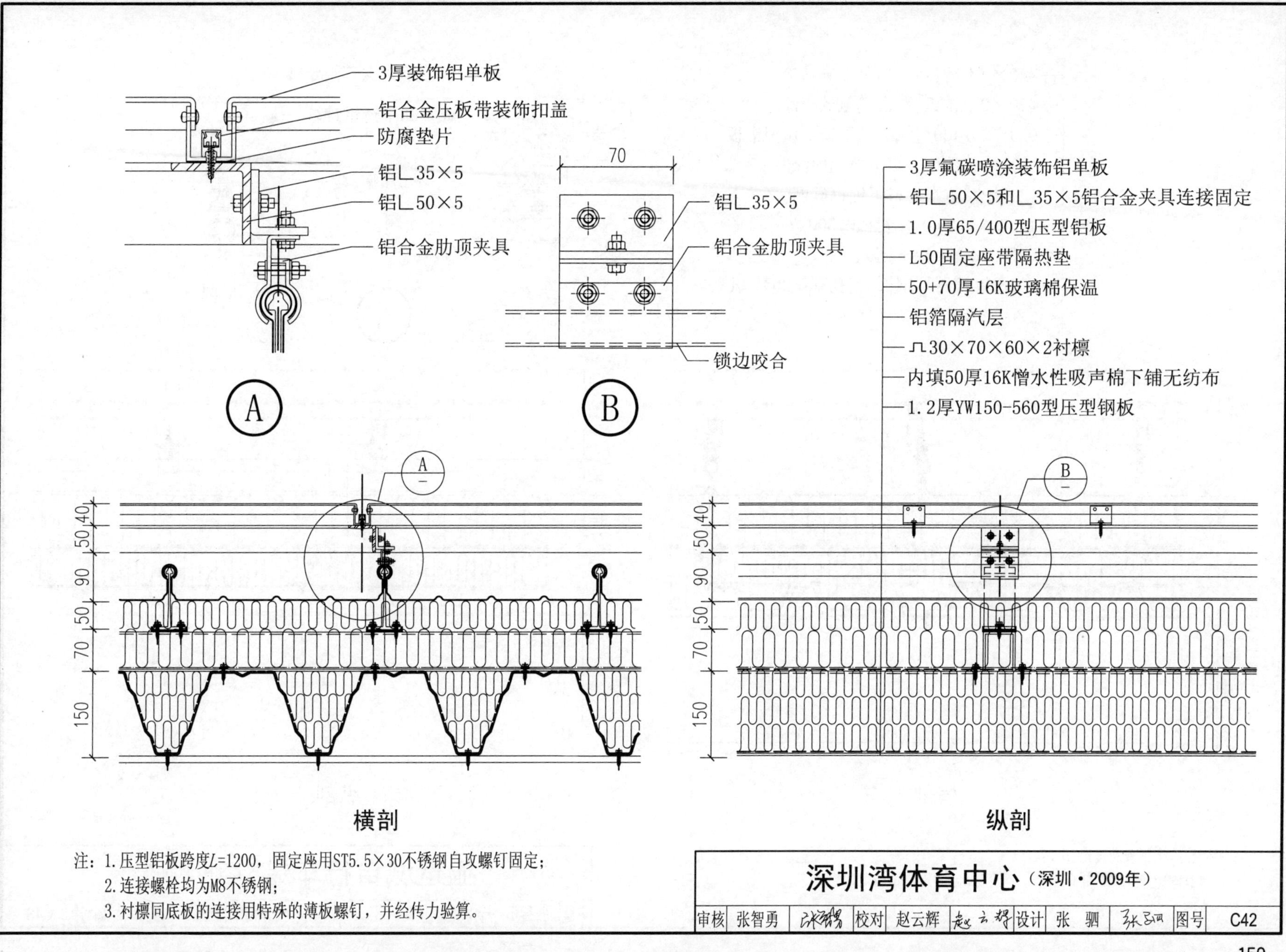

注：1.压型铝板跨度L=1200，固定座用ST5.5×30不锈钢自攻螺钉固定；
2.连接螺栓均为M8不锈钢；
3.衬檩同底板的连接用特殊的薄板螺钉，并经传力验算。

深圳湾体育中心（深圳·2009年）

审核	张智勇		校对	赵云辉		设计	张 驷		图号	C42

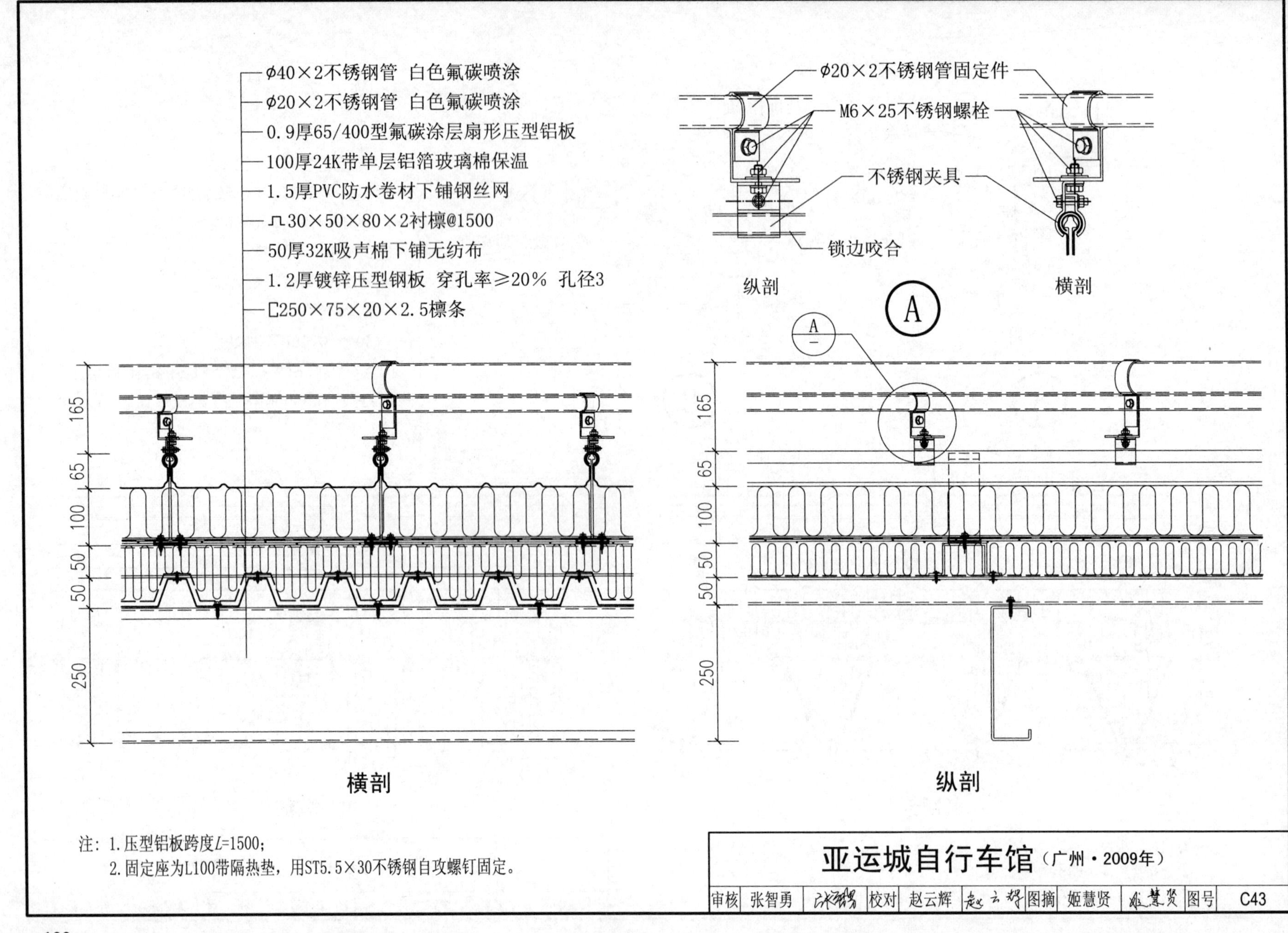

注：1. 压型铝板跨度L=1500；
2. 固定座为L100带隔热垫，用ST5.5×30不锈钢自攻螺钉固定。

亚运城自行车馆（广州·2009年）								
审核	张智勇	[签名]	校对	赵云辉	[签名]	图摘	姬慧贤	[签名]	图号	C43

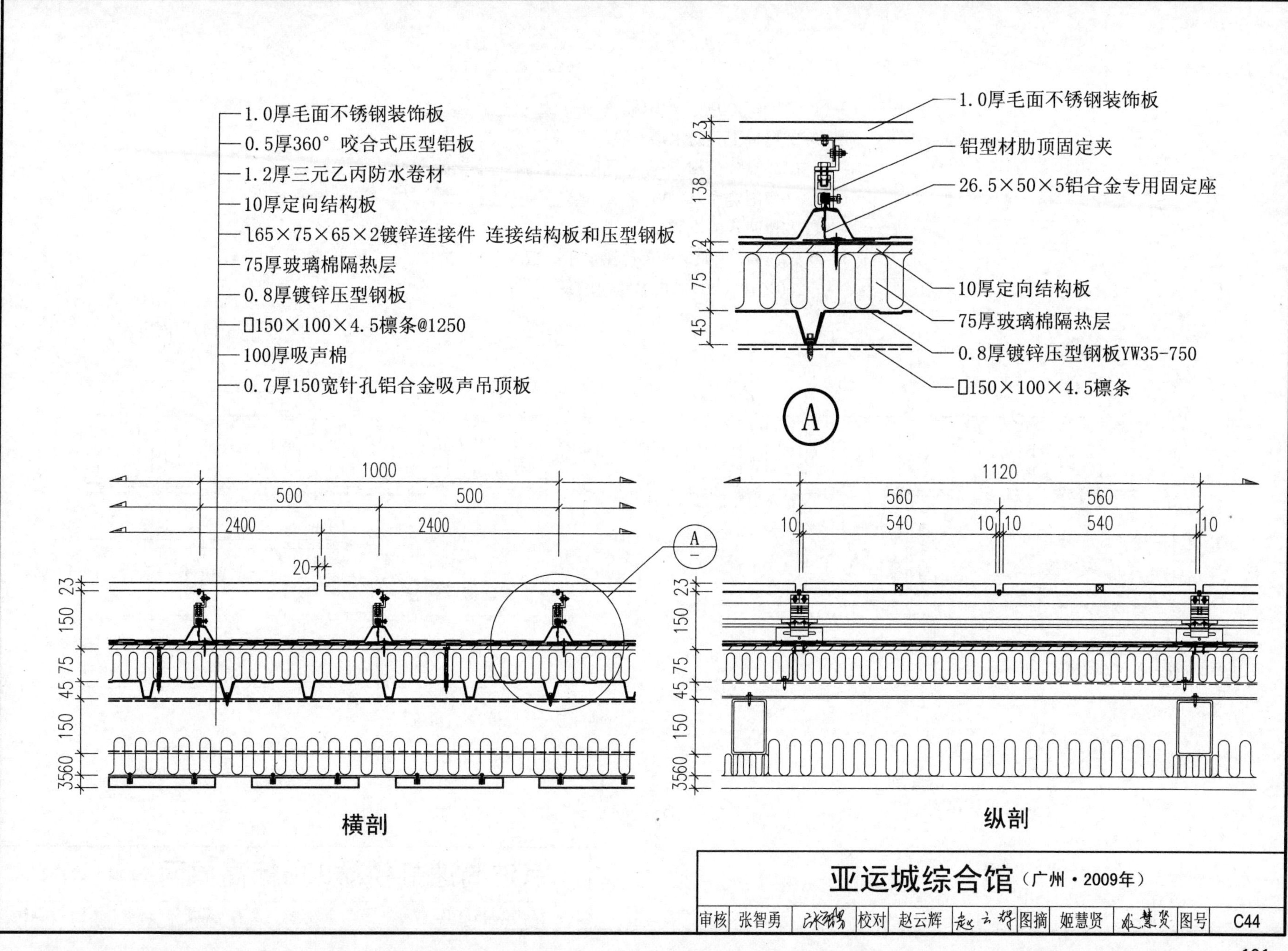
1.0厚毛面不锈钢装饰板
0.5厚360° 咬合式压型铝板
1.2厚三元乙丙防水卷材
10厚定向结构板
˥65×75×65×2镀锌连接件 连接结构板和压型钢板
75厚玻璃棉隔热层
0.8厚镀锌压型钢板
□150×100×4.5檩条@1250
100厚吸声棉
0.7厚150宽针孔铝合金吸声吊顶板
1.0厚毛面不锈钢装饰板
铝型材肋顶固定夹
26.5×50×5铝合金专用固定座
10厚定向结构板
75厚玻璃棉隔热层
0.8厚镀锌压型钢板YW35-750
□150×100×4.5檩条
A
1000
500
2400
20
1120
560
540
10
23
138
12
75
45
150
3560
横剖
纵剖
亚运城综合馆（广州·2009年）
审核 张智勇 校对 赵云辉 图摘 姬慧贤 图号 C44

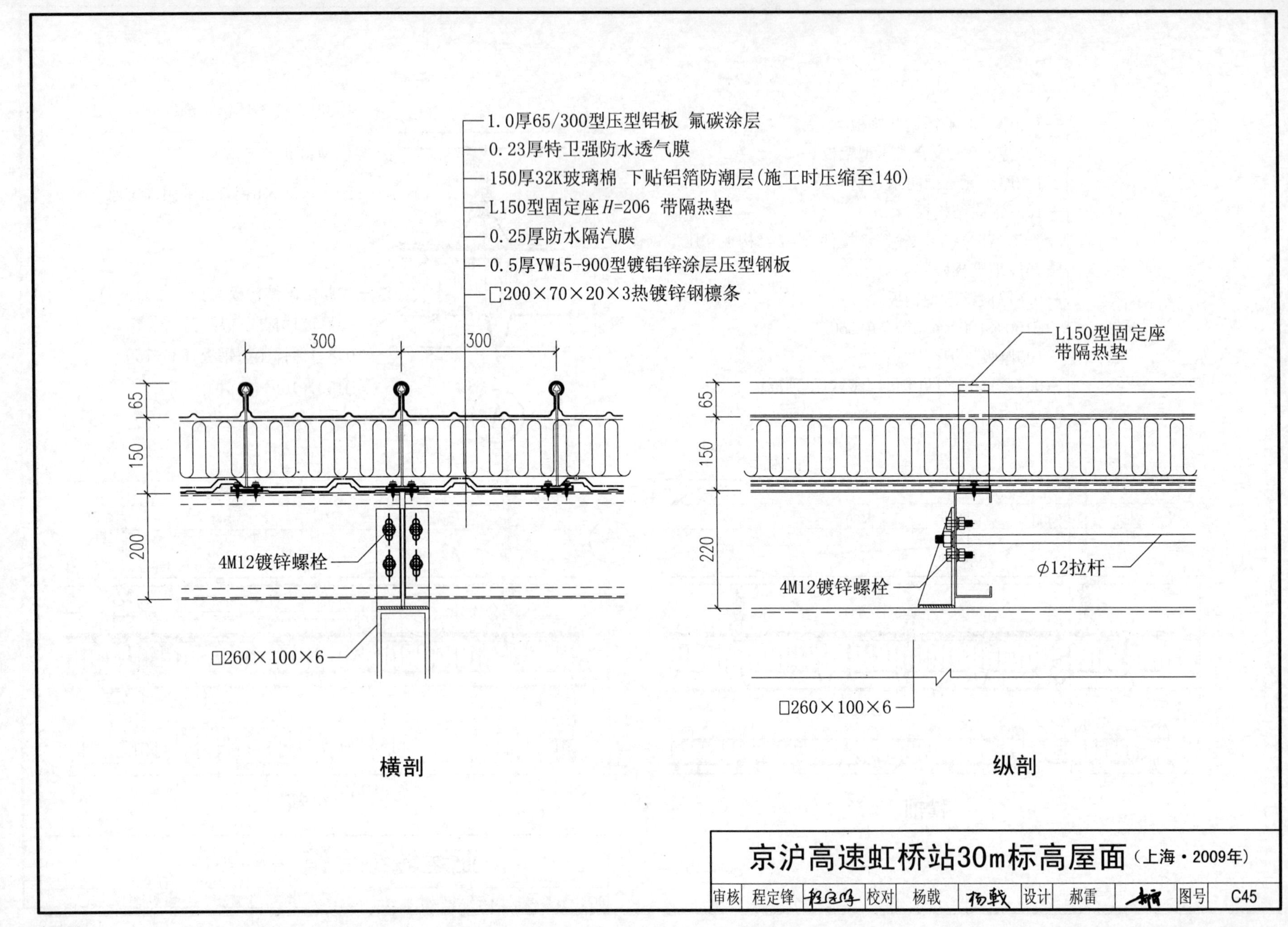
1.0厚65/300型压型铝板 氟碳涂层
0.23厚特卫强防水透气膜
150厚32K玻璃棉 下贴铝箔防潮层(施工时压缩至140)
L150型固定座H=206 带隔热垫
0.25厚防水隔汽膜
0.5厚YW15-900型镀铝锌涂层压型钢板
□200×70×20×3热镀锌钢檩条
300
300
65
150
200
4M12镀锌螺栓
□260×100×6
横剖
L150型固定座
带隔热垫
65
150
220
ϕ12拉杆
4M12镀锌螺栓
□260×100×6
纵剖
京沪高速虹桥站30m标高屋面(上海·2009年)
审核 程定锋 校对 杨载 设计 郝雷 图号 C45

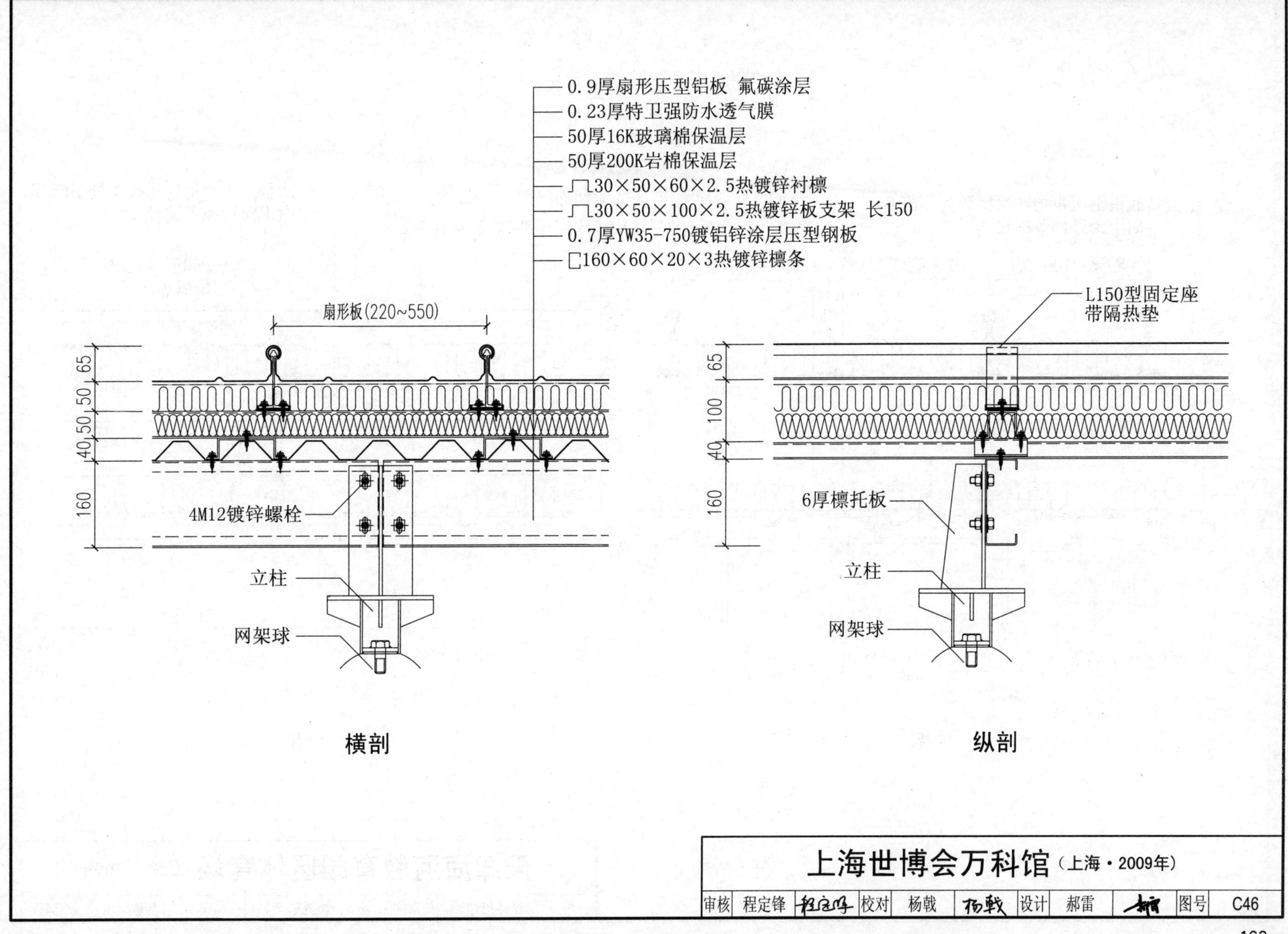

上海世博会万科馆（上海·2009年）

审核	程定锋		校对	杨戟		设计	郝雷		图号	C46

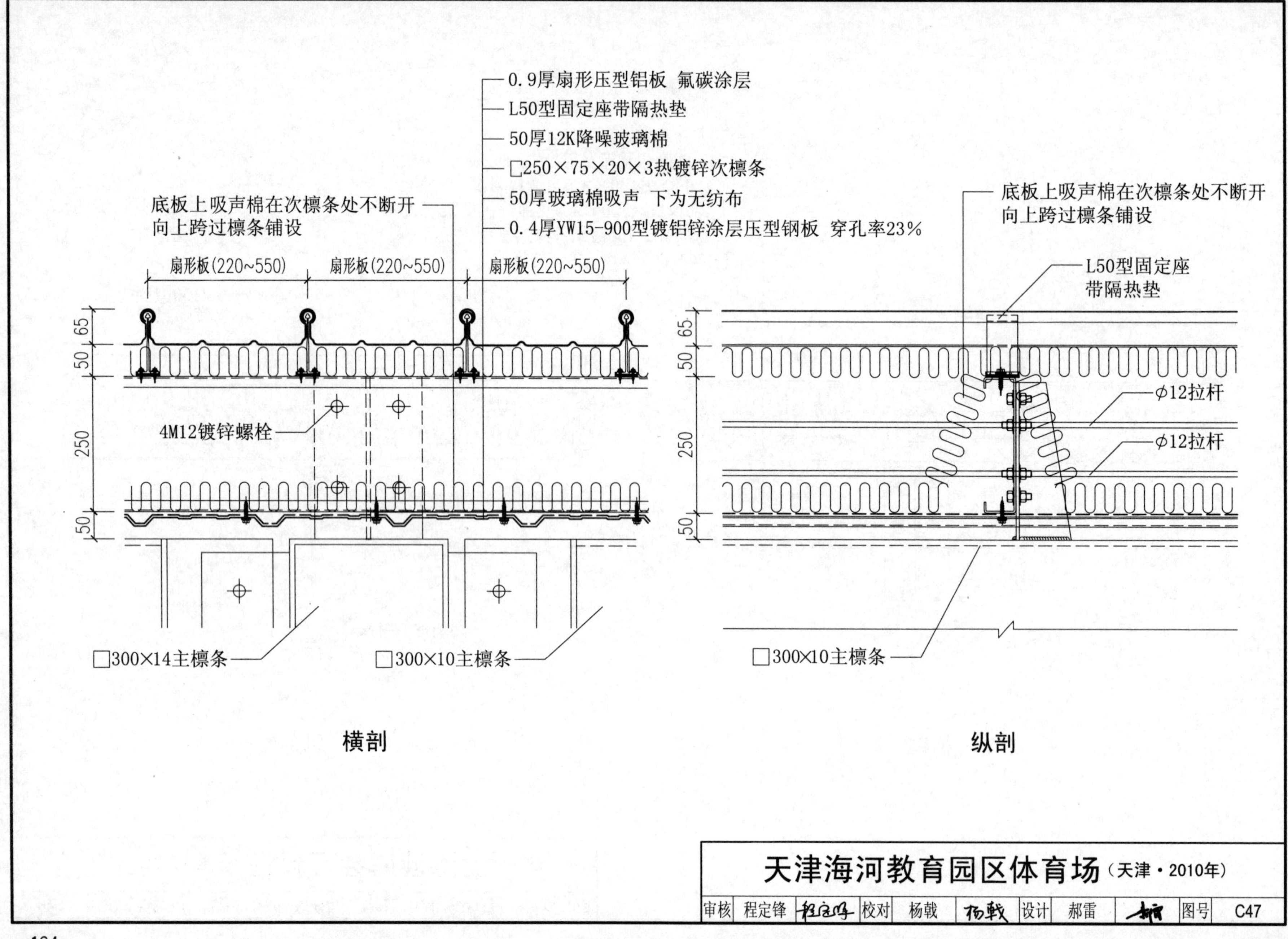
0.9厚扇形压型铝板 氟碳涂层
L50型固定座带隔热垫
50厚12K降噪玻璃棉
□250×75×20×3热镀锌次檩条
50厚玻璃棉吸声 下为无纺布
0.4厚YW15-900型镀铝锌涂层压型钢板 穿孔率23%
底板上吸声棉在次檩条处不断开
向上跨过檩条铺设
扇形板(220~550)
扇形板(220~550)
扇形板(220~550)
65
50
250
50
4M12镀锌螺栓
□300×14主檩条
□300×10主檩条
横剖
底板上吸声棉在次檩条处不断开
向上跨过檩条铺设
L50型固定座
带隔热垫
ϕ12拉杆
ϕ12拉杆
□300×10主檩条
纵剖
天津海河教育园区体育场（天津·2010年）
审核 程定锋 校对 杨戟 设计 郝雷 图号 C47

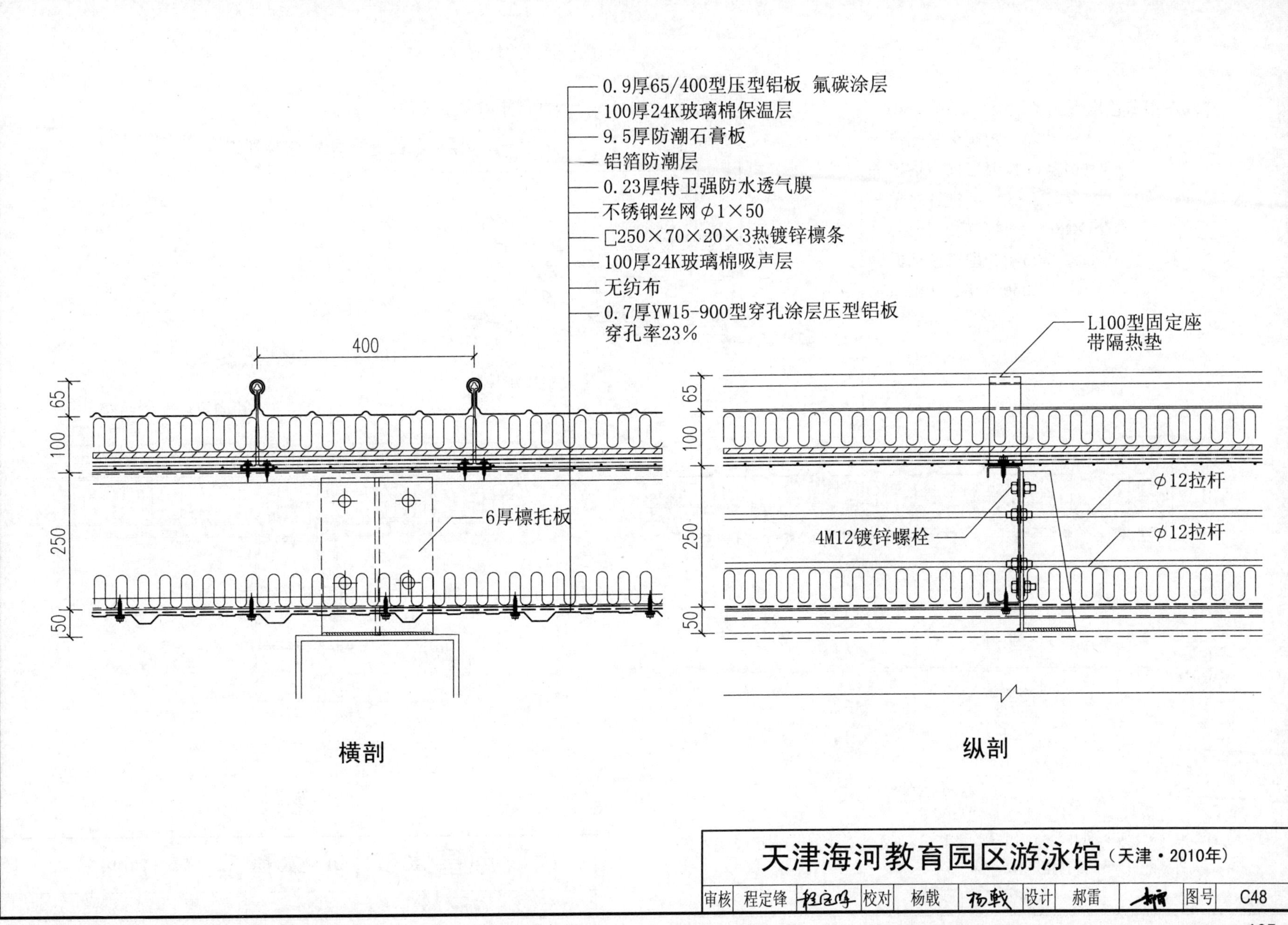

横剖

纵剖

天津海河教育园区游泳馆（天津·2010年）

审核	程定锋	程定锋	校对	杨戟	杨戟	设计	郝雷	郝雷	图号	C48

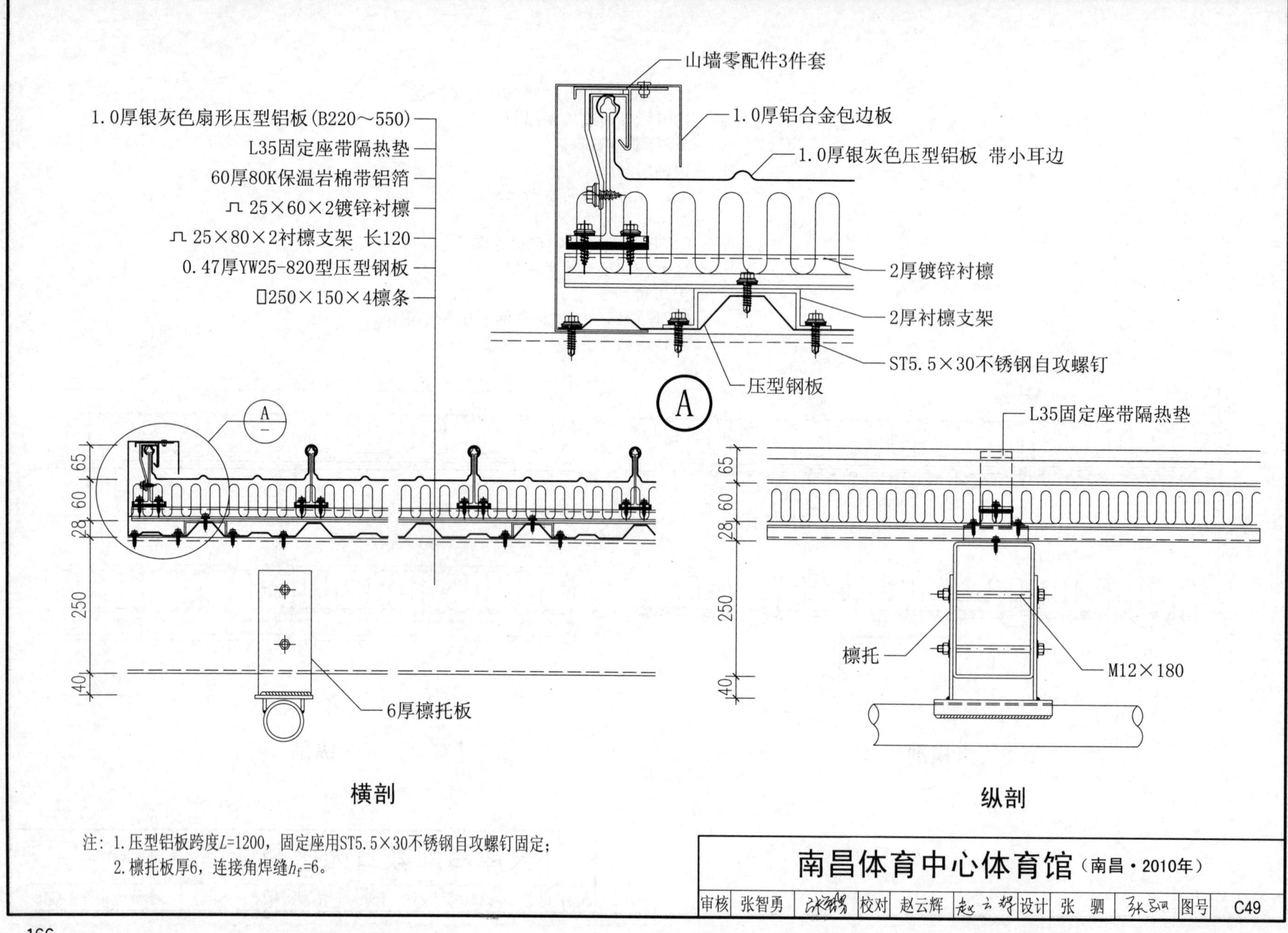

注：1. 压型铝板跨度L=1200，固定座用ST5.5×30不锈钢自攻螺钉固定；
2. 檩托板厚6，连接角焊缝h_f=6。

南昌体育中心体育馆（南昌·2010年）									
审核	张智勇	[签名]	校对	赵云辉	[签名]	设计	张 驷	[签名]	图号 C49

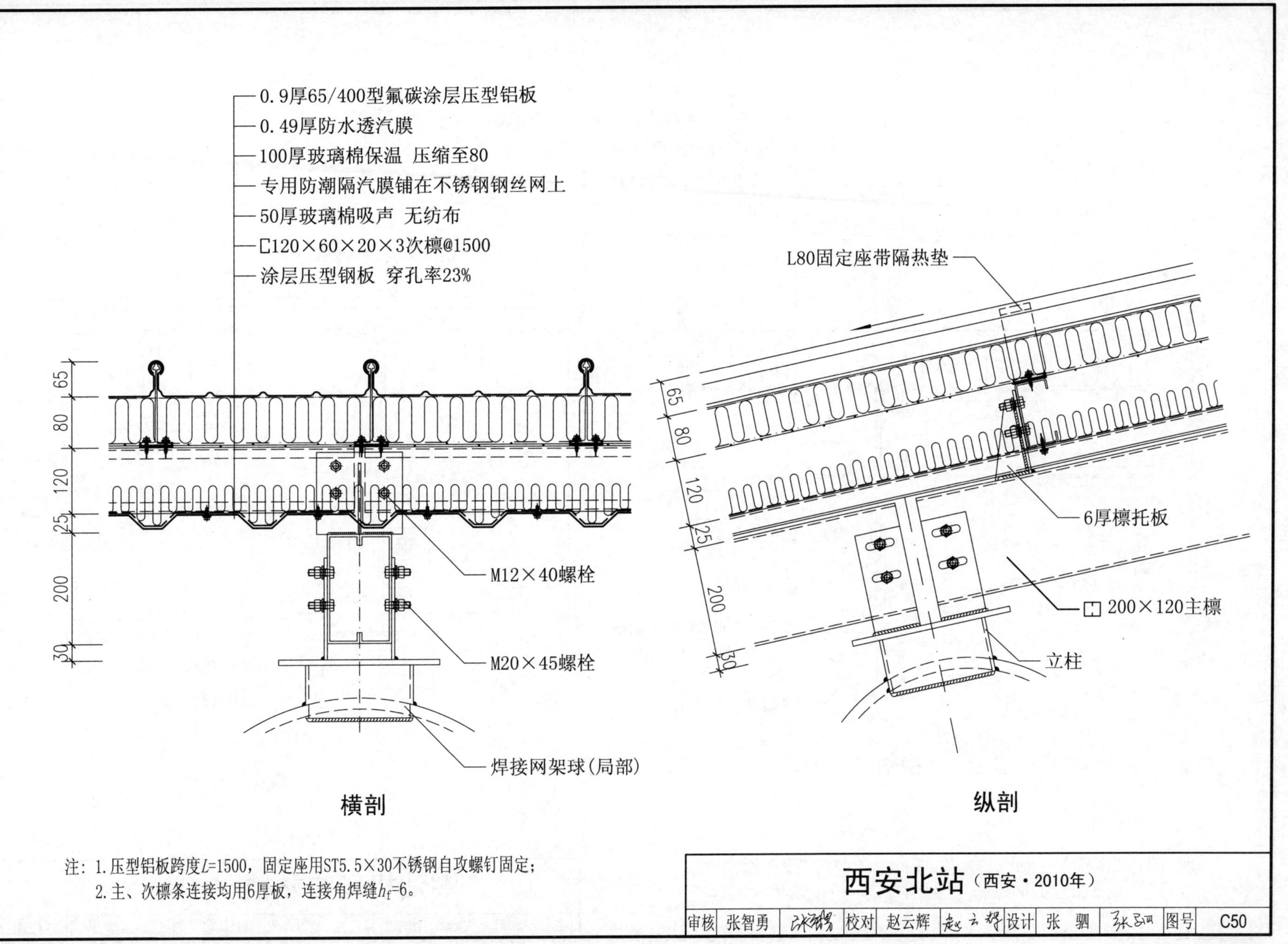

注：1.压型铝板跨度L=1500，固定座用ST5.5×30不锈钢自攻螺钉固定；

2.主、次檩条连接均用6厚板，连接角焊缝h_f=6。

西安北站（西安・2010年）									
审核	张智勇	[signature]	校对	赵云辉	[signature]	设计	张 驷	[signature]	图号 C50

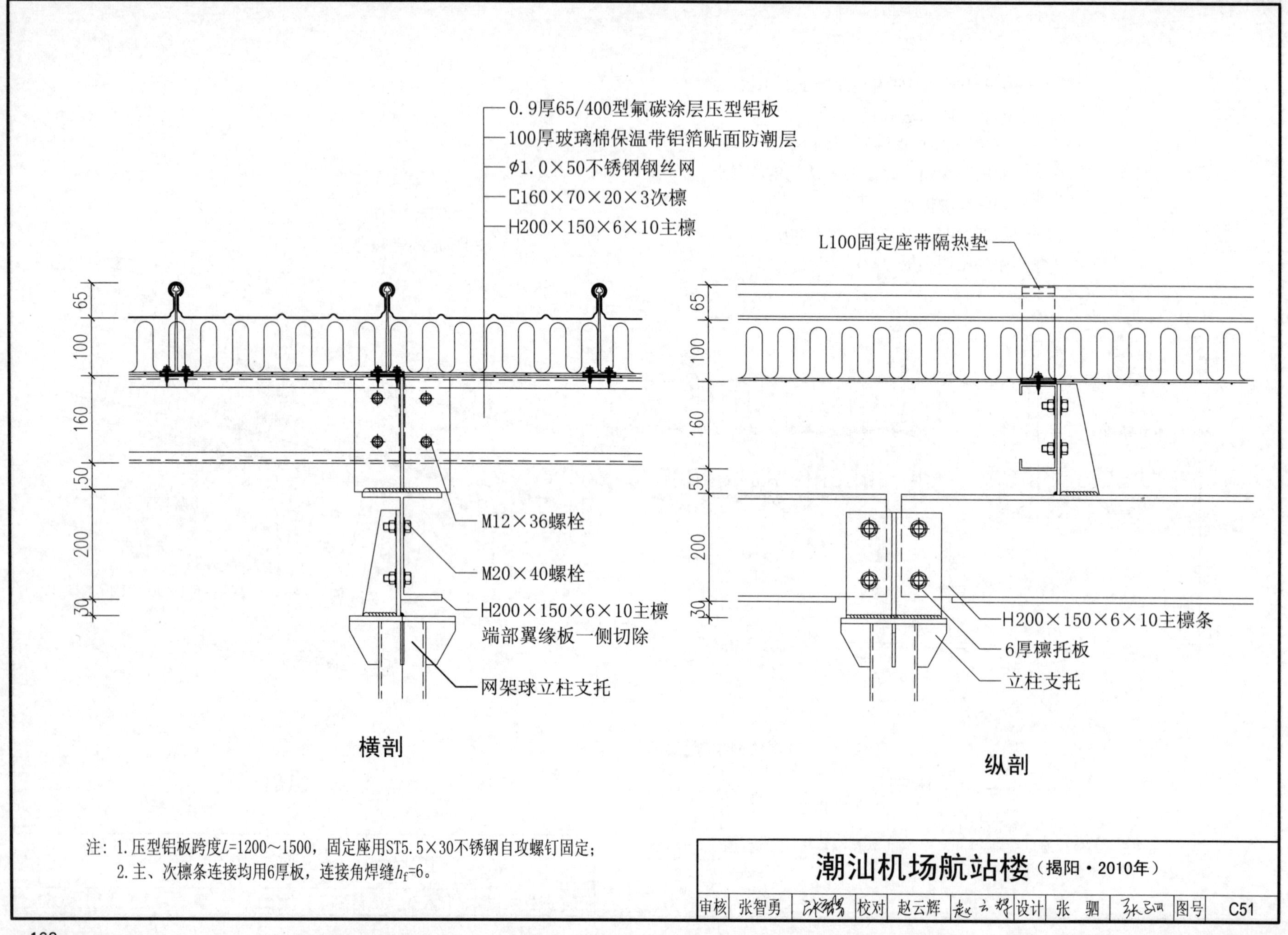

注：1.压型铝板跨度L=1200～1500，固定座用ST5.5×30不锈钢自攻螺钉固定；
2.主、次檩条连接均用6厚板，连接角焊缝h_f=6。

潮汕机场航站楼（揭阳·2010年）

审核	张智勇		校对	赵云辉		设计	张 驷		图号	C51

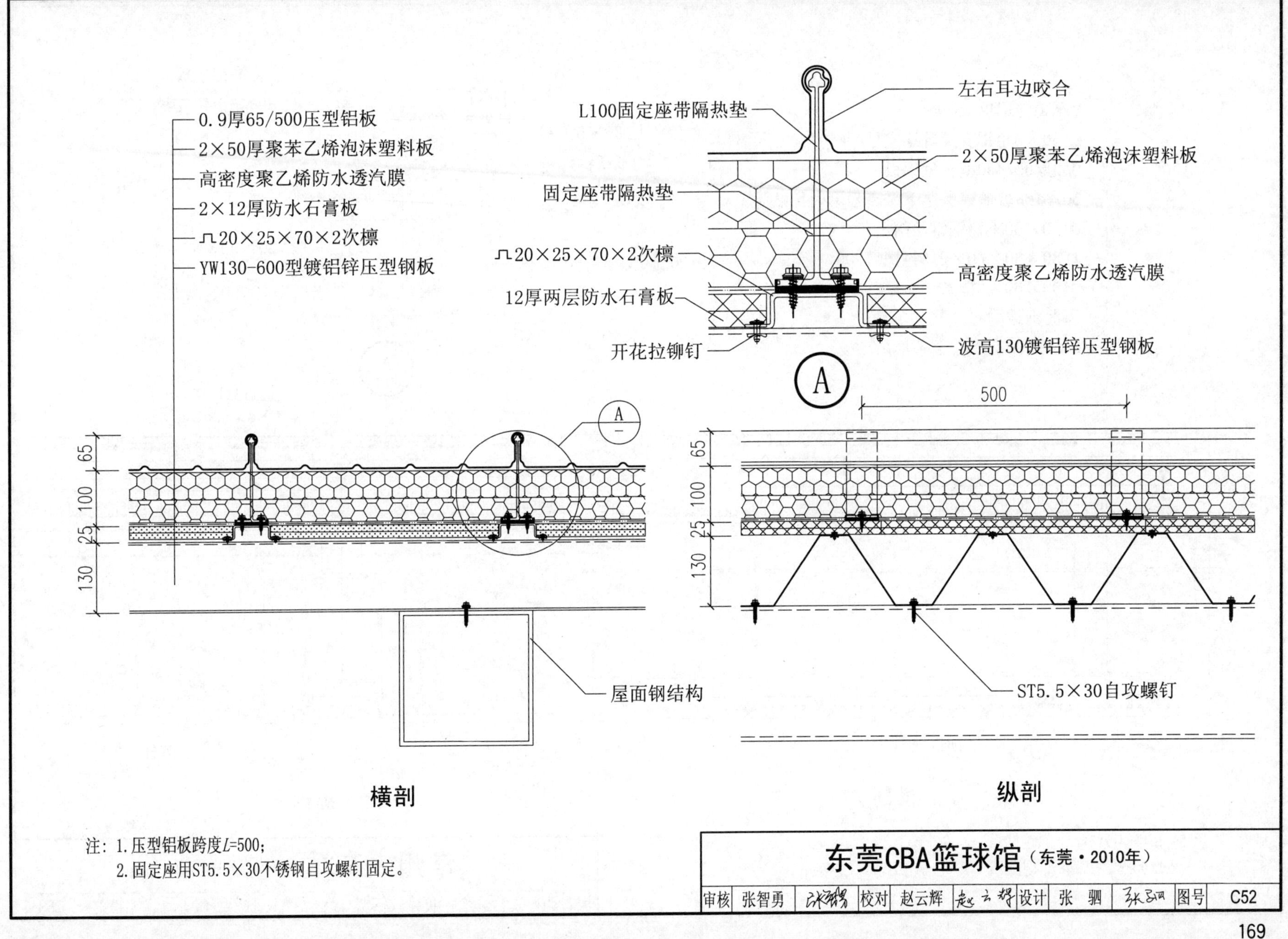

注：1.压型铝板跨度L=500；
2.固定座用ST5.5×30不锈钢自攻螺钉固定。

东莞CBA篮球馆（东莞·2010年）								
审核	张智勇	[signature]	校对	赵云辉	[signature]	设计	张 驷	图号 C52

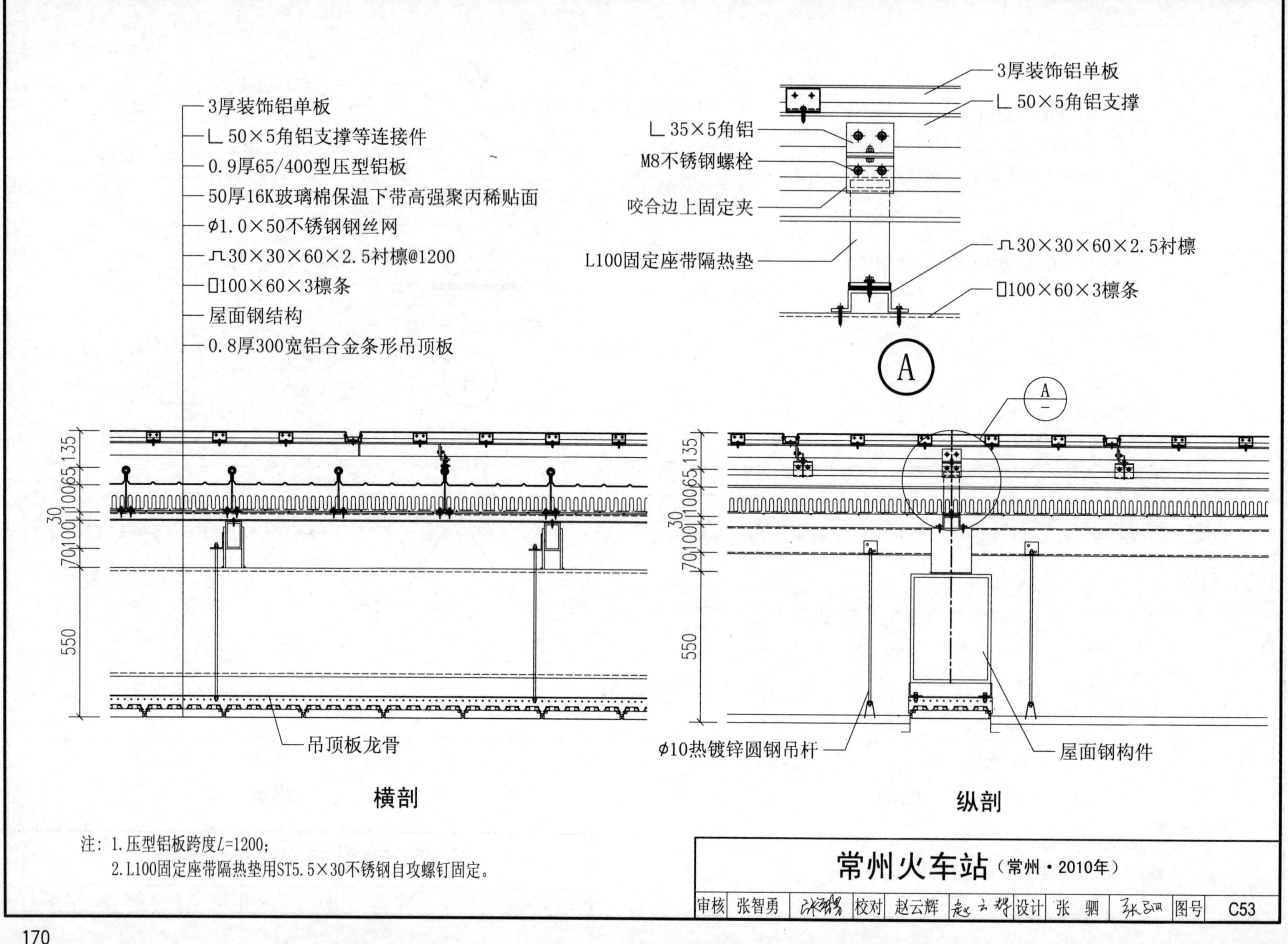

注：1.压型铝板跨度L=1200；

2.L100固定座带隔热垫用ST5.5×30不锈钢自攻螺钉固定。

常州火车站（常州·2010年）									
审核	张智勇	张智勇	校对	赵云辉	赵云辉	设计	张驷	张驷	图号	C53

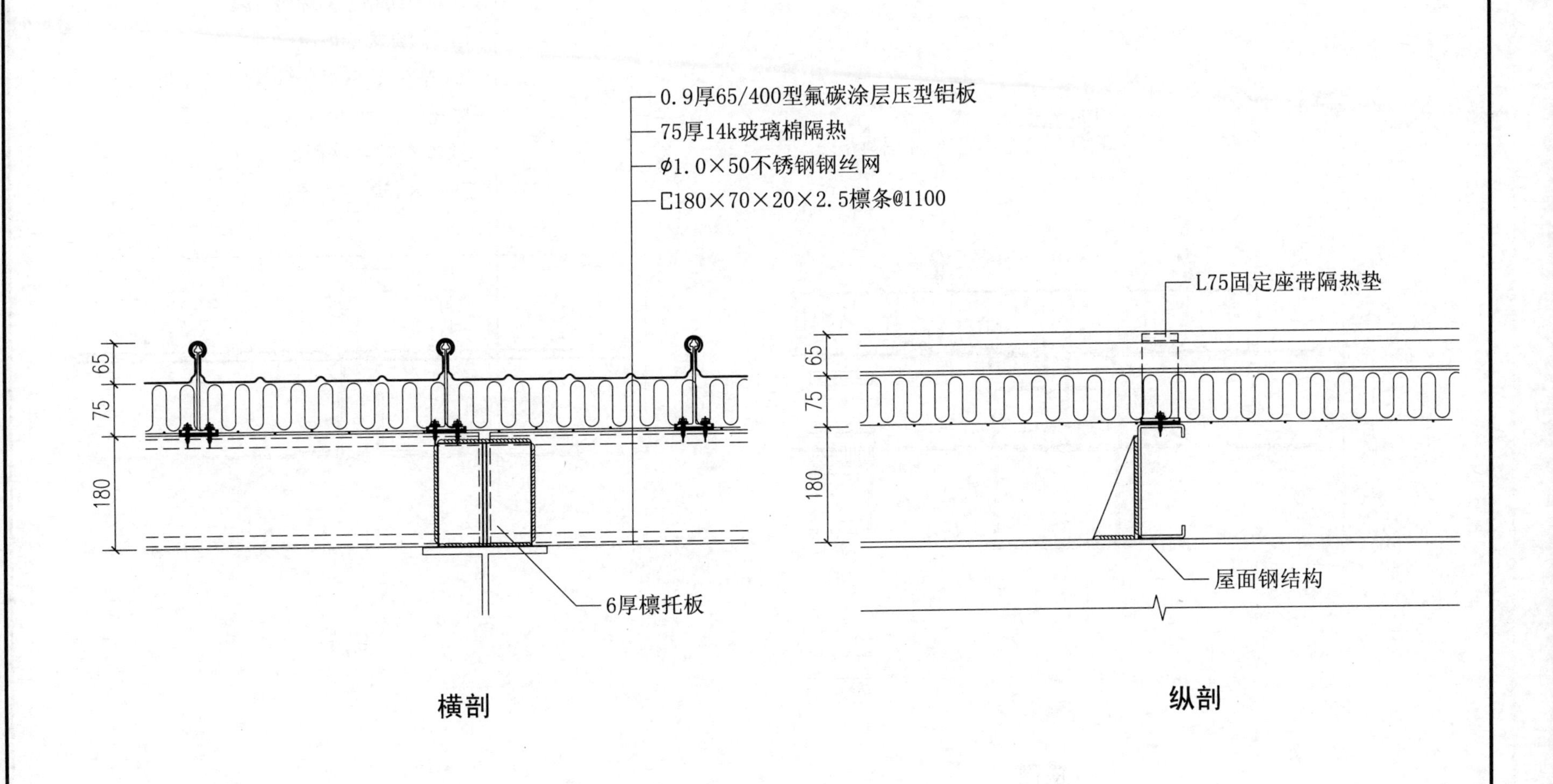

横剖

纵剖

注：1.压型铝板跨度L=1100，L75型固定座带隔热垫，用ST5.5×30不锈钢自攻螺钉固定；
2.檩托板6厚，连接角焊缝h_f=6。

海峡汽车城（福州·2010年）									
审核	张智勇	[signature]	校对	赵云辉	[signature]	设计	张驷	[signature]	图号 C54

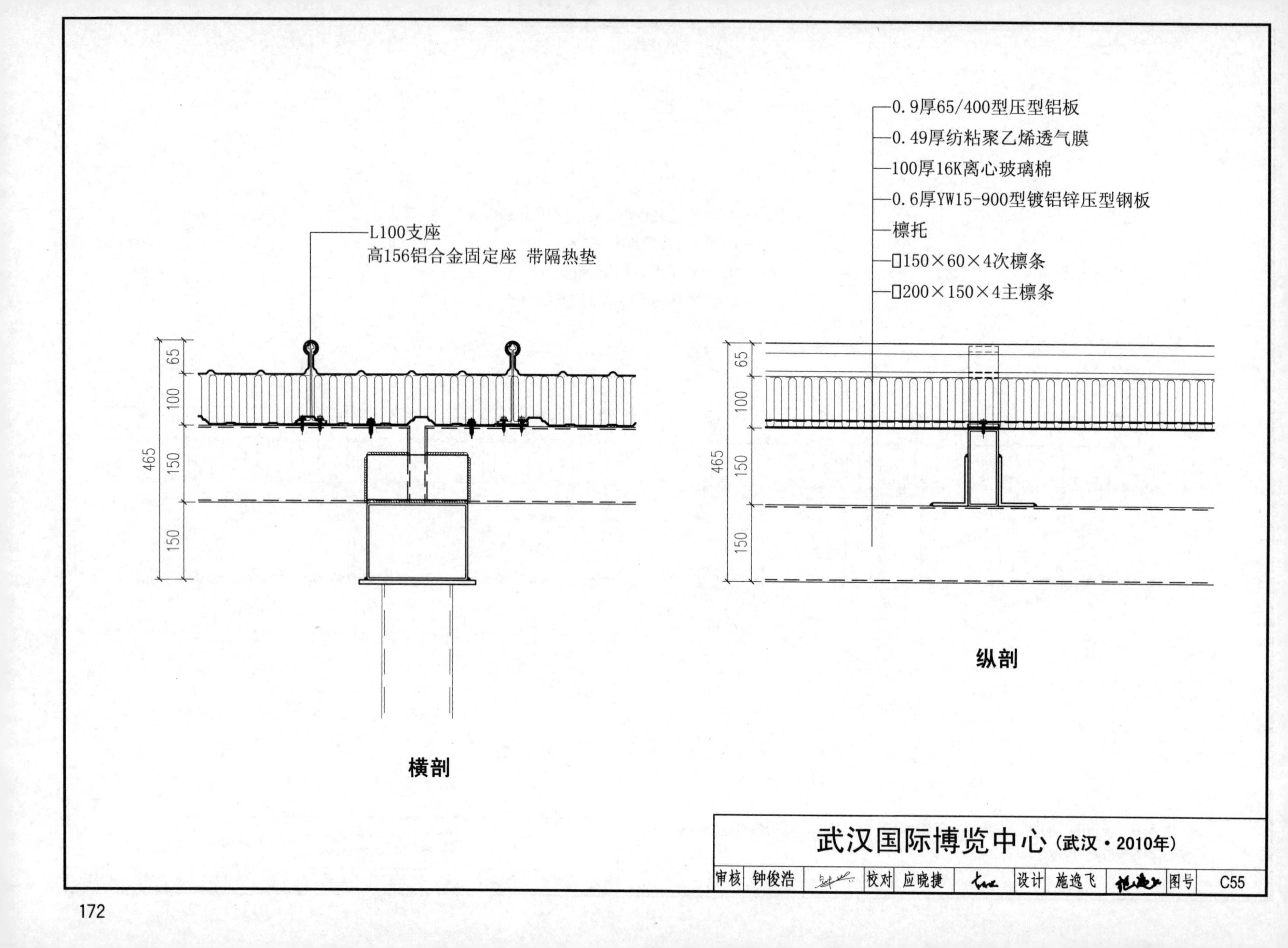

0.9厚65/400型压型铝板
0.49厚纺粘聚乙烯透气膜
100厚16K离心玻璃棉
0.6厚YW15-900型镀铝锌压型钢板
檩托
□150×60×4次檩条
□200×150×4主檩条
L100支座
高156铝合金固定座 带隔热垫
65
100
150
150
465
横剖
纵剖
武汉国际博览中心（武汉·2010年）
审核 钟俊浩
校对 应晓捷
设计 施逸飞
图号 C55

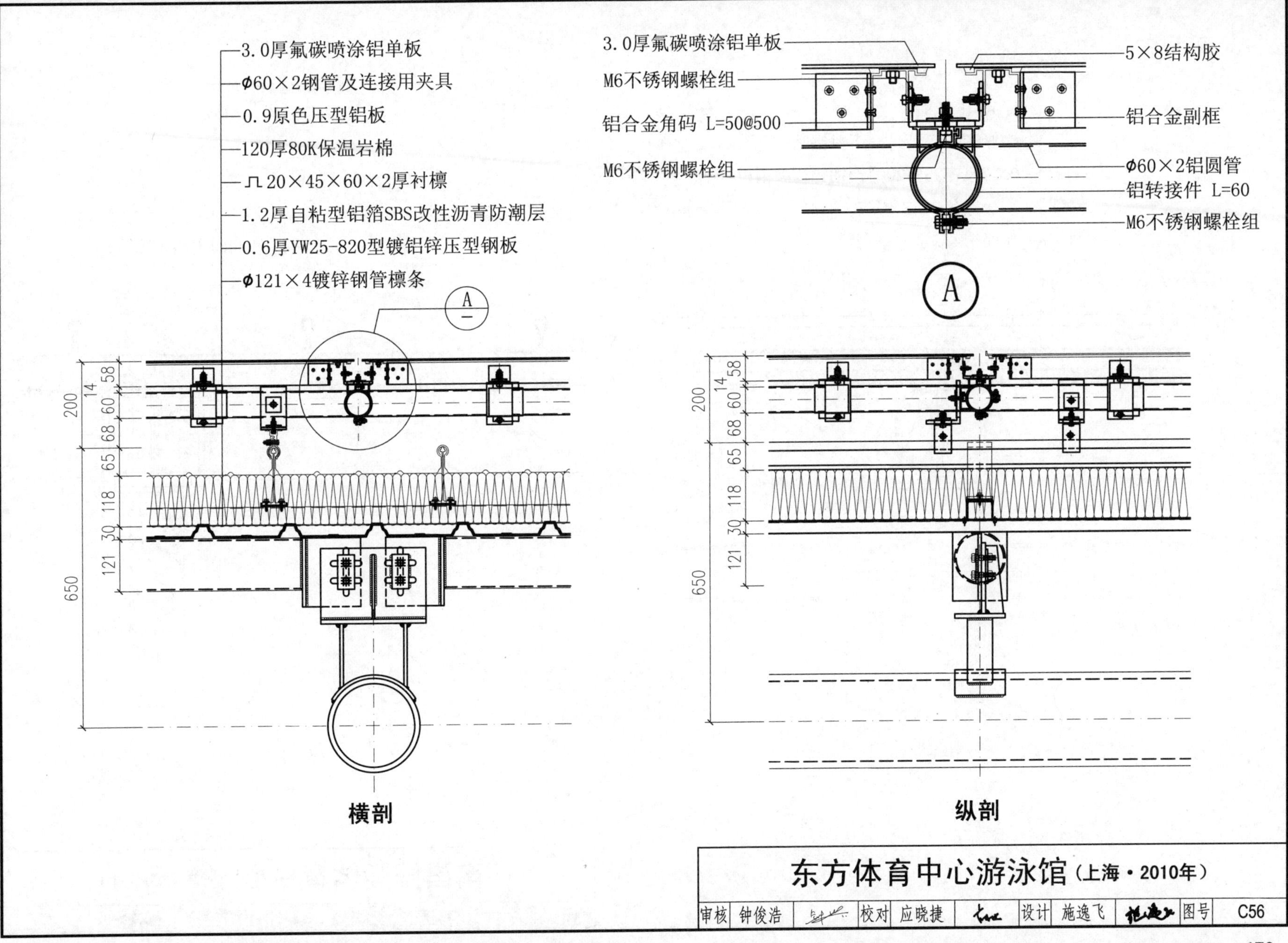
3.0厚氟碳喷涂铝单板
ϕ60×2钢管及连接用夹具
0.9原色压型铝板
120厚80K保温岩棉
⊓ 20×45×60×2厚衬檩
1.2厚自粘型铝箔SBS改性沥青防潮层
0.6厚YW25-820型镀铝锌压型钢板
ϕ121×4镀锌钢管檩条
A
200
14
58
60
68
65
118
30
121
650
3.0厚氟碳喷涂铝单板
M6不锈钢螺栓组
铝合金角码 L=50@500
M6不锈钢螺栓组
5×8结构胶
铝合金副框
ϕ60×2铝圆管
铝转接件 L=60
M6不锈钢螺栓组
A
横剖
纵剖
东方体育中心游泳馆（上海·2010年）
审核 钟俊浩
校对 应晓捷
设计 施逸飞
图号 C56

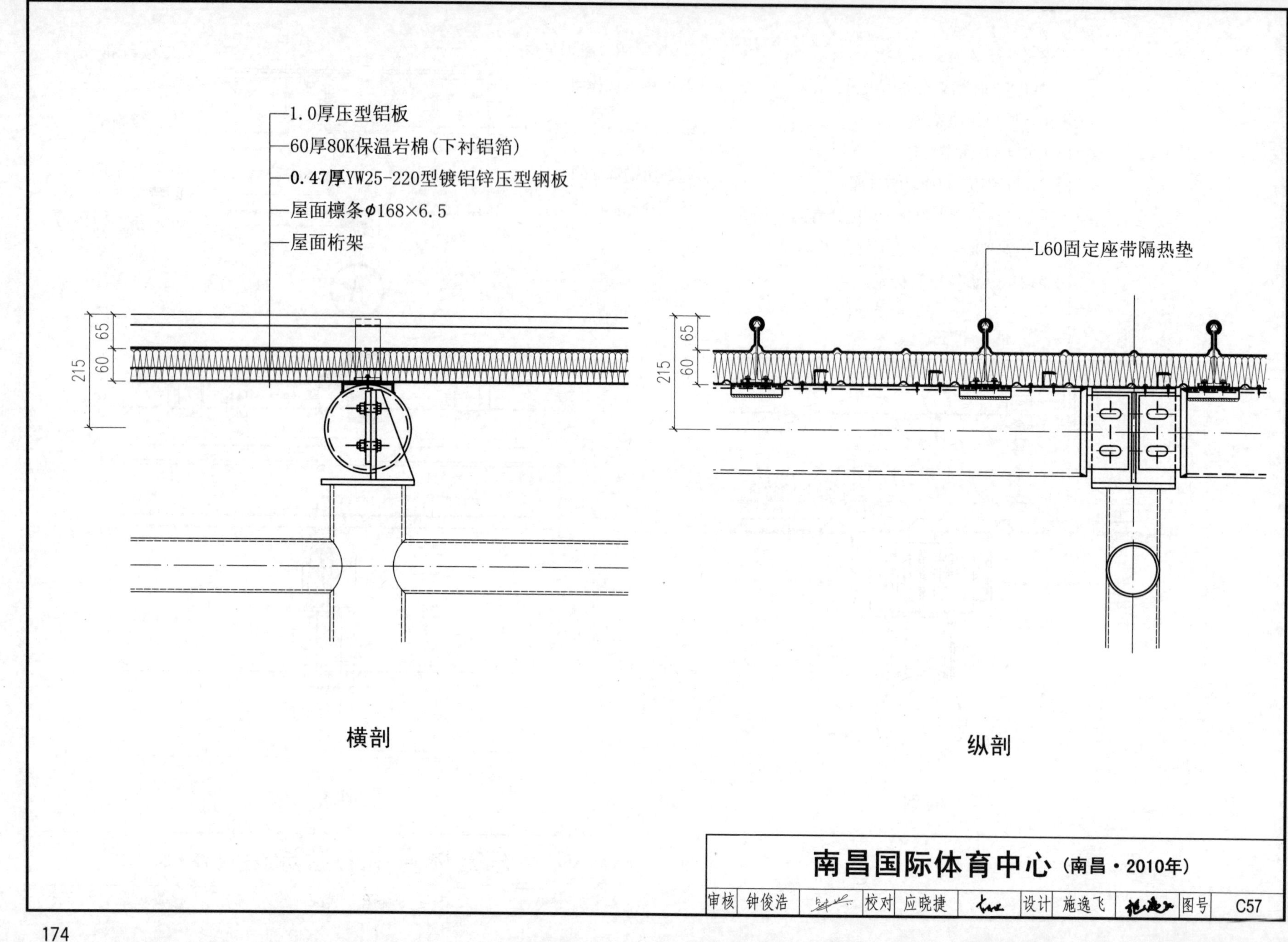
1.0厚压型铝板
60厚80K保温岩棉(下衬铝箔)
0.47厚YW25-220型镀铝锌压型钢板
屋面檩条φ168×6.5
屋面桁架
65
60
215
横剖
L60固定座带隔热垫
65
60
215
纵剖
南昌国际体育中心（南昌・2010年）
审核
钟俊浩
校对
应晓捷
设计
施逸飞
图号
C57

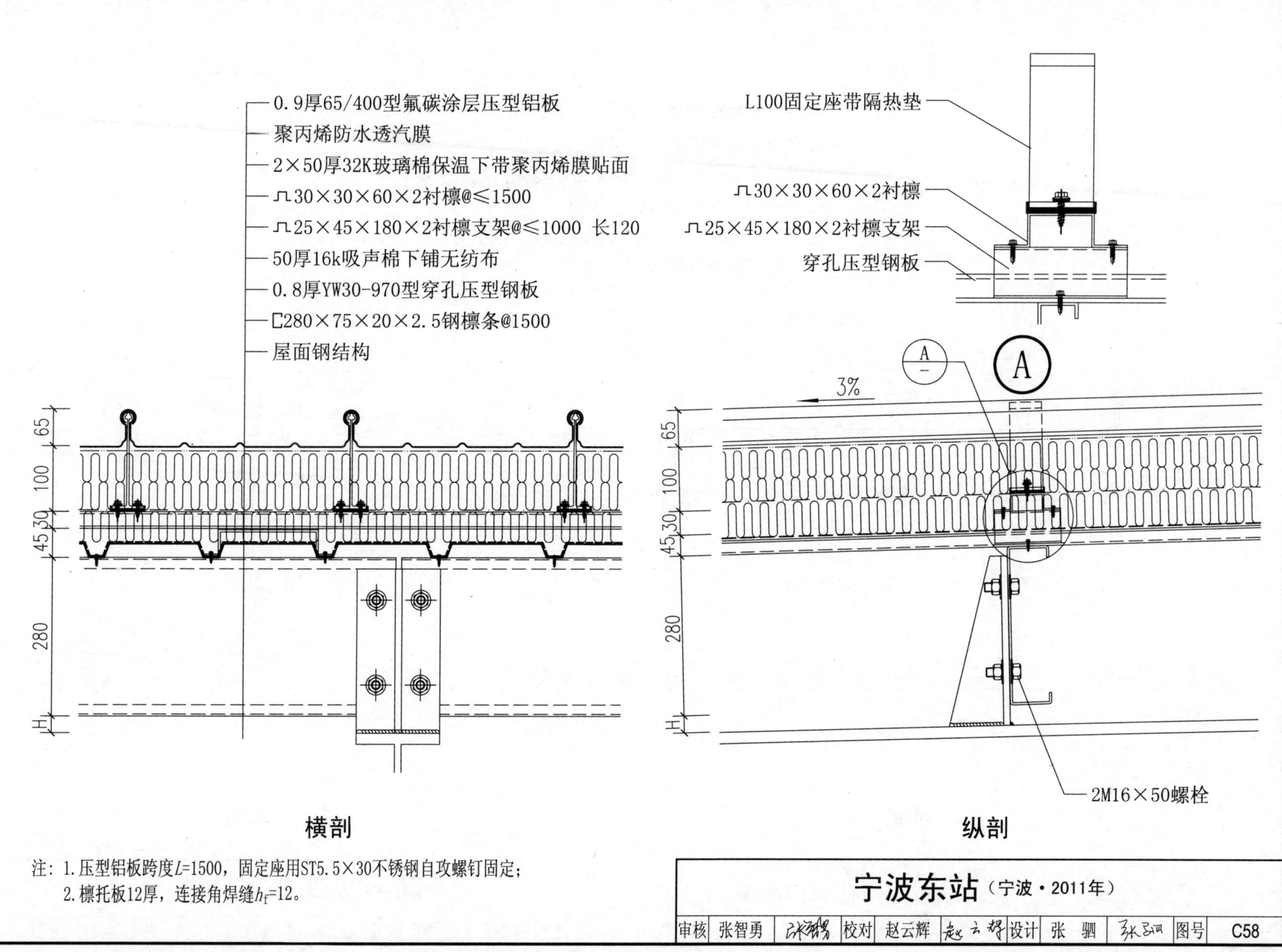

0.9厚65/400型氟碳涂层压型铝板
聚丙烯防水透汽膜
2×50厚32K玻璃棉保温下带聚丙烯膜贴面
⎍30×30×60×2衬檩@≤1500
⎍25×45×180×2衬檩支架@≤1000 长120
50厚16k吸声棉下铺无纺布
0.8厚YW30-970型穿孔压型钢板
[280×75×20×2.5钢檩条@1500
屋面钢结构
65
100
30
45
280
H
L100固定座带隔热垫
⎍30×30×60×2衬檩
⎍25×45×180×2衬檩支架
穿孔压型钢板
A
A
3%
2M16×50螺栓
横剖
纵剖
注：1.压型铝板跨度L=1500，固定座用ST5.5×30不锈钢自攻螺钉固定；
2.檩托板12厚，连接角焊缝hf=12。
宁波东站（宁波·2011年）
审核 张智勇 校对 赵云辉 设计 张 驷 图号 C58

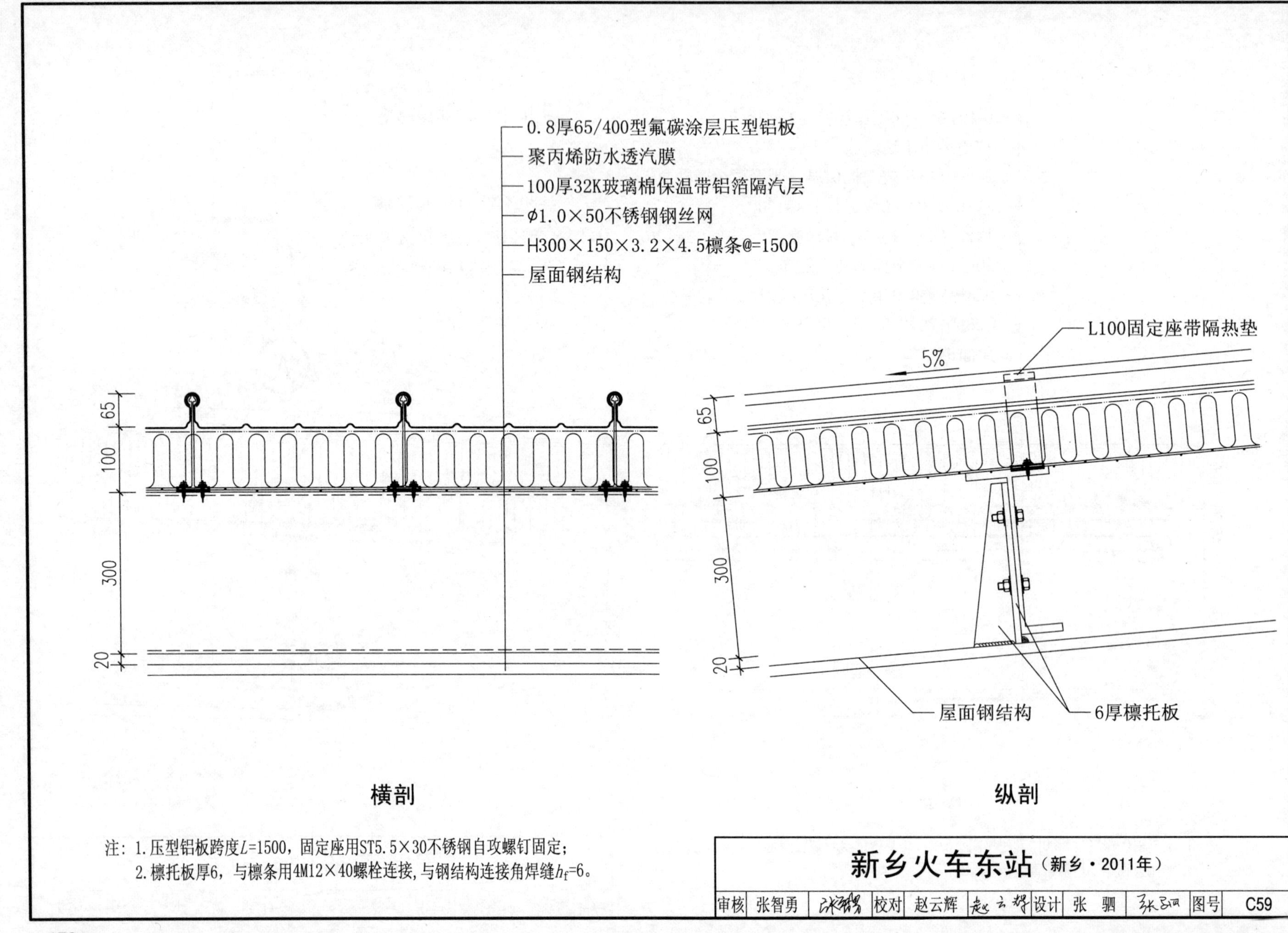

注：1.压型铝板跨度L=1500，固定座用ST5.5×30不锈钢自攻螺钉固定；
2.檩托板厚6，与檩条用4M12×40螺栓连接，与钢结构连接角焊缝h_f=6。

新乡火车东站（新乡·2011年）									
审核	张智勇	张智勇	校对	赵云辉	赵云辉	设计	张　驷	张驷	图号	C59

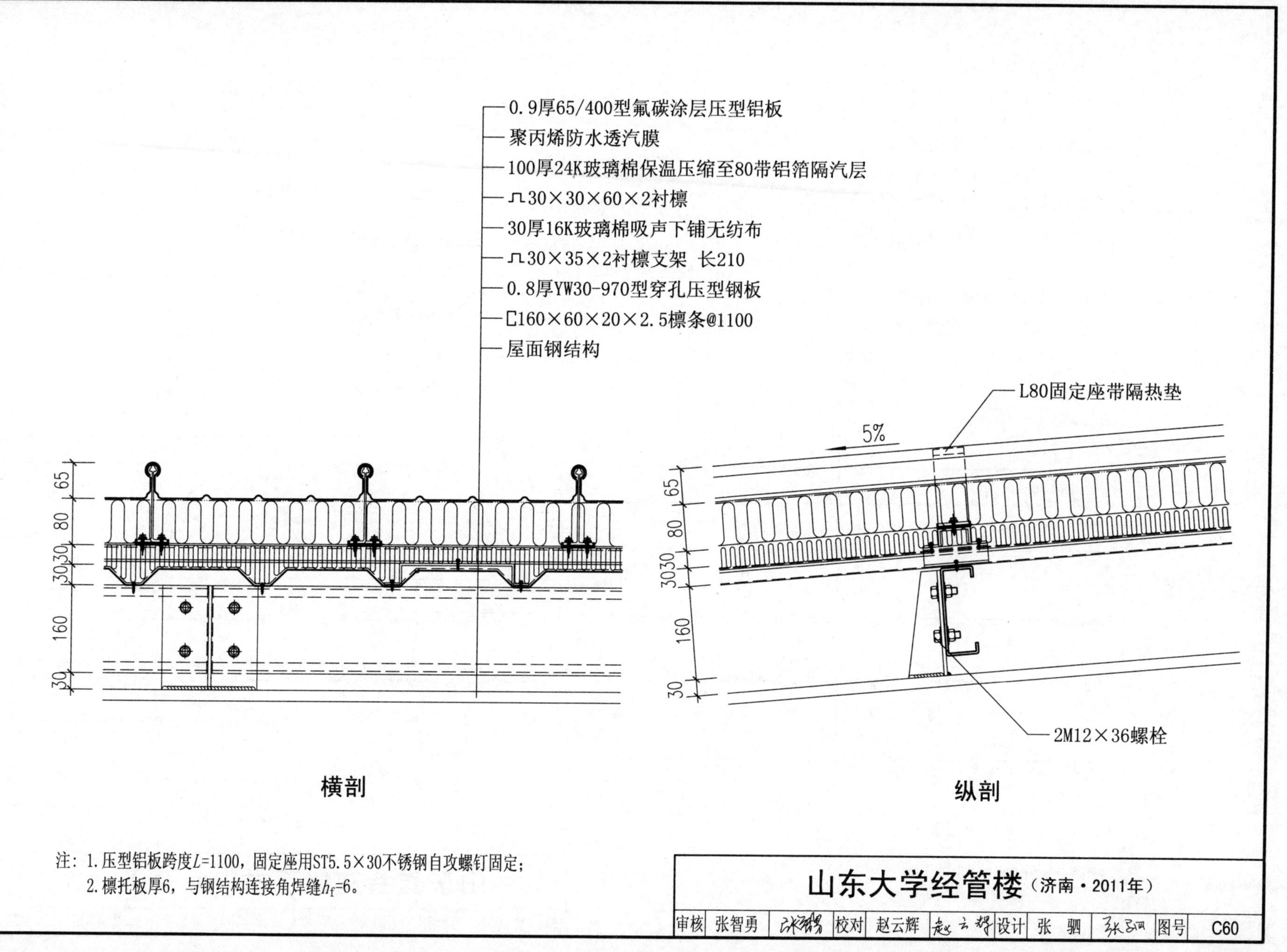

注：1. 压型铝板跨度L=1100，固定座用ST5.5×30不锈钢自攻螺钉固定；
2. 檩托板厚6，与钢结构连接角焊缝h_f=6。

山东大学经管楼（济南·2011年）								
审核	张智勇	[签名]	校对	赵云辉	[签名]	设计	张 驷	[签名]	图号	C60

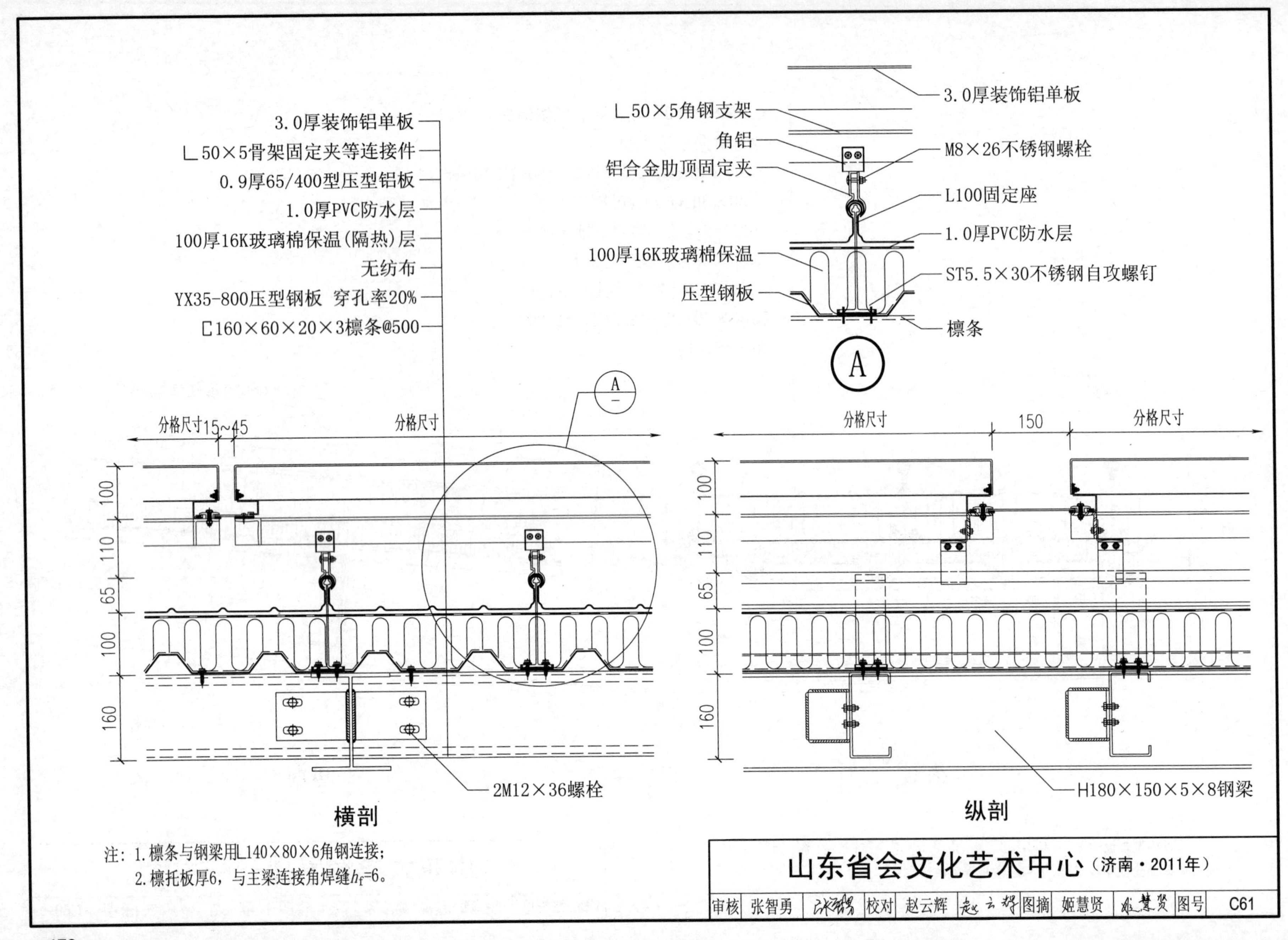

注：1.檩条与钢梁用L140×80×6角钢连接；
2.檩托板厚6，与主梁连接角焊缝h_f=6。

山东省会文化艺术中心（济南·2011年）

审核	张智勇		校对	赵云辉		图摘	姬慧贤		图号	C61

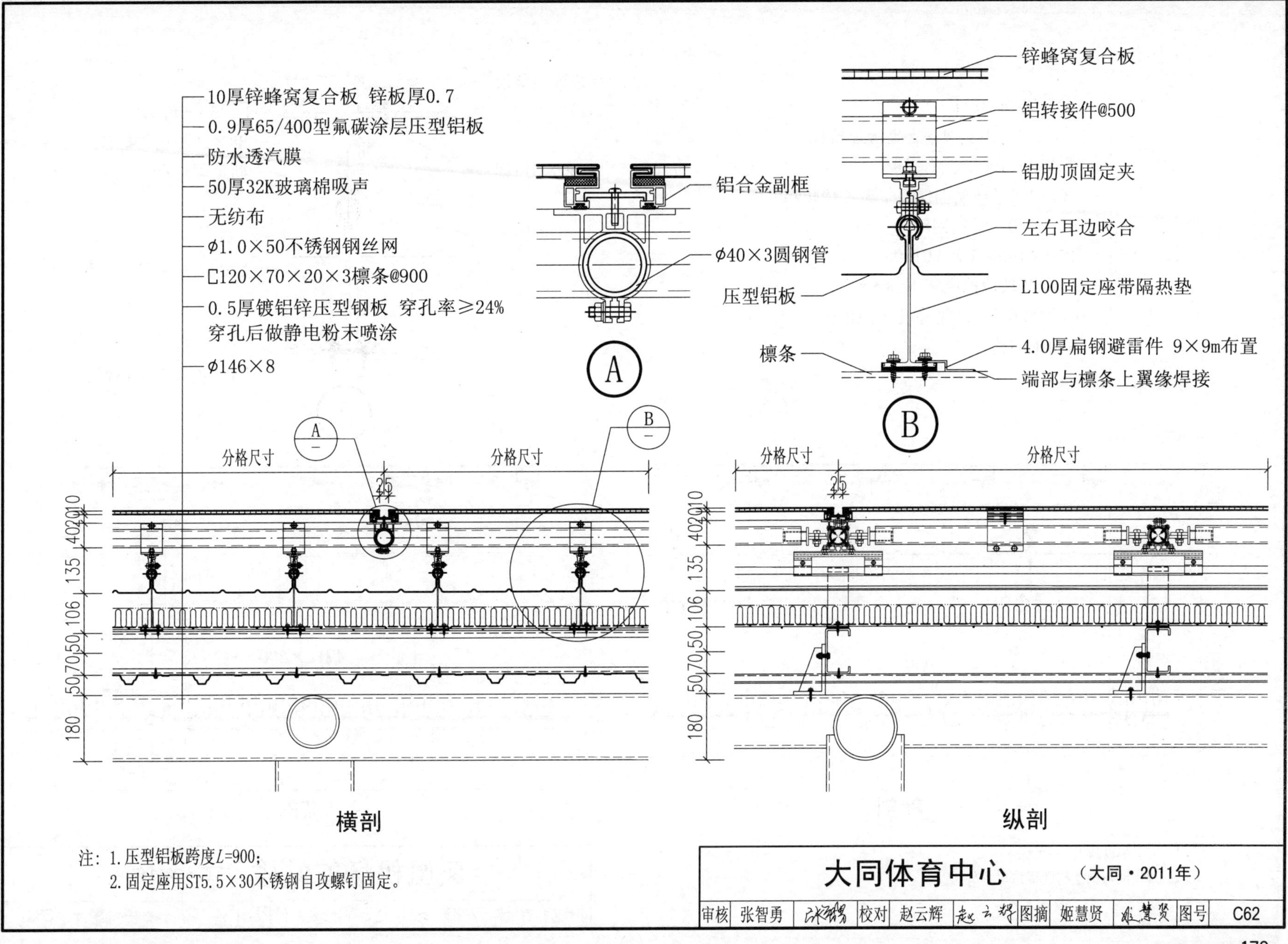

注：1.压型铝板跨度L=900；
2.固定座用ST5.5×30不锈钢自攻螺钉固定。

大同体育中心 （大同·2011年）								
审核	张智勇	[签名]	校对	赵云辉	[签名]	图摘	姬慧贤	[签名]	图号	C62

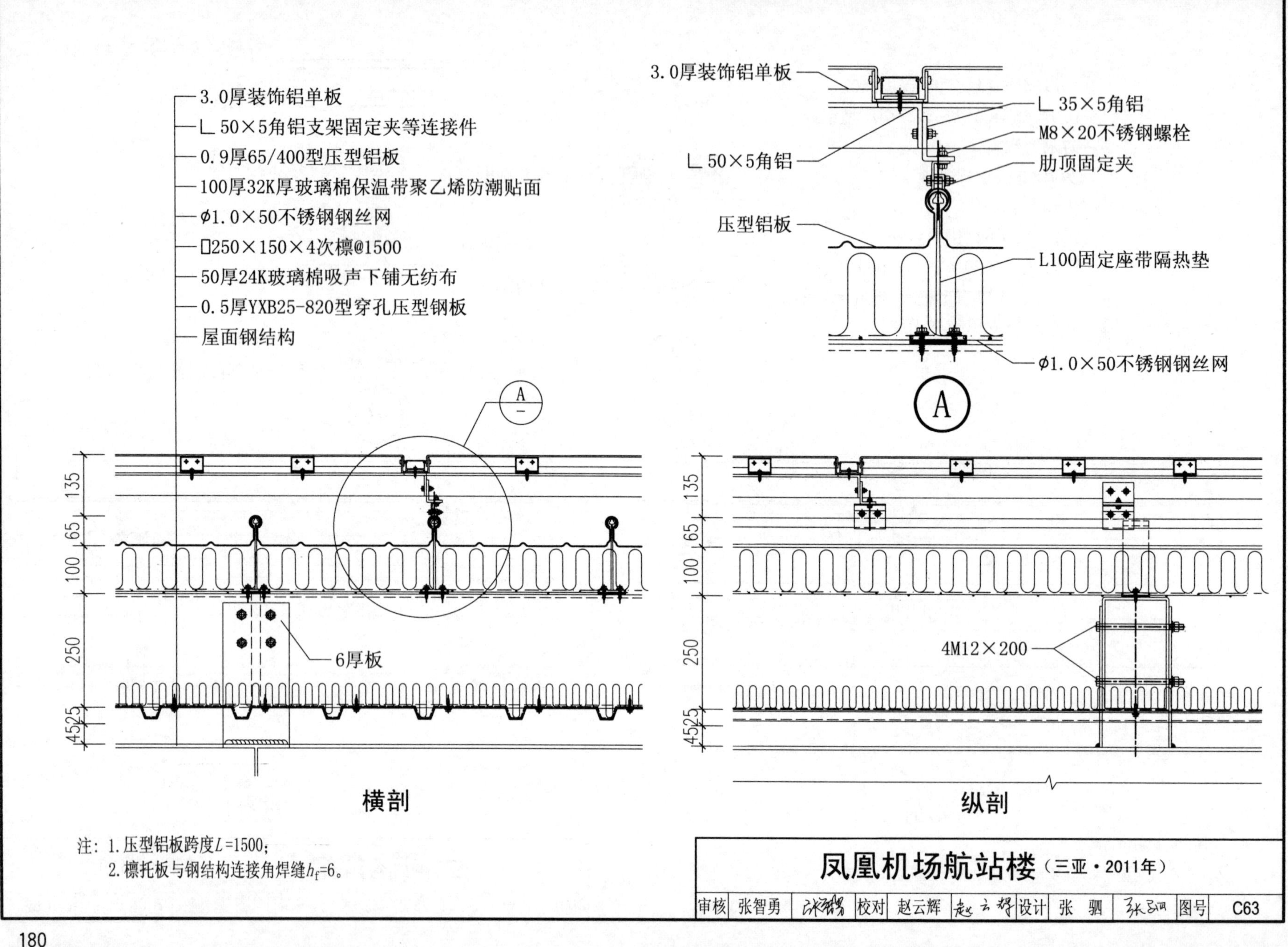

注：1.压型铝板跨度L=1500；
2.檩托板与钢结构连接角焊缝h_f=6。

凤凰机场航站楼（三亚·2011年）

审核	张智勇		校对	赵云辉		设计	张 驷		图号	C63

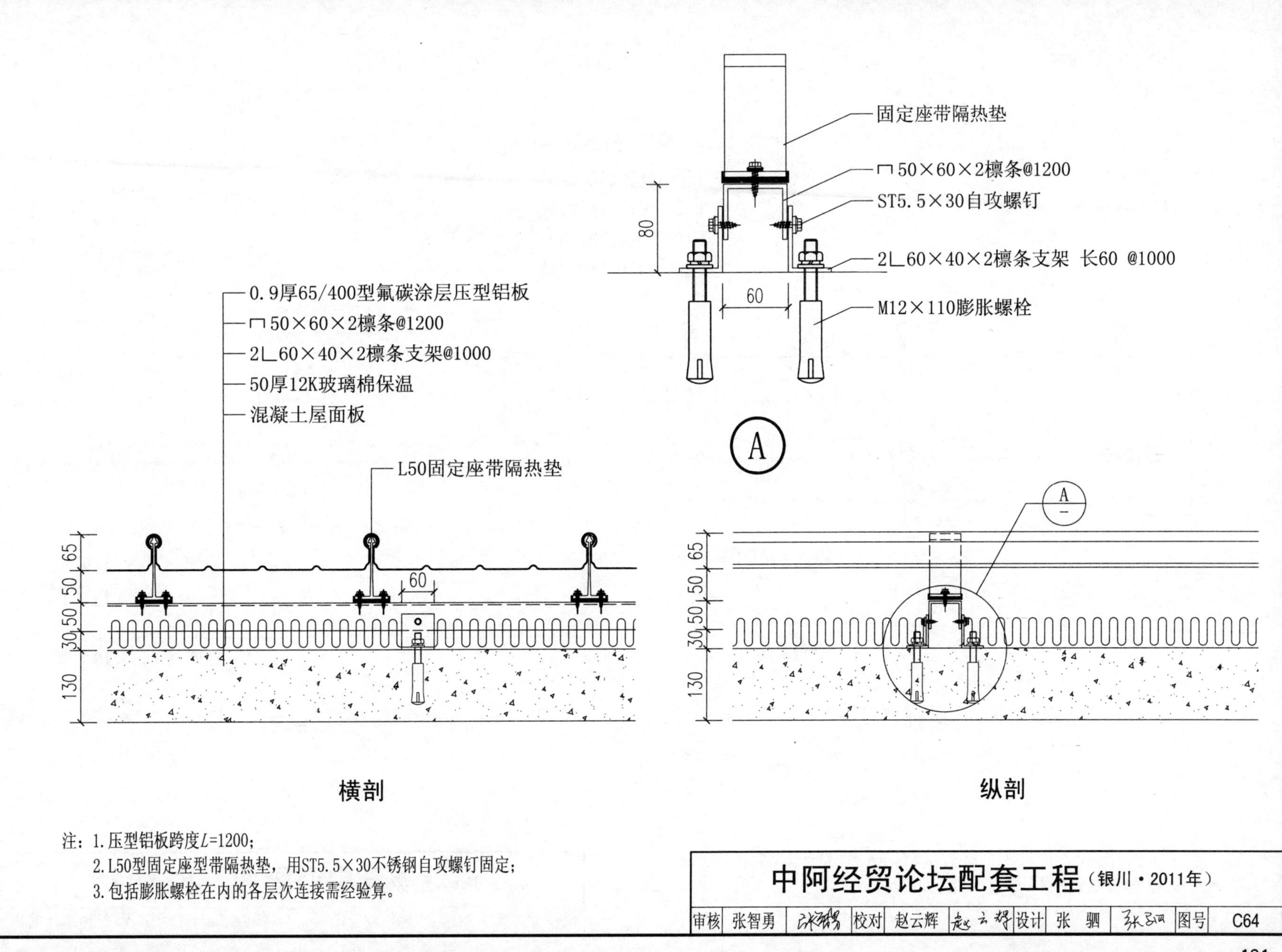

注：1.压型铝板跨度L=1200；
2.L50型固定座型带隔热垫，用ST5.5×30不锈钢自攻螺钉固定；
3.包括膨胀螺栓在内的各层次连接需经验算。

中阿经贸论坛配套工程（银川·2011年）

审核	张智勇		校对	赵云辉		设计	张驷		图号	C64

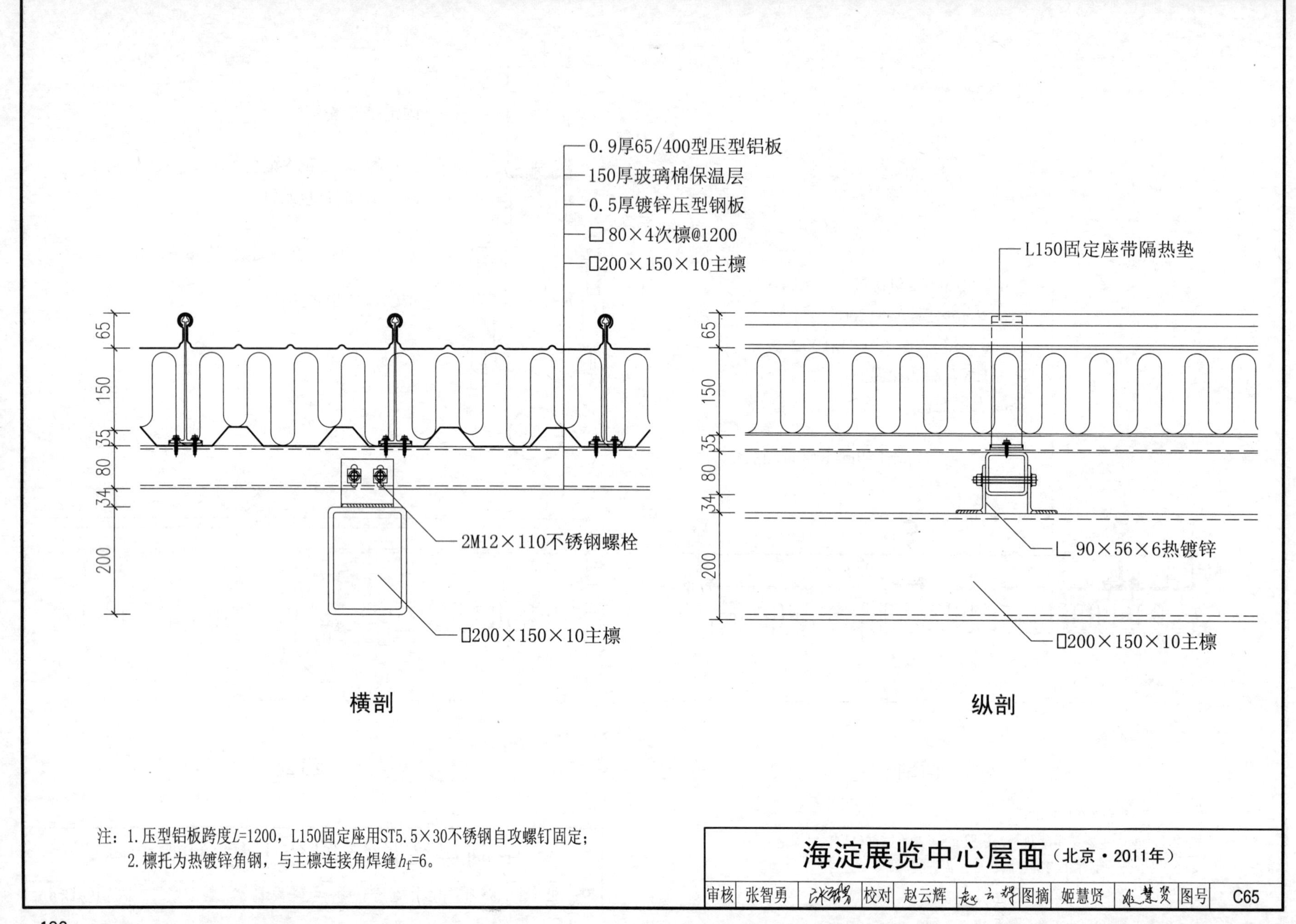

注：1. 压型铝板跨度L=1200，L150固定座用ST5.5×30不锈钢自攻螺钉固定；
2. 檩托为热镀锌角钢，与主檩连接角焊缝h_f=6。

海淀展览中心屋面（北京·2011年）									
审核	张智勇	[签名]	校对	赵云辉	赵云辉	图摘	姬慧贤	姬慧贤	图号 C65

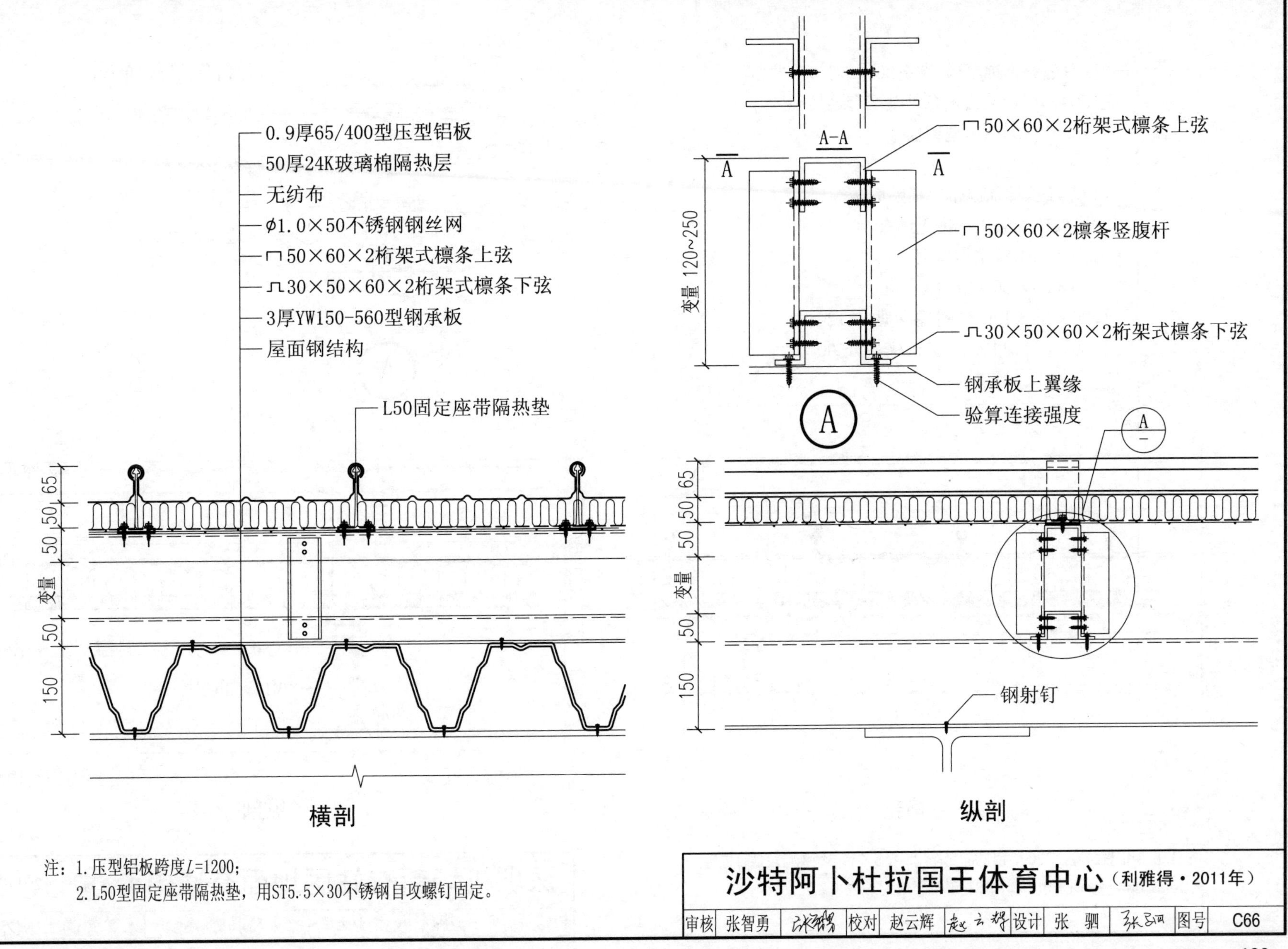

注：1.压型铝板跨度L=1200；
2.L50型固定座带隔热垫，用ST5.5×30不锈钢自攻螺钉固定。

沙特阿卜杜拉国王体育中心（利雅得·2011年）

审核	张智勇		校对	赵云辉		设计	张驷		图号	C66

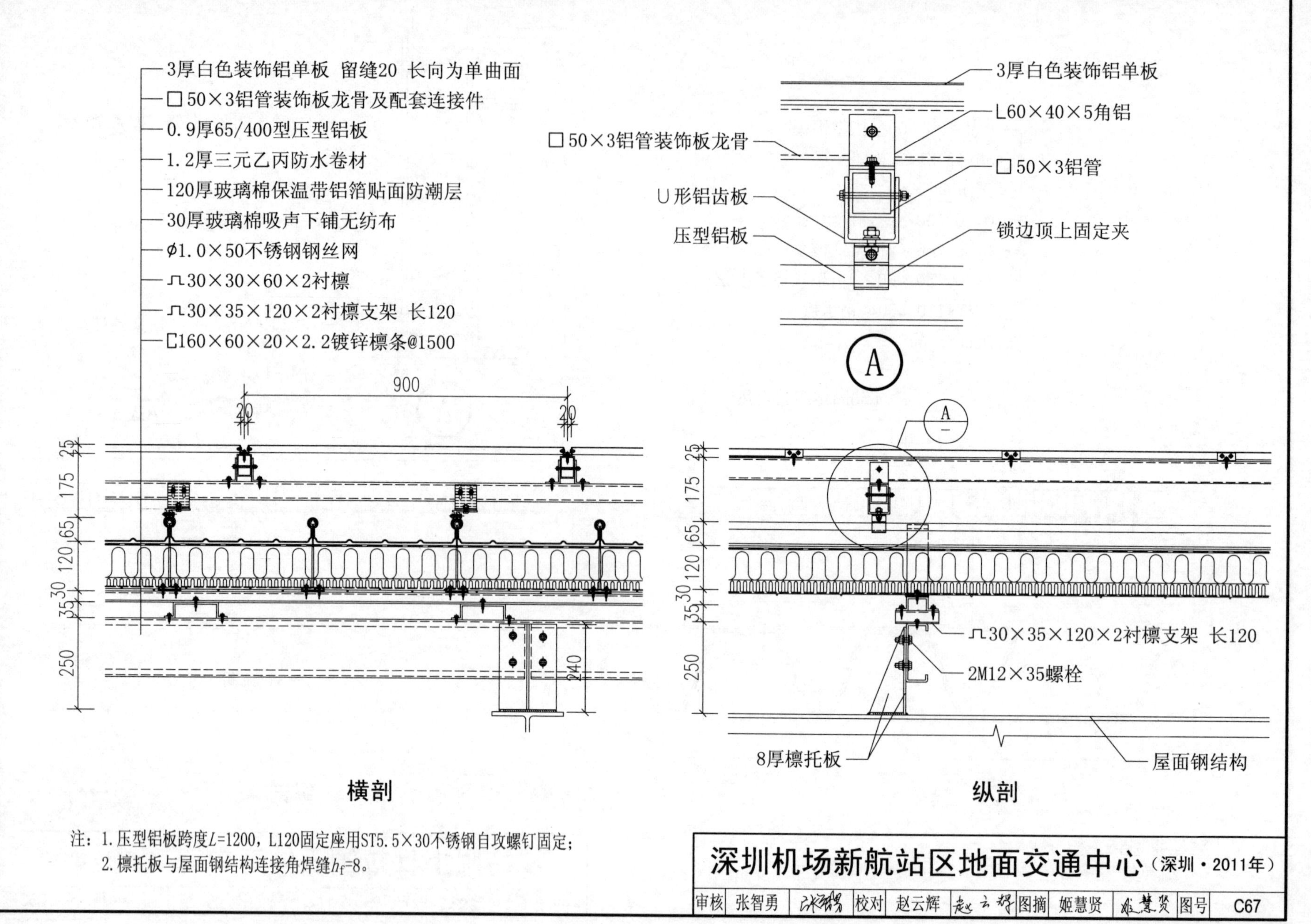

注：1.压型铝板跨度L=1200，L120固定座用ST5.5×30不锈钢自攻螺钉固定；
2.檩托板与屋面钢结构连接角焊缝h_f=8。

深圳机场新航站区地面交通中心（深圳·2011年）

审核	张智勇		校对	赵云辉		图摘	姬慧贤		图号	C67

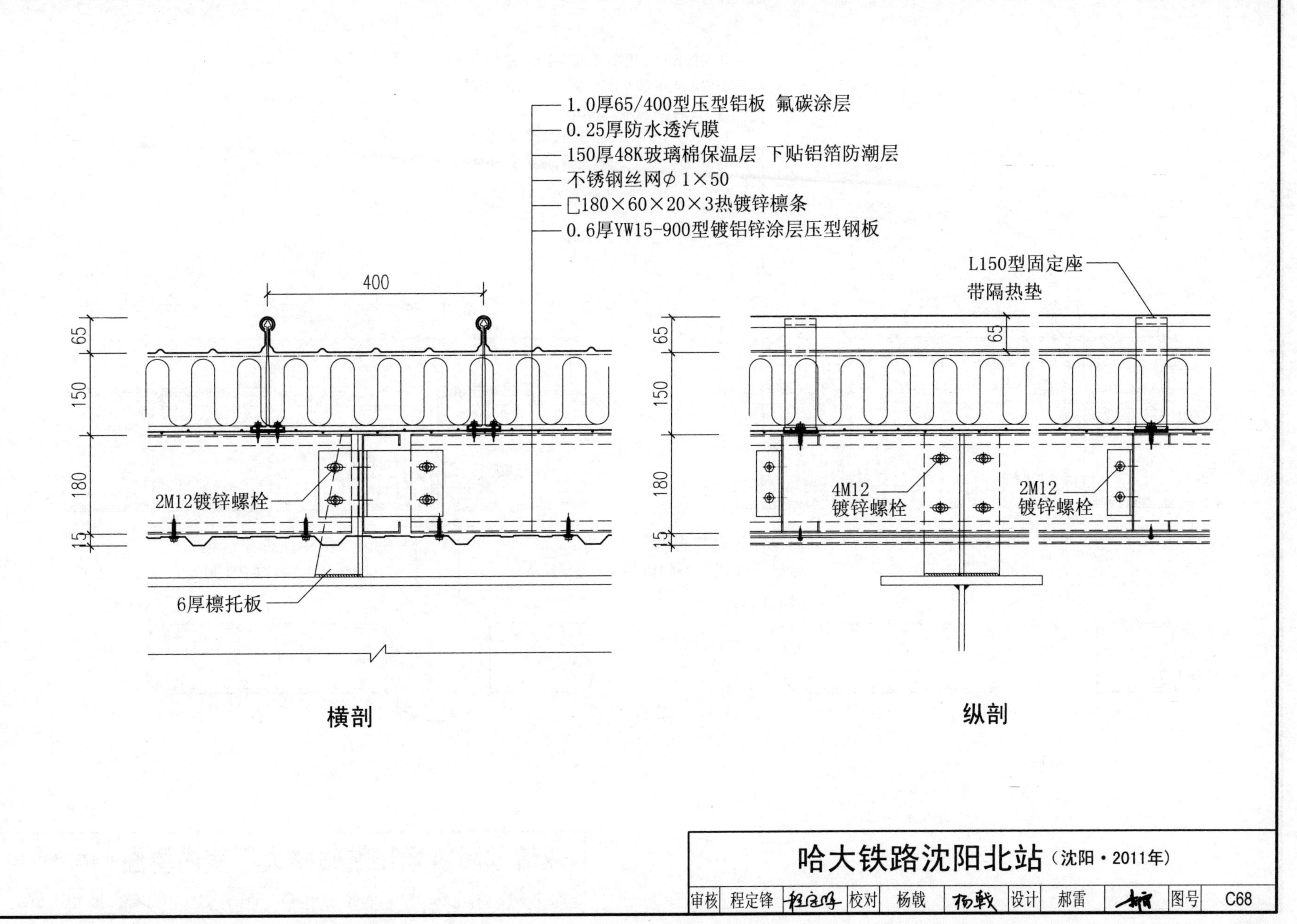
1.0厚65/400型压型铝板 氟碳涂层
0.25厚防水透汽膜
150厚48K玻璃棉保温层 下贴铝箔防潮层
不锈钢丝网φ1×50
⊏180×60×20×3热镀锌檩条
0.6厚YW15-900型镀铝锌涂层压型钢板
400
65
150
180
15
2M12镀锌螺栓
6厚檩托板
横剖
L150型固定座
带隔热垫
65
4M12
镀锌螺栓
2M12
镀锌螺栓
纵剖
哈大铁路沈阳北站（沈阳·2011年）
审核 程定锋 校对 杨戟 设计 郝雷 图号 C68

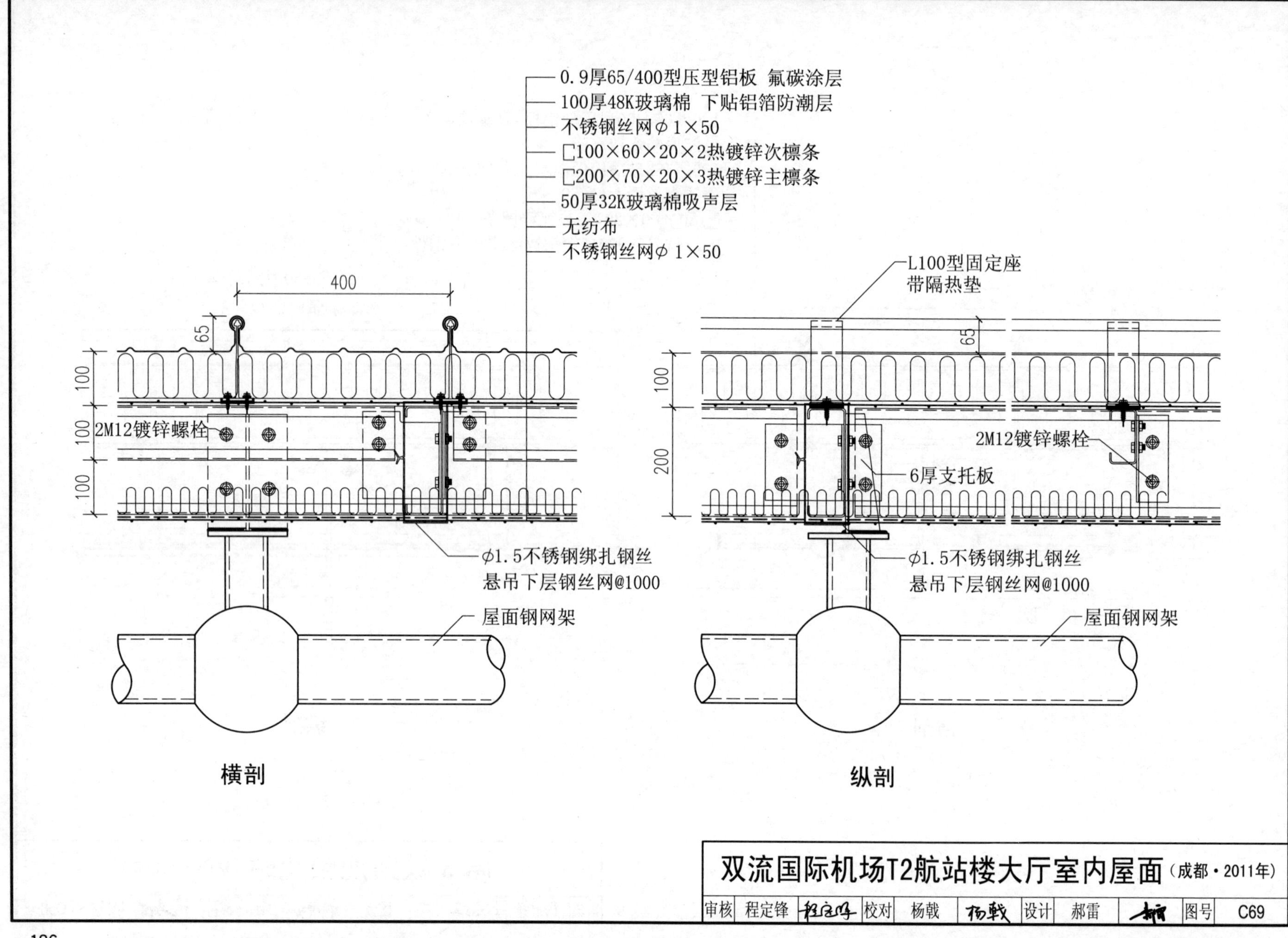
0.9厚65/400型压型铝板 氟碳涂层
100厚48K玻璃棉 下贴铝箔防潮层
不锈钢丝网φ1×50
[100×60×20×2热镀锌次檩条
[200×70×20×3热镀锌主檩条
50厚32K玻璃棉吸声层
无纺布
不锈钢丝网φ1×50
400
65
100
100
100
2M12镀锌螺栓
φ1.5不锈钢绑扎钢丝
悬吊下层钢丝网@1000
屋面钢网架
横剖
L100型固定座
带隔热垫
65
100
200
2M12镀锌螺栓
6厚支托板
φ1.5不锈钢绑扎钢丝
悬吊下层钢丝网@1000
屋面钢网架
纵剖
双流国际机场T2航站楼大厅室内屋面（成都·2011年）
审核 程定锋 校对 杨戟 设计 郝雷 图号 C69

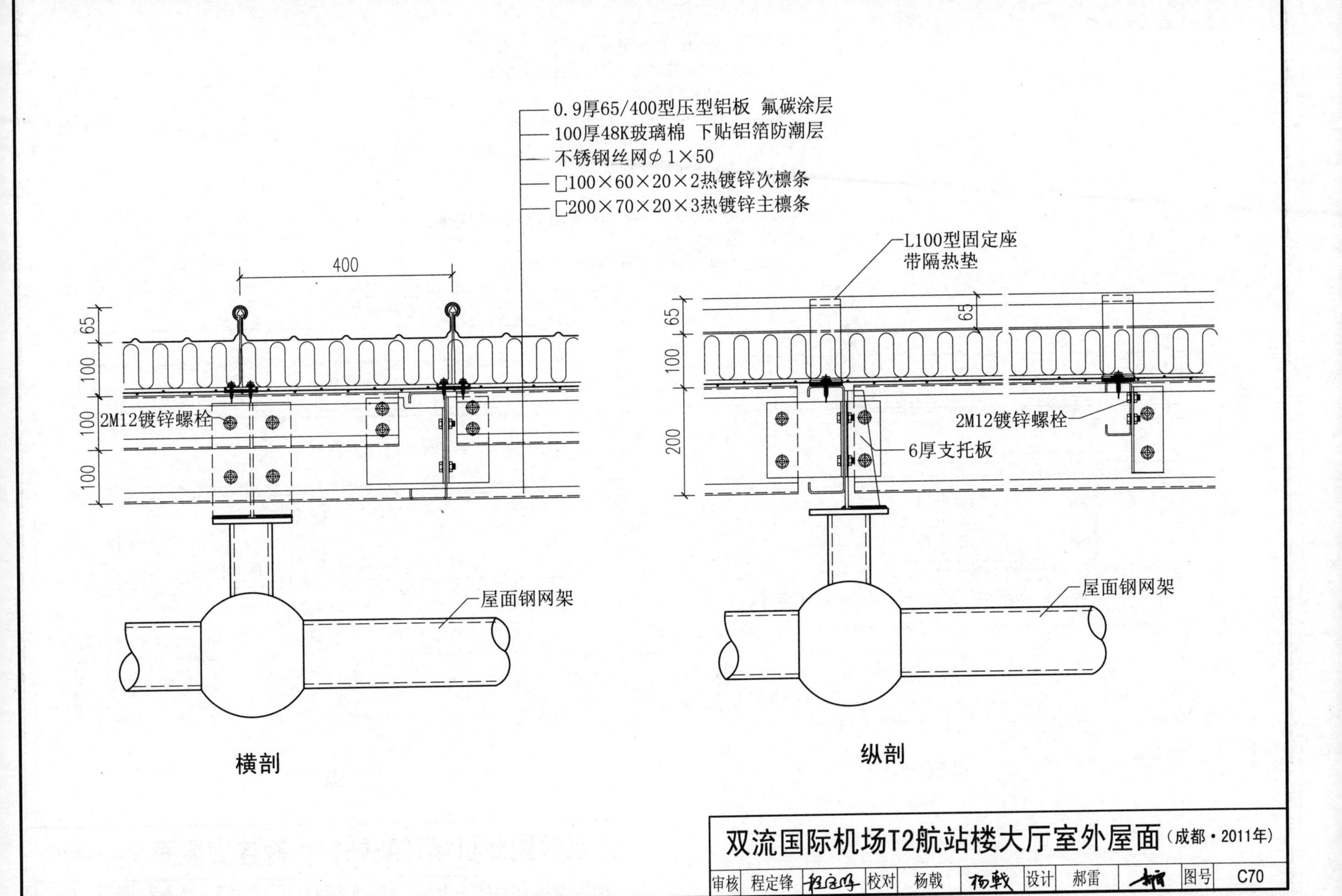

双流国际机场T2航站楼大厅室外屋面（成都·2011年）

审核	程定锋	程定锋	校对	杨戟	杨戟	设计	郝雷	郝雷	图号	C70

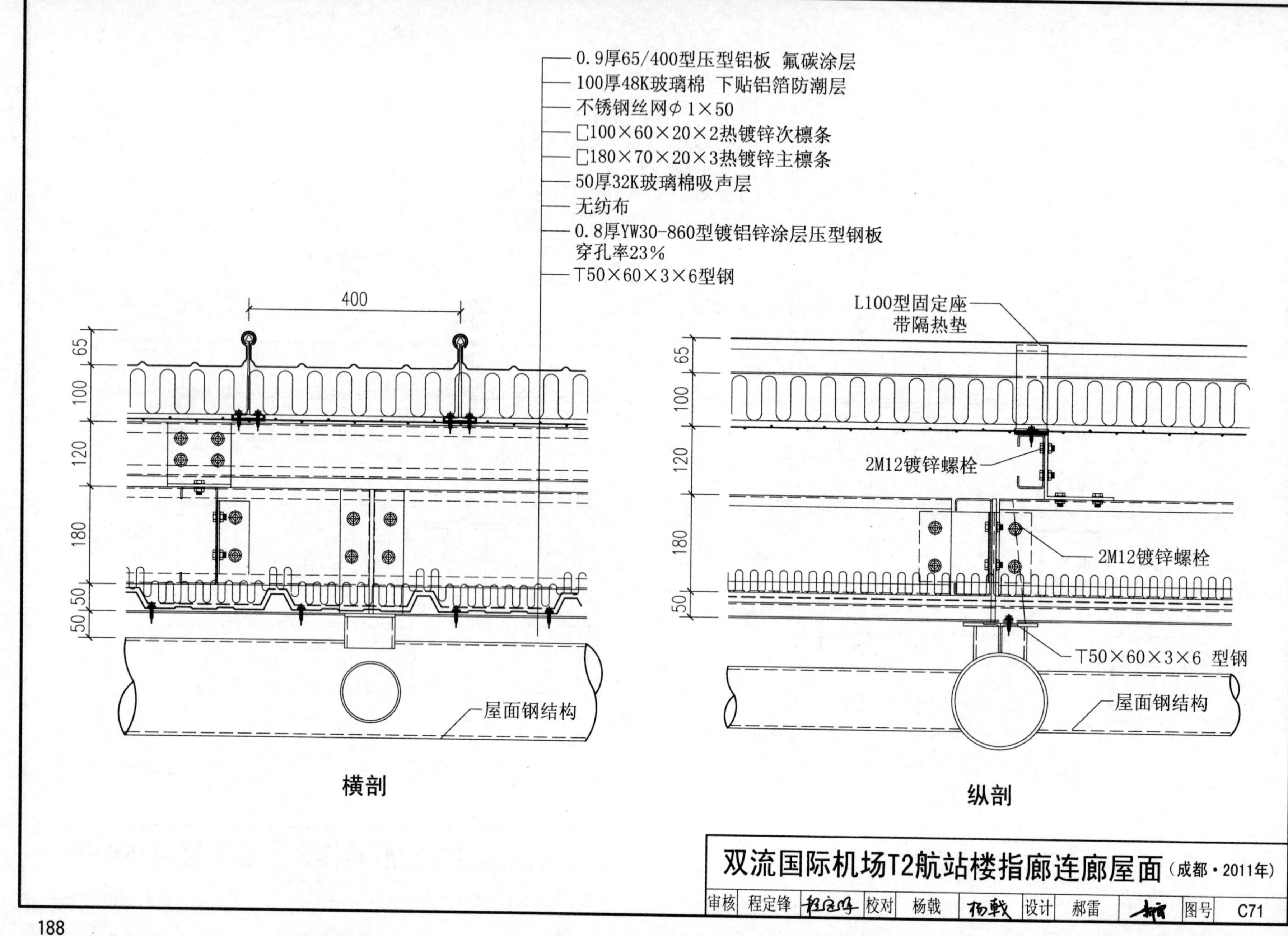

双流国际机场T2航站楼指廊连廊屋面（成都·2011年）

审核	程定锋	程定锋	校对	杨载	杨载	设计	郝雷	郝雷	图号	C71

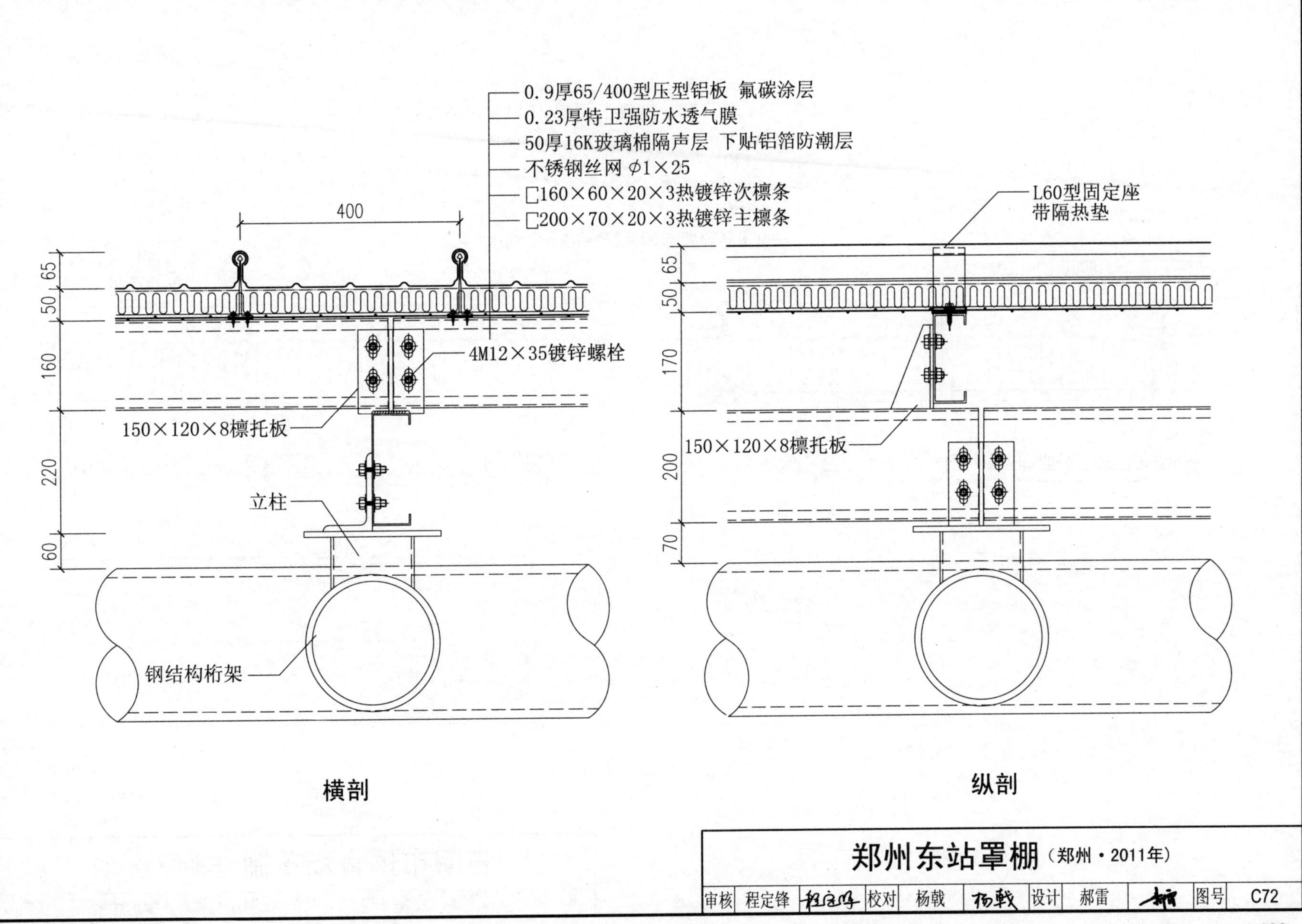

郑州东站罩棚（郑州·2011年）

审核	程定锋	程定锋	校对	杨载	杨载	设计	郝雷	郝雷	图号	C72

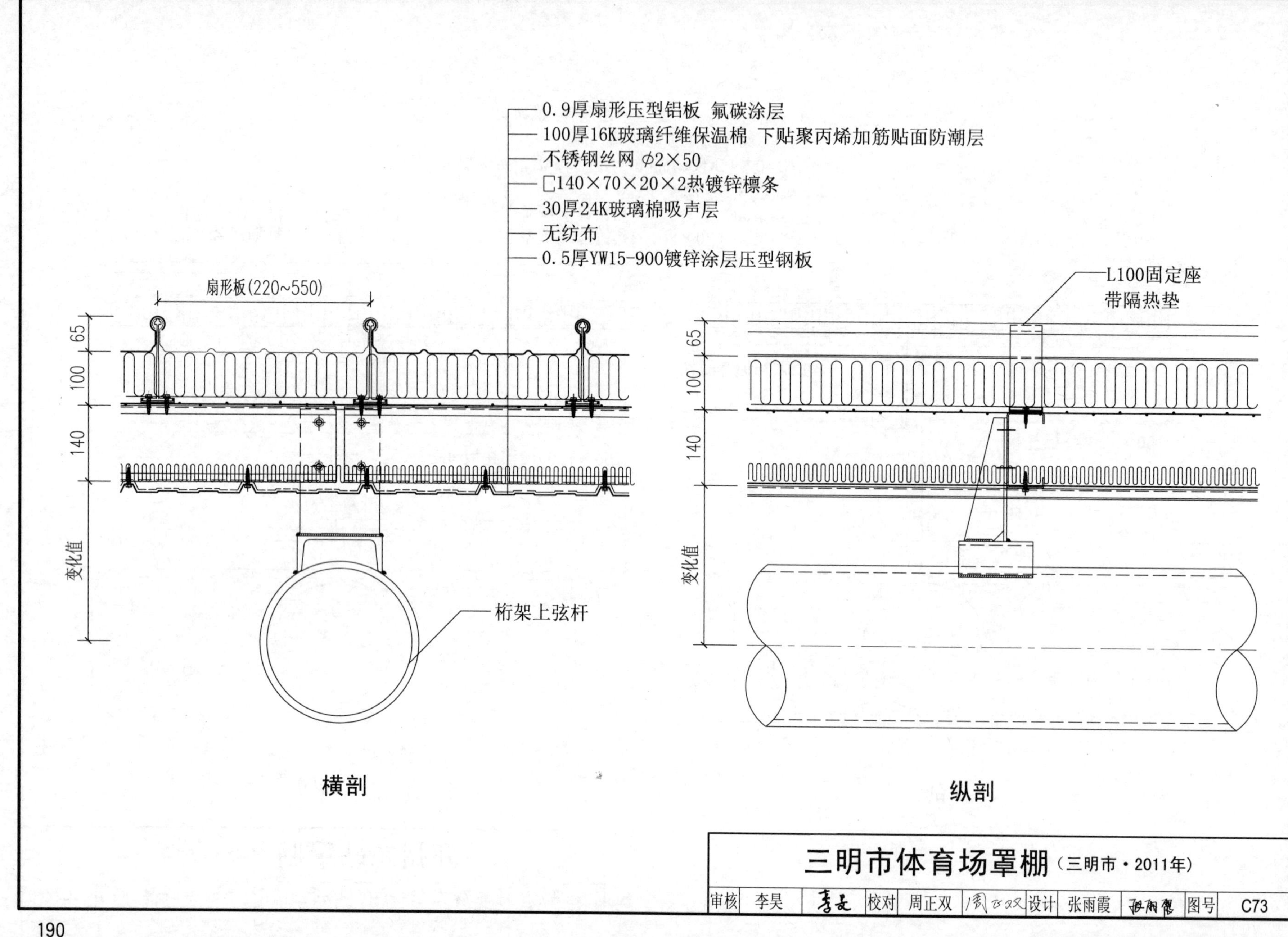

三明市体育场罩棚（三明市・2011年）									
审核	李昊	李昊	校对	周正双	周正双	设计	张雨霞	张雨霞	图号 C73

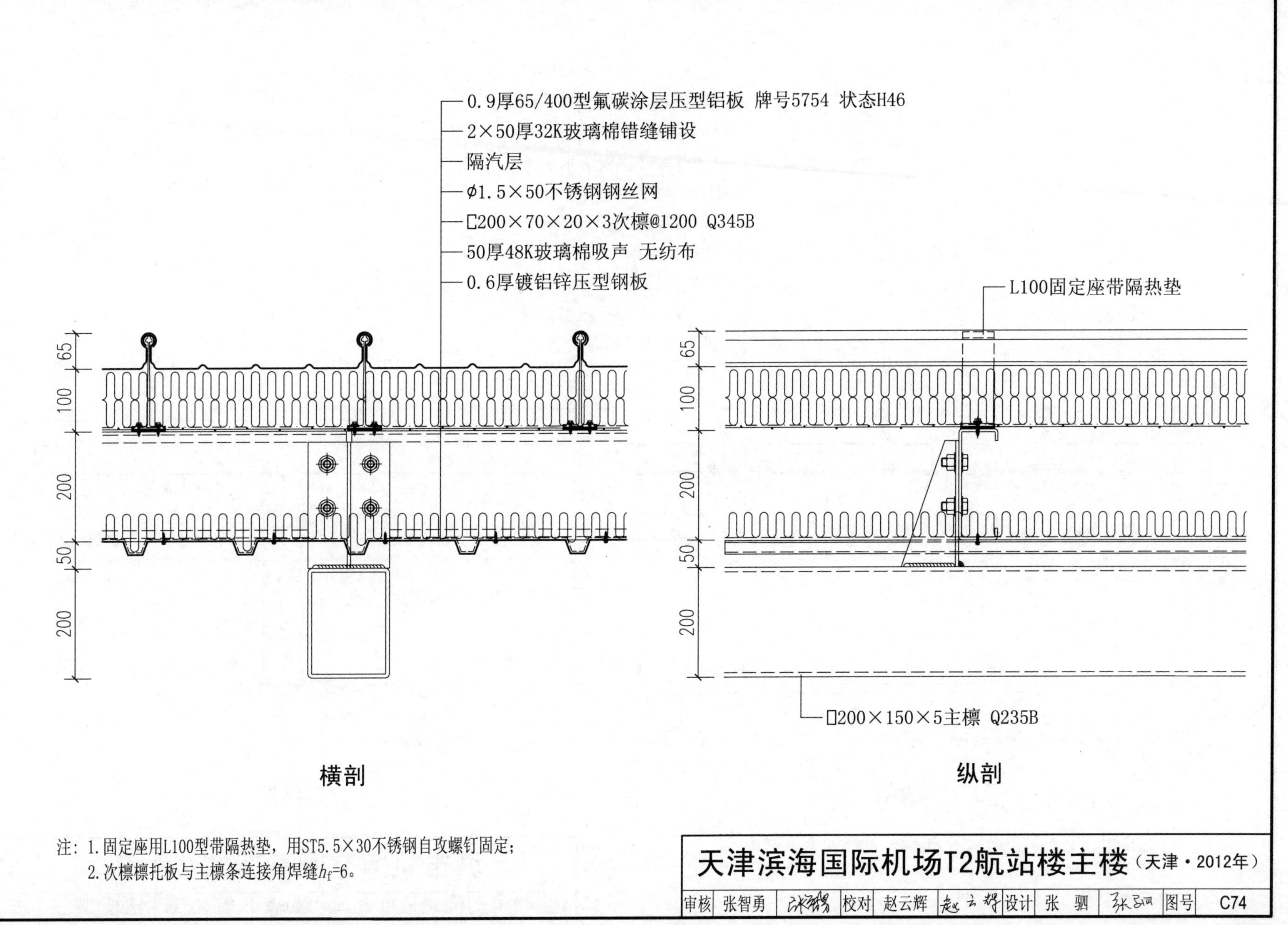

注：1. 固定座用L100型带隔热垫，用ST5.5×30不锈钢自攻螺钉固定；
2. 次檩檩托板与主檩条连接角焊缝h_f=6。

天津滨海国际机场T2航站楼主楼（天津·2012年）

审核	张智勇		校对	赵云辉		设计	张 驷		图号	C74

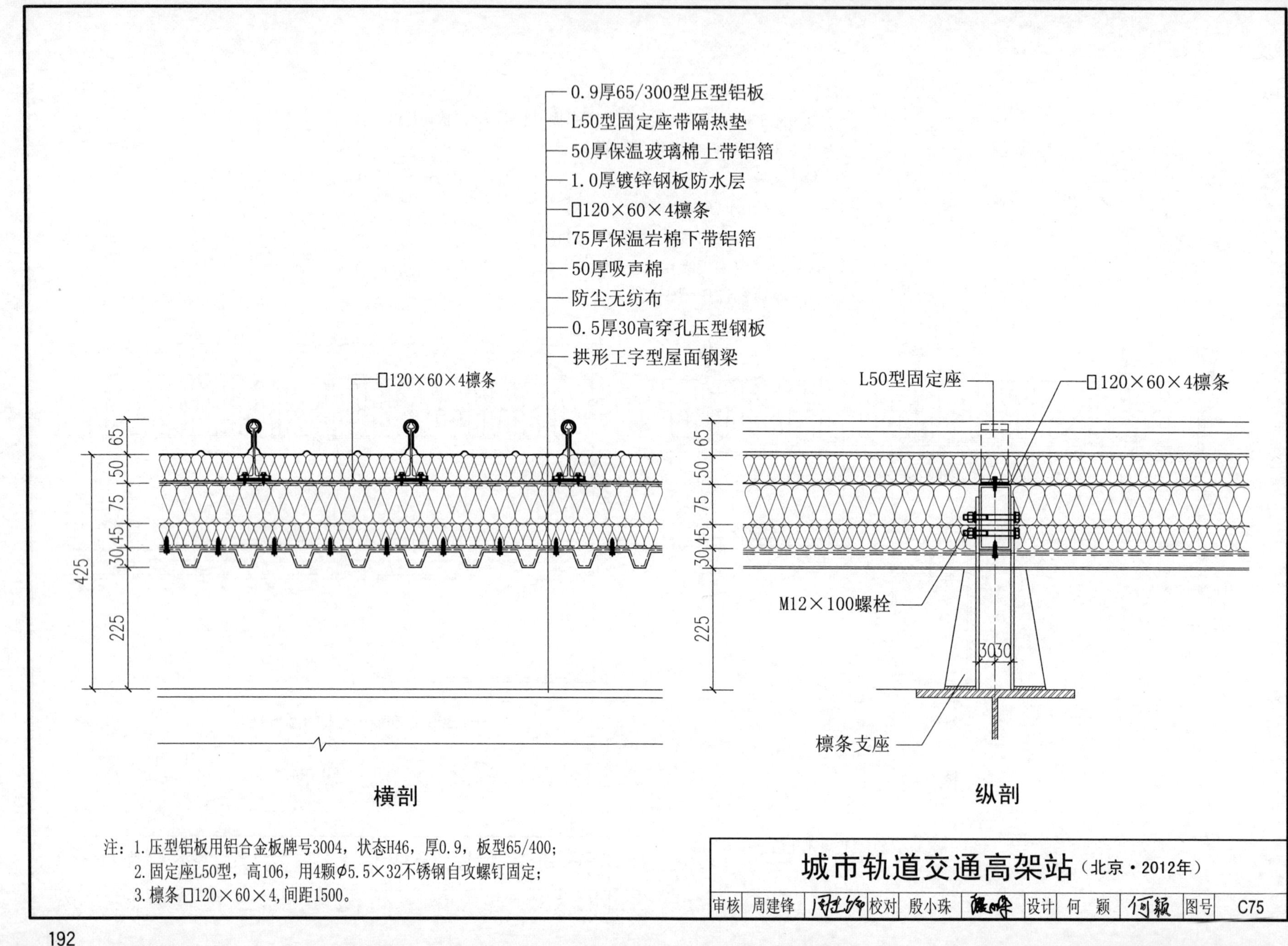
0.9厚65/300型压型铝板
L50型固定座带隔热垫
50厚保温玻璃棉上带铝箔
1.0厚镀锌钢板防水层
□120×60×4檩条
75厚保温岩棉下带铝箔
50厚吸声棉
防尘无纺布
0.5厚30高穿孔压型钢板
拱形工字型屋面钢梁
□120×60×4檩条
65
50
75
45
30
425
225
横剖
L50型固定座
□120×60×4檩条
M12×100螺栓
3030
檩条支座
纵剖
注：1.压型铝板用铝合金板牌号3004，状态H46，厚0.9，板型65/400；
2.固定座L50型，高106，用4颗ø5.5×32不锈钢自攻螺钉固定；
3.檩条□120×60×4,间距1500。
城市轨道交通高架站（北京·2012年）
审核 周建锋 校对 殷小珠 设计 何颖 图号 C75

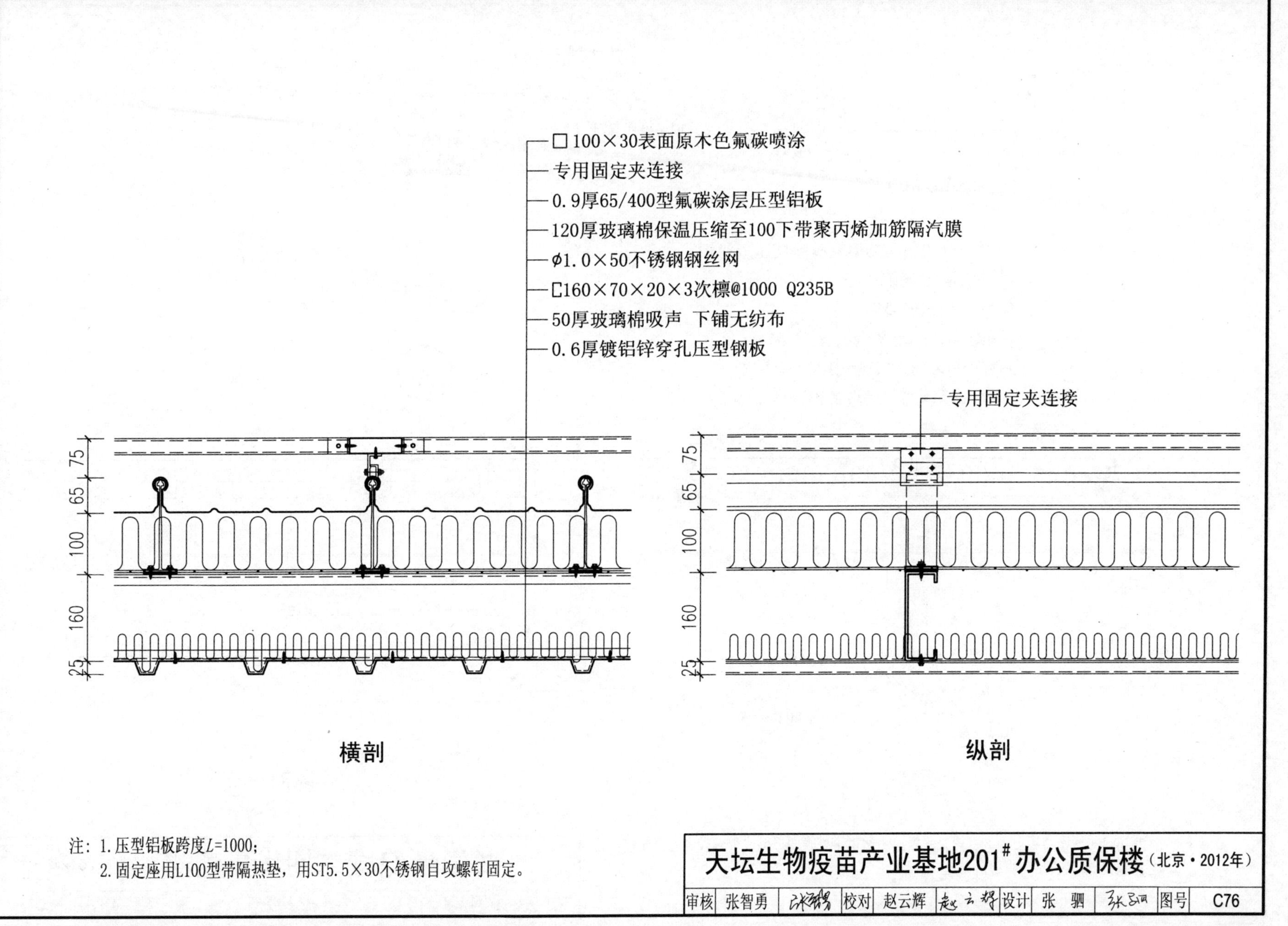

注：1. 压型铝板跨度L=1000；
2. 固定座用L100型带隔热垫，用ST5.5×30不锈钢自攻螺钉固定。

天坛生物疫苗产业基地201# 办公质保楼（北京·2012年）

审核	张智勇		校对	赵云辉		设计	张 驷		图号	C76

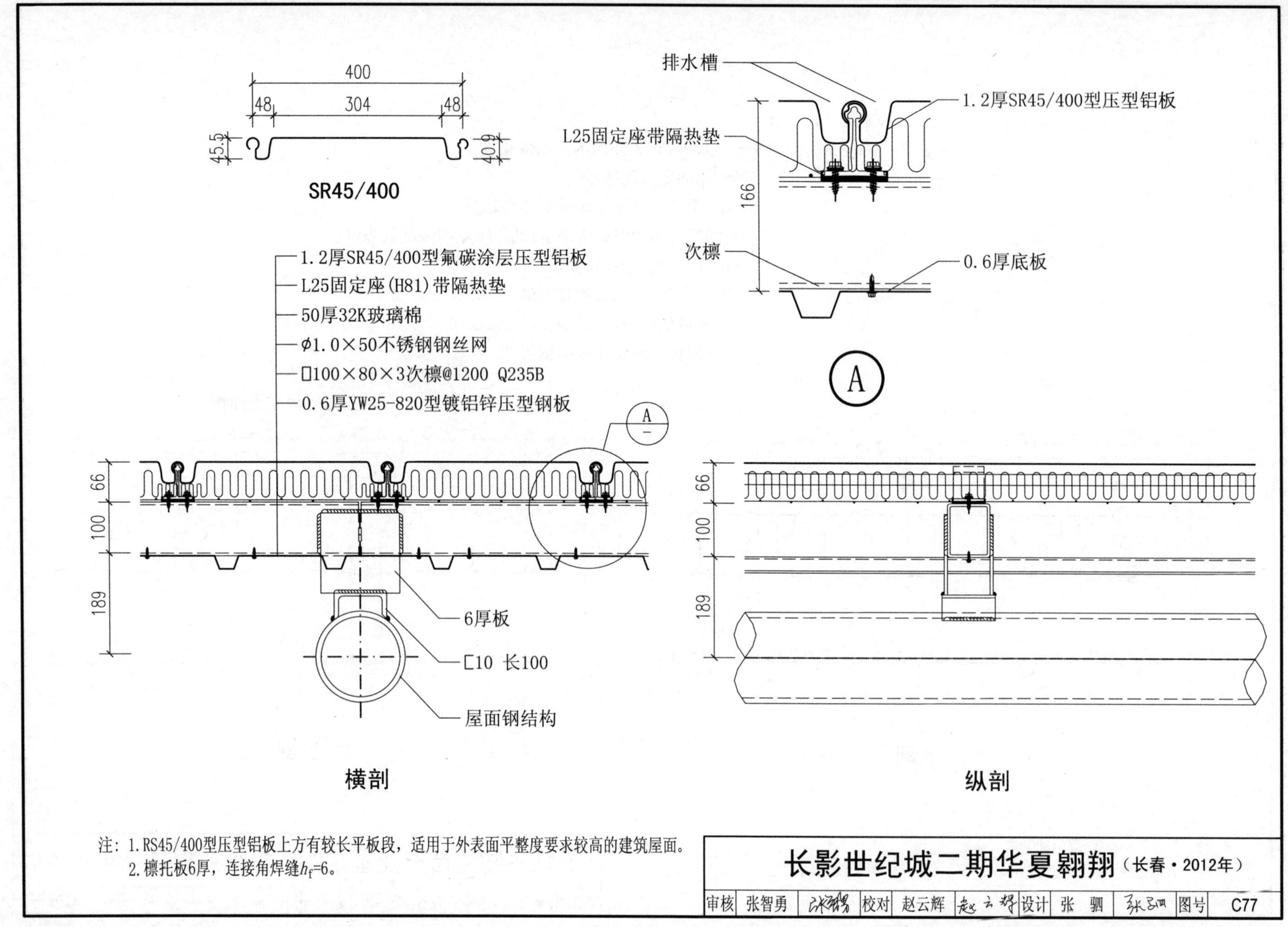

注：1. RS45/400型压型铝板上方有较长平板段，适用于外表面平整度要求较高的建筑屋面。
2. 檩托板6厚，连接角焊缝h_f=6。

长影世纪城二期华夏翱翔（长春·2012年）								
审核	张智勇		校对	赵云辉		设计	张驷	图号 C77

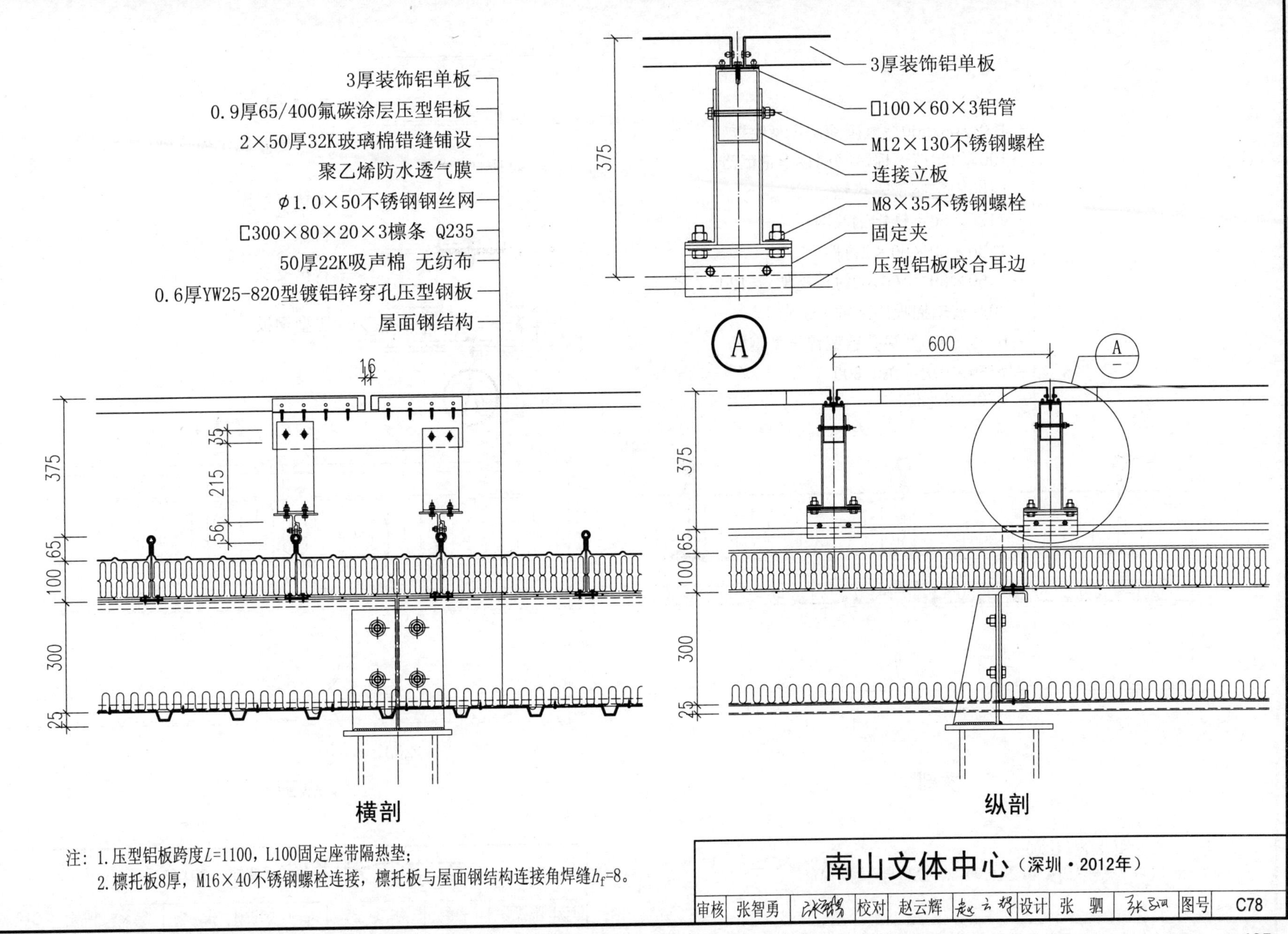

注：1.压型铝板跨度L=1100，L100固定座带隔热垫；
2.檩托板8厚，M16×40不锈钢螺栓连接，檩托板与屋面钢结构连接角焊缝h_f=8。

南山文体中心（深圳·2012年）

审核	张智勇		校对	赵云辉		设计	张驷		图号	C78

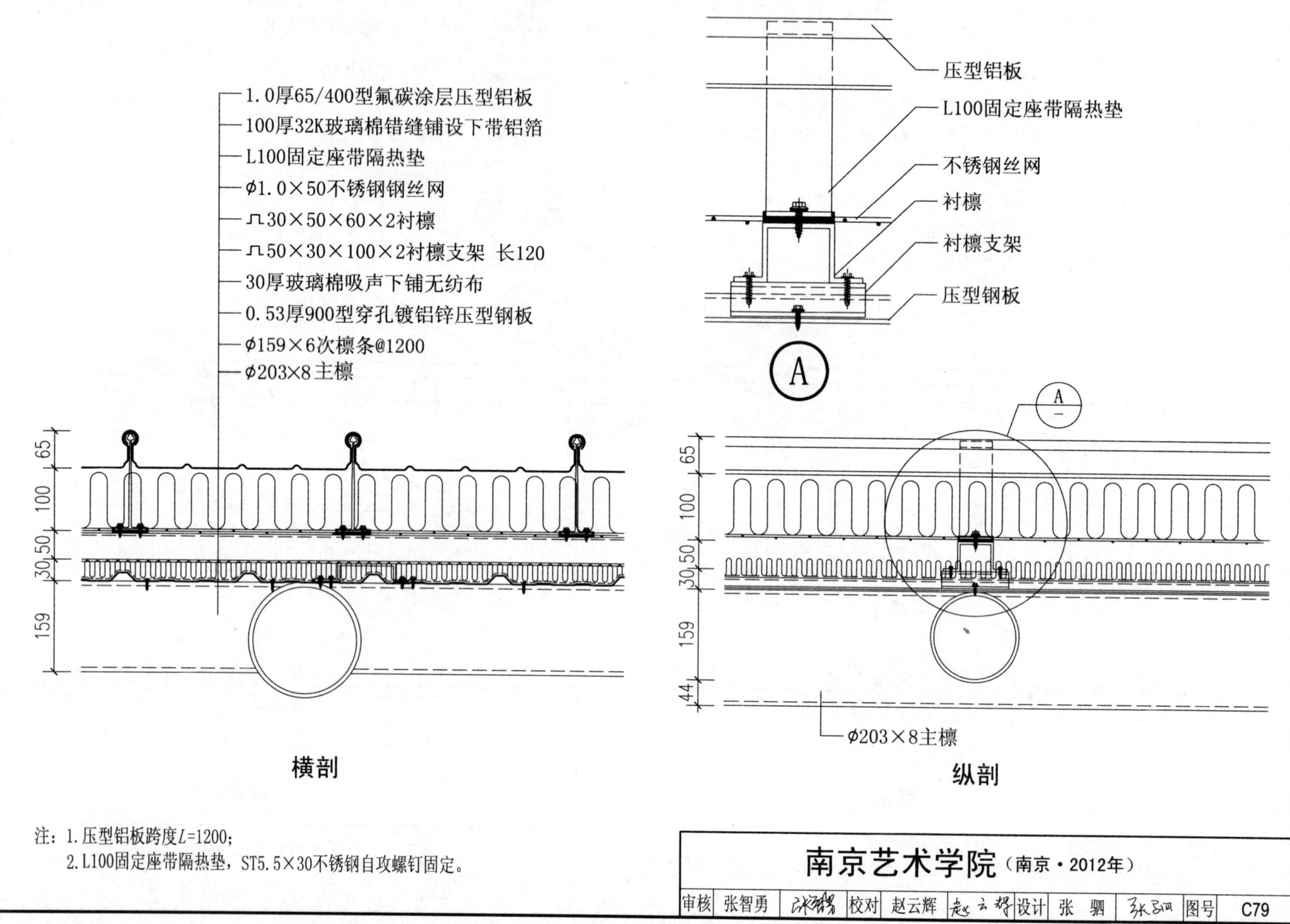

注：1.压型铝板跨度L=1200；

2.L100固定座带隔热垫，ST5.5×30不锈钢自攻螺钉固定。

南京艺术学院（南京·2012年）									
审核	张智勇	[签名]	校对	赵云辉	[签名]	设计	张 驷	[签名]	图号 C79

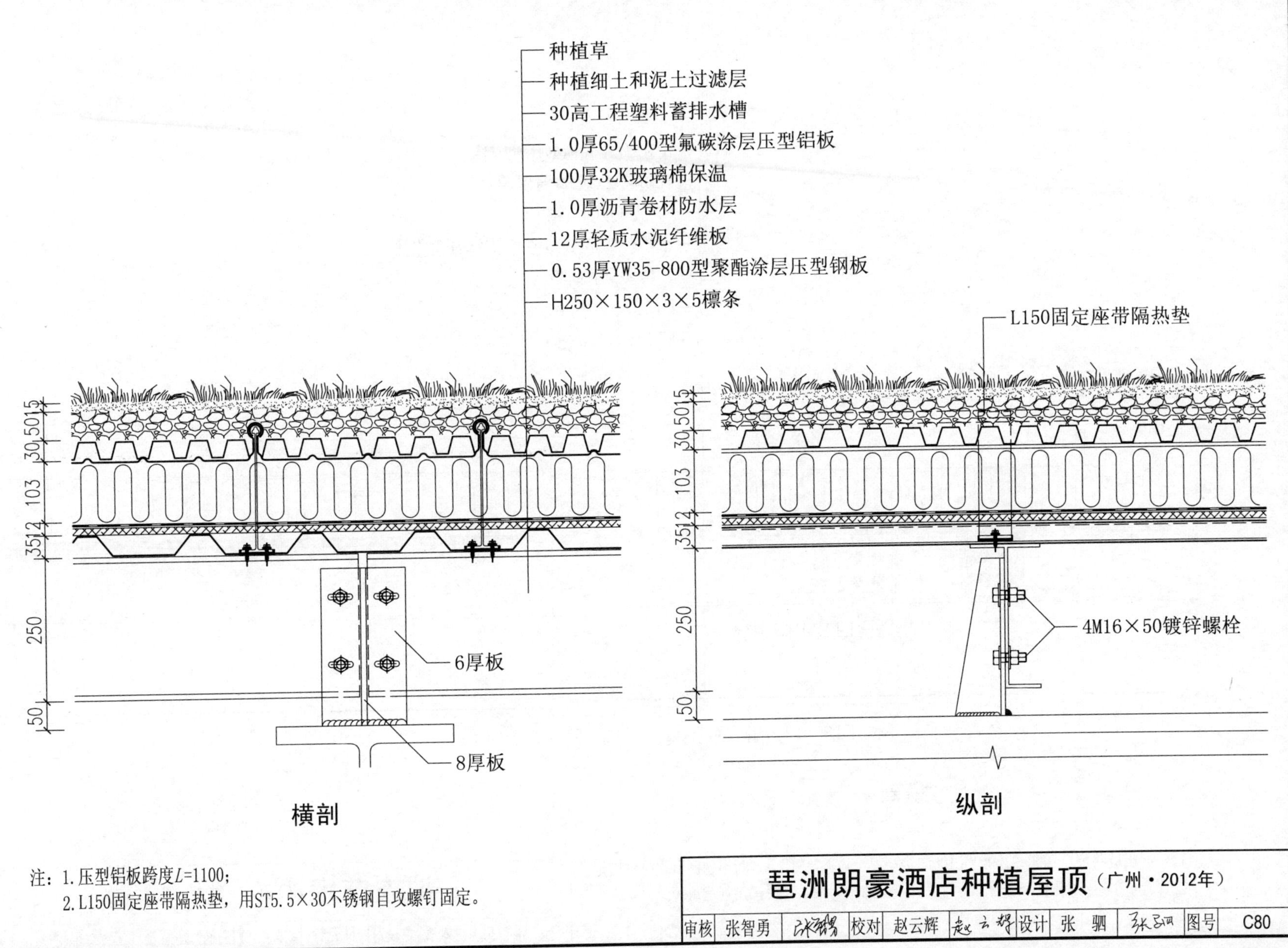

注：1.压型铝板跨度L=1100；
2.L150固定座带隔热垫，用ST5.5×30不锈钢自攻螺钉固定。

琶洲朗豪酒店种植屋顶（广州·2012年）								
审核	张智勇	[signature]	校对	赵云辉	[signature]	设计	张 驷	[signature]	图号	C80

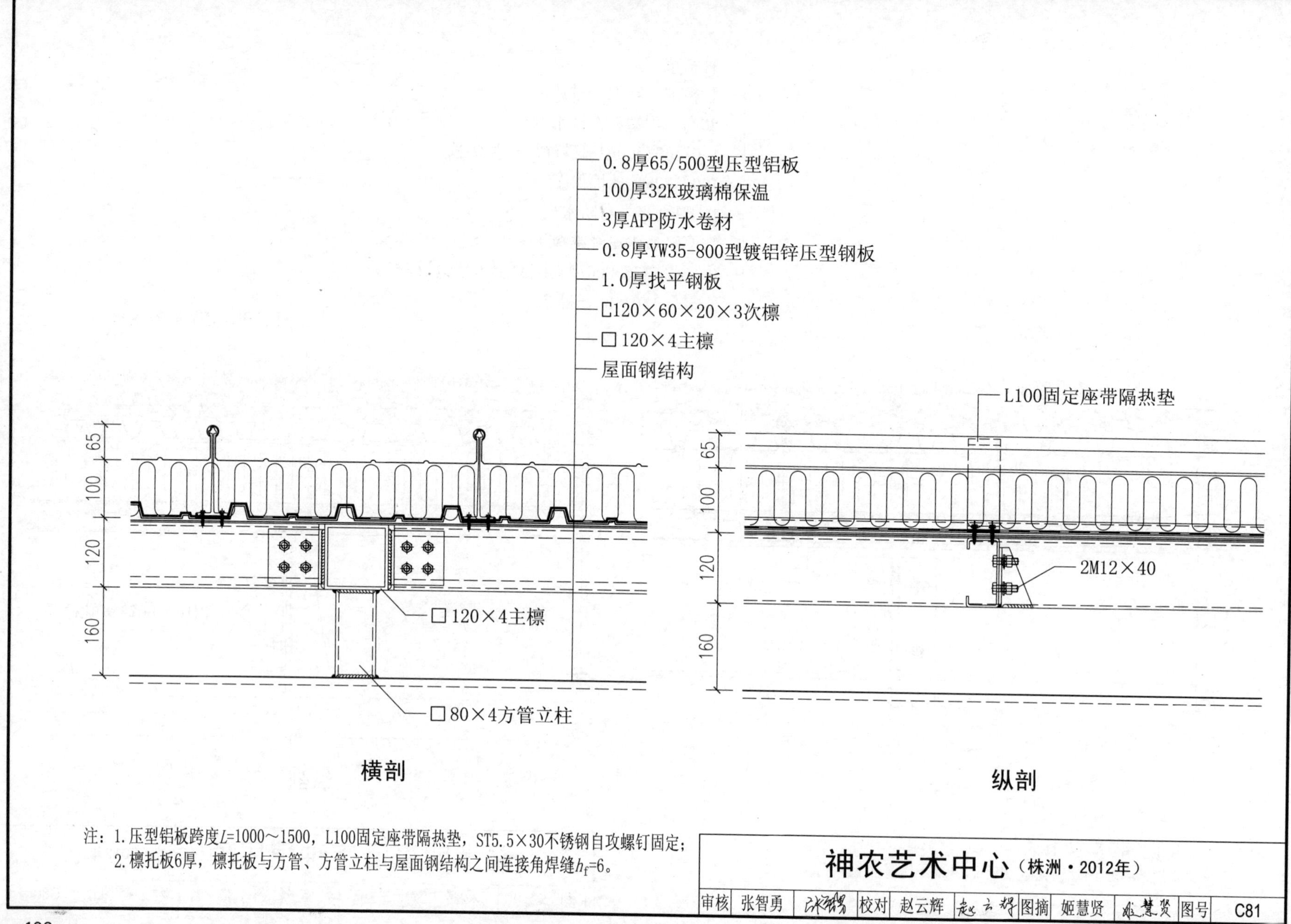
0.8厚65/500型压型铝板
100厚32K玻璃棉保温
3厚APP防水卷材
0.8厚YW35-800型镀铝锌压型钢板
1.0厚找平钢板
[120×60×20×3次檩
□120×4主檩
屋面钢结构
65
100
120
160
□120×4主檩
□80×4方管立柱
横剖
L100固定座带隔热垫
2M12×40
纵剖
注：1.压型铝板跨度L=1000～1500，L100固定座带隔热垫，ST5.5×30不锈钢自攻螺钉固定；
2.檩托板6厚，檩托板与方管、方管立柱与屋面钢结构之间连接角焊缝h_f=6。
神农艺术中心（株洲·2012年）
审核 张智勇 校对 赵云辉 图摘 姬慧贤 图号 C81

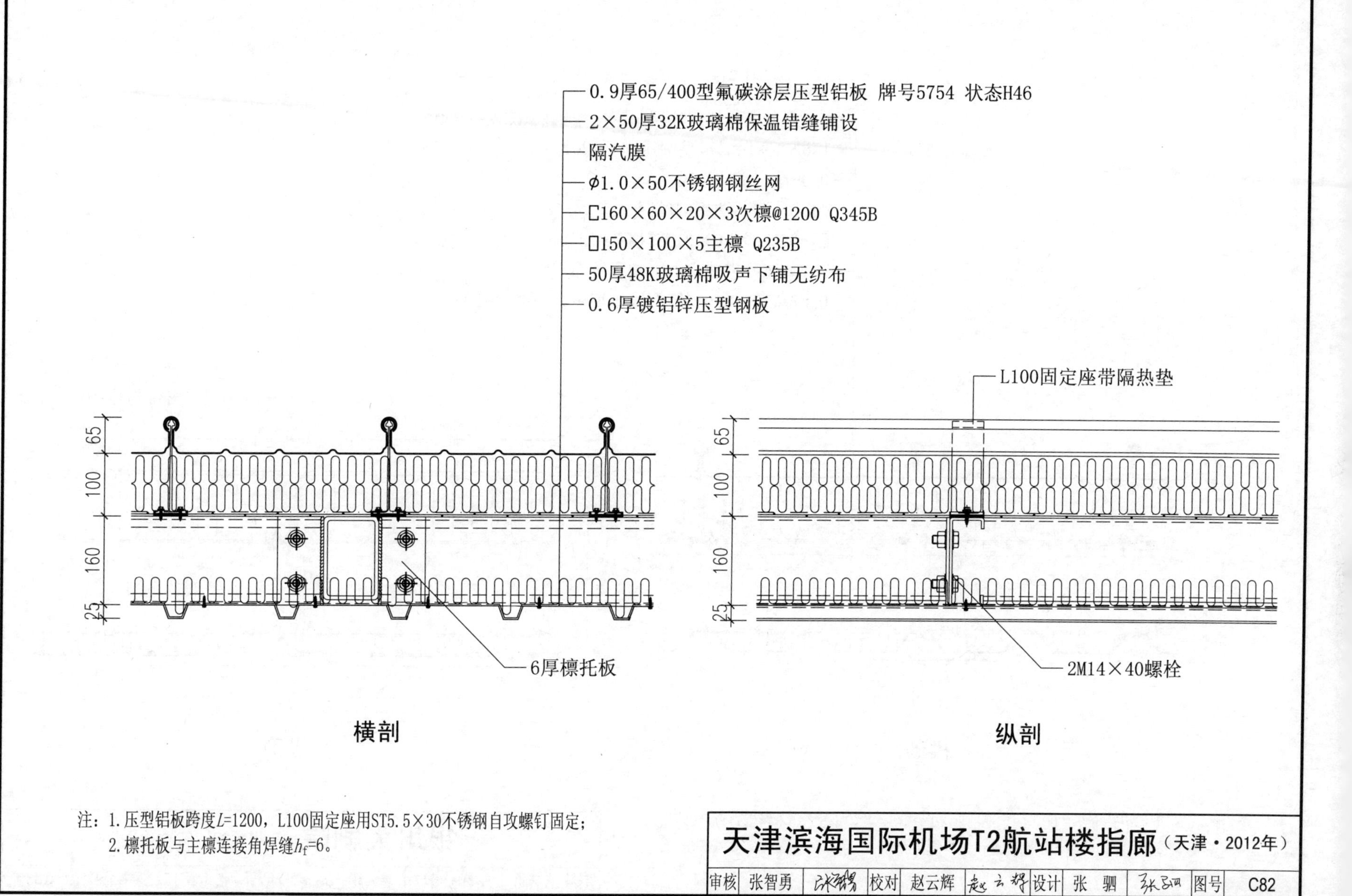

注：1. 压型铝板跨度L=1200，L100固定座用ST5.5×30不锈钢自攻螺钉固定；
2. 檩托板与主檩连接角焊缝h_f=6。

天津滨海国际机场T2航站楼指廊（天津·2012年）

审核	张智勇		校对	赵云辉		设计	张 驷		图号	C82

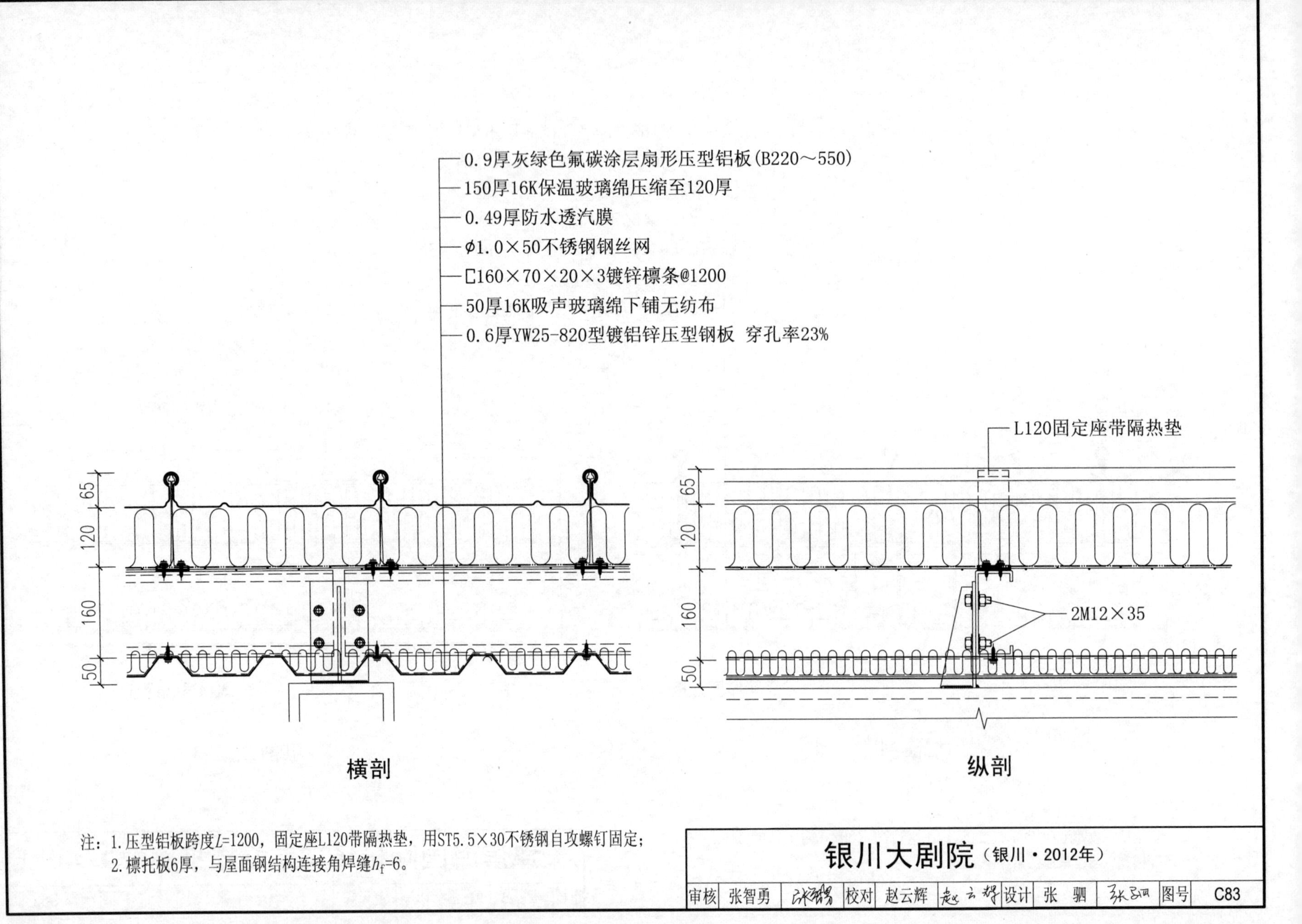

横剖

纵剖

注：1.压型铝板跨度L=1200，固定座L120带隔热垫，用ST5.5×30不锈钢自攻螺钉固定；
2.檩托板6厚，与屋面钢结构连接角焊缝h_f=6。

银川大剧院（银川·2012年）									
审核	张智勇	张智勇	校对	赵云辉	赵云辉	设计	张 驷	张驷	图号 C83

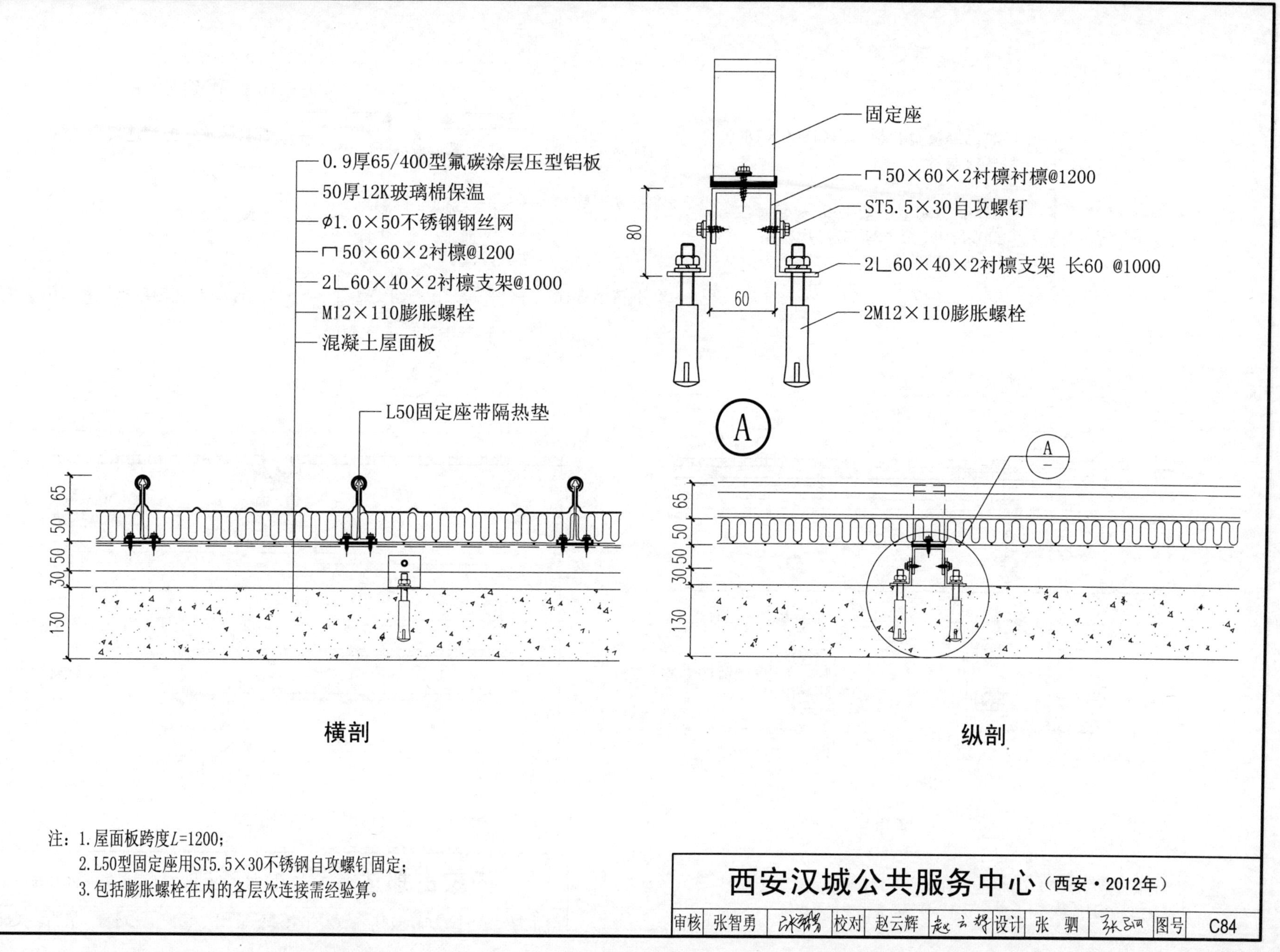

注：1. 屋面板跨度L=1200；
2. L50型固定座用ST5.5×30不锈钢自攻螺钉固定；
3. 包括膨胀螺栓在内的各层次连接需经验算。

西安汉城公共服务中心（西安·2012年）

审核	张智勇	张智勇	校对	赵云辉	赵云辉	设计	张 驷	张驷	图号	C84

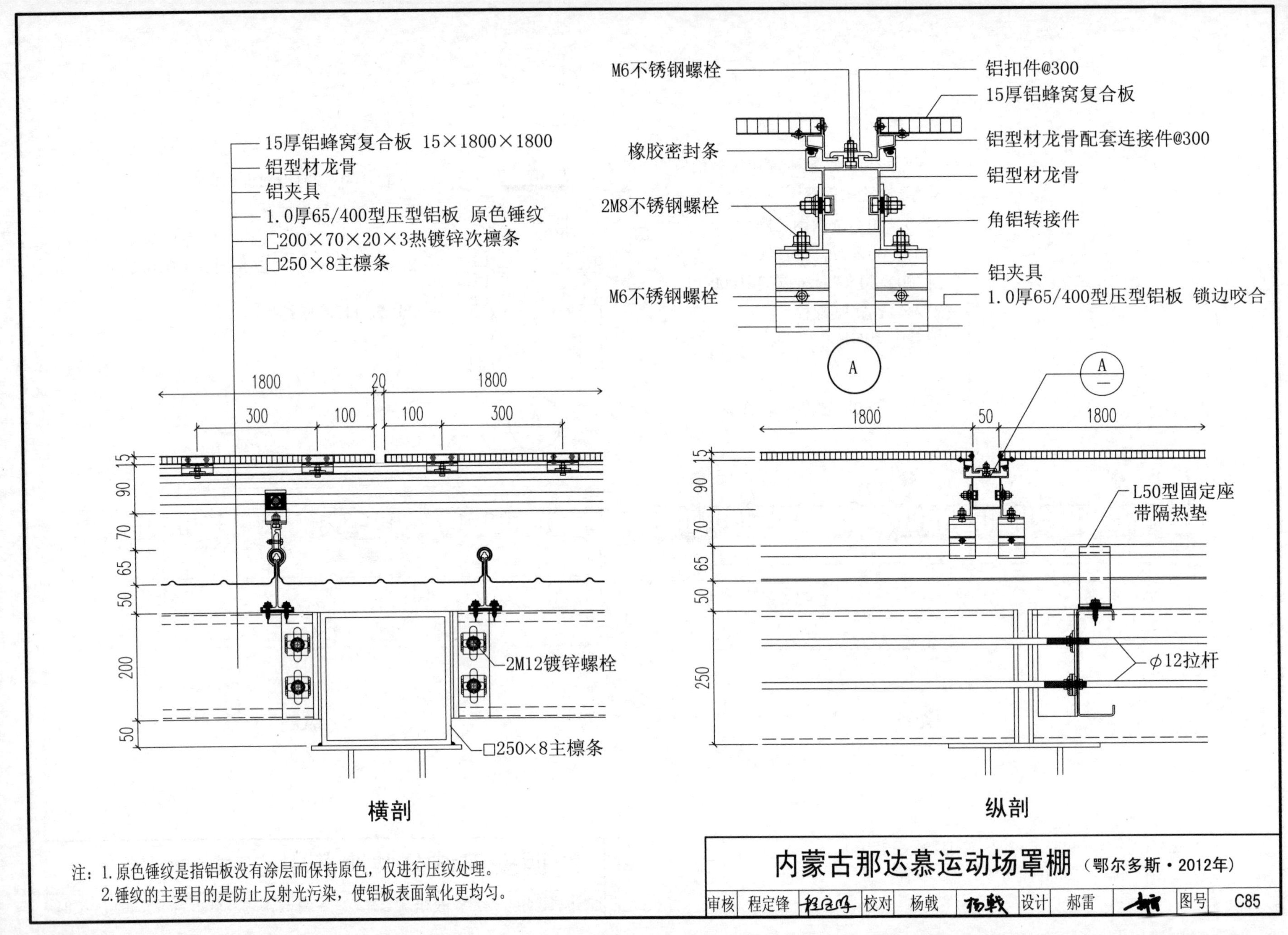

注：1. 原色锤纹是指铝板没有涂层而保持原色，仅进行压纹处理。
2. 锤纹的主要目的是防止反射光污染，使铝板表面氧化更均匀。

内蒙古那达慕运动场罩棚（鄂尔多斯·2012年）									
审核	程定锋	程定锋	校对	杨载	杨载	设计	郝雷	郝雷	图号 C85

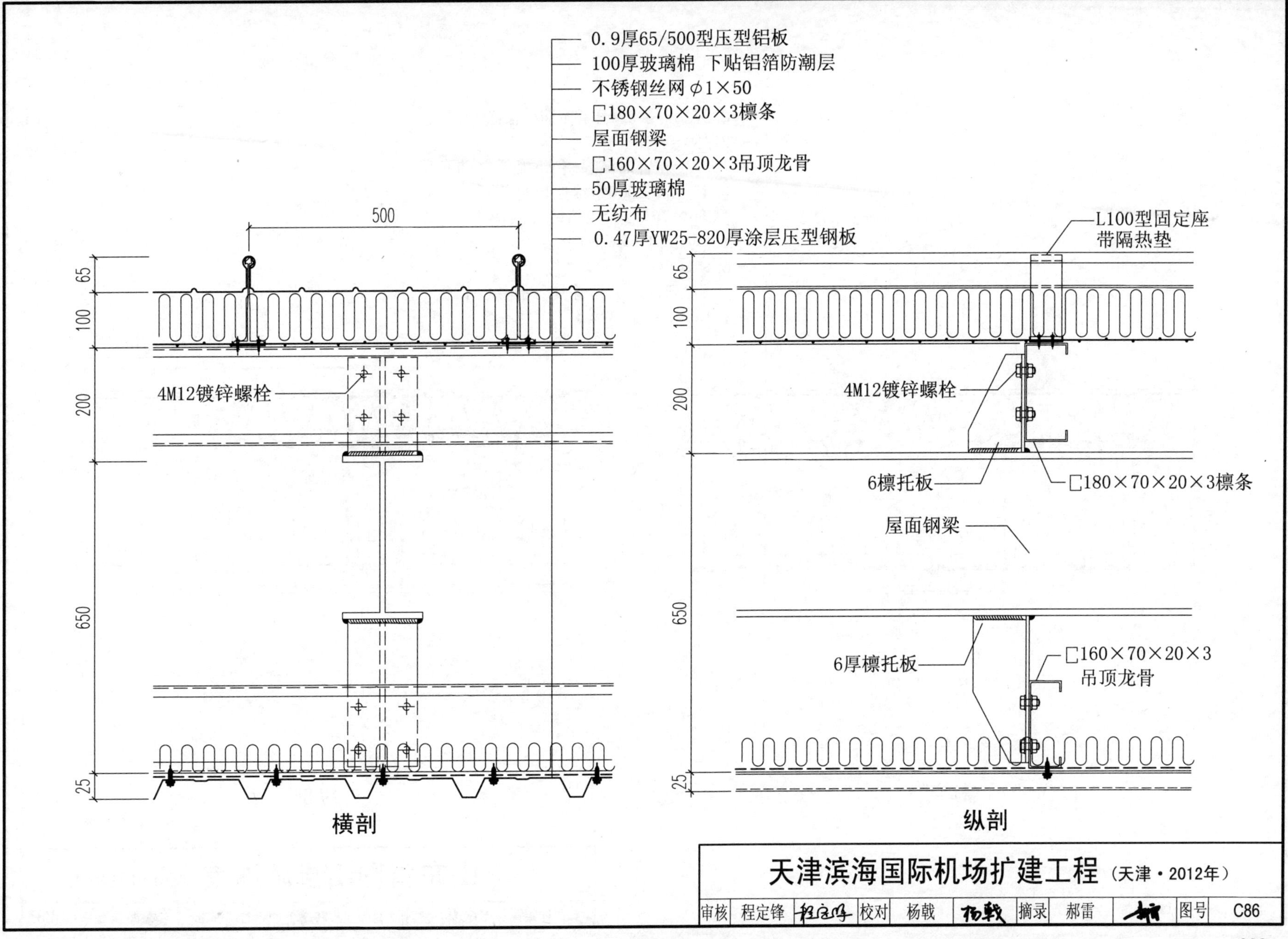

天津滨海国际机场扩建工程（天津・2012年）									
审核	程定锋		校对	杨载		摘录	郝雷	图号	C86

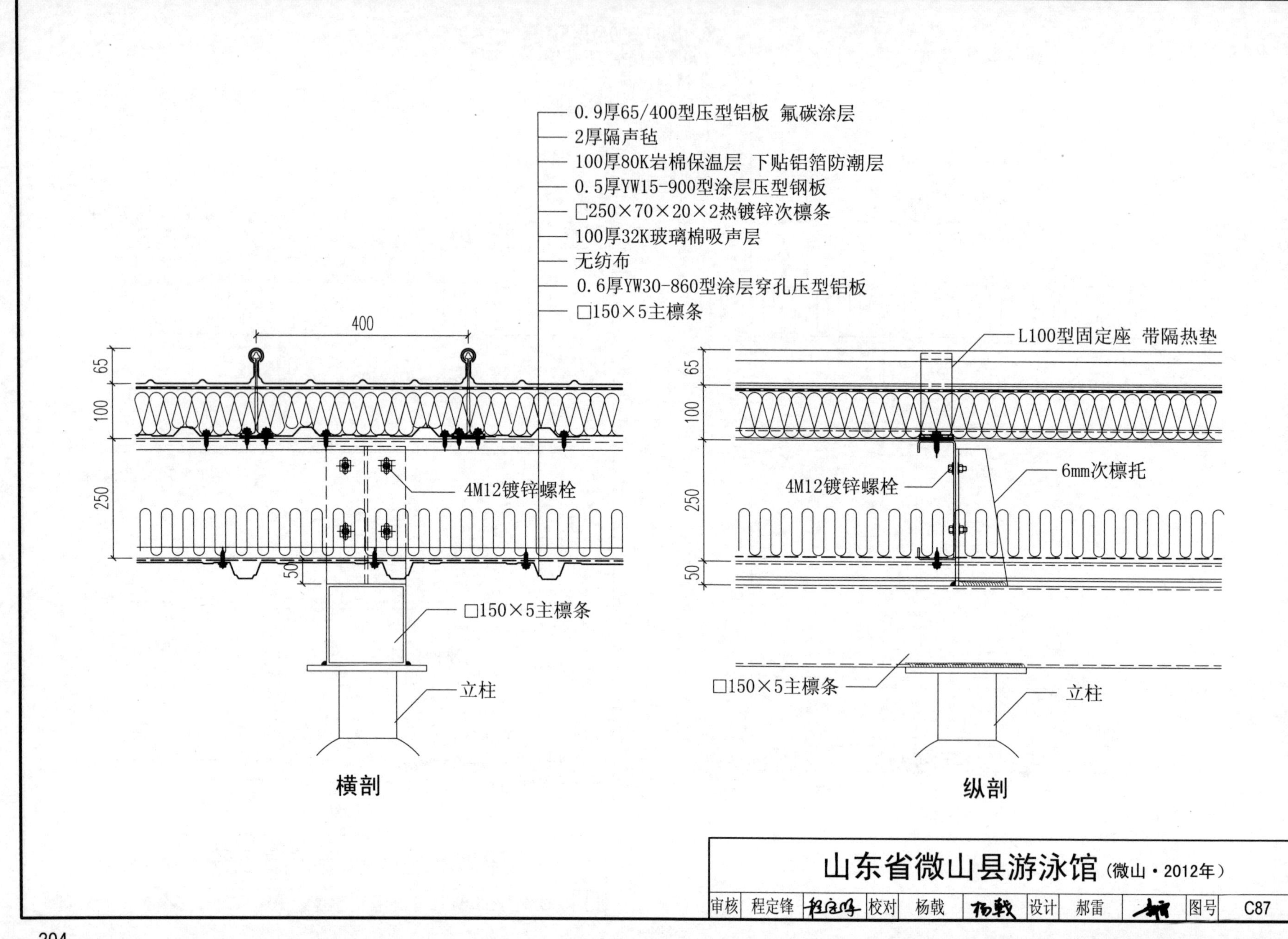

0.9厚65/400型压型铝板 氟碳涂层
2厚隔声毡
100厚80K岩棉保温层 下贴铝箔防潮层
0.5厚YW15-900型涂层压型钢板
[250×70×20×2热镀锌次檩条
100厚32K玻璃棉吸声层
无纺布
0.6厚YW30-860型涂层穿孔压型铝板
□150×5主檩条
400
65
100
250
50
4M12镀锌螺栓
□150×5主檩条
立柱
横剖
L100型固定座 带隔热垫
6mm次檩托
4M12镀锌螺栓
□150×5主檩条
立柱
纵剖
山东省微山县游泳馆（微山・2012年）
审核 程定锋 校对 杨戟 设计 郝雷 图号 C87

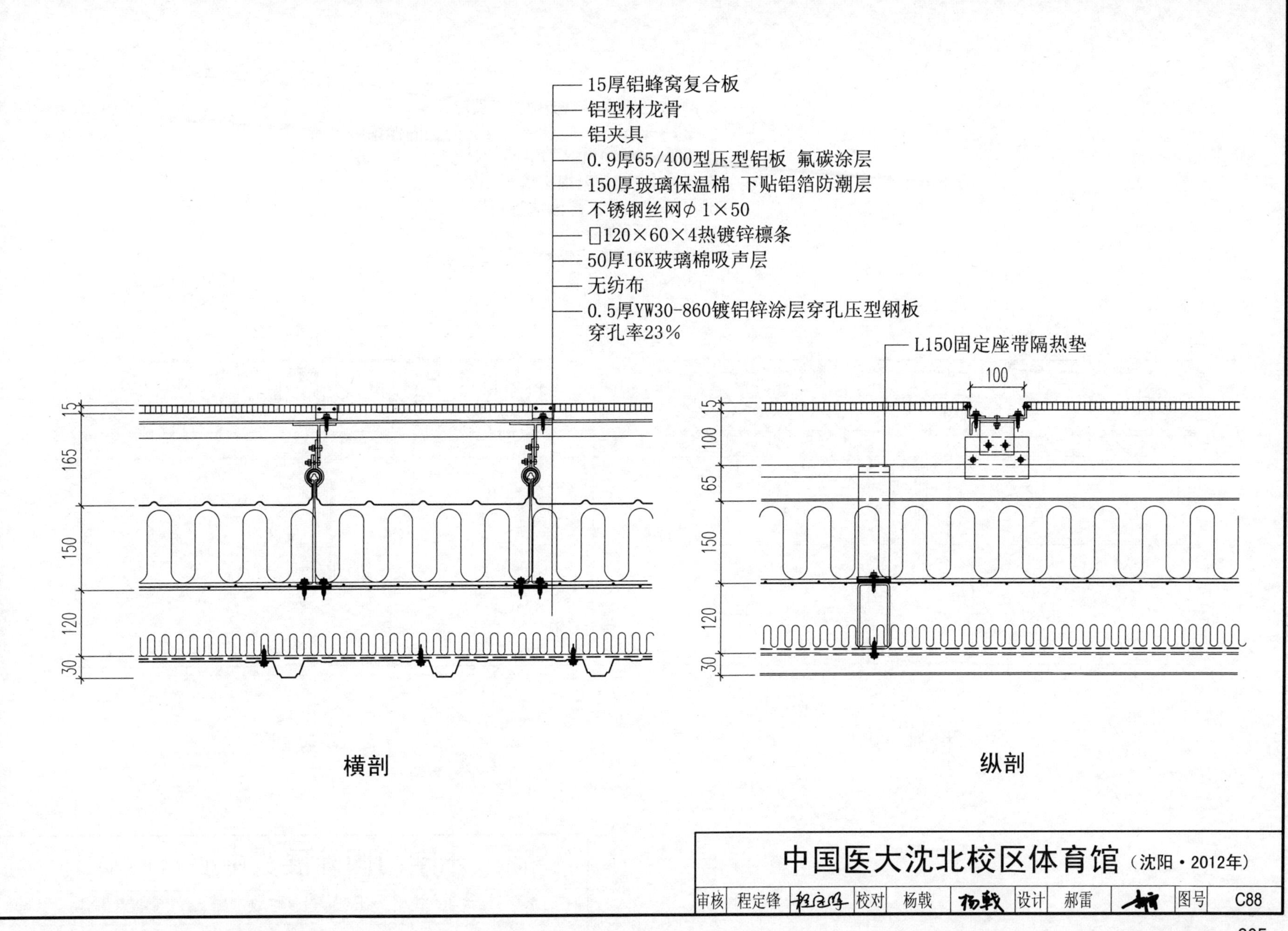

15厚铝蜂窝复合板
铝型材龙骨
铝夹具
0.9厚65/400型压型铝板 氟碳涂层
150厚玻璃保温棉 下贴铝箔防潮层
不锈钢丝网φ1×50
□120×60×4热镀锌檩条
50厚16K玻璃棉吸声层
无纺布
0.5厚YW30-860镀铝锌涂层穿孔压型钢板
穿孔率23%
L150固定座带隔热垫
100
15
165
150
120
30
15
100
65
150
120
30
横剖
纵剖
中国医大沈北校区体育馆（沈阳·2012年）
审核 程定锋 校对 杨戟 设计 郝雷 图号 C88

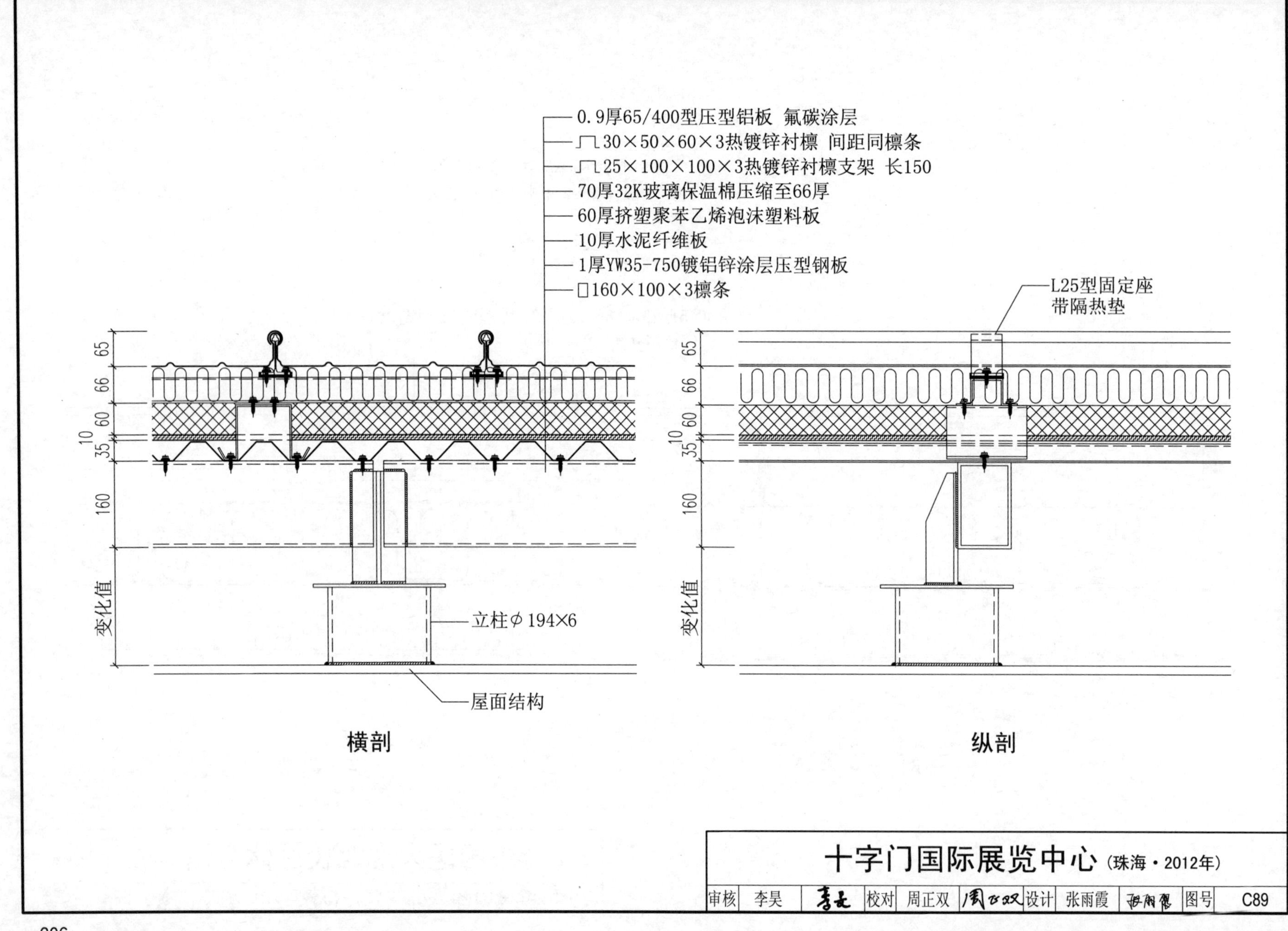
0.9厚65/400型压型铝板 氟碳涂层
⎍30×50×60×3热镀锌衬檩 间距同檩条
⎍25×100×100×3热镀锌衬檩支架 长150
70厚32K玻璃保温棉压缩至66厚
60厚挤塑聚苯乙烯泡沫塑料板
10厚水泥纤维板
1厚YW35-750镀铝锌涂层压型钢板
□160×100×3檩条
L25型固定座
带隔热垫
65
66
60
10
35
160
变化值
立柱φ194×6
屋面结构
横剖
纵剖
十字门国际展览中心（珠海·2012年）
审核 李昊 校对 周正双 设计 张雨霞 图号 C89

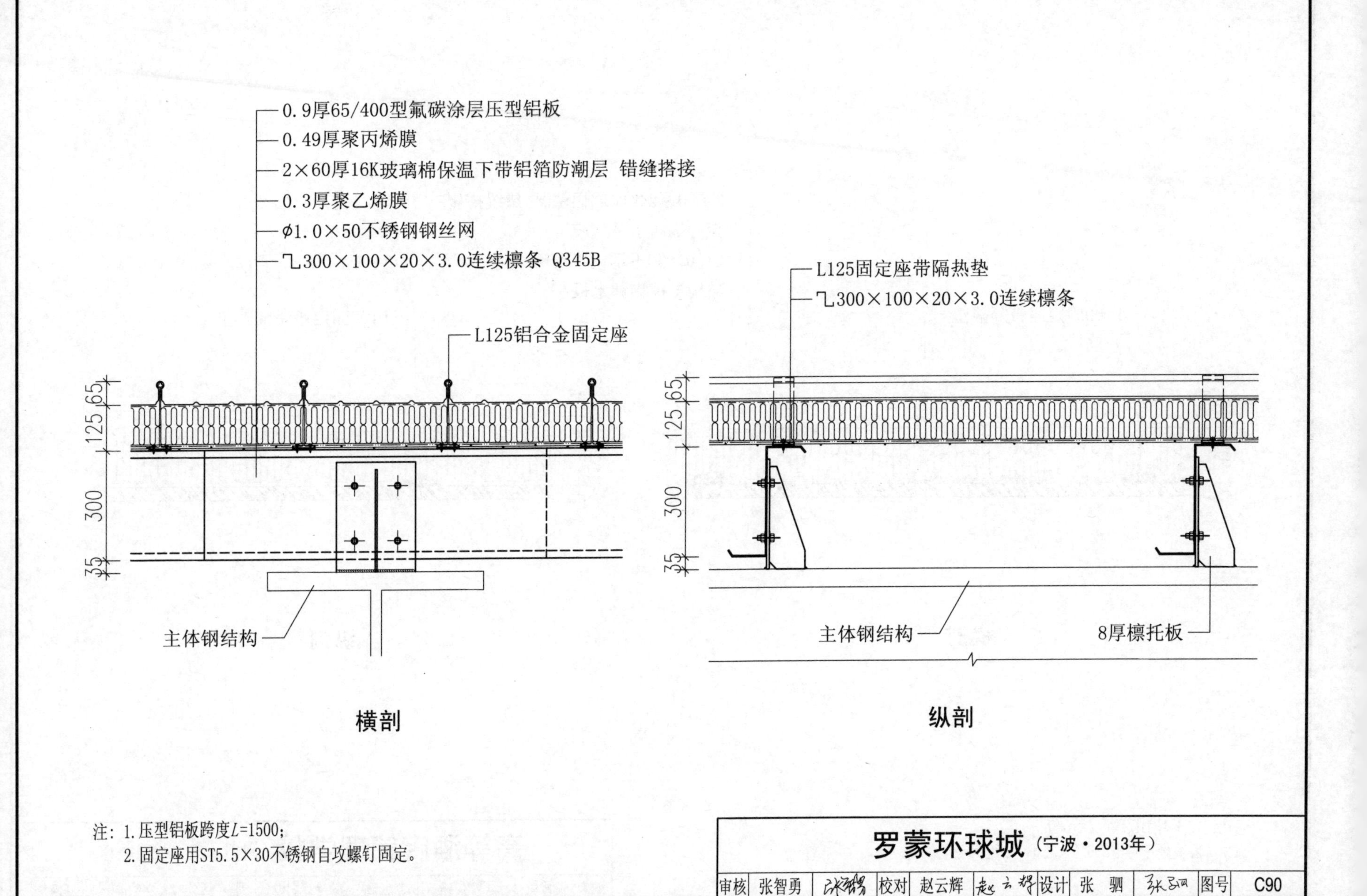

注：1.压型铝板跨度L=1500；
2.固定座用ST5.5×30不锈钢自攻螺钉固定。

罗蒙环球城（宁波・2013年）									
审核	张智勇	[signature]	校对	赵云辉	[signature]	设计	张驷	[signature]	图号 C90

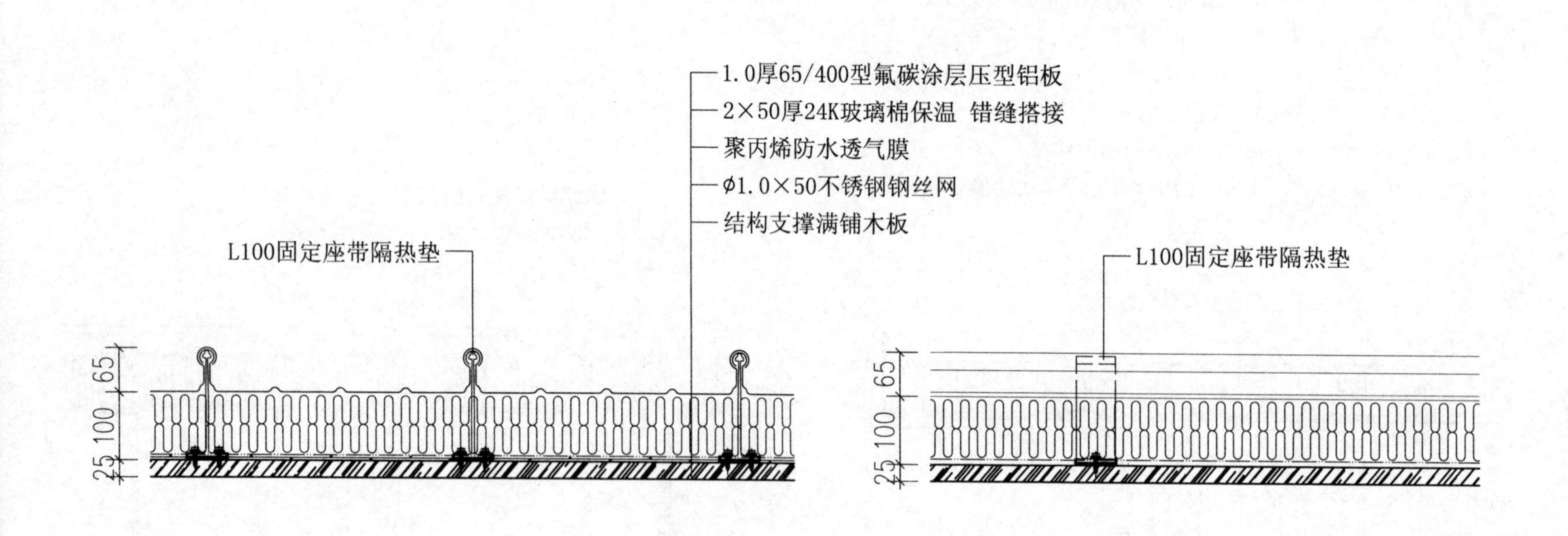

横剖

纵剖

注：1.压型铝板跨度L=1500；
2.固定座使用ST5.5×30不锈钢自攻螺钉固定。

高等酒店管理学校（阿尔及尔·2013年）									
审核	张智勇	[signature]	校对	赵云辉	[signature]	设计	张驷	[signature]	图号 C91

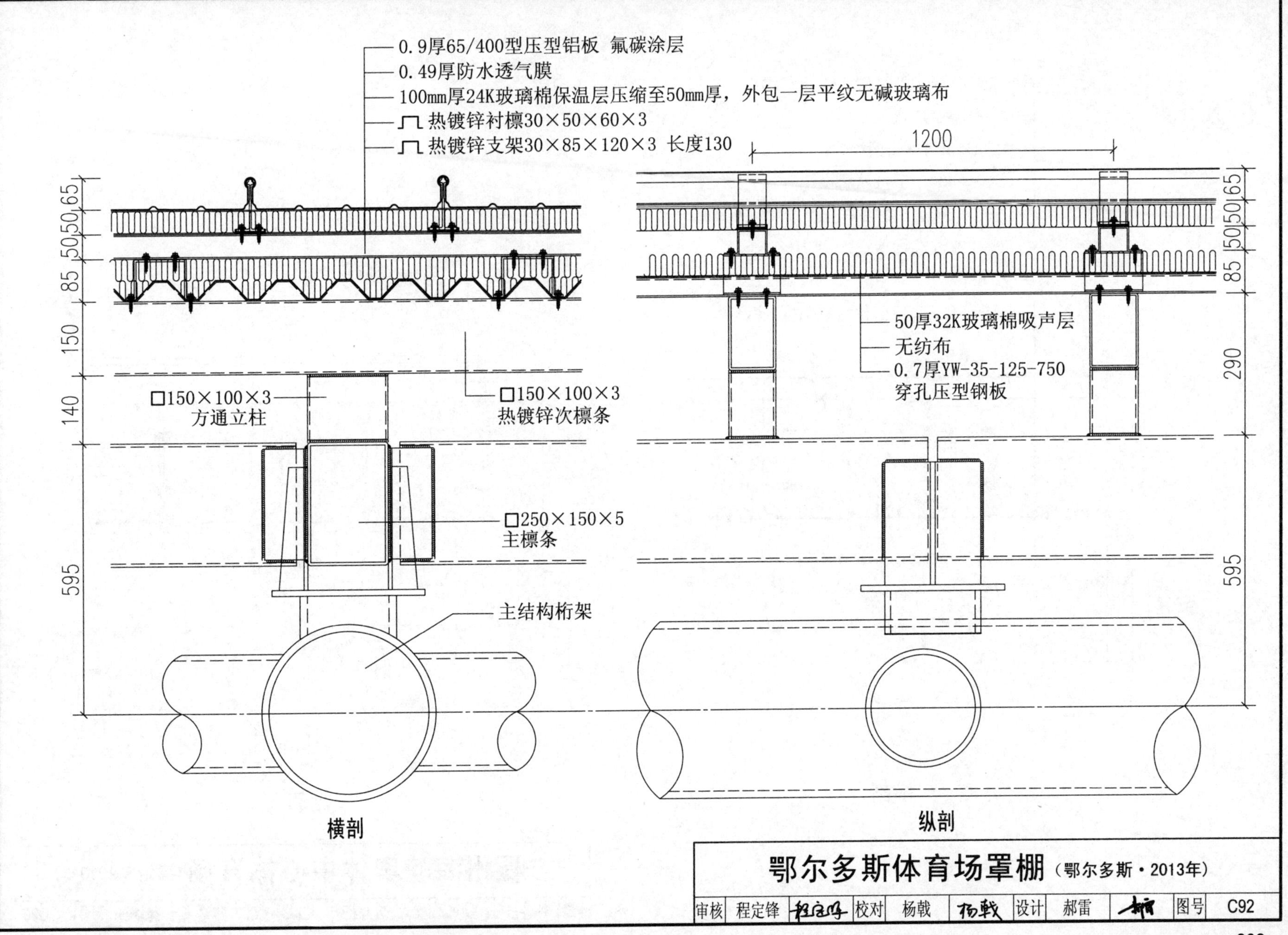
0.9厚65/400型压型铝板 氟碳涂层
0.49厚防水透气膜
100mm厚24K玻璃棉保温层压缩至50mm厚，外包一层平纹无碱玻璃布
热镀锌衬檩30×50×60×3
热镀锌支架30×85×120×3 长度130
1200
65
50
50
85
150
140
595
290
□150×100×3
方通立柱
□150×100×3
热镀锌次檩条
□250×150×5
主檩条
主结构桁架
50厚32K玻璃棉吸声层
无纺布
0.7厚YW-35-125-750
穿孔压型钢板
横剖
纵剖
鄂尔多斯体育场罩棚（鄂尔多斯·2013年）
审核 程定锋 校对 杨载 设计 郝雷 图号 C92

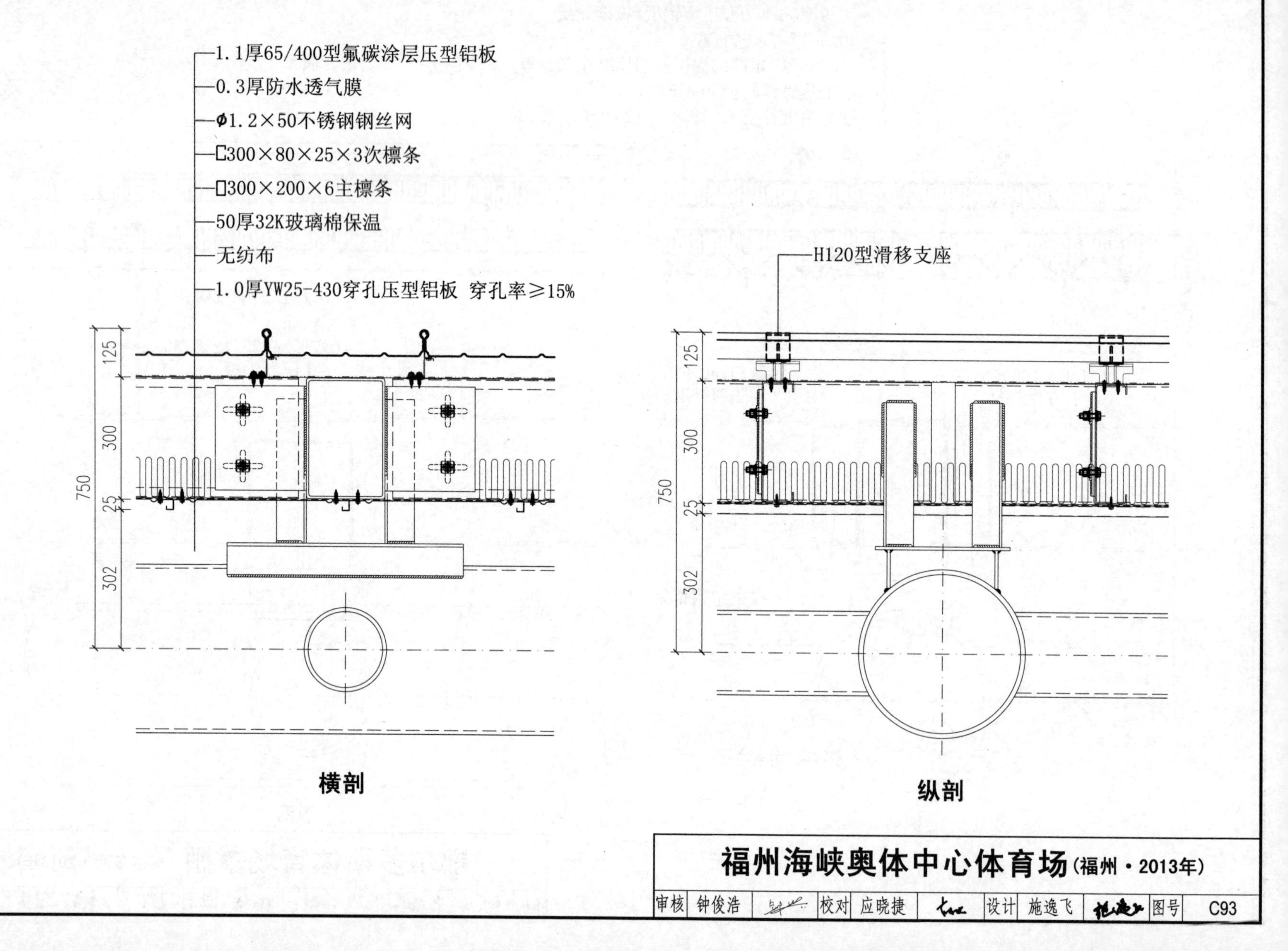
1.1厚65/400型氟碳涂层压型铝板
0.3厚防水透气膜
ϕ1.2×50不锈钢钢丝网
[300×80×25×3次檩条
□300×200×6主檩条
50厚32K玻璃棉保温
无纺布
1.0厚YW25-430穿孔压型铝板 穿孔率≥15%
125
300
750
25
302
横剖
H120型滑移支座
125
300
750
25
302
纵剖
福州海峡奥体中心体育场(福州·2013年)
审核 钟俊浩 校对 应晓捷 设计 施逸飞 图号 C93

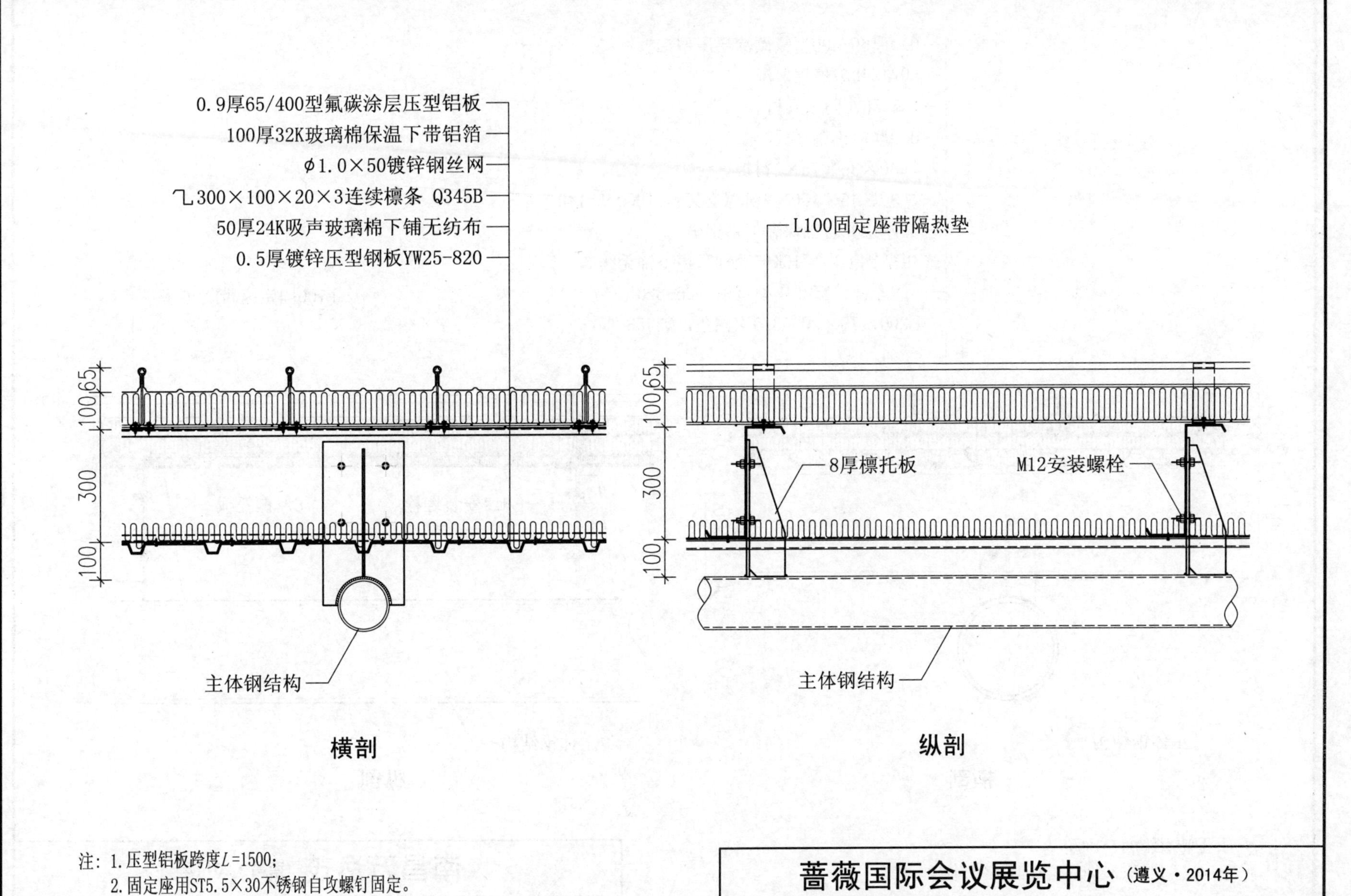

横剖

纵剖

注：1.压型铝板跨度L=1500；
2.固定座用ST5.5×30不锈钢自攻螺钉固定。

蔷薇国际会议展览中心（遵义·2014年）								
审核	张智勇	张智勇	校对	赵云辉	赵云辉	设计	张 驷	张驷	图号	C94

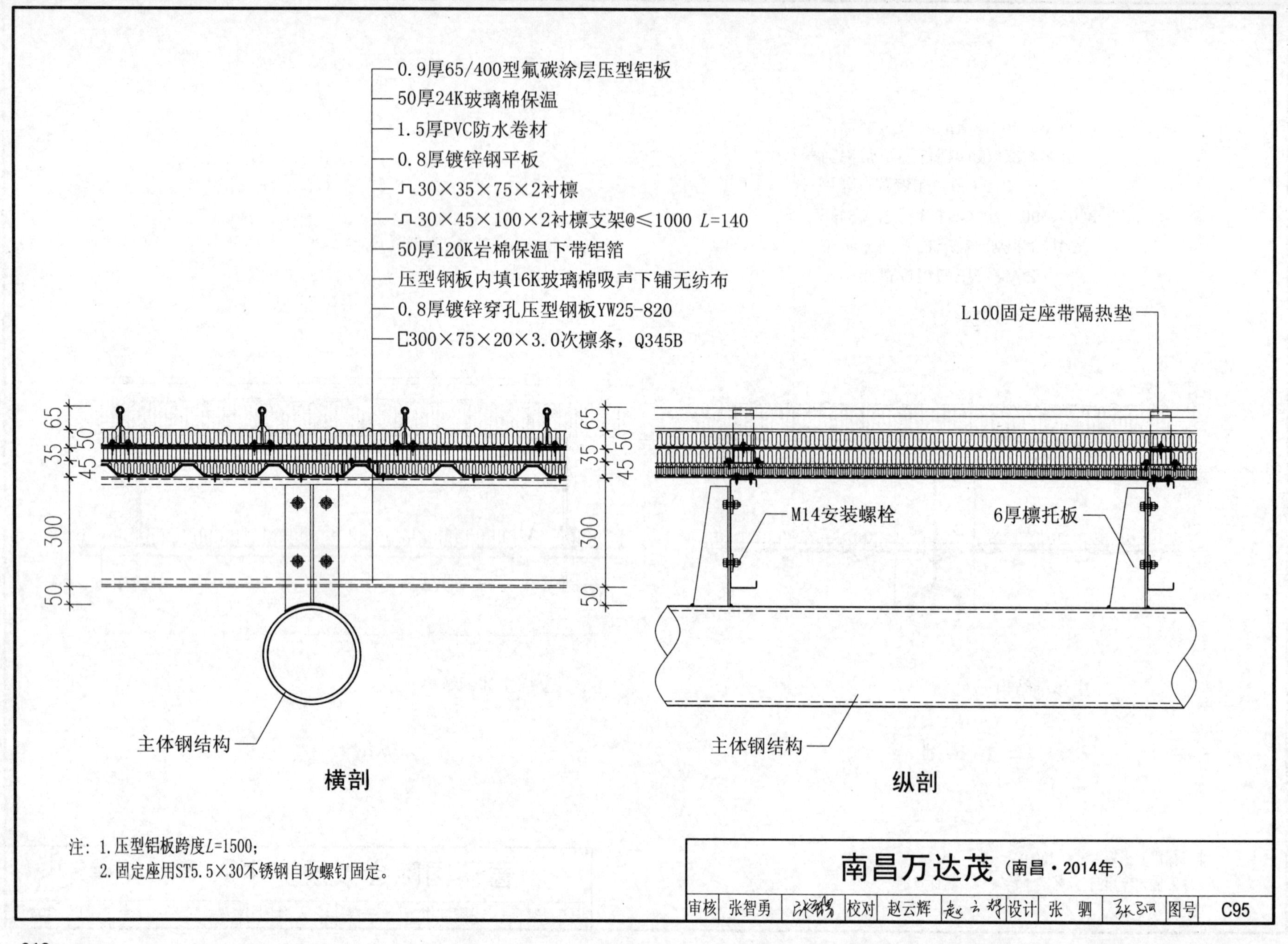

注：1.压型铝板跨度L=1500；
2.固定座用ST5.5×30不锈钢自攻螺钉固定。

南昌万达茂（南昌·2014年）

审核	张智勇		校对	赵云辉		设计	张 驷		图号	C95

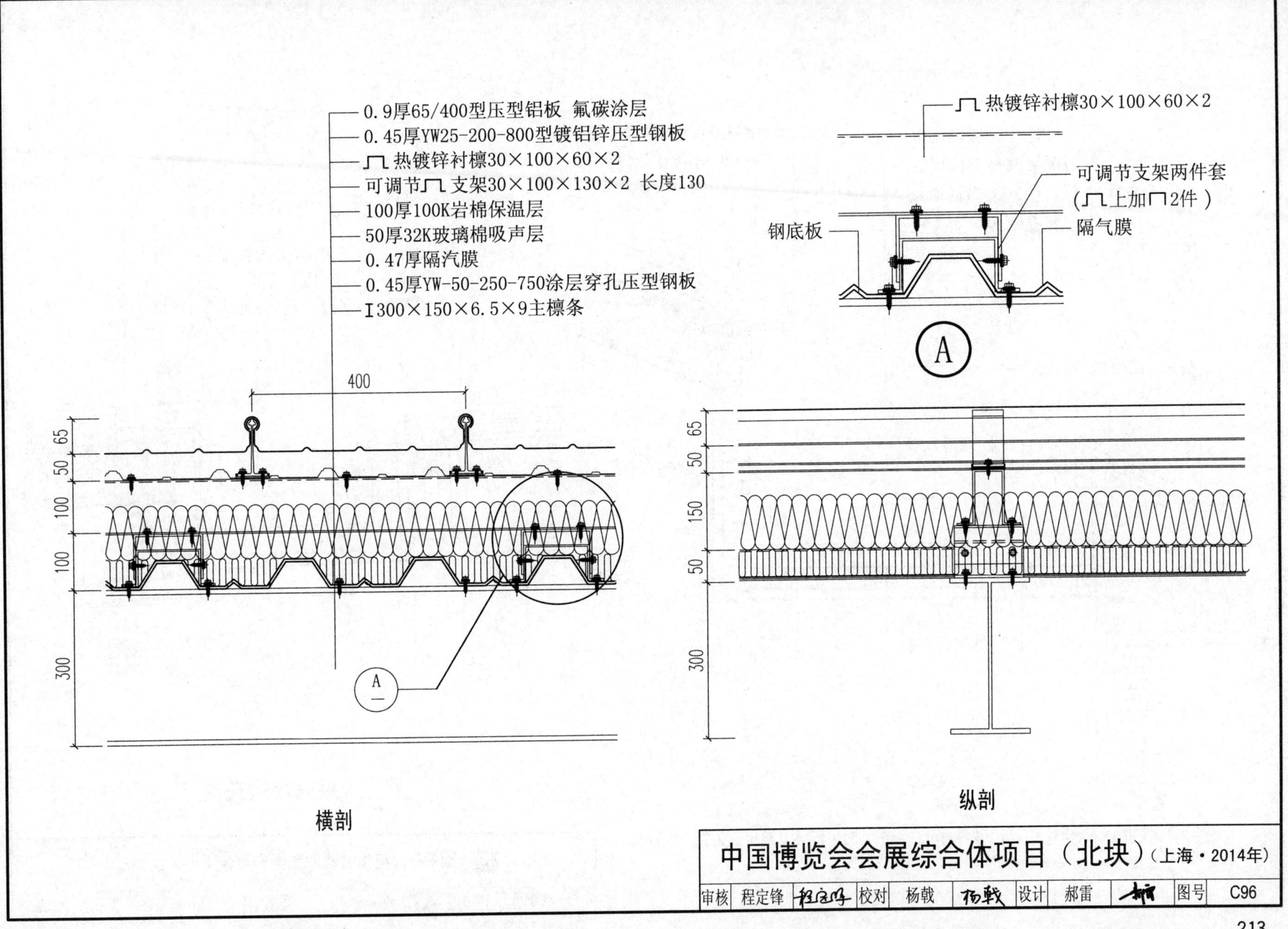

中国博览会会展综合体项目（北块）(上海·2014年)

审核	程定锋		校对	杨戟		设计	郝雷		图号	C96

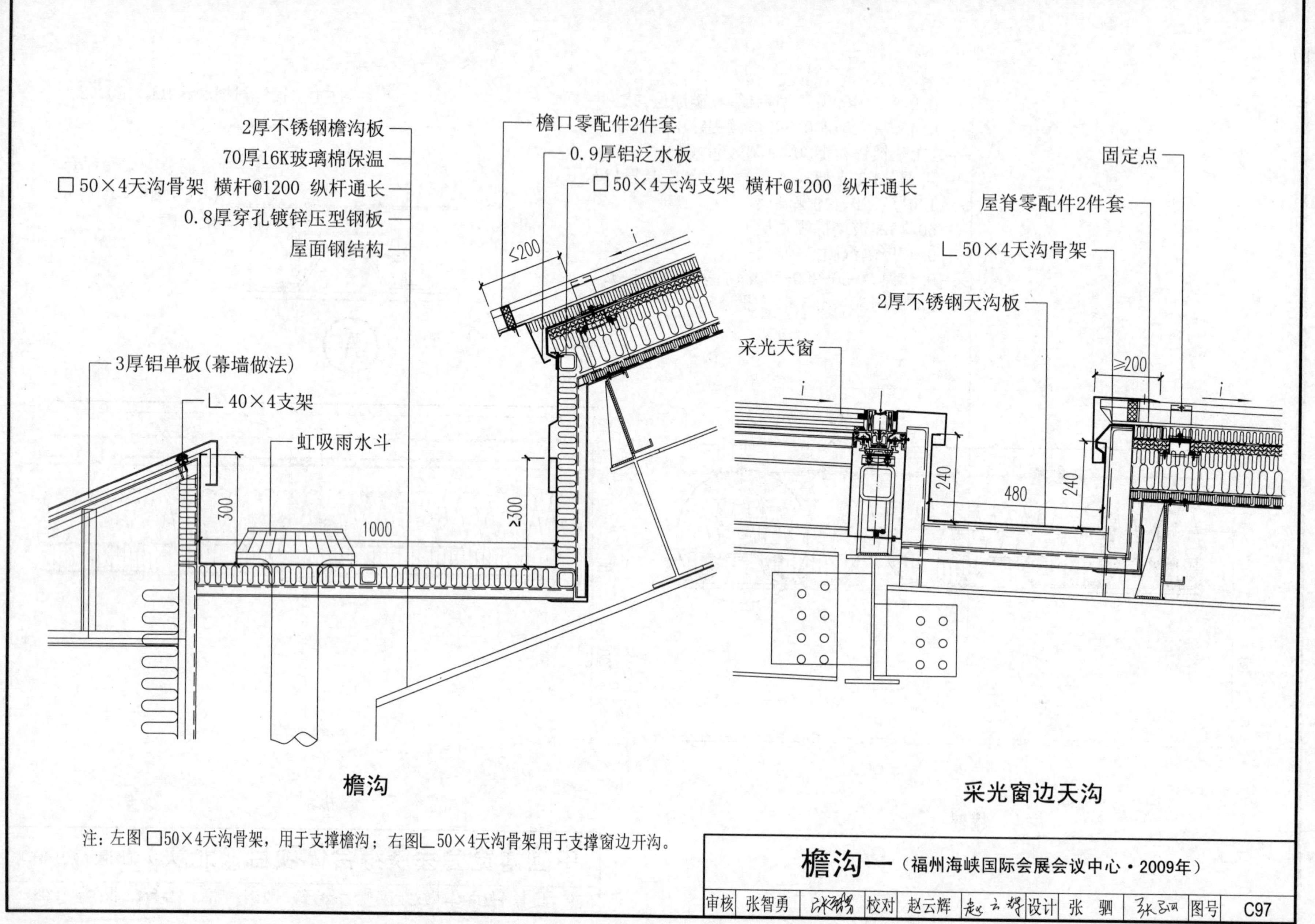

注：左图□50×4天沟骨架，用于支撑檐沟；右图∟50×4天沟骨架用于支撑窗边开沟。

檐沟一（福州海峡国际会展会议中心·2009年）									
审核	张智勇	张智勇	校对	赵云辉	赵云辉	设计	张 驷	张驷	图号 C97

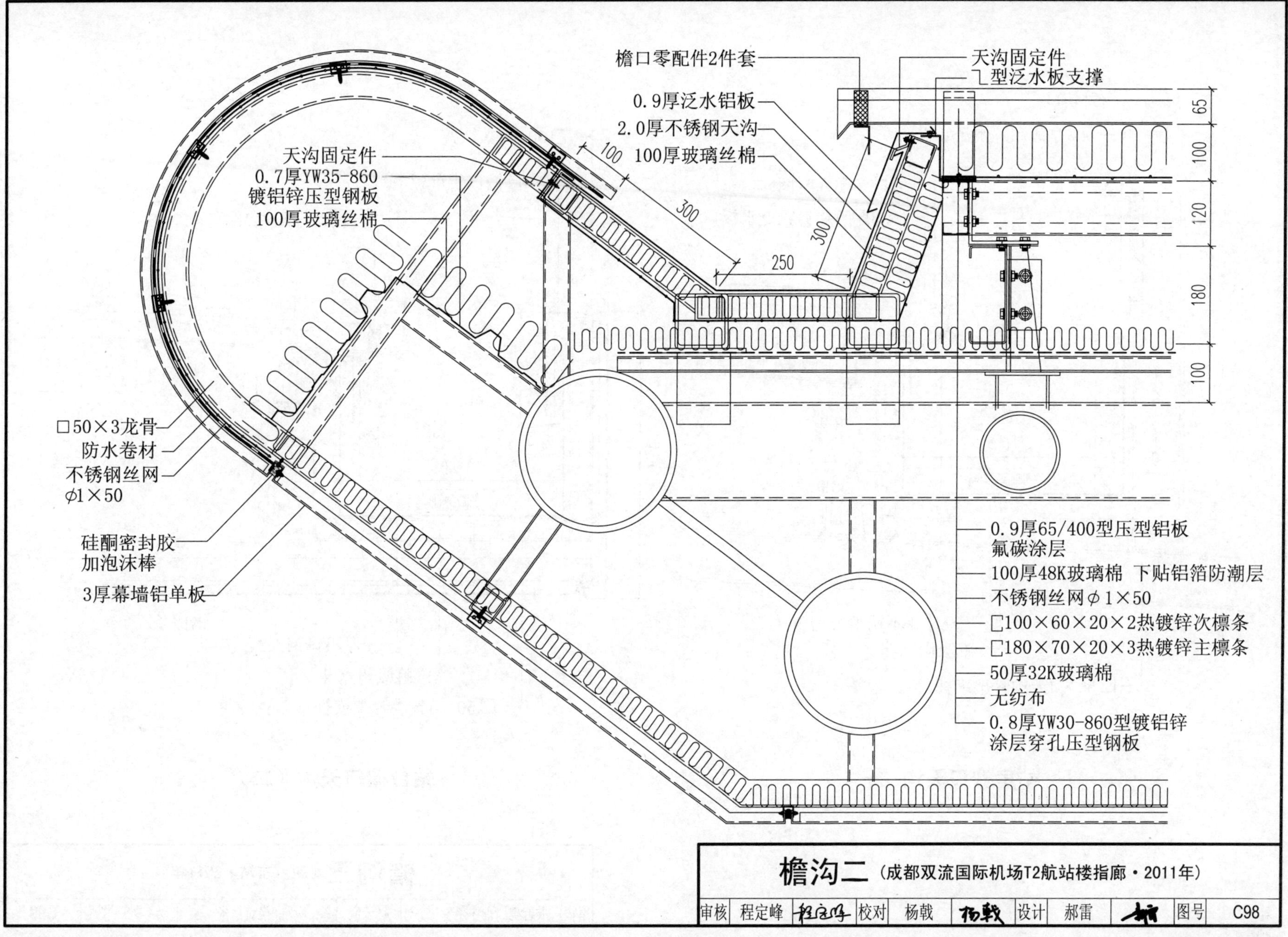

檐沟二（成都双流国际机场T2航站楼指廊·2011年）

审核	程定峰	程定峰	校对	杨载	杨载	设计	郝雷	郝雷	图号	C98

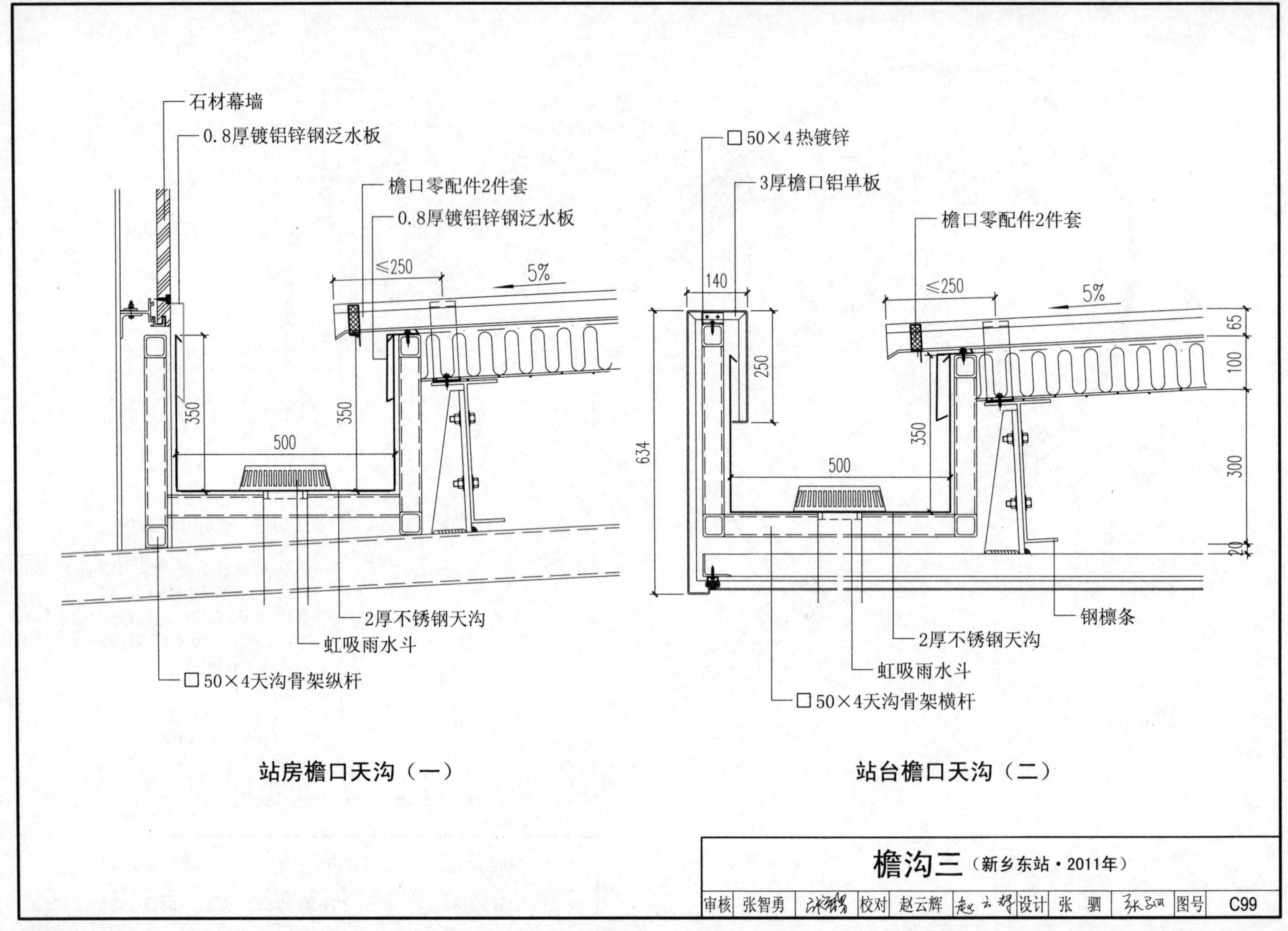
石材幕墙
0.8厚镀铝锌钢泛水板
檐口零配件2件套
0.8厚镀铝锌钢泛水板
≤250
5%
350
350
500
2厚不锈钢天沟
虹吸雨水斗
□50×4天沟骨架纵杆
站房檐口天沟（一）
□50×4热镀锌
3厚檐口铝单板
檐口零配件2件套
140
≤250
5%
65
100
250
634
350
500
300
20
钢檩条
2厚不锈钢天沟
虹吸雨水斗
□50×4天沟骨架横杆
站台檐口天沟（二）
檐沟三（新乡东站·2011年）
审核 张智勇 校对 赵云辉 设计 张 驷 图号 C99

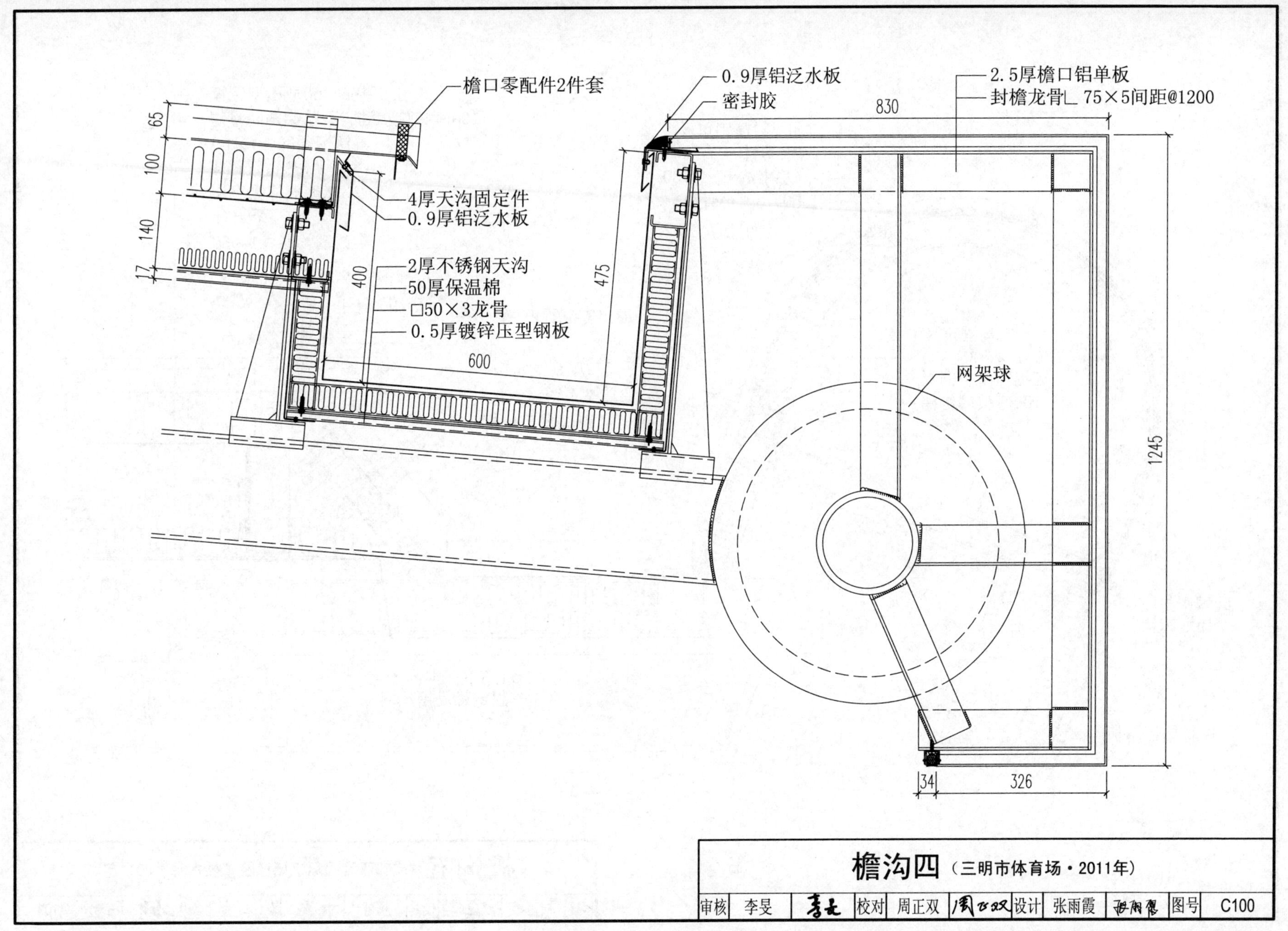

檐沟四（三明市体育场·2011年）

审核	李旻	李旻	校对	周正双	周正双	设计	张雨霞	张雨霞	图号	C100

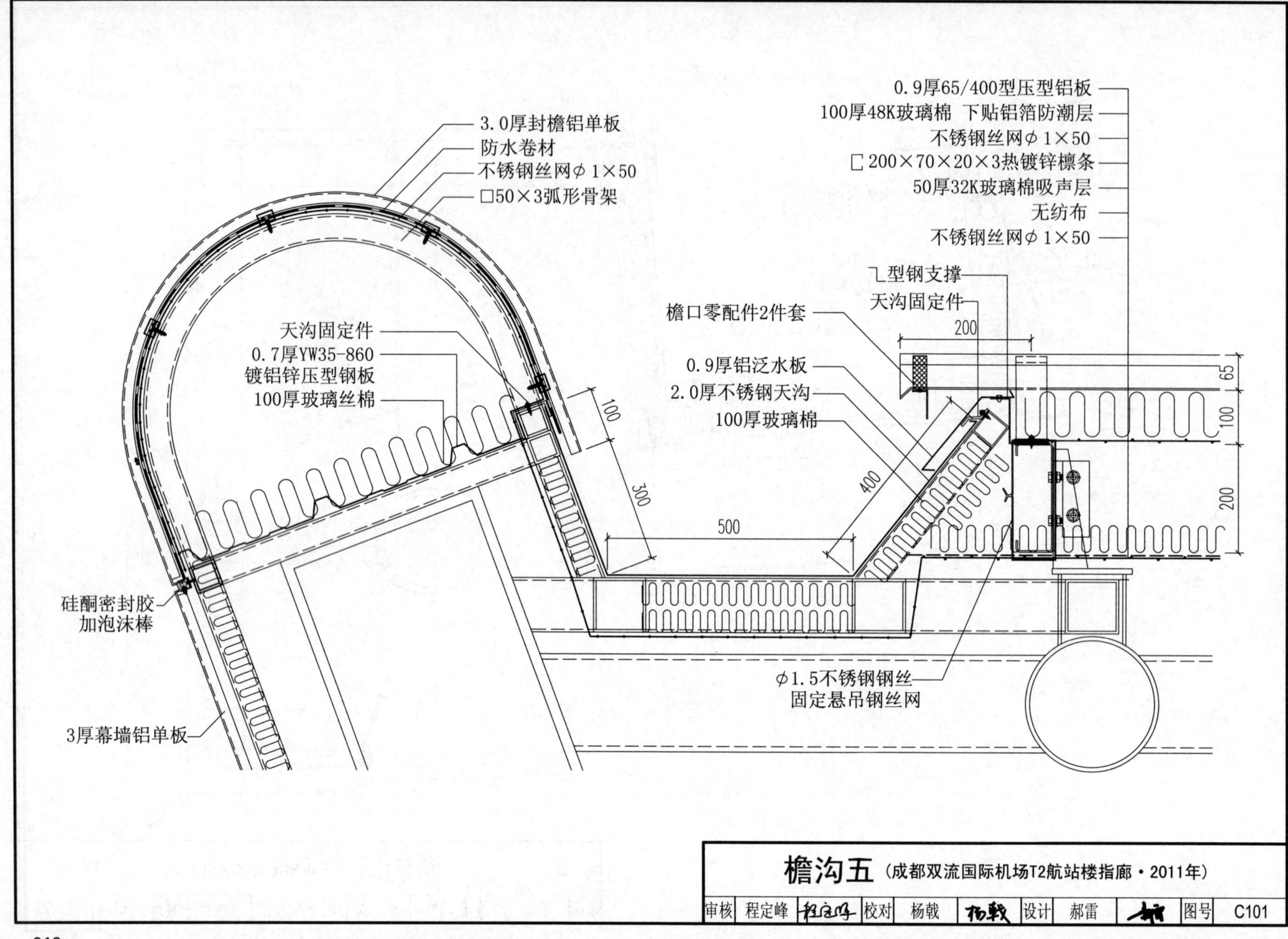

檐沟五（成都双流国际机场T2航站楼指廊·2011年）

审核	程定峰		校对	杨戟		设计	郝雷		图号	C101

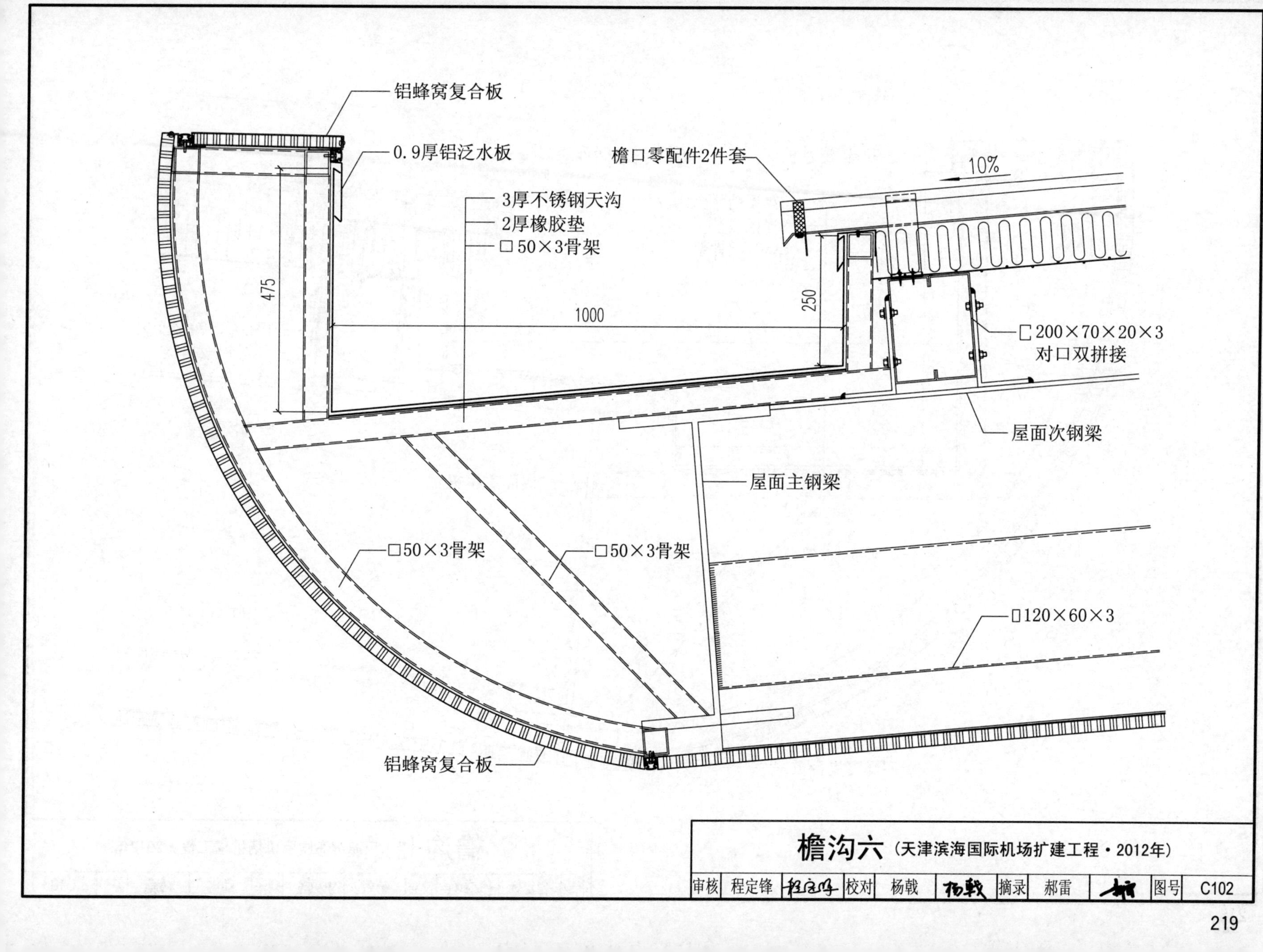

檐沟六（天津滨海国际机场扩建工程·2012年）

审核	程定锋		校对	杨戟		摘录	郝雷		图号	C102

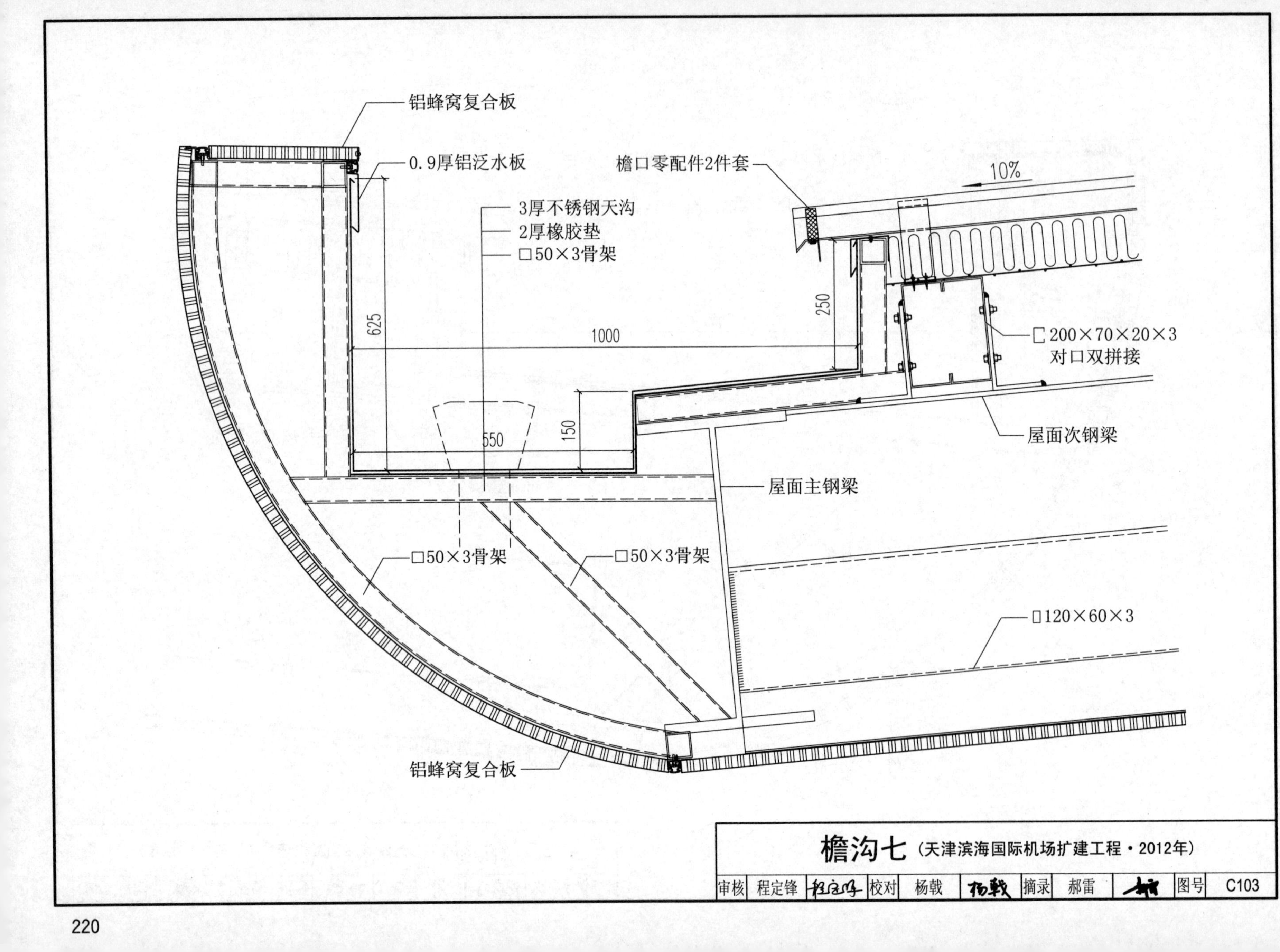

铝蜂窝复合板
0.9厚铝泛水板
檐口零配件2件套
10%
3厚不锈钢天沟
2厚橡胶垫
□50×3骨架
250
625
1000
□200×70×20×3
对口双拼接
150
550
屋面次钢梁
屋面主钢梁
□50×3骨架
□50×3骨架
□120×60×3
铝蜂窝复合板
檐沟七（天津滨海国际机场扩建工程·2012年）
审核 程定锋 校对 杨戟 摘录 郝雷 图号 C103

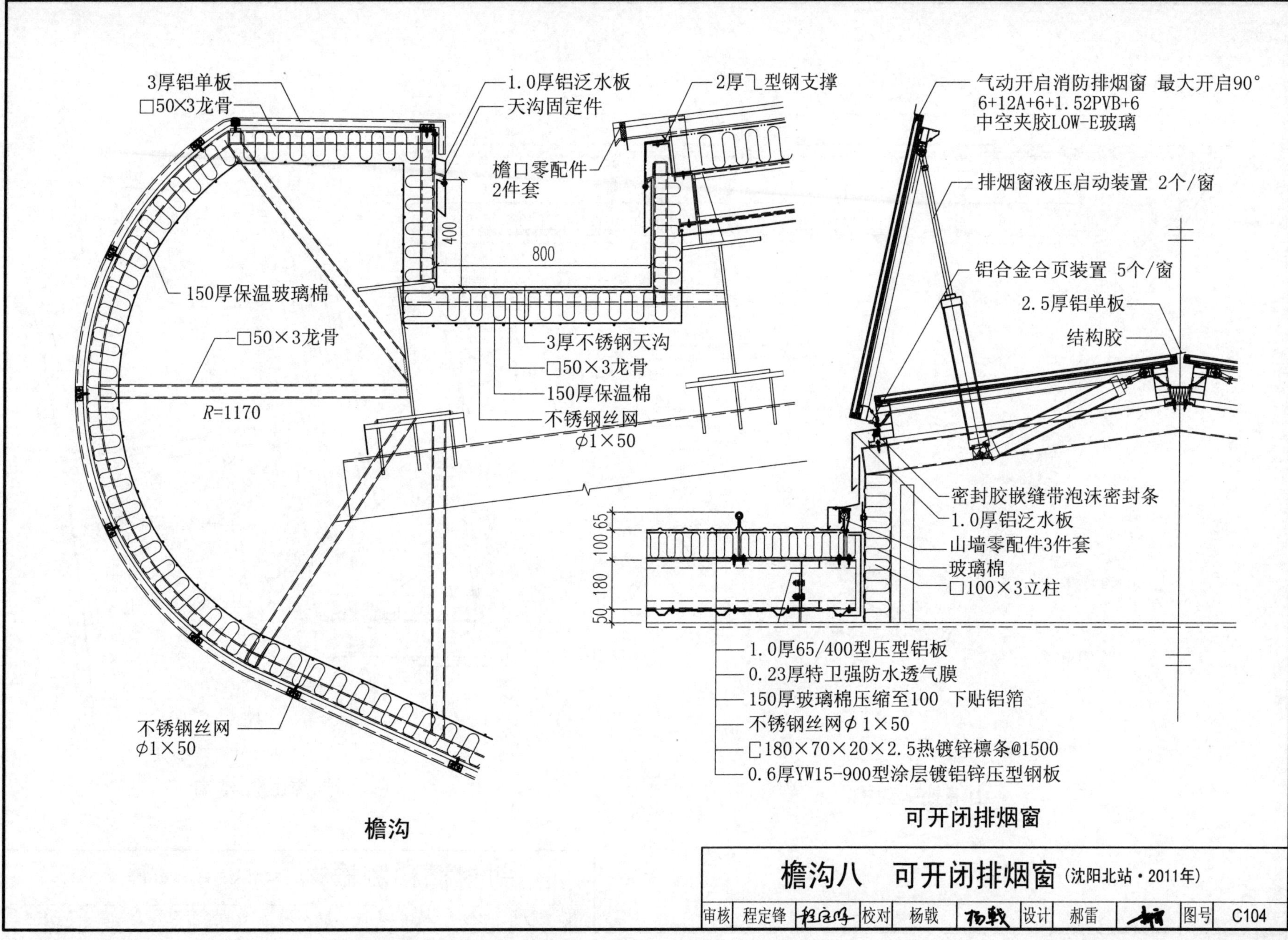

檐沟八 可开闭排烟窗（沈阳北站·2011年）

审核	程定锋	程定锋	校对	杨戟	杨戟	设计	郝雷	郝雷	图号	C104

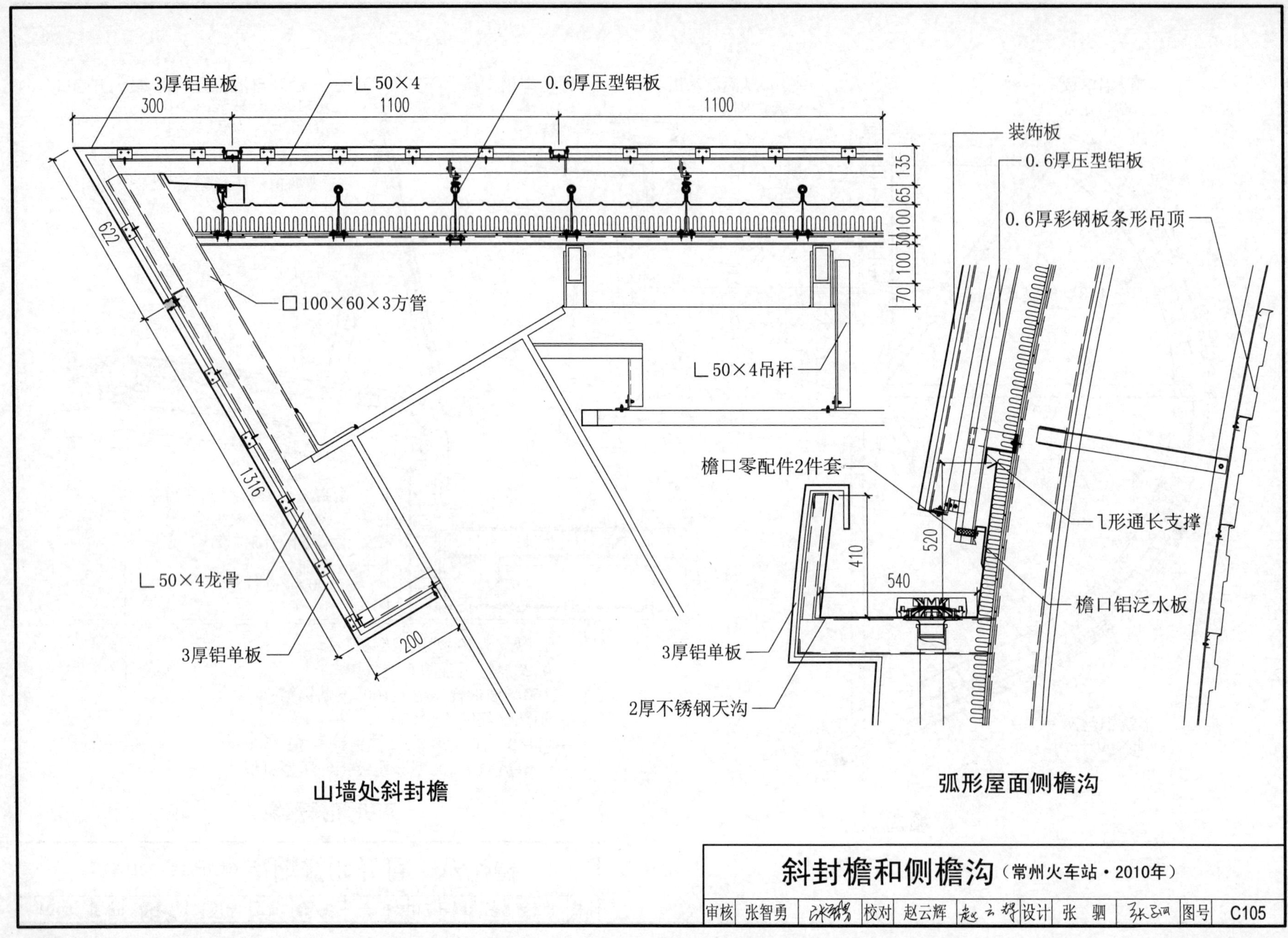
3厚铝单板
∟50×4
0.6厚压型铝板
300
1100
1100
135
65
100
30
100
70
622
□100×60×3方管
∟50×4吊杆
1316
∟50×4龙骨
3厚铝单板
200
山墙处斜封檐
装饰板
0.6厚压型铝板
0.6厚彩钢板条形吊顶
檐口零配件2件套
乁形通长支撑
410
520
540
檐口铝泛水板
3厚铝单板
2厚不锈钢天沟
弧形屋面侧檐沟
斜封檐和侧檐沟（常州火车站・2010年）
审核 张智勇 校对 赵云辉 设计 张驷 图号 C105

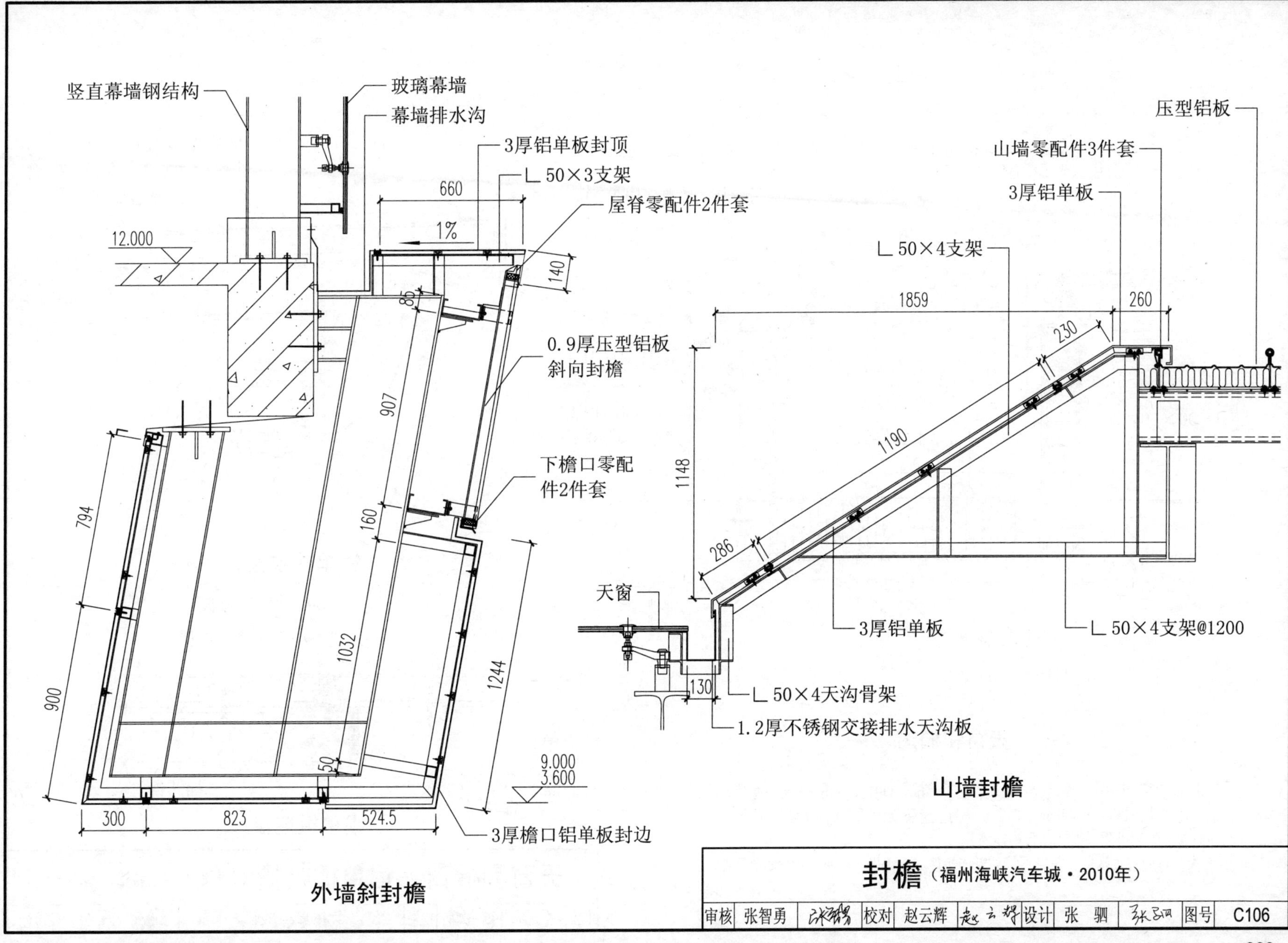

封檐（福州海峡汽车城·2010年）

审核	张智勇		校对	赵云辉		设计	张驷		图号	C106

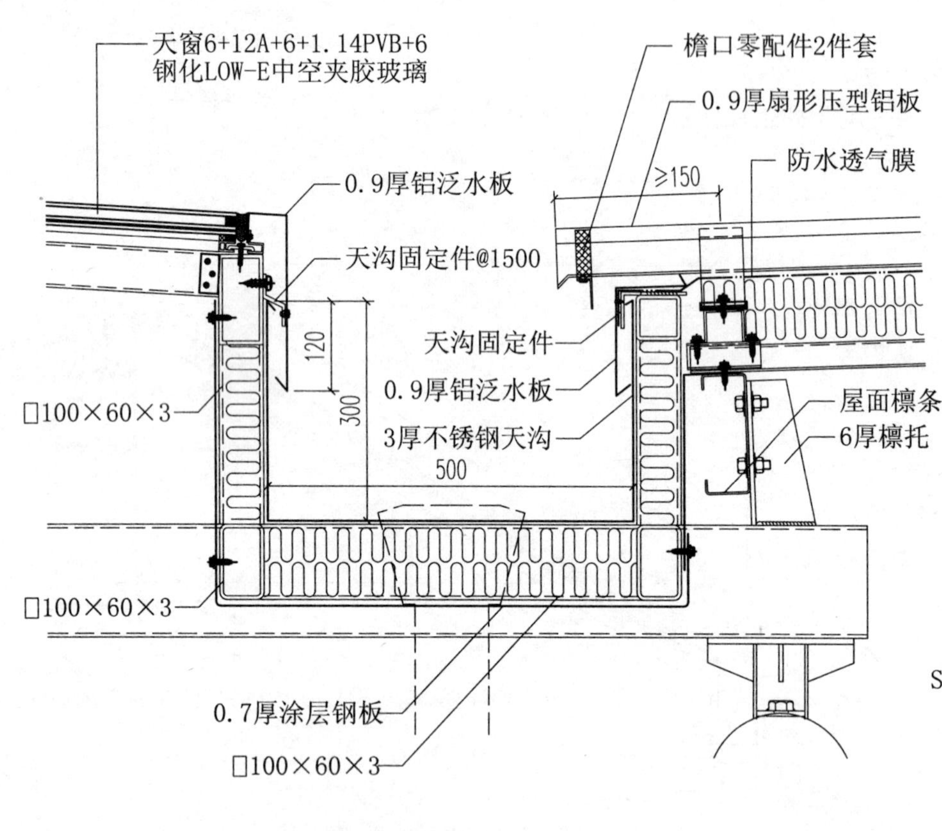

天窗和檐沟

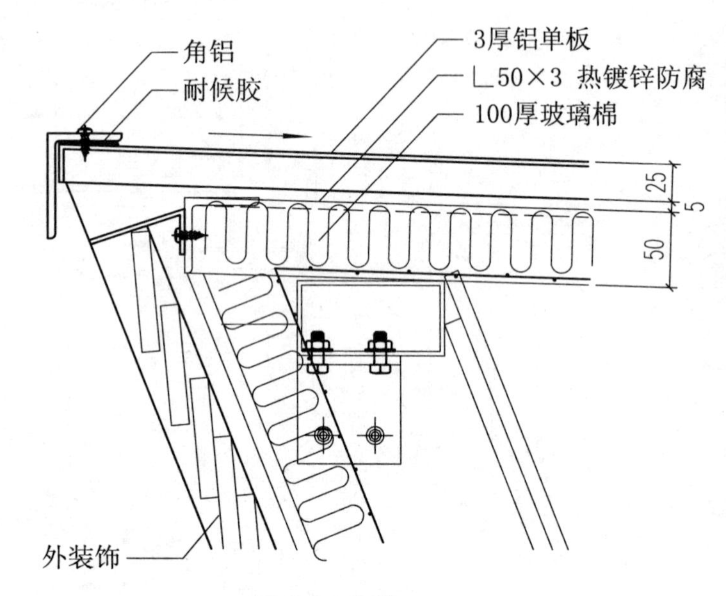

铝单板收檐

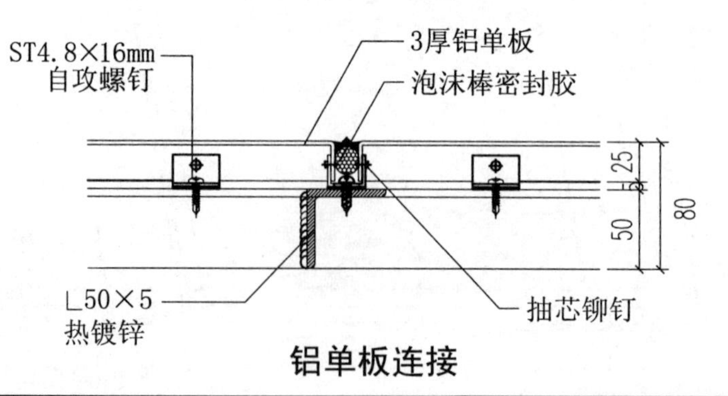

铝单板连接

注:1.天沟固定件一般采用4厚镀锌钢板制作，宽度50，间距≤500焊在天沟龙骨上，也可使用不锈钢自攻螺钉固定，主要是为了连接天沟泛水板防止被风掀起，同时保证天沟可随温度变化自由伸缩。
2.天沟节点的自攻螺钉、拉铆钉等外露连接件，应优先选用不锈钢材质成品件。

天窗和檐口　铝单板收檐（上海世博会万科馆·2009年）									
审核	程定锋	程定锋	校对	杨戟	杨戟	设计	郝雷	郝雷	图号 C107

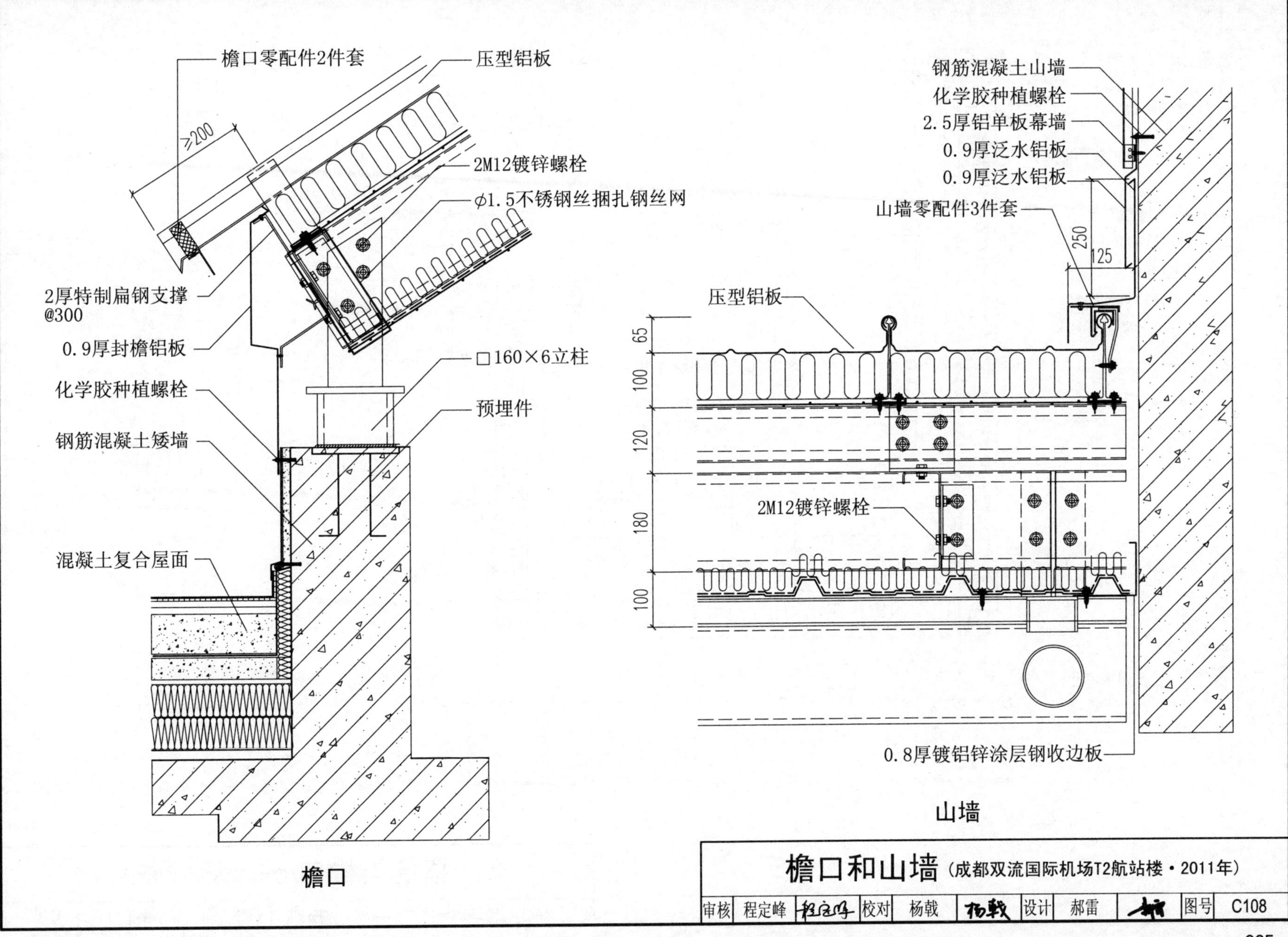

檐口和山墙（成都双流国际机场T2航站楼·2011年）

审核	程定峰	程定峰	校对	杨戟	杨戟	设计	郝雷	郝雷	图号	C108

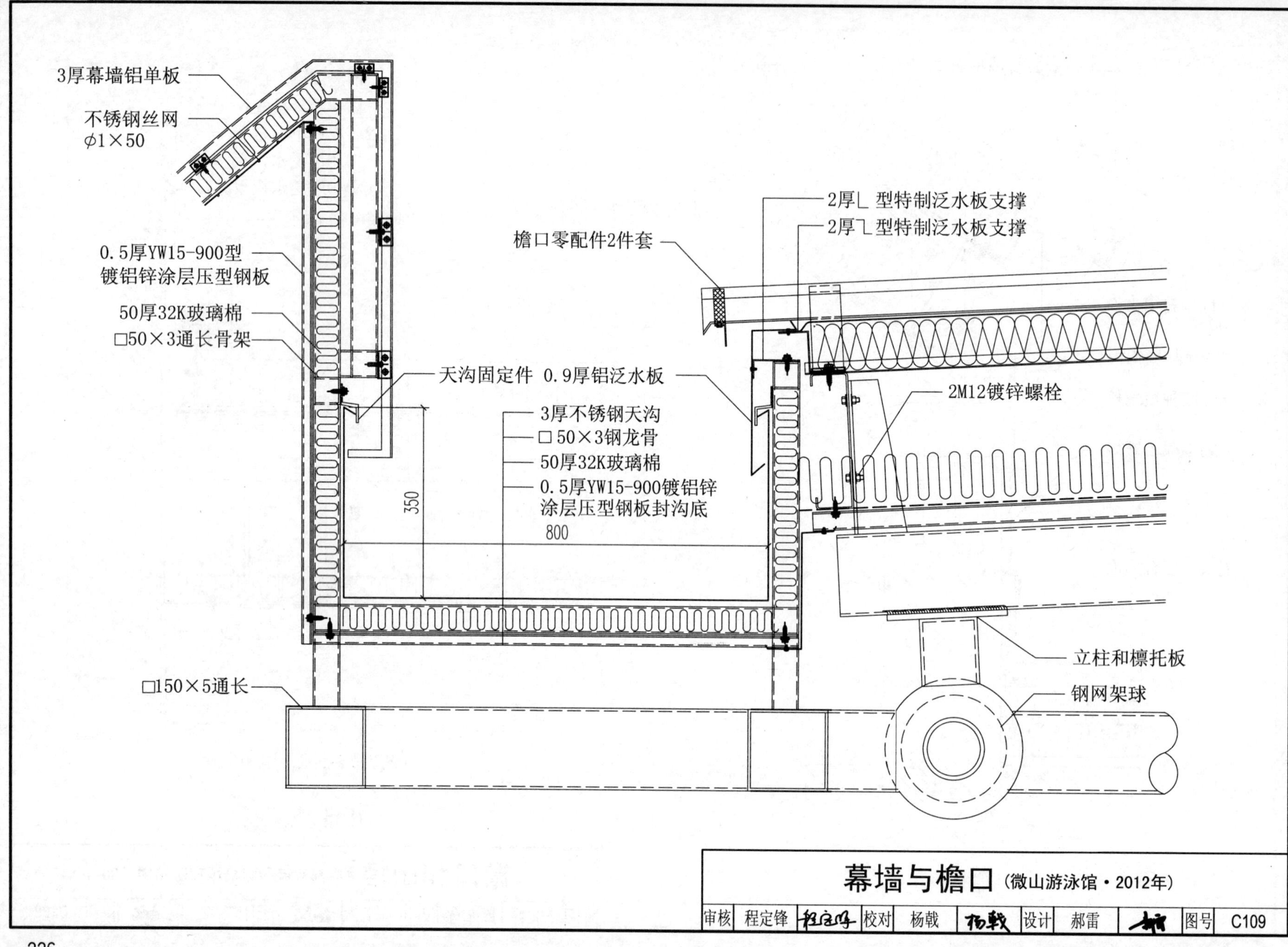
3厚幕墙铝单板
不锈钢丝网
φ1×50
0.5厚YW15-900型
镀铝锌涂层压型钢板
50厚32K玻璃棉
□50×3通长骨架
□150×5通长
天沟固定件 0.9厚铝泛水板
3厚不锈钢天沟
□50×3钢龙骨
50厚32K玻璃棉
0.5厚YW15-900镀铝锌
涂层压型钢板封沟底
350
800
檐口零配件2件套
2厚∟型特制泛水板支撑
2厚乛型特制泛水板支撑
2M12镀锌螺栓
立柱和檩托板
钢网架球
幕墙与檐口（微山游泳馆·2012年）
审核 程定锋 校对 杨戟 设计 郝雷 图号 C109

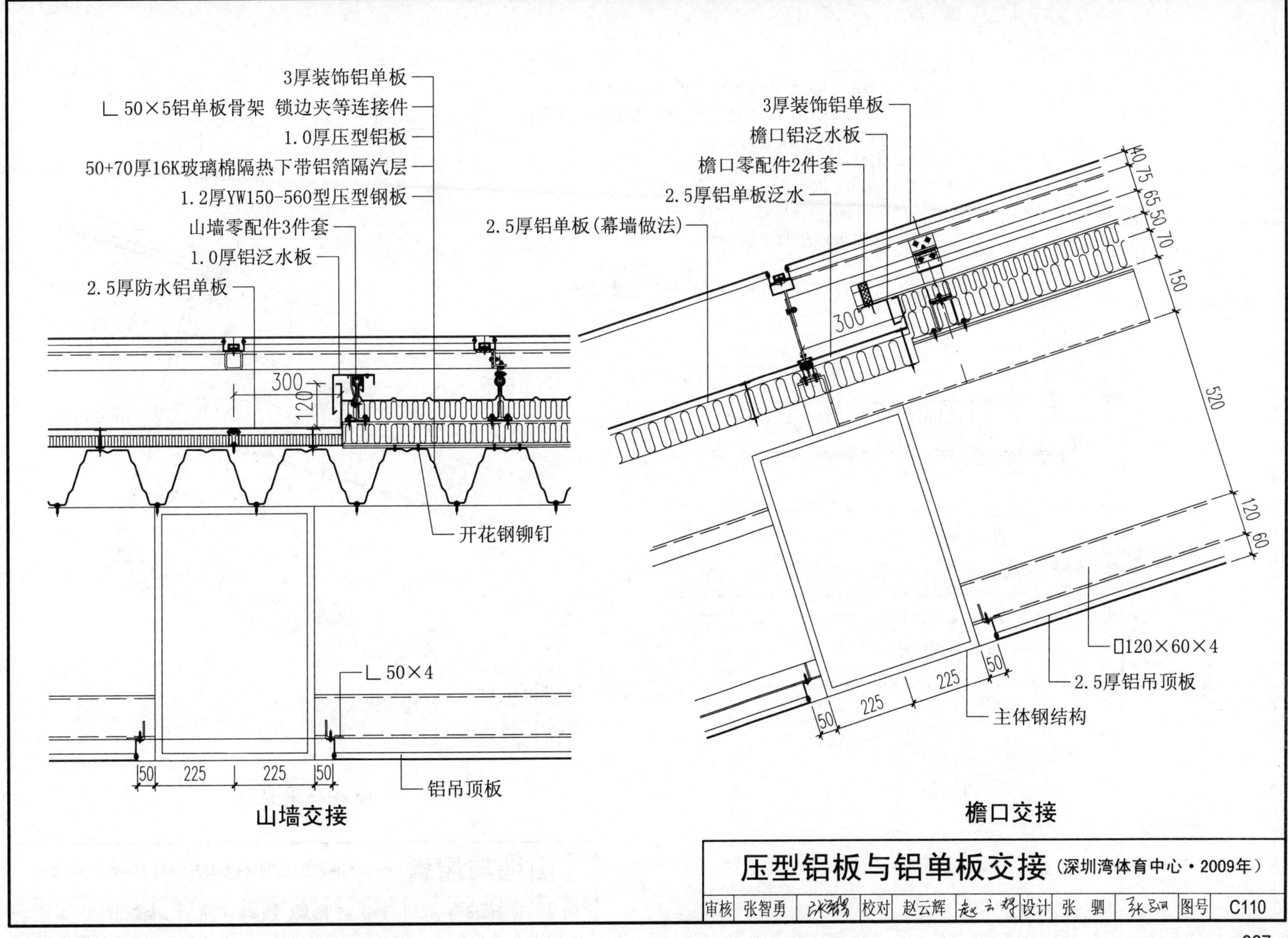

压型铝板与铝单板交接（深圳湾体育中心·2009年）

审核	张智勇		校对	赵云辉		设计	张驷		图号	C110

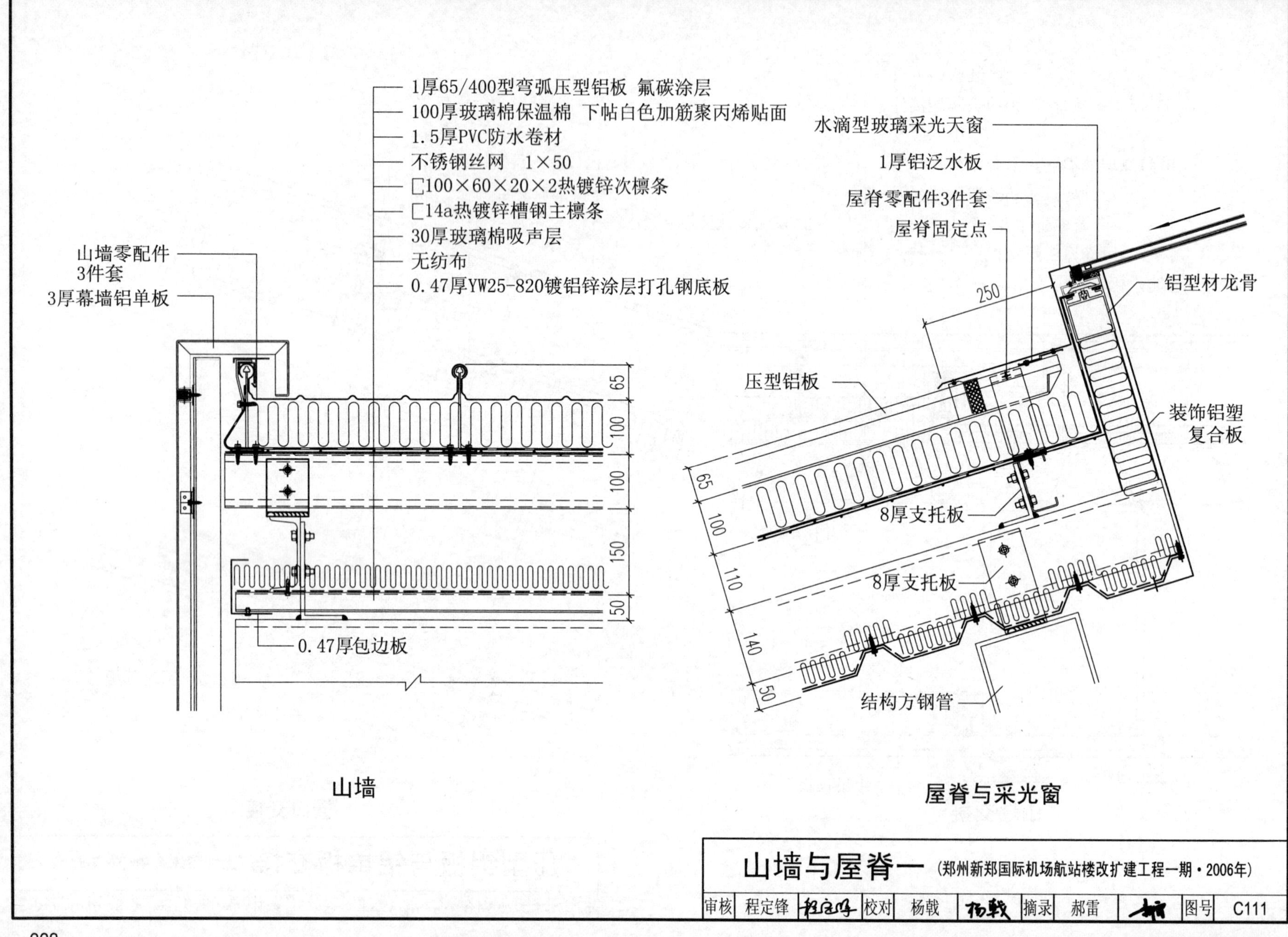

山墙与屋脊一（郑州新郑国际机场航站楼改扩建工程一期·2006年）

审核	程定锋	程定锋	校对	杨戟	杨戟	摘录	郝雷	郝雷	图号	C111

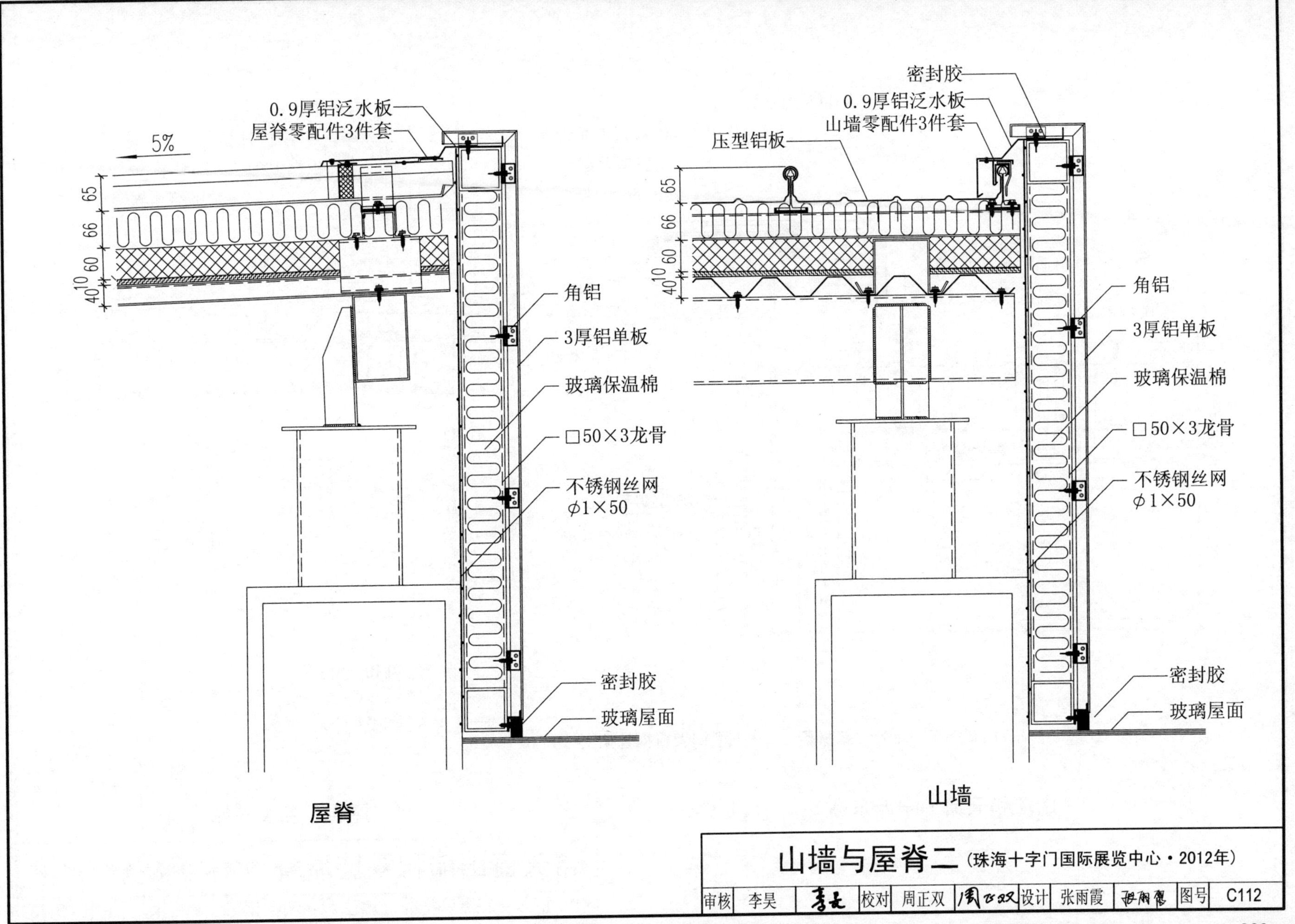

山墙与屋脊二（珠海十字门国际展览中心·2012年）

审核	李昊	李昊	校对	周正双	周正双	设计	张雨霞	张雨霞	图号	C112

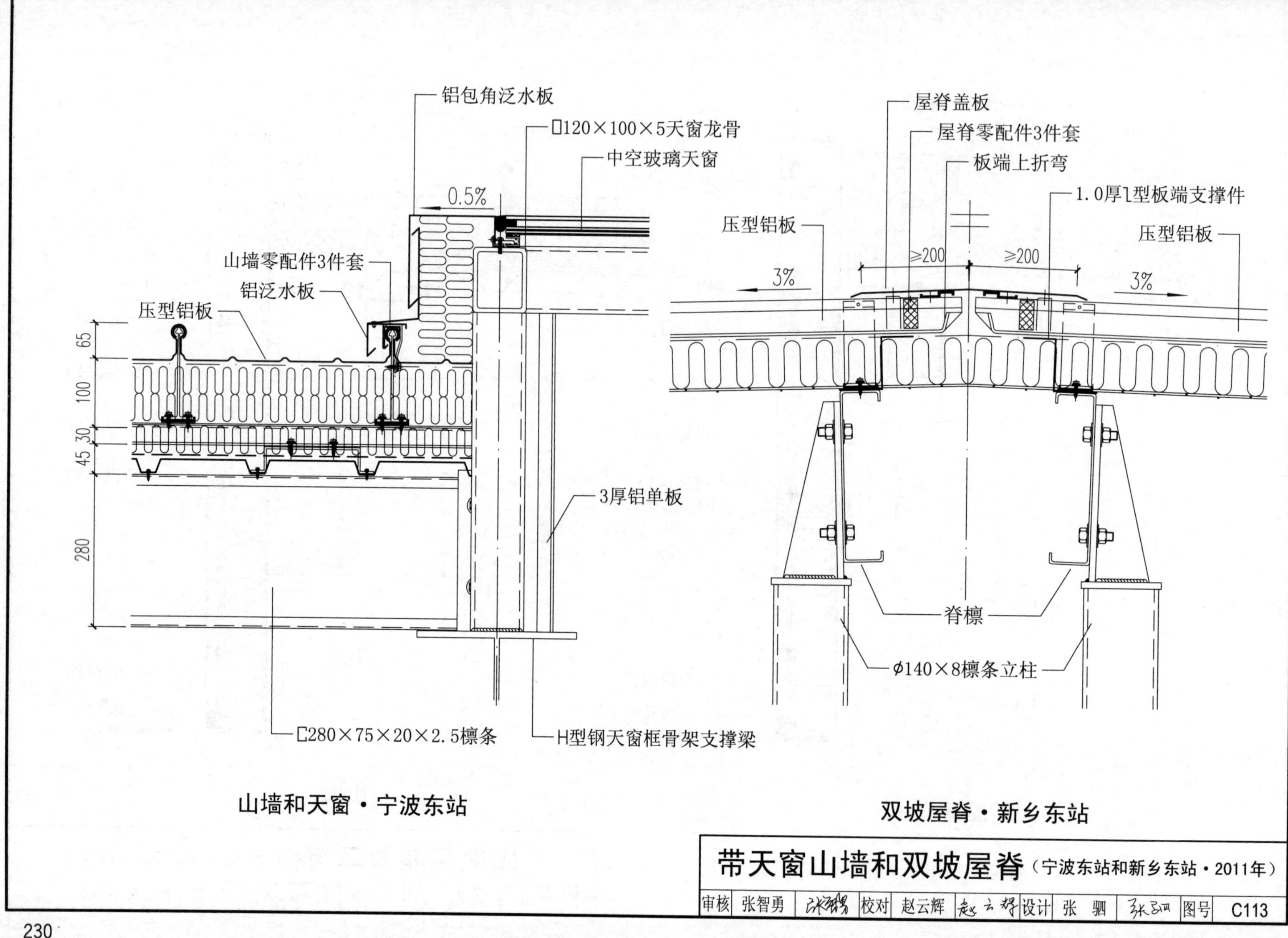

带天窗山墙和双坡屋脊（宁波东站和新乡东站·2011年）

审核	张智勇		校对	赵云辉		设计	张 驷		图号	C113

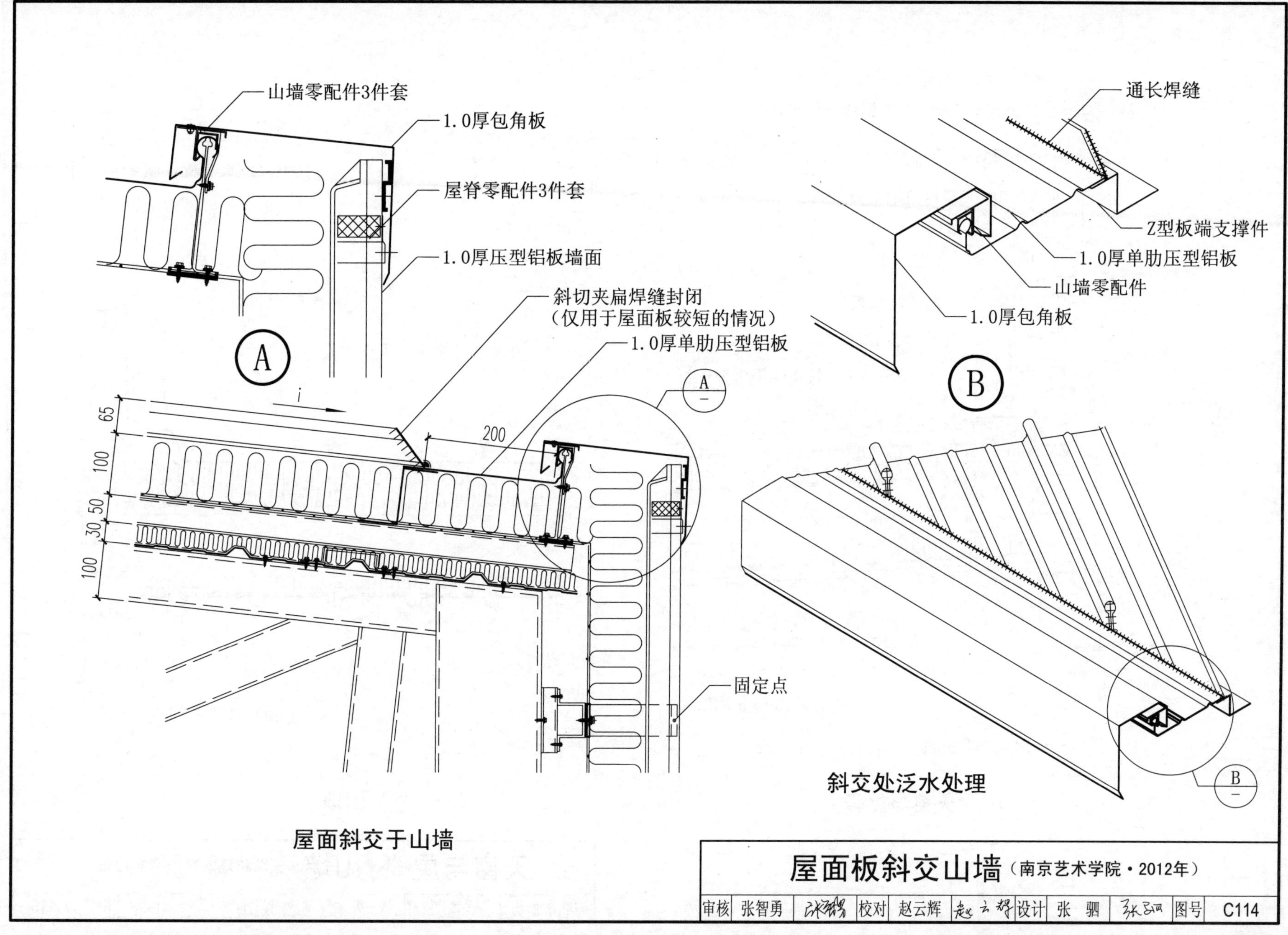

屋面板斜交山墙（南京艺术学院·2012年）

审核	张智勇		校对	赵云辉		设计	张 驷		图号	C114

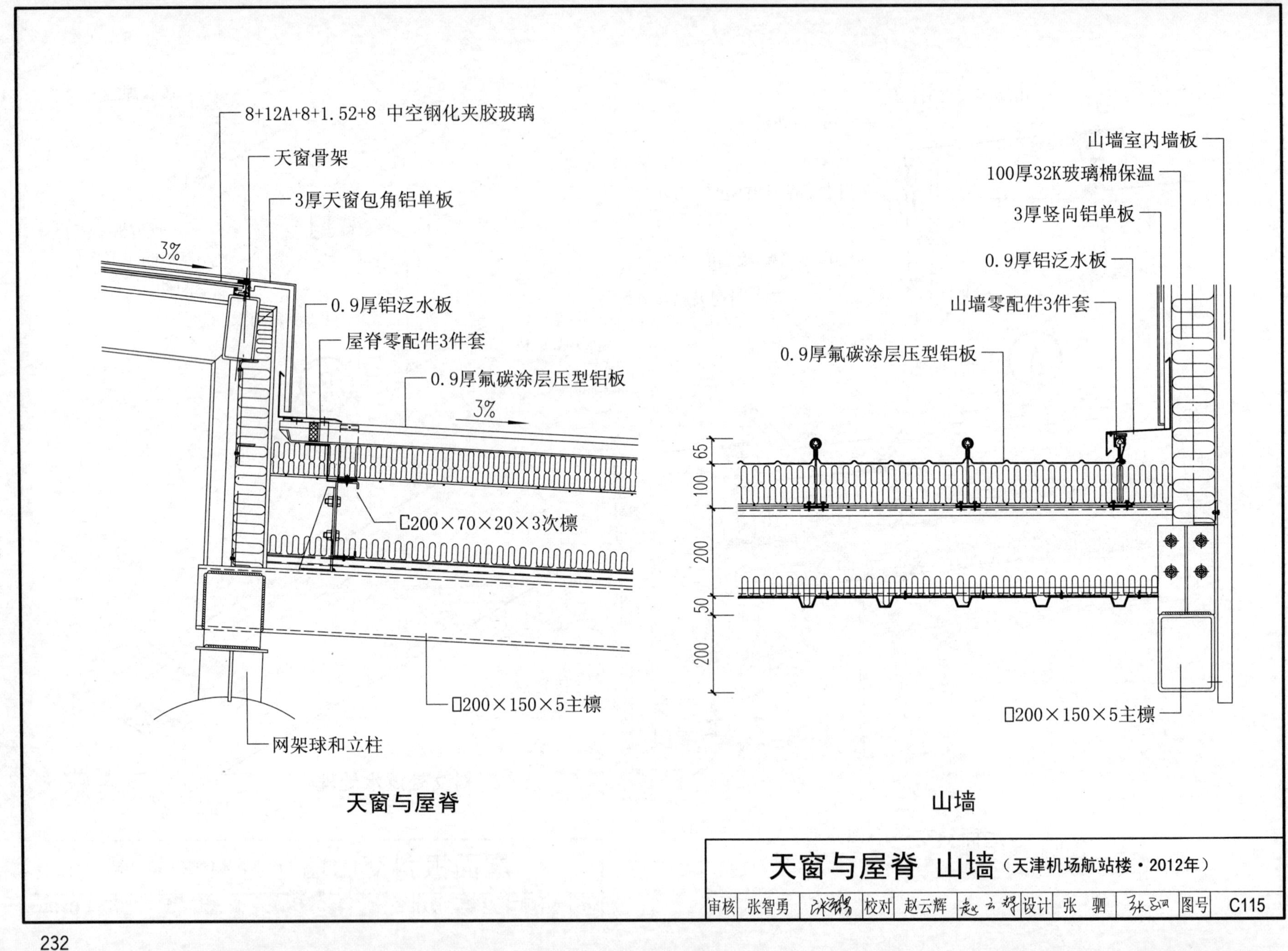
8+12A+8+1.52+8 中空钢化夹胶玻璃
天窗骨架
3厚天窗包角铝单板
3%
0.9厚铝泛水板
屋脊零配件3件套
0.9厚氟碳涂层压型铝板
3%
⊏200×70×20×3次檩
□200×150×5主檩
网架球和立柱
天窗与屋脊
山墙室内墙板
100厚32K玻璃棉保温
3厚竖向铝单板
0.9厚铝泛水板
山墙零配件3件套
0.9厚氟碳涂层压型铝板
65
100
200
50
200
□200×150×5主檩
山墙
天窗与屋脊 山墙（天津机场航站楼·2012年）
审核 张智勇
校对 赵云辉
设计 张 驷
图号 C115

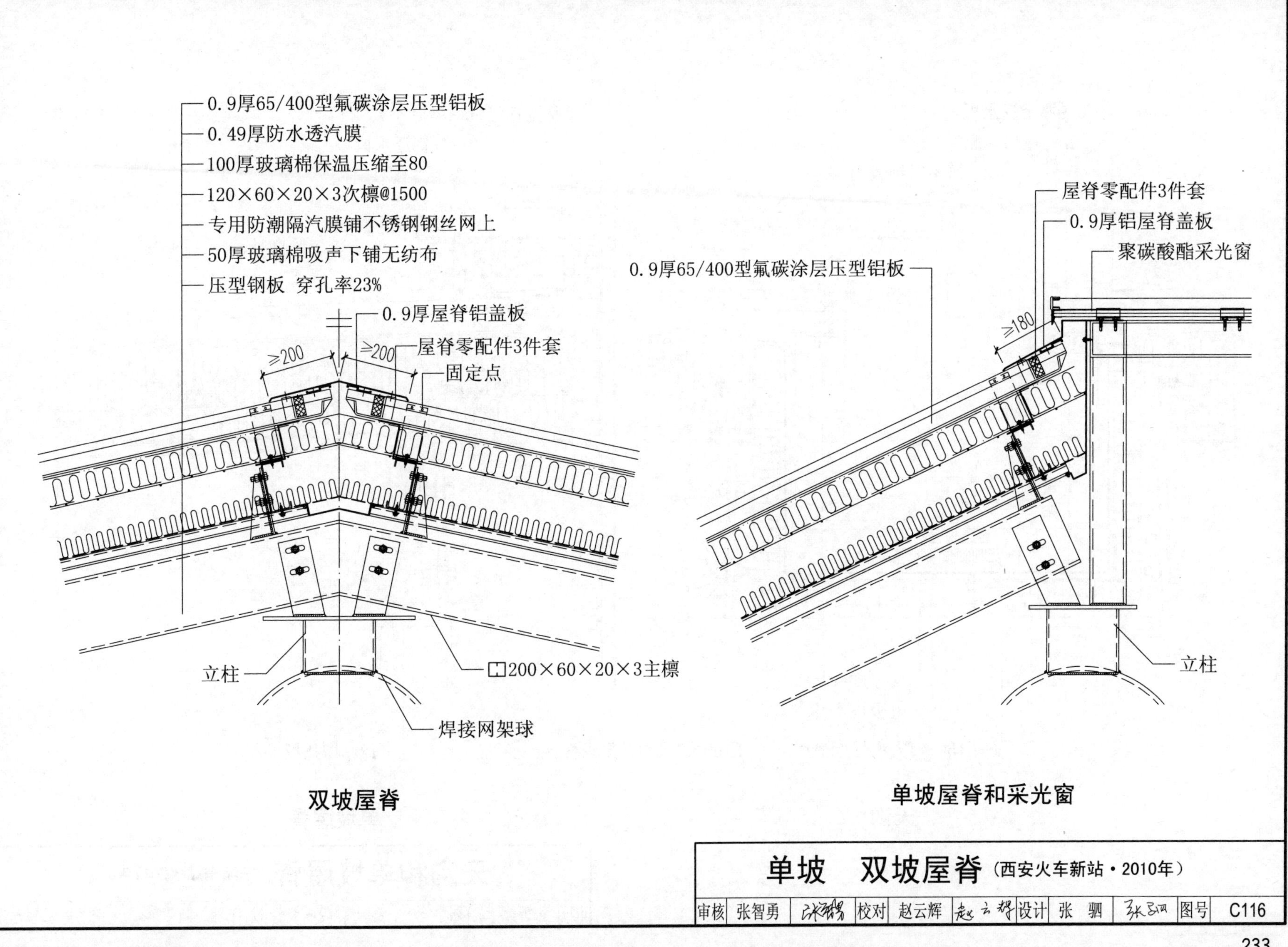
0.9厚65/400型氟碳涂层压型铝板
0.49厚防水透汽膜
100厚玻璃棉保温压缩至80
120×60×20×3次檩@1500
专用防潮隔汽膜铺不锈钢钢丝网上
50厚玻璃棉吸声下铺无纺布
压型钢板 穿孔率23%
0.9厚屋脊铝盖板
≥200
≥200
屋脊零配件3件套
固定点
立柱
200×60×20×3主檩
焊接网架球
双坡屋脊
屋脊零配件3件套
0.9厚铝屋脊盖板
聚碳酸酯采光窗
0.9厚65/400型氟碳涂层压型铝板
≥180
立柱
单坡屋脊和采光窗
单坡 双坡屋脊（西安火车新站·2010年）
审核 张智勇 校对 赵云辉 设计 张驷 图号 C116

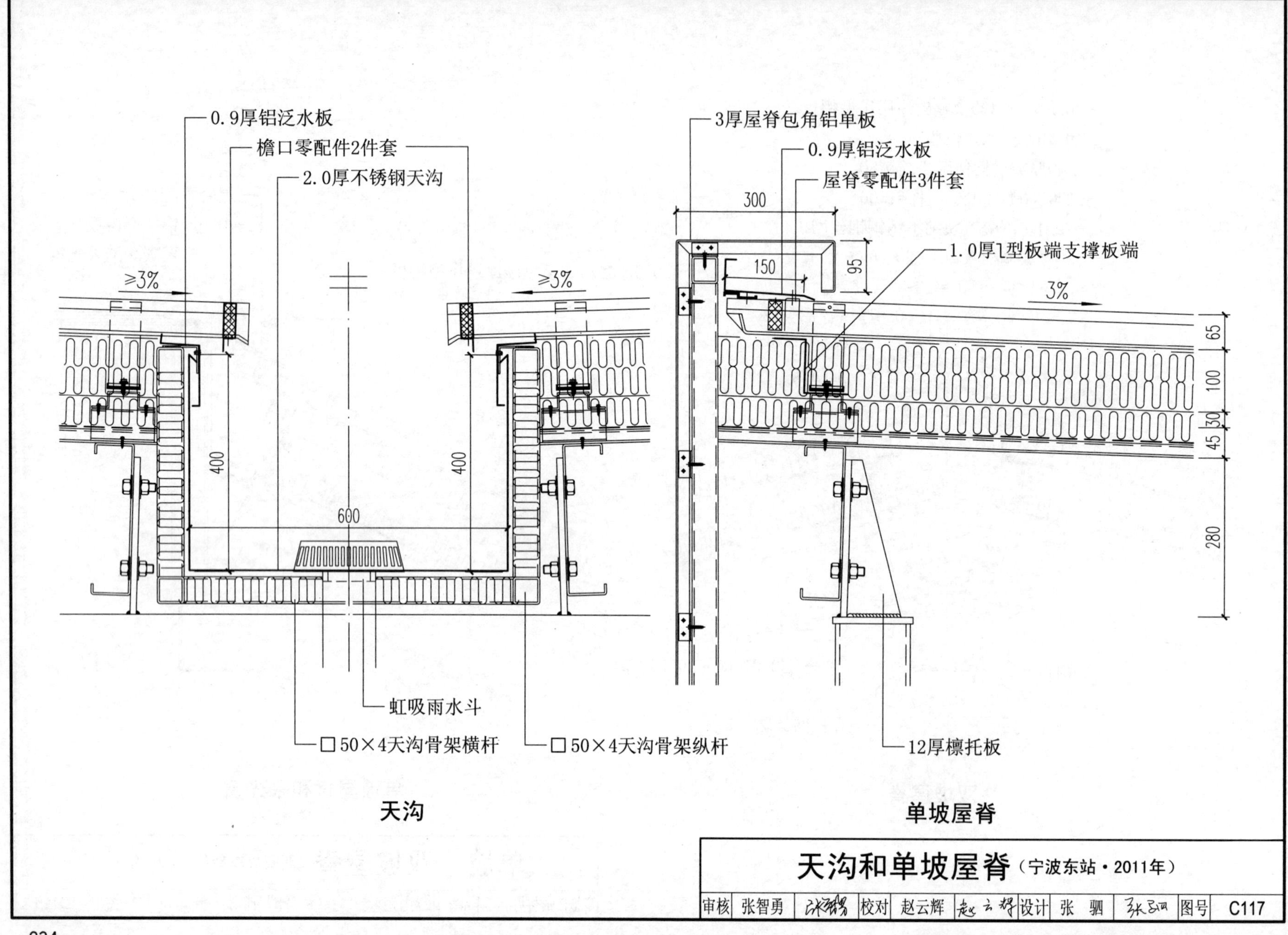
0.9厚铝泛水板
檐口零配件2件套
2.0厚不锈钢天沟
≥3%
≥3%
400
400
600
虹吸雨水斗
□50×4天沟骨架横杆
□50×4天沟骨架纵杆
天沟
3厚屋脊包角铝单板
0.9厚铝泛水板
屋脊零配件3件套
300
150
95
1.0厚ㄟ型板端支撑板端
3%
65
100
30
45
280
12厚檩托板
单坡屋脊
天沟和单坡屋脊（宁波东站·2011年）
审核 张智勇 校对 赵云辉 设计 张 驷 图号 C117

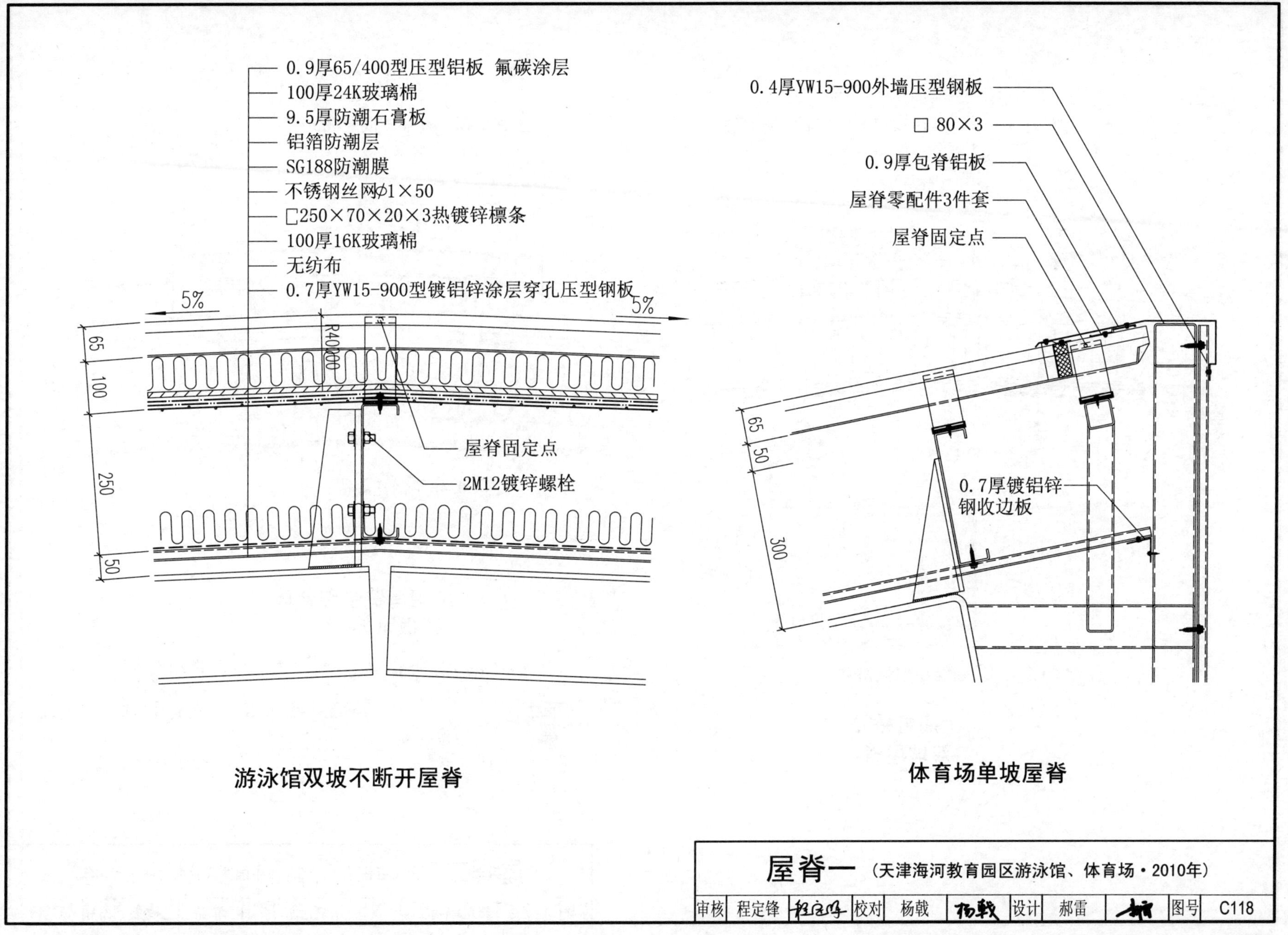

游泳馆双坡不断开屋脊

体育场单坡屋脊

屋脊一（天津海河教育园区游泳馆、体育场·2010年）

审核	程定锋		校对	杨戟		设计	郝雷		图号	C118

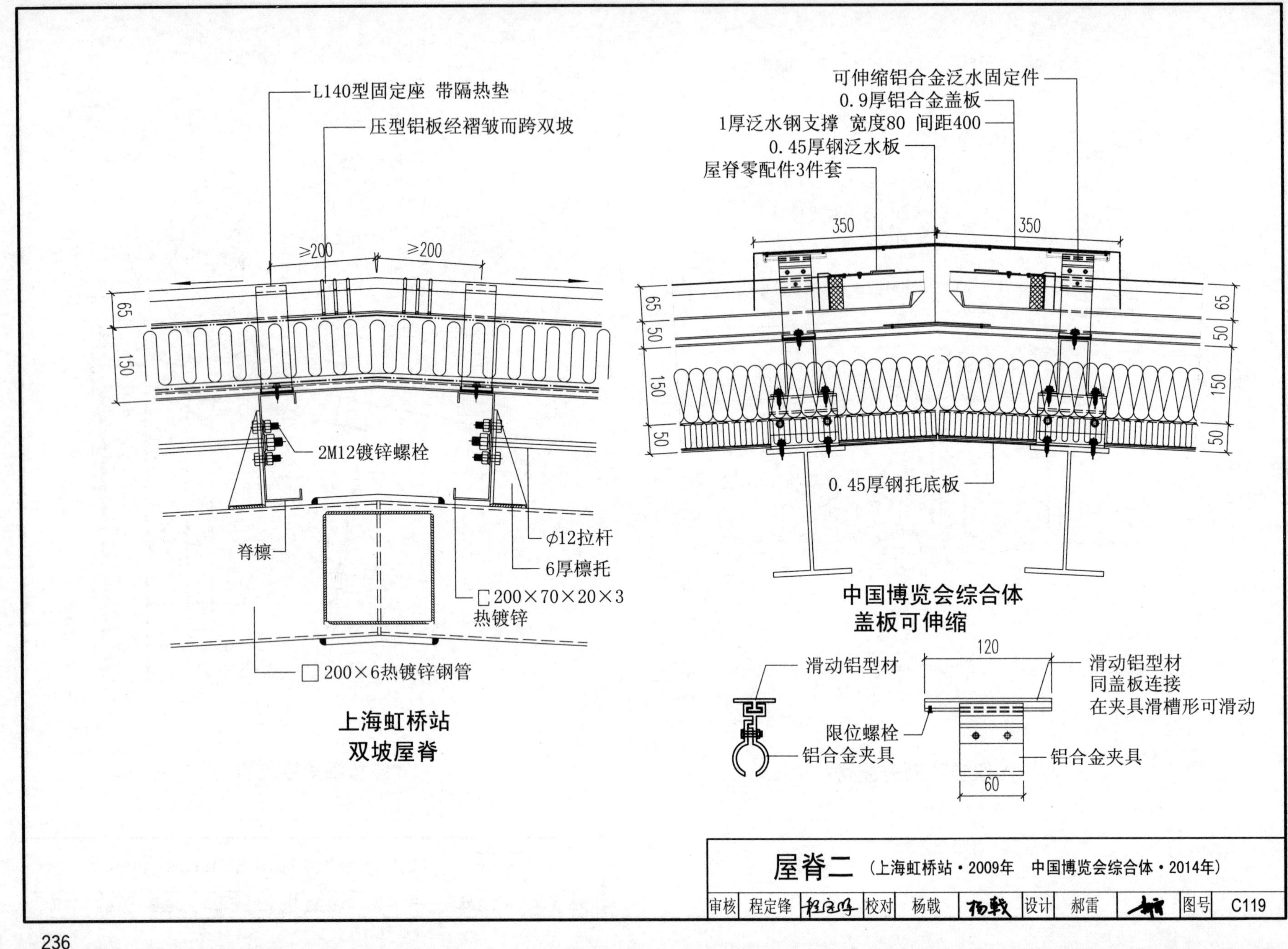

屋脊二（上海虹桥站・2009年 中国博览会综合体・2014年）

审核	程定锋	程定锋	校对	杨戟	杨戟	设计	郝雷	郝雷	图号	C119

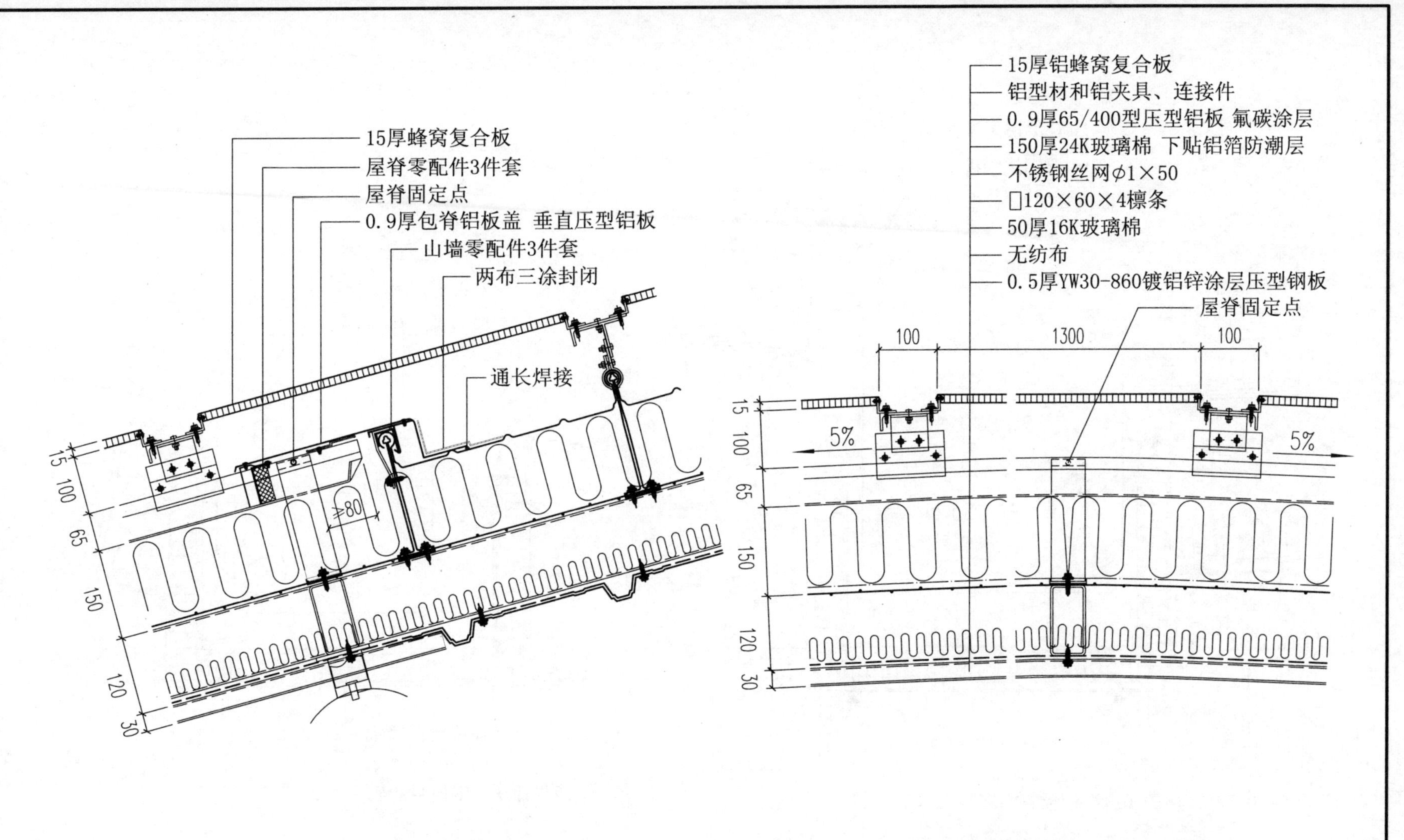

压型铝板互相垂直布置

屋面板和装饰板不断开屋脊

注：两布三涂封闭处，前后有坡可防积水。

压型铝板垂直布置与不断开屋脊(中国医大沈北校区体育馆·2012年)									
审核	程定锋	程定锋	校对	杨载	杨载	设计	郝雷	郝雷	图号 C120

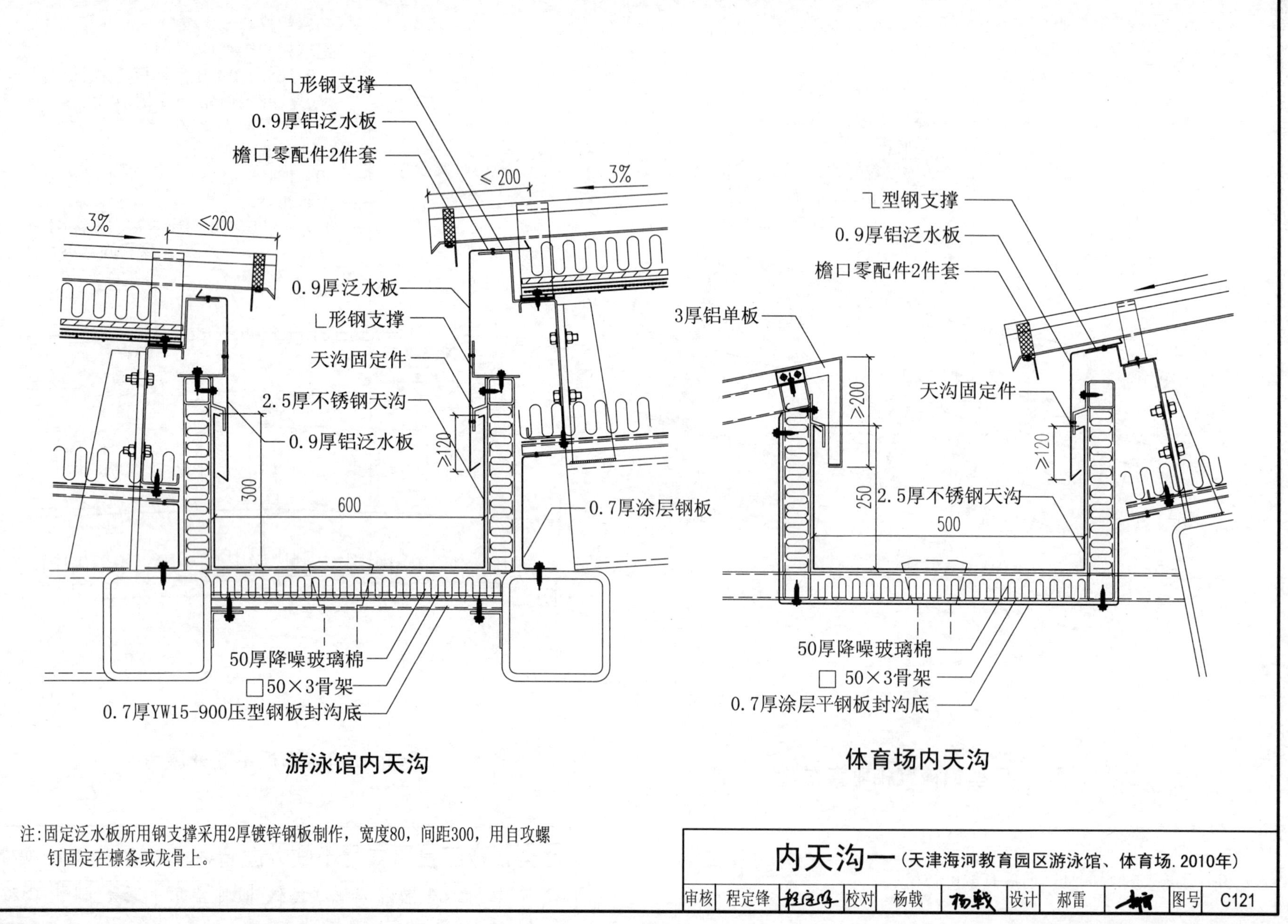

注：固定泛水板所用钢支撑采用2厚镀锌钢板制作，宽度80，间距300，用自攻螺钉固定在檩条或龙骨上。

内天沟一（天津海河教育园区游泳馆、体育场. 2010年）									
审核	程定锋		校对	杨载		设计	郝雷		图号 C121

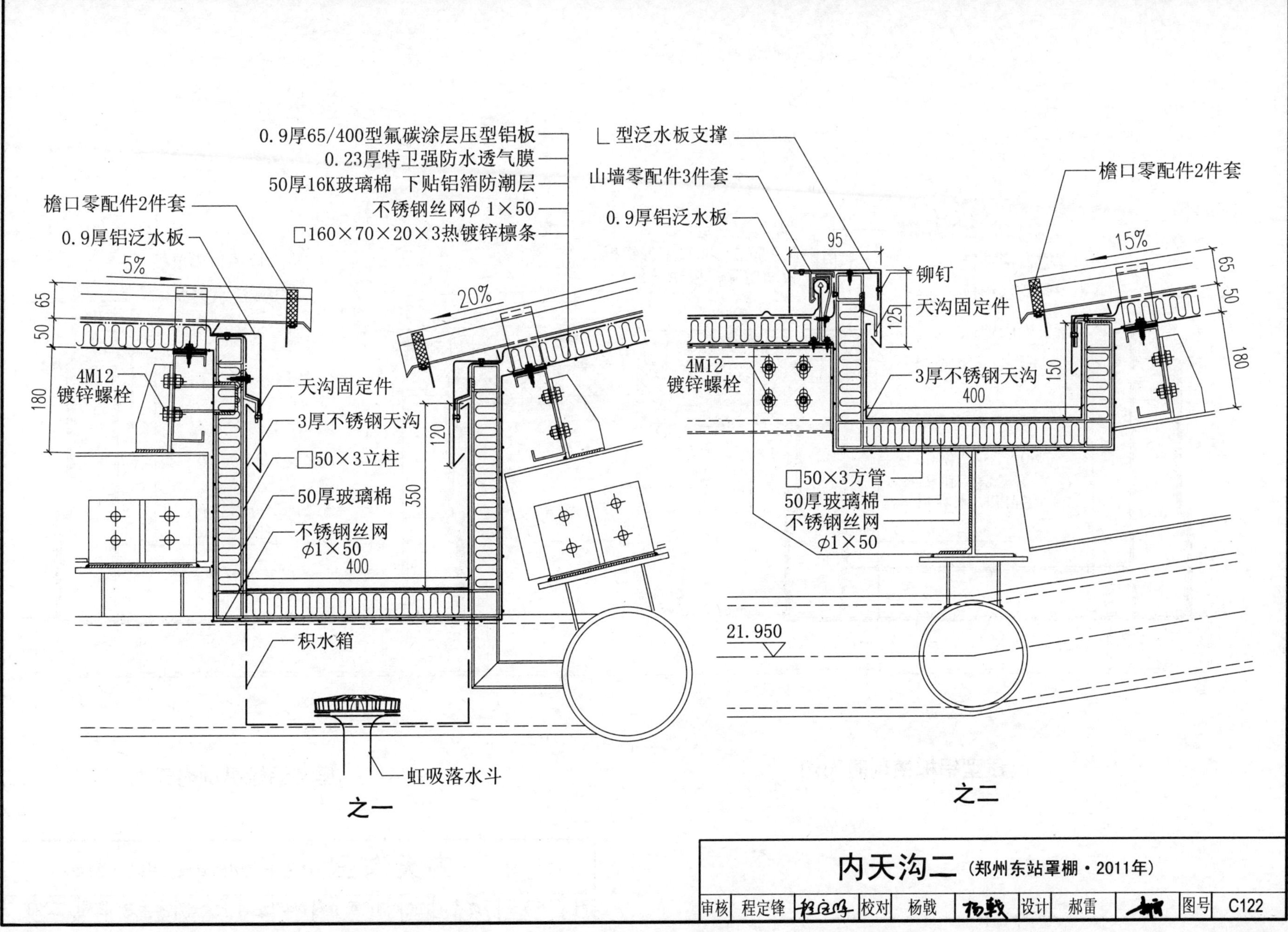

内天沟二（郑州东站罩棚·2011年）

审核	程定锋	程定锋	校对	杨戟	杨戟	设计	郝雷	郝雷	图号	C122

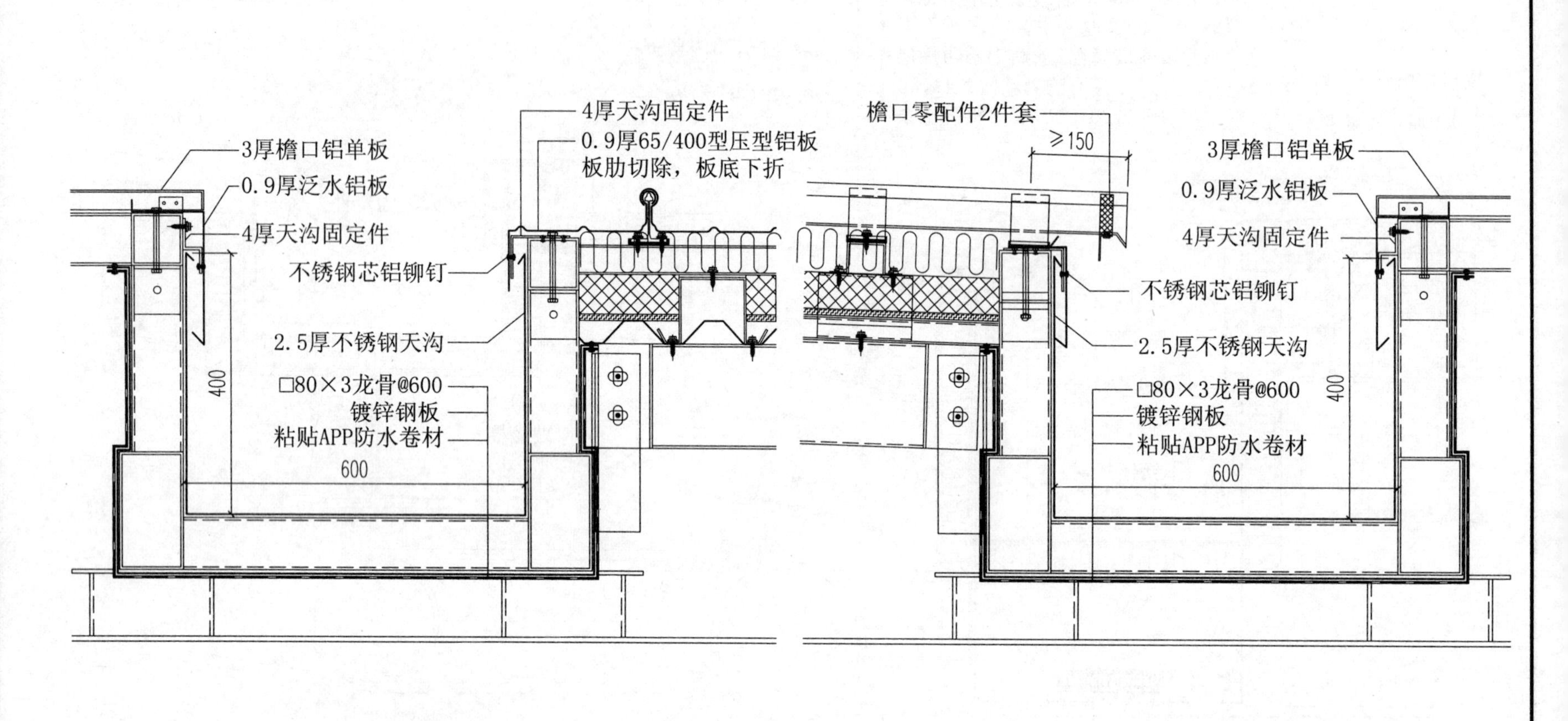

压型铝板横剖时天沟

压型铝板纵剖时天沟

内天沟三（珠海十字门国际展览中心·2012）								
审核	李昊	李昊	校对	周正双	周正双	设计	张雨霞	图号	C123

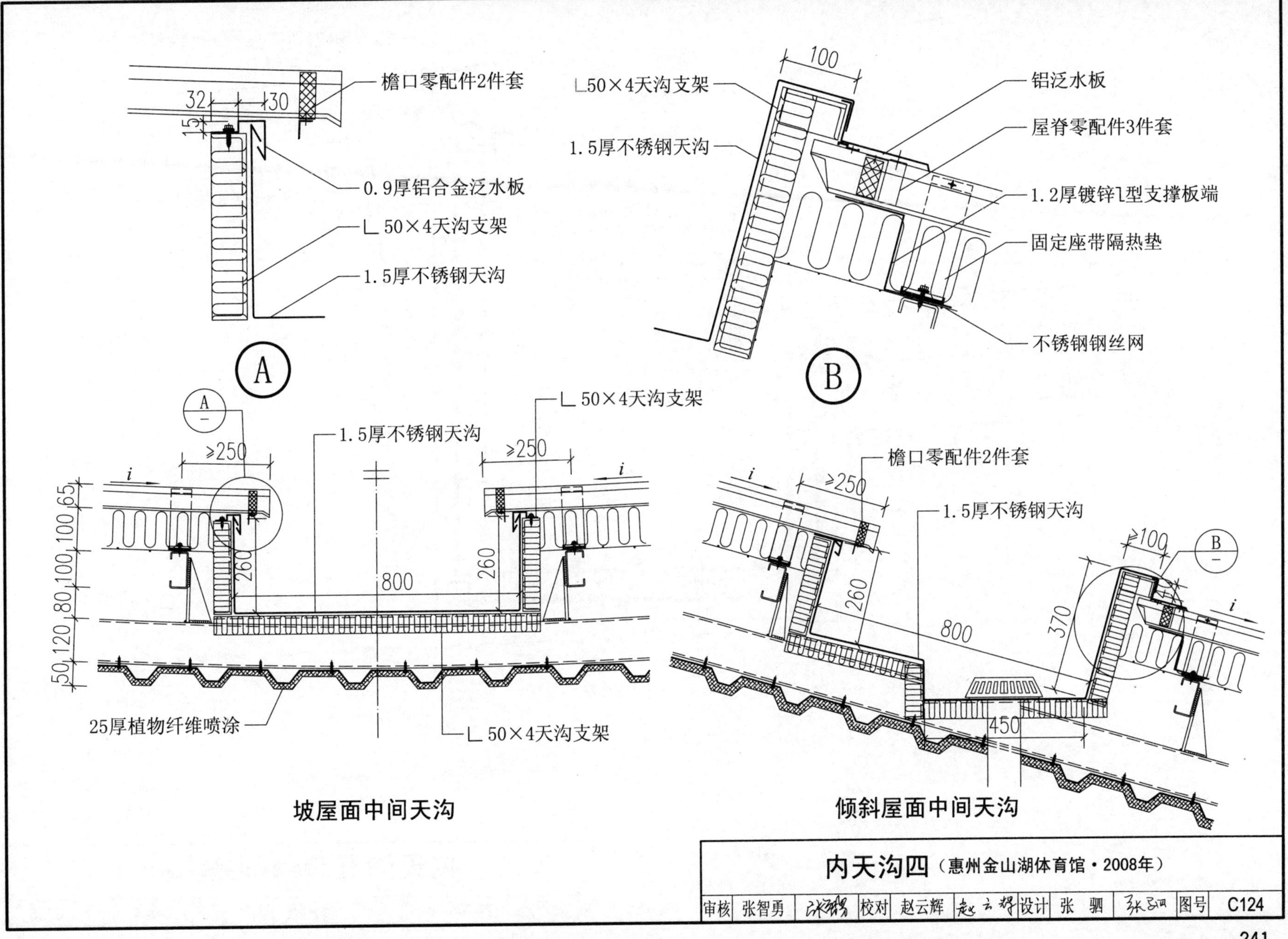

内天沟四（惠州金山湖体育馆·2008年）								
审核	张智勇		校对	赵云辉		设计	张 驷	图号 C124

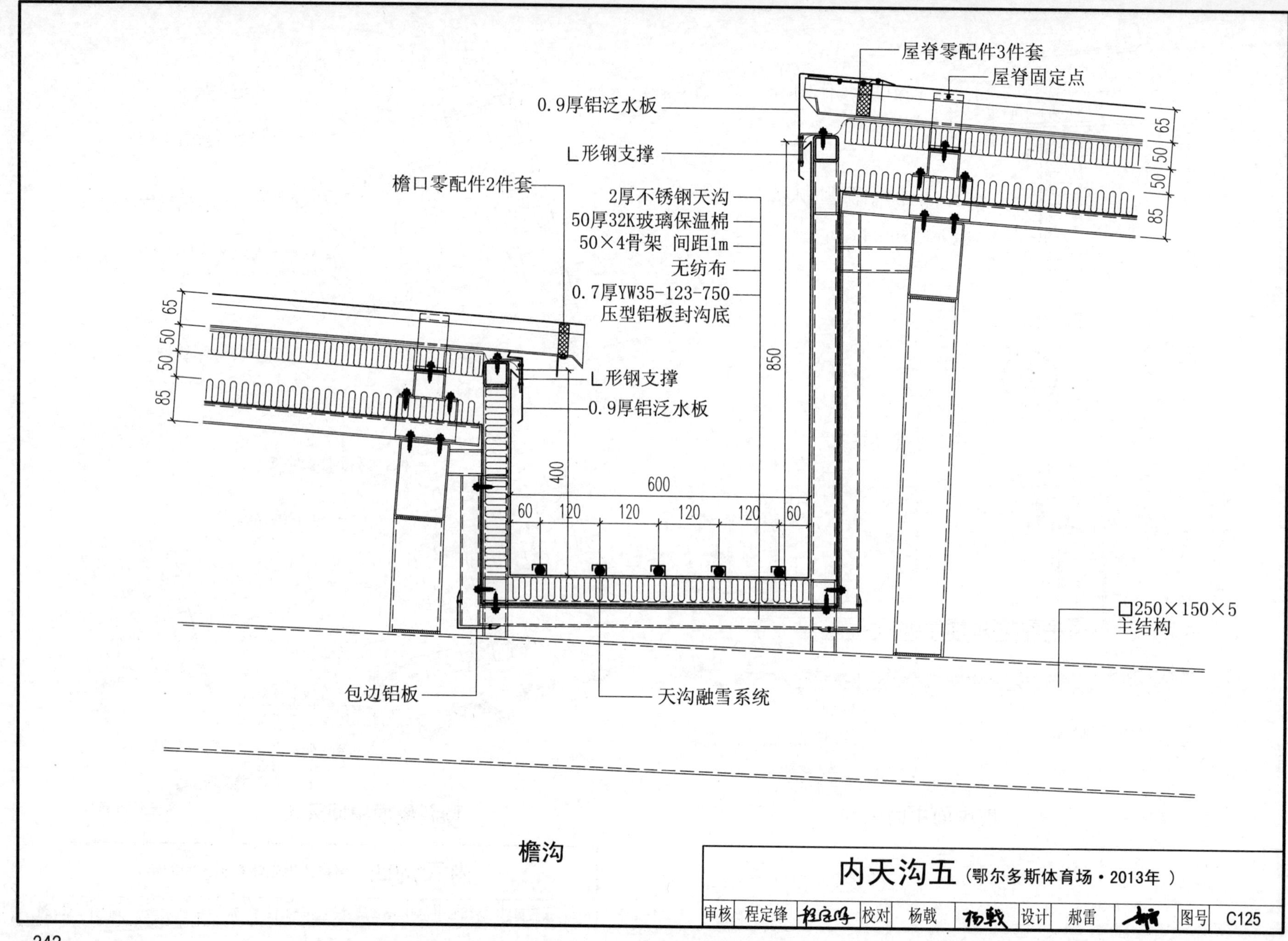
屋脊零配件3件套
屋脊固定点
0.9厚铝泛水板
L形钢支撑
檐口零配件2件套
2厚不锈钢天沟
50厚32K玻璃保温棉
50×4骨架 间距1m
无纺布
0.7厚YW35-123-750
压型铝板封沟底
L形钢支撑
0.9厚铝泛水板
65
50
50
85
850
400
600
60
120
120
120
120
60
□250×150×5
主结构
包边铝板
天沟融雪系统
檐沟
内天沟五（鄂尔多斯体育场·2013年）
审核 程定锋 校对 杨戟 设计 郝雷 图号 C125

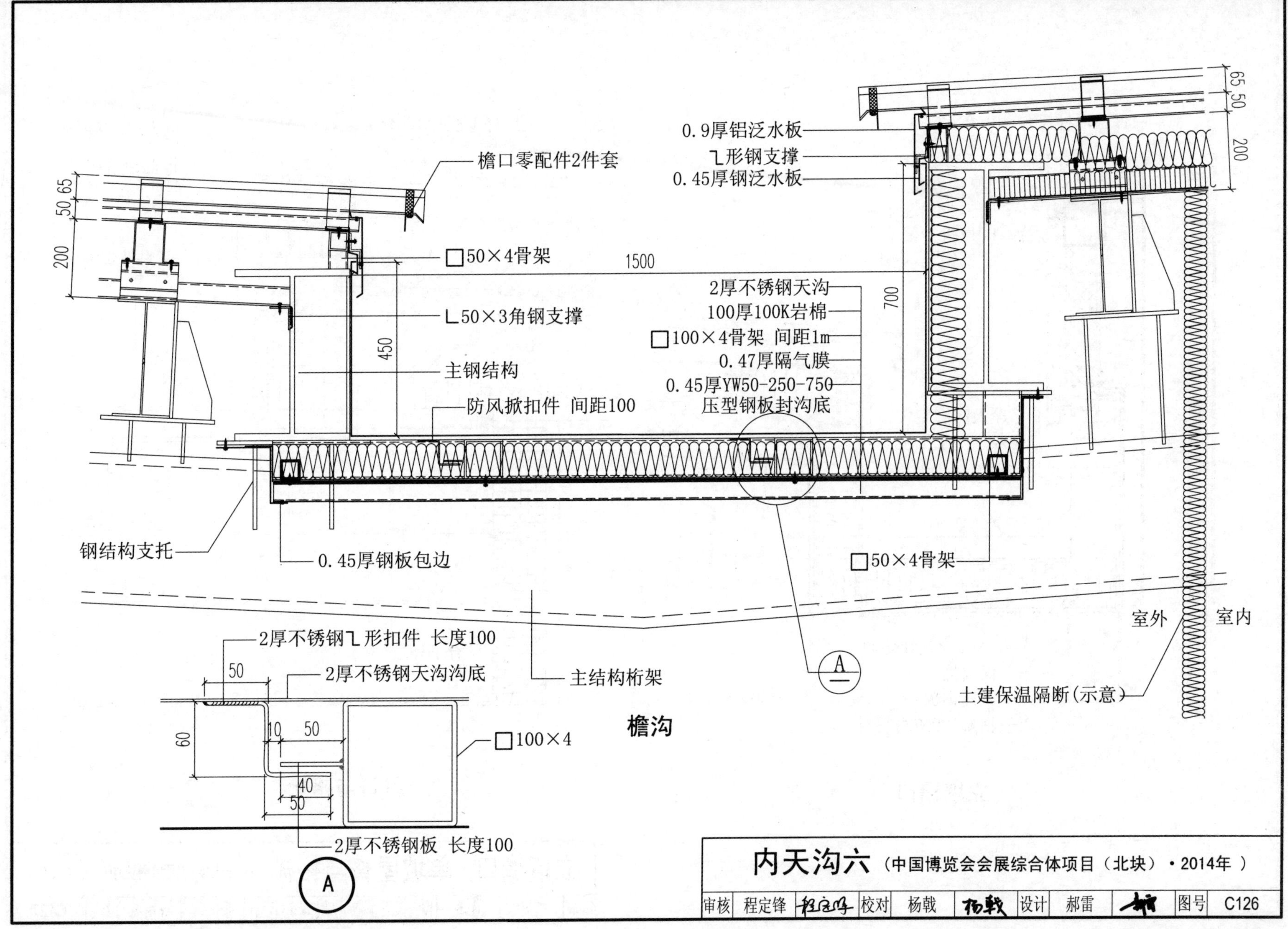

内天沟六（中国博览会会展综合体项目（北块）·2014年）

审核	程定锋	校对	杨戟	设计	郝雷	图号	C126

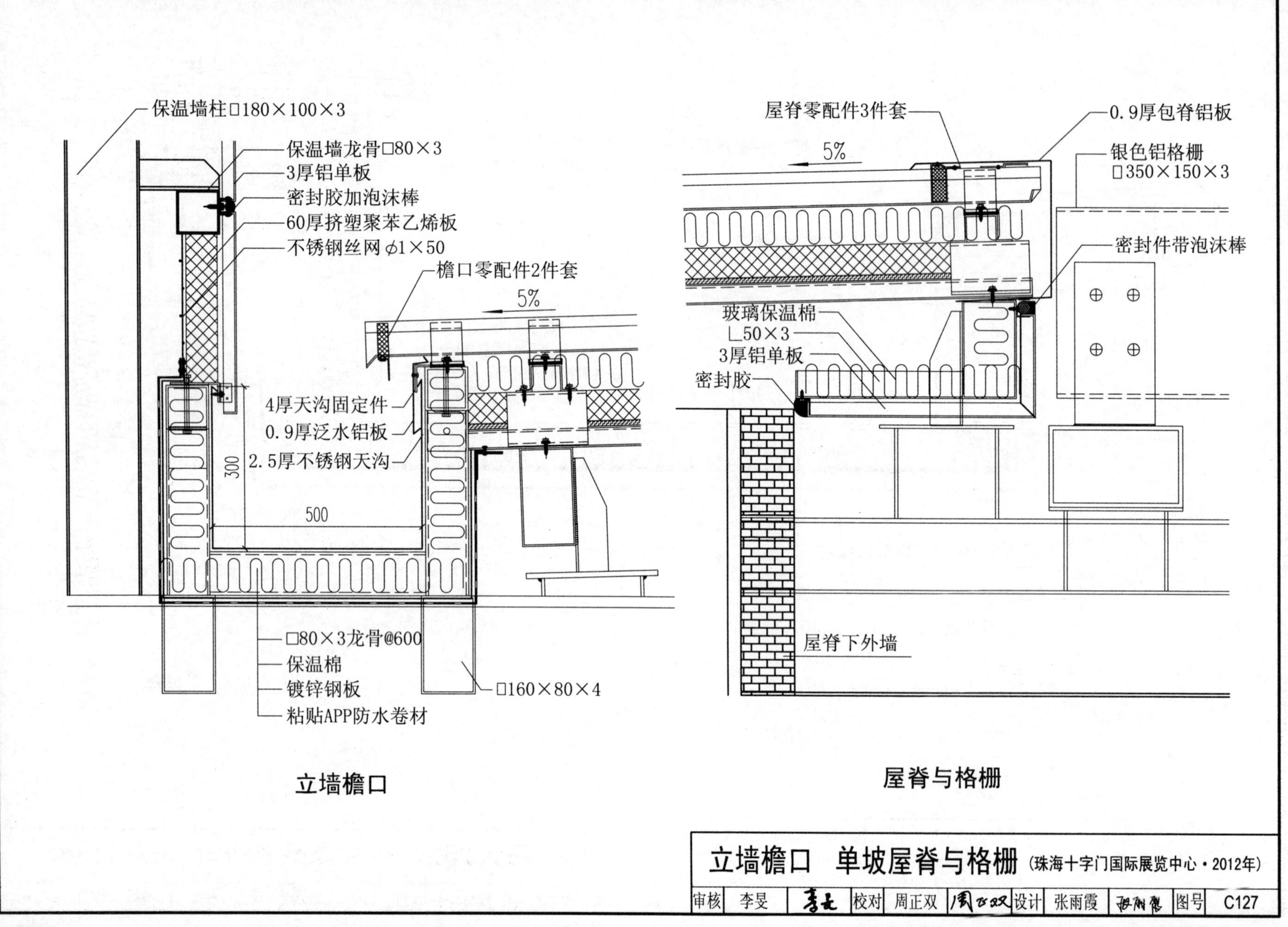

立墙檐口　单坡屋脊与格栅（珠海十字门国际展览中心・2012年）

审核	李旻	李旻	校对	周正双	周正双	设计	张雨霞	张雨霞	图号	C127

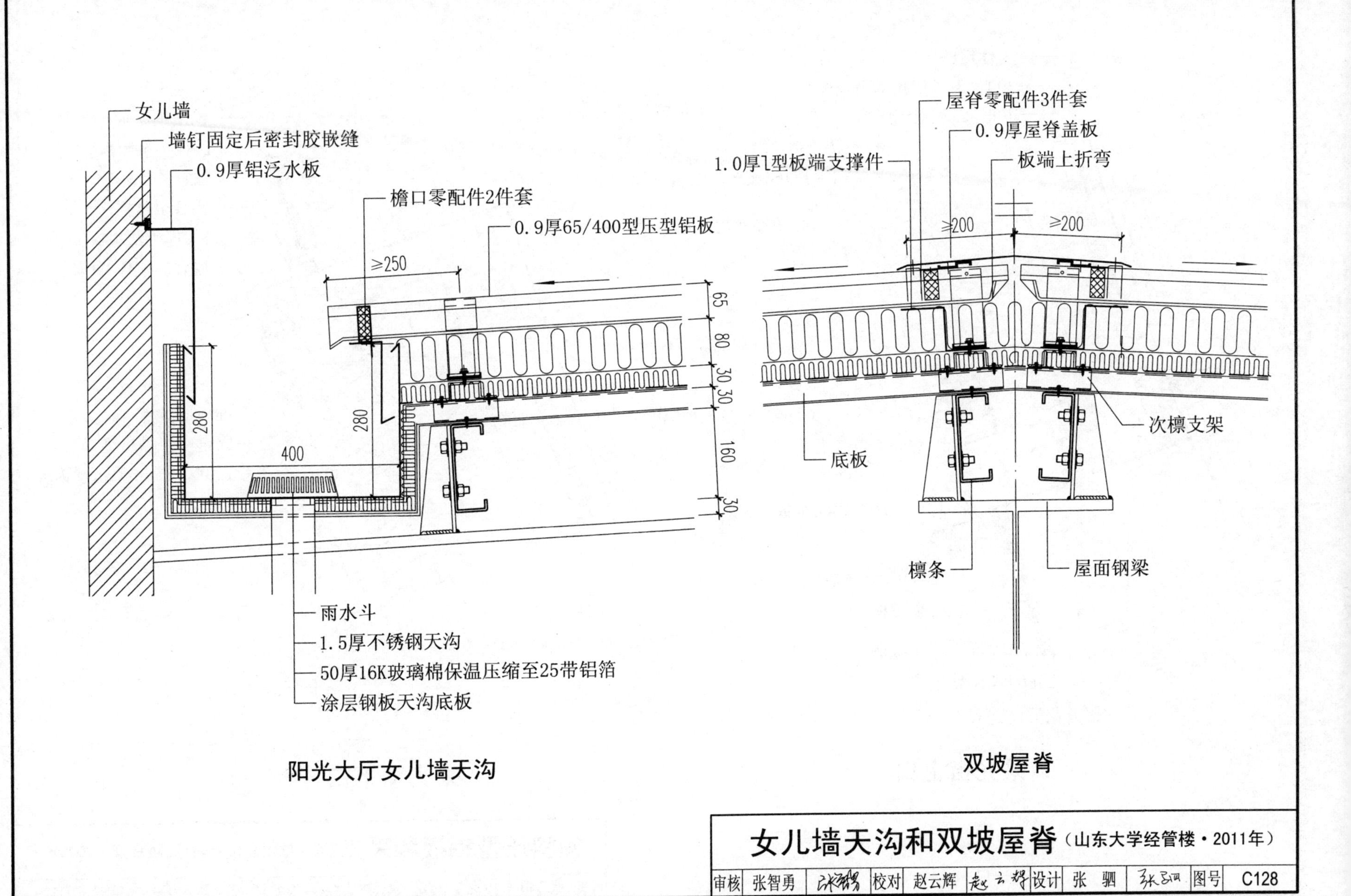

阳光大厅女儿墙天沟

双坡屋脊

女儿墙天沟和双坡屋脊（山东大学经管楼·2011年）

审核	张智勇		校对	赵云辉		设计	张 驷		图号	C128

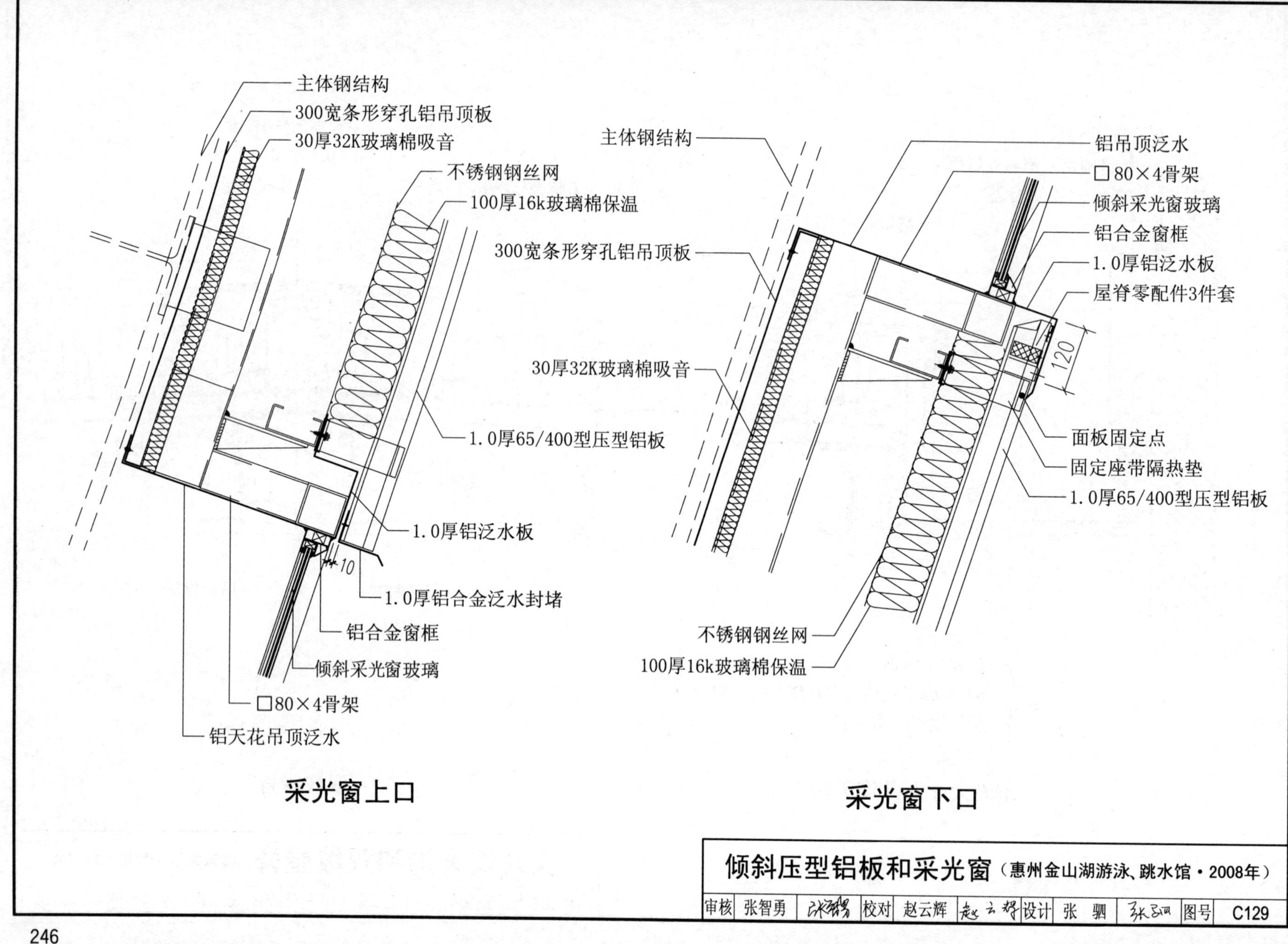
主体钢结构
300宽条形穿孔铝吊顶板
30厚32K玻璃棉吸音
不锈钢钢丝网
100厚16k玻璃棉保温
1.0厚65/400型压型铝板
1.0厚铝泛水板
10
1.0厚铝合金泛水封堵
铝合金窗框
倾斜采光窗玻璃
□80×4骨架
铝天花吊顶泛水
采光窗上口
主体钢结构
300宽条形穿孔铝吊顶板
30厚32K玻璃棉吸音
不锈钢钢丝网
100厚16k玻璃棉保温
铝吊顶泛水
□80×4骨架
倾斜采光窗玻璃
铝合金窗框
1.0厚铝泛水板
屋脊零配件3件套
120
面板固定点
固定座带隔热垫
1.0厚65/400型压型铝板
采光窗下口
倾斜压型铝板和采光窗（惠州金山湖游泳、跳水馆·2008年）
审核 张智勇 校对 赵云辉 设计 张 驷 图号 C129

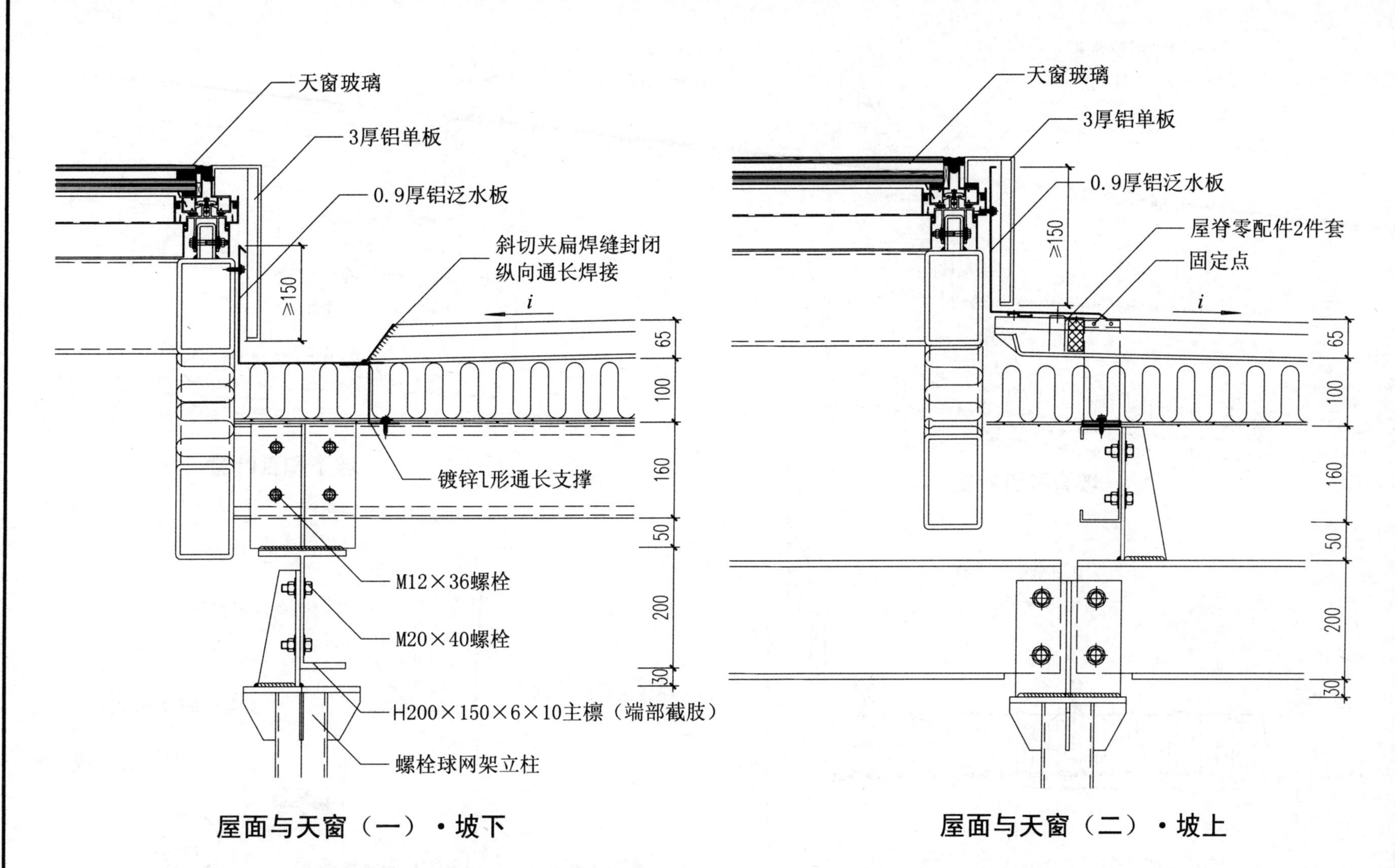

屋面与天窗（一）·坡下

屋面与天窗（二）·坡上

注：1.左图中压型铝板可同窗边排水沟垂直，也可斜交；
2.右图中压型铝板可同窗侧壁垂直，也可斜交；
3.斜交时屋脊3件套零配件应专门制作（长度同压型铝板斜交尺寸相匹配）。

屋面与天窗（揭阳潮汕机场航站楼·2010年）									
审核	张智勇	张智勇	校对	赵云辉	赵云辉	设计	张 驷	张驷	图号 C130

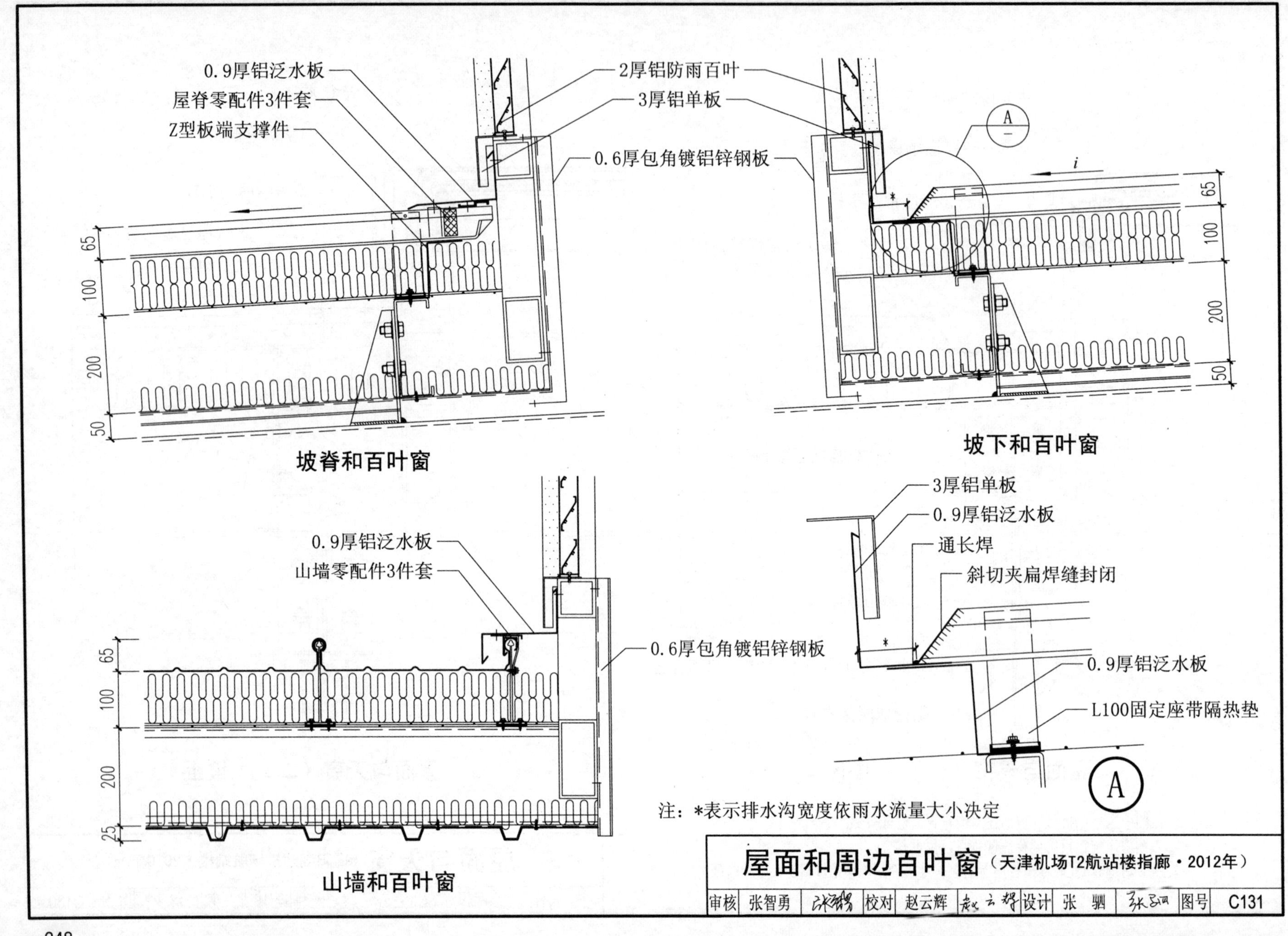

注：*表示排水沟宽度依雨水流量大小决定

屋面和周边百叶窗（天津机场T2航站楼指廊·2012年）

审核	张智勇		校对	赵云辉		设计	张 驷		图号	C131

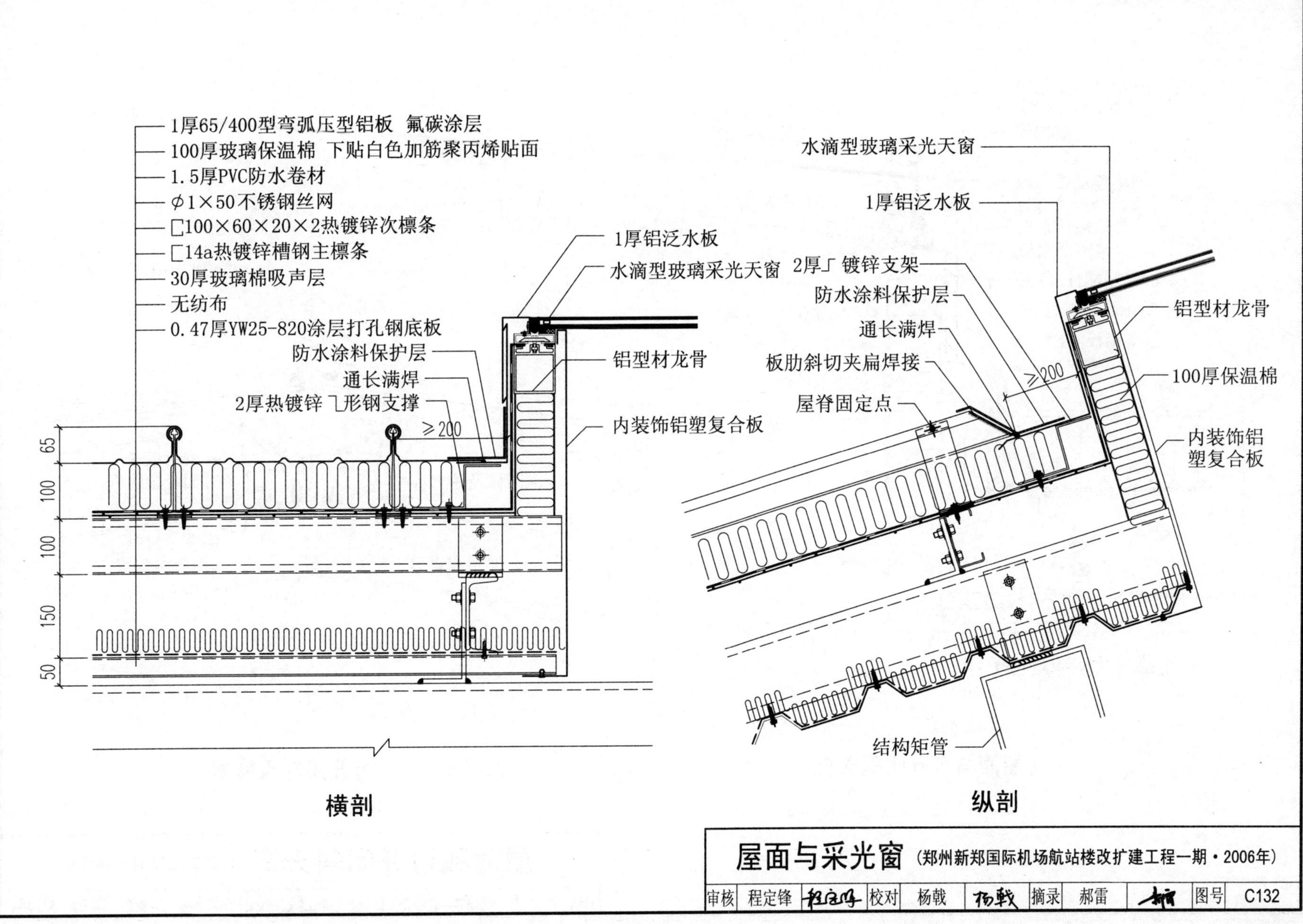

屋面与采光窗（郑州新郑国际机场航站楼改扩建工程一期·2006年）

审核	程定锋	程定锋	校对	杨戟	杨戟	摘录	郝雷	郝雷	图号	C132

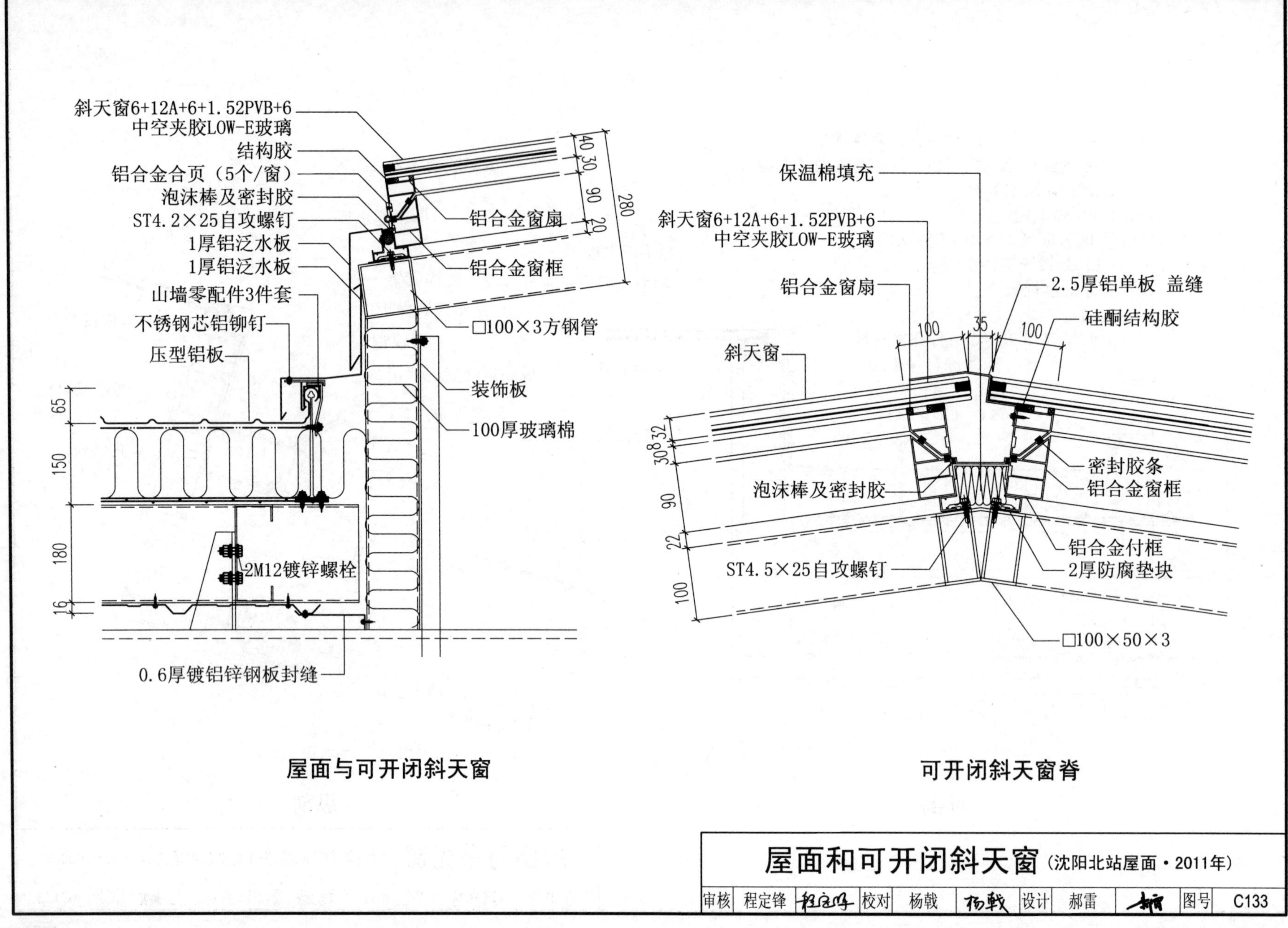

屋面和可开闭斜天窗（沈阳北站屋面·2011年）									
审核	程定锋	程定锋	校对	杨戟	杨戟	设计	郝雷	郝雷	图号 C133

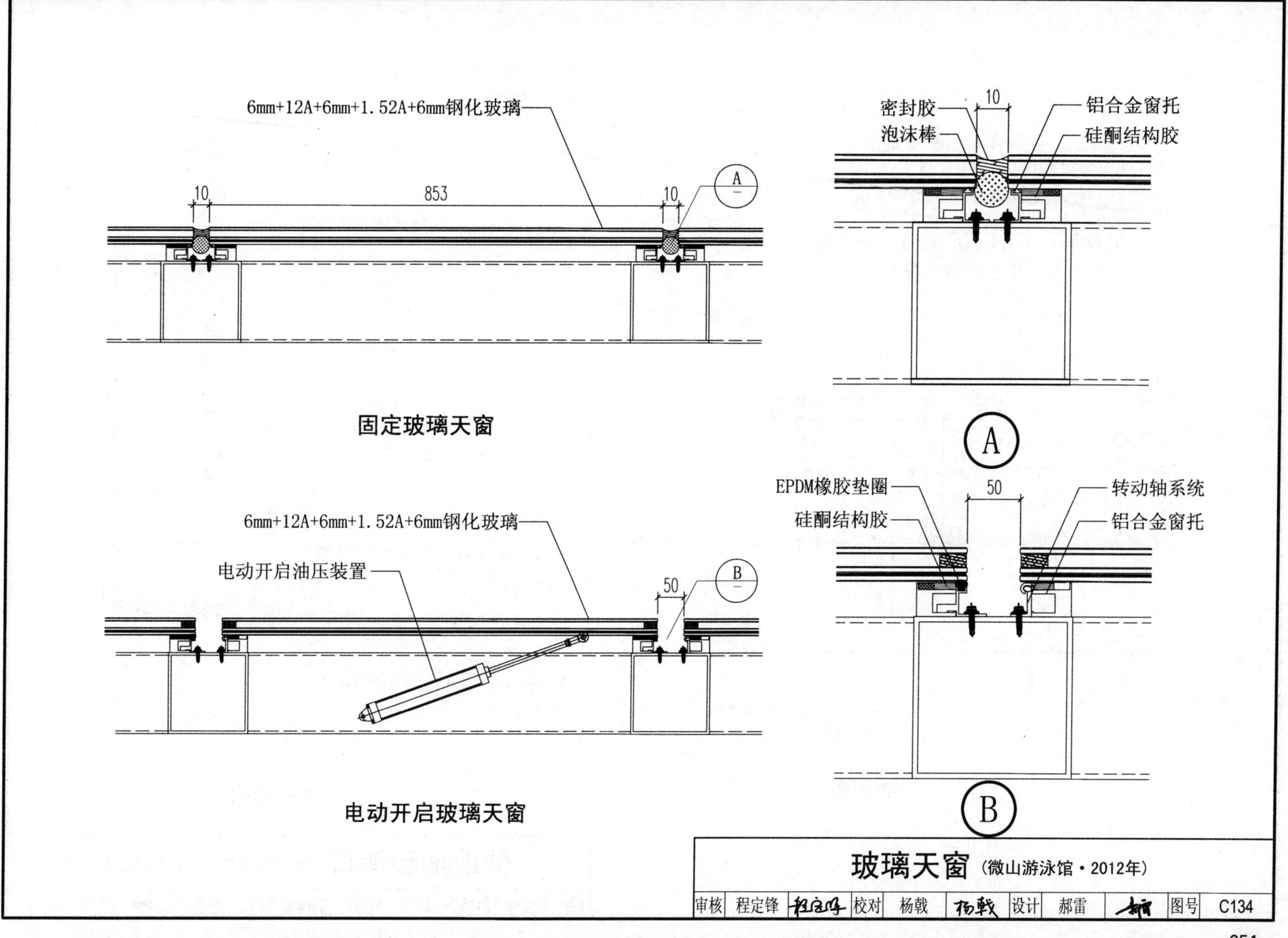
6mm+12A+6mm+1.52A+6mm钢化玻璃
10
853
10
A
固定玻璃天窗
6mm+12A+6mm+1.52A+6mm钢化玻璃
电动开启油压装置
50
B
电动开启玻璃天窗
密封胶
泡沫棒
10
铝合金窗托
硅酮结构胶
A
EPDM橡胶垫圈
硅酮结构胶
50
转动轴系统
铝合金窗托
B
玻璃天窗（微山游泳馆·2012年）
审核 程定锋 校对 杨载 设计 郝雷 图号 C134

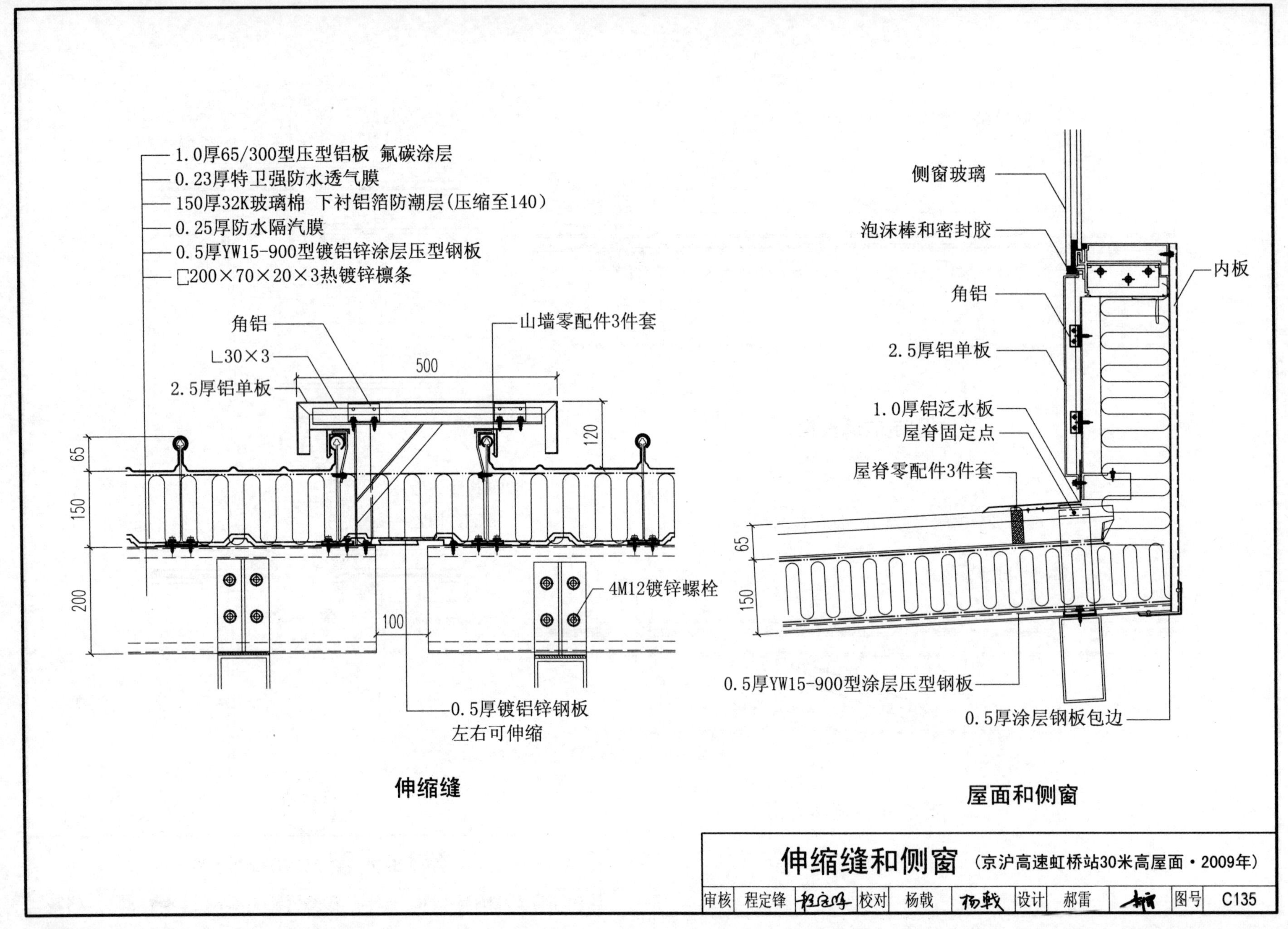

伸缩缝

屋面和侧窗

伸缩缝和侧窗（京沪高速虹桥站30米高屋面·2009年）

审核	程定锋	程定锋	校对	杨载	杨载	设计	郝雷	郝雷	图号	C135

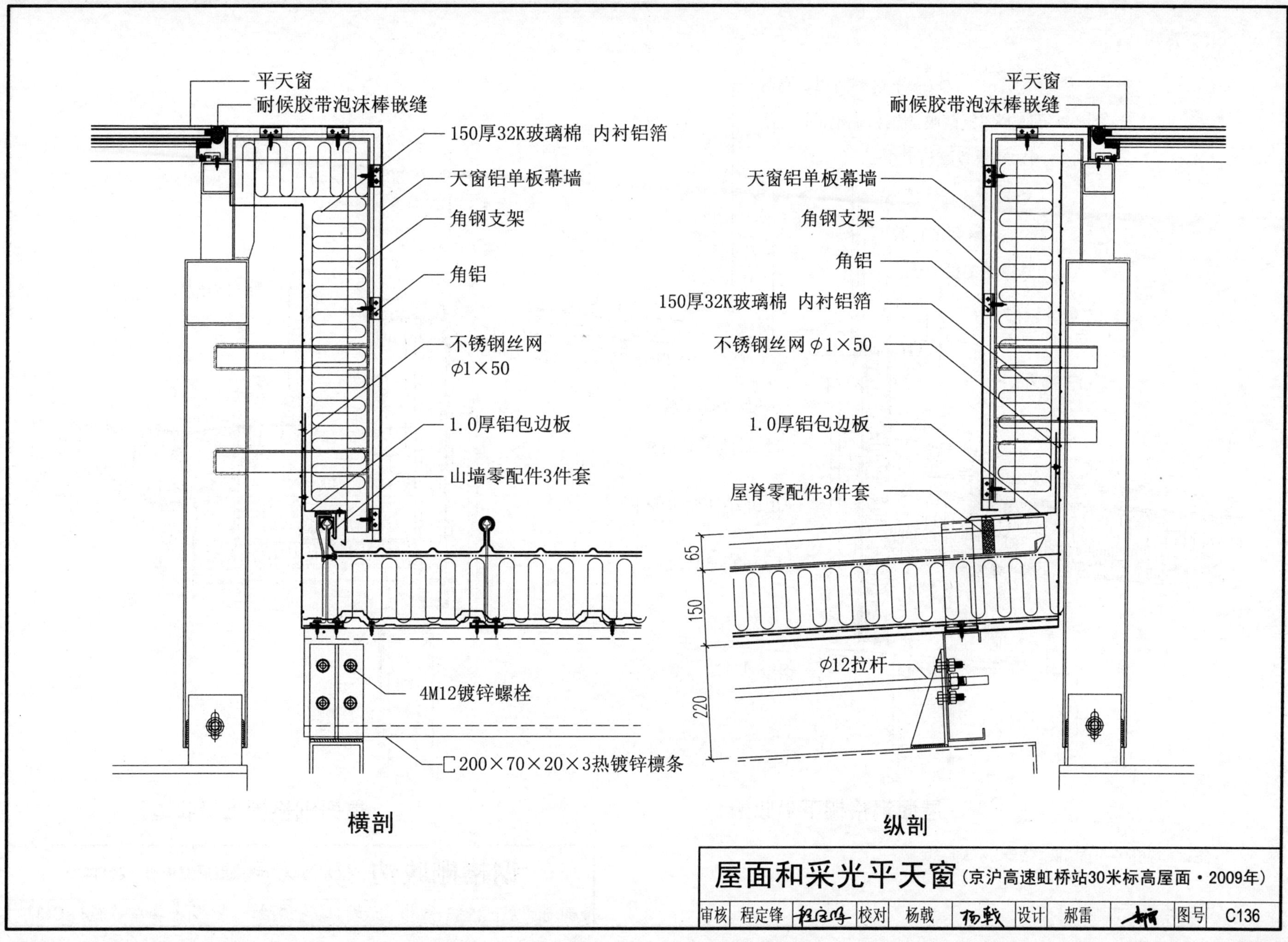

屋面和采光平天窗（京沪高速虹桥站30米标高屋面·2009年）

审核	程定锋	程定锋	校对	杨戟	杨戟	设计	郝雷	郝雷	图号	C136

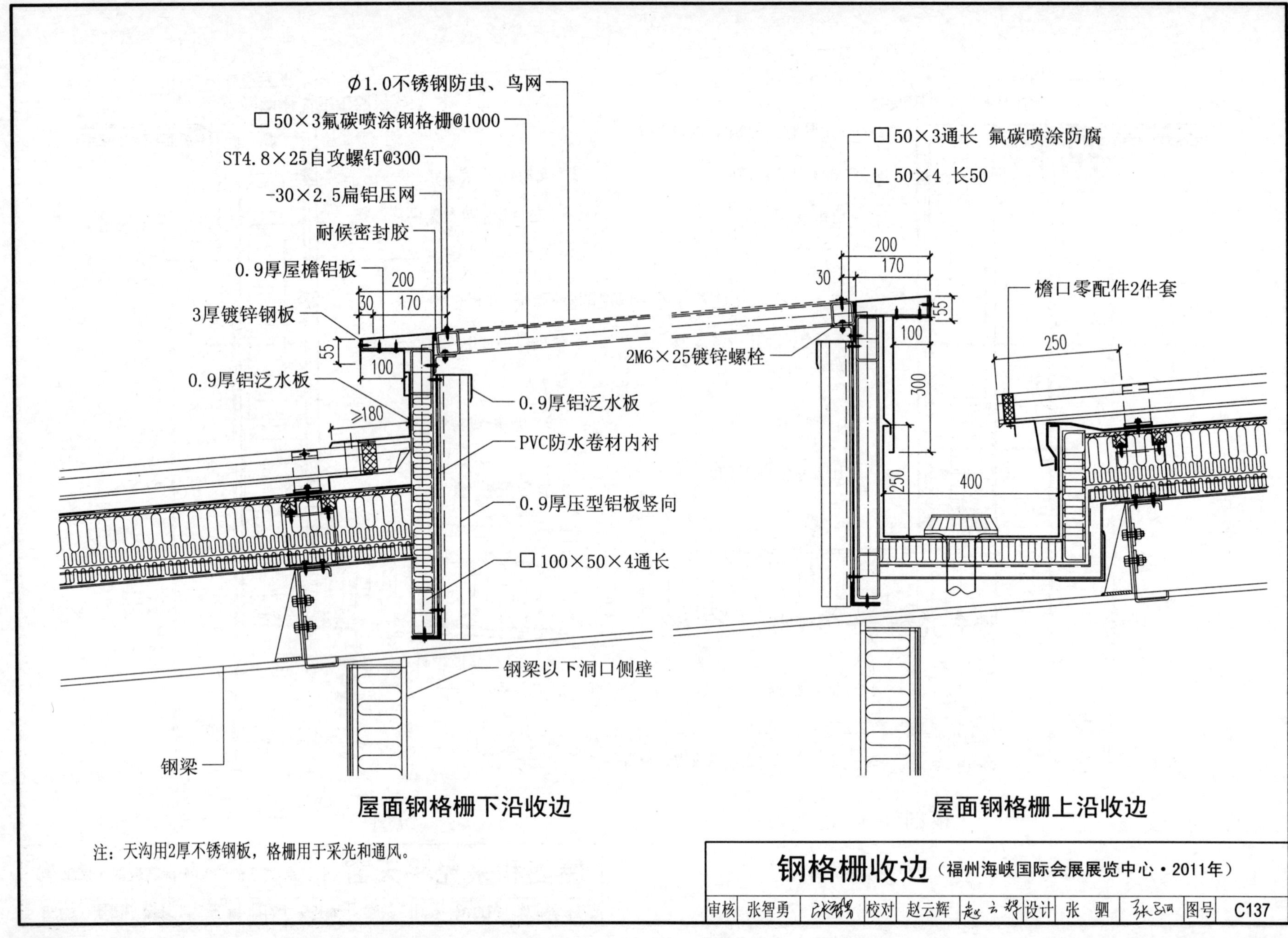

屋面钢格栅下沿收边

屋面钢格栅上沿收边

注：天沟用2厚不锈钢板，格栅用于采光和通风。

钢格栅收边（福州海峡国际会展展览中心·2011年）									
审核	张智勇		校对	赵云辉		设计	张 驷	图号	C137

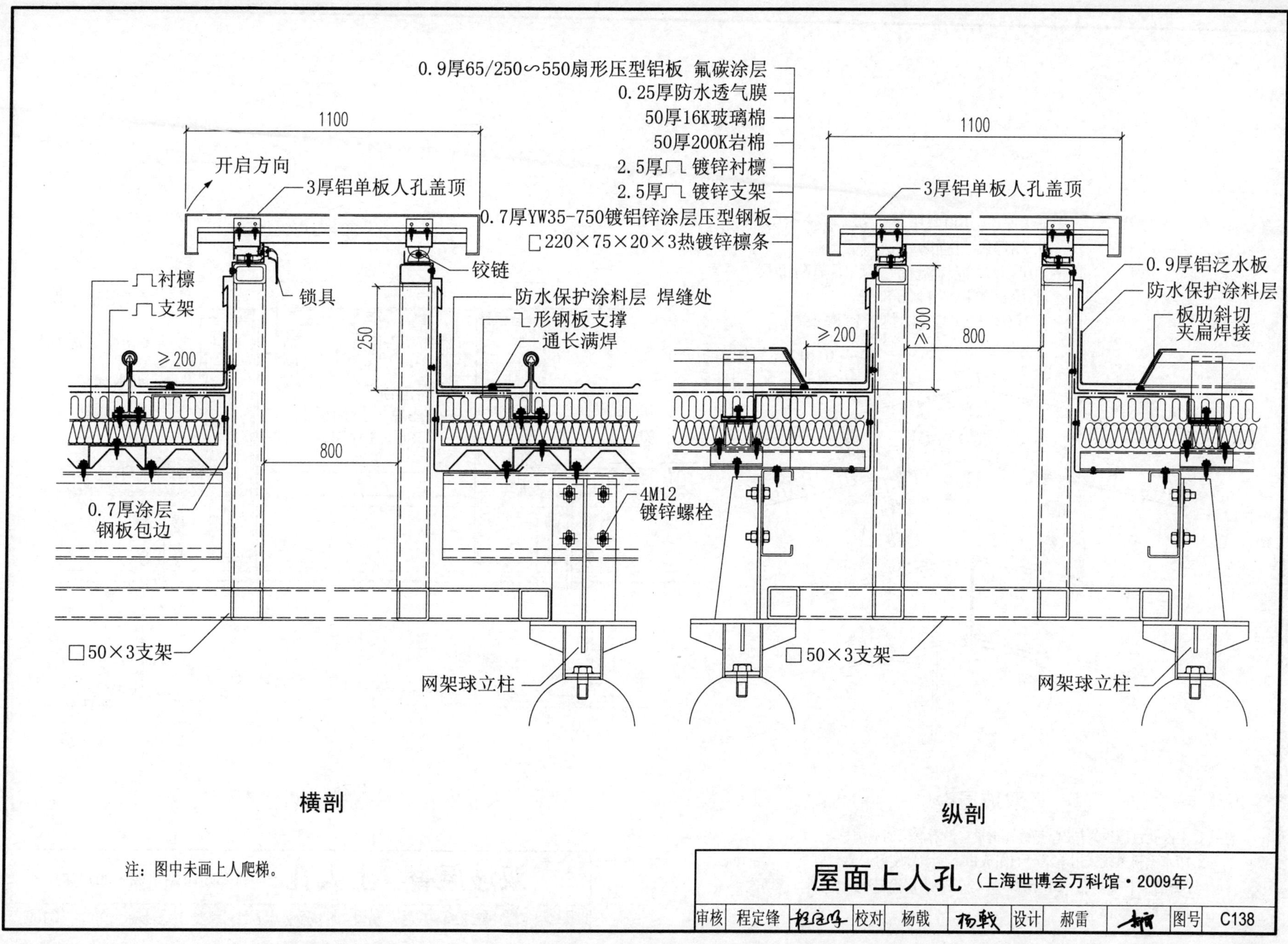

注：图中未画上人爬梯。

屋面上人孔（上海世博会万科馆·2009年）

审核	程定锋	程定锋	校对	杨戟	杨戟	设计	郝雷	郝雷	图号	C138

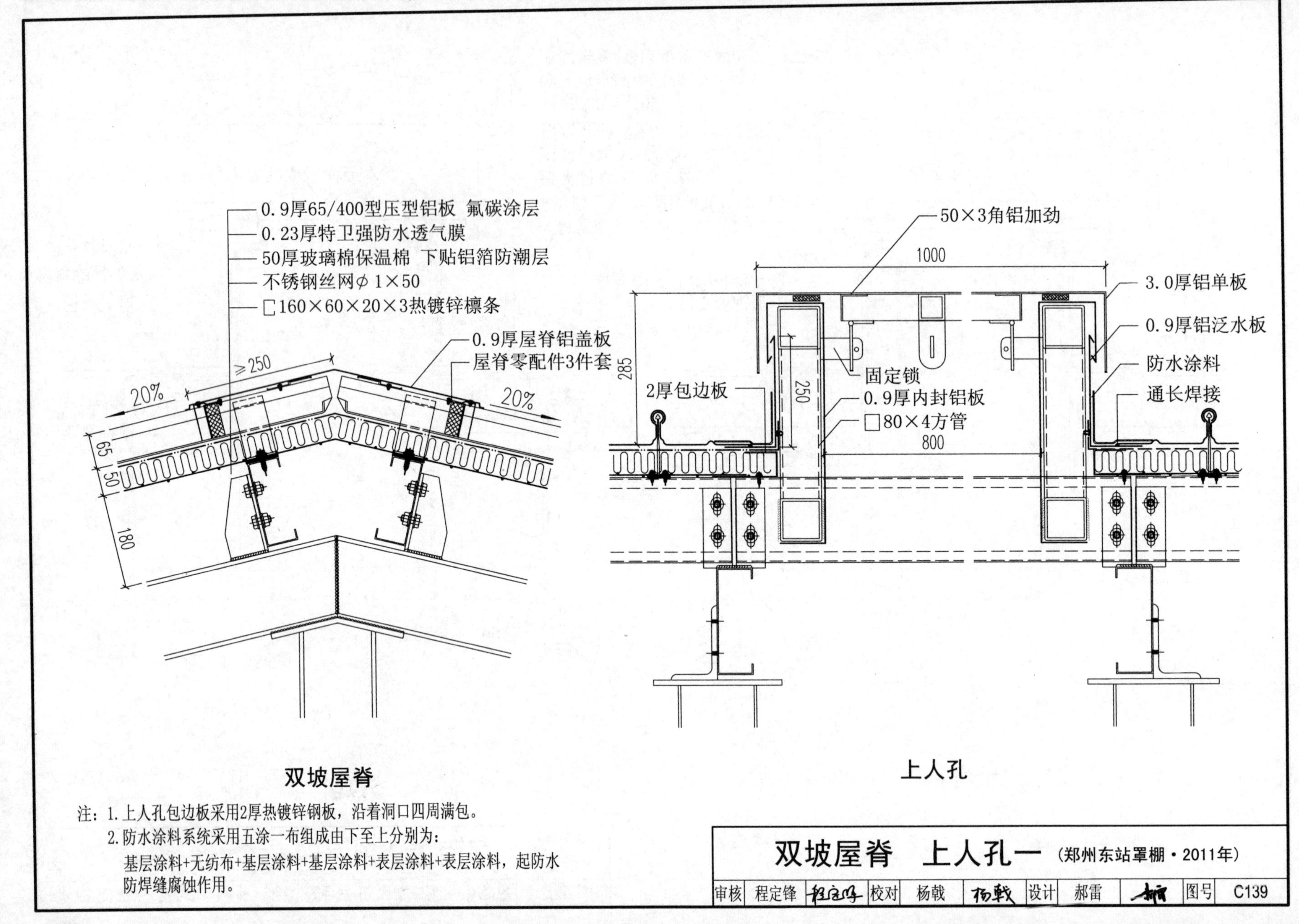

双坡屋脊

上人孔

注：1.上人孔包边板采用2厚热镀锌钢板，沿着洞口四周满包。

2.防水涂料系统采用五涂一布组成由下至上分别为：

基层涂料+无纺布+基层涂料+基层涂料+表层涂料+表层涂料，起防水防焊缝腐蚀作用。

双坡屋脊 上人孔一 （郑州东站罩棚·2011年）									
审核	程定锋	程定锋	校对	杨戟	杨戟	设计	郝雷	郝雷	图号 C139

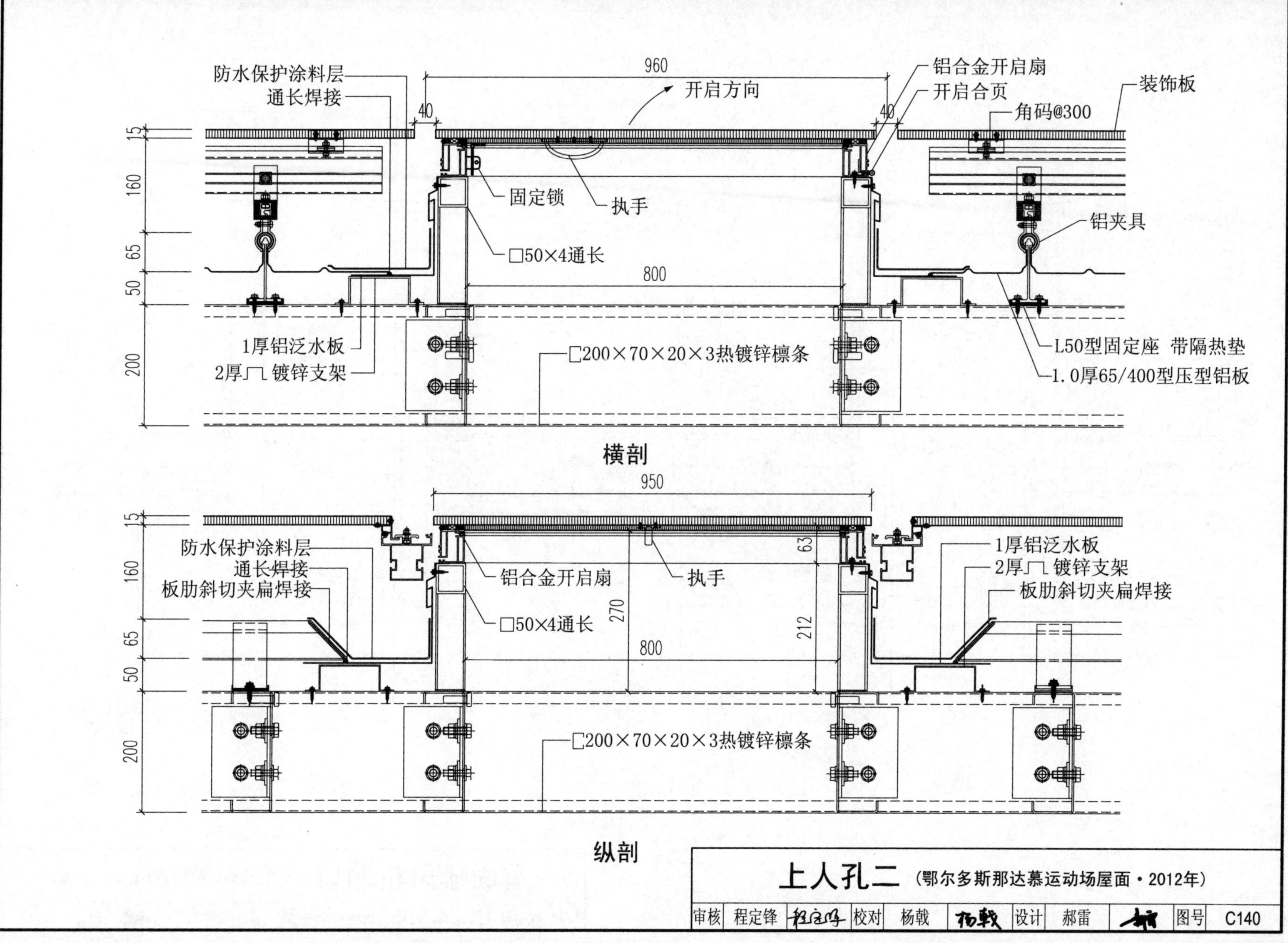

上人孔二 (鄂尔多斯那达慕运动场屋面・2012年)

审核	程定锋	程定锋	校对	杨戟	杨戟	设计	郝雷	郝雷	图号	C140

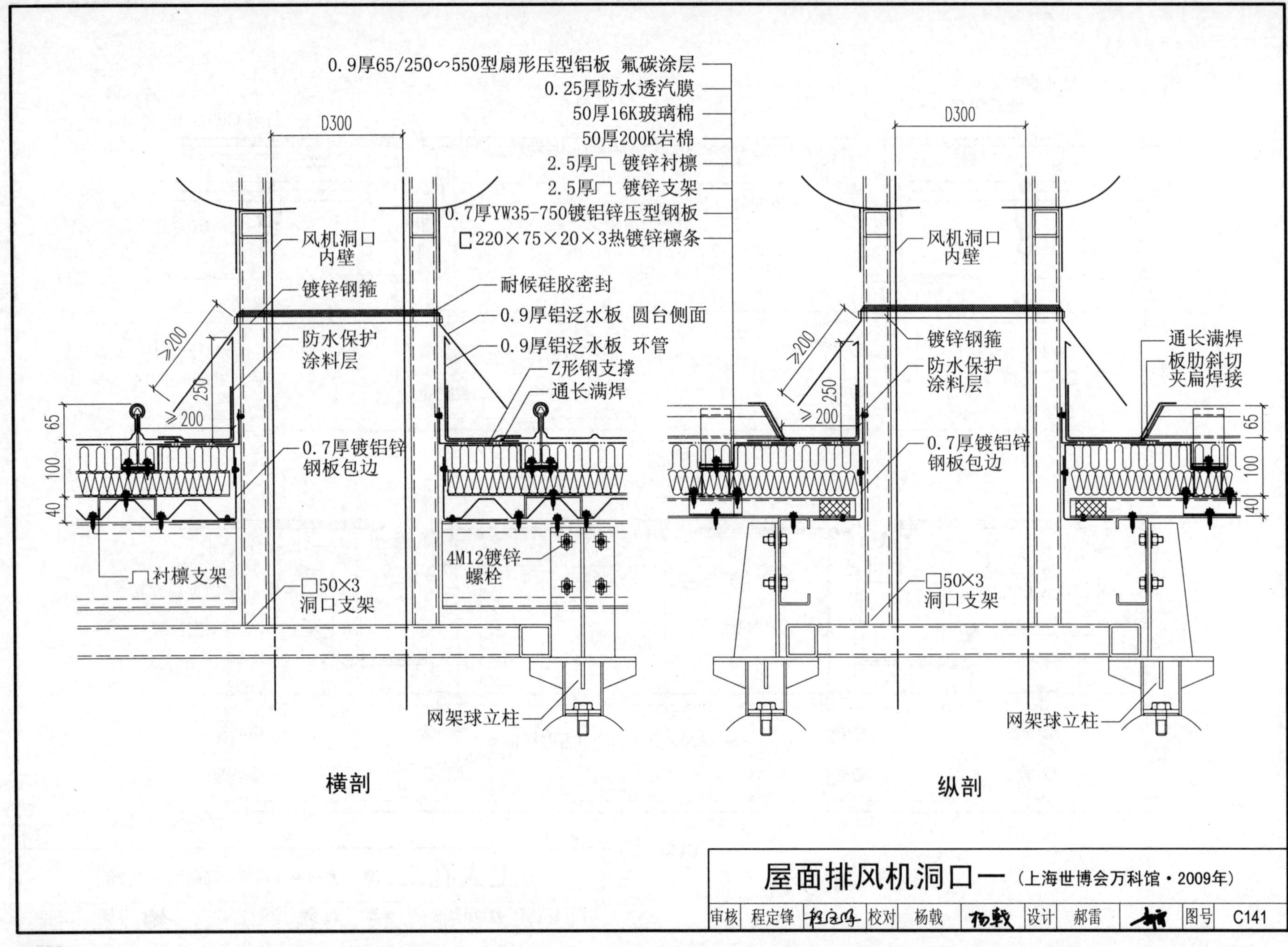

屋面排风机洞口一（上海世博会万科馆·2009年）

审核	程定锋	程定锋	校对	杨戟	杨戟	设计	郝雷	郝雷	图号	C141

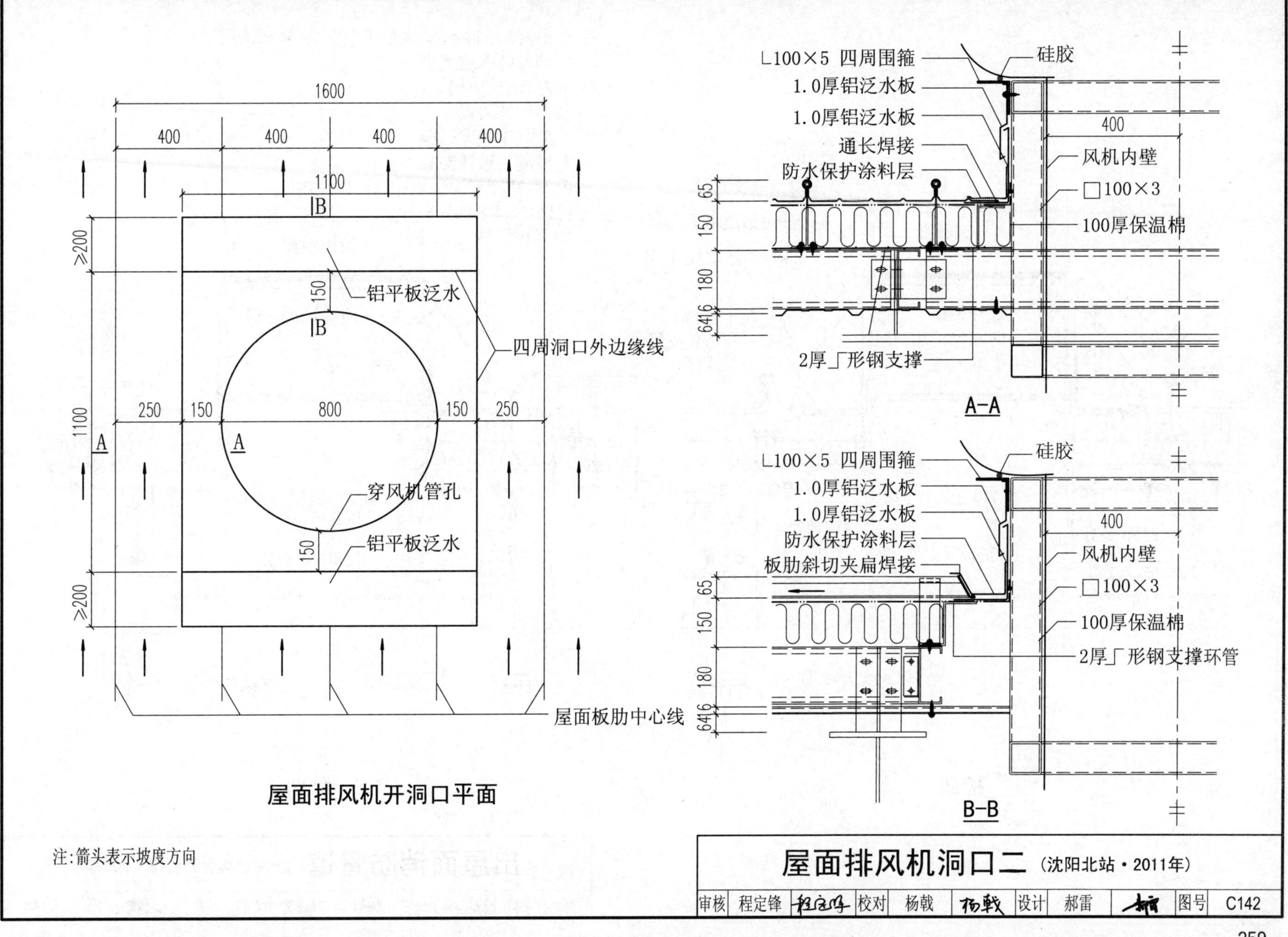

1600
400
400
400
400
1100
B
B
≥200
150
铝平板泛水
四周洞口外边缘线
1100
250
150
800
150
250
A
A
穿风机管孔
150
铝平板泛水
≥200
屋面板肋中心线
屋面排风机开洞口平面
∟100×5 四周围箍
1.0厚铝泛水板
1.0厚铝泛水板
通长焊接
防水保护涂料层
硅胶
400
风机内壁
□100×3
100厚保温棉
65
150
180
6416
2厚⌐形钢支撑
A-A
∟100×5 四周围箍
1.0厚铝泛水板
1.0厚铝泛水板
防水保护涂料层
板肋斜切夹扁焊接
硅胶
400
风机内壁
□100×3
100厚保温棉
2厚⌐形钢支撑环管
65
150
180
6416
B-B
注:箭头表示坡度方向
屋面排风机洞口二（沈阳北站・2011年）
审核 程定锋 校对 杨戟 设计 郝雷 图号 C142

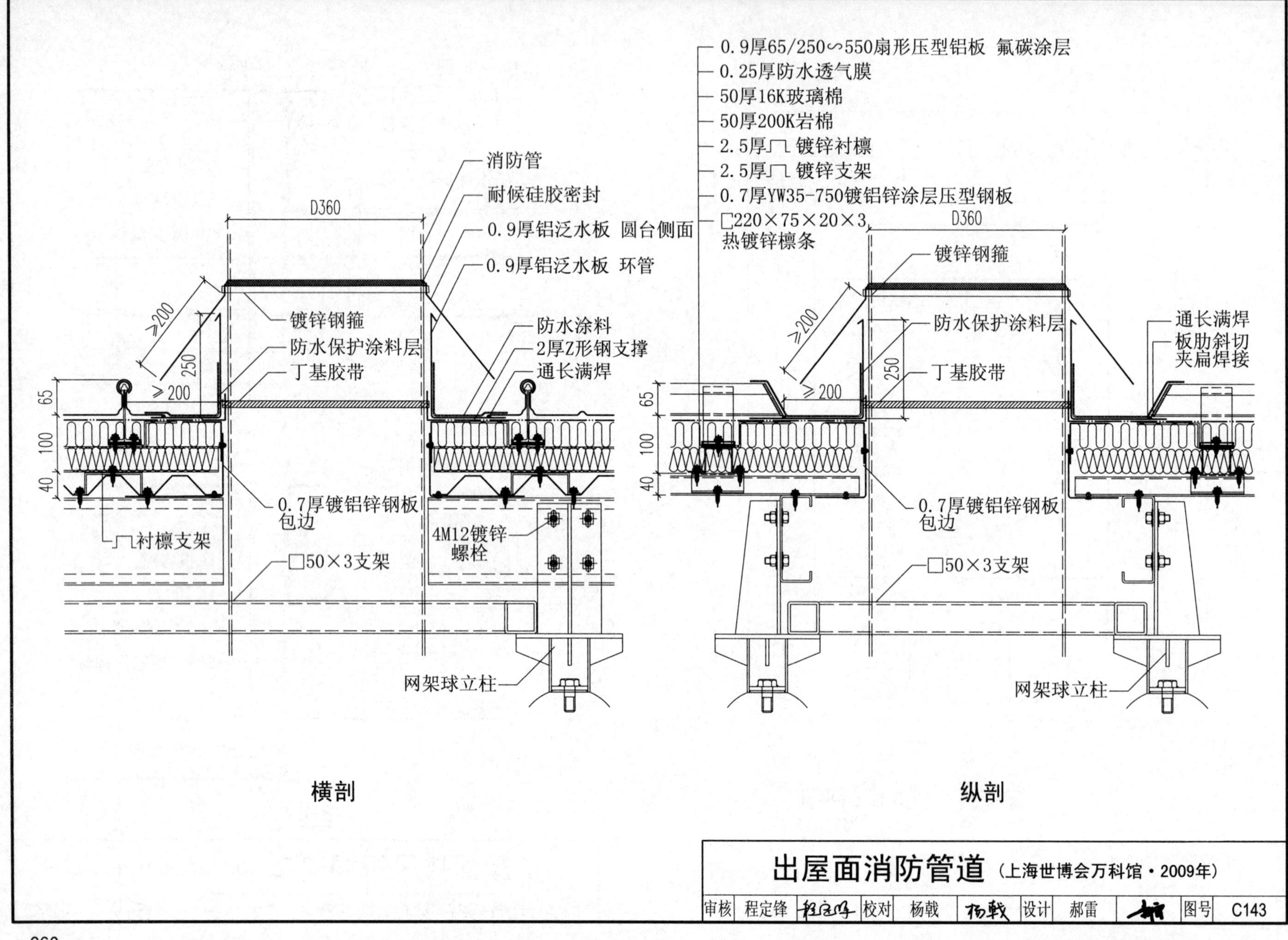

出屋面消防管道（上海世博会万科馆·2009年）

审核	程定锋	程定锋	校对	杨戟	杨戟	设计	郝雷	郝雷	图号	C143

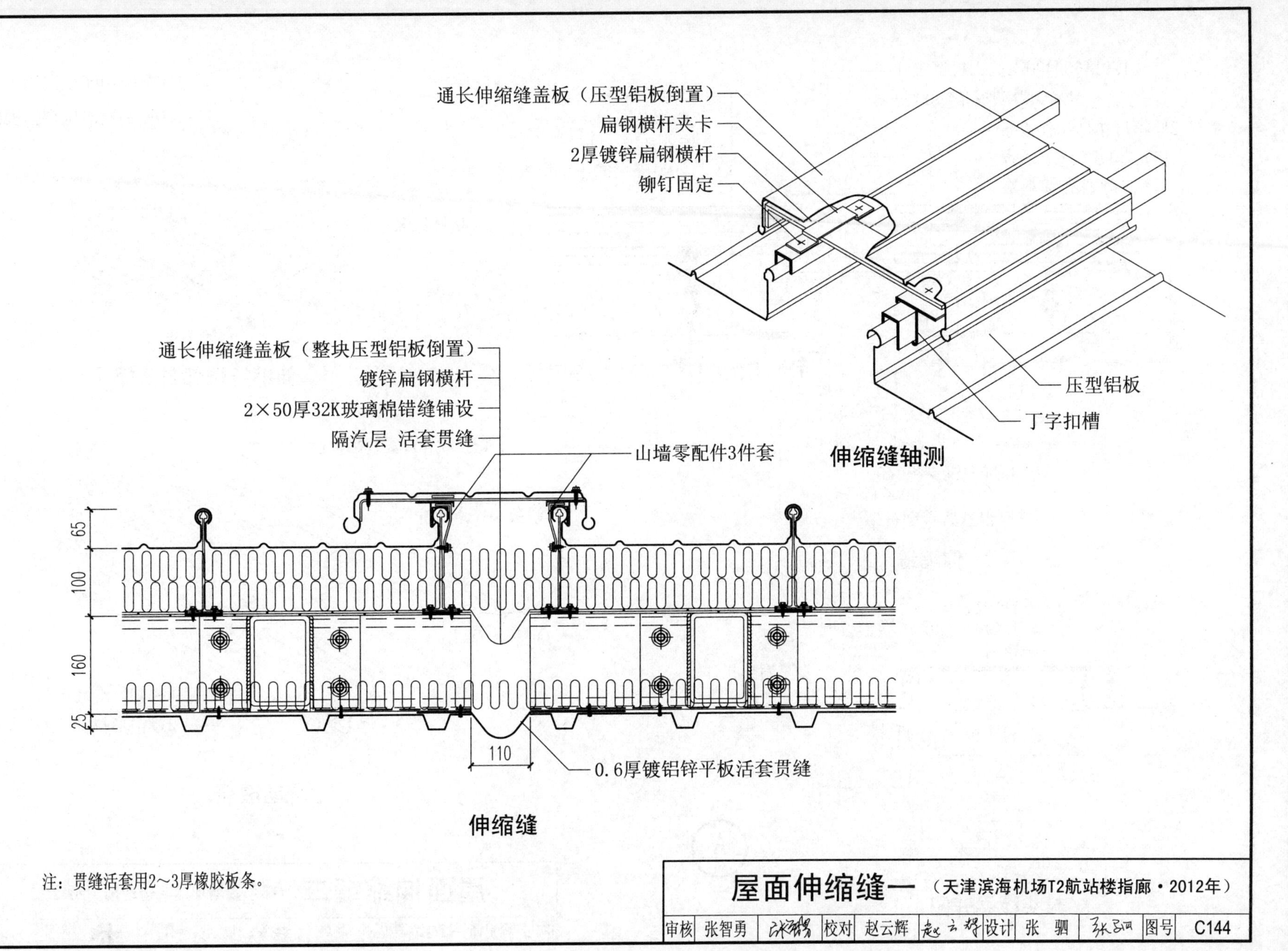

注：贯缝活套用2～3厚橡胶板条。

屋面伸缩缝一（天津滨海机场T2航站楼指廊·2012年）								
审核	张智勇	[signature]	校对	赵云辉	[signature]	设计	张驷	[signature]	图号	C144

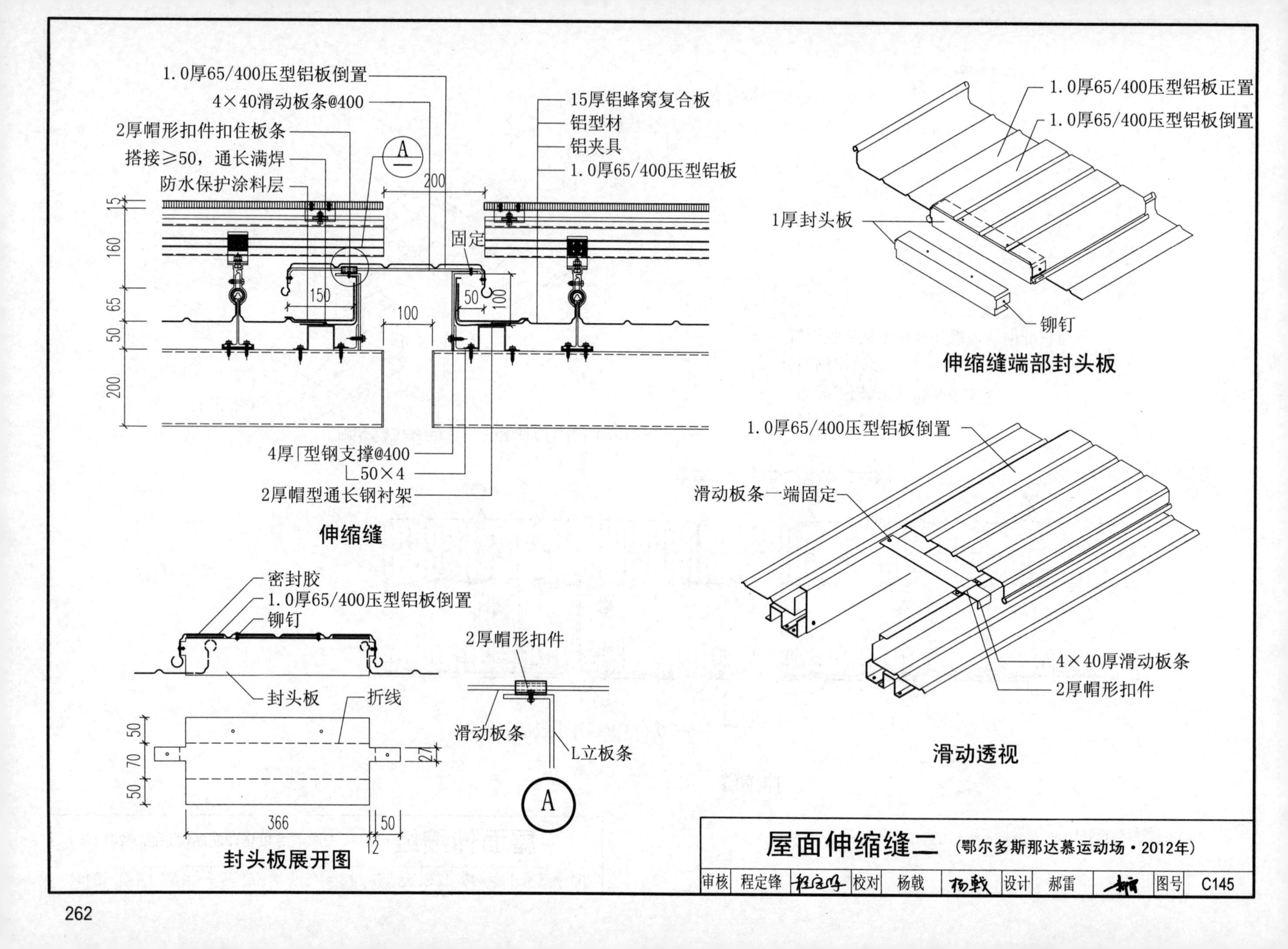

屋面伸缩缝二 (鄂尔多斯那达慕运动场·2012年)

审核	程定锋	程定锋	校对	杨戟	杨戟	设计	郝雷	郝雷	图号	C145

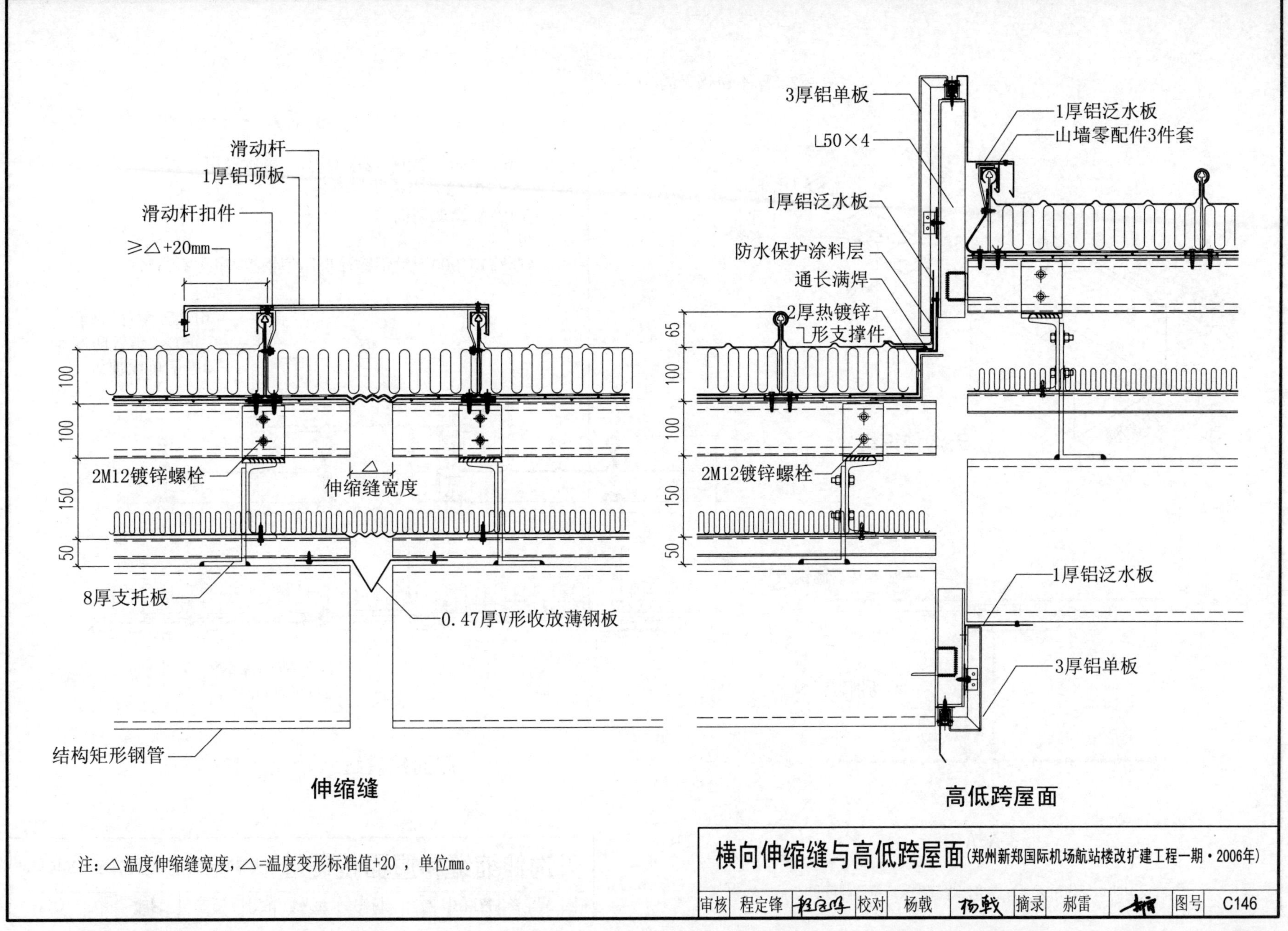

注：△温度伸缩缝宽度，△=温度变形标准值+20 ，单位mm。

横向伸缩缝与高低跨屋面(郑州新郑国际机场航站楼改扩建工程一期・2006年)									
审核	程定锋	程定锋	校对	杨戟	杨戟	摘录	郝雷	郝雷	图号 C146

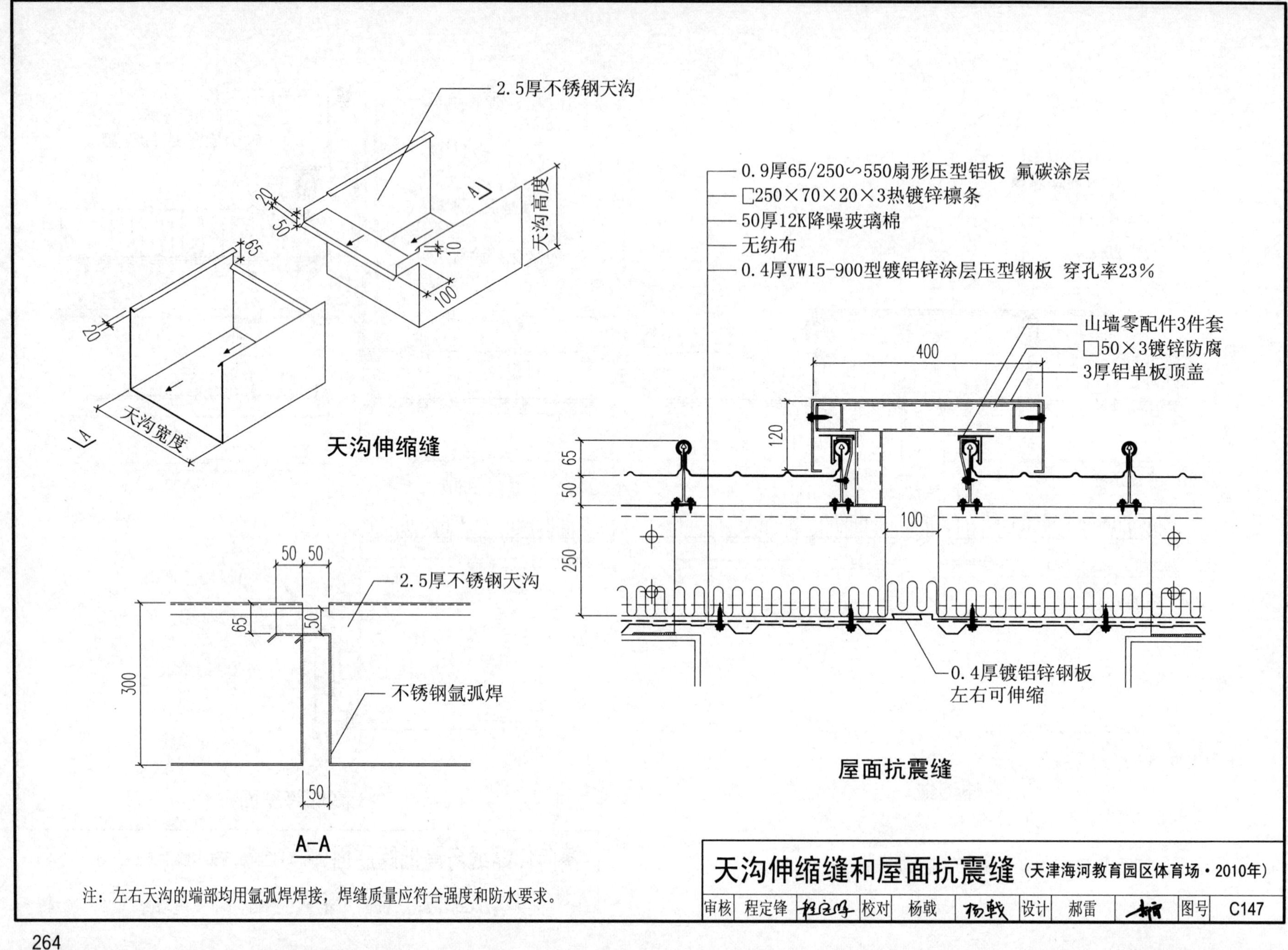

注：左右天沟的端部均用氩弧焊焊接，焊缝质量应符合强度和防水要求。

天沟伸缩缝和屋面抗震缝（天津海河教育园区体育场·2010年）

审核	程定锋	程定锋	校对	杨载	杨载	设计	郝雷	郝雷	图号	C147

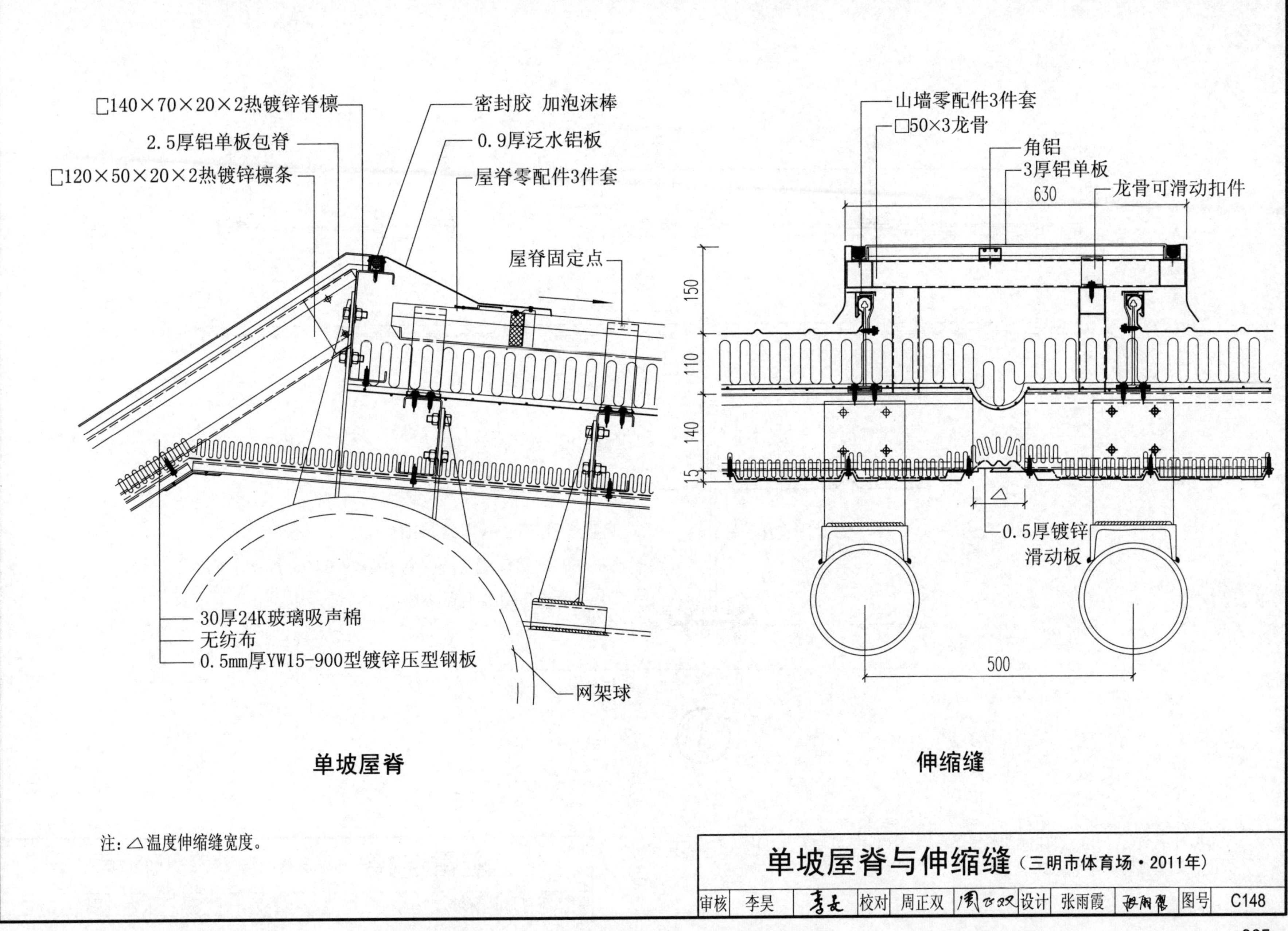

注：△温度伸缩缝宽度。

单坡屋脊与伸缩缝（三明市体育场·2011年）

审核	李昊	李昊	校对	周正双	周正双	设计	张雨霞	张雨霞	图号	C148

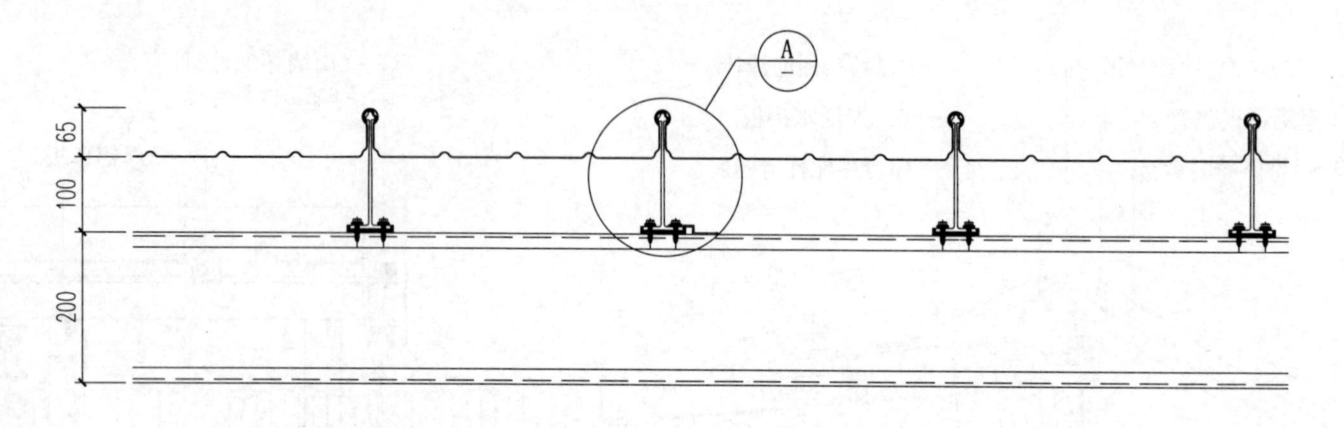

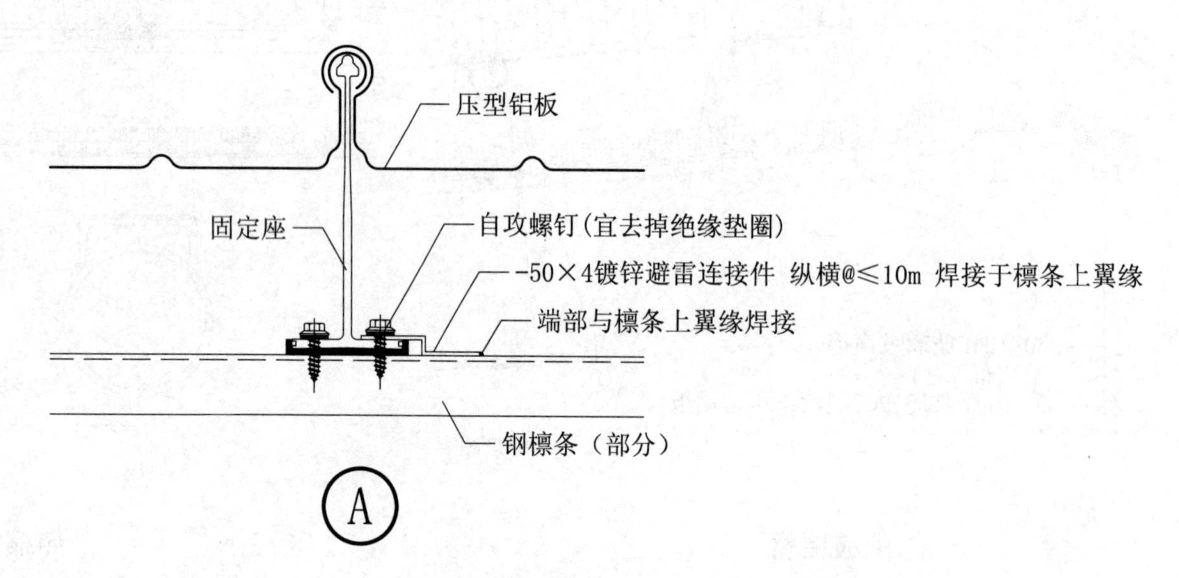

注：1.通过防雷引下线将电流引到钢檩条上，且同钢结构连成电流通路，直达到地下；
2.屋面防雷引下线间距≤10m。

避雷连接一（天津机场T2航站楼·2012年）								
审核	张智勇	[signature]	校对	赵云辉	[signature]	设计	张 驷	[signature]	图号	C149

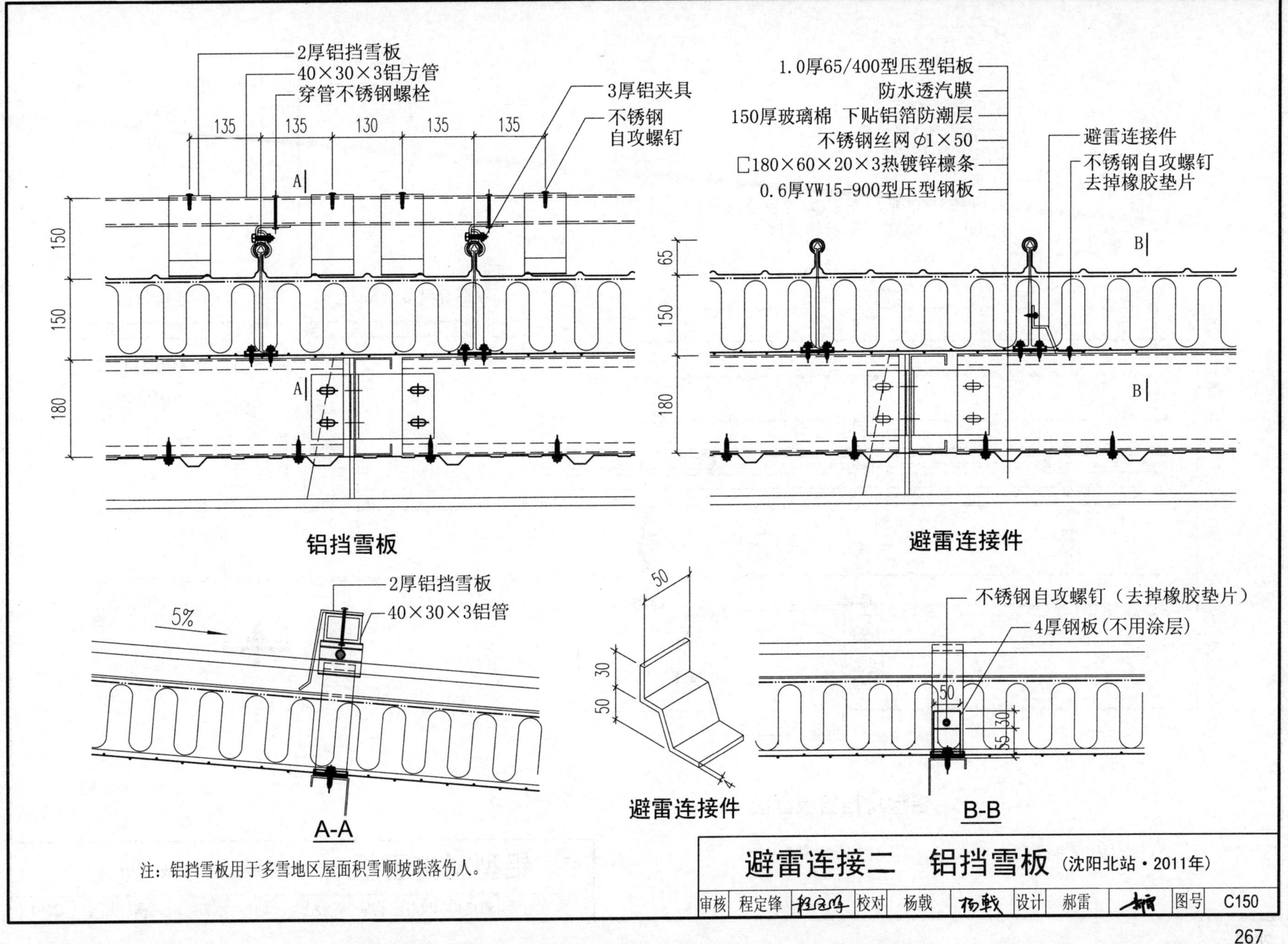

注：铝挡雪板用于多雪地区屋面积雪顺坡跌落伤人。

避雷连接二　铝挡雪板（沈阳北站・2011年）									
审核	程定锋		校对	杨戟		设计	郝雷	图号	C150

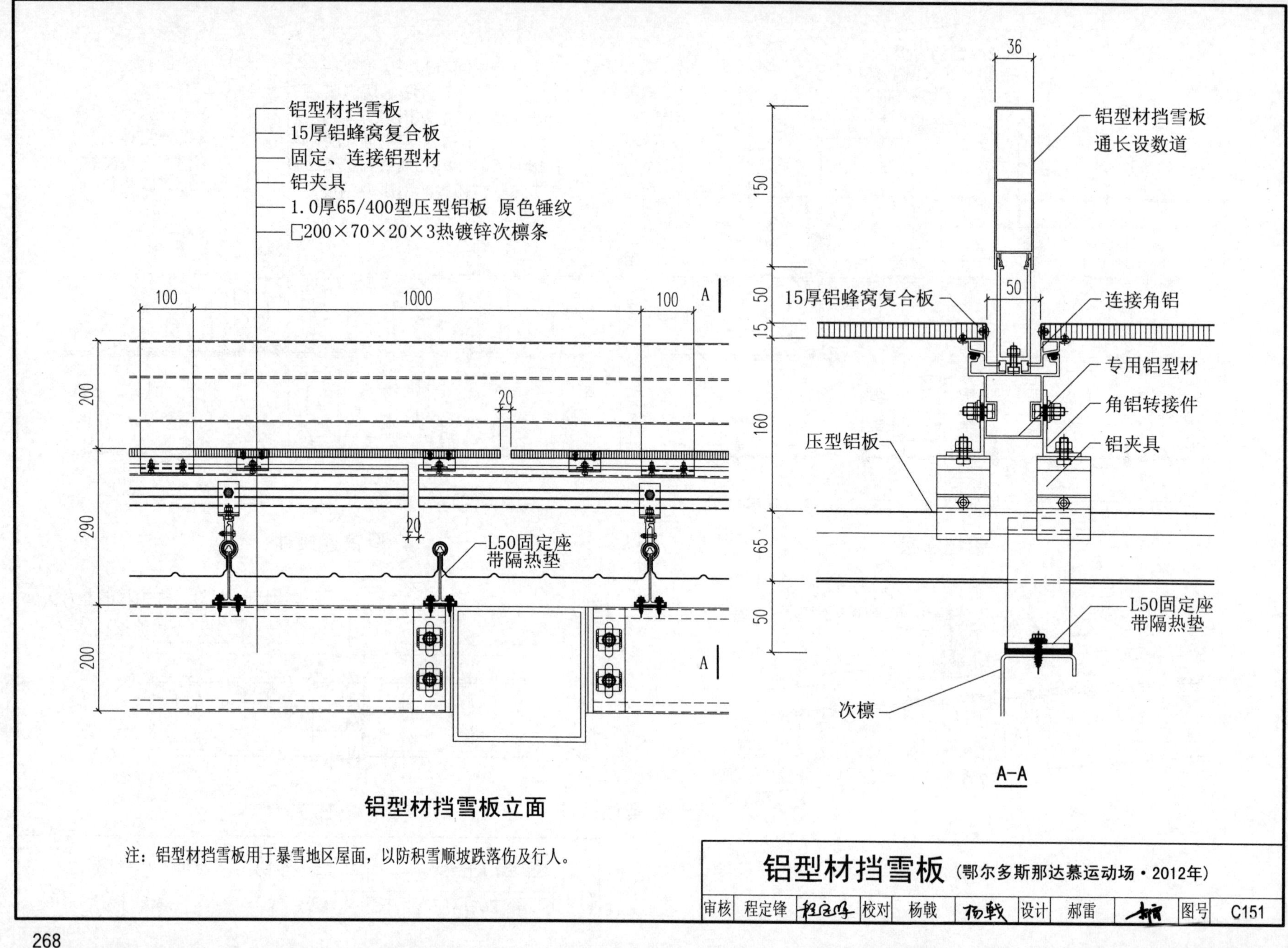

注：铝型材挡雪板用于暴雪地区屋面，以防积雪顺坡跌落伤及行人。

铝型材挡雪板（鄂尔多斯那达慕运动场·2012年）

审核	程定锋	程定锋	校对	杨载	杨载	设计	郝雷	郝雷	图号	C151

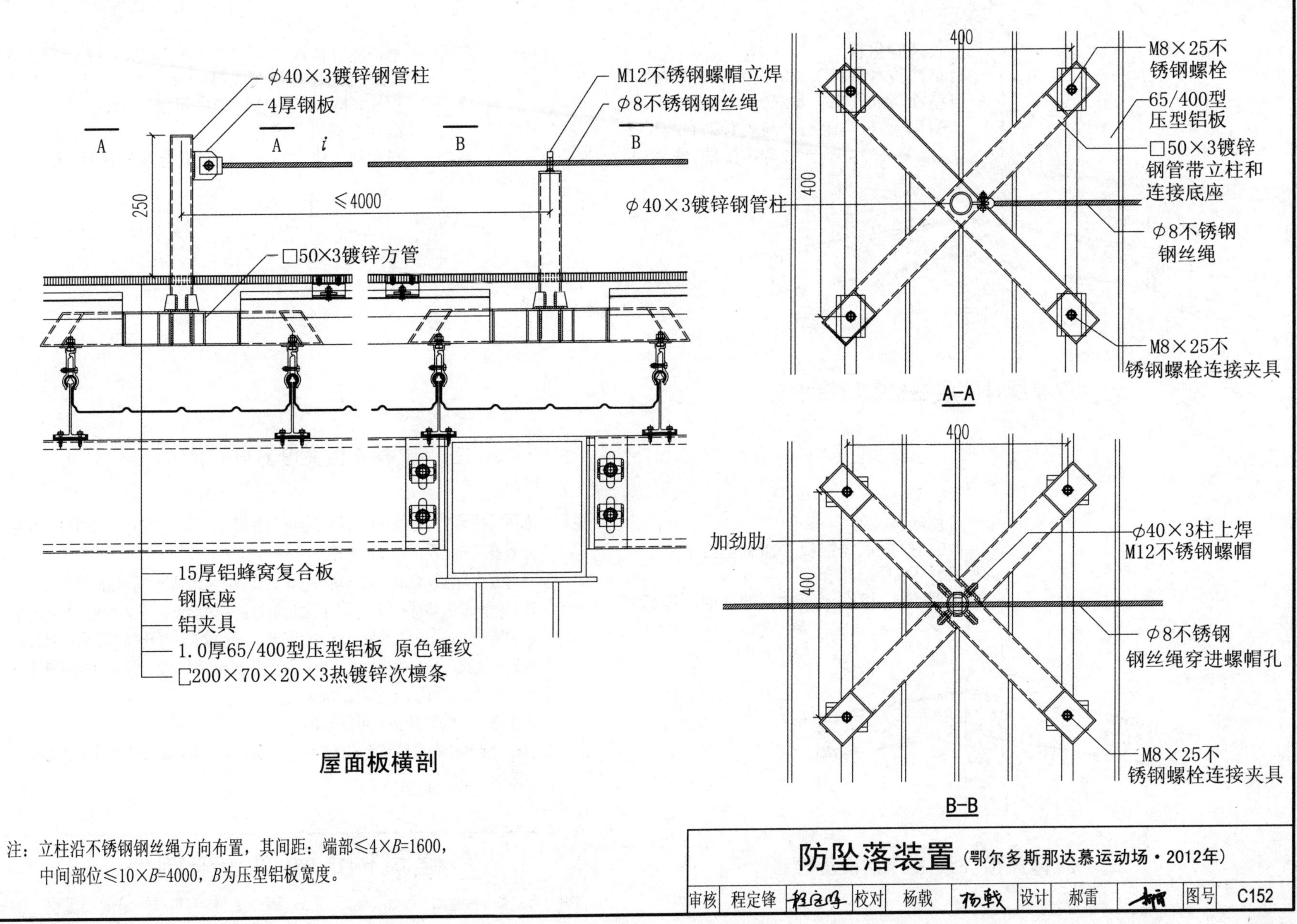

屋面板横剖

注：立柱沿不锈钢钢丝绳方向布置，其间距：端部≤4×B=1600，中间部位≤10×B=4000，B为压型铝板宽度。

防坠落装置（鄂尔多斯那达慕运动场·2012年）

审核	程定锋	校对	杨戟	设计	郝雷	图号	C152

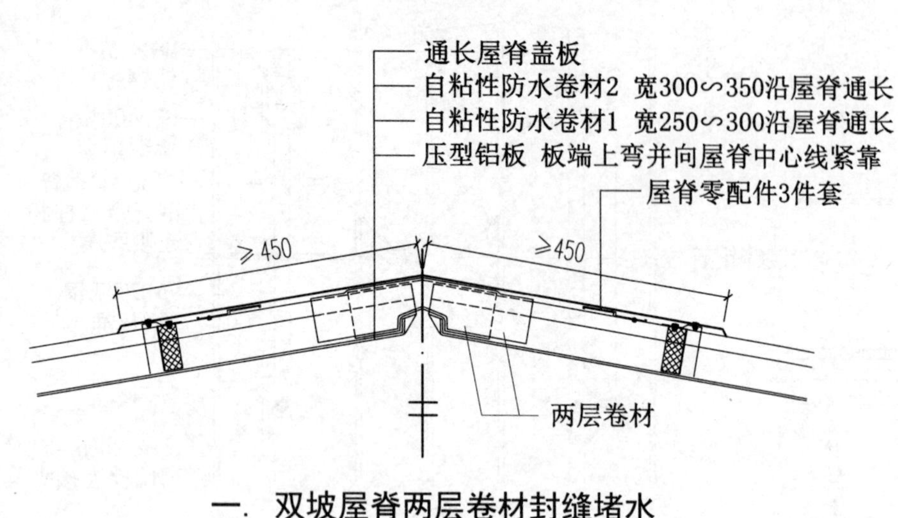

一. 双坡屋脊两层卷材封缝堵水

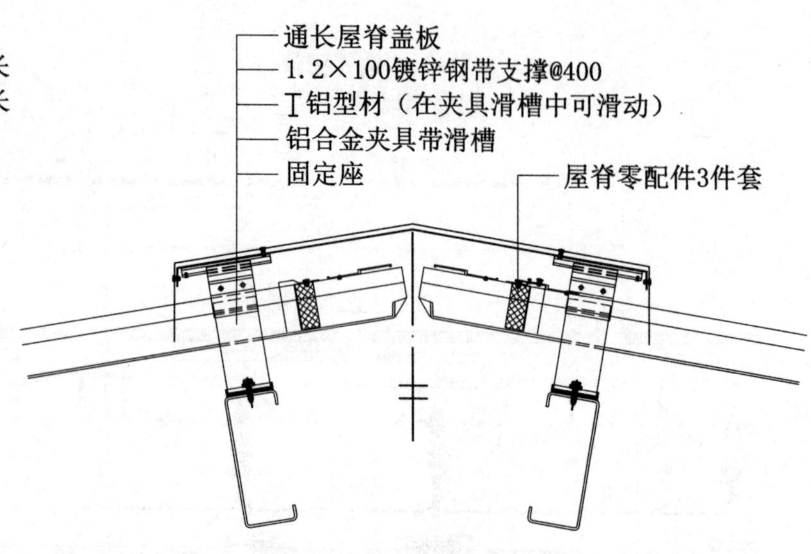

三. 屋脊盖板宽度方向可滑动

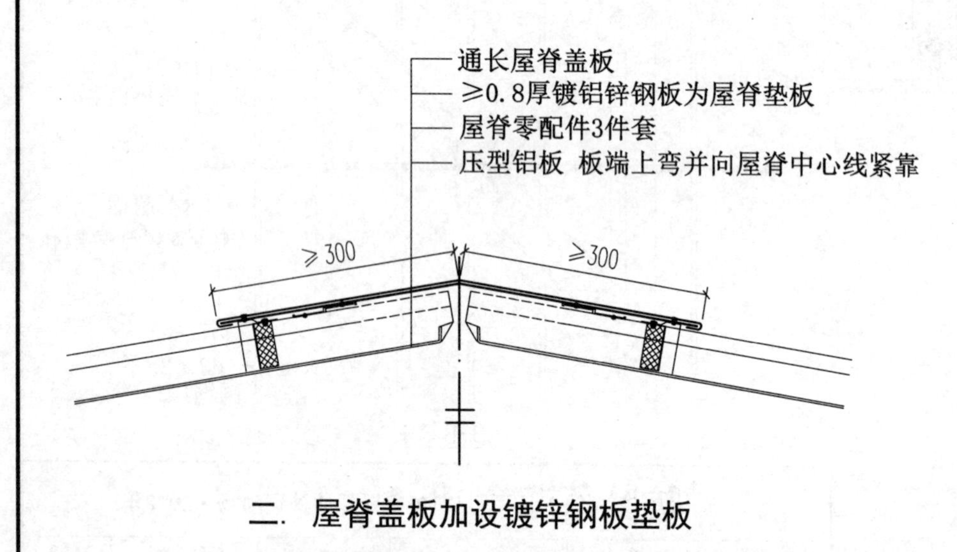

二. 屋脊盖板加设镀锌钢板垫板

注：1. 本图三种屋脊构造做法在实际工程中均有应用，可单独应用，也可视工程实际需要联合应用，可灵活掌控；

2. 一的做法是在屋脊泡沫塑料堵头老化后难以堵水的情况下，用两层卷材防止风将雨水灌入并从脊缝中漏水；二的做法是通过加设镀锌钢垫板，提高屋脊板的刚度，以防止人踩踏、堆物后变形；三的做法，当压型铝板同屋脊盖板用铆钉连接，屋面板随檩条、屋架而产生滑动伸缩，会导致屋脊盖板铆钉被剪断，该做法可以防止铆钉剪断；

3. 盖板滑动详见C119盖板可伸缩做法；

4. 设计者要善于在总结经验教训基础上加以创新，实际效果是检验设计正确与否的唯一标准。

建筑构造新做法举例一										
审核	程定锋	程定锋	校对	杨戟	杨戟	设计	郝雷	郝雷	图号	C153

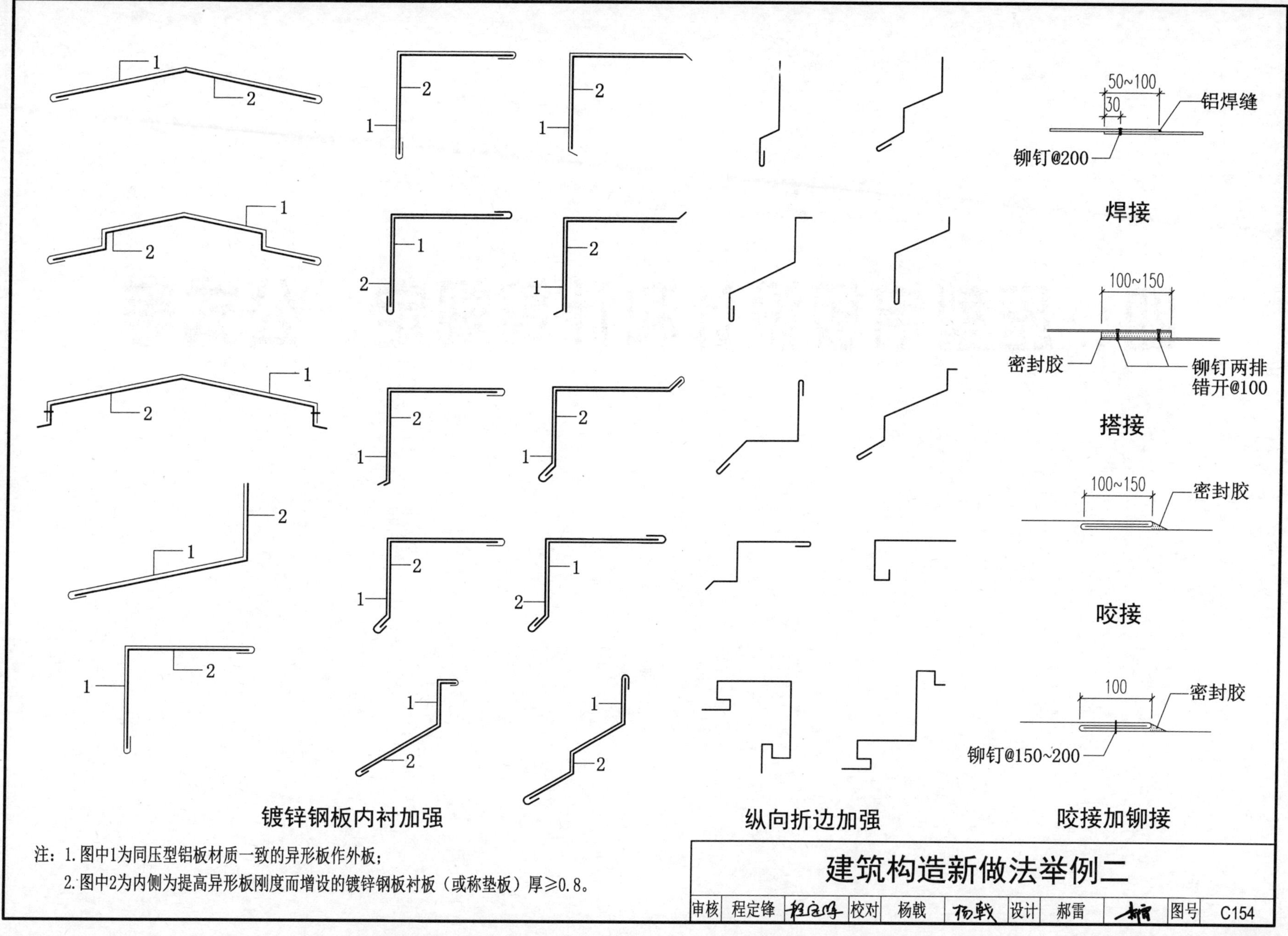

注：1.图中1为同压型铝板材质一致的异形板作外板；

2.图中2为内侧为提高异形板刚度而增设的镀锌钢板衬板（或称垫板）厚≥0.8。

四、压型铝板设计和计算规定、公式等

压型铝板围护结构系统设计

- 建筑
  - 常规建筑学设计：围护结构的功能、造型、外观、使用年限、防水等级、结构和构造形式、材料选用、节点构造等
  - 水密性能设计
  - 气密性能设计
  - 热工性能设计：保温、隔热、防结露
  - 隔声和吸声性能设计
  - 自然采光、通风设计
  - 防火设计
  - 屋面及墙面附属设施设计：人孔、爬梯、管道孔、女儿墙、防坠落、挡雪、室外行人走道、清灰管道、屋顶、室内马道等
  - 装饰吊顶设计
  - 节能设计等
- 结构
  - 檩条、墙架等支承系统结构设计
  - 压型铝板系统设计、底板系统结构设计
  - 檐口、屋脊、山墙、悬挑、天沟等与建筑配合的各项结构设计
- 电气
  - 照明系统
  - 防雷系统设计
  - 融雪系统设计
  - 光伏系统设计
  - 门窗、天窗系统电动、自动化系统设计
  - 弱电（同屋面、外墙、内墙关联的电话、广播、电视、自动报警、监控等系统）等设计
- 设备
  - 排水系统设计
  - 消防系统设计
  - 空调系统设计等
- 其他，如种植屋面设计、防空伪装设计等

1. 铝合金的物理性能指标

弹性模 E (N/mm²)	泊松比 v	剪变模量 G (N/mm²)	线膨胀系数 α (以每℃计)	质量密度 ρ (kg/m³)
70000	0.3	27000	23×10^{-6}	2700

2. 室温下铝和钢的物理性能指标比较

序号	物理性能	铝	钢
1	质量密度（kg/m³）	2700	7850
2	弹性模量（N/mm²）	70×10^3	206×10^3
3	线膨胀系数（以每℃计）	23×10^{-6}	12×10^{-6}
4	剪变模量（N/mm²）	27×10^3	79×10^3
5	熔点温度（℃）	658	1450~1580
6	比热容[kJ/(kg·k)]	0.88	0.49
7	热导系数[W/(m·℃)]	221.9	47~58（碳钢）
8	电阻率（μΩ·cm）	2.84	15.5
9	硬度（HB）	60~95	
10	热反射率（%）	新铝90% 旧铝80%	

3. 铝及铝合金板、带材的材料标准（尽量使用最新标准）

3.1《变形铝及铝合金化学成分》GB/T 3190-2008

3.2《一般工业用铝及铝合金板、带材》GB/T 3380.1~3-2012

3.3《铝及铝合金彩色涂层板、带材》YS/T 431-2009

4. 板材选用时查对材料标准、订货合同、生产厂商提供的产品质量证明书，后者提供工程用铝合金板的牌号、状态以及化学成分、基板力学性能、涂层性能的标准规定值和出厂检验的实测值等资料。遇到下列情况之一的铝合金板、带材时应抽样复检；建筑结构安全等级为一级；进口铝合金板；混批；对质量有疑义；设计有要求。

压型铝板围护结构系统设计内容　铝合金板基本性能									
审核	葛连福	[签名]	校对	秦国鹏	[签名]	设计	孙　超	[签名]	图号 D1

1. 我国压型铝板的板材选用

1.1 选用标准

YS/T 431—2009《铝及铝合金彩色涂层板、带材》

1.2 压型铝板用铝及铝合金板彩色涂层板、带材的牌号、状态及规格应符合下表规定：

牌号	合金类别[b]	涂层板、带状态	基材状态[a]	基材厚度t/mm	板材规格/mm		带材规格/mm	
					宽度	长度	宽度	套筒内径
1050、1100、3003、3004、3005、3104、3105、5005、5050	A类	H42、H44、H46、H48	H12、H22、H14、H24、H16、H26、H18	0.20≤t≤1.80	500~1600	500~4000	50~1600	200、300、350、405、505
5052	B类							

a.需要其他牌号、规格或状态的材料，可双方协商。
b.A、B类合金的分类应符合GB/T 3880.3的规定。

1.3 铝合金彩色涂层板、带材的尺寸偏差：基材厚度、宽度、长度、对角线、不平度、侧边弯曲度、串层、塔形以及同牌号、状态对应的力学性能等，均可从YS/T 431—2009中查阅。

1.4 目前业内压型铝板屋面及墙面工程常用牌号、状态及规格、卷心内径等。牌号：3004、5754；状态：H42、H44、H46、H48；规格：厚0.9~1.2；宽：473~787（厚度、板型不同而异，见D28）；压型铝板用带材的卷心内径505，重量≤5.0t；各种断面异形板厚≥0.9（宜比压型铝板厚0.1~0.2）；天沟板厚1.0~3.0，用板、带材均可。

1.5 牌号3004为铝锰合金板，牌号5754、5005、5050、5052等为铝镁合金板，初期大多选用前者，后者由于因强度高、更耐腐蚀，常被设计使用年限≥50年的大型公共建筑屋面及墙面所选用，且有逐年增长应用的趋势。

1.6 铝合金彩色涂层板、带材氟碳漆涂层性能应符合下表规定：

项　目	涂层性能		
	氟碳漆涂层[a]		聚酯漆涂层
	无清漆	有清漆[b]	
涂层厚度/μm	≥24	≥30	≥18
光泽	60° 光泽值≥80光泽单位时，允许偏差为±10个光泽单位		
	60° 光泽值≥20~80光泽单位时，允许偏差为±7个光泽单位		
	60° 光泽值<20光泽单位时，允许偏差为±5个光泽单位		
铅笔硬度	≥1H		≥2H
涂层柔韧性	≤2T时，涂层无开裂或脱落		
耐冲击性	无粘落、无裂痕		
附着性，级	0级或1级		
耐酸性	涂层无变化		
耐砂浆性	涂层无脱落或其他明显变化		
耐溶剂性	100次不露底		70次不露底
耐玷污性	≤15%		—
色差	涂层颜色应与供需双方商定的样板基本一致，使用色差仪测定时，单色涂层与样板间的色差ΔE_{ab}≤1.2。同批交货产品色差ΔE_{ab}≤1.0。		
耐盐雾性	在划线2mm以外，无腐蚀和涂层脱落现象		—
耐湿性	涂层经1000h湿热试验后，其变化≤1级		—
耐候性	涂层经2000h氙灯照射人工加速老化试验后，不应产生粉化现象（0级），光泽保持率（涂层试验后的光泽值相对于其试验前的光泽值的百分比）≥85%，变色程度至少达到1级		—

a.氟碳漆涂层指用PVDF树脂含量在70%以上的氟碳涂料涂层；
b.清漆膜厚≥8μm。

压型铝板的板材选择									
审核	葛连福	[签名]	校对	秦国鹏	[签名]	设计	孙　超	[签名]	图号 D2

1.7 压型铝板的板材选择发展趋势

牌号选用由铝锰合金板（3×××系列）为主向铝镁合金板（5×××系列）为主发展，以提高强度、断后伸长率、抗腐性能、锁边咬合强度等；状态选用H42为主向H48为主发展；屋面板板厚$t\geqslant0.9$向$t\geqslant1.2$发展，墙面板板厚$t\geqslant0.6$向$t\geqslant0.8$；板材的焊接性能向提高焊接质量和速度发展；以氟碳漆涂层为主，向更长耐久年限和色彩多样性发展。

2. 欧洲、北美各国压型铝板的板材选用牌号初期常用3003、3004、3005，如今常用5042、5049、5052、5754等；日本压型铝板的板材选用牌号多数为3005或5052；欧美各国以及日本除了铝合金板、带材外，大力发展以铝合金板为面层的多层复合板或各种蜂窝板，以发挥不同金属的优点和通过增加板厚而提高薄板刚度，以求屋面及墙面长年使用而不易变形。

3. 压型铝板用板材力学性能：$R_m\geqslant200$，$R_{p0.2}\geqslant185$，断后伸长率A_{50}mm $\geqslant3\%$，屋面及墙面工程用料实例：

3.1 2009年某体育馆压型铝板屋面约1.2万m²，板型为65/330厚0.9氟碳涂层铝锰合金板，牌号3004，状态H44，标记为：3004--H44 0.9×503×C YS/T431—2000，生产商：西南铝业(集团)有限责任公司。

3.1.1 牌号3004 H44铝锰合金彩色涂层带材化学成分(%)

元素	Si	Fe	Cu	Mn	Mg	Cr	Zn	Ni	Ti	Al
标准值	0.30	0.7	0.25	1.0~1.5	0.8~1.3	—	0.25	—	—	余量
实测值	0.18	0.35	0.14	1.08	1.01	—	0.003	—	0.2	余量

3.1.2 牌号3004 H44铝锰合金彩色涂层带材力学性能

性能	R_m抗拉强度（MPa）	$R_{p0.2}$屈服强度（MPa）	A_{50}伸长率（%）
标准值	≥220~250	≥170	≥4
实测值	235	180	10

3.1.3 牌号3004 H44铝锰合金彩色涂层带材氟碳涂层性能

性能		涂层厚度	光泽度（%）	耐冲击性（J）	耐溶性WEK试验	铅笔硬度	T-弯（T）	划格附着力
标准值		正面26±2 反面4±1	25±5	≥4.9	≥70			
实测值	正面	27	20	>4.9	>100	H	1T	C级
	反面	4						

3.2 2013年某航站楼压型铝板屋面板12万m²，板型为65/400厚0.9氟碳涂层铝镁合金板，牌号为5754，状态H46，标记为：5754--H46 0.9×579×C EN485-1~4-2004生产商：德国NOVELIS公司。

3.2.1 牌号5754 H46铝镁合金彩色涂层带材化学成分（%）

元素	Si	Fe	Cu	Mn	Mg	Cr	Zn	Ni	Ti	Al
标准值	0.40	0.40	0.10	0.50	2.6~3.6	0.30	0.20	—	0.15	余量
实测值	0.20	0.32	0.01	0.22	2.94	—	—	—	—	余量

3.2.2 牌号5754 H46铝镁合金彩色涂层带材力学性能

性能	R_m抗拉强度（MPa）	$R_{p0.2}$屈服强度（MPa）	A_{50}延伸率（%）
标准值	≥265	≥220	≥38
实测值	275	217	9

3.2.3 牌号5754 H46铝镁合金彩色涂层带材氟碳漆涂层性能

性能		涂层厚度	光泽度（%）	耐冲击性（J）	耐溶性WEK试验	铅笔硬度	T-弯（T）	划格附着力
标准值		均值≥25μ 最小值≥23μ	≤10	≥50	不露底	≥HB	≤2	0级
实测值	正面	23μm						
	反面							

(续)压型铝板的板材选择									
审核	葛连福	[签名]	校对	秦国鹏	[签名]	设计	孙 超	[签名]	图号 D3

1. 压型铝板结构设计基本假定

1.1 压型铝板屋面顶板或墙面外板的设计计算，不适用于多层复合材料的屋面或墙面内部的衬板。强度计算取1m宽度或各种板型相应的有效宽度，以檩条、墙梁或墙柱为支承件，按梁式受弯构件的计算简图计算内力，即简支梁、两跨梁、连续梁、悬臂梁的弯矩和剪力。

1.2 压型铝板在抗弯强度计算公式中，要用到截面模量（W），在跨中挠度计算中要用到截面惯性矩（I），W、I均为压型铝板横截面几何参数。在各国设计标准中，确定W、I值的规定不尽相同。由于压型铝板的宽厚比非常大（以65/400型为例，厚0.9，宽400，宽厚比达444），并不在现行冷弯薄壁型钢结构设计标准的适用板厚范围之内。压型铝板抗弯承载力常常终止于以下两种情况：当承受向下均布荷载时，受压翼缘处产生不可恢复的局部屈曲；当受向上风揭力作用时，锁边咬合从固定座端头拉脱。不仅达不到全截面有效，甚至也达不到有效截面有效。从理论上讲，确定如此大宽厚比的有效截面是十分困难的，所以理论上计算出正确的几何参数也是不大可能的。所以，欧盟采用受弯试验结果，加以归纳整理，分别获取向下受弯和向上受弯的截面惯性矩；日本标准JIS A6514规定：采用规定的试件、加荷方法、试验数据采集、试验结果计算而获得向下受弯和向上受弯的截面惯性矩。据此，人们除了接受试验结果证实了的几何参数外，各种压型铝板，特别是采用新板型时，应通过受弯荷载试验来获得相应的截面几何参数，才是正确之道。目前可采用本图集转载最新的德国的几何参数见D21～D26。

1.3 屋面均布荷载单位：kN/m²；压型铝板线均布荷载单位：kN/m；按荷载规范采用压型铝板梁式构件的跨度为等跨时，其跨度相差应以不超过15%为前提。

1.4 压型铝板通过固定座上端头部、左右耳边咬合连接，这有利于压型铝板在固定座上随温度变化而自由伸缩，所以固定座不能视为檩条或墙梁的侧向约束，不能成为檩条或墙梁防止侧向失稳的支撑点。

1.5 压型铝板自重很轻，设计计算时通常不考虑地震的影响。

1.6 压型铝板屋面板、墙面板为了防水，宜采用长尺寸，尽量不接长或少接长。跨越多根檩条或墙梁时，通常按连续跨计算内力和变形。

1.7 压型铝板的下翼缘并不直接搁在檩条或墙梁上，而是左右两直立锁边悬挂在固定座的上方，呈上翼缘支承状态，支座反力由固定座承受，所以压型铝板通常可以免除支座处腹板抗剪强度的验算。

1.8 当压型铝板跨度在构造上满足最大跨度要求后，不需要进行施工或检修集中荷载的验算，但为了确保施工安全，要采用铺木板扩散施工荷载的措施。允许最大跨度见《铝板和特种金属板围护结构手册》表1.2.39。

2. 压型铝板结构设计基本规定

2.1 以概率理论为基础的极限状态状态设计方法，采用分项系数设计表达进行计算。压型铝板屋面和墙面系统，包括屋面顶板、墙面外板、起支承作用的檩条和墙架系统及以由下至上或由内至外的层次连接，任何构件、配件、连接件、固定件都应该具有规定的承载能力、刚度、稳定性和变形协调性，应满足承载能力极限状态和正常使用极限状态的要求，分别进行荷载组合，并应取各自的最不利的荷载进行设计，前者采用考虑荷载分项系数组合值中取用最不利的效应设计值，后者取用荷载标准值的不利组合值。

2.2 压型铝板为屋面顶板或墙面外板时，包括其支承的檩条或墙架在内，其结构设计使用年限不应低于50年。

2.3 屋面板或墙面板的支撑钢结构，其设计应遵循现行国家标准：《钢结构设计规范》GB 50017；《铝合金结构设计规范》GB 50429；《冷外薄壁型钢结构技术规程》GB 50018。采用最新版本。（下接图号D26）

1. 荷载分类

1.1 永久荷载，包括压型铝板本身以及各种功能材料层、檩条或墙架等起支承作用的构、配件等在内的各种自重；

1.2 可变荷载，包括屋面活荷载、积灰荷载、雪荷载、风荷载、温度作用等；

1.3 偶然荷载，如踩踏、冰雹、撞击等荷载。

2. 荷载代表值

2.1 永久荷载代表值为标准值；

2.2 可变荷载代表值按设计要求为标准值、组合值、频遇值或准永久值，常采用50年设计基本值。

2.3 偶然荷载如踩踏，代表值为0.8kN（通过5次撞击测试）。

3. 荷载基本组合的效应设计值（S_d），应从下列两组荷载组合中分别取用最不利的效应设计值予以确定：

3.1 从可变荷载控制的效应设计值中取用；

3.2 从永久荷载控制的效应设计值中取用；

3.3 荷载基本组合和标准组合中的效应设计值仅用于荷载与荷载效应为线性的情况。

4. 基本组合的荷载分项系数

4.1 对压型铝板抗弯强度计算时：

自重对结构有利时取1.0，自重对结构不利时 取1.2~1.35雪荷载取 1.4～1.6（压型铝板屋面对雪荷载敏感，应采用100年重现期的雪压）

漂移雪荷载 取1.05

风荷载取1.4（压型铝板屋面及墙面对风荷载敏感，应采用50年以上重现期的风压）

4.2 对锁边咬合和固定座连接强度计算时

风吸力，建议分项系数取1.5

5. 压型铝板荷载效应组合的原则

5.1 压型铝板屋面及墙面系统设计时，要根据使用年限中，结构和构件上可能出现的荷载进行两种状态的荷载效应组合，即按承载能力极限状态（效应）组合和按正常使用极限荷载（效应）组合，前者采用荷载代表值，后者采用荷载标准值，按荷载效应组合公式进行各种工况的组合，并选取可能出现的最不利的荷载组合进行设计，以满足压型铝板的强度、稳定和变形的规定要求。

5.2 任何荷载效应组合中，都要依工程实际情况，考虑结构和构件自重永久性的客观存在，视荷载对结构和构件不利或有利的工况，按设计工程的安全等级、结构重要性、设计使用年限等因素选取不同的相应系数。

5.3 屋面围护构件如压型铝板、钢檩条、天沟及其支撑等构件设计时，要充分考虑这些构件所在屋面的不同部位，有可能遇到局部区域荷载的增加，如：要考虑积灰增大系数；不同屋面部位的不同风载体型系数和积雪分布系数等。为此，大面积或超大面积屋面应分成若干个区域分别进行设计、计算。

5.4 屋面均布活荷载不与雪荷载同时考虑，进行荷载（效应）组合时，取两者中的较大值。

5.5 屋面有积灰荷载时，积灰荷载应与屋面均布活荷载或雪荷载中的较大值同时考虑；当屋面活荷载和积灰荷载组合时，尚应视实际情况考虑雨季天气，可能在积灰屋面上形成积水而增加的重量。

5.6 压型铝板屋面，当施工或维修荷载较大时，应按实际情况采用；当屋面均布活荷载和雪荷载中的最大值小于0.5kN/m²时，要单独考虑施工或维修集中荷载参与组合，对压型铝板，取集中荷载标准值1.0kN，且位于板跨的中央；对檩条或墙梁，应按公式 $\frac{2\times1.0}{\alpha L}$(kN/m²) 换算成檩条或墙梁的均布荷载（式中$\alpha$是檩条或墙梁间距（单位：m）；$L$是檩条或墙梁跨度（单位：m）；施工和检修集中荷载，通常与屋面（或墙面）材料自重、檩条（或墙梁）材料自重同时考虑，而不应与屋面均布活荷载同时考虑。

屋面及墙面荷载计算										
审核	葛连福	葛连福	校对	秦国鹏	秦国鹏	设计	孙 超	孙超	图号	D5

5.7 当压型铝板用作屋面、墙面围护外板时，通常不考虑地震作用；屋面檩条、墙面墙架（含墙梁和墙柱等）是否考虑地震作用，应符合专门的结构或构件的设计规范的规定。当无规定时，视建筑等级、结构重要性、工程使用实际要求、压型铝板跨度是否特别大、上方是否有较大集中荷载等情况，是否要考虑地震作用由设计人员决定。当荷载效应组合时，地震作用不与风荷载同时考虑。

5.8 墙架结构和构件承受的荷载主要有：

5.8.1 竖向荷载：永久荷载有墙面和墙架构件、门窗、平台、雨棚等自重；可变荷载有屋面活荷载以及可能承受的雪、积灰荷载、走道活载、平台检修等可能传到墙架构件中荷载；

5.8.2水平荷载：主要是风荷载，有两个方向即迎风向和背风向；

5.8.3根据墙架构件在竖向荷载和水平荷载的荷载组合共同作用的不利工况下，计算构件强度和稳定，验算其挠度。

6.压型铝板围护结构和构件可能出现的不利典型基本组合工况

6.1 屋面围护结构和构件不考虑地震作用时

6.1.1 当屋面无积灰荷载：

A. 1.2 永久荷载+1.4（均布活荷载/雪荷载）+1.4×0.6风荷载（向下）；

B. 1.2 永久荷载+1.4风荷载（压力）+1.4×0.7（均布活荷载／雪荷载）（向下）；

C. 1.0永久荷载−1.4风荷载（向上）。

6.1.2 当屋面有积灰荷载：

A. 1.2 永久荷载+1.4积灰荷载+1.4×0.6风荷载（压力）+1.4×0.7（均布活荷载／雪荷载）（向下）；

B. 1.0 永久荷载−1.4风荷载（吸力）（向上）。

6.2 墙面围护结构和构件不考虑地震作用时：

A. 1.2 永久荷载（向下）+1.4风荷载（迎风水平压力）

B. 1.2 永久荷载（向下）−1.4风荷载（背风水平吸力）

6.3 基本组合工况设计荷载计算时，主要可变荷载要考虑设计使用年限的调整系数γ_{Lj}按《建筑结构荷载规范》选用。

6.4 经过上述基本组合设计值计算后，屋面板取向下作用和向上作用的两组最不利的效应设计值，墙面板取向室内作用和向室外作用的两组最不利效应设计值，并分别采用设计值和标准值进行两种极限状态的计算或验算，其屋面板和墙面板的各层次传力的连接和固定采用设计值进行强度验算。

7. 压型铝板的温度作用

7.1 在压型铝板同固定座上端头锁边咬合构造设计中要设法做到：板长方向既能随温度升降在固定座上自由伸缩又能在垂直方向通过固定座上端头部传递风揭力，并且防止固定座上端将压型铝板磨穿，并能抵御风吸力将锁边从固定座上端张口、拉脱。

7.2 建筑构造要考虑每1m长的压型铝板会产生1.0mm的伸缩量变化，力求避免对温度伸缩的限制，除非采用吸收变形的有效措施，否则温度应力可能导致压型铝板本身和构造连接焊缝开裂而丧失承受能力和防水功能。

7.3 温度作用

7.3.1 均匀温度变化伸缩量按下式计算：

$$\Delta L=\alpha_T \Delta T_K L \quad \text{(D6-1)}$$

式中：ΔL——温度变化伸缩量（mm）；

α_T——铝合金线膨胀系数，取23×10^{-6}(℃)；

ΔT_K——均匀温度作用标准值(℃)，$\Delta T_K=T_{s,max}-T_{0,min}$（D6-2）

$T_{s,max}$——结构最高平均温度；

$T_{0,min}$——结构最低初始平均温度；

L——板长，以固定点为起点到计算处的长度（mm）。

7.3.2 压型铝板为顶板，声、热材料为中间层，压型钢板为底板的组合式屋面及墙面，要考虑顶板和底板温度伸缩差的影响，温度伸缩差反复出现会造成顶板和底板之间连接件的疲劳破坏，所以应规定明确的温度伸缩差限值，即顶板与底板之间的连接件及构造的实际允许变形值，应大于温度伸缩形成的变形值。

（下接图号D26）

序号	使用条件	计算简图	弯矩M	挠度Δ	支座反力R
1	简支梁 均布荷载	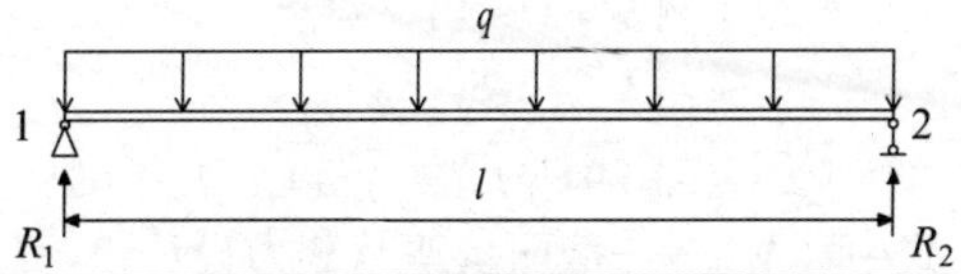 q; 1; 2; l; R_1; R_2	$M=\frac{ql^2}{8}$	$\Delta=\frac{5ql^4}{384EI}$	$R_1=R_2=\frac{ql}{2}$
2	双跨梁 均布荷载	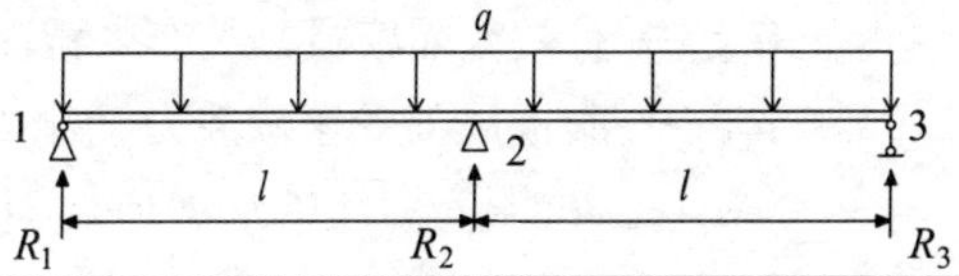 q; 1; 2; 3; l; l; R_1; R_2; R_3	$M_1=0.0703ql^2$ $M_2=-\frac{ql^2}{8}$	$\Delta=\frac{2ql^4}{384EI}$	$R_1=\frac{3ql}{8}$ $R_2=\frac{5ql}{4}$
3	连续梁 均布荷载	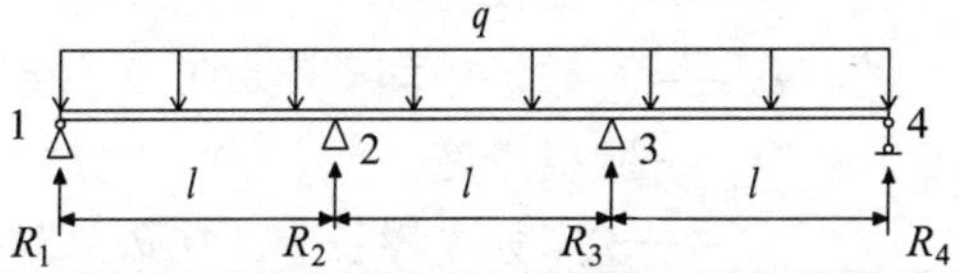 q; 1; 2; 3; 4; l; l; l; R_1; R_2; R_3; R_4	$M_1=0.08ql^2$ $M_2=M_3=-0.107ql^2$	$\Delta=0.00677\frac{ql^4}{EI}$	$R_1=R_4=0.4ql$ $R_2=R_3=1.143ql$
4	简支梁 集中荷载	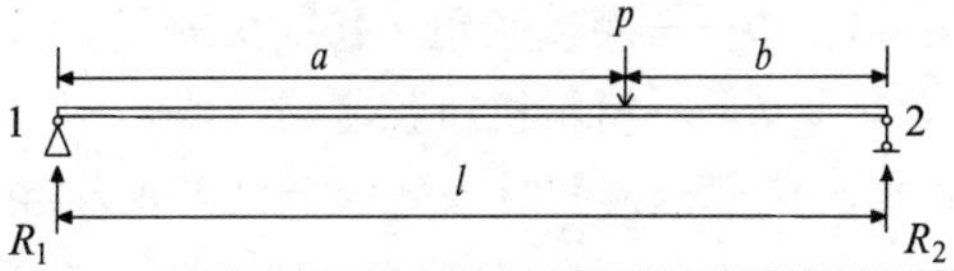 p; a; b; 1; 2; l; R_1; R_2	$M=\frac{Pab}{l}$	$\Delta=\frac{Pb}{9EIl}\sqrt{\frac{(a^2+2ab)^3}{3}}$ ($a>b$时)	$R_1=\frac{Pb}{l}$ $R_2=\frac{Pa}{l}$
5	悬臂梁 均布荷载	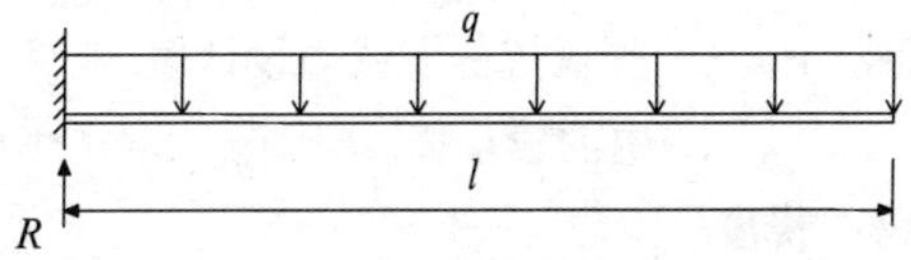 q; l; R	$M=-\frac{ql^2}{2}$	$\Delta=\frac{ql^4}{8EI}$	$R=ql$
6	悬臂梁局部 均布荷载	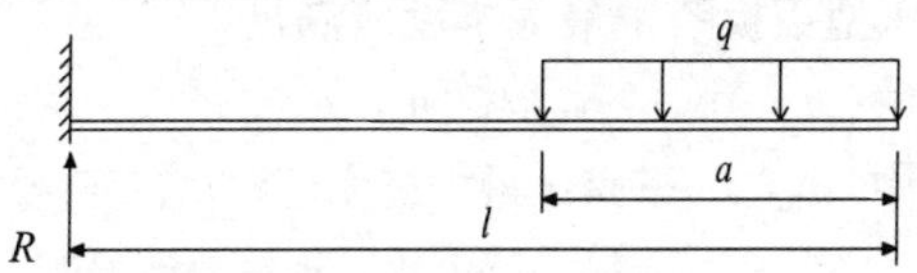 q; a; l; R	$M=-qa\left(l-\frac{a}{2}\right)$	$\Delta=\frac{q}{EI}\left(\frac{a^4}{24}-\frac{a^2l^2}{4}+\frac{al^3}{3}\right)$	$R=qa$
7	悬臂梁梁端 集中荷载	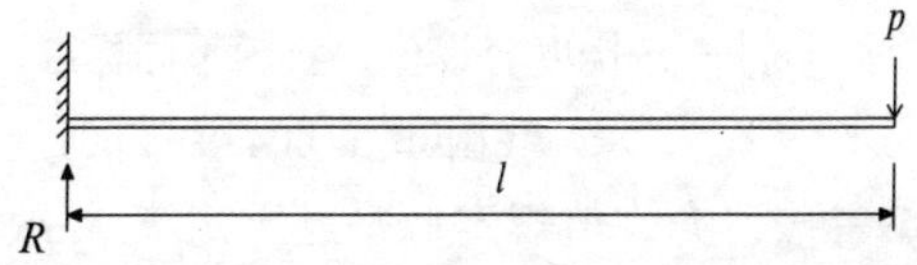 p; l; R	$M=-Pl$	$\Delta=\frac{Pl^3}{3EI}$	$R=P$

注：1. M—弯矩，+为下翼缘受拉，-为下翼缘受压；R—支座反力，同q、P作用方向相反；
Δ—跨中最大挠度（序号1~4）或板端最大挠度（序号5~7），向下变形；
2. q—均布荷载；P—集中荷载(均向下作用)；l—跨度或悬臂长度。

压型铝板受弯内力和挠度计算公式

审核	葛连福	[signature]	校对	秦国鹏	[signature]	设计	孙 超	[signature]	图号	D7

1. 压型铝板计算

1.1强度

1.1.1压型铝板上承受施工或检修集中荷载F时，将集中荷载折算成沿板宽方向的均布线荷载q_{re}，按单个波距的有效截面的受弯构件计算，q_{re}计算如下： $q_{re}=\eta \frac{F}{B}$ (D8-1)

式中：F——集中荷载；

B——压型铝板有效宽度，即波距；

η——折减系数，由试验确定，无试验依据时，可取η=0.5

1.1.2 压型铝板取一个波距或1m宽度的有效截面，视固定座为铰支座的单跨、双跨、多跨连续梁式构件进行强度计算，公式为：

$$M/M_u \leqslant 1 \quad \text{(D8-2)}$$

式中 M—— 截面承受的最大弯矩，按如下计算简图求得；

M_u—— 截面抗弯承载力设计值，$M_u=W_e f$；

W_e—— 有效截面模量，按有效截面的计算方法算得；

f—— 材料抗弯强度设计值。

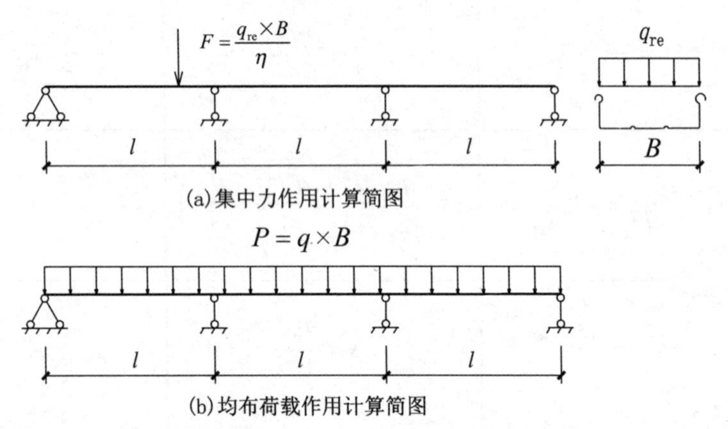

(a)集中力作用计算简图

(b)均布荷载作用计算简图

上图中：q—均布荷载（kN/㎡），F—集中荷载（kN），P—均布线荷载（kN/m）

1.1.3 压型铝板同时承受弯矩M和支座反力R的截面，应满足下式：

$$\begin{cases} M/M_u \leqslant 1 \\ R/R_w \leqslant 1 \\ 0.94(M/M_u)^2+(R/R_w)^2 \leqslant 1 \end{cases} \quad \text{(D8-3)}$$

式中 M_u——截面抗弯承载力设计值，$M_u=W_e f$；

W_e——有效截面模量，按有效截面的计算方法算得；

R_w——腹板局部受压承载力设计值，按下式计算：

$$R_w=\alpha t^2\sqrt{fE}\left(0.5+\sqrt{0.02l_c/t}\right)\left[2.4+\left(\theta/90\right)^2\right] \quad \text{(D8-4)}$$

式中 R——支座反力；

α——系数，中间支座取0.12，端部支座取0.06；

t——腹板厚度；

l_c——支座处支撑长度，10mm < l_c <200mm,端支座取10mm；

θ——腹板倾角（45°≤θ≤90°）；

f——材料抗压强度设计值。

1.1.4 压型铝板同时承受弯矩M和剪力V的截面，应满足下式：

$$(M/M_u)^2+(V/V_u)^2 \leqslant 1 \quad \text{(D8-5)}$$

式中 V_u——腹板抗剪承载力设计值.取$(ht\cdot\sin\theta)\tau_{cr}$或$(ht\cdot\sin\theta)f_v$中的较小值，$\tau_{cr}$应按（D9-7-1）公式计算。

1.2 跨中挠度

压型铝板跨中最大挠度应满足下式：

$$\upsilon_{max} \leqslant [\upsilon_r] \quad \text{(D8-6)}$$

式中 υ_{max}——跨中最大挠度，当为均布荷载时，可分别按简支单跨梁、双跨梁、连续梁图号D7所列挠度Δ公式计算；

$[\upsilon_r]$——挠度容许值，我国不同标准、不同工程具有不同要求，我国GB/T 50429—2007规定$[\upsilon_r]=l/180$，l为跨度。

（编者按：允许值规定似乎过于笼统，并缺风揭作用的变形要求。）

我国标准 压型铝板设计计算公式和规定

审核	葛连福	葛连福	校对	秦国鹏	秦国鹏	设计	孙 超	孙超	图号	D8

1.3 稳定

压型铝板腹板的剪切屈曲应满足下式：

$$\text{当}\ h/t \leqslant \frac{875}{f_{0.2}}\ \text{时，}\begin{cases}\tau \leqslant \tau_{cr} = \dfrac{320}{h/t}\sqrt{f_{0.2}} \\ \tau \leqslant f_v\end{cases} \quad (D9-1)$$

$$\text{当}\ h/t \geqslant \frac{875}{f_{0.2}}\ \text{时，}\tau \leqslant \tau_{cr} = \frac{280000}{(h/t)^2} \quad (D9-2)$$

式中 τ——腹板平均剪应力（N/mm²）；

τ_{cr}——腹板的剪切屈曲临界应力；

f_v——抗剪强度设计值；

$f_{0.2}$——名义屈服强度，即规定非比例伸长应力；

h/t——腹板高厚比

2.固定座受拉、受压强度

2.1 固定座受拉强度应满足下式：

$$\frac{R_1}{A_{en}} \leqslant f_{拉} \quad (D9-3)$$

式中 R_1——固定座所受拉力；

A_{en}——固定座立板有效净面积$A_{en}=t_1 l_s$，（t_1为立板最小厚度，l_s为立板长度）；

$f_{拉}$——固定座材料抗拉强度设计值.

2.2 固定座受压强度，应满足下式：

$$\frac{R_a}{\varphi A} \leqslant f_{压} \quad (D9-4)$$

式中 R_a——固定座所受压力；

A——固定座立板毛截面面积，$A=tL_s$（$t=\dfrac{t_1+t_2}{2}$，t_1、t_2分别为立板最小或最大厚度）；

φ——轴心受压构件稳定系数，应按长细比和强度标准值$f_{0.2}$按GB 50429—2007附录B取用，H为固定座立板高度；

$f_{压}$——固定座材料抗压强度设计值。

3.抗风揭强度计算，风吸力作用大、小耳边和固定座上端头咬合抗拉脱强度应满足下式：

$$N_1 \leqslant [N_1] \quad (D9-5)$$

式中 N_1——风吸力在咬合处产生的拉力，$N_\tau=(1.4w_k-1.0q_k)Bl$；

w_k——风吸力标准值，按《建筑结构荷载规范》计算或风洞试验结果分别按不同区域取值；

q_k——压型铝板自重；

B——有效宽度；

l——压型铝板跨；

$[N_1]$——咬合强度的允许拉力，$[N_1]=\dfrac{N_{试}}{1.2\sim1.5}$；

$N_{试}$——咬合抗拉脱力试验实测平均值。

4.其他计算：固定座底板同冷弯薄壁型钢等檩条、墙架等钢构件连接、固定时，或固定座底板同压型钢板底板或内墙板连接时，或固定座底板同帽形支架、衬檩、次檩等过渡件连接时，均应按《冷弯薄壁型钢技术规程》条文6.1.7规定，按不同的固定方式和不同固定件进行连接、抗拉、抗剪等强度验算，应分别满足垂直向下荷载和抗风吸力向上荷载双向受力及剪力的强度要求。连接、固定计算也可参照欧洲、日本标准进行。

5.上述1和2.2引自《铝合金结构设计规范》GB 50429—2007;上述4引自《冷弯薄壁型钢结构技术规范》GB 50018—2002；上述2.1和3是本图集提出需要增加的设计计算内容，以确保压型铝板抗风揭强度。

6.编者按：式D8-2和式（D8-3）中规定$M_u=W_e f$，压型铝板抗弯试验表明f达不到抗弯强度设计值，就因翼缘局部屈曲而丧失抵抗弯矩的能力，所以有的国家早期标准(允许应力法)曾取f的限值为$f_{钢}$=140N/mm²，$f_{铝}$=90N/mm²。

(续)我国标准 压型铝板设计计算公式和规定

审核	葛连福	葛连福	校对	秦国鹏	秦国鹏	设计	孙 超	孙超	图号	D9

1. 压型铝板抗弯、抗支座反力强度计算

按单块板宽度B或1m宽度计算边跨跨中、中间支座弯矩和边跨、中间支座反力，考虑荷载向下和向上的不同作用，均应符合下式要求：

1.1 边跨跨中承受弯矩M_1： $M_1 \leqslant \frac{M_{F,K}}{\gamma_m}$ (D10-1)

1.2 边跨支座承受反力R_1： $R_1 \leqslant \frac{R_{A,K}}{\gamma_m}$ (D10-2)

1.3 中间支座弯矩M_2： $M_2 \leqslant \frac{M_{ax}M_{B,K}}{\gamma_m}$ (D10-3)

1.4 中间支座反力R_2： $R_2 \leqslant \frac{M_{ax}R_{B,K}}{\gamma_m}$ (D10-4)

1.5 同时承受弯矩M和支座反力R的截面：

$$M/M^0_{B,K}+R/R^0_{B,K} \leqslant 1$$ (D10-5)

式中 γ_m——材料强度系数，取γ_m=1.1；

M_1——边跨跨中承受弯矩（kN·m/m）；

R_1——边跨支座承受反力（kN/m）；

$M_{F,K}$——跨中允许弯矩（kN·m/m）；

$R_{A,K}$——端支座允许反力（kN/m）；

M_2——中间支座弯矩（kN·m/m）；

R_2——中间支座反力（kN/m）；

不同板型、不同厚度、不同荷载方向压型铝板的$M_{ax}M_{B,K}$,$M_{ax}R_{B,K}$，$M^0_{B,K}$，$R^0_{B,K}$的含义以及数值可从压型铝板截面参数表查找，即见图号D21~D26。

2. 压型铝板挠度计算

跨中最大挠度应满足式：$\upsilon_{max} \leqslant [\upsilon_T]$ (D10-6)

式中 υ_{max}——跨中最大挠度。当为均布荷载时，分别按简支单跨梁、双跨梁、连续梁挠度计算公式计算，公式中的惯性矩依板型、板厚、荷载方向不同，可查压型铝板截面参数表；

$[\upsilon_T]$——允许挠度。按下表取值：

压型铝板挠度容许值

序号	荷载状况	挠度与跨度比值	
		屋面板	墙面板
1	永久荷载	L/500	—
2	永久荷载+可变荷载	L/200	—
3	永久荷载+风荷载	L/90	L/120
4	漂移积雪荷载	不受限制	—

注：1. 计算时取荷载标准值；
2. L为跨度，当压型铝板悬挑时取悬挑长度2倍；
3. 在满足序号2之后，单独考虑漂移积雪荷载时，挠度才不受限制。

3. 温度变形计算：$\Delta L=\alpha \cdot \Delta t \cdot L$ (D10-7)

式中 ΔL——温度升降引起的压型铝板长方向伸缩值（mm）

α——铝板线膨胀系数，$\alpha=23\times10^{-6}$（mm/℃·m）

Δt——可能发生最大温度差（℃）

L——压型铝板板长（m）

温度升降引起的伸缩值ΔL应满足式：$\Delta L \leqslant [\Delta L]$ (D10-8)

式中 $[\Delta L]$——允许最大变形值（mm）。该值在构造设计或双层压型金属板屋面连接件设计时，应予以考虑，且同压型铝板涂层颜色有关，外表颜色不同其变形伸缩值可参见下表：

序号	涂层颜色	大约温度℃	每m板长伸缩值
1	亚光、光滑铝本色	40~50	1.0
2	浅色	40~50	1.0~1.5
3	深灰色	20~80	1.5~2.0

欧洲标准 压型铝板设计计算公式和规定

审核	葛连福	葛连福	校对	秦国鹏	秦国鹏	设计	孙 超	孙超	图号	D10

4. 固定座受拉、受压强度

4.1 固定座受拉时，应满足要求：$N \leqslant [N]/\gamma_m$； (D11-1)

固定座受压时，应满足要求：$-N \leqslant [-N]/\gamma_m$； (D11-2)

式中 N——每个固定座受到的拉力（向上）（kN）；

$-N$——每个固定座受到的压力（向下）（-kN）；

$[N]$、$[-N]$——不同型号固定座允许承受的拉力（向上）和压力（向下）（kN），可参考下表所列；

γ_m——材料强度系数，受拉时取1.33，受压时取1.1。

固定座允许承受拉力$[N]$（向上）　单位:kN

板厚(mm)	H/B板型·H=65	H/B板型·H=50	AF/65板型·H65
0.7	2.60	2.10	1.55
0.8	3.40	2.75	2.00
0.9	5.05	3.80	2.95
1.0	6.65	4.85	3.95
1.2	8.55	5.25	4.80
γ_m=1.33			

固定座允许承受压力$[-N]$（向下）　单位:kN

固定座型号	压　力	固定座型号	压　力
L20	5.89	L110	4.98
L25	5.89	L120	4.65
L50	5.89	L130	4.27
L60	5.87	L140	3.84
L80	5.67	L150	3.36
L90	5.49	L190	1.10
L100	5.26	γ_m=1.1	

注：1. 上表固定座牌号6061-T6；当采用其他牌号，$[N]$、$[-N]$无法确定时，可经受拉和受压荷载试验的结果平均值除以1.5~2.0系数；

2. 当层面坡度较大时，即应考虑垂直和平行固定座底板的两个方向产生合力的不利作用，并以此来验算固定座本身强度和固定用自攻螺钉的抗拔强度。

5. 固定座同冷弯薄壁型钢檩条、帽形件等薄板金属件连接、固定时，应进行验算：

5.1 当固定座底板同冷弯薄壁型钢檩条连接时，自攻螺钉所受拉力应不大于按下式计算的抗拉承载力设计值N_t^f：可用下式计算：

$$N_t^f=0.75t_c df \quad \text{(D11-3)}$$

式中 d——自攻螺钉直径（mm）；

t_c——钉杆圆柱状螺纹部分钻入檩条等构配件中深度或钻透薄壁冷弯金属件厚度（mm），宜大于0.9mm；

f——连接、固定基材的抗拉强度设计值（N/mm²）。

5.2 当固定座底板同压型金属板、薄板帽形件等薄板金属件连接时，自攻螺钉或射钉抗拉力设计值N_t^f按下式计算：

当只受静荷载时：$N_t^f=17tf$ (D11-4)

当受含有风荷载的组合荷载作用时：$N_t^f=8.5tf$ (D11-5)

式中 N_t^f——一颗自攻钉或射钉的抗拉承载力设计值（N）；

t——紧靠钉头侧的薄板厚度（mm），$0.5 \leqslant t \leqslant 1.5$；

f——被连接钢板的抗拉强度设计值（N/mm²）。

计算N_t^f时，因固定座底及自攻螺钉位于压型金属板波谷底部的不同部位，其值应乘以折减系数，当自攻螺钉位于中央时，不进行折减；当自攻螺钉位于一个四分点时，折减系数为0.9；当自攻螺钉位于两个四分点均连接时，折减系数为0.7。

5.3 当屋面坡度较大时，也应考虑拉力和顺坡力构成的合力P_1作用，详见《铝板和特种金属板围护结构手册》P112、P113。

(续)欧洲标准 压型铝板设计计算公式和规定

审核	葛连福	[签名]	校对	秦国鹏	[签名]	设计	孙　超	[签名]	图号	D11

1. 日本《钢板制屋面构法标准》SSR 2007有关设计规定

1.1 设计概要

1.1.1 对象

以搭接型、咬合型、卡扣型压型金属板为设计对象

1.1.2 设计方法

压型金属板屋面的设计可采用通常法和简便法中的任意一种方法，当采用简便方法时，必须满足以下条件：

(1)通常部位的压型金属板的跨度应小于波高的25倍；

(2)悬挑部位压型金属板的悬挑长度应小于波高的5倍；

(3)固定支架与檩条的连接方法应同JIS A 6514-1995《屋面用压型金属板》规定的固定支架承载力试验所用试件的连接方法是一致的，也可用同等或更强承载能力的其他连接方法。

1.2 材料

1.2.1 压型金属板

(1)压型金属板采用JIS A 6514-1995规定的金属薄板经辊压冷弯机加工成型，也可采用JIS A 6514-1995规定的同样或以上的更好性能的其他金属薄板。

(2)压型金属板应该具有能满足建设地点环境介质作用的耐久性。

1.2.2 连接和增强用零配件

(1)连接和增强用零配件见表2.2.11详列。

(2)连接和增强用零配件所用材料见表2.2.12详列，也可采用同等或性能更好的其他材料。

(3)连接零配件应符合JIS A 6514所规定的系统零配件，同时应符合JIS A 6514的5.1条、5.4条以及8.2条规定的质量要求。

(4)当固定支架处支承机械、设备等重物时，其固定螺栓、螺帽所用材料的力学性能应分别符合JIS B1051《碳素钢及合金钢制固定件力学性能》中强度等级4.8以上和JIS B 1052《钢制螺帽的力学性能》中强度等级4以上的材料。

(5)双层压型金属板之间用金属件应通过4.2.3节规定的承载能力试验来确定其连接强度。

1.3 允许承载力

1.3.1 压型金属板的允许弯矩和截面性能

(1)压型金属板单位宽度的允许弯矩按下式计算：

$$M_a=0.125ql_0^2 \tag{2.3.1}$$

式中 M_a——压型金属板单位宽度的允许弯矩（N·m/m)；

q——JIS A 6514《屋面用压型金属板》按承载力试验结果进行分级确定的受弯承载荷载（N/m²)；

l_0——压型金属板跨度，试验时跨度$l_0=25B$（B为波高）。

当按JIS A 6514规定进行受弯承载力试验，并取得最大弯矩值时，M_a也可按下式计算：

$$M_a=0.5M_mC_M \tag{2.3.2}$$

式中 M_m——按JIS A 6514规定的受弯承载力试验测得最大荷载值对应压型金属板单位宽度的弯矩值（N·m/m)；

C_M——调整系数（通常情况下取$C_M=0.75$）。

(2)压型金属板的截面惯性矩等几何参数，应按JIS A 6514规定的受弯承载力试验结果，并经计算整理取得。

1.3.2 连接允许承载力

压型金属板与檩条之间连接，涉及所有连接件以及连接用螺栓、焊接等方法的允许承载力计算时，应根据其连接、受力的实际情况，根据4.2节所规定的试验结果，按4.3节进行承载力评判，此外尚须符合连接构造和计算的相关规定。

日本标准 压型铝板设计计算公式和规定									
审核	葛连福	葛连福	校对	秦国鹏	秦国鹏	设计	孙 超	孙超	图号 D12

1.4 截面设计

1.4.1 设计要求

(1)按通常法设计时，在荷载不利组合设计值作用下，压型金属板各截面所承受弯矩，不应大于前面1.3.1所规定的允许弯矩，并且跨中最大挠度不得超过跨度的1/300（悬臂板板端挠度不得超过悬臂长度的1/200)。

(2)按简便法设计时，只需按2.4.2第（2）项及2.4.3第（2）项规定选择压型金属板（不同跨度对应的允许承受荷载)。

(3)压型金属板板型和截面尺寸选择时，应该同板型配套的零配件共同选定。

(4)压型金属板原则上，不考虑承受横断面的侧向水平力和承受固定支架位置之外的局部集中力作用。

1.4.2 通常部位压型金属板

(1)通常部位压型金属板的抗弯强度和挠度计算时，视固定支架在檩条上的位置为支座，按梁式构件计算，支座之间的距离即为板的跨度。

(2)简便法计算时，压型金属板允许承受荷载w(N/m²)，同跨度有关，但不应超过表2.4.1的规定，并以此代替上面1.3.1(1)的计算。

表2.4.1 通常部位板的允许承受荷载

跨度（$\times l_0$）	允许承受荷载（$\times q$）
≥0.9，<1.0	1.00
≥0.8，<0.9	1.12
≥0.7，<0.8	1.25
≥0.6，<0.7	1.43
≥0.5，<0.7	1.67
<0.5	2.00

注：l_0=25×H(波高)（m）；

q——根据JIS A6514规定进行受弯强度试验结果，获得允许承受荷载分级相对应的受弯承受均布荷载（N/m²）。

1.4.3 檐口部位压型金属板

(1)檐口部位压型金属板按根部为固定座的悬臂梁计算，板端至固定支座的距离为悬臂长度(l_0)。

(2)简便法计算时，压型金属板允许承受荷载 w(N/m²) 同悬臂长度有关，但不应超过表2.4.3的规定，以此代替上面1.3.1(1)的计算。

表2.4.3 檐口部位板的允许承受荷载

跨度（$\times l_0$）	允许承受荷载（$\times q$）
≥0.15，<0.2	1.78
≥0.10，<0.15	1.92
≥0.05，<0.10	2.08
<0.05	2.27

注：l=25×H(波高)（m）；

q——根据JIS A6514规定进行受弯强度试验结果，获得允许承受荷载分级相应的受弯承受均布荷载（N/m²）。

(3)压型铝板上如设雨水孔，原则上不能设在悬臂板固定端附近位置。

1.4.4 山墙

(1)靠山墙最端部的压型金属板下方应设沿屋面向上斜向一致的山墙檩条，檩条上方每隔≤1000mm位置设一排支承山墙最端部板外侧的固定支架。

(2)如不按(1)设端部固定支架时，在压型金属板上方每隔≤1000mm设置防止断面变形悬吊角钢，角钢长度要大于3个波距以上宽度。

(3)当山墙处压型金属板悬挑出山墙外墙面时，板下的檩条也要跟着悬挑出山墙墙面的外边,成为带悬臂段的檩条。

(4)设计计算山墙部位压型金属板的弯矩、挠度时，压型金属板视为以山墙檩条或悬吊角钢为支点的梁式构件（下方设有固定支架或上方设有悬吊角钢）。

(5)用简便法设计时，压型金属板的允许承受荷载w(N/m²)不超过表1.4.1的规定时，就不需要进行上面（4）的计算。

1.5 连接

1.5.1 压型金属板之间的相互连接

(1)压型金属板沿长度方向原则上不设接长的接头。

(2)压型金属板之间的连接方式有以下三种：

①搭接型：连接螺栓的直径大于M8，间距为≤60cm;

②咬合型：经辊压冷弯成型加工的压型金属板横截面形状要适合左、右耳边咬合，并通过使用手动或电动工具将左右两耳边经弯折后锁边、咬合在一起。供应商应提供相应的规格、品种、性能和咬合施工工艺等;

③卡扣型：左、右两块压型金属相互卡扣或加盖特制卡扣板条，并通过专用连接件同固定支架相连接、相固定。

1.5.2 压型金属板固定支架的连接

(1)压型金属板在每个波峰处用固定螺栓或其他金属固定件，将压型金属板固定在固定支架上方。

(2)压型金属板和固定支架的材质、规格、品种、性能应符合JIS A 6514的规定。

(3)应确保连接处所受的荷载在该处产生的外力不超过该处的允许承载力。

1.5.3 固定支架同檩条的连接

(1)固定支架一定要同檩条牢固连接。

(2)固定支架同檩条的连接通常采用围焊缝焊接。

(3)焊缝所受外力不得超过焊缝允许承载力。

1.5.4 含保温、隔热层的双层压型金属板之间金属件的连接

(1)双层压型金属板组合（含保温、隔热层）顶板与底板之间金属件的连接，因连接方式不同而有以下3种做法：

①搭接型构造:金属件与底部固定螺栓的连接采用同搭接相匹配的专用螺栓，并拧紧固定。

②咬合型构造:金属件与底板咬合边的连接采用同咬合构造相匹配的专用连接件，并拧紧固定。

③卡扣型构造：金属件与底板卡扣件的连接采用同卡扣相匹配的专用连接件，并拧紧固定。

(2)连接处所受外力，不得超过连接允许承受力。

1.6 双层压型金属板之间的温度伸缩差

1.6.1 具有保温（或隔热）功能的组合式双层压型金属板屋面，在阳光照射强弱和气温升降变化时，上、下压型金属板各自的伸缩量不同，会产生较大的差距，使上、下压型金属板之间的连接件遭受水平方向温度伸、缩差所产生剪力的反复疲劳作用，天长日久，连接件也会因疲劳作用而损坏。因此需要按下面1.6.2所示的计算方法控制设计滑移尺寸。

1.6.2 上、下压型金属板之间的设计滑移尺寸L应符合式(2.6.1)的要求：

$$L \leqslant L_{\max} = \frac{2\lambda}{\alpha T} \tag{2.6.1}$$

式中 $L_{\max}$——压型金属板之间最大滑移尺寸（m）；

λ——上、下压型金属板水平方向的允许伸缩差（m），可取SSR 2007的4.6节的试验结果，并按4.7节的评估方法求得；

(续)日本标准 压型铝板设计计算公式和规定

审核	葛连福	[签名]	校对	秦国鹏	[签名]	设计	孙 超	[签名]	图号	D14

α——压型金属板选用材料的线膨胀系数（以每℃计）；

T——按工程所在地的气温实际情况确定的上下层压型金属板的温度差值。

2. 压型金属板截面惯性矩

从JIS A 6514—1997受弯试验结果经整理、计算取得，根据受弯试验所得数据绘制荷载—挠度曲线图，在曲线图上标出L/300对应的A点以及$P_{max}/2$对应的B点，两点与直角坐标荷载轴和挠度轴垂直相连，得a_x和b_y，并按下式求得截面惯性矩I：

$$I=0.00845\alpha L^3(\mathrm{cm}^4)$$

$$\alpha=\frac{a_y}{a_x}\text{或}\alpha=\frac{b_y}{b_x};$$

L—跨度（m）

根据受弯试验数据绘制截面应变分布图，在分布图上确定与A点和B点所对的应变分布线，应变分布斜线通过0线的点为中和轴通过的点，至上翼缘距离为a，至下翼缘距离为b，用惯性矩I分别除以a和b求截面系数$w_上$和$w_下$，单位为cm³，即 $w_上=\dfrac{I}{a}$，$w_下=\dfrac{I}{b}$。

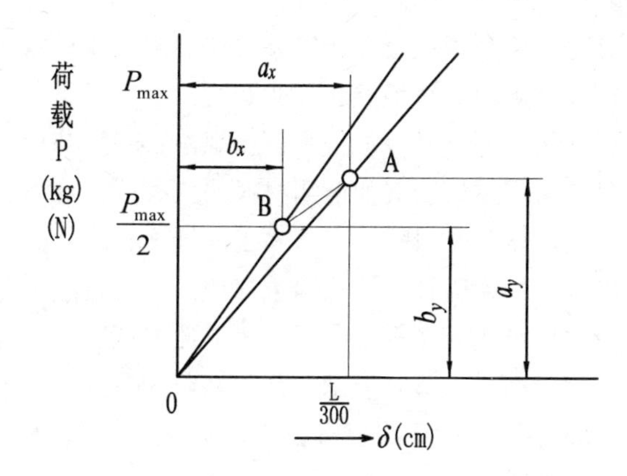

荷载—挠度曲线图（荷载向下）

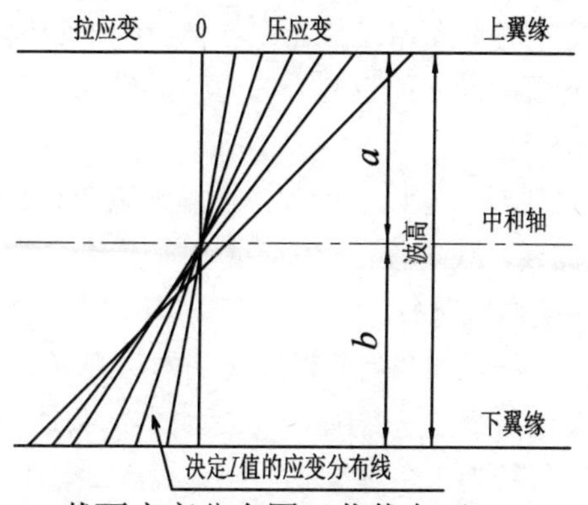

截面应变分布图（荷载向下）

3.《屋面用压型金属板》JIS A 6514-1995的主要内容有：适用范围；术语定义；各部位名称；种类和标记；质量；构造和加工；组成屋面的构件、部件尺寸规定及允许偏差；材料；试验方法；检验；产品标记方法；标识；使用注意事项等13项内容。

4. SSR 2007中《压型金属板抗风揭性能试验》

（1）适用范围

以下规定的试件、试验方法以及试验数据记录，适用压型金属板在压力箱内进行抗风揭性能的检测试验。同样也适用于平铺式金属板屋面的试验。

（2）试件

试件的宽度要在5个波距（或5倍有效宽度）以上，试件的长度要满足单跨或双跨的要求，并按工程实际的施工方法进行制作和安装。试件支座间的距离（即压型金属板跨度），原则上采用工程实际采用的距离，也可采用压型金属板波高的25倍。

安装在压力箱内的试件与压力箱接触部位要做到缝隙处不漏气，

安装、固定试件时不应造成压型金属板和组装试件的扭曲和弯曲，试件端部同压力箱之间也应采取适当的措施加强和防止漏气。

（3）试验方法

按图4.4.1所示，即以下所列方法施加风荷载：i）是基本试验方法，并视需要，还可按ii）进行试验，还可进一步按iii）进行试验。

i）单向施加风荷载

在进行适当预加载后，以建筑基本法规规定的设计风荷载作为试验最大风荷载，从0开始，以适宜的加载速度分次施加风载，达到设计风载为止，每次施加风荷载后，保持恒载时间$t \geq 60$秒。

ii）往复施加风荷载

以建筑基本法规规定的设计风荷载作为试验最大风荷载，按预先设定好的往复荷载次数，多次往复从0开始分2~3级加载到设计风荷载，通常往复160次后，观察是否能保持恒载时间$t \geq 60$秒。

iii）单向施加风荷载，直至破坏

从0开始，以适宜的加载速度分级施加风荷载，直至试件破坏、丧失承载能力为止。每次施加风荷载后，应能保持恒载时间$t \geq 60$秒才视为承载有效。

（4）试验记录

采用（3）中所列的三种试验加载方法，分别记录下列试验数据和构件状况：

i）单向施加风荷载

○ 对应各级施加风荷载值记录各测点的挠度；

○ 施加风荷载过程中，观察和记录试件各部位的变形状况；

○ 卸载后记录各测点的残余变形。

ii）往复施加荷载

○ 往复施加风荷载过程中，观察和记录试件各部位的变形状况；

○ 卸载后，记录各测点的残余变形。

iii）单向施加风荷载到破坏

○ 试件破坏，记录丧失承载能力时的破坏风荷载前一级荷载值；

○ 试件破坏后，观察和记录各部位的变形、受损状况。

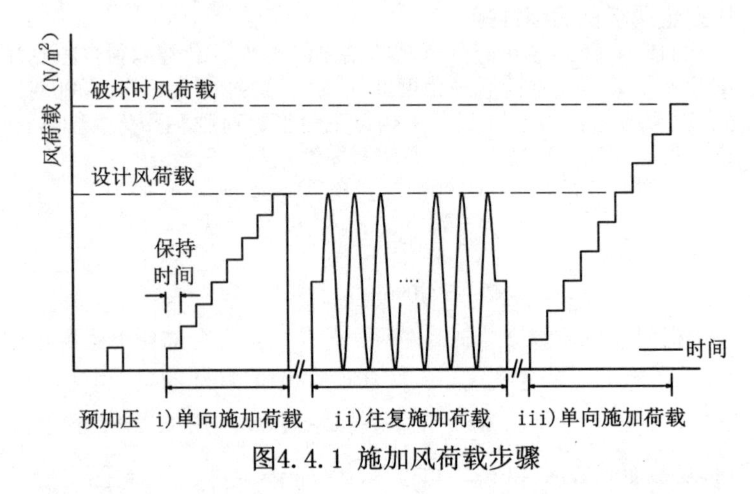

图4.4.1 施加风荷载步骤

5. 编制说明

5.1 日本标准 压型铝板设计计算公式和规定摘译自以下标准译稿：

(1)《钢板制屋根構法标准》（SSR2007）

(2)《屋面用压型金属板》日本工业规格JIS A 6514—1995，该标准已将压型钢板和其他金属材料的压型板合称为压型金属板。

(3)《屋面用压型金属板》（日本工业规格JIS A 6514—1977）该标准规定的截面惯性矩试验求值法，一直延续至今。

(4)按日本标准进行压型金属板抗风揭性能试验，首先能检验压型金属板能否满足设计要求，其次能获知有多大的安全储备。

5.2 为方便对照，上面所载表格和公式编号同原日本标准（SSR2007）中保持一致。

(续)日本标准 压型铝板设计计算公式和规定									
审核	葛连福	[signature]	校对	秦国鹏	[signature]	设计	孙 超	[signature]	图号 D16

1. 压型铝板外形要具有同屋面及墙面外部形状的适应性。经剪切、辊压冷弯成型、弯弧、褶皱等加工成型后，获得平直板、正弯弧形板、反弯弧形板，平直扇形板、正弯扇形板、反弯扇形板等多种不同外形的压型铝板，适用于近平面、斜平面、单曲面、双曲面、球面、椭圆球面、锥面等外形的屋面及墙面。平直板仅能绕水平轴弯曲成弧，不能绕垂直轴侧向弯曲成弧，更不能加工成绕两轴成弧，呈又弯又扭的压型铝板，说明压型铝板虽有对较多外部形状屋面及墙面的适应能力，但不能任意变形如裁剪幕材一样进行铺设。

2. 铝合金板牌号选择时，要同建筑使用年限相协调，当屋面及墙面使用年限≥40年时，宜采用铝镁合金板（5×××系列），当屋面及墙面使用年限在20~40年时，宜采用铝锰合金板（3×××）系列。状态为H42~H48，板厚：屋面板t≥0.9，墙面板t≥0.6，吊顶板和内墙面板t≥0.5，实际选用中，板厚有逐渐增加的趋势。

3. 压型铝板适用屋面坡度i=5~100%，通常采用：i≥5%，不得i≤3%，当i=3~5%时，要采取防止雨水渗漏的专业性措施。

4. 压型铝板选用跨度L应符合要求：$L \leq L_{max}$。L_{max}是最大跨度，最大跨度限制目的是从构造上确保施工安装、正常维护过程中的安全性，可参照《铝板和特种金属板围护结构手册》（以下简称手册）表1.2.39。常用板型的实际使用跨度，因视荷载大小而定，通常为L=750~1500，当面积很大时，视屋面及墙面对风荷载敏感度不同即体形系数不同而分成3~4个不同区域，分别进行不同跨度的布置，以适应不同的荷载要求，特别要适应抗风揭的要求。

5. 固定座材料牌号6061-T6，上部端头形状要有利于同左、右板的大、小耳边在此咬合紧密而抗风吸力，防止拉脱，应视屋面及墙面的不同外形进行分区域配置，布置方式有对角线布置、垂直布置、环向布置等多种方式。固定座在板长和板宽方向的间距同抗风揭力有关，在檐口、山墙、屋脊、高低跨、角部、山墙转角等风荷载敏感区域，在檩条间距减小的同时，固定座也随之适当加密。当固定座固定在钢或铝檩条、墙架上时，底板下面设隔热垫，以防冷（热）桥的形成。固定用不锈钢自攻螺钉的直径级数≥12（4.87mm），其数量不得少于2颗，并经抗风揭强度验算保证有≥1.5的安全系数。固定座的固定方法，可参照手册表1.2.40。固定座上端梅花头的方向要顺着小耳边的内沟槽排列，防止温度伸缩将小耳边磨穿。

6. 固定点位置的设定决定了压型铝板伸缩方向，可参照手册表1.2.43选择。固定点的固定方式可从5种固定连接方式中选择，可参照手册图1.2.59和表1.2.44加以选择。

7. 固定座上部端头同左、右板的大、小耳边咬合应确保在风吸力作用下具有相当的咬合抗拉脱强度，在构造上要满足本图集A14咬合尺寸要求。大力创新，如采用不锈钢滑移固定座可参考A17。

当试验结果表明该处咬合无法满足抗风揭强度时，宜增加固定座长度、增设在固定座或附近处的抗风夹或固定座之间的加强、连接夹，但抗风夹或加强、连接夹不应限制压型铝板的自由伸缩，为此在构造上要考虑夹子下方的开口尺寸约为6±0.5mm（需按实际构造尺寸而定），努力做到上下夹住而左右不夹死。

8. 屋面及墙面的檩条及墙架梁、柱其钢材牌号应采用符合国家标准规定的Q235钢Q345钢等，其厚度应遵守其最小厚度的规定，可参照手册表1.2.41选用。

9. 屋面及墙面各部位的建筑节点构造设计中的细部尺寸，均需考虑温度变化引起压型铝板、形状不一的异形板等金属板配件的不同伸缩量。对压型铝板而言，要考虑到在板长方向均需有1mm/m的伸缩量，在构造设计中应考虑采用适应最大伸缩量的构造措施，做到既能确保随温度伸缩，又固定牢固。

压型铝板屋面及墙面构造设计											
审核	葛连福	[签名]	校对	秦国鹏	[签名]	设计	孙　超	[签名]	图号	D17

10. 凡采用松散材料做保温（隔热）层的压型铝板组合屋面及墙面均应设置隔汽（防潮）层，以防屋面板下侧或墙板内侧形成冷凝水。隔汽（防潮）层可选用塑料薄膜、薄型防水卷材、热拔（PARSEC THERMO-BRITE）隔热保温防潮箔等，并在施工时做到连续性、封闭性，且位于保温（隔热）层下方或内侧。

凡是要求保温（隔热）层水分挥发、保持热工性能具有“呼吸”功能的屋面及墙面，宜设置防水透气膜，可选用高密度聚乙烯无纺布等，且位于保温（隔热）层的上方或外侧。

凡采用岩棉、矿棉、玻璃棉等做保温（隔热）层时，均要考虑一定的压缩量，以求压型铝板底部直接紧压在保温（隔热）层上，通常对岩棉、矿棉的压缩量10~30mm，对玻璃棉压缩量20~40mm。

凡有保温、反射、防水（防潮）多种功能要求时宜采用薄型金属铝箔涂层卷材。

11. 压型铝板檐口悬挑长度确定和构造设计时，可参照图A31的做法。在我国沿海等台风地区，应在檐口板端部加设固定或抗掀措施。

12. 要安全、经济地在构造设计中使用各种零配件，以确保施工详图设计质量。视构造设计的要求选择好零配件的种类、材质、规格、数量、质量，本图集收集各类零配件42种，选择零配件时应遵守以下原则：

（1）按构造功能要求选用。零配件作用有连接件、增强件、封闭件、适应温度变形件、防水件等等，要注意区分，使零配件在构造功能中发挥作用。注意某些零配件因位置不同具有不同的尺寸，如斜屋脊挡水板长度需用斜向长度等。

（2）尽量选用专业生产厂商生产、有性能指标、有不同规格和品种、配套齐全的零配件，摒弃现场剪材、无专业设备制作的粗制滥造的零配件。

（3）在构造设计中要明确所选用零配件的相互关系，放置在正确部位，正确处理零配件同压型铝板、异形板、配件的上下、前后、左右关系，防止误用而导致适得其反的效果。

（4）选用零配件的质量应同屋面及墙面压型铝板设计使用年限相适应，零配件耐久性宜比压型铝板耐久性要高一个等级。

（5）零配件的规格、种类选用可参照本图集图号A19~A25，使用部位可参照本图集图号B、图号C所示。

（6）在压型铝板使用年限内需要更换的零配件，设计中应考虑更换时的卸、装方便。

13. 组合式压型铝板屋面及墙面，其底板及内板可采用适用的各种建筑板材，也可采用相应断面形状和厚度的压型金属板；采用建筑板材时，尽量用不燃或难燃材料；采用压型金属板时要考虑檩条或墙梁是否外露、是否同天花板合一、是否冲孔或吸音等因素。根据室内艺术效果和耐久性要求可选用压型镀锌钢板、压型涂层钢板、压型铝板、压型锌板、压型不锈钢板等。

14. 伸缩缝设置

（1）天沟伸缩缝。通常在不锈钢天沟长度超过50m，铝天沟长度超过30m时，必须设置伸缩缝，并优先选用橡胶类柔性伸缩带。

（2）屋面伸缩缝。压型铝板屋面通常不设横向伸缩缝，超长屋面需设置横向伸缩缝时，应经温度计算确定缝隙宽度。

15. 压型铝板宜采用长尺寸的板材成型，尽量做到一坡一板，中间无接头。如需接长时，并应设在某一固定座位置附近，并尽量用焊接搭接接头，在接头下方有坚实的支承件，并采用定型、预制的焊接配件。当屋面坡度$i \geq 10\%$，且有良好的上、下板之间嵌缝材料防水时，才采用搭接铆钉连接的做法，搭接长度≥200，上、下板之间敷胶，并设不锈钢夹板加强连接。

16. 压型铝板深入檐沟、天沟内的长度不应小于150，压型铝板与泛水板等异形板搭接宽度不应小于100，异形板长度方向搭接不应小于150，切宜在下方设置厚0.6~1.0的镀锌钢板垫板。

17. 对大型公共建筑的压型铝板屋面，应设置上人爬梯或上人孔；对四周没有女儿墙或女儿墙低于500的屋面，宜设置防坠落装置；为方便屋面维修，宜设置屋面人行走道和防坠落装置，按防雷设计设置防雷网等。

18. 传力用自攻螺钉、射钉、拉铆钉均要计算，需满足强度要求；构造用时，材质为铝合金或不锈钢，自攻钉直径≥4.5，螺栓直径≥8.0，拉铆钉（闭口）直径≥4.0。

（续）压型铝板屋面及墙面构造设计									
审核	葛连福	[签名]	校对	秦国鹏	[签名]	设计	孙 超	[签名]	图号 D18

1. 对大型重要公共建筑，要优先选用铝镁合金彩色涂层板、带材，并正确选择板型和厚度，牌号5×××系列的铝镁合金板，$R_{P0.2}$值（规定非比例延伸强度）和强度设计值f比3×××系列的铝锰合金板提高10%~15%，有利于提高锁边咬合抗拉脱，锁到位而不开裂。对中小型一般的公共建筑，可选用牌号3×××系列的铝锰合金系列涂层板、带材，适当增加板厚有利于抗风性能提高。

2. 施工单位除了必备的高精度成型机外，还需配备相应的预弯机和褶皱成型机，以加工出符合外形要求的压型铝板。压型铝板要合理布置，尽量避免对压型铝板又弯曲、又扭转的不当要求，做到平缓、逐渐弯弧，力戒突变、力戒单张压型铝板的无法加工。必要时，可进行试制作、试安装，检验合格后方可进行大批量的制作和安装。

3. 压型铝板的直立锁边构造设计上要尽力做到：上下咬合牢固、前后伸缩自如、防止发生毛细现象。对固定座上端头形状尺寸、大小耳边外形和尺寸的细部设计时，做好相互匹配。

4. 提高工厂或现场压型铝板横断面形状和尺寸的加工精度。通过提高辊压冷弯成型机的加工精度，尤其是肋高和卷边直径允许偏差分别控制在±1.0和±0.5以下，有效宽度允许偏差控制在±2.0以下，以保证锁边牢固。

5. 压型铝板安装后应确保大、小耳边和固定座端头三者锁边咬合后，能在风吸力等因素拉脱力作用下的咬合连接的可靠性。

（1）固定座安装允许偏差应符合下表的规定：

固定座安装允许偏差　　单位：mm

检查项目		允许偏差
相邻支座间距		+5，-2
倾斜角度		1°
平面角度		1°
相对高度	纵向	a/200（a为纵向支座间距）
	横向	5

（2）压型铝板安装应平整、顺直、大小耳边下方钩住固定座上端头下部，其安装允许偏差应符合下表的规定：

压型铝板屋面安装允许偏差　　单位：mm

检查项目		允许偏差
檐口与屋脊平行度		12
咬合卷边最大波浪高		4
咬合卷边外形直径	固定座为梅花头	$<18\pm0.5$
	固定座为缺牙锥形头	$<20.5\pm^{0}_{1}$

6. 在连接构造设计计算时，从压型铝板屋面板至屋面承重结构为止，从上至下各层连接均应抵抗风揭强度的要求，其中咬合抗拉脱强度应满足下式：

$$N_1=(1.4W_k-1.0q_k)BL\leqslant[N_1]/\gamma_0 \qquad \text{(D19-1)}$$

式中：N_1——在风吸力和自重共同作用下，锁边咬合处产生向上的拉脱力；

B——压型铝板有效宽度（m）；

L——压型铝板跨度（m）；

W_k——风荷载揭力标准值（kN/m²）；

q_k——压型铝板自重标准值（kN/m²）；

γ_0——连接重要性系数，宜取1.5；

$[N_1]$——最大允许咬合抗拉脱力（kN），由抗风揭试验结果确定。

7. 相应各层次的连接强度，如：固定座底板同檩条（或同衬檩、帽形支架、次檩、压型金属底板等），檩条同屋面承重结构等均应当用N_1值对应的连接传力值进行抗风吸力验算，应满足风吸力的强度要求，验算方法按执行的相关标准进行，不同连接方法和不同构配件、不同材质，分别用不同的计算方法。

提高压型铝板抗风揭性能措施

审核	葛连福	（签名）	校对	秦国鹏	（签名）	设计	孙 超	（签名）	图号	D19

8. 提高压型铝板咬合抗拉脱强度的有效措施：

8.1 对新建压型铝板屋面工程：

8.1.1 适当减小压型铝板的宽度或跨度，以减少咬合处的风吸力；

8.1.2 增加固定座的长度，以增加锁边后咬合处的咬合强度。

8.1.3 做好大、小耳边和固定座上端头三者之间的尺寸匹配，机械锁边后，要检测外形尺寸是否符合设计规定。

8.1.4 创新固定座的形式，如改成2件，上件夹在大、小耳边之间，下件固定在檩条上，上、下件间能自由滑动。

8.2 对已建压型铝板屋面工程：

8.2.1 在固定座位置的大、小耳边和上端头咬合处或临近处（距固定座10~15cm）加设抗风夹；

8.2.2 在固定座位置之间的跨中央或3等分跨处的大、小耳边咬合部位加设连接夹；

8.2.3 对风吸力较大或对风荷载敏感的屋面区域，也可同时加设抗风夹和连接夹，其外形和下方开口尺寸参考下图：

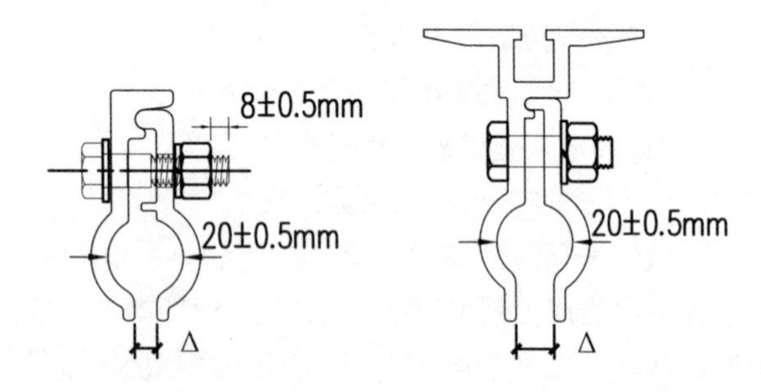

固定座附近抗风夹　　　板跨中间部位连接夹

抗风夹或连接夹的材质为铝合金，下口尺寸应有规定，防止夹得太紧而妨碍压型铝板的纵向温度伸缩或摩擦加大而磨破面板，下方开口尺寸Δ宜按下式设定：

Δ=2×压型铝板立边厚度+固定座立板上半部的厚度+2×0.5(间隙)

例如，当压型铝板厚度为0.9，固定座立板上半部的厚度3.0时，下方开口尺寸Δ=2×0.9+3+2×0.5=0.58，取6.0，考虑安装误差定为6±0.5。

在抗风夹、连接夹施工安装就位后，质检员用简易可操作量具进行逐一检测。

9. 对弧形屋面上采用正弯、负弯矩形板或扇形板时，在小耳边同固定座上部咬合处设拉铆钉连接点，也有利于小耳边所在压型铝板的咬合抗拉脱强度的提高，但要慎重，特别要注意防止因连接点的存在，因温度变化而导致小耳边撕裂，可视实际经验，尽量让压型铝板温度变化在两连接点之间通过外形拱曲变化而被吸收，最好连接点同时也是固定点。

10. 直立锁边压型铝板屋面工程被强风掀起而吹飞的情况时有发生，已引起业内同行们的高度重视，人们通过试验研究、工程实践、科技创新、压型铝板屋面工程科学技术的研发等举措寻求正确的解决办法和满意的抗风揭性能措施。

11. 抗风揭性能试验方法可参照以下标准：

11.1 装配式金属屋面系统行业标准(CIS:2011)
香港、澳门金属结构协会

11.2 金属屋面抗风掀测试方法:采光顶与金属屋面技术规程（JGJ255-2012）

11.3 压型金属板屋面系统抗风揭试验方法（GB50896-2013）

11.4 压型金属板抗风揭性能试验:钢板制屋面构法标准(日本SSR 2007)

11.5 抗风拔力：1级板材屋面认证标准(美国FM4471:2010)

12. 编者按：我国要尽快制定先进的、统一的、实用的、权威性的金属屋面抗风揭试验标准，以规范全国设计、施工企业共同做好压型金属板抗风揭工作，SSR 2007标准具有检验设计是否满足要求和获得最大抗风揭强度的双重结果，比较符合我国现行建筑结构检测技术标准如GB/T 50344的要求。

（续）提高压型铝板抗风揭性能措施									
审核	葛连福	[签名]	校对	秦国鹏	[签名]	设计	孙　超	[签名]	图号 D20

压型铝板截面形状和尺寸

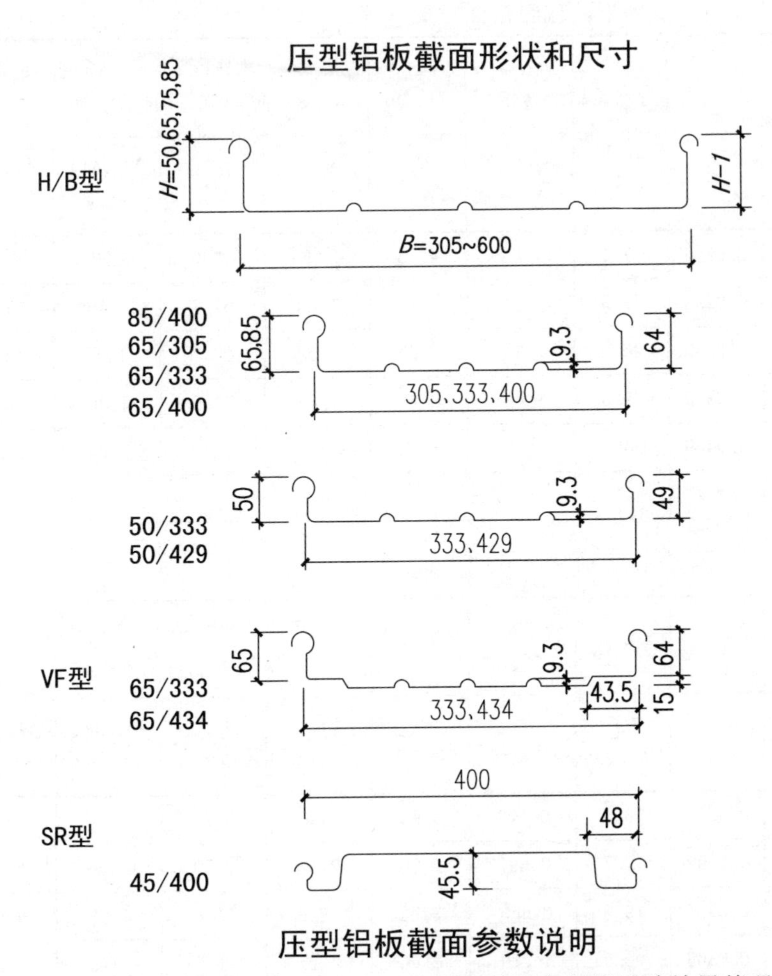

压型铝板截面参数说明

1. 压型铝板截面几何参数来源于欧洲有关国家根据试验结果整理出来的，并在工程实践中获得了广泛应用。摘自德国建筑检验总局批准的德国建筑工程研究所提报告，批准号：Z—14.1—182，日期为2012年3月31日。当我国建筑行业管理部门或标准确定各种型号压型铝板相应几何参数时，应按其所提供的参数采用。
2. 荷载单位：kN/m²，为屋面板上的均布荷载，表中内力值为各跨度相等或跨度相差在15%以内时采用，在荷载中已考虑了压型铝板的自重影响。
3. 表中参数仅适用于围护结构系统的外层板（对屋面来说是顶板，对墙面来说是外板）的情况。
4. 直立锁边压型铝板通过大、小耳边同固定座实现锁边咬合连接，板长方向可以滑动，虽然同固定座位于檩条上翼缘上方，但是这种连接不能视作檩条的侧向支点。
5. 对资料提供公式、数据有疑时，也可以根据荷载试验结果，经归纳整理求得相应的，符合实际的几何参数。
6. 压型铝板截面几何参数表中符号：

t——压型铝板厚度（mm）；

g——压型铝板自重（kN/m²）；

$I_{cf,k}$——惯性矩（cm⁴/m）（截面上下不对称、受力方向不同而异）；

$M_{F,K}$——跨中允许弯矩（kN·m/m）；

$R_{A,K}$——端支座处允许反力（kN/m）；

$M_{ax}R_{B,K}$——中间支座处允许最大反力（kN/m）；

$M^0_{B,K}$——中间支座处允许弯矩（kN·m/m）；

$R^0_{B,K}$——中间支座处允许反力（kN/m）；

$M_{ax}M_{B,K}$——中间支座处允许最大弯矩（kN·m/m）；

M——中间支座所承受弯矩（kN·m/m）；

R——中间支座所承受反力（kN/m）；

r_m——材料强度系数。

压型铝板截面参数									
审核	葛连福	葛连福	校对	秦国鹏	秦国鹏	设计	孙 超	孙超	图号 D21

1. 50/333型压型铝板截面参数

（1）受向下荷载时截面参数

板厚	自重	惯性矩	跨中允许弯矩	支座允许反力	同时承受弯矩M和支座反力R的截面应满足：$M/M_{B,K}^0+R/R_{B,K}^0\leqslant1$			
t (mm)	g (kN/m²)	$I_{cf,k}$ (cm⁴/m)	$M_{F,K}$ (kN·m/m)	$R_{A,K}$ (kN/m)	$M_{B,K}^0$ (kN·m/m)	$R_{B,K}^0$ (kN/m)	$M_{ax}M_{B,K}$ (kN·m/m)	$M_{ax}R_{B,K}$ (kN/m)
0.7	0.0276	21.8	0.921	5.54	0.992	58.7	0.83	11.1
0.8	0.0315	28.4	1.20	7.23	1.30	76.7	1.08	14.5
0.9	0.0355	32.5	1.44	9.27	1.60	82.7	1.37	18.5
1.0	0.0394	36.6	1.68	11.3	1.91	88.7	1.70	22.6
1.2	0.0473	41.8	2.30	14.5	—	—	2.12	28.9
材料强度系数		r_m=1.0	r_m=1.1					

（2）受向上荷载时截面参数

板厚	自重	惯性矩	跨中允许弯矩	支座允许反力	同时承受弯矩M和支座反力R的截面应满足：$M/M_{B,K}^0+R/R_{B,K}^0\leqslant1$			
t (mm)	g (kN/m²)	$I_{cf,k}$ (cm⁴/m)	$M_{F,K}$ (kN·m/m)	$R_{A,K}$ (kN/m)	$M_{B,K}^0$ (kN·m/m)	$R_{B,K}^0$ (kN/m)	$M_{ax}M_{B,K}$ (kN·m/m)	$M_{ax}R_{B,K}$ (kN/m)
0.7	0.0276	15.9	0.708	2.19	3.21	5.51	1.09	4.38
0.8	0.0315	20.8	0.924	2.86	4.19	7.19	1.43	5.72
0.9	0.0355	22.7	1.09	3.95	3.26	17.7	1.66	7.90
1.0	0.0394	24.6	1.26	5.04	2.33	28.5	1.89	10.10
1.2	0.0473	35.0	2.09	7.80	—	—	2.20	15.60
材料强度系数		r_m=1.0	r_m=1.1					

2. 50/429型压型铝板截面参数

（1）受向下荷载时截面参数

板厚	自重	惯性矩	跨中允许弯矩	支座允许反力	同时承受弯矩M和支座反力R的截面应满足：$M/M_{B,K}^0+R/R_{B,K}^0\leqslant1$			
t (mm)	g (kN/m²)	$I_{cf,k}$ (cm⁴/m)	$M_{F,K}$ (kN·m/m)	$R_{A,K}$ (kN/m)	$M_{B,K}^0$ (kN·m/m)	$R_{B,K}^0$ (kN/m)	$M_{ax}M_{B,K}$ (kN·m/m)	$M_{ax}R_{B,K}$ (kN/m)
0.7	0.0256	17.5	0.772	4.73	0.994	48.0	0.887	9.46
0.8	0.0293	22.9	1.01	6.18	1.23	62.7	1.16	12.4
0.9	0.0330	26.0	1.20	7.25	1.52	67.7	1.31	14.5
1.0	0.0366	29.0	1.40	8.32	1.82	72.6	1.46	16.6
1.2	0.0440	34.0	1.73	11.2	—	—	1.69	22.4
材料强度系数		r_m=1.0	r_m=1.1					

（2）受向上荷载时截面参数

板厚	自重	惯性矩	跨中允许弯矩	支座允许反力	同时承受弯矩M和支座反力R的截面应满足：$M/M_{B,K}^0+R/R_{B,K}^0\leqslant1$			
t (mm)	g (kN/m²)	$I_{cf,k}$ (cm⁴/m)	$M_{F,K}$ (kN·m/m)	$R_{A,K}$ (kN/m)	$M_{B,K}^0$ (kN·m/m)	$R_{B,K}^0$ (kN/m)	$M_{ax}M_{B,K}$ (kN·m/m)	$M_{ax}R_{B,K}$ (kN/m)
0.7	0.0256	13.5	0.529	1.69	1.78	5.36	0.742	3.37
0.8	0.0293	17.7	0.691	2.20	2.32	7.00	0.969	4.40
0.9	0.0330	19.3	0.850	2.93	2.29	11.8	1.22	5.86
1.0	0.0366	20.9	1.010	3.66	2.25	16.6	1.48	7.32
1.2	0.0440	29.8	1.410	5.54	—	—	1.74	11.1
材料强度系数		r_m=1.0	r_m=1.1					

（续）压型铝板截面参数

审核	葛连福	（签名）	校对	秦国鹏	（签名）	设计	孙 超	（签名）	图号	D22

3. 65/305型压型铝板截面参数

（1）受向下荷载时截面参数

板厚	自重	惯性矩	跨中允许弯矩	支座允许反力	同时承受弯矩M和支座反力R的截面应满足：$M/M_{B,K}^{0}+R/R_{B,K}^{0}\leqslant1$			
t （mm）	g （kN/m²）	$I_{cf,k}$ （cm^4/m）	$M_{F,K}$ （kN·m/m）	$R_{A,K}$ （kN/m）	$M_{B,K}^{0}$ （kN·m/m）	$R_{B,K}^{0}$ （kN/m）	$M_{ax}M_{B,K}$ （kN·m/m）	$M_{ax}R_{B,K}$ （kN/m）
0.7	0.031	48.7	1.16	12.3	1.31	50.5	1.31	12.4
0.8	0.035	55.6	1.51	16.1	1.72	65.3	1.72	15.8
0.9	0.040	62.6	1.94	20.2	2.12	57.9	2.09	19.0
1.0	0.044	69.5	2.37	24.3	2.52	58.6	2.46	21.7
1.2	0.053	76.5	2.60	26.7	2.78	64.1	2.71	23.9
材料强度系数		r_m=1.0	r_m=1.1					

（2）受向上荷载时截面参数

板厚	自重	惯性矩	跨中允许弯矩	支座允许反力	同时承受弯矩M和支座反力R的截面应满足：$M/M_{B,K}^{0}+R/R_{B,K}^{0}\leqslant1$			
t （mm）	g （kN/m²）	$I_{cf,k}$ （cm^4/m）	$M_{F,K}$ （kN·m/m）	$R_{A,K}$ （kN/m）	$M_{B,K}^{0}$ （kN·m/m）	$R_{B,K}^{0}$ （kN/m）	$M_{ax}M_{B,K}$ （kN·m/m）	$M_{ax}R_{B,K}$ （kN/m）
0.7	0.031	33.8	1.20	4.96	1.80	10.3	1.22	6.66
0.8	0.035	44.2	1.56	6.48	2.36	13.8	1.59	8.70
0.9	0.040	55.7	1.80	8.65	2.61	23.8	1.97	12.5
1.0	0.044	67.2	2.04	10.8	2.87	37.0	2.35	16.2
1.2	0.053	82.8	2.24	11.9	3.16	40.7	2.59	17.8
材料强度系数		r_m=1.0	r_m=1.1					

4. 65/333型压型铝板截面参数

（1）受向下荷载时截面参数

板厚	自重	惯性矩	跨中允许弯矩	支座允许反力	同时承受弯矩M和支座反力R的截面应满足：$M/M_{B,K}^{0}+R/R_{B,K}^{0}\leqslant1$			
t （mm）	g （kN/m²）	$I_{cf,k}$ （cm^4/m）	$M_{F,K}$ （kN·m/m）	$R_{A,K}$ （kN/m）	$M_{B,K}^{0}$ （kN·m/m）	$R_{B,K}^{0}$ （kN/m）	$M_{ax}M_{B,K}$ （kN·m/m）	$M_{ax}R_{B,K}$ （kN/m）
0.7	0.029	48.7	1.16	12.3	1.31	50.5	1.31	12.4
0.8	0.033	55.6	1.51	16.1	1.72	55.3	1.72	15.8
0.9	0.037	62.6	1.94	20.2	2.12	57.9	2.09	19.0
1.0	0.041	69.5	2.37	24.3	2.52	58.6	2.46	21.7
1.2	0.045	76.5	2.60	26.7	2.78	64.1	2.71	23.9
材料强度系数		r_m=1.0	r_m=1.1					

（2）受向上荷载时截面参数

板厚	自重	惯性矩	跨中允许弯矩	支座允许反力	同时承受弯矩M和支座反力R的截面应满足：$M/M_{B,K}^{0}+R/R_{B,K}^{0}\leqslant1$			
t （mm）	g （kN/m²）	$I_{cf,k}$ （cm^4/m）	$M_{F,K}$ （kN·m/m）	$R_{A,K}$ （kN/m）	$M_{B,K}^{0}$ （kN·m/m）	$R_{B,K}^{0}$ （kN/m）	$M_{ax}M_{B,K}$ （kN·m/m）	$M_{ax}R_{B,K}$ （kN/m）
0.7	0.029	31.9	1.20	4.96	1.80	10.3	1.22	6.66
0.8	0.033	41.7	1.56	6.48	2.36	13.8	1.59	8.70
0.9	0.037	52.6	1.80	8.65	2.61	23.8	1.97	12.5
1.0	0.041	63.5	2.04	10.8	2.87	37.0	2.35	16.2
1.2	0.045	78.2	2.24	11.9	3.16	40.7	2.59	17.8
材料强度系数		r_m=1.0	r_m=1.1					

(续)压型铝板截面参数

审核	葛连福		校对	秦国鹏		设计	孙 超		图号	D23

5. 65/400型压型铝板截面参数

（1）受向下荷载时截面参数

板厚	自重	惯性矩	跨中允许弯矩	支座允许反力	同时承受弯矩M和支座反力R的截面应满足：$M/M^0_{B,K}+R/R^0_{B,K}\leq 1$			
t (mm)	g (kN/m²)	$I_{cf,k}$ (cm⁴/m)	$M_{F,K}$ (kN·m/m)	$R_{A,K}$ (kN/m)	$M^0_{B,K}$ (kN·m/m)	$R^0_{B,K}$ (kN/m)	$M_{ax}M_{B,K}$ (kN·m/m)	$M_{ax}R_{B,K}$ (kN/m)
0.7	0.029	41.9	1.05	6.55	1.76	14.0	1.29	9.52
0.8	0.034	47.9	1.32	8.30	2.19	18.1	1.66	12.2
0.9	0.038	53.9	1.69	10.3	2.37	28.5	2.01	16.2
1.0	0.042	59.9	2.07	12.3	2.64	46.3	2.36	20.2
1.2	0.050	71.9	2.46	14.7	3.17	55.5	2.83	24.2
材料强度系数		r_m=1.0	r_m=1.1					

（2）受向上荷载时截面参数

板厚	自重	惯性矩	跨中允许弯矩	支座允许反力	同时承受弯矩M和支座反力R的截面应满足：$M/M^0_{B,K}+R/R^0_{B,K}\leq 1$			
t (mm)	g (kN/m²)	$I_{cf,k}$ (cm⁴/m)	$M_{F,K}$ (kN·m/m)	$R_{A,K}$ (kN/m)	$M^0_{B,K}$ (kN·m/m)	$R^0_{B,K}$ (kN/m)	$M_{ax}M_{B,K}$ (kN·m/m)	$M_{ax}R_{B,K}$ (kN/m)
0.7	0.029	27.4	1.16	1.91	2.65	5.97	1.01	5.05
0.8	0.034	35.8	1.36	2.46	2.81	8.94	1.31	7.12
0.9	0.038	45.1	1.69	3.40	3.56	11.3	1.67	9.01
1.0	0.042	54.4	2.02	4.34	4.30	13.7	2.01	10.9
1.2	0.050	67.1	2.42	5.21	5.16	16.4	2.41	13.1
材料强度系数		r_m=1.0	r_m=1.1					

6. 85/400型压型铝板截面参数

（1）受向下荷载时截面参数

板厚	自重	惯性矩	跨中允许弯矩	支座允许反力	同时承受弯矩M和支座反力R的截面应满足：$M/M^0_{B,K}+R/R^0_{B,K}\leq 1$			
t (mm)	g (kN/m²)	$I_{cf,k}$ (cm⁴/m)	$M_{F,K}$ (kN·m/m)	$R_{A,K}$ (kN/m)	$M^0_{B,K}$ (kN·m/m)	$R^0_{B,K}$ (kN/m)	$M_{ax}M_{B,K}$ (kN·m/m)	$M_{ax}R_{B,K}$ (kN/m)
0.7	0.031	71.2	1.13	6.77	2.01	27.7	1.81	14.5
0.8	0.036	81.4	1.41	13.3	2.47	45.6	2.18	20.0
0.9	0.040	91.5	1.70	17.4	2.99	48.3	2.67	23.1
1.0	0.045	102	1.99	21.4	3.45	53.4	3.15	26.2
材料强度系数		r_m=1.0	r_m=1.1					

（2）受向上荷载时截面参数

板厚	自重	惯性矩	跨中允许弯矩	支座允许反力	同时承受弯矩M和支座反力R的截面应满足：$M/M^0_{B,K}+R/R^0_{B,K}\leq 1$			
t (mm)	g (kN/m²)	$I_{cf,k}$ (cm⁴/m)	$M_{F,K}$ (kN·m/m)	$R_{A,K}$ (kN/m)	$M^0_{B,K}$ (kN·m/m)	$R^0_{B,K}$ (kN/m)	$M_{ax}M_{B,K}$ (kN·m/m)	$M_{ax}R_{B,K}$ (kN/m)
0.7	0.031		1.62	2.35	2.67	5.17	1.17	4.32
0.8	0.036		2.04	2.92	3.08	6.17	1.37	5.13
0.9	0.040		2.38	4.51	4.03	9.46	1.96	7.67
1.0	0.045		2.74	6.10	5.04	12.8	2.47	10.2
材料强度系数		r_m=1.0	r_m=1.1					

注：1. 85/400型压型铝板受向上荷载时，截面参数中$I_{cf,k}$值原表中空缺；
2. 85/400型压型铝板是欧洲的新版型，目的在提高抗弯强度和防止接缝溢水。

(续)压型铝板截面参数

审核	葛连福	[签名]	校对	秦国鹏	[签名]	设计	孙 超	[签名]	图号	D24

7. AF65/333型压型铝板截面参数

（1）受向下荷载时截面参数

板厚	自重	惯性矩	跨中允许弯矩	支座允许反力	同时承受弯矩M和支座反力R的截面应满足：$M/M^0_{B,K}+R/R^0_{B,K}\leqslant 1$			
t (mm)	g (kN/m²)	$I_{cf,k}$ (cm⁴/m)	$M_{F,K}$ (kN·m/m)	$R_{A,K}$ (kN/m)	$M^0_{B,K}$ (kN·m/m)	$R^0_{B,K}$ (kN/m)	$M_{ax}M_{B,K}$ (kN·m/m)	$M_{ax}R_{B,K}$ (kN/m)
0.7	0.0271	48.0	1.47	11.1	1.34	47.7	1.21	11.4
0.8	0.0310	54.8	1.93	14.5	1.75	62.3	1.58	14.8
0.9	0.0349	61.7	2.39	15.6	2.35	46.5	1.93	15.4
1.0	0.0388	68.5	2.85	16.6	2.96	30.7	2.27	15.9
1.2	0.0465	82.2	3.45	19.6	3.37	33.5	2.64	17.7
材料强度系数		r_m=1.0	r_m=1.1					

（2）受向上荷载时截面参数

板厚	自重	惯性矩	跨中允许弯矩	支座允许反力	同时承受弯矩M和支座反力R的截面应满足：$M/M^0_{B,K}+R/R^0_{B,K}\leqslant 1$			
t (mm)	g (kN/m²)	$I_{cf,k}$ (cm⁴/m)	$M_{F,K}$ (kN·m/m)	$R_{A,K}$ (kN/m)	$M^0_{B,K}$ (kN·m/m)	$R^0_{B,K}$ (kN/m)	$M_{ax}M_{B,K}$ (kN·m/m)	$M_{ax}R_{B,K}$ (kN/m)
0.7	0.0271	21.6	0.964	9.98	1.09	18.5	0.909	5.21
0.8	0.0310	28.2	1.26	13.0	1.42	24.2	1.19	6.81
0.9	0.0349	36.5	1.62	13.6	1.90	29.0	1.49	8.11
1.0	0.0388	44.7	1.98	14.1	2.37	33.8	1.80	9.42
1.2	0.0465	47.6	2.48	15.2	3.33	43.4	2.80	12.0
材料强度系数		r_m=1.0	r_m=1.1					

8. AF65/434型压型铝板截面参数

（1）受向下荷载时截面参数

板厚	自重	惯性矩	跨中允许弯矩	支座允许反力	同时承受弯矩M和支座反力R的截面应满足：$M/M^0_{B,K}+R/R^0_{B,K}\leqslant 1$			
t (mm)	g (kN/m²)	$I_{cf,k}$ (cm⁴/m)	$M_{F,K}$ (kN·m/m)	$R_{A,K}$ (kN/m)	$M^0_{B,K}$ (kN·m/m)	$R^0_{B,K}$ (kN/m)	$M_{ax}M_{B,K}$ (kN·m/m)	$M_{ax}R_{B,K}$ (kN/m)
0.7	0.0253	40.5	1.20	9.04	1.13	38.7	1.03	9.23
0.8	0.0289	46.6	1.56	11.8	1.48	50.6	1.34	12.1
0.9	0.0325	52.1	1.94	12.6	1.99	37.7	1.63	12.5
1.0	0.0361	57.8	2.31	13.5	2.50	24.9	1.92	12.9
1.2	0.0433	69.4	2.80	15.9	2.85	27.2	2.23	14.4
材料强度系数		r_m=1.0	r_m=1.1					

（2）受向上荷载时截面参数

板厚	自重	惯性矩	跨中允许弯矩	支座允许反力	同时承受弯矩M和支座反力R的截面应满足：$M/M^0_{B,K}+R/R^0_{B,K}\leqslant 1$			
t (mm)	g (kN/m²)	$I_{cf,k}$ (cm⁴/m)	$M_{F,K}$ (kN·m/m)	$R_{A,K}$ (kN/m)	$M^0_{B,K}$ (kN·m/m)	$R^0_{B,K}$ (kN/m)	$M_{ax}M_{B,K}$ (kN·m/m)	$M_{ax}R_{B,K}$ (kN/m)
0.7	0.0253	18.0	0.783	8.10	0.881	15.0	0.738	4.23
0.8	0.0289	23.5	1.02	10.6	1.15	19.6	0.964	5.53
0.9	0.0325	30.4	1.32	11.0	1.54	23.5	1.21	6.59
1.0	0.0361	37.3	1.61	11.5	1.93	27.4	1.46	7.65
1.2	0.0433	39.7	2.01	12.3	2.70	35.2	2.27	9.76
材料强度系数		r_m=1.0	r_m=1.1					

(续)压型铝板截面参数

审核	葛连福	校对	秦国鹏	设计	孙 超	图号	D25

9. SR 45/400型压型铝板截面参数

（1）受向下荷载时截面参数

板厚	自重	惯性矩	跨中允许弯矩	支座允许反力	同时承受弯矩M和支座反力R的截面应满足：$M/M_{B,K}^{0}+R/R_{B,K}^{0}\leqslant 1$			
t（mm）	g（kN/m²）	$I_{cf,k}$（cm⁴/m）	$M_{F,K}$（kN·m/m）	$R_{A,K}$（kN/m）	$M_{B,K}^{0}$（kN·m/m）	$R_{B,K}^{0}$（kN/m）	$M_{ax}M_{B,K}$（kN·m/m）	$M_{ax}R_{B,K}$（kN/m）
0.7								
0.8								
0.9								
1.0								
1.2	0.0466	24.1	1.70	6.93	3.46	34.6	2.70	13.8
材料强度系数		r_m=1.0	r_m=1.1					

（2）受向上荷载时截面参数

板厚	自重	惯性矩	跨中允许弯矩	支座允许反力	同时承受弯矩M和支座反力R的截面应满足：$M/M_{B,K}^{0}+R/R_{B,K}^{0}\leqslant 1$			
t（mm）	g（kN/m²）	$I_{cf,k}$（cm⁴/m）	$M_{F,K}$（kN·m/m）	$R_{A,K}$（kN/m）	$M_{B,K}^{0}$（kN·m/m）	$R_{B,K}^{0}$（kN/m）	$M_{ax}M_{B,K}$（kN·m/m）	$M_{ax}R_{B,K}$（kN/m）
0.7								
0.8								
0.9								
1.0								
1.2	0.0466	29.5	2.09	4.30	3.26	14.2	1.97	8.59
材料强度系数		r_m=1.0	r_m=1.1					

注：板型65/500、65/600、50/529、50/600压型铝板截面参数，因国内使用较少未予列出。

（上接图号D4）

2.4 承载能力极限状态设计，按荷载基本组合计算，应符合下式要求：

$$\gamma_0 S_d \leqslant R_d \quad (D4-1)$$

式中：S_d—荷载基本组合效应设计值；

R_d—压型铝板及其连接的抗力设计值；

γ_0—结构重要性系数，按压型铝板安全等级取γ_0=1.0~1.1。

2.5 按正常使用极限状态设计，采用荷载标准组合，应符合下式要求：

$$S_d \leqslant C \quad (D4-2)$$

式中：S_d—荷载标准组合效应设计值作用下的变形；

C—设计对压型铝板变形规定的相应限值。

设计值仅适用于荷载与变形为线性的情况。

2.6 只有满足2.4和2.5设计计算要求的压型铝板围护结构系统的设计结果，才能视为符合承载能力极限状态和正常使用极限状态的设计要求。极限状态的表达式应遵循《工程结构可靠性设计统一标准》GB 50153—2008的规定。

（上接图号D6）

7.4 压型铝板作为屋面顶板或墙面外板，对气温变化十分敏感，要考虑极端气温的影响，可根据建筑当地自然条件适当增加$T_{s,max}$或降低$T_{0,min}$，并根据压型铝板涂层颜色的深浅、朝向考虑表面温度可能增加，请参考《建筑结构荷载规范》GB 50009—2012条文说明中9.3.2解释以及表7的规定，考虑太阳辐射对围护结构朝向、表面颜色的不同而具有不同的温度伸缩增加值。

（续）压型铝板截面参数											
审核	葛连福	[签名]	校对	秦国鹏	[签名]	设计	孙 超	[签名]	图号	D26

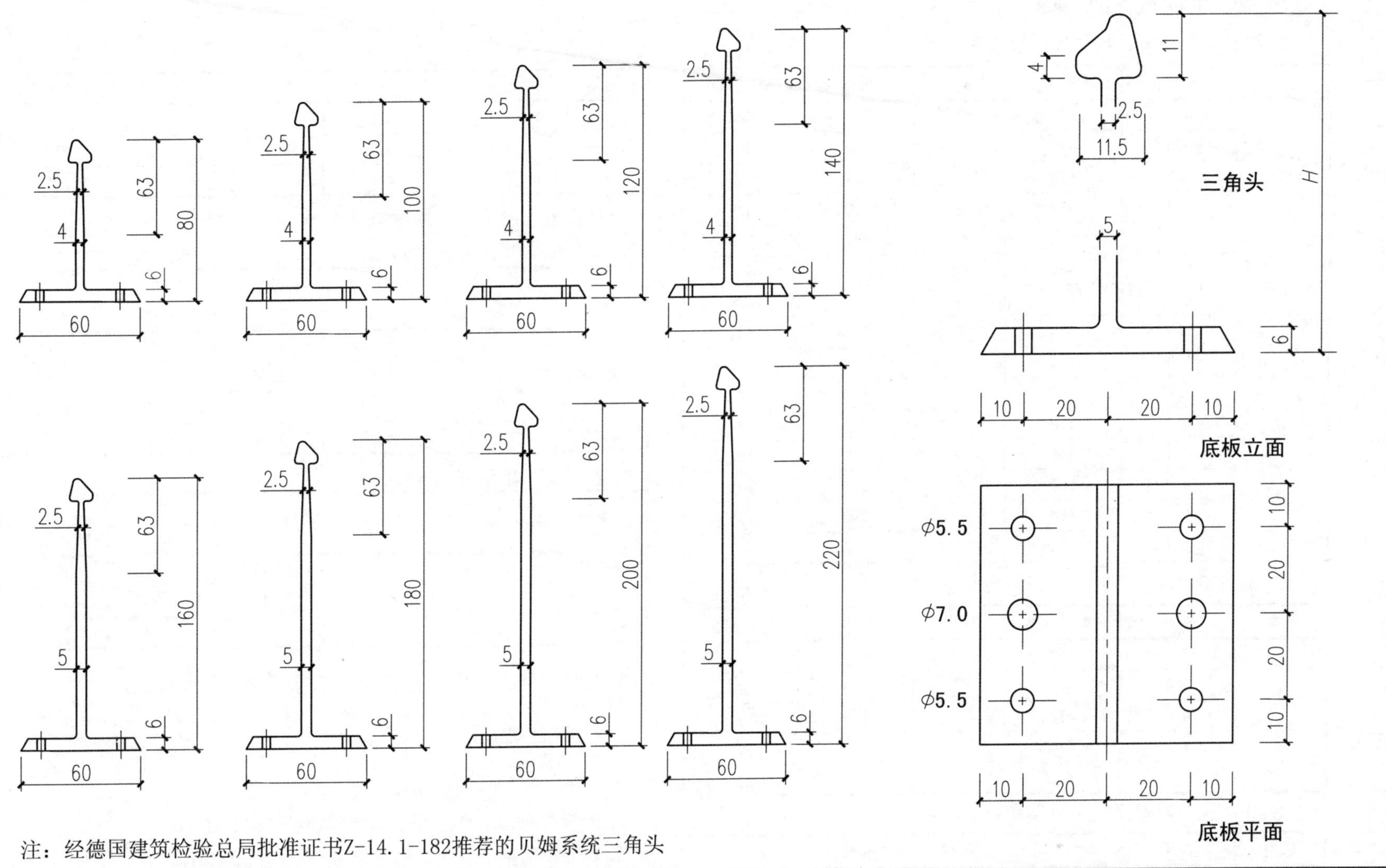

注：经德国建筑检验总局批准证书Z-14.1-182推荐的贝姆系统三角头固定座，有利于锁边咬合处抗风吸力承载能力的提高，材质为铝合金EN AW-6060。

德国贝姆系统三角头固定座									
审核	葛连福	[签名]	校对	秦国鹏	[签名]	设计	孙 超	[签名]	图号 D27

1. 压型铝板不同板型的厚度和展开宽度

1.1 波高65型压型铝板厚度—展宽表

单位：mm

板型	板厚	展开宽度	板型	板厚	展开宽度
65/300	0.7	475	65/400	0.7	581
	0.8	475		0.8	581
	0.9	473		0.9	579
	1.0	473		1.0	579
	1.2	471		1.2	575
65/305	0.7	480	65/500	0.7	684
	0.8	480		0.8	684
	0.9	478		0.9	682
	1.0	478		1.0	682
	1.2	476		1.2	677
65/333	0.7	508	65/600	0.7	787
	0.8	508		0.8	787
	0.9	506		0.9	785
	1.0	506		1.0	785
	1.2	504		1.2	779

1.2 波高50型压型铝板厚度——展宽表

单位：mm

板型	板厚	展开宽度	板型	板厚	展开宽度
50/333	0.7	480	50/429	0.7	581
	0.8	480		0.8	581
	0.9	478		0.9	579
	1.0	478		1.0	579
	1.2	476		1.2	575

1.3 AF型压型铝板厚度——展宽表

单位：mm

板型	板厚	展开宽度	板型	板厚	展开宽度
333	0.7	480	434	0.7	581
	0.8	480		0.8	581

（续1.3表） 单位：mm

板型	板厚	展开宽度	板型	板厚	展开宽度
333	0.9	478	434	0.9	579
	1.0	478		1.0	579
	1.2	476		1.2	575

2. 压型铝板不同板型和厚度重量表

2.1 每平方米重量表（kg/m）

板型	板 厚(mm)				
	0.7	0.8	0.9	1.0	1.2
平板	1.89	2.16	2.43	2.70	3.24
65/300	2.92	3.34	3.74	4.15	4.98
65/305	3.02	3.45	3.86	4.28	5.14
65/400	2.79	3.19	3.57	3.96	5.76

2.2 每延米重量表（kg/m²）

板型	板 厚(mm)				
	0.7	0.8	0.9	1.0	1.2
65/300	0.88	1.00	1.12	1.25	1.49
65/305	0.92	1.05	1.18	1.34	1.57
65/400	1.12	1.28	1.43	1.58	1.90

3. 压型铝板用带材（卷材）长度、重量、面积计算公式：

3.1 $带材长度(m) = \dfrac{带材净重(kg)}{带材宽度(m)\times 带材厚度(m)\times 2730(kg/m^3)}$；

3.2 平板面积(m^2) = 宽(m)×长(m)；

3.3 带材面积(m^2) = 带材长度(m)×带材宽度(m)；

3.4 平板重量(kg) = 延米重量(kg/m)×板长(m)。

压型铝板展开宽度、重量、面积表和相关计算公式								
审核	葛连福	[签名]	校对	秦国鹏	[签名]	设计	孙 超	[签名]	图号	D28

五、参编单位相关技术资料及信息

上海宝冶集团有限公司

压型铝板围护系统改进

一、压型金属板产品简介

上海宝冶集团有限公司的围护系统业务起源于1980年，是国内首家从日本引进压型板生产线的专业厂家;20世纪80~90年代成为压型钢板主要供货商。产品主要代表板型为W550、V115、V115N、V125、U75-200-600等。到2000年经过二十年的发展先后开发角驰Ⅲ600、U75-305-610、U51-201-750、2W、U450型压型钢板以及白云机场使用过的无檩条组合式压型钢板底板。2000年后我公司不仅进行新的板型的开发，还注重于建筑金属屋面系统的研发，开发了以U470等360度咬边系统及65/300~500压型铝板直立锁边系统为代表的新型金属屋面系统。这些系统在开发研究过程中综合考虑屋面系统防水、承载、保温、隔音、吸音、防冷凝、抗风揭等多项功能要求，从方案咨询、施工图和施工详图设计、施工、维修等方面，为用户进行一条龙的服务。

二、发明专利

上海宝冶集团有限公司在金属屋面设计施工中，针对各工程的特点进行技术研究与开发，在不改变建筑设计意图的基础上开发了多种实用型的发明与专利,有利于金属屋面系统疑难问题的解决。

1．伸缩式天沟 专利号：ZL 2011 2 0221546.1
解决了无虹吸系统的大坡度天沟伸缩问题。

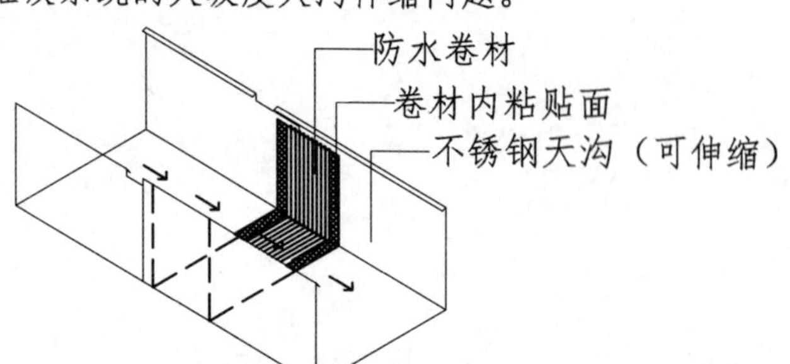

2．加强型直立锁边扇形板 专利号：ZL 2010 2 0549066.3
采用本专利可提高扇形板的截面惯性矩及截面模量，改善扇形板受力性能，提高扇形板屋面的承受荷载的安全性。

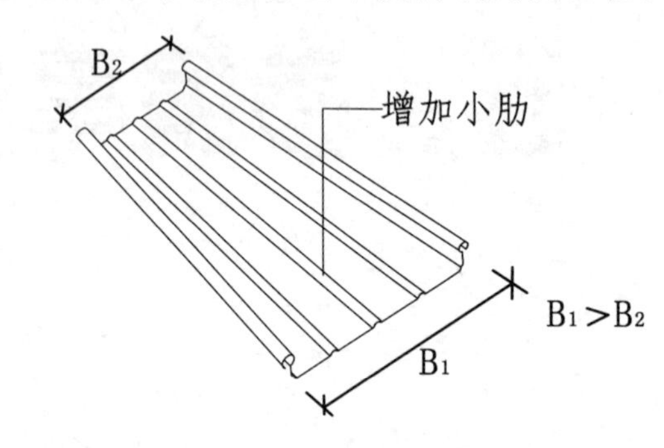

3．暗扣式金属屋面板咬合力加强结构件 专利号：ZL2011 2 0314679.3 主要用于增加直立锁边屋面板的咬合能力，提高屋面板的抗风揭性能的同时又不影响屋面板的可伸缩性能；主要用于檐口等抗风揭敏感、伸缩值大的区域。

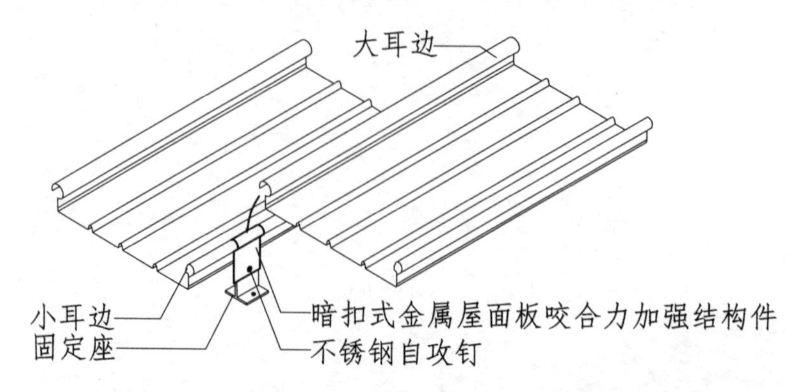

上海宝冶集团有限公司

(续)压型铝板围护系统改进

4. 带塑料壳固定座　专利号：ZL 2011 2 0364847.X减少屋面板与固定座之间的摩擦系数有利于屋面板的温度应力释放，并有效地避免屋面板与固定座之间冷（或热）桥的不良效应。

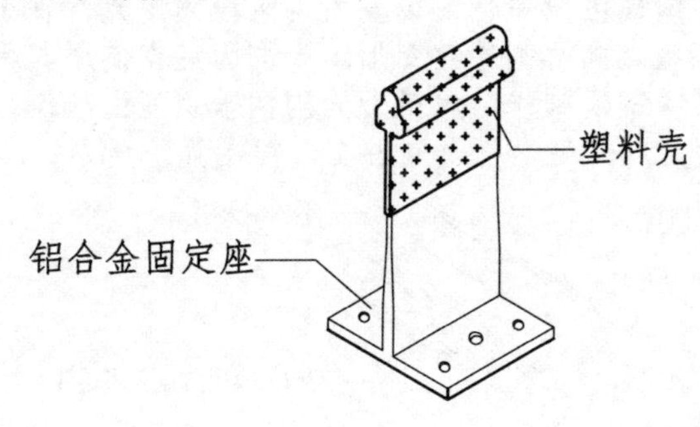

5. 屋面用可调节夹具　专利号：ZL 2013 2 0600617.8能简便调节屋面型材与压型铝板之间的高差，克服了传统夹具因结构下挠或施工误差导致标高变化需要从新调整的困难。

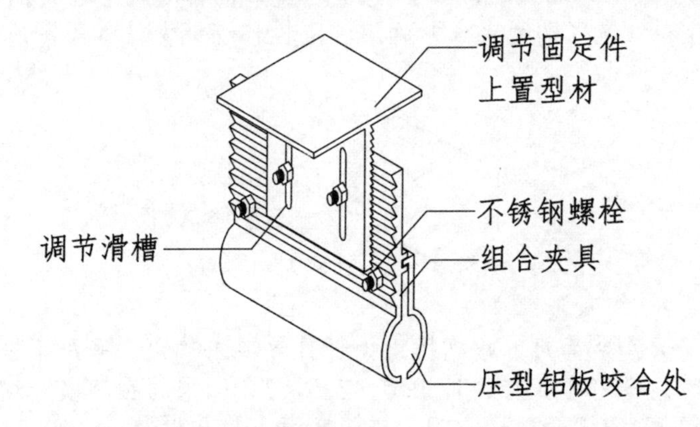

6. 可伸缩泛水板固定件　专利号：ZL 2014 2 0636733.X解决了大跨度屋面钢桁架因变形，导致双坡屋脊盖板连接铆钉因屋面板随结构滑动被切断、拉脱的情况出现。

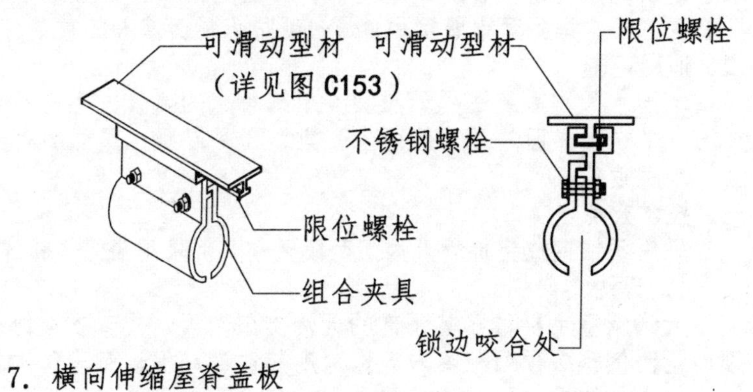

7. 横向伸缩屋脊盖板

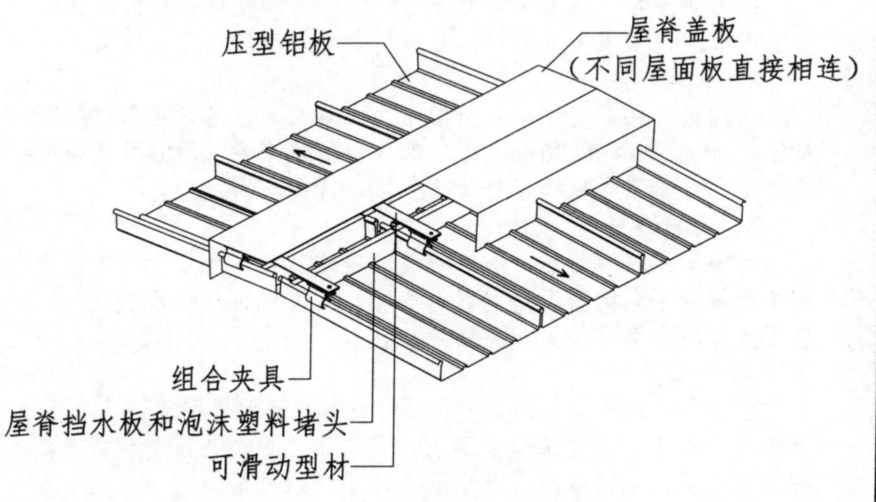

中建二局安装工程有限公司

屋面雨水天沟系统

一、产品简介

在金属屋面系统里，要设计和施工好雨水有组织排放。为此，设置屋面雨水天沟系统，进行屋面顶部雨水的汇集，通过屋面雨水排放系统，将雨水自流到天沟内，并通过雨斗、垂直或带坡水平管道将雨水排到雨水管网中，是一项防止屋面渗漏的重要工作。

二、适用范围

本雨水天沟系统适用于屋面有组织排水的建筑，不论是金属屋面、采光顶屋面等屋面的雨水汇集，还是混凝土屋面的雨水排放，均可适用。

三、技术要点

采用不锈钢或铝单板天沟，两段天沟之间采用氩弧焊接连接。

1. 天沟支架

天沟承重主要依靠其下部的天沟支架，天沟支架安装时，其顶面距两侧檩条顶面距离与天沟深度相协调，保证每段天沟都能与支架完全接触，使天沟支架受力均匀。天沟支架材料根据设计要求选用，通常采用矩形管、方管居多，并连接到主钢结构上。

2. 天沟连接

天沟板焊接前将切割口打磨干净，焊接时注意焊接缝间隙不能超过1mm，先每隔100mm点焊，确认满足焊接要求后方可开始施焊连接。焊条型号根据母材材质确定，焊缝一遍成形。

3. 焊缝检查

每条天沟安装好后，应对焊缝外观进行认真检查，并在雨天检查焊缝是否有肉眼无法发现的气孔，如发现可能渗水的气孔，应用磨光机打磨该处后，重新焊接。

4. 开落水孔

安装好一段天沟后，先要在设计的落水孔位置中部钻几个孔，避免天沟存水，对施工造成影响。天沟相应部位的压型铝板屋面安装完成后，必须及时开落水孔，以防雨水外溢。

5. 天沟固定

天沟安装好后，在两侧天沟支架顶部设置镀锌防掀压件，保证天沟在檐口部位的抗风性能。防掀压件采用镀锌钢板折成类似角钢，焊接于两侧天沟支架顶部，设置间距根据设计要求确定。

在各天沟伸缩缝区段中部，设置天沟区段固定点，保证各段天沟以固定点为起点向两侧伸缩变形。天沟固定点使用与天沟截面天沟等厚的不锈钢板制作，焊接于天沟侧壁及底面外侧，并卡固于对应位置的天沟支架横杆及立柱上。简图如下所示：

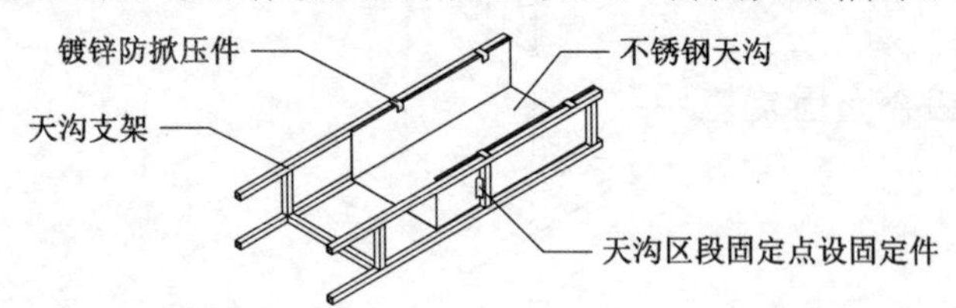

6. 天沟伸缩缝

天沟伸缩缝采用刚性伸缩缝构造。对不锈钢天沟，建议伸缩缝区段长度介于40～60m之间；对铝单板天沟，建议伸缩缝区段长度介于30～50m之间。伸缩缝区段布置长度应结合天沟雨水斗的分布位置（即固定点）确定。刚性伸缩缝做法如下图所示：

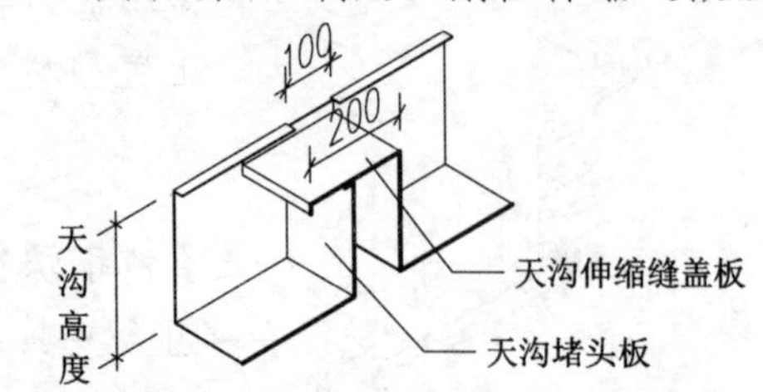

7. 天沟板厚度

天沟截面尺寸根据排水设计计算要求确定。采用不锈钢板天沟时，常用厚度有1.5、2.0、2.5及3.0；采用铝单板天沟时，常用厚度有2.0、2.5及3.0。并按盛满水验算板厚。

压型铝板屋面装饰板系统

一、产品简介

中建二局安装工程有限公司金属屋面装饰板系统，将直立锁边压型铝板屋面系统的承重、防水层作为基准，在压型铝板的上部或外部再设置一层装饰板系统。

二、适用范围

适用于对建筑外部形态有建筑艺术、风格要求的建筑，广泛应用于大型公共建筑，如体育场馆、影剧院、会展中心、机场航站楼、铁路站房等大型公共基础设施建筑的最外层的装饰板，以改变单一槽式瓦板的外观。

三、技术要点

1. 肋顶固定夹

肋顶固定夹是直立锁边咬合板肋与上部装饰板支撑系统的连接或转接件。通过肋顶固定夹，使得上部装饰板龙骨的布置及安装变得灵活、好转向、利调整、便操作。

肋顶固定夹和连接角码根据各工程实际要求进行相应的细部设计，并严格按制作详图设计进行加工和表面处理，其颜色也要遵照建筑设计要求。

安装前根据图纸检测并调整放线结果。将肋顶固定夹固定在板肋上，且尽量与下部压型铝板固定座的位置相对应或相接近，松紧适度以不妨碍温度伸缩缝为准。肋顶固定夹连接左右的螺栓待上部装饰龙骨安装调整好后再拧紧。固定夹常用材质可选用铝合金或不锈钢。

安装形式及常用截面形式如下图所示：

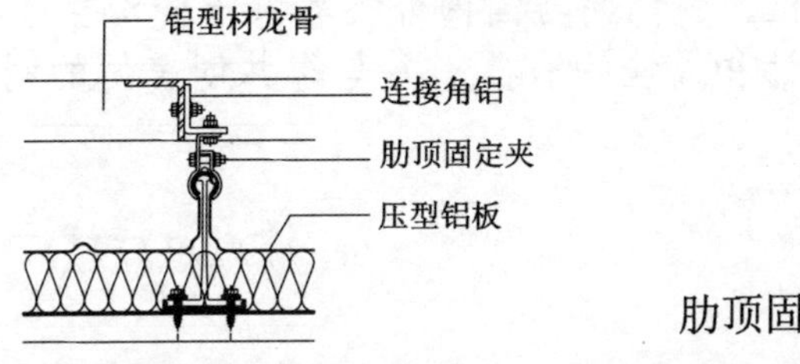

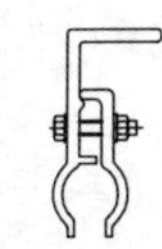

肋顶固定夹截面形式

2. 装饰层龙骨

将铝型材龙骨通过角码和螺栓与肋顶固定夹相连接，并加以调整、固定。安装过程中，通过龙骨的连接节点设置的零件进行龙骨的角度和高度调整。如下图所示。

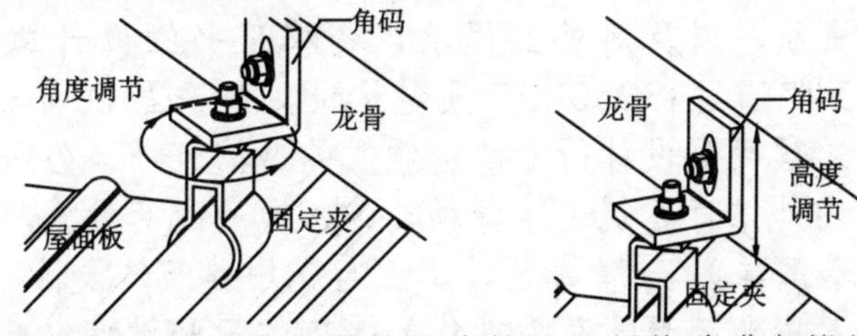

装饰龙骨应根据上部装饰板分格及面层构造进行设计排布，在施工完成后，能基本达到上部装饰面层的几何形态要求。

3. 顶层装饰板

对照设计分格图将该位置的装饰层板件就位，调整好后再固定。安装过程中，对照板块所在分缝位置，进行分缝位置及分缝宽度的微调，保证安装完成后的装饰拼缝整体的顺滑性及协调性。安装完成后，要使装饰板与铝型材龙骨连接在一起，并传递所受荷载。如下图所示：

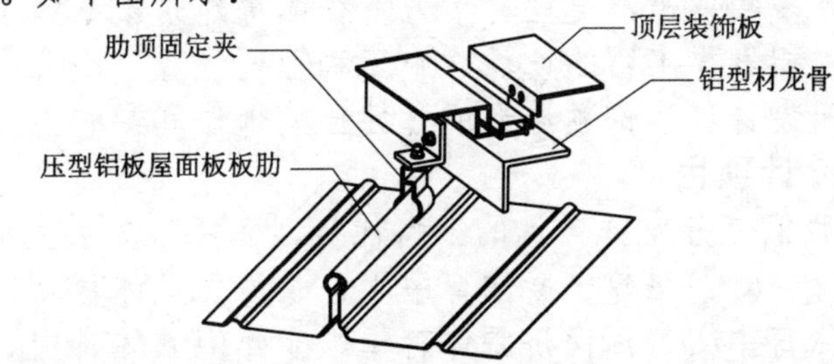

顶层装饰板选型应根据建筑设计要求，选用符合设计使用年限的材质及外观要求的色彩，且材料特点能适应建筑形体要求为好，以期在工艺上最大限度地符合建筑艺术、风格要求。

北京中体建筑工程设计有限公司业务介绍

一、公司简介

北京中体建筑工程设计有限公司是全国体育系统唯一具有建筑行业（建筑工程）甲级设计资质、体育工艺设计咨询资质，以及对外工程承包资格证书的设计单位，于2003年通过ISO 9001质量认证，并于2011年获得了由北京工程勘察设计行业协会颁发的诚信证书。公司主要从事国内外体育建筑（体育场、馆、池及配套设施，体育休闲娱乐工程）、体育工艺、工业与民用建筑的设计、咨询业务。其中，体育工艺专业代表国内的最高设计水准。

二、人员配备

公司主要以原国家体委援外办、中国体育国际经济技术合作公司、原中国体育工艺技术中心的技术骨干为基础，并吸纳新生代建筑工程设计技术骨干力量组建而成。公司拥有众多的国家一级注册建筑师、一级注册结构工程师、注册给排水、暖通、电气工程师以及各专业的中、高级工程师。多年以来，这些骨干力量在体育建筑领域做了大量工作，积累了丰富的设计、施工和管理经验，使公司在体育建筑设计、咨询领域形成了独自的地位和影响力。

三、设计项目

我们充分发挥自己的独特优势，多年来先后完成了苏州体育中心、福建宁德体育中心、长沙贺龙体育场、内蒙通辽体育中心、河南济源体育馆、泉州海峡体育中心、呼和浩特体育中心、株洲体育中心、常州体育中心、沈阳奥体中心等的规划、设计、咨询以及体育工艺设计；完成了资阳文体活动中心和体育馆、北京通州区体育广场、秦皇岛训练基地、贵阳汇通体育馆、福州市体育中心、眉山体育馆、北京万国竞技场、江西奥林匹克体育中心总体规划、攀枝花市体育场、莱芜综合体育馆、渭河西安城市段一期示范段一期示范滩地整治（海滩公园、18+9洞国际标准高尔夫球场）等工程的设计，完成了北京经济技术开发区体育场方案的设计；在国外工程方面，承担了援塞拉利昂国家体育场维修改造、援贝宁国家友谊体育场维修改造、援中非共和国体育场、援莫桑比克体育场、援巴哈马体育场、援加纳海岸角体育场等的工艺咨询、设计。所设计的体育场馆中，大量使用了压型铝板屋面及墙面。

四、服务范围

体育建筑、工业与民用建筑工程设计；体育建筑工艺、设备及配套设施工程设计；建筑工程及相应的工程咨询和装饰设计；工程信息咨询；技术咨询；技术开发、技术转让、技术服务。

五、公司承诺

公司一贯重视信誉、质量、服务，我们的独特优势就是我们设计质量的保证。我们愿与国内外各界人士密切合作，向您提供最优的设计和最佳的服务，并与您共创美好的明天。

北方赤晓组合房屋（廊坊）有限公司

压型铝板屋面及墙面系统

一、公司简介

北方赤晓组合房屋（廊坊）有限公司是中冶建筑研究总院有限公司的全资子公司，隶属中国冶金科工集团公司。公司于1998年正式投产，年均产能80万m^2。主要产品系列有：金属幕墙板、模块化建筑系统、开放式金属幕墙系统、金属屋面、压型钢板复合保温或卷材屋面、外墙外保温板、金属面夹芯板、钢结构及配套附件。产品广泛应用于商业、工业、仓库、机库、粮库、体育馆、发电厂及民用建筑等各建筑领域。

二、主要产品

1. 压型铝板屋面及墙面系统的性能特点：

（1）防火性能：选用岩棉、玻璃丝棉等材料作为屋面系统的保温材料，可使防火等级达到A1级防火标准；

（2）隔热、保温性能：依据建筑物的要求选用厚度、质量密度合适的隔热、保温材料即可满足高标准的隔热、保温要求；

（3）耐久性能：铝合金是可靠的耐蚀性材料，具有自我保护的防锈能力，也能抵抗多种不良大气的侵蚀；

（4）防水性能：采用支座固定、大小耳边同梅花头咬合的连接方式，使整个屋面无螺钉穿透，形成连续的水密性屋面；

（5）表面多样、美观：以氟碳漆涂层处理为主，使其具有≥40年的耐久性和彩色多样性，配合钢板或铝板等不同材质，可弧、可扇，极大限度的为建筑设计师提供广阔的创作空间。当采用现场压型工艺时，可采用≥100m的长板而无接头。

压型铝板形状和尺寸

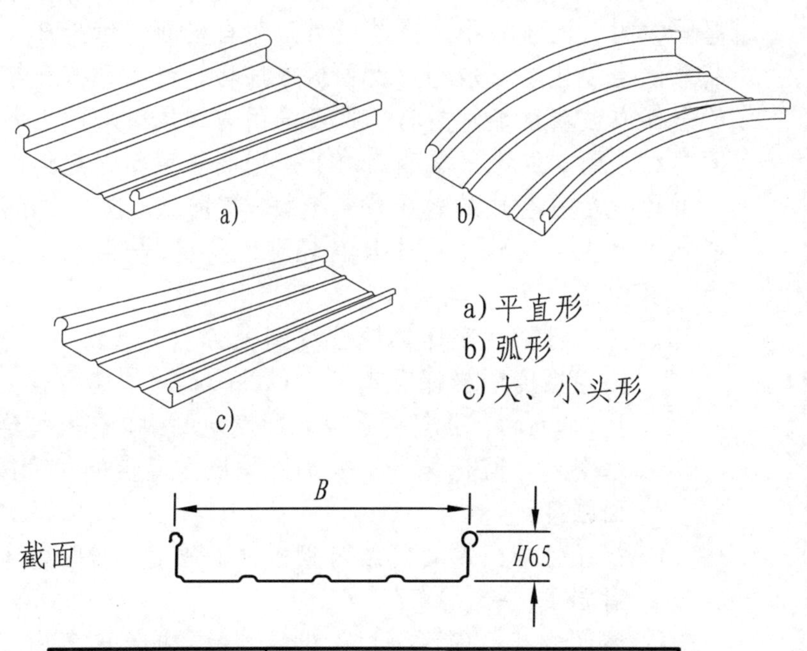

板厚	0.9，1.0，1.2
B	300，400，418等
板长	按客户的要求定制
机械成弧半径	6m（正弧），12m（反弧）
自然成弧半径	60m（正弧），80m（反弧）

北方赤晓组合房屋（廊坊）有限公司

金属夹芯板墙面及屋面系统

一、金属夹心板墙面及屋面系统

该系统是高效保温隔音，优异燃烧等级和环保性能的坚固、耐久围护系统。夹芯板材是用自动化连续生产设备将彩涂金属板冷弯成型后做面板或底板，纤维垂直于钢板的岩棉或玻璃丝棉做芯材（也可采用岩棉或玻璃丝棉做中间芯材，两端发泡聚氨酯封堵），用高强度粘结剂经高压加热固化后复合成的轻质建筑板材。集防火、防水、保温、隔热、承重、装修于一体具有轻质、美观、安装快捷等优点。其性能特点：

1. 防火性能：整体燃烧性达到复合材料A级：不燃；
2. 保温性能：岩棉容重可达120kg/m³，玻璃棉容重可达64kg/m³，阻燃硬质聚氨酯发泡侧封，有效杜绝雨水渗入，防止保温层吸潮而降低保温性能和确保板面强度；
3. 抗压性能：芯材纤维与钢板表面垂直，增强整体抗弯强度；
4. 密闭性能：四面企口，设计独特，抗渗、气密、高强，聚氨酯硬泡优异的防水性能与岩棉（玻璃棉）优异的防火性能完美结合；
5. 耐久性能：隐藏式连接，墙表面无外露螺栓钉头，光洁美观，寿命更长；
6. 隔音性能：提升建筑物隔音效果，避免噪音干扰；
7. 抗震性能：围护结构抗震能力强，保障人身安全；
8. 轻质高强，工程综合造价低；
9. 安装快：施工快捷，较传统建材缩短建设周期。

二、金属夹芯板形状和尺寸

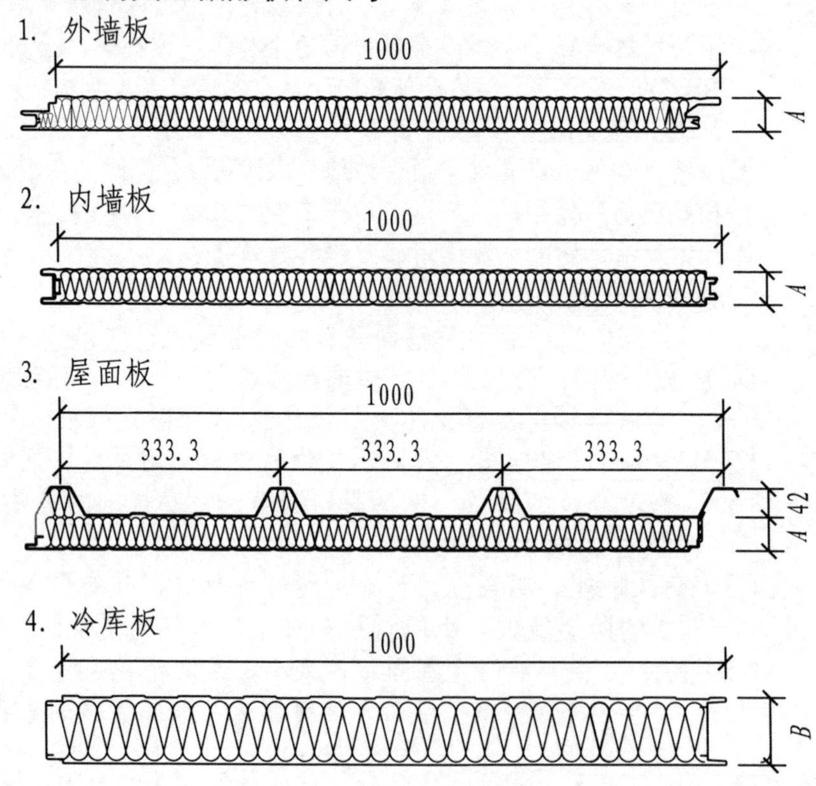

5. 板厚*A*=50，75，80，100，120(mm)

板厚*B*=100，120，150(mm)

以上各种板型的标准覆盖宽度均为1000(mm)，但依据工程项目的实际需要，也可生产如下宽度板：600，700，800，900(mm)等。

江河创建集团股份有限公司业务介绍

江河创建集团股份有限公司是一家在上海证券交易所A股主板上市的大型跨国企业，是集产品研发、工程设计、精密制造、安装施工、咨询服务、成品出口于一体的建筑装饰系统整体解决方案提供商。目前旗下有北京江河幕墙系统工程有限公司、北京港源建筑装饰有限公司、承达集团有限公司、香港梁志天设计师有限公司，四大产业单位强强联合、协同发展，四大品牌并肩驰行、享誉世界。江河创建以“系统创造，集成建设”为经营理念，坚持“标准化，系统化，全球化”发展战略，致力于构建以创意设计为驱动，以标准化的制造为依托，以现场傻瓜式安装为模式的新型绿色建筑体系。江河创建是国家认定技术创新示范企业、国家认定企业技术中心、国际认可CNAS 出口企业检测中心，同时也是国家火炬计划重点高新技术企业、国家认定博士后科研工作站设站企业、全国企事业知识产权试点单位。

主要产品技术涵盖：建筑幕墙、建筑遮阳、幕墙钢结构、专利技术、建筑门窗、金属屋面、研发技术。

其中建筑幕墙包括：光电幕墙、全玻幕墙、构件式幕墙、单元式幕墙、点支式幕墙、智能型呼吸式幕墙等。

建筑遮阳包括：垂直遮阳、水平遮阳、平行遮阳、电动遮阳、光伏遮阳等。

专利技术包括：双层幕墙、可提升移动采光顶、双曲面马鞍型拉索幕墙等。

建筑门窗包括：“65”系列、“55”系列、“50”系列等三大系列，共25个品种的建筑门窗产品，其中包括双层门、窗和透气窗等代表我国门窗技术新成果的新式门窗等。

金属屋面包括：注胶密封式屋面、构造式屋面、聚合物式屋面、直立锁边屋面等。

针对本图集我司特有关于压型铝板屋面及墙面外装饰屋面系统有：万向箍屋面系统、组合卡件式屋面系统、简易卡件式屋面系统、压块式屋面系统。

万向箍屋面系统适用于外观为圆形或者为椭圆形，且对装饰屋面外观平滑度要求高的屋面系统。代表工程——上海世博会演艺中心。

组合卡件式屋面系统适用于外观为异形，且对装饰屋面外观平滑度要求较高的屋面系统。代表工程——山西大同体育中心。

简易卡件式屋面系统适用于外观较为平整，曲面构造简单的屋面系统。代表工程——北京汽车产业研发基地。

压块式屋面系统适用于外观为变化曲面的屋面系统。代表工程——广州国际体育演艺中心。

来实建筑系统（上海）有限公司

来实压型金属产品介绍

一、公司简介

来实®建筑系统是世界领先的金属围护系统制造商之一。博思格来实已有150多年的开发、生产和销售金属围护系统的历史。

来实®建筑系统拥有金属围护系统设计、制造全面而丰富的经验和知识，为客户提供卓越的建筑解决方案。

来实®建筑系统拥有独立的研发中心，致力于新产品的研究、开发和测试。强大的来实研发能力始终在同行业中努力引领技术发展，满足客户需求，追求卓越和创新。

来实®建筑系统拥有高适配度的产品序列，包括KLIP-LOK®暗扣式压型钢板、TRIMDEK®螺钉穿透式压型钢板、SEAM-LOK®直立锁缝压型金属板、FLEX-LOK®直立锁边压型金属板、B-36®结构屋面板等围护系统产品以及2W®、3W®和BONDEK®Ⅱ等结构楼承板产品。

来实®建筑系统广泛应用于工业厂房、体育场馆、电厂、机场设施、会展中心、车站客运中心以及高层建筑等。针对特殊几何形状的建筑，能提供量身定制的解决方案，充分满足各类建筑的不同使用功能和艺术效果的要求。

二、产品分类

产品名称和材料标准	用途	材料类别
KLIP-LOK® 暗扣式压型钢板	屋面 墙面	钢板
SEAM-LOK®75 直立锁缝屋面板	屋面	钢板
SEAM-LOK®32 建筑直立缝板	屋面 墙面	钢板 铝板 钛锌板
TRIMDEK® 螺钉穿透式压型钢板	屋面 墙面	钢板
FLEX-LOK 直立锁边板	屋面 墙面	钢板 铝板 钛锌板
B-36®结构屋面板	屋面	钢板
W®结构楼承板	楼面	钢板
BONDEK®Ⅱ结构楼承板	楼面	钢板
钢板材料标准	AS1397-2011 AS/NZS2728-2013	
铝及铝合金板材料标准	BS EN 485-2:2008	
锌及锌合金板材料标准	EN 988	

来实建筑系统（上海）有限公司

来实压型金属板屋面系统的典型应用

一、FLEX-LOK®直立锁边双层保温压型金属板屋面构造（檩条隐藏式）

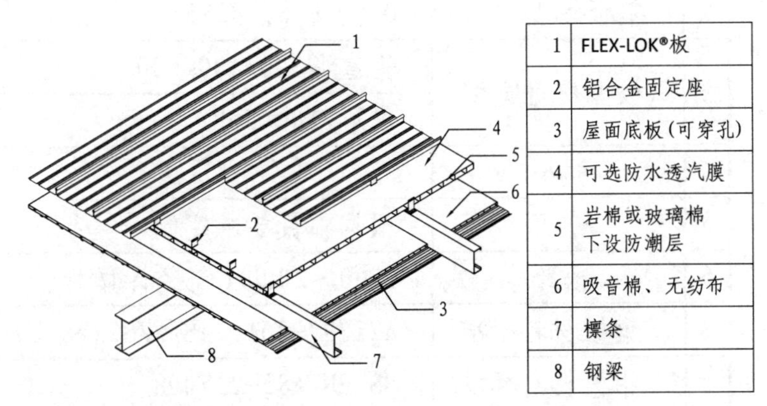

1	FLEX-LOK®板
2	铝合金固定座
3	屋面底板(可穿孔)
4	可选防水透汽膜
5	岩棉或玻璃棉下设防潮层
6	吸音棉、无纺布
7	檩条
8	钢梁

二、FLEX-LOK®直立锁边双层保温压型金属板屋面构造（檩条明露式）

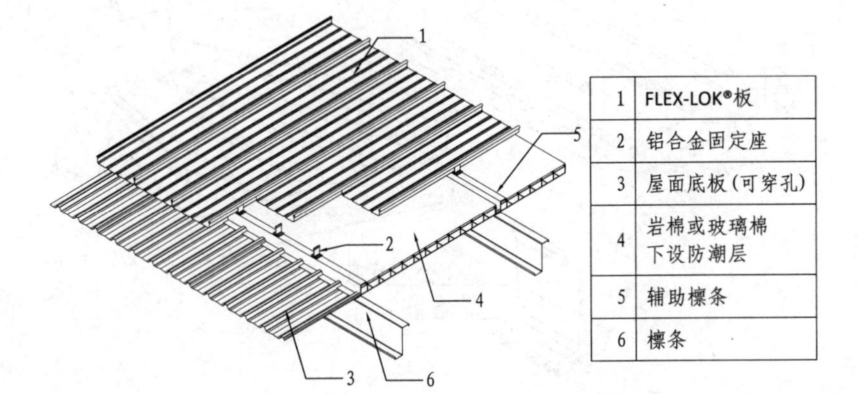

1	FLEX-LOK®板
2	铝合金固定座
3	屋面底板(可穿孔)
4	岩棉或玻璃棉下设防潮层
5	辅助檩条
6	檩条

三、FLEX-LOK®直立锁边双层保温压型金属板屋面构造（大跨度屋面结构系统）

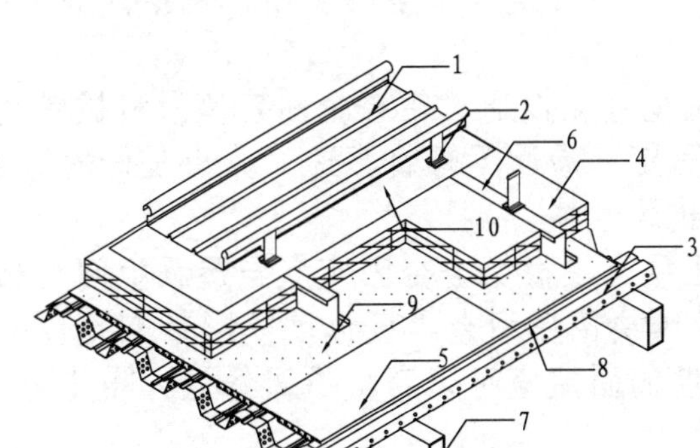

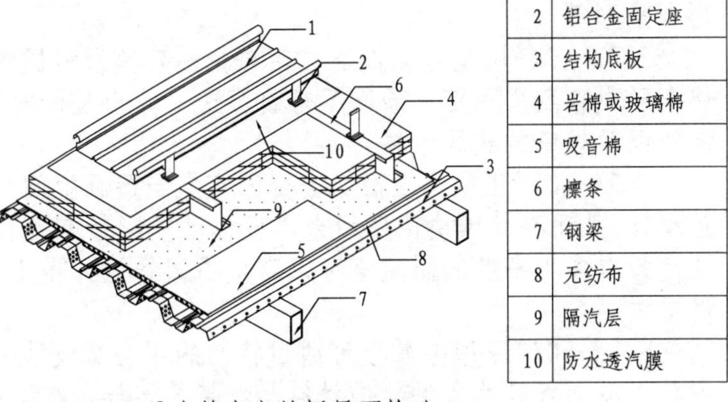

1	FLEX-LOK®板
2	铝合金固定座
3	结构底板
4	岩棉或玻璃棉
5	吸音棉
6	檩条
7	钢梁
8	无纺布
9	隔汽层
10	防水透汽膜

四、SEAM-LOK®建筑直立缝板屋面构造

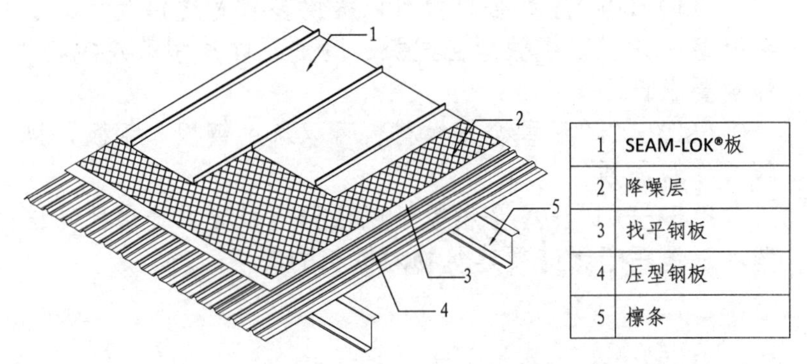

1	SEAM-LOK®板
2	降噪层
3	找平钢板
4	压型钢板
5	檩条

来实建筑系统（上海）有限公司

来实FLEX-LOK®直立锁边系统

一、系统介绍

来实FLEX-LOK®直立锁边系统是极具建筑效果的屋墙面围护系统，可用于多种建筑造型的屋面，包括弧形、球形、扇形等。

FLEX-LOK®压型金属板通过铝合金固定座及机械锁边咬合形成隐藏式固定，屋面无螺钉穿透，具有良好的防水性能以及较好的抗风性能。

FLEX-LOK®压型金属板铝合金固定座与屋面板间可相互滑移,从而有效解决因压型金属板温度变形带来的影响;系统备有多种高度的固定座可以满足不同保温、隔热的厚度要求。

FLEX-LOK®压型金属板可通过特制的铝合金板肋夹与安装在屋面板外的各种装饰材料、灯带等连接，在不影响建筑防水性能的前提下满足各种建筑外观要求，同时提高压型金属板的抗风性能。

FLEX-LOK®压型金属板可以提供多种宽度以及大、小头板型，并可以机械弯曲成弧，满足不同造型的建筑物的外观要求。

FLEX-LOK®压型金属板材料可以选用钢板、铝板、锌板等多种材质。

FLEX-LOK®压型金属板可以根据项目要求提供现场压型，以适用于大跨度建筑物对板长的要求。

二、技术参数表：

1	铝板厚度	0.9，1.0，1.2
2	钢板厚度	0.6，0.8，0.85
3	板型覆盖宽度	平直形300/400/500
		扇形210～500
4	肋高	65
5	长度	根据项目要求定制
6	板跨	1500～2000（需经计算）
7	钢板材料标准	AS1397-2011 AS/NZS2728-2013
8	铝板材料标准	BS EN 485-2:2008

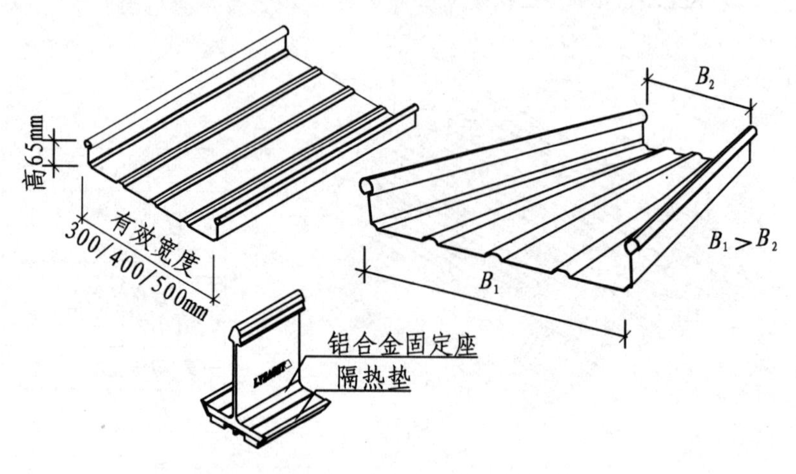

FLEX-LOK®固定座（缺牙锥形头）

来实建筑系统（上海）有限公司

来实SEAM-LOK®建筑直立缝系统

一、系统介绍

来实SEAM-LOK®是一种高品质、性能卓越的直立锁缝屋面和墙面系统，可适用于多种建筑造型需要，包括弧形、球形、小坡度和扇形等，展现现代建筑丰富的设计风格。

SEAM-LOK®压型金属板通过不锈钢固定件及机械锁边咬合形成隐藏式固定，屋面无螺钉穿透，具有良好的防水性能及出色的抗风性能。不锈钢滑移式固定件有效解决了压型金属板温度变形带来的影响。

SEAM-LOK®压型金属板锁缝形式可以根据屋面及墙面位置选择不同的锁边形式，满足不同的建筑效果，简图如下：

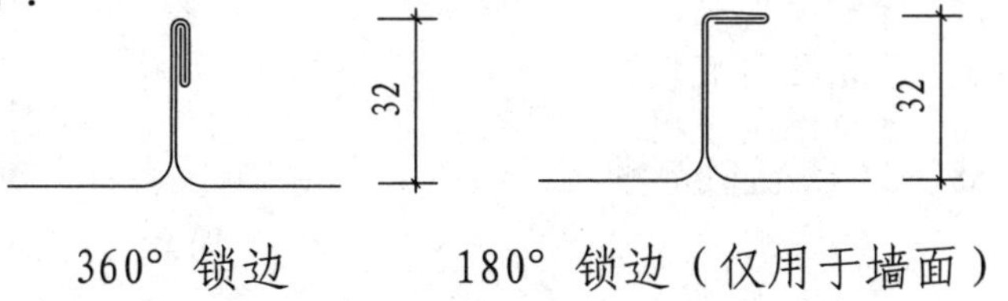

360° 锁边　　180° 锁边（仅用于墙面）

SEAM-LOK®压型金属板可以提供多种宽度以及大小头的板型，并可以机械弯曲成弧，满足不同造型的建筑物外观要求。

SEAM-LOK®压型金属板材料可以选用钢板、铝板、锌板、铜板等多种材质，使建筑外观具有不同材质和颜色。

SEAM-LOK®压型金属板可以根据项目要求提供现场压型，以适用于复杂体形的建筑物的制作和安装要求。

二、技术参数表：

1	铝板厚度	0.80
2	钢板厚度	0.60
3	锌板厚度	0.70
4	有效宽度	平直形310/410/510
		扇形90～510
5	肋高	32
6	长度	根据项目要求定制
7	固定座间距	300～600（沿肋长度方向）
8	钢板材料标准	AS1397-2011 AS/NZS2728-2013
9	铝板材料标准	BS EN 485-2:2008
10	钛锌板材料标准	EN 988

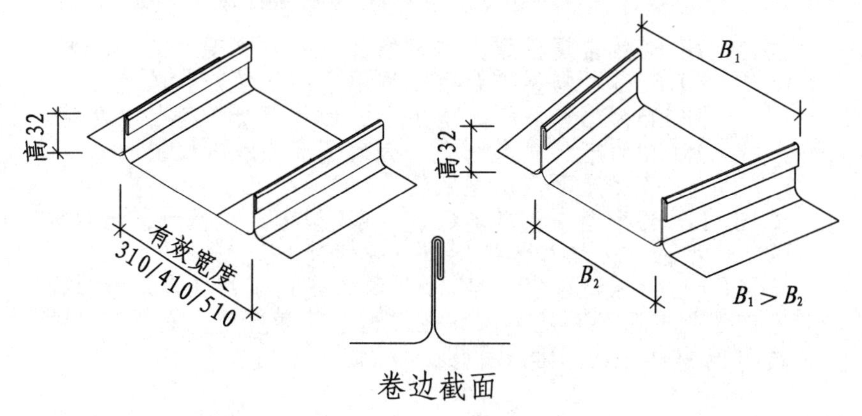

卷边截面

上海亚泽新型屋面系统股份有限公司

ALL-ZiP屋面用压型铝板

一、我公司压型铝板板型

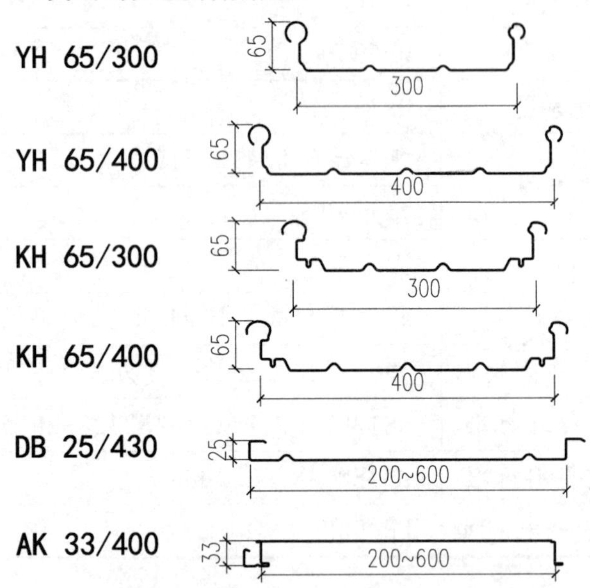

注:1. YH 65是常规板型，其为扇板时有效宽度为300~600。
2. KH 65是加强型咬合板，适用于风压值较大的地区。
3. DB 25为扇型底板，适用于弧形体育场馆等公共建筑。
4. AK 33为暗扣式屋面板，有效宽度为200~600。
5. ALL-ZIP屋面用压型铝板厚t=0.7~1.2。
6. KH 65板型在板肋内侧有两条U型槽，这基于：增加板型强度；增加板型的抗风揭性能。

以上KH 65、DB 25、AK 33板型都是由上海亚泽新型屋面系统股份有限公司研发，并在工程中获得应用，具有广泛的适用范围的特点，材质可铝、可钢。

二、产品介绍

ALL-ZIP屋面用压型铝板是一种极具性价比、适用于屋面整体抗风性能要求较高的大型公共建筑屋面防水层的金属屋面材料，可根据建筑及结构设计需求采用0.7~1.2厚度的压型铝板，其具有明显提升屋面整体抗风性能的优点。且强度适中、耐候、耐蚀、易于弯弧加工，且具有较长使用寿命的新一代高强度屋面用压型铝板。

三、常用构造层次

1. ALL-ZIP屋面用压型铝板；
2. 防水透气膜；（I级防水屋面选用）
3. 专用铝合金可滑动固定座；
4. 保温、隔热层；
5. 玻璃棉吸音层；
6. 防水隔汽膜；
7. 穿孔压型底板；
8. 屋面檩条系统。

四、ALL-ZIP系统轴测图

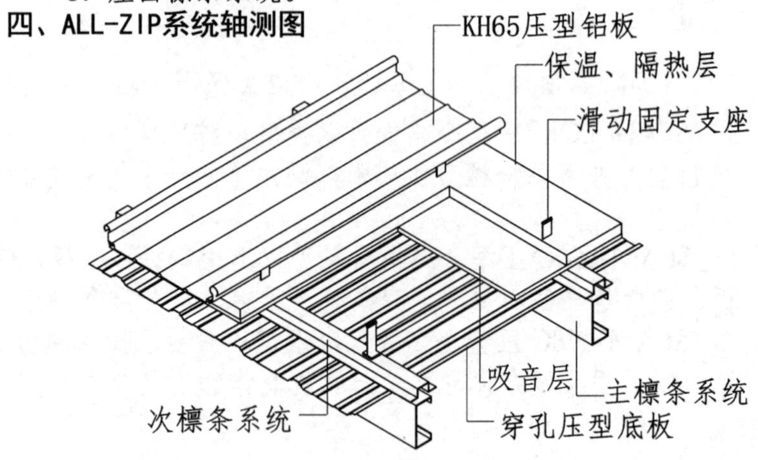

上海亚泽新型屋面系统股份有限公司

（续）ALL-ZiP屋面用压型铝板

五、产品特点

1. ALL-ZiP屋面用压型铝板材质强度适中、耐候、耐蚀、易于弯弧加工；
2. 经咬合锁边后成为金属防水、承重层，防水效果好；
3. 屋面板配合专用铝合金滑动支座，采用新型咬合方式，波峰位置公、母扣与支座完全咬合，由滑动支座适应屋面板热胀冷缩，增加了屋面整体的抗风能力，彻底解决负风压较大情况下可能被吹脱的风险；
4. 屋面板波谷两侧采用加强梯形构造，配合专用滑动支座，增强负风压情况下波谷位置的抗风性能力；
5. 基板材料环保，多种厚度可选，可循环回收利用，为绿色环保建材。

六、屋面用压型铝板主要零配件

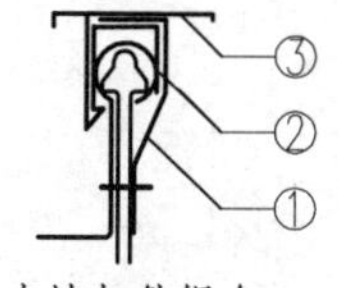

山墙扣件组合

①固定件：固定于支座立板上，限止屋面上移；
②槽形扣件：倒扣于屋面板板肋上，起到对纵肋加强作用；
③丁字形扣件：扣在槽型扣件上，起到对泛水板支撑、连接作用。山墙丁字形扣件组合作用在屋面板与建筑山墙连接处，是泛水板防水的支撑点。

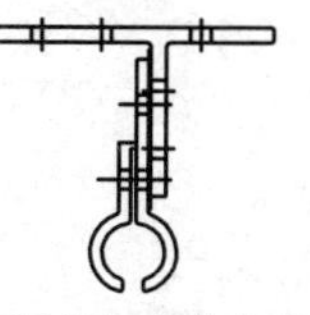
可调节铝合金夹具

可调节铝合金夹具的作用是在金属屋面上做装饰层时可在不影响原屋面的前提下为安装上部构造层次起到承上启下的关键作用，并在一定范围内可调节安装时产生的偏差，实现外表面极佳的平整度或弯曲度。

KH65型板专用支座

①铝合金滑动支座：此支座与传统屋面板的铝合金支座有着很大区别，它的支座顶部有一个圆弧沟槽，它可以牢牢的扣住屋面板的小耳边，防止屋面板因施工锁边不紧密时屋面板脱落，提高屋面板整体抗风揭性能。
②PEDM支座卡槽：屋面支座镶嵌于卡槽中，右边的U型凹槽可固定屋面板板肋侧的U型槽，增加屋面板的整体抗风揭性能。
③工程塑料卡槽座。

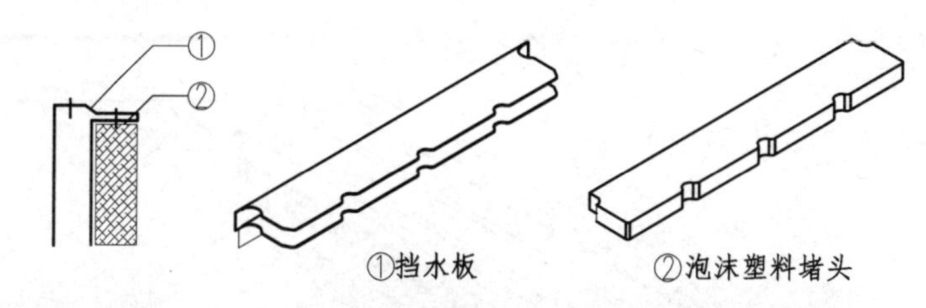

①挡水板　②泡沫塑料堵头

①屋脊挡水板：固定于屋面板的高端处，用铆钉把挡水板两端的耳片固定于屋面板板肋上，屋脊盖住铆钉，盖板固定于金属堵头中间的金属板上，使屋面整体看不到铆钉孔，保证屋面的防水效果。
②屋脊泡沫塑料堵头：镶嵌于挡水板卡槽内，可以防止屋面雨水沿底部板向上溢流。

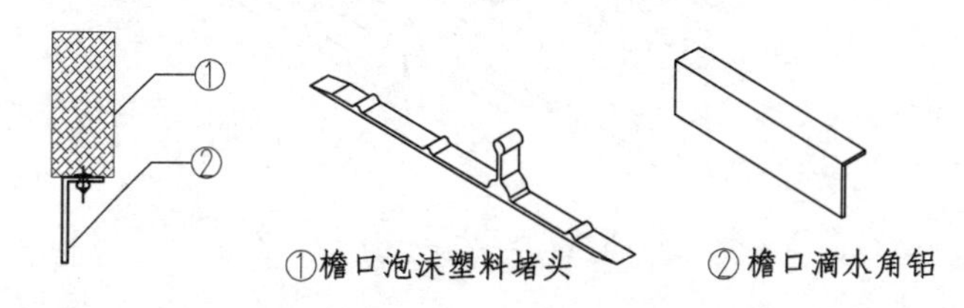

①檐口泡沫塑料堵头　②檐口滴水角铝

①檐口泡沫塑料堵头：固定于屋面板的低端下方，镶嵌于屋面板板肋的空隙处，可以防止雨水顺着屋面底板向室内溢流。
②檐口滴水角铝：固定于屋面板的低端处，用铆钉与底板可靠连接，对檐口泡沫塑料堵头起到撑托作用，且将板端连成一体，有防止雨水向上溢流和加强檐口刚度的作用。

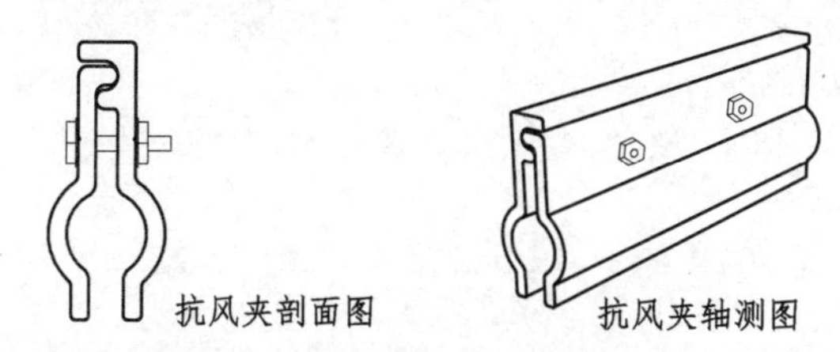
抗风夹剖面图　抗风夹轴测图

铝合金抗风夹：在负风压大的地区，在金属屋面施工完成后，在屋面板肋上夹上铝合金抗风夹，用不锈钢螺栓左右连接、夹紧，可以增加屋面咬合板肋的抗风性能，以防止压型铝屋面板被风吹落。

北京启厦建筑科技有限公司

直立锁边压型铝板屋面系统

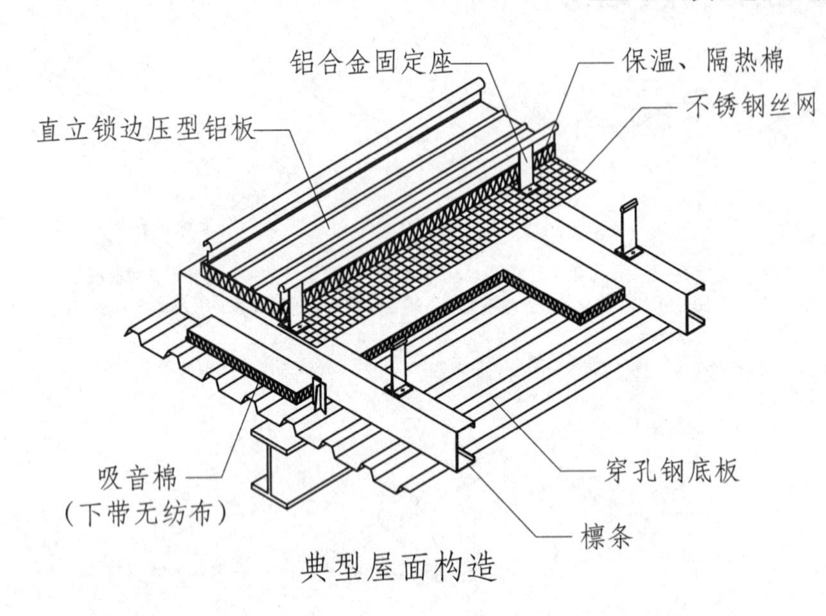

典型屋面构造

一、屋面板材质

采用3004 H36/H46优质铝锰合金板，屈服强度不小于190MPa，抗拉强度不小于240MPa，延伸不小于3%。亦要求可提供5052/5754铝镁合金板。

二、屋面板板型

可生产直板、弯板、扇形板、扇形弯板。

三、屋面板涂层

可提供氟碳涂层、聚酯涂层、原色光面、原色锤纹、阳极氧化、阳极镀锌等多种表面处理。

四、屋面板厚度

可提供0.8/0.9/1.0/1.2等厚度。

五、零配件

固定座采用6061 T6高强铝合金，配件齐全，可提供装饰板、种植屋面、太阳能光伏一体化、防坠落系统等全面解决方案。

六、配套产品

可提供屋面采光天窗系统、檐口装饰板系统、虹吸排水系统、天沟融雪系统、性能百叶系统、天花吊顶系统等围护系统专业配套产品。

七、产品扩展

可提供直立锁边钢板、铜板、不锈钢板、锌板等其不同材质选择。

八、弯曲半径技术参数:

正弯弯曲			
板　厚	0.9	1.0	1.2
最小半径	6.0 m	3.0 m	1.5m
反弯弯曲			
板　厚	0.9	1.0	1.2
最小半径	10.0 m	7.0 m	7.0m
扇形正弯			
板　厚	0.9	1.0	1.2
最小半径	8.0 m	7.0 m	7.0m
扇形反弯			
板　厚	0.9	1.0	1.2
最小半径	10.0 m	8.0 m	8.0m

北京启厦建筑科技有限公司

焊接不锈钢屋面系统

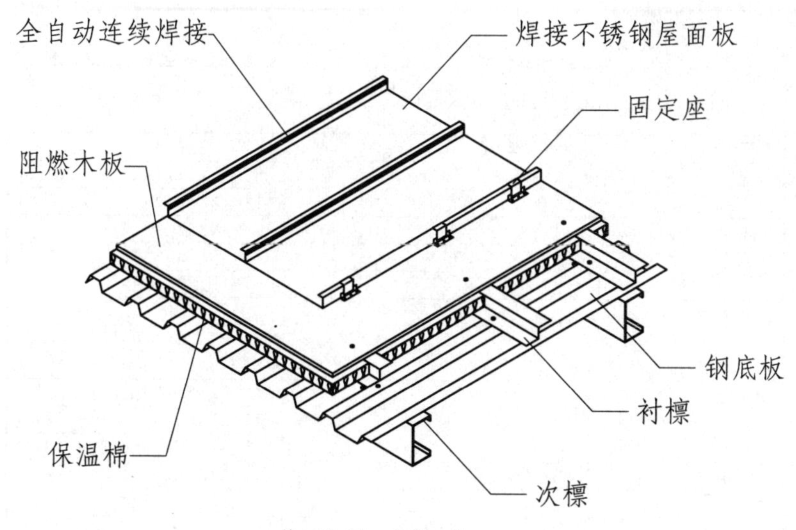

典型屋面构造一

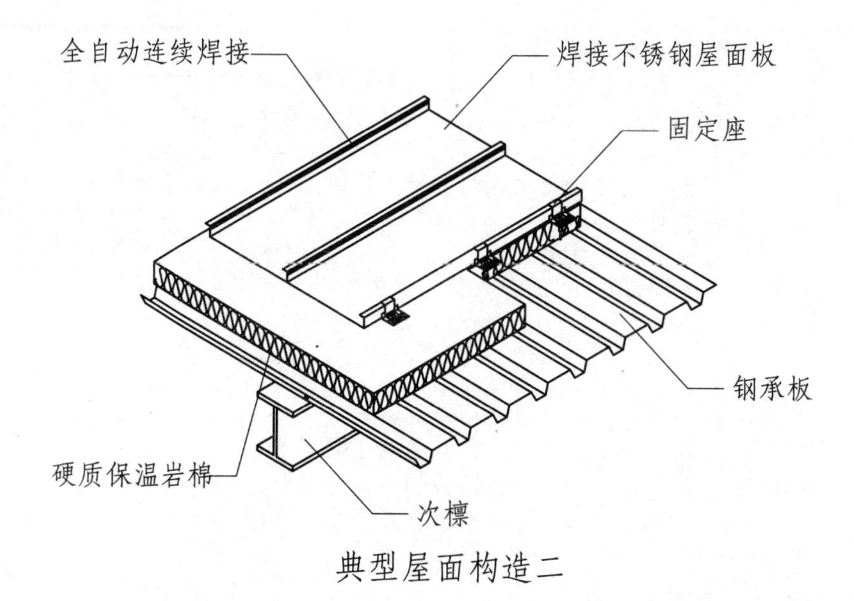

典型屋面构造二

一、屋面板材质

采用304/316奥氏体不锈钢，也可采用445 J1/445J2高纯铁素体不锈钢。

二、屋面板板型

板肋高度25～35，板宽任意，可生产直板、弯板、扇形板、扇形弯板。

三、屋面板厚度

0.4或0.5。

四、阻燃木板支撑层

可选用0.6～0.8厚压型钢板+1.0厚镀锌平钢板代替。

五、焊接屋面系统优势

1. 屋面所有连接处采用高速自动焊接，100%不漏水。
2. 耐腐蚀性好，适用于各种严酷环境，使用寿命长达80年。
3. 屋面板与固定座焊接在一起，无风掀隐患。
4. 不锈钢热膨胀系数远低于铝、铜、锌等金属，无温度应力破坏之忧。
5. 防水原理为结构性阻水，无最小坡度限制。

汕头市顺信贸易有限公司

多功能薄型卷材—拔热®(PARSEC THERMO-BRITE®)隔热、保温、防水铝箔

一、名称、功能、标准

1. 名称：拔热®(PARSEC THERMO-BRITE®)隔热、保温、防潮箔(以下简称"拔热®")是应用美国太空总署(NASA)研发技术，由新加坡力大高控股有限公司生产的具备多层、薄型、高反射、金属铝箔涂层的高科技产品。在建筑工程中成为建筑屋面及墙面围护结构系统的多功能、多用途新型卷材。它以加固层——高密度聚乙烯为中心层，上、下均为具有高反射率阻断红外线的金属铝箔，铝箔外表敷涂反射的保护涂层、形成多功能、复合、薄型卷材。

2. 功能：具有隔热（夏热地区）、保温（严寒、寒冷、冬冷地区）、防水（多雨地区）、隔水蒸汽（多结露地区）等基本性能。此外，还具有耐候性（耐盐雾、酸雨等）、抗湿热性、气密性、水密性等功能，对建筑金属或瓦、石等为外板的围护结构系统起到提升综合功能的显著作用。

3. 隔热、保温、防潮铝箔系新加坡力大高公司授权本公司在中国销售。

二、规格和施工特点

本产品具有一定强度、≥95%以上反射辐射热、节能效果优越的特点，适用用于屋面及墙面、吊顶、地面、夏天隔热，冬天保暖、对金属屋面及墙面以及金属瓦、石材为外板的屋面及墙面能起到第二道防水层作用，达到提高一个防水等级的目的。

规格

（1）卷材尺寸规格：1.25m×96m/卷

（2）胶带尺寸规格：（38、50)×91.4m/卷

本产品施工时由于抗拉强度可达3.81kN/m，无需钢丝网支承，可直接铺设于钢、木檩条上。搭接部分只需要50至75，用特制拔热®粘接即可，具有施工操作简单方便、节约工时的特点。

三、性能指标

项目 \ 性能	拔热®(PARSEC THERMO-BRITE®)	检测标准
反射率	±95%（双面）	ASTM C1371-98
放射率	±5%（双面）	ASTM C1371-98
纵向抗拉强度	3.81 kN/m	ASTM D882-97
横向抗拉强度	4.12 kN/m	ASTM D882-97
纵向伸长断裂率	30 kN	ASTM D1938-94
横向伸长断裂率	24 kN	ASTM D1938-94
表面耐燃	1 级	BS 476 Part 7
火焰扩散	0 级	BS 476 Part 6
水蒸气渗透率	0.040	ASTM E96 Procedure A
耐酸性	无影响	5% HCL 浸泡 48h
耐盐雾性	无影响	MIL-STD-810 Method 507
湿气测试	无影响	MIL-STD-810 Method 509
导热系数	0.033（W/mk）	MIL-STD-810
厚度	±150μ	
重量	尺寸 1.25m×96m 时卷重 17kg	

四、适用范围

1. 在夏天炎热地区的建筑屋面及南、东、西等墙面上用作反射辐射热的隔热层，放在金属、或瓦、石材等屋面顶板或外墙板的内侧。

2. 在冬天严寒、寒冷、冬冷地区的建筑屋面及北、东、西等墙面上用作保温层，放置位置也在内侧。

3. 为了防止结露，在保温（或隔热）层的下方用作隔汽层，防止水蒸汽渗透到金属屋面板的下方或金属屋面板的内侧面，防止冷凝水形成。

胶带 4. 在金属或瓦、石材等顶板或外墙板内侧用作防水层，采用拔热®胶带连接以提高水密性，成为第二道卷材防水层。

五、施工技术要求：本公司专营该产品的销售和施工，可详见我公司编制的《拔热®金属隔热箔施工技术指南》。

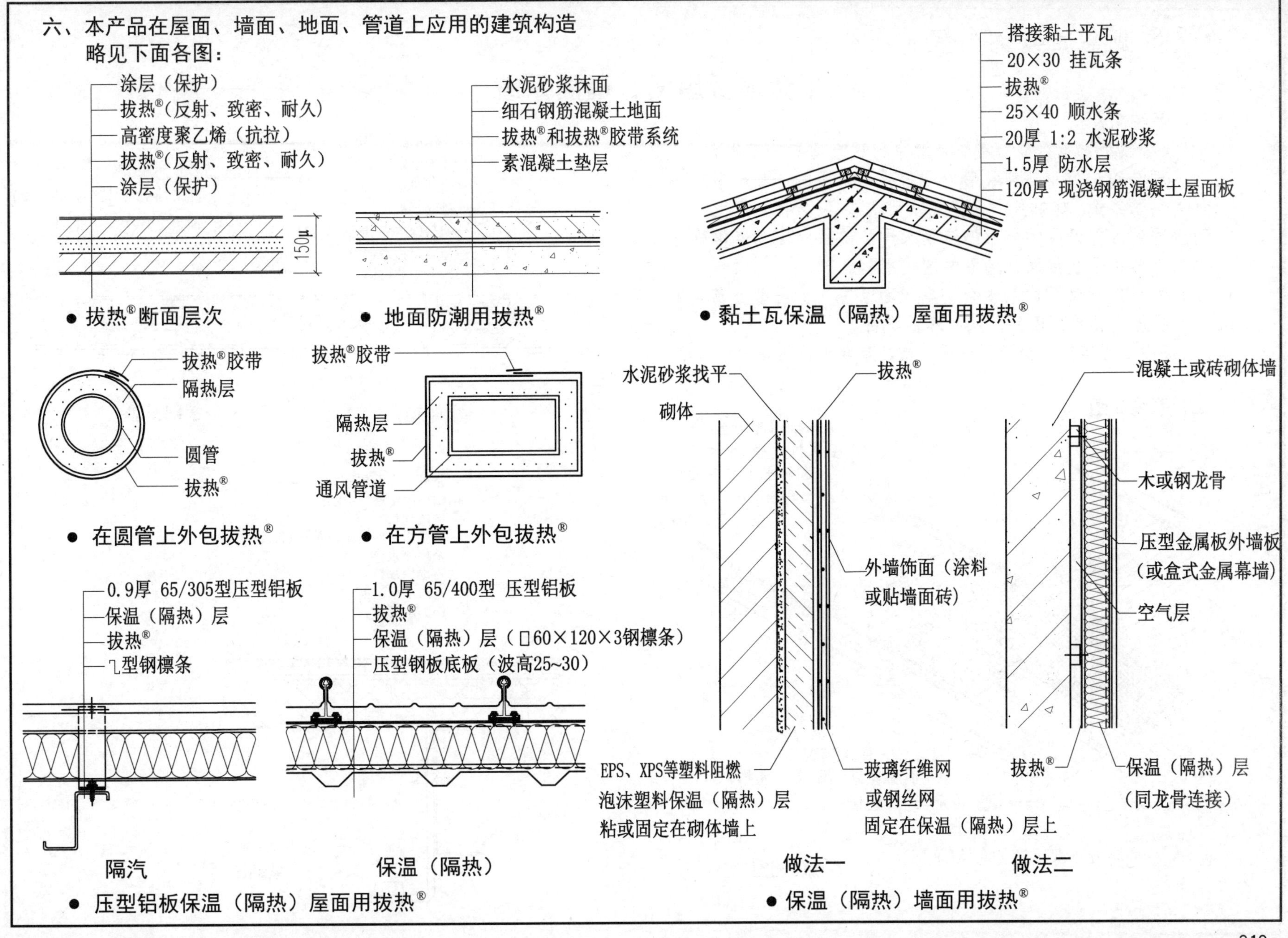

六、本产品在屋面、墙面、地面、管道上应用的建筑构造
略见下面各图：
涂层（保护）
拔热®（反射、致密、耐久）
高密度聚乙烯（抗拉）
拔热®（反射、致密、耐久）
涂层（保护）
150μ
● 拔热®断面层次
水泥砂浆抹面
细石钢筋混凝土地面
拔热®和拔热®胶带系统
素混凝土垫层
● 地面防潮用拔热®
搭接黏土平瓦
20×30 挂瓦条
拔热®
25×40 顺水条
20厚 1:2 水泥砂浆
1.5厚 防水层
120厚 现浇钢筋混凝土屋面板
● 黏土瓦保温（隔热）屋面用拔热®
拔热®胶带
隔热层
圆管
拔热®
● 在圆管上外包拔热®
拔热®胶带
隔热层
拔热®
通风管道
● 在方管上外包拔热®
水泥砂浆找平
砌体
拔热®
外墙饰面（涂料
或贴墙面砖）
EPS、XPS等塑料阻燃
泡沫塑料保温（隔热）层
粘或固定在砌体墙上
玻璃纤维网
或钢丝网
固定在保温（隔热）层上
做法一
混凝土或砖砌体墙
木或钢龙骨
压型金属板外墙板
（或盒式金属幕墙）
空气层
拔热®
保温（隔热）层
（同龙骨连接）
做法二
● 保温（隔热）墙面用拔热®
0.9厚 65/305型压型铝板
保温（隔热）层
拔热®
ℸ型钢檩条
隔汽
1.0厚 65/400型 压型铝板
拔热®
保温（隔热）层（□60×120×3钢檩条）
压型钢板底板（波高25~30）
保温（隔热）
● 压型铝板保温（隔热）屋面用拔热®

北京信诚金通装饰工程有限公司

平金属板屋面、墙面系统

一、系统简介

平金属板屋面、墙面系统是北京信诚金通装饰工程有限公司代理台湾广懋材料科技股份有限公司研发的一款新型建筑外表装饰系统。建筑外表面呈现平面状态，没有任何突出部分，雨水通过内部设置的导水槽流至水沟，确保雨水迅速排放出，适用于各种形状屋面、墙面的围护用材。

该系统能代替国内的复合金属屋面系统（如压型金属板屋面上再做一层装饰板），从而降低造价。

应用工程实例：台湾天母体育馆，台北大巨蛋体育中心等。

二、系统简图

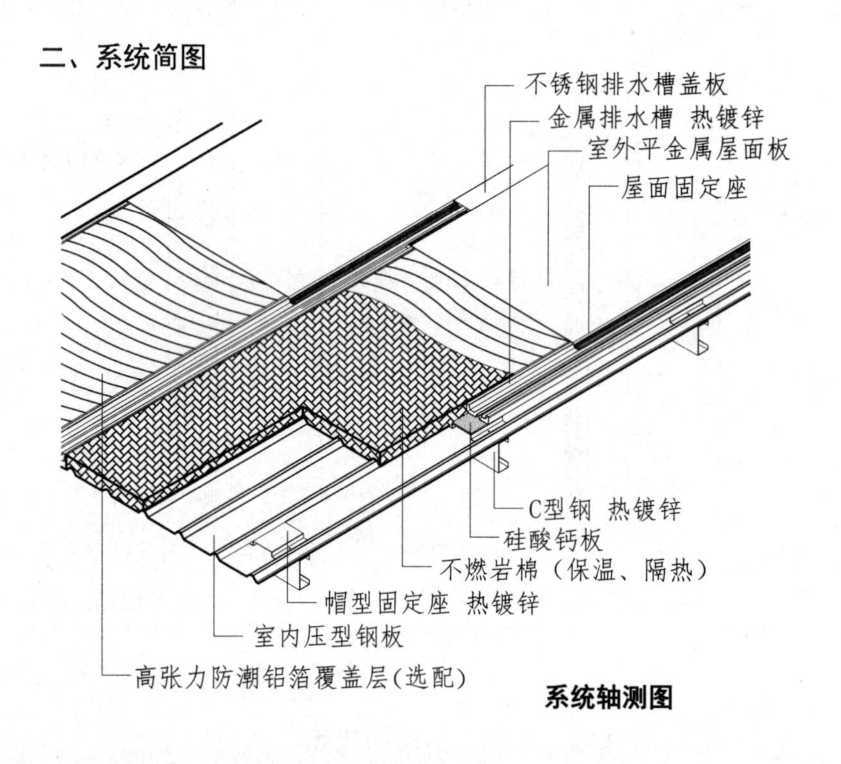

系统轴测图

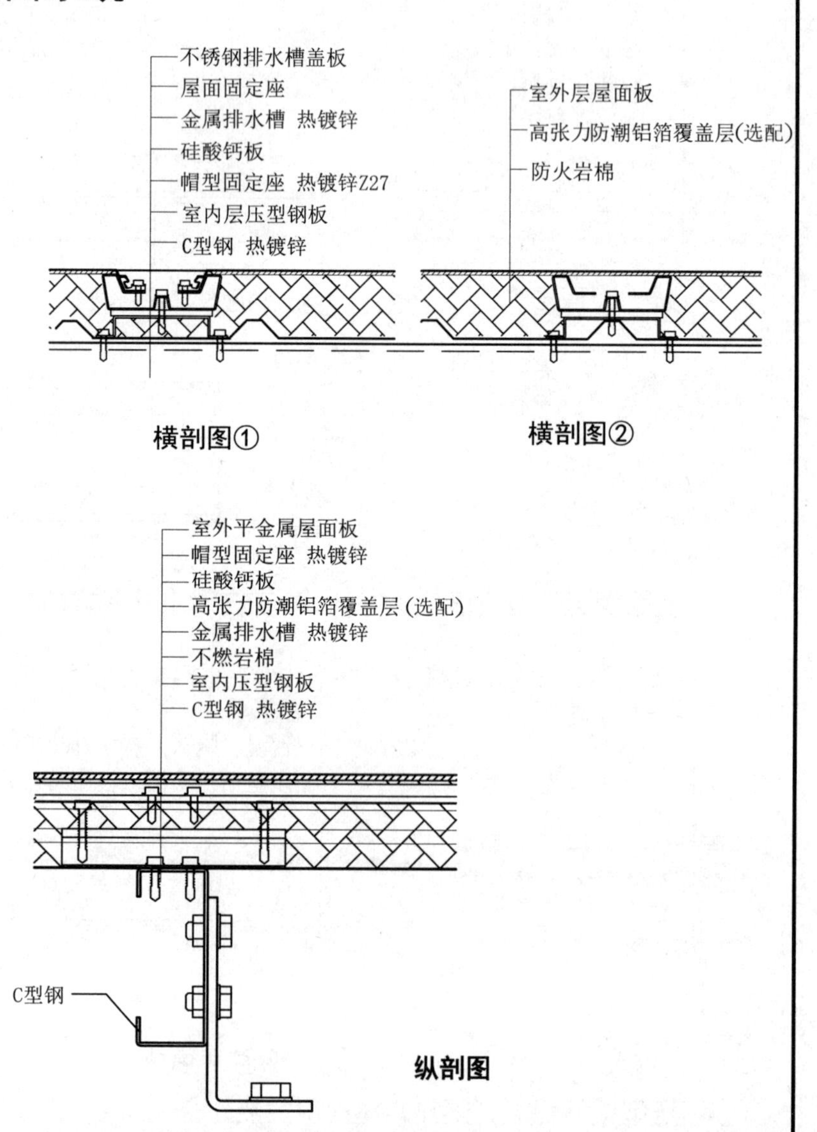

纵剖图

北京信诚金通装饰工程有限公司

钛锌合金装饰复合板

一、产品介绍

钛锌合金装饰面复合板是北京信诚金通装饰工程有限公司代理销售台湾广懋材料科技股份有限公司研发的一款新型建筑外层装饰材料，由钛锌板与镀锌钢板、镀铝锌钢板、不锈钢、铝合金板等金属薄板经特殊工艺复合而成；外表面为钛锌板，具有钛锌板的耐久性，内层面为其他金属材料，芯层为粘结材料。内层板常为镀锌钢板，使钛锌合金装饰面复合板具有很高的耐火性能、较强的延展性、优越的平整性，具有质量轻、造价低等优点，为建筑师提供了一种更具特色的建筑绿色材料。

钛锌复合板生产工艺是一项专利技术，将不同金属薄板能够有效复合，且达到较高剥离强度，上层金属为高耐蚀性之钛锌合金，下层金属可为镀锌钢，镀锌铝钢板，或是轻量的铝合金板，强度高、价格低，以轻、强、环保、效益高的优越性替代现有单层金属板材的刚度不足。

钛锌合金板主要组成为99%锌以及少量的钛、铜等，符合美国标准ASTM B69及欧洲标准BS EN988。钛锌合金在外界自然环境中，会自然形成碳酸锌保护层，渐变为蓝灰色的独特颜色感，具有很高的耐候性，比钢、铝等一般金属更耐久，使用寿命可达80年。

二、加工性能

钛锌合金装饰面复合板适用于辊压冷弯成型，以及多种钣金机械加工，并可应用于高标准建筑的装饰用金属板材。

例如：GM T-LOCK造型屋瓦系统，遮阳/百叶窗系统，同时适用于多种屋面及墙面组合，例如：GM610屋面双重扣合系统，GM P-LOCK屋墙面扣合系统，可直接取代目前的各类单一金属材料。

三、主要优点

(一) 质量轻 、强度高、更环保 。

(二) 两种材料复合后，抗拉强度介于两金属之间。

(三) 用较贵金属为面材，一般金属为底材，便可以获得较好的经济效应。

(四) 不仅抗弯强度高、抗剥离性能好，而且均皆可达到所需求的功能要求。

(五) 可以适用于多种外部形态的屋面及墙面。

四、产品规格

(一) 高强度型

钛锌板（0.4厚）+镀锌钢板（0.3~0.5厚）

钛锌板（0.4厚）+镀铝锌钢板（0.3~0.5厚）

钛锌板（0.4厚）+不锈钢板（0.3~0.5厚）

(二) 轻量强度型

钛锌板（0.4厚）+铝镁锰板（0.3~0.5厚）

五、钛锌板和钛锌复合板性能指标比较表明，复合板比单一材质的薄板具有更高的性能比，列表如下：

序号	性能指标	钛锌合金板	钛锌复合板
1	抗拉强度	194MPa	219MPa
2	屈服强度	145MPa	229MPa
3	熔化强度	415℃	1300℃
4	弹性模量	$6.96\times10^3\times10^3$MPa	$7.79\times10^3\times10^3$MPa

陕西华邦建设工程有限公司

钢结构节能屋面和墙面

一、构造层功能

1．防水透气层：采用防水透气膜，具有透气性和水密性，能满足屋面既能防水又能透气的要求。

2．保温（隔热）层：采用不燃、防火、防虫害、耐腐蚀、化学性能稳定的绿色环保材料，对人体和环境无害，同时具有节能功能，如玻璃棉、矿棉、岩棉等隔热材料。

3．无纺布是由定向、随机纤维组成的环保材料，具有防潮、透气、柔韧、质轻、阻燃、易分解、无毒、无刺激、可循环使用等特点。

4．隔汽层：隔绝水蒸汽的渗透，防止在金属顶板下方或外板内侧上产生冷凝水，常用塑料薄膜。

5．吸音、装饰层：采用穿孔或不穿孔的涂层压型钢板、色彩多样，因孔径、穿孔率不同具有不同的吸声效果，同是且有较强的装饰效果。

二、节能屋面

屋面顶板为咬口型铝合金板或涂层压型钢板，其下分别为右图1中的各层次组成。冷弯型钢檩条位于保温（隔热）层内，典型层次构造具有自重轻，保温（隔热）层直接铺设在檩条上，施工简单，节约工时，降低劳动强度，工程质量有保证。

三、节能墙面

墙板外板用波高稍大些的涂层压型钢板，中间是墙梁，内板用波高稍小些的涂层压型钢板，在墙梁上下、左右铺设兜住玻璃棉的镀锌铁丝网。在铁丝网和压型钢板之间压住保温（隔热）层，中间留有墙体空腔，典型构造层次见图2，图中可以看到：从外到内的各层次组合。冷弯型钢墙梁位于中间，构造简单、紧凑、施工方便，工作面内外方向同时展开、施工进度快。

四、适用范围

本公司的节能屋面及墙面适用于工业厂房、公共建筑、中小型体育馆等轻型钢结构建筑。

五、专利号及专利名称

1．节能屋面：一种防水透气吸音的钢结构屋面节能技术

专利号：ZL 2013 2 0336060.1

2．节能墙面：一种具有保温、隔热、装饰吸音的钢结构建筑墙体节能技术

专利号：ZL 2013 2 0336054.6

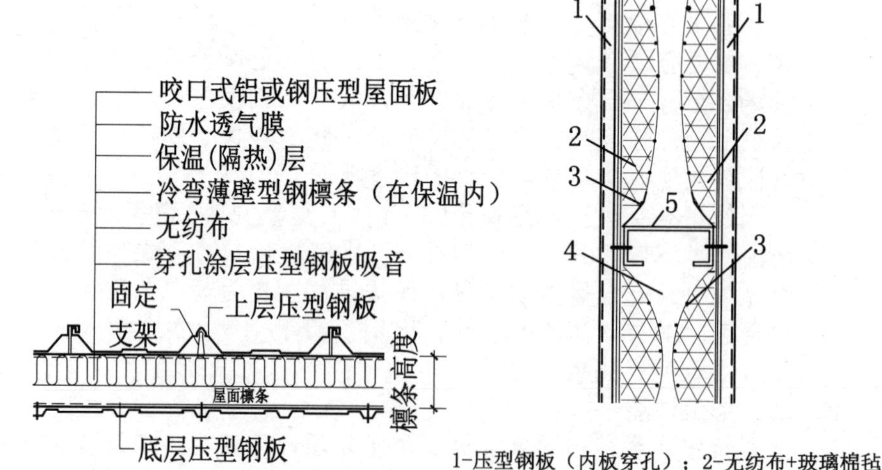

图1 节能屋面　　图2 节能墙面

上海舜宝彩钢结构有限公司介绍

上海舜宝彩钢结构有限公司是专业生产建筑用钢结构、薄壁冷弯轻钢檩条和墙架、围护系统彩钢压型板、高层建筑楼面钢承板、复合夹芯保温彩钢板（玻璃棉或岩棉芯层）、FRP增强玻璃纤聚酯采光板、阳光板、成品通风天窗等各种产品及其配套专用零配件，并集生产、销售、钢结构工程承包与设计于一体的新技术企业，已有三十多年的企业历史。

公司总部位于上海市宝山区蕴川路3738号，公司下设余姚公司、包头分公司、天津分公司。公司设有：压型板、钢结构、零配件加工三个大型生产车间及项目管理部。公司拥有各种型号的彩钢压型板、冷弯轻钢檩条及钢结构生产线三十余条，年生产钢结构12000吨以上，压型金属板300万平方米以上。目前，公司集聚了经验丰富的工程技术、施工管理、加工制作、设计、安装专业技术人才，对各类钢结构及建筑金属围护系统从施工详图设计、加工制造到施工安装一条龙服务。

早在1982年公司就开始生产金属压型板所需要的配套零配件，是国内最早研制、生产压型金属板零配件的企业。在八十年代初，与原冶金部建筑研究总院进行技术合作，研制生产出ML-850R单向固定螺栓和R-8单向连接螺栓等各种压型金属板屋面及墙面所用整套配套件，并获冶金工业部科技成果三等奖，1988年为冶金部颁布的YBJ216-88《压型金属板设计施工规程》中的零配件标准提供了关键的技术支持。1998年，宝钢三期工程指挥部对宝钢三期工程主厂房屋面采用的角驰III型压型板提供固定支架等零配件的技术标准和验收规程，制定了《角驰III型压型板屋面固定支架技术标准》。于1989年研发生产的角驰III型系列隐藏式屋面压型板、HP（SP）——300型隐藏式墙面压型板等多项新产品。经过三十多年的努力，本公司产品在多项国家重点工程项目中被选用，并得到社会各界广泛的认同和赞誉，并在全国各个领域的工程建设中得到了大面积的推广使用：在全国各地，尤其是钢铁、有色金属、仓储、物流等各类建筑工程中，超过10万平方米以上的工程已有100多项，压型金属板和钢结构工程总面积超过2000万平方米，其质量和服务得到了全国各地用户的高度好评。

坚持用户至上，一切为用户着想，让用户满意，使用户放心，是本公司企业发展的基本宗旨。始终抱着“诚信、踏实、开拓、创新”的企业精神，以先进的技术、优质的产品、良好的服务树立企业形象和信誉，坚持合作共赢，竭尽全力为用户提供尽善尽美的服务，以积极、优质的售后服务解决用户的后顾之忧，同时也为本公司的发展获得更多机遇。

压型金属板产品简介

上海舜宝彩钢结构有限公司提供几十种用于建筑屋面及墙面的压型金属板（彩色涂层钢板、铝合金板、锌合金板、不锈钢板、铜合金板等多种材质）的全部优良品质的基本板、异型板、相应全套零配件，并达到抗风揭、无渗漏等基本功能目标。这里列举压型金属板型12例：

1. 角驰SX-Ⅲ-600型（H114-屋面用）

2. 角驰SX-Ⅲ-720型（H90-屋面用）

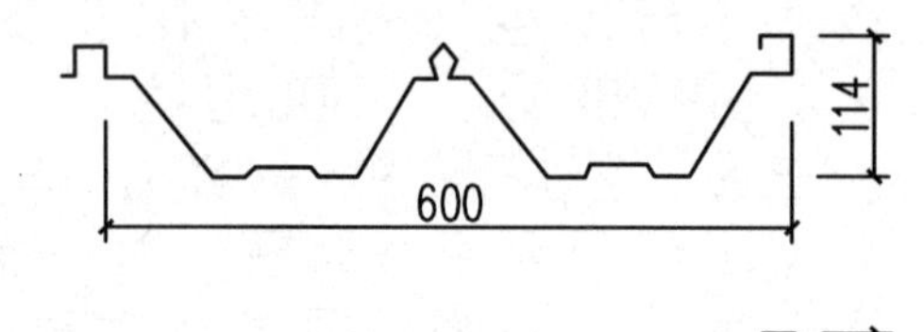

3. 角驰SX-Ⅲ-760型（H75-屋面用）

4. 角驰SX-Ⅲ-675型（H114-屋面用）

5. 角驰SX-Ⅱ-B-360型（H71-屋面用）

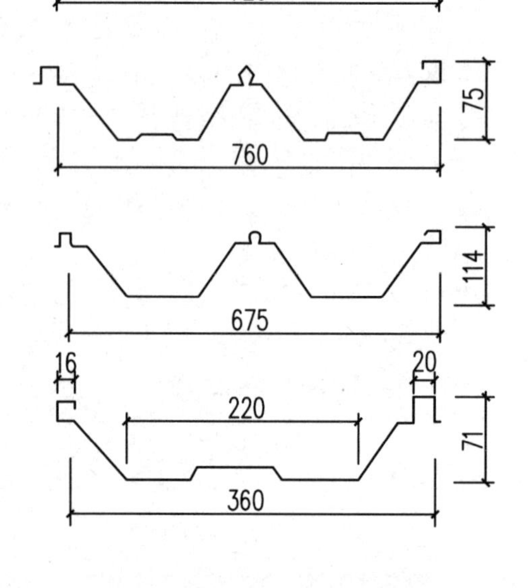

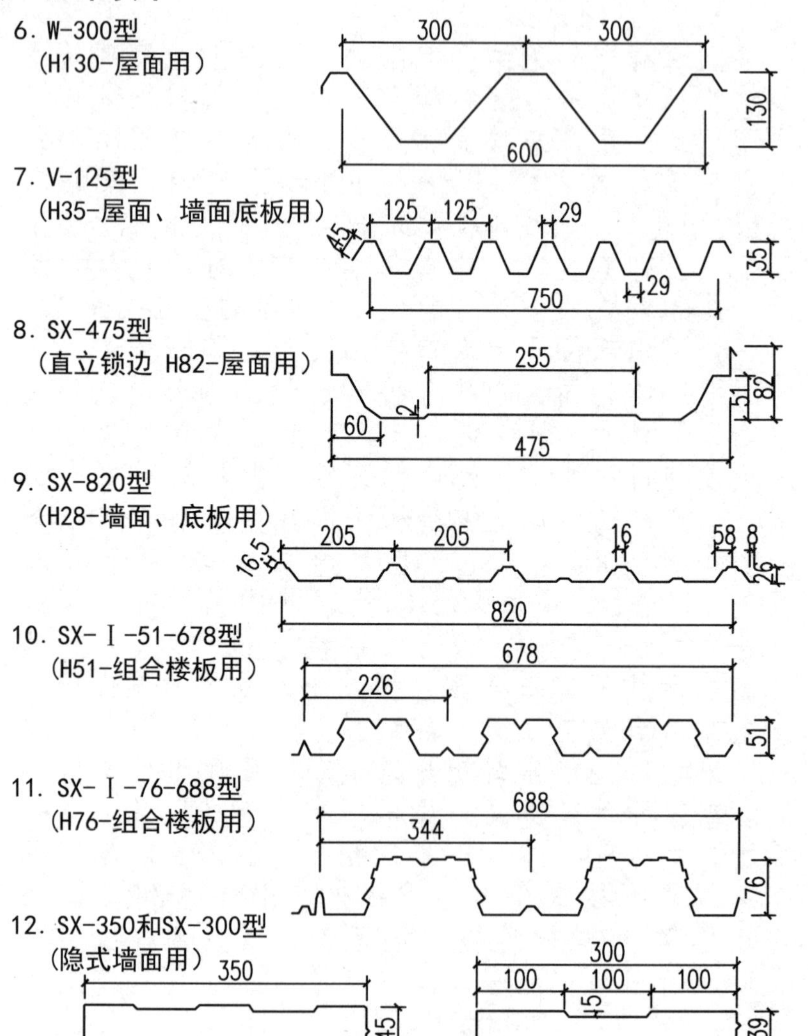

北京世纪中天国际建筑设计有限公司介绍

北京世纪中天国际建筑设计有限公司是经住建部批准，在北京注册的具有甲级设计资质的合资公司，是集房地产项目策划、建筑工程设计、房地产经纪业务于一身的技术服务型企业。本公司拥有国家一级注册建筑师17名，国家一级注册结构师21名，设备注册工程师5名，电气注册工程师2名，还有为数众多、具备多年从业经验，能够胜任项目策划、建筑工程设计等多项业务的专业人士，从项目的前期策划，方案设计，到后期的施工图设计及现场施工配合等，公司都能很好的为用户完成各项设计工作。公司成立以来已经完成各类建筑工程设计达几千万平方米，项目遍及全国二十几个省份，其中全案策划和设计的世都百货、世芳豪庭、慧谷根源、重庆世纪英皇广场等项目，均获得了开发商、业主及业界同行的好评，许多工程还获得了国家级或是地方级的奖项。2000年以来陆续在上海、浙江、重庆、四川、内蒙古、广东、深圳、湖北、湖南等十六个省市开设分支机构。目前与港、台及国外的许多建筑师及建筑师事务所保持着密切的合作关系，学习他们先进的技术及管理经验的同时，不断创新自己的建筑新技术和提高设计水平。我们最大的愿望是：能用我们的辛勤工作给予用户最满意的服务。

近年来，应对市场需求变化，公司在建筑的改造加固设计、装修设计、及钢结构工程设计方面取得了长足进展，特别是对商场、学校、办公楼及其它公共建筑的改造装修、加固等工程完成了多个项目，同时积累了较为丰富的成功经验。公司在建筑工程设计中向业主大力推广建筑金属屋面及墙面轻质高强、耐久的围护系统，包括压型铝板在内的各种型式的涂层钢板、铝合金板、不锈钢板、锌合金板、铜合金板、钛合金板等金属薄板，并取得了长足的进步。

深圳市鑫明光实业有限公司介绍

深圳市鑫明光实业有限公司是鑫明光（中国）控股有限公司全资子公司，是于1997年注册成立的股份制企业，注册资金4388万，是深圳市政府重点扶持的国家级高新技术企业和深圳市高新技术企业。

在传统及创新金属屋面、幕墙领域中，鑫明光始终努力处于国内领先地位，公司拥有30多项自主知识产权的研发技术，通过了质量管理、环境管理、职业健康安全管理三个体系认证，在行业中具备完备的资质条件：

中国建筑金属屋（墙）面设计与施工特级资质企业；
中国金属围护系统承包商特级资质企业；
钢结构工程、幕墙工程专业承包施工资质企业；
国家级、深圳市级高新技术企业；
中国建筑金属结构协会会员、房屋建筑钢结构分会副主任单位；
中国建筑防水协会会员、金属屋面技术分会副会长单位；
中国建筑金属屋（墙）面十强企业。

鑫明光公司与世界顶尖相关企业合作，投入近2亿元在鑫明光（南京）国际工业园打造亚洲第一流的金属屋面与墙面系统等系列产品的研发、生产基地，可以提供全面、先进、环保、时尚、新颖产品，为中国及全球客户提供完善的服务。

鑫明光利用过去在行业的业绩，将美国上市公司ASCENT SOLAR的柔性薄膜光电能源材料CIGS与其他建筑材料相结合，开启了光伏建筑一体化新篇章，将为中国的新能源产业注入了新的活力。

近20年来建成各类建筑工程的金属屋面及墙面系统，发展到全国各地，并且走出了国门，涉及到建筑工程的各个领域，就其规模大、技术难度大、社会影响面大的代表工程就有：机场航站楼、火车站类工程17项；会展中心类工程19项；文化、剧院、酒店和景观类工程11项；体育场馆类工程21项；海外工程6项。总建筑面积超过100多万平方米。不仅为工程建设作出了贡献，而且为建筑金属围护系统培养了不少专业人材。

深圳市鑫明光实业有限公司

建筑金属屋面及墙面系列

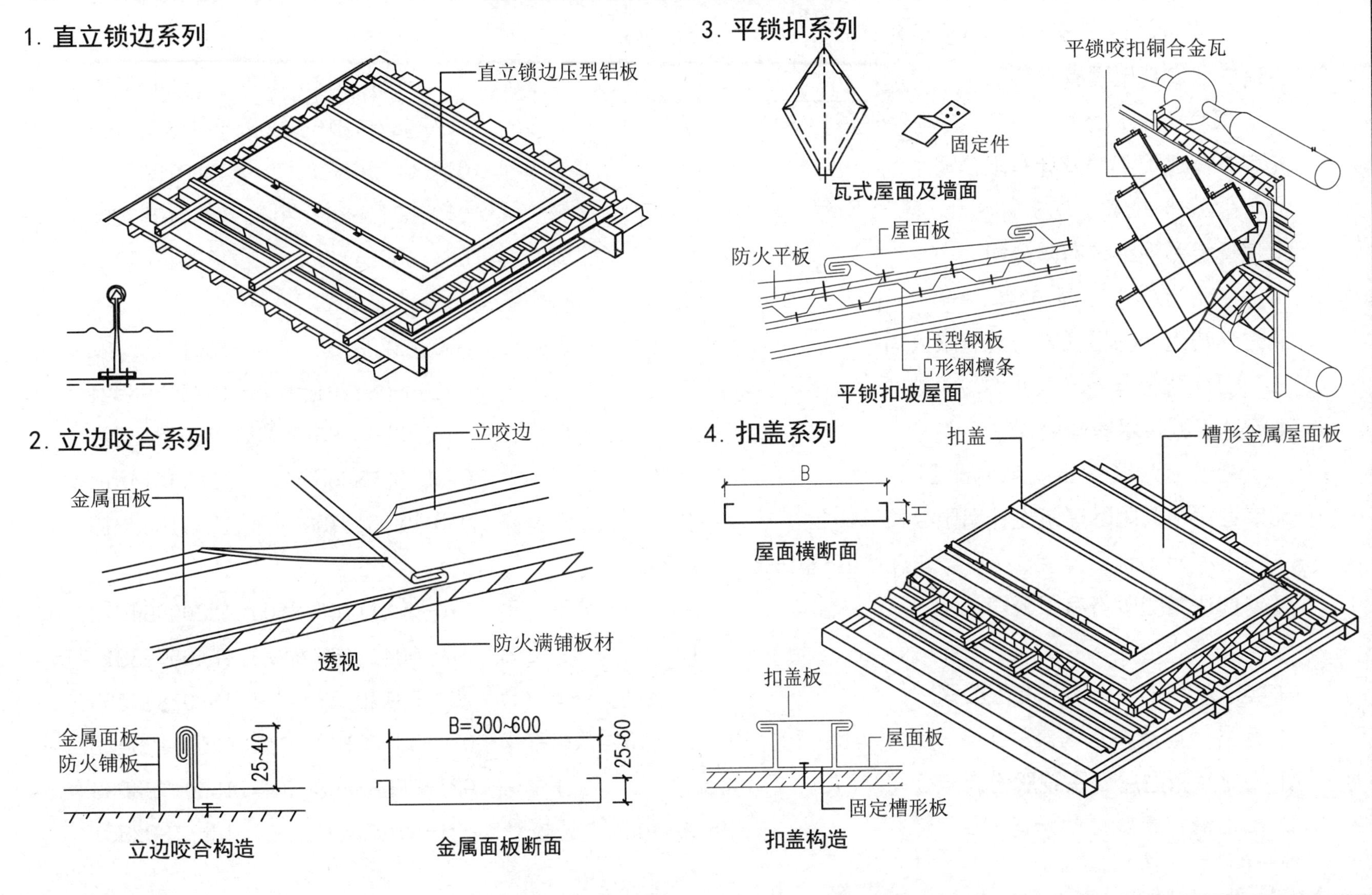

参编单位信息：名称、地址、邮编、联系人、电话

单位名称 / 地址	邮编	联系人	电话	手机
上海宝冶集团有限公司		杨　戟	021-66877609	13816696195
上海市宝山区罗新路305号压型厂	201908	程定锋	021-66877609	13816389087
中建二局安装工程有限公司		张智勇	0755-86678169-818	13902468190
深圳市南山区粤海路5号深圳动漫园7栋3楼	518054	赵云辉	0755-86678169-809	13418659701
北京中体建筑工程设计有限公司		王道正	010-67116889	13801263015
北京市东城区天坛东路50号网联大厦	100061	杨　瑛	010-67116889-2004	13671288298
上海舜宝彩钢结构有限公司		蒋华强	021-56921116	13801701701
上海市宝山区蕰川路3738号	200941			
北方赤晓组合房屋（廊坊）有限公司		周建锋	010-82228193	13911158725
河北省廊坊市开发区创业路20号	065001	王　菠	0316-6082461	13831696921
中元达工程技术有限公司		周校仁	0955-3968665	13601216521
宁夏自治区中卫市工业园区	755000	刘　龙	0955-3968666	13524514013
北京世纪中天国际建筑设计有限公司		张会存	010-88561079	13801283875
北京市海淀区车道沟1号青东商务区A座11层	100089			
江河创建集团股份有限公司		于　军	010-60411166-8605	13301394672
北京市顺义区牛汇北街5号	101301	汪　滨	010-60411166-8222	13466753811
来实建筑系统（上海）有限公司		李　力	021-58120138	13901840335
上海市浦东新区康桥工业园康桥路855号	201315	俞军华	021-58120138	13917129422
上海亚泽新型屋面系统股份有限公司		钟俊浩	021-57585598	13601723003
上海市奉贤区欢乐路9号	201405	应晓捷	021-57585598	13681892551

参编单位信息：名称、地址、联系人、电话

深圳市鑫明光实业有限公司

深圳市福田保税区槟郎大道1号吉虹研发大厦B栋4楼 518038

北京启厦建筑科技有限公司

北京市通州区东燕郊开发区维多利亚D座2118室 065201

汕头市顺信贸易有限公司

广东省汕头市龙湖区金碧庄东区世贸花园34栋1楼113号

北京信诚金通装饰工程有限公司 101101

北京市通州区漷县镇吴营村

陕西华邦建筑工程有限公司 710014

陕西省西安市北关正街35号方兴大厦2104室

宁夏易慧电子科技工程有限公司 755000

宁夏回族自治区中卫市工业园区

图集主编 100088

北京市海淀区西土城路31号院12-2-1003室

计算机统编

北京市海淀区西土城路33号中冶建筑研究总院有限公司 100088

徐　飈 0755-83257120 13902922815

雷　炜 010-58220567 13675159278

魏峰峰 010-83484075 18611161877

李　宏 010-83484079 13503085670

陈春盛 0754-88362713 13715898713

钟小平 010-56548900 13911135101

高道雄 010-56548900 18911109117

行　础 029-86252006 13572905273

钮　旭 029-86252006 13363976757

周学仁 0955-3968665 13717982698

汤庆轩 0955-3968666 13520396043

葛连福 010-62226128 13601196128

电邮：gelianfu2013@163.com

秦国鹏 15010363695

电邮：qinqin1109@163.com